Excel VBA程序开发自学宝典

罗刚君 著

電子工業出版社
Publishing House of Electronics Industry
北京•BEIJING

内 容 简 介

《Excel VBA 程序开发自学宝典（第 4 版）》是 VBA 入门与提高的经典教材。全书包含基础知识部分和高级应用部分。其中，基础知识部分包含 VBA 的基础理论、常用语句解析、综合应用、编程规则与代码优化等，提供了详尽的理论阐述和案例演示。高级应用部分包含数组、正则表达式、字典、设计窗体、VBA 与注册表、处理文件及文件夹、开发自定义函数、ribbon 功能区设计、与 Word/PPT 协同办公，以及开发通用插件等专业知识。

本书基于 Excel 2019 撰写，不过代码可在 Excel 2010、Excel 2013 和 Excel 2016 中通用。如果你的 Excel 版本不是 2019 也可以不用升级，可以直接阅读本教材，按步骤操作即可。

本书是《Excel VBA 程序开发自学宝典（第 3 版）》的升级版，在升级过程中做了大量的修改，包括调整章节顺序、舍弃部分实用性不好的内容、删除一些已经淘汰的技术、增加全新案例和章节等，特别是讲解了 Excel VBA 与 Word、PPT 的协同办公知识，有必要认真学习。

本书附赠案例源文件和案例源代码，以及复杂案例的演示视频。在本书前言中扫描“读者服务”的二维码即可下载，或者加入读者 QQ 群 1157308639 亦可下载。

图书在版编目（CIP）数据

Excel VBA 程序开发自学宝典 / 罗刚君著. —4 版. —北京：电子工业出版社，2021.7

ISBN 978-7-121-41435-0

Ⅰ. ①E… Ⅱ. ①罗… Ⅲ. ①表处理软件－程序设计 Ⅳ. ①TP391.13

中国版本图书馆 CIP 数据核字(2021)第 126208 号

责任编辑：张慧敏
印　　刷：北京天宇星印刷厂
装　　订：北京天宇星印刷厂
出版发行：电子工业出版社
　　　　　北京市海淀区万寿路 173 信箱　　邮编：100036
开　　本：787×1092　1/16　印张：32.75　字数：902 千字
版　　次：2009 年 10 月第 1 版
　　　　　2021 年 7 月第 4 版
印　　次：2021 年 7 月第 1 次印刷
定　　价：119.00 元

凡所购买电子工业出版社图书有缺损问题，请向购买书店调换。若书店售缺，请与本社发行部联系，联系及邮购电话：（010）88254888，88258888。

质量投诉请发邮件至 zlts@phei.com.cn，盗版侵权举报请发邮件至 dbqq@phei.com.cn。

本书咨询联系方式：010-51260888-819，faq@phei.com.cn。

自 序

如何学习 VBA

◆ VBA 是什么

VBA 是依附在 Excel 中的二次开发语言，全称为“Visual Basic For Application”。VBA 已有 20 多年历史，截至本书完稿时最新版本是 7.01，其开发环境和语法已趋于完善。

VBA 不仅是 Excel 的二次开发平台，同时还大量应用在其他软件中，包括自动计算机设计软件 AutoCAD、平面设计软件 CorelDraw、文字处理软件 Word、网页设计软件 FrontPage、项目管理软件 Project、办公软件 WPS 等。VBA 的应用前景相当广阔。

◆ 学习 VBA 有用吗

这是很多网友问过笔者的问题，其实答案只有一个——任何软件都有用，只看你学到了什么程度。绝大多数软件都能提升工作效率，以及带来经济效益，但前提是学得足够好，以及用得恰到好处。

当然，也可以换一种方式回答：别问有没有用，你有几分耕耘呢？

◆ 学习 VBA 的必要性

VBA 能做什么？是否有必要学习？VBA 有很多事都不能做，例如不能开发独立的应用程序、不能开发 ERP 系统、不能实现网页设计、不能防御计算机病毒等，但是在它的专业领域可以实现诸多令人惊奇的功能，常常让人感叹：原来表格制作可以这么快捷！

在工作中你是否有很多需求是 Excel 做不到的？比如底端标题、隔 *N* 行插入 *M* 行、批量转换金额大小写、批量生成产品标签等。

Excel 的某些内置函数你是否一直不满意？例如，无法计算当前页的页码；Vlookup 函数只能返回第一个找到的对象；SUM 函数不能实现按颜色汇总，也不能对超过 15 位的数据求和，等等。上述所有问题都可用 VBA 轻松解决。

当然，VBA 更重要的应用在于开发插件、设计运算系统（如财务报表、人事管理系统、仓库进销存等），以及与 Word 协同办公。当 VBA 的功能发挥到极致时，很多平常需要数小时的计算工作，VBA 能在一两秒钟内完成。“秒杀”对于 VBA 而言如家常便饭。

◆ 学习 VBA 的基础

学习 VBA 需要会英语、需要懂 VB 或者 C#语言，这是笔者与网友们在交流中听到的最多的一种说法。其实不然，VBA 与英语没有太大关系，一个不会英语的人也可以学好 VBA，就像笔者自己，在完全不懂英语的情况下自学了 6 个月，就掌握了 VBA 的初、中、高级应用，至今已经出版了 11 本与 VBA 相关的图书。

当然，懂英语对学习 VBA 是一个辅助条件，可以看懂一些英文的参考资料，但绝不是必要条件，国内的 VBA 资料已足够丰富。

VB 和 C#语言是否是学习 VBA 的基础条件呢？当然也不是。不过懂 VB 或者 C#语言对于学习 VBA 是有帮助的，主要体现在编程的理念和思路上。一个 VB 或者 C#编程高手必定已经养成程序员的严谨和逻辑性强等良好习惯，这种习惯和思维对学习 VBA 有较大的帮助，但并非 VB 和 C#语言本身构成了学习 VBA 的基础条件，它们所涉及的对象大不相同。一个 C#专业程序员转学 Excel VBA 仍然需要逐个学习 Excel 的对象、属性和方法，没有捷径可走。

那么学习 VBA 的基础究竟是什么呢？笔者的看法是：了解什么是单元格、工作表、工作簿，会使用查找与替换、条件格式、定义单元格格式等功能，懂得排序、筛选、打印预览、插入图形对象、分列、创建图表等操作。当然，还需要认识 26 个英文字母。

简单吗？是的，学习 VBA 的基础条件就这些，如果你都会，那么祝贺你已步入 VBA 潜在用户之列。

当然，若要成为好的程序员，还需要有好的耐心、周密的思维能力、充分的逻辑性，以及举一反三的能力等。

◆ 学习 VBA 需要背英文单词吗

当然不需要。举一个例子：100 以内的加减法基本人人皆会吧？会计算 100 以内的加减法是因为背下了 100 以内的所有加减法表达式的答案，还是因为掌握了加减法运算方法呢？

1+1,1+2,1+3,1+4…2+2,2+3,2+4…也就是说，仅 100 以内的加法表达式就有 5000 多个，减法表达式也有 5000 多个，还不包括小数。把这么多题目的答案背下来是不可能的事，但是懂得运算方法后要快速地得到 100 以内的加减法答案却是极容易的事。

掌握了方法，一通百通。

学习 VBA 同样也是这个道理。

◆ 如何发挥 VBA 的潜能

VBA 的理论不多，但是极其重要，是解决 VBA 问题的基础。学习 VBA 需要深入理解 VBA 的对象、属性、方法、事件，以及它们的调用方式，之后则可以一通百通。

本书有三分之一的篇幅展示 VBA 的基础理论，三分之一的篇幅罗列应用案例，三分之一的篇幅分析思路及过程，以及阐述代码的优化与提速方法。

通读本书，并且反复操作案例，必可掌握 VBA 的精髓。

罗刚君

前　言

Excel 是优秀、市场占有率高的制表软件，这归功于它强大且灵活的制表功能和二次开发平台。通过二次开发平台，让用户可以开发新的工具，从而实现 Excel 本身不具备的功能，或者弥补 Excel 自身的不足。

Excel VBA 可以实现操作自动化，让某些工作全自动完成，进而提升工作效率，这使得 Excel 从众多制表软件中脱颖而出。

通过 VBA 进行二次开发可以增强 Excel 的功能，将某些复杂或者重复的日常工作简化，还可以开发商业插件或者小型财务系统等。可以说，Excel VBA 已完全融入办公人员的日常工作，拥有 VBA 就等于拥有效率。

◆ 本书结构

《Excel VBA 程序开发自学宝典（第 4 版）》是适合初学者自学的 VBA 教材，它包含了 Excel VBA 的基础理论和高级应用。全书共 20 章，前 10 章讲述 VBA 相关的基础理论以及综合练习，后 10 章讲解了 VBA 高级应用的相关知识。

前 10 章主要介绍了 Excel VBA 的基础知识，并通过这些知识的综合应用加深你的理解。具体包含 VBA 代码的产生方式、存放方式、调用方式、保存方式、程序结构、四大基本概念（对象、属性、方法和事件）、变量与数据类型、常用语句的语法介绍（包含创建输入框、条件判断语句、循环语句、错误处理语句、选择文件与文件夹），然后提供综合应用案例，帮助你巩固前面所介绍的基础知识，从而让知识系统化。还介绍了编程规则与代码优化技巧，以及编程的捷径，帮助你掌握更高效的编程方式以及提升程序的效率。

后 10 章介绍了 Excel VBA 的高级应用，包含数组、正则表达式、字典、设计窗体、VBA 与注册表、处理文件及文件夹、开发自定义函数、ribbon 功能区设计、与 Word/PPT 协同办公，以及开发通用插件等专业知识。对于任何一个 VBA 高级用户而言，这些知识都是不可或缺的，掌握这些知识后才能开发出中大型的、高效的程序。

◆ 本书特点

相对于同类书籍，本书在内容编排上具有以下特点。

1. 除了对 VBA 的基础语法与常见对象的综合应用进行介绍，本书还重点展示了如何开发一个独立的、完善的、拥有专用菜单的通用程序。

通过本书，你可以编写出自己的专业插件，还能通过这些插件大幅度提升工作效率，让以往可能需要几十分钟的工作量在几秒钟内即可完成。

2. 本书基于 Excel 2019 写作，但是代码可在 Excel 2010、Excel 2013 和 Excel 2016 中通用。由于 Excel 2003 已经被淘汰了，因此本书不再讲述传统菜单的设计方法，而是重点讲述功能区的开发思路，并提供若干功能区模板，从而让你可以快速设计功能区组件。

3. 本书比较注重代码的通用性和效率，总结了多条优化代码的规则。

4. 正则表达式可以强化 VBA 的字符处理能力。本书详细地阐述了正则表达式的调用方法、语法，并提供了大量案例与思路，这在所有 VBA 书籍中是独一无二的。

5. 本书提供了诸多通用型的工具设计思路和源代码，例如，全自动汇总工作簿、批量拆分工作簿、批量合并工作表、批量打印标签等。你可以借用这些案例的思路开发出更多的小工具，从而提升工作效率。

◆ **附赠资源**

本书附赠资源中含了三方面内容：案例源文件和案例源代码，以及案例演示视频。

1. 案例源文件

提供所有案例对应的素材文件，你可以直接下载和使用，省去手工模拟数据的时间。

2. 案例源代码

本书所有的案例源代码都有详细的说明，有助于阅读理解。在学习中千万不要抄写代码，尽量直接使用现成的代码和源文件去练习，避免抄写错误导致测试不成功，浪费大量时间。

3. 案例演示视频

附赠资源中还包含了 100 多个 mp4 格式的案例演示视频。操作步骤较多的案例都搭配了视频演示过程，方便你学习和理解，可以更快地掌握操作方法。对于那些单击菜单即可完成的案例则没有相应的视频。

◆ **适合读者群**

本书对 VBA 的基础知识有比较详尽地介绍，并提供了大量的案例引导读者逐步深入学习。适合阅读本书的读者包括三类：

1. VBA 初学者，通过本书能够踏入 VBA 的门槛。

2. 已有 VBA 基础但需要扩充知识面者。本书涉及的 VBA 知识相当全面，包含了学习 VBA 必需掌握的基础知识，也提供了正则表达式、注册表和功能区设计等边缘性知识，从而让你对 VBA 掌握得更全面。

本书还提供代码优化的诸多规则，掌握这些规则可让程序具有更强的通用性和执行效率。

3.对 VBA 已有相当多的认识，但想开发更专业的插件者。本书对开发加载宏有详细的阐述。

读者服务

微信扫码回复：41435

- 获取配套赠送案例源文件和案例演示视频
- 加入本书读者交流群，与本书作者互动
- 获取【百场业界大咖直播合集】（永久更新），仅需 1 元

目　录

第 1 章　初步感受 VBA 的魅力

简单地说，Excel VBA 是依附于 Excel 软件的一种自动化语言，它可以使 VBA 程序自动执行、批量执行、定时执行……

在动手编写 VBA 程序之前，本章带你先来感受一下 VBA 的独特魅力，从而激发学习的动力。

需要特别说明的是，本章仅向你展示 VBA 的优越性，让你通过两个案例了解 VBA 的自动化，对于案例中所涉及的代码有何含义以及程序设计思路请完全忽略，在后面的章节会有详解。

1.1 批量任务一键执行

VBA 可以一键执行批量任务，大幅提升制表效率。某些原本需要几小时方可完成的工作量改用 VBA 程序来实现，往往仅需几秒钟，此类案例不胜枚举。本节通过从身份证号码中提取信息向读者展示 VBA 的魅力，同时也引出后续章节的 VBA 编程教学。

1.1.1 准备工作

本书的所有案例文件请扫描前言中“读者服务”的二维码下载。

下载后将文件解压，然后跟随书中的操作步骤测试代码。在使用过程中若遇到问题，请与作者罗刚君联系。联系方式包括 QQ 670218239、邮箱 888@excelbbx.net、微信 Excelbbx。

本书以 Excel 2019 为蓝本进行讲解，默认采用 xlsm 格式的文件，Excel 2010、Excel 2013、Excel 2016 的用户也可以按书中相同的步骤学习，代码通用，操作步骤也完全一致。

1.1.2 程序测试

假设你已经将案例文件的“1-01 一键提取身份证信息.xlsm”文件下载到计算机中，请按以下步骤操作。

STEP 01 双击打开“1-01 一键提取身份证信息.xlsm”文件。

STEP 02 如果在工作表上方弹出如图 1-1 所示的安全警告，请单击“启用内容”按钮。

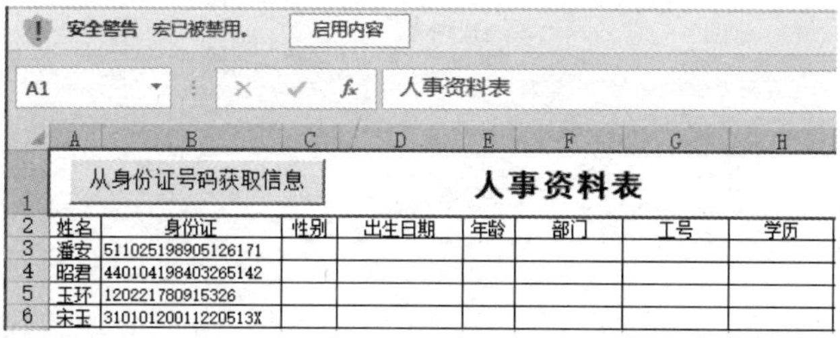

安全警告　宏已被禁用。　启用内容

A1　人事资料表

从身份证号码获取信息　　人事资料表

姓名	身份证	性别	出生日期	年龄	部门	工号	学历
潘安	511025198905126171						
昭君	440104198403265142						
玉环	120221780915326						
宋玉	31010120011220513X						

图 1-1　安全警告

STEP 03 选择 B 列的所有身份证号码存放区域 B3:B6，然后单击首行中的“从身份证号码获取信息”按钮，程序会根据身份证号码瞬间生成对应的性别、出生日期和年龄等信息。效果如

图 1-2 所示。

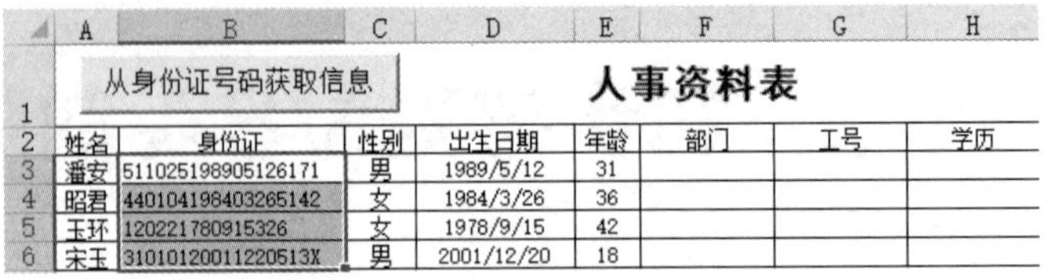

从身份证号码获取信息　　人事资料表

姓名	身份证	性别	出生日期	年龄	部门	工号	学历
潘安	511025198905126171	男	1989/5/12	31			
昭君	440104198403265142	女	1984/3/26	36			
玉环	120221780915326	女	1978/9/15	42			
宋玉	31010120011220513X	男	2001/12/20	18			

图 1-2　根据身份证号码提取职工年龄、生日与性别

随书提供案例文件：1-01 一键提取身份证信息.xlsm

1.1.3 案例点评

在前面的案例中，从已知身份证号码可以提取身份证号码持有人的性别、出生日期和年龄，而且不管选中的是单个还是上万个身份证号码都可以在几秒钟内提取所有信息。如果在制作人事资料表时手工逐一输入职工的性别、生日和年龄，那么输入 10000 条数据估计要耗费 10 小时，而利用 VBA 代码可以几秒钟内完成，这正是 VBA 的魅力体现。

1.2 数据汇总自动完成

将文件夹中所有工作簿的所有工作表汇总到一个工作表中，这是很常见的工作需求。按常规的操作方式——逐一打开工作簿并逐一复制所有工作表的数据到活动工作表中再汇总，这可能耗费几十分钟，还无法确保没有遗漏某些数据。而采用 VBA 跨工作簿汇总，不仅快捷、准确，甚至都不需要按快捷键或者在菜单栏执行，只要打开工作簿就能全自动完成。

在接触 VBA 之前，你可能会产生疑问：这有可能吗？完全可能！在 VBA 的世界里，瞬间完成操作和全自动执行命令是极其常见的。本节将展示打开工作簿时全自动汇总的案例。

1.2.1 案例需求

在“生产日报表”文件夹中存放了若干个工作簿，每个工作簿中有若干个工作表，每个工作表中有若干行产品生产记录，这些数据的行数都不确定。图 1-3 和图 1-4 分别展示了文件夹中的工作簿（生产日报表）以及工作簿中的数据结构（生产数据）。

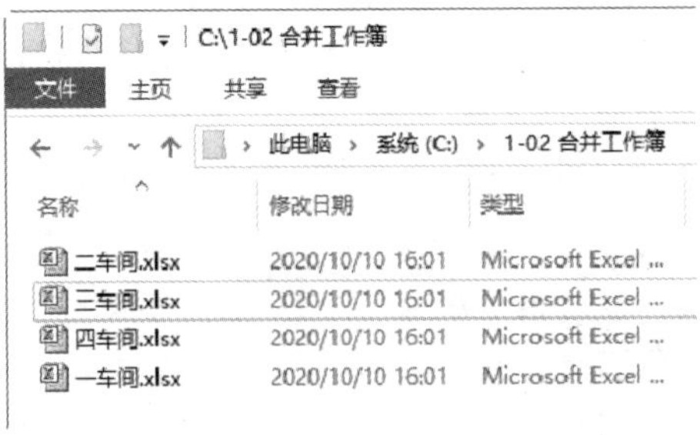

C:\1-02 合并工作簿

文件　主页　共享　查看

此电脑 › 系统 (C:) › 1-02 合并工作簿

名称	修改日期	类型
二车间.xlsx	2020/10/10 16:01	Microsoft Excel ...
三车间.xlsx	2020/10/10 16:01	Microsoft Excel ...
四车间.xlsx	2020/10/10 16:01	Microsoft Excel ...
一车间.xlsx	2020/10/10 16:01	Microsoft Excel ...

图 1-3　生产日报表

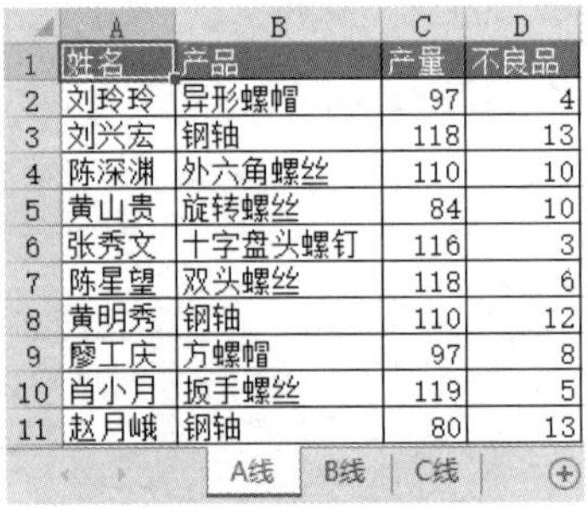

姓名	产品	产量	不良品
刘玲玲	异形螺帽	97	4
刘兴宏	钢轴	118	13
陈深渊	外六角螺丝	110	10
黄山贵	旋转螺丝	84	10
张秀文	十字盘头螺钉	116	3
陈星望	双头螺丝	118	6
黄明秀	钢轴	110	12
廖工庆	方螺帽	97	8
肖小月	扳手螺丝	119	5
赵月峨	钢轴	80	13

A线　B线　C线

图 1-4　生产数据

现在要求对“合并工作簿”文件夹中所有工作簿的生产数据按产品名称分类汇总，并且对该文件夹中的工作簿数量增减或者工作簿中的数据增减后，汇总结果也会有相应变化。

假设“合并工作簿”文件夹中有数百个工作簿，每个工作簿有数十个工作表，人工逐一汇总将是相当浩大的工程，可能要用 10 分钟，也可能要用 1 小时，视工作簿的数量多少而定。

然而，采用 VBA 代码汇总可以全自动完成，打开“汇总表.xlsm”后不需做任何操作就已经汇总成功。你是否怀疑 VBA 能具有此等智能呢?

1.2.2 程序测试

以上案例的文件中已经提供了 4 个待汇总的工作簿和用于汇总的程序代码，你可以使用它们测试代码的正确性和执行效率。具体操作步骤如下。

STEP 01 进入“第 01 章”文件夹下的“1-02 合并工作簿”子文件夹。

STEP 02 双击打开“汇总表.xlsm”，假设弹出了如图 1-1 所示的安全警告，请单击右方的“启用内容”按钮。

在打开工作簿的瞬间，工作簿中的 VBA 代码会全自动汇总当前路径下的所有生产数据。如图 1-5 所示为汇总结果。

	A	B	C	D
1	产品名称	产量	不良品	
2	异形螺帽	416	22	
3	扳手螺丝	1535	91	
4	铝连杆	634	40	
5	方螺帽	1497	72	
6	连接螺丝	911	87	
7	压花螺帽	516	31	
8	方管连杆	1033	56	
9	钢轴	1675	133	
10	双头螺丝	1183	83	
11	外六角螺丝	651	36	
12	内六角螺丝	708	35	
13	十字盘头螺钉	515	46	
14	旋转螺丝	451	26	

Sheet1

图 1-5　汇总结果

事实上，“汇总表.xlsm”中的代码并非专门针对图 1-3 中的 4 个工作簿所写，而是具有通用性，即使该文件夹中的工作簿增加到 100 个，每个工作簿中的工作表数量也增加到 100 个，不需要修改代码，打开“汇总表.xlsm”后同样可以瞬间完成汇总。

随书提供案例文件：1-02 合并工作簿\汇总表.xlsm

1.2.3 案例点评

在以上案例主要涉及了 VBA 的多项知识点，包括变量与数据类型、数组、工作簿事件、循环语句、数组、合并计算、区域引用等。将它们组合后可以自动汇总具有相同格式的工作簿，既快捷又准确，不会遗漏任何数据，比人工分类汇总可千百倍地提升效率。

事实上，这也是 VBA 之所以吸引用户的原因之一。

借用 VBA 完成制表工作整体上有以下四个方面优势：

其一，可以批量执行任务。常规的制表手法只能一次执行一项任务，例如删除 100 个工作表中的错误值，需要手工操作 1000 次以上。删除一个工作表中的错误值就包含激活工作表、打开“定位”对话框、打开“定位条件”对话框、设置条件（包含多个步骤才能设置完成），最后再删除错误值。如果调用 VBA 删除 100 个工作表中的错误值，可以一键完成，整个过程不超过 1 秒钟。

删除错误值的代码可以重复使用，一键调用，而且自动适应工作表的数据增减变化。

其二，可将复杂的任务简单化。Excel 的诸多小功能可以搭配使用，从而实现比单个工具更强大的功能。例如生成公式、定位空值、插入行三者配合可以达成在工作表中隔行插入行的需求，然而此操作过程过于烦琐，也很难短时间内教会他人使用。使用 VBA 开发一个隔行插入行的工具则可以一键完成，既提升操作效率又减少教导他人使用的时间成本。

随书提供演示视频：1-03 基础操作与 VBA 实现隔行插入行.mp4

再如使用公式从身份证号码中提取年龄和性别，需要多个函数嵌套使用，输入长长的公式既费时费力，又加大查看报表者的理解难度。使用 VBA 一键生成结果可以全方位地简化工作流程，以及减少教学成本。当公司有新人进来时，可以不用再花太多的时间教导其函数与数组公式的用法，或者多个内置功能的嵌套技术，仅需告知其单击某按钮就能实现某功能。

其三，提升数据的准确性。准确性体现在输入数据和运算数据两个方面，输入方面是指利用 VBA 对用户输入的数据进行限制或者校验，从而防止用户意外输入不规范的字符；运算方面是指使用公式统计数据时公式无法适应数据的增减变化。例如使用公式累计所有工作表中 B 列的产量，当新建一个工作表后，公式的计算结果无法自动更新，而使用 VBA 统计时，则可以自动地将新建工作表中 B 列的产量纳入进来。

其四，完成 Excel 本身无法完成的任务。例如在单元格中输入阿拉伯数字形式的金额时，自动在批注中生成对应的英文大写数字形式的金额以供参考，类似于中英双语版本，或者输入公历日期自动提示对应的农历日期等，Excel 内置的常规菜单无法实现这些需求，而 VBA 处理此类问题则得心应手。

1.2.4 开发专业程序

利用 VBA 还可以开发专业性的程序，如报表汇总软件、进销存管理系统、人事管理系统等，也可以通过 VBA 开发表格插件。笔者本人就开发了一个大型的 Excel 插件——E 灵，它包括 240 多项功能，可以大大扩展 Excel 的应用领域。

E 灵的操作界面如图 1-6 所示。

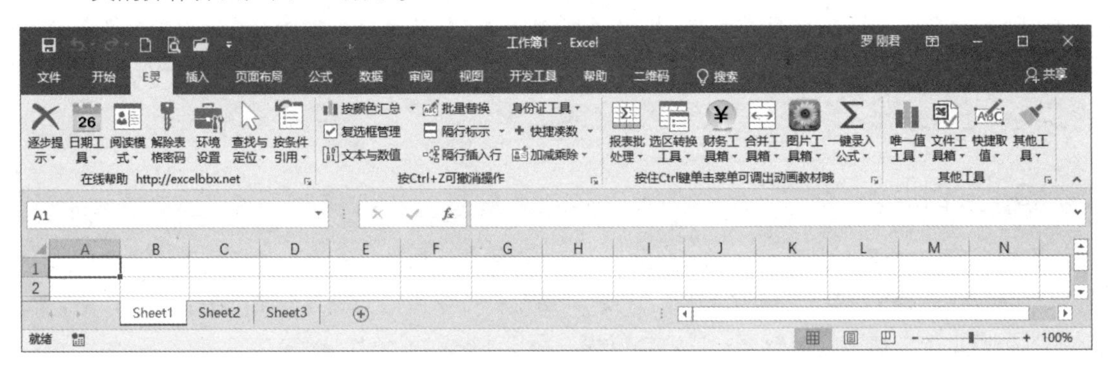

图 1-6　E 灵的操作界面

通过前面的案例演示和对 VBA 优势的阐述，你是否已经被 VBA 的魅力所折服呢？

从第 2 章开始，本书将带领读者走进 VBA 的世界，去尽情领略 VBA 的强大功能，同时也学会驾驭 VBA，提升制表工作的效率。

第 2 章　VBA 程序入门

编程的重点在于熟悉语法、思路灵活，以及善于套用代码模板。不过开始编写代码之前有必要掌握与编程相关的基本常识，包括代码放在哪里、如何产生代码、如何保存代码，以及处理代码安全性等入门知识。学习需要循序渐进，不能跳过基础直接进入实战状态，否则代码会错漏百出。

2.1　如何存放代码

学习 VBA 往往并不是从自己编写代码开始，而是先从网上复制他人写好的代码，或者摘抄教材中的代码，然后逐步熟悉语法，从而学会修改代码，以及在观摩中学会自行编写代码。在这个过程中，涉及代码存放位置的问题，只有将代码保存在正确的位置才能发挥代码的功效。

2.1.1　认识模块

VBA 的前身是宏（Macro），一段 VBA 程序也曾被称为一个宏，而在 VBA 中更专业的称谓是“过程”。一段完整的 VBA 程序就是一个过程。

过程分为三种——以 Sub 开头的子过程、以 Function 开头的函数过程，以及以 Property 开头的属性过程。在实际工作中 90%以上的情况下都在使用子过程，因此本书前 16 章都只涉及子过程，在第 17 章才详解开发自定义函数，并且展示 Function 过程的结构、语法和开发思路。属性过程在工作中一般不用，本书不涉及属性过程的教学。

子过程有多种用法，采用不同用法时代码的存放处所也各不相同，但是比较通用的办法是将子过程代码存放在模块中。至于其他的存放方式会在后面更高阶的章节中有相应的介绍。

那么什么是模块呢？如何调出模块的界面呢？请按以下步骤操作。

STEP 01　打开 Excel，进入工作表界面。

STEP 02　按<Alt+F11>组合键打开 VBE 窗口，如图 2-1 所示是默认的 VBE 窗口，它包含了与 VBA 程序相关的菜单、工具栏、工程资源管理器、工作簿名称、工作表名称、属性窗口和调用帮助。

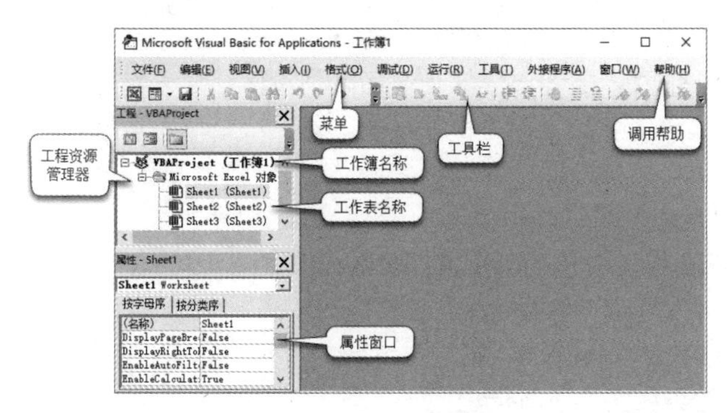

图 2-1　默认的 VBE 窗口

默认的 VBE 窗口没有任何模块，需要手工添加模块。

知识补充 在 VBA 中，一个工作簿拥有一个工程（VBAProject），Excel 允许同时打开多个工作簿，因此在 VBE 界面也可能存在多个工程。如果你确认自己只打开了单个工作簿，但却在 VBE 窗口中发现多个工程，这说明你安装了若干个加载宏。你可以在工作表界面按<Alt+T+I>组合键打开“加载宏”对话框，在该对话框中会罗列出当前已经安装的加载宏，例如“分析工具库”“规划求解加载项”等。

STEP 03 在菜单栏执行“插入”→”模块”命令，在属性窗口上方将会出现一个默认名称为“模块 1”的模块，右方的空白窗口则是此模块的代码窗口，用于存放 VBA 程序代码，如图 2-2 所示。

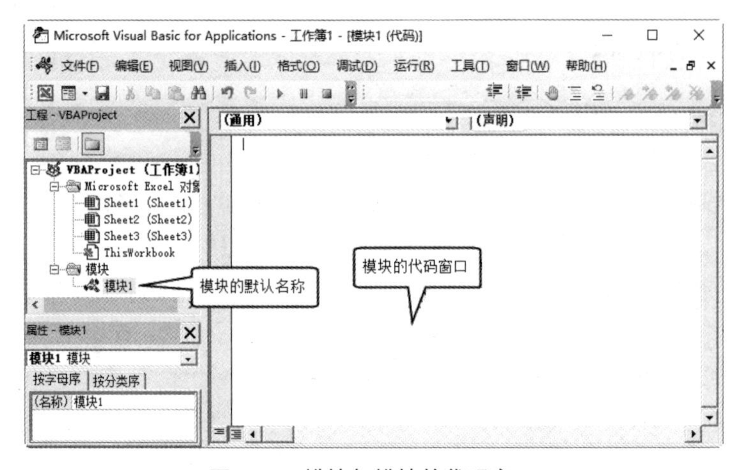

图 2-2 模块与模块的代码窗口

STEP 04 如果需要更多的模块，那么再次在菜单栏执行“插入”→“模块”命令，在属性对话框上方将出现名为“模块 2” “模块 3”的空白模块。

以上步骤用于插入模块，在 2.2 节中会讲述如何在模块中生成代码。

2.1.2 管理模块

模块用于存放程序代码，在同一个模块中不宜存放太多的过程代码。为了便于管理，通常将代码分类存放，例如第一个模块存放“财务”相关的程序代码，第二个模块存放“人事”相关的程序代码。或者第一个模块放 Sub 子过程，第二个模块放 Function 函数过程。

当模块数量超过一个时，需要对模块重命名，尽量使任何人看到模块名称就能明白每个模块中存放了哪方面的代码。对模块重命名可按以下步骤操作。

STEP 01 单击要重命名的“模块 2”。

STEP 02 查看 VBE 窗口中是否存在属性对话框，如果没有，则在菜单栏执行“视图”→“属性窗口”命令。

STEP 03 在属性窗口的“(名称)”属性中将默认名称“模块 2”重命名为“财务模块”，效果如图 2-3 所示。

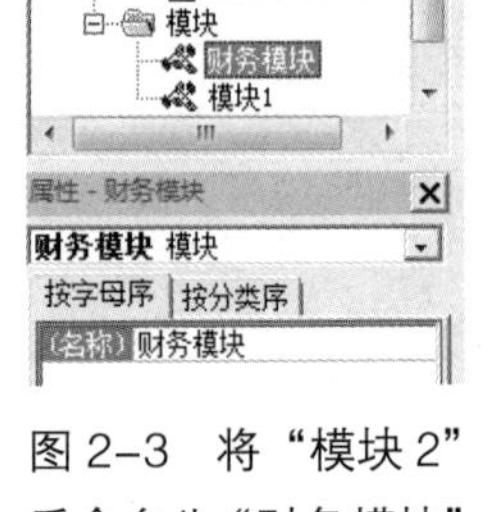

图 2-3 将“模块 2”重命名为“财务模块”

如果需要删除“财务模块”，那么在模块上右击，从弹出的右键菜单中选择“移除财务模块”

命令即可。

知识补充 在属性窗口上方包含工作簿与工作表名称的窗口被称为“工程资源管理器”，如果不小心关闭该窗口会给查看代码和编程带来障碍，此时可以在菜单栏执行“视图”→“工程资源管理器”命令，将它调出来。

2.2 如何产生代码

有 4 种方式产生代码，包括复制他人已经编好的程序代码、录制宏产生宏代码、手工编写程序，以及调用代码模板然后加以修改，本节将一一剖析它们的区别与利弊。

2.2.1 复制现有的代码

几乎所有人在初学 VBA 时都是复制他人编好的代码来使用，待掌握好 VBA 的对象、属性、方法和事件等基础概念，以及循环语句、条件语句等常用语句后才自己编写代码。

复制代码的渠道有很多，最常用的有以下两种。

1. 从教材案例文件中获得代码

介绍 VBA 的图书都会搭配案例文件，你在初学 VBA 时应尽量复制案例文件的代码去测试，而不能照抄书中代码到模块中去，因为手工抄写代码出错的概率较高。除了人为抄写失误和看错字符导致出错，还在于某些代码较长导致在书中印刷为 2 行或者 3 行，而你很难正确地判断书中印刷的多行代码是一句代码还是多句代码，特别是代码中的空格刚好位于行末或者行首时比较容易判断失误。

鉴于以上分析，初学 VBA 时应该复制随书提供的案例源代码来使用，待学完 VBA 的基础知识后再手写代码，否则一旦代码出错将无所适从。初学者根本不具备调试程序的能力，一旦出错的次数过多又不能及时纠正时，就会影响继续看书的兴趣和动力，同时打击自己的信心，以至于放弃学习 VBA。

2. 从网络中复制代码

各大 Excel 论坛或者贴吧都有大量公开分享的代码，你可以从中复制需要的代码到自己的模块中，或者学习他人的编程思路。

2.2.2 录制宏

录制宏是学习 Excel VBA 的便捷工具，不管是初学者还是具有多年编程经验的老程序员都会借助录制宏来生成代码，然后根据需求修改宏代码。

录制宏是 Excel 自带的操作记录器，它可以用代码记录下用户的当前操作。当结束录制后可以重播代码，让代码代替手工操作去批量执行相同的命令，从而减轻用户的工作量。它类似于生活中的录音机，例如老师教第一批学生时可以将声音录制下来，教第二批学生、第三批学生时只要播放录制好的光盘或者磁带即可，不再需要一遍一遍重复口述，从而减轻工作量，这与 VBA 的录制宏如出一辙。

下面以录制“清除工作表中所有图形对象”为例，介绍录制宏与重播宏代码的步骤。

STEP 01 新建一个空白工作簿，如果工作簿中默认只有一个空白工作表，请插入两个空白工作表，然后在这 3 个工作表中各插入多张图片，并返回 Sheet1 界面。

STEP 02 单击状态栏左方的“录制宏”按钮，从而调出“录制新宏”对话框。“录制宏”按钮外观如图 2-4 所示。

STEP 03 在“录制新宏”对话框中按如图 2-5 所示的方式设置。其中“宏名”保持默认值“宏 1”即可，在“快捷键”文本框中输入小写字母 q，表示为当前宏指定快捷键<Ctrl+Q>，在“保存在”组合框中选择“当前工作簿”，在“说明”文本框中输入“删除所有图形对象”。

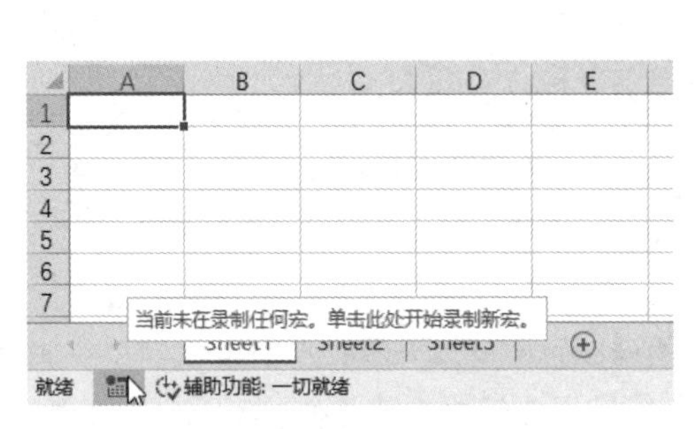

图 2-4 “录制宏”按钮

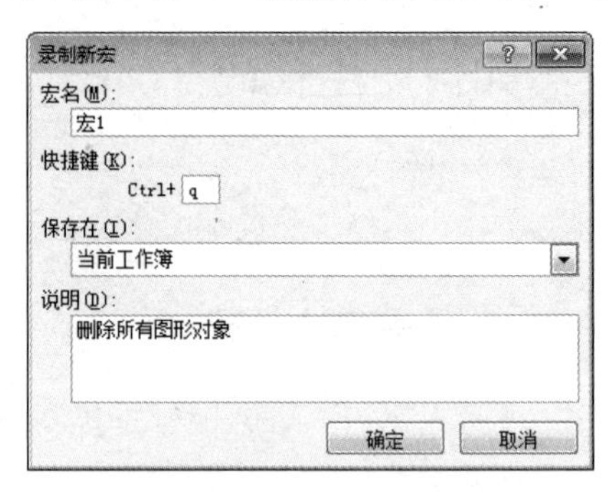

图 2-5 “录制新宏”对话框

STEP 04 单击“录制新宏”对话框中的“确定”按钮，启动录制宏。

知识补充 在录制宏阶段，所有操作都会被记录器记录下来。为了避免产生不必要的代码，启动录制宏后应小心翼翼地操作，确保每一个步骤都是必要的，不能随意操作。

STEP 05 按<F5>键或者<Ctrl+G>组合键启动“定位”对话框，然后单击该对话框左下角的“定位条件”按钮，从而打开“定位条件”对话框。

STEP 06 在“定位条件”对话框中选择“对象”单选框，如图 2-6 所示。

图 2-6 “定位对象”对话框

STEP 07 在“定位条件”对话框中单击“确定”按钮，从而选中活动工作表中的所有图形对象，然后按<Delete>键删除所选对象。

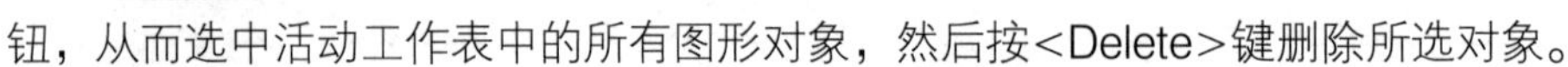

STEP 08 单击状态栏左方的“停止录制”按钮（图标■）。

STEP 09 按<Alt+F11>组合键打开 VBE 窗口，在模块 1 中会看到录制宏产生的宏代码，如图 2-7 所示。

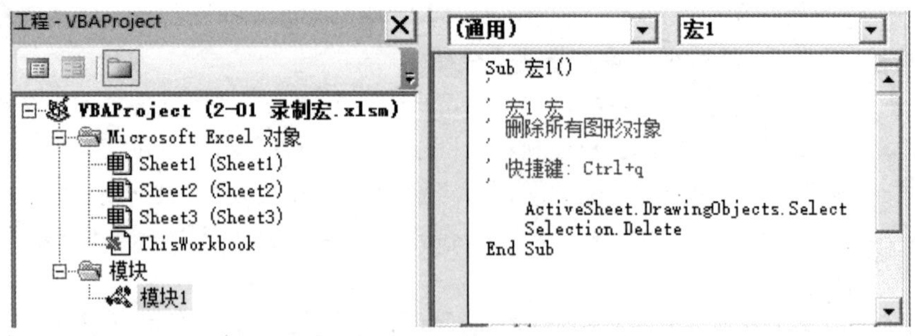


```
Sub 宏1()
'
' 宏1 宏
' 删除所有图形对象
'
' 快捷键: Ctrl+q
'
    ActiveSheet.DrawingObjects.Select
    Selection.Delete
End Sub
```

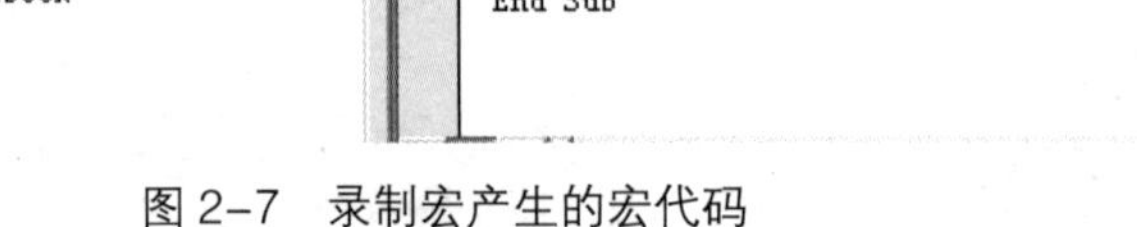

图 2-7 录制宏产生的宏代码

STEP 10 再次按<Alt+F11>组合键返回工作表界面。

STEP 11 进入 Sheet2 工作表中，按<Ctrl+Q>组合键，如果工作表中存在图形对象，此时你将会发现所有图形对象都已被删除干净。同理，进入 Sheet3 工作表中也可以一键删除图片。

知识补充 图形对象包括图片、艺术字、文本框、图表、剪贴画和对象等。

根据以上操作步骤，你应该对录制宏已有初步认识，具体可以总结为以下 4 点。

◆ 如实记录操作

录制宏的目的是记录自己的所有操作，将人工操作转换成对应的宏代码。这对于学习 VBA 而言极度重要，既可以通过录制宏与重播宏代码来简化某些重复性的工作，又可以避免用户在学习编程过程中死记代码，从而节约学习时间，还可以简化开发过程，忘记某个对象名称的书写方法或者忘记复杂的参数时可以借助录制宏来产生代码。

◆ 宏代码保存在模块中

录制宏产生的过程一律属于子过程，以 Sub 开始，保存在模块中。

◆ 可用快捷键调用宏

录制宏时可以为宏指定包含 Ctrl 的快捷键，从而方便用户调用宏命令。当指定为小写字母 q 时表示快捷键是<Ctrl+Q>，当指定大写字母 Q 时表示快捷键是<Ctrl+Shift+Q>。

◆ 一键执行批量命令

录制宏时不管操作了多少个步骤，调用宏时只需要单个步骤。

以上 4 点中第一点最重要。对于 VBA 爱好者而言，录制宏的目的不是使用宏，而是借助录制宏产生自己需要的代码，从而提升编程效率，以及减少记忆代码的学习时间。例如插入行的代码忘记了、创建条件格式和数据有效性的代码也忘记了，这完全不重要，只要录制宏，马上就产生代码，开发者只需要将宏代码中需要的代码提取出来即可，而不再像学英语那样要反复背诵所有单词。以此立场评价录制宏，可以说，录制宏工具是 VBA 爱好者终生的良师益友，而且可以随时请教，不分场合与时间。

随书提供演示视频：2-01 录制宏.mp4

2.2.3 手工编写代码

录制宏能给编程带来莫大帮助，不过 Excel 中的部分操作（不到 40%）无法通过录制宏产生代码，因此对于这部分操作只能自己手工编写代码。当然，如果你学完 VBA 后，掌握了 VBA 中的常用对象、方法和属性名称，也可以不借助录制宏，可以随手编写程序代码。

手工编写程序可以借助 VBE（代码编译窗口）中的“插入”菜单完成，具体步骤如下。

STEP 01 在菜单栏执行“插入”→“过程”命令，弹出“添加过程”对话框，如图 2-8 所示。

STEP 02 在“添加过程”对话框的“名称”文本框中输入“计算工资”，将过程的类型设置为“子过程”，将范围设置为“公共的”，然后单击“确定”按钮，自动产生子过程的程序外壳，效果如图 2-9 所示。

图 2-9 中的代码是一个空白的 VBA 程序，具有程序的声明语句和结束语句，没有需要执行的具体命令，该部分内容需要等你了解 VBA 的四大基本概念，以及掌握常用语句的语法后再自行补充。

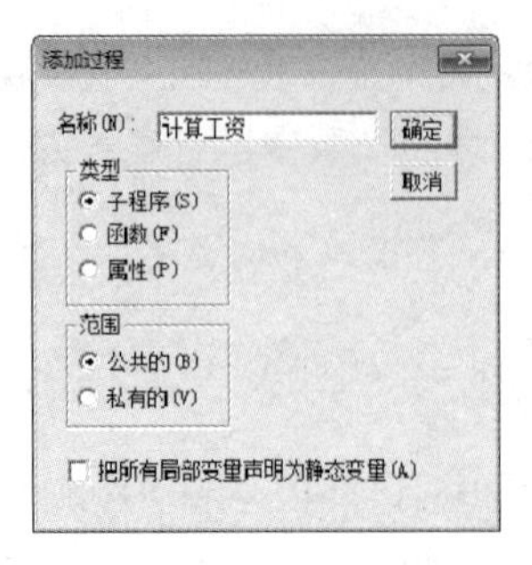

图 2-8 “添加过程”对话框

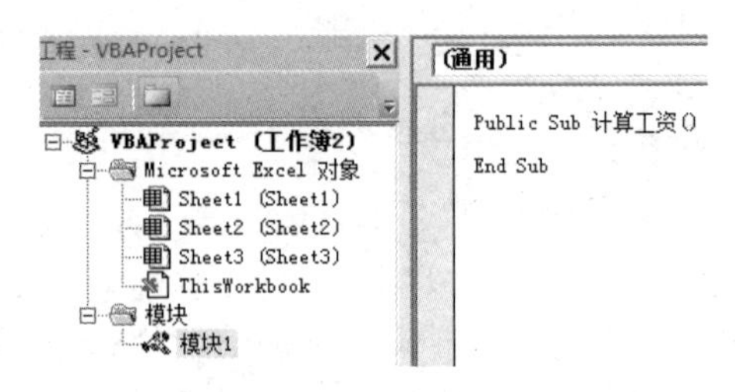

图 2-9 自动产生子过程的程序外壳

事实上，当足够熟悉 VBA 后可以直接在模块中手工输入代码，不需要借助“插入”→“过程”命令。由于 VBA 具有智能补充代码的功能，手工声明过程同样高效。例如在模块中输入“Sub 工资条”，然后按回车键，VBA 会自动将缺失的部分补充完整，产生以下代码：

```
Sub 工资条()
End Sub
```

知识补充 VBA 中子过程的结构将在第 3 章有详细分析，本章仅需明白如何输入过程的程序外壳（即 VBA 程序的声明语句和结束语句）即可。

2.2.4 从模板中获取代码

Excel 有数百种对象，平均每个对象的属性和方法也有几十种，因此不管多专业的 VBA 程序员都不会将它们一一记在脑中。通过记忆逐个输入字符的编程方式过于低效。

笔者在此给你一个很好的建议：在学习 VBA 的过程中，将自己每一次编写的程序的最终版本分类保存起来，当以后遇到同类需求时不需要再逐字输入代码，而是复制自己以前保存的代码并稍加修改即可，既提升编程的速度，又降低手工编码过程中的出错概率。

除了自制代码模板，各大相关论坛还提供了 VBA 代码辅助工具。使用工具输入代码将大大提升输入速度，而且 100%不会出现拼写错误。

2.3 如何调用代码

VBA 程序代码有多种不同的存在形式，对应多种不同的调用方式。本节仅讲解模块中不带参数的子过程的调用之法，对于带有参数的子过程、函数过程、事件过程或者类模块的程序代码将在后面的章节有对应的讲解。

2.3.1 <F5>键

保存在模块中的子过程有 5 种常用调用方式，包括<F5>键、<Alt+F8>组合键、自定义快捷键、按钮和菜单。下面以调用弹出当前时间对话框的过程为例，编写代码并调用过程的步骤如下。

STEP 01 在 Excel 的工作表界面按<Alt+F11>组合键进入 VBE 窗口。

STEP 02 在菜单栏执行“插入”→“模块”命令，从而创建一个新模块。

STEP 03 在模块中输入以下代码：

```
Sub 报告当前时间()
  MsgBox Now()
End Sub
```

代码的含义是通过 Now 函数获取当前的系统时间，然后利用 MsgBox 将时间输出到屏幕上。如果要显示“你好”，那么将函数“Now()”替换成字符串“"你好"”即可，文字前后有一对半角状态的双引号。

STEP 04 单击过程“报告当前时间”的任意行代码，表示将它设置为当前过程。

STEP 05 按<F5>键执行当前过程，VBA 会弹出图 2-10 所示的对话框，展示当前时间。

图 2-10 在对话框中展示当前时间

MsgBox 是一个 VBA 函数，可以返回值。不过在绝大多数情况下仅仅通过它弹出一个包含指定信息和具有指定按钮的对话框。关于它的语法在 7.1 节中有详细说明，此处了解如何调用过程即可。

知识补充 VBE 中的<F5>键只调用当前过程，如果一个模块中有多个过程时应该先将需要执行的过程切换为当前过程。单击过程的任意位置，该过程就会成为当前过程。

2.3.2 <Alt+F8>组合键

在 VBE 窗口中调用子过程可以按<F5>键，而返回工作表界面后调用模块中的子过程应该按<Alt+F8>组合键。以“报告今天星期几”为例，<Alt+F8>组合键的调用步骤如下。

STEP 01 在模块中输入过程“报告今天星期几”，代码如下：

```
Sub 报告今天星期几()
    MsgBox Format(Now(), "AAAA")
End Sub
```

代码中的 Format 是一个 VBA 函数，和工作表函数 Text 的功能相近，用于将数值转换成需要的格式。本例中 Format 的作用是将 Now 函数产生的时间值转换成中文的星期。

随书提供操作演示：2-02 多种方法调用 VBA 代码.mp4

STEP 02 按<Alt+F11>组合键返回工作表界面。

STEP 03 按<Alt+F8>组合键打开“宏”对话框。在此对话框中会将当前工作簿所有模块中的所有子过程都罗列出来（有参数的子过程例外，后面的章节会介绍带参数的子过程），如图 2-11 所示。

STEP 04 选择列表中的过程“报告今天星期几”，然后单击“执行”按钮，程序会弹出如图 2-12 所示的信息框，展示今天星期几。

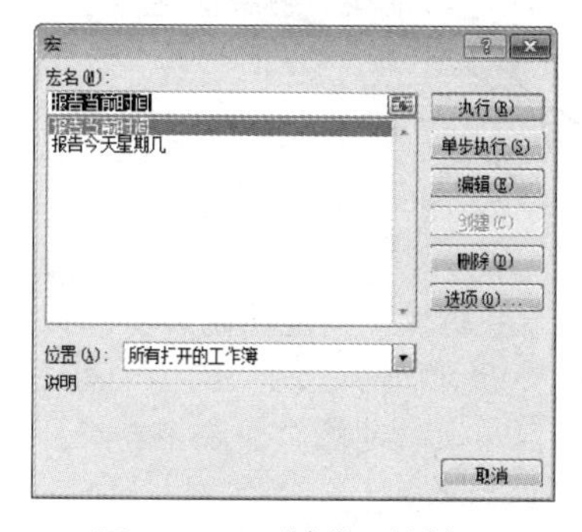

图 2-11 “宏”对话框

图 2-12 在对话框中展示今天星期几

知识补充 假设同时打开了多个工作簿，而且每个工作簿中都有无参数的子过程，那么“宏”对话框可以将所有工作簿中的子过程一并列出来。为了便于识别，它会在非活动工作簿的过程名称前添加工作簿名称，而活动工作簿中的过程则如图 2-11 所示只显示过程名称。

2.3.3 自定义快捷键

在录制宏时可以为当前宏指定快捷键，在图 2-5 中有说明。事实上，在模块中手工编写的子过程也可以用相似的办法指定快捷键。以过程“报告上午还是下午”为例，为其指定快捷键的步骤如下。

STEP 01 在模块中输入以下过程代码：

```
Sub 报告上午还是下午()
   MsgBox Format(Now(), "AM/PM")
End Sub
```

代码中 AM 表示上午，PM 表示下午。

STEP 02 按<Alt+F11>组合键返回工作表界面。

STEP 03 按<Alt+F8>组合键打开“宏”对话框，从宏名列表中选择“报告上午还是下午”。

STEP 04 单击“宏”对话框中的“选项”按钮，打开“宏选项”对话框，在快捷键文本框中输入小写字母 q，这过程指定快捷键如图 2-13 所示。

STEP 05 在“宏选项”对话框中单击“确定”按钮返回“宏”对话框，然后单击“取消”按钮，返回工作表界面。

STEP 06 按<Ctrl+Q>组合键调用过程，程序会弹出如图 2-14 所示的对话框，提示当前是上午还是下午。AM 表示上午，PM 表示下午。

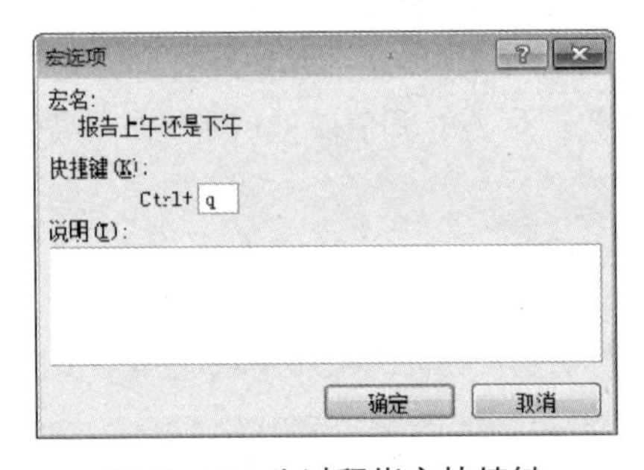

图 2-13　为过程指定快捷键

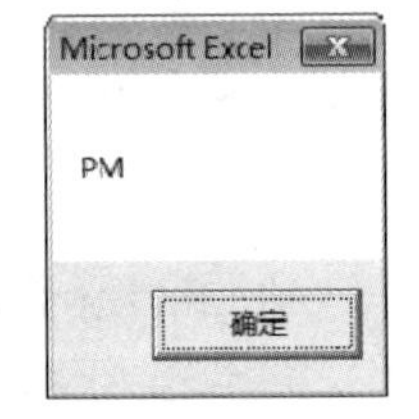

图 2-14　提示当前是上午还是下午

知识补充 使用“宏选项”对话框为程序指定快捷键有所限制，其指定的快捷键只能是<Ctrl>键配合字母，而不能包含<Alt>和<Shift>两个功能键，也不能包含数值。在后面的章节会提供更强大的 OnKey 方法为程序指定快捷键。

2.3.4 按钮

当模块中的过程较少时，可以使用快捷键调用，若过程较多时仍采用快捷键则不利于记忆，使用按钮调用过程才是首选。以对子过程“报告今天星期几”指定按钮为例，其步骤如下。

STEP 01 依次按下<Alt>、<T>、<O>三键，从而打开“Excel 选项”对话框。

STEP 02 选择“自定义功能区”，在右边的“自定义功能区”列表中将“开发工具”打钩，然后单击“确定”按钮，返回工作表界面。

STEP 03 在菜单栏执行"开发工具"→"插入"→"按钮（窗体控件）"命令，然后在工作表中任意位置拖动鼠标，从而绘制一个命令按钮，命令按钮的外观如图 2-15 所示。

STEP 04 当 Excel 弹出如图 2-16 所示的"指定宏"对话框时，在宏名列表中选择过程"报告今天星期几"，然后单击"确定"按钮。

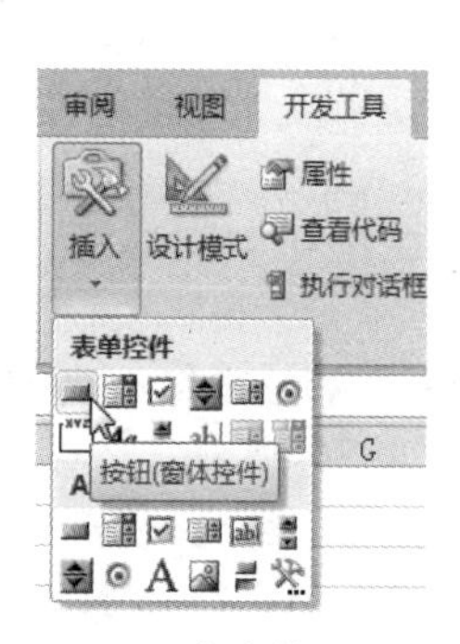

图 2-15 命令按钮的外观

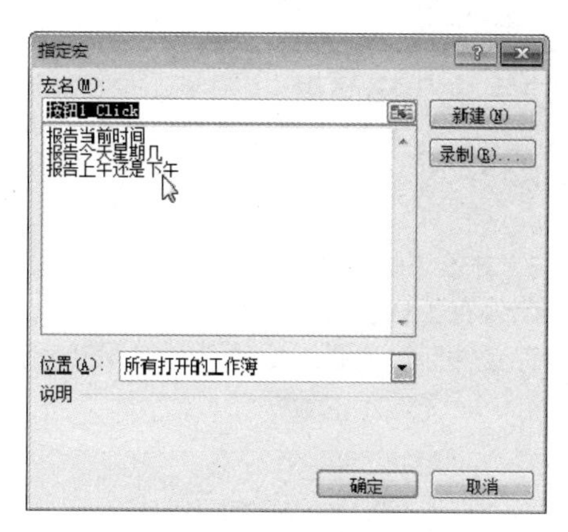

图 2-16 "指定宏"对话框

STEP 05 单击第三步创建的按钮，程序会弹出今天星期几的信息框，这表示通过按钮调用过程已经成功。

2.3.5 菜单

通过自定义菜单调用子过程是最标准的做法，既调用方便又显得专业。不过设计菜单属于 VBA 的高级知识，本书将它放在第 18 章讲述，此节暂且略过。

2.4 如何保存代码

当工作簿中有 VBA 代码时，保存工作簿将有诸多讲究与规则，否则可能会令代码丢失。

本节讲述工作簿格式与保存代码间的关系。

2.4.1 工作簿格式

自从 Excel 从 2003 版升级到 2007 版以后，工作簿的常用格式不再局限于 xls 一种，而是有 xls、xlsx 和 xlsm 三种格式。这三种常用格式的区别如下。

1. 兼容格式：xls

从 Excel 2007 版开始，微软推出了新的文件格式，但是为了保持文件的兼容性仍然允许使用老版本的 xls 格式，因此在高版本的 Excel 中也把 xls 称之为兼容格式。

将文件保存为兼容格式，文件发送给低版本的用户后也可以正常打开，缺点是会丢失高版本的某些特性，例如 65 536 行以上的行数、256 列以上的列数、超过 3 项以上的条件格式、超过 7 层的 If 函数嵌套公式等。

2. 压缩格式：xlsx

从 Excel 2007 开始，微软推出了压缩格式 xlsx，将工作簿保存为压缩格式后支持更多的新功能，例如支持 1 048 576 行、16 384 列、64 个条件格式等，而且将 xls 格式的文件另存为 xlsx 格式后，其体积会大大缩小，基于以上优势，微软将 xlsx 格式设置为 Excel 2007、Excel 2010、Excel

2013、Excel 2016 和 Excel 2019 的默认格式。

3. 启用宏的压缩格式：xlsm

在推出 xlsx 的同时，微软也推出了 xlsm 格式，它既拥有 xlsx 格式的一切优势又能弥补 xlsx 格式的不足——xlsx 格式不能保存宏代码，而 xlsm 格式可以保存宏代码。

2.4.2 解决丢失代码问题

初学者在使用 VBA 时可能会常遇到此类问题——向工作簿中输入代码，当重启工作簿后发现代码不见了。这其实是由于 Excel 的文件格式引起的。

根据 2.4.1 节的分析，Excel 2007 到 Excel 2019 的默认格式是 xlsx 格式，而 xlsx 格式不能保存宏代码，因此保存工作簿后 VBE 窗口中的模块和模块中的代码都会自动丢失。

其实在保存文件时，如果工作簿中存在 VBA 代码、模块或者宏表函数，将不能保存宏代码，Excel 会弹出如图 2-17 所示的提示信息。

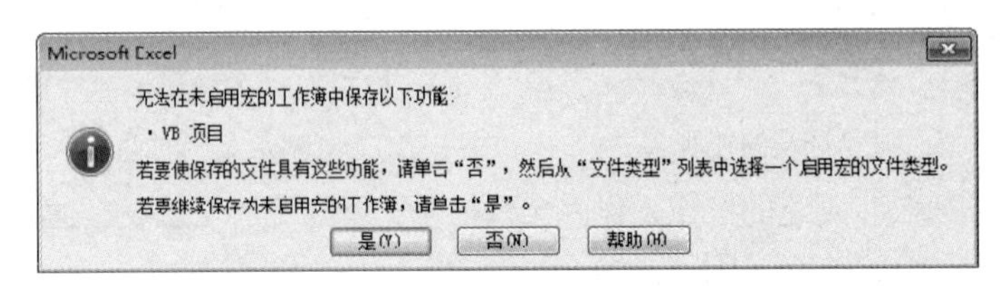

图 2-17　不能保存宏代码时的提示信息

当产生如图 2-17 所示的提示信息时，应该单击“否”按钮，然后修改文件的保存类型为“Excel 启用宏的工作簿(*.xlsm)”，如图 2-18 所示。

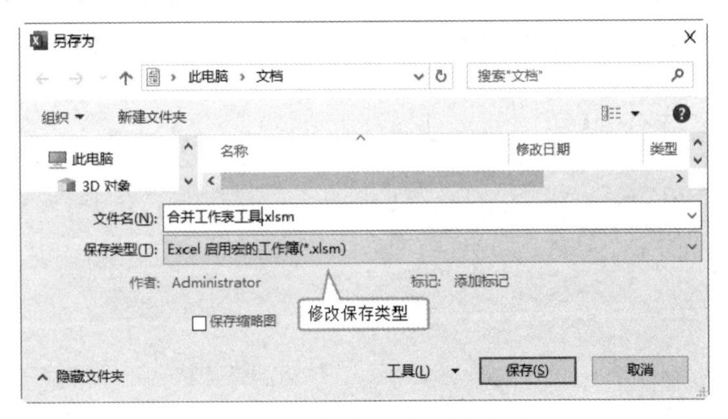

图 2-18　修改文件的保存类型

2.4.3 显示文件扩展名

Windows 系统的默认设置会隐藏文件的扩展名，因此在保存文件时无法看到文件的扩展名。按以下步骤操作可以让文件扩展名显示出来：

STEP 01 按<Win+E>组合键打开“此电脑”，在 Windows XP 系统中也称“我的电脑”。

STEP 02 在菜单栏执行栏“工具”→“文件夹选项”命令，打开“文件夹选项”对话框。

STEP 03 在“文件夹选项”对话框中打开“查看”选项卡，取消勾选“隐藏已知文件类型的扩展名”，如图 2-19 所示，然后单击“确定”按钮。

STEP 04 打开 Excel，按<Ctrl+S>组合键保存工作簿，在“另存为”对话框中单击“保存类型”，在其列表中将会罗列出 Excel 所支持的所有文件格式，而且包含了每种格式的扩展名称，效果如图 2-20 所示。

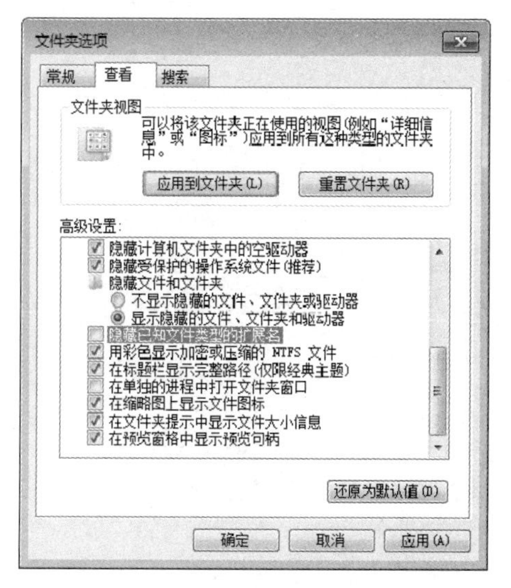

图 2-19　“文件夹选项”对话框

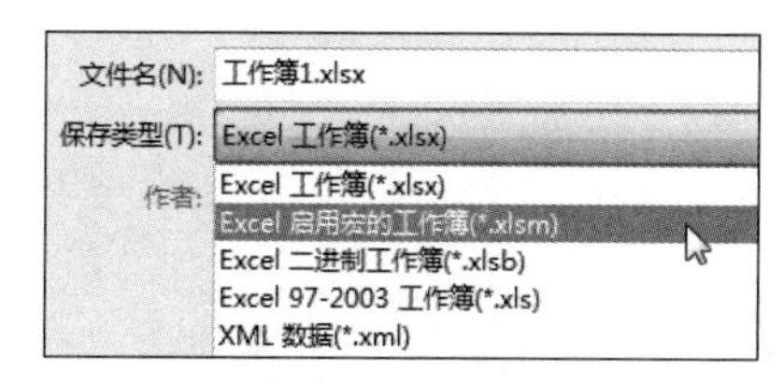

图 2-20　“保存类型”列表

当按以上方式调整后，保存文件时可以清晰地看到当前文件的格式，避免选错类型。

事实上，还有一种更为快捷的方法确保代码不会丢失，该方法是在“Excel 选项”对话框中打开“保存”选项卡，将文件的默认保存类型由 xlsx 格式切换成 xlsm 格式，设置 Excel 的默认保存格式如图 2-21 所示。

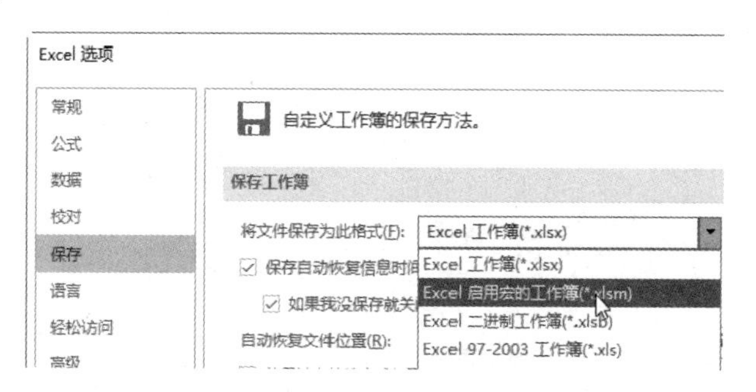

图 2-21　设置 Excel 的默认保存格式

2.5　如何放行代码

Excel 在默认状态下是禁止代码运行的，从而避免感染宏病毒。然而这会将正常的 VBA 代码也一并禁止，从而影响工作。因此有必要通过设置让 Excel 避免感染宏病毒又能放行用户指定的代码。

VBA 代码可以批量执行命令，也可以通过 VBA 实现一些 Excel 原本无法实现的功能，它的强大与灵活性让它在 20 世纪 90 年代得以迅猛发展。然而正因为宏过于强大，使用宏代码开发的病毒也日益猖獗，同样是 20 世纪 90 年代，由于宏病毒泛滥给 Office 用户带来了较大的破坏。

微软为了阻止宏病毒发展，现在所有版本的 Office 都默认禁止运行宏，如果工作簿中存在宏代码，打开工作簿时将会产生如图 1-1 所示的安全警告。在此状态下，一切 VBA 代码都无法运行，只有单击“启用内容”按钮后活动工作簿中的 VBA 代码才能正常执行。

不过，每打开一次工作簿都单击“启用内容”按钮显然事倍功半，使用以下两种方式可一劳永逸地解决这个问题。

2.5.1 调整“宏设置”

在 Excel 选项的“宏设置”中启用宏可以让任何工作簿的宏代码都畅通无阻，启用宏的具体步骤请按如图 2-22 所示的箭头编号操作。

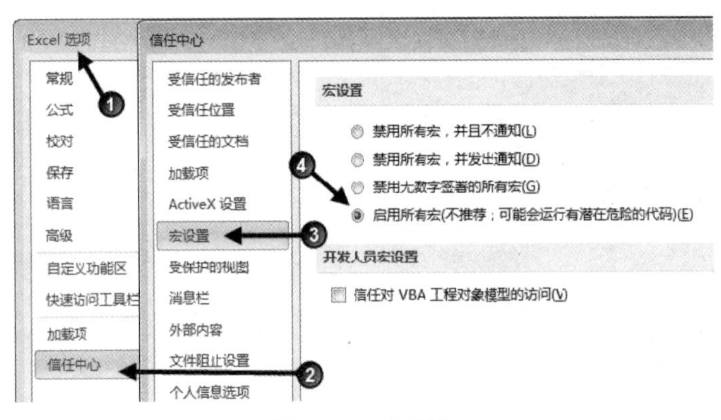

图 2-22　启用宏

2.5.2 添加受信任位置

前面介绍的解决方案简便又有效，然而可能会带来隐患，让你的计算机感染宏病毒（尽管这种可能性极小）。

既能放行代码又能避免中毒的唯一可行的方法是设置受信任位置。

受信任位置是指用户指定的用于存放安全文件的一个文件夹，在该文件夹中的所有文件中的代码都被允许运行，不受 Excel 选项的“宏设置”所影响。

下面以设置“D:\生产表”为受信任位置为例，具体操作步骤如下。

STEP 01 通过如图 2-22 所示的方式将宏设置还原为“禁用所有宏，并发出通知”。

STEP 02 按如图 2-23 所示的方式设置受信任位置，将“D:\生产表”添加到受信任列表中。

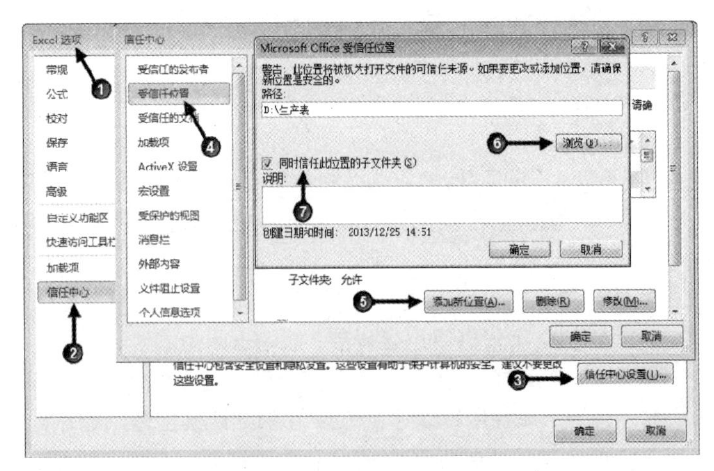

图 2-23　设置受信任位置

其中最后一步“同时信任此位置的子文件夹”表示“D:\生产表”下的所有文件夹中的文件也受信任，如果取消勾选，则表示只信任“D:\生产表”下的文件，忽略子文件夹。

按以上方式设置后，可以将自己的文件或者自己信任的人发来的文件放置在“D:\生产表”路径下，打开此路径下的文件时代码畅通无阻，而打开其他位置的文件时，如果文件中包含了 VBA 代码或者模块，将会弹出如图 1-1 所示的提示信息，从而避免意外中毒。

2.6 如何查询代码帮助

微软的所有软件都可以通过<F1>键调用帮助，从而了解软件的用法、出错的原因、函数的参数、代码的语法等。Excel VBA 也提供帮助，可以在帮助界面找到 Excel 的所有对象名称，也能找到所有对象的属性、方法和事件，以及所有函数的语法、所有错误的原因和解决办法。

2.6.1 Excel 不同版本中的帮助差异

Excel 2010 及以下版本都有本地帮助，从 Excel 2013 开始取消了本地帮助，改用网络帮助，每次查询 VBA 代码的帮助时都会打开对应的网址，因此从 Excel 2013 开始打开帮助的速度比老旧版本的 Excel 差了很多，体验很差。而且，在微软的网站同时提供了 VBA 帮助、VB.net 的帮助和 SQL 的帮助，查询一个函数时可能同时将多个不同软件的帮助都罗列出来，对新手相当不友好。因此笔者平时都是同时使用 Excel 2010 和 Excel 2019，每当想查帮助时就打开 Excel 2010。

Excel 2019 的在线帮助网址可以按<F1>键获得。

2.6.2 如何调用帮助系统

Excel 的帮助和 Excel VBA 的帮助是不一样的，调用方式也不相同。查询 Excel 的帮助的方法是在 Excel 工作表界面按<F1>键，然后输入要查询的关键字；而查询 Excel VBA 的帮助需要在 VBE 窗口按<F1>键打开帮助系统，然后输入需要查询的关键字。

在查询 VBA 的代码含义时要掌握以下两个原则。

1. 只查询关键字而不是查询整行代码

查询 VBA 代码时，应只查询关键字而非整行代码，和百度搜索的原理一致。假设有以下代码需要查询其含义：

```
Range("a1").AddComment "VBA 很神奇"
```

其中 Range 是关键字，AddComment 也是关键字。参数不能算关键字，“"a1"”是 Range 的参数，“"VBA 很神奇"”是 AddComment 的参数。因此，代码中只有两个关键字。

Range 的正确查询步骤如下。

STEP 01 在 VBE 窗口中按<F1>键打开帮助系统。

STEP 02 在查询框中输入关键字“Range”，然后按回车键，Excel 会罗列出与当前关键字相关的所有信息，如图 2-24 所示。

在帮助中查询时往往有多条与关键字相关的结果，对 VBA 熟悉者可以快速识别哪一条结果才是自己实际需要的目标，单击即可查看详细解释。Excel VBA 初学者可以逐条查看，直到看懂为止。

如图 2-25 所示为单击图 2-24 中第三条搜索结果后的帮助信息，你可以看出该窗口中包含了“Range.Range 属性”相关的语法、参数、说明和示例。从帮助中你可以看出 Range 是一个对象，代表单元格或者区域。

图 2-24　在帮助中查询“Range”

图 2-25　Range.Range 属性

STEP 03 继续输入关键字“AddComment”，然后按回车键，Excel 会罗列出与关键字相关的所有信息。单击第一条“Range.AddComment 方法”，打开详细页面，从中你可以看到“Range.AddComment 方法”的含义、语法、参数和示例。根据帮助中的解说你可以明白“Range.AddComment 方法”的作用是向单元格中插入一个批注。

补充说明 Excel 2013 开始取消了本地帮助，只提供在线帮助，而在线帮助又做得相当差，对新用户不友好，因此，上面的三个步骤是基于 Excel 2010 的，在 Excel 2010 中查询帮助很快捷、很方便，而且不会出错。你可以同时安装 Excel 2019 和 Excel 2010，需要哪个版本时就用哪个版本。

2. 查询属性和方法时尽量带上对象名称

前文的那句 VBA 代码“`Range("a1").AddComment "VBA 很神奇"`”，Range 是对象，AddComment 是方法，隶属于 Range 对象。AddComment 方法的功能是向单元格对象中插入批注，如果要查询 AddComment 方法的语法，输入 Range.AddComment 好于 AddComment。查询 Range.Insert 好于 Insert。查询 Insert 、Range.Insert 的结果如图 2-26 和图 2-27 所示。

背后的原理是这样的：Insert 方法表示插入，而 VBA 中有很多关于插入的代码，例如插入图表、插入节点、插入图片效果、插入单元格，当你想了解插入单元格方面的语法时，就直接查询 Range.Insert，而非查询 Insert，否则查询结果会产生大量的与目标无关的东西，而你要的那一条目标结果却被挤到后面去了，浪费搜索时间。

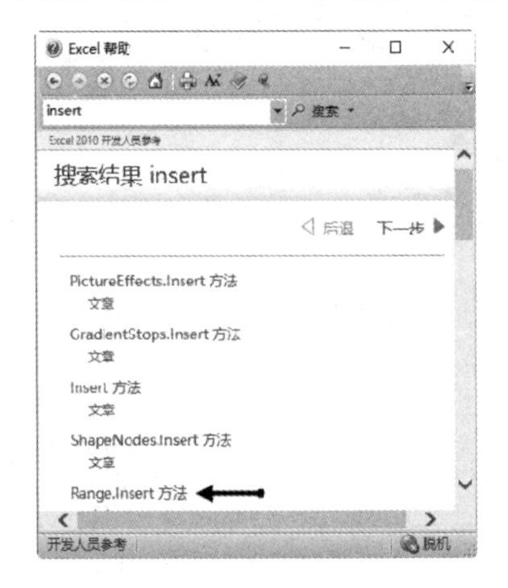

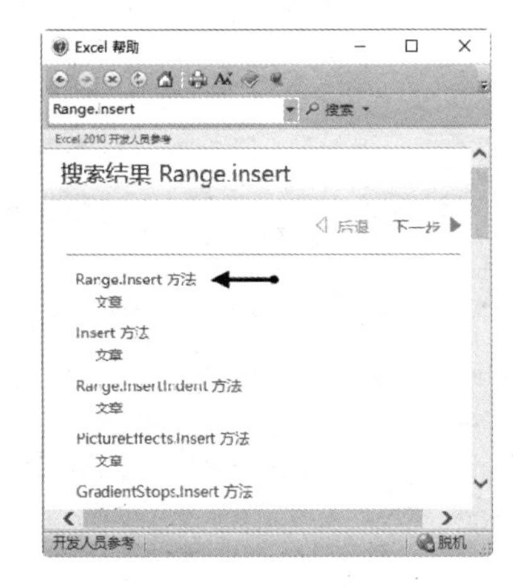

图 2-26　查询 Insert 的结果　　　　图 2-27　查询 Range.Insert 的结果

2.7 如何简化开发难度

本书前几章不会涉及 VBA 实战，主要讲述一些基础理论和准备工作。

本节讲述从三个方面简化开发难度，包含录制宏、调用内置提示和调用个人笔记。

2.7.1 录制宏

Excel 可以借助录制宏来生成 VBA 代码，从而让 VBA 开发工作变得更简单，甚至还能缩短 VBA 的学习过程。

在 2.2.2 节中有说明录制宏的优点，以及录制宏的步骤，本节不再详细阐述，只是强调一下录制宏的重要性，希望 VBA 用户们在书写代码前可以通过录制产生代码，然后稍加修改即可获得最终的效果。如果所有代码都手工输入，则书写出错的概率较高，同时还要记得所有单词，加大了学习难度，而这些可以通过录制宏来解决。

当然，也需要同步强调一下录制宏的缺点，并不是所有操作都能录制，对于那些无法录制的知识点就必须学习、记忆，本书的重点基本都是无法录制的部分，能录制的操作都会忽略或者简单一笔带过。像排序、筛选、条件格式、查找与替换、插入工作表、插入一张图片等操作都可以通过录制宏获得代码，因此不会详细讲解语法和思路。

2.7.2 调用内置提示

VBA 提供了大量的提示信息，借助这些提示信息可以让代码书写工作大大简化，同时减少记单词的工作量。

内置的提示包含三类，第一类是帮你补全单词的拼写，例如表示单元格的单词是 Range，你只记得 Ran，无法准确地书写完整，就可以调用提示补全 Range 单词，比如写完 Ran 后按下<Ctrl+J>组合键调出列表，然后从列表中选中“Range”，完成输入。列表效果如图 2-28 所示。

同理，如果书写关于 Excel 应用程序对象的单词 Application 时忘记了完整的拼写方式，可以调用提示补全 Application 单词，比如在写好前三个字母 app 后按<Ctrl+J>组合键调出列表，然后从列表中选择 Application 即可，列表效果如图 2-29 所示。

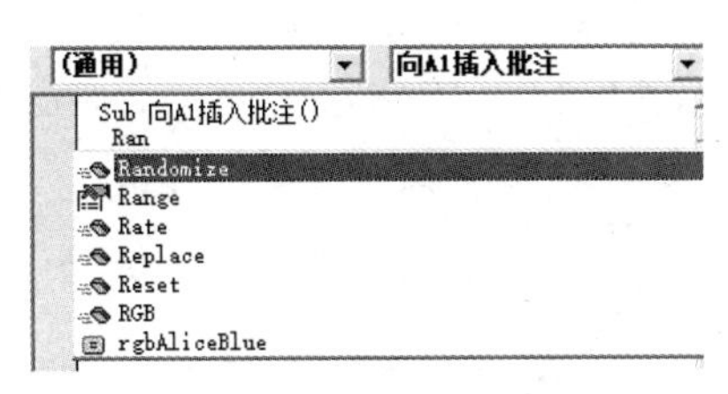

图 2-28　调用提示补全 Range 单词

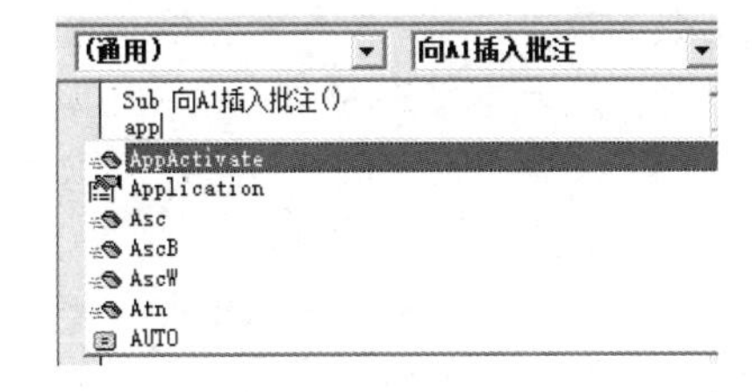

图 2-29　调用提示补全 Application 单词

第二类是提供详细的属性和方法列表。例如想知道单元格有多少属性、多少方法，在写完单元格对象后再加一个小数点即可调出列表，调出 Range 对象的属性和方法如图 2-30 所示。

由于和单元格相关的所有属性和方法都在列表中，因此写书代码时可以从列表中选择目标单词，较之手工书写更准确。例如工作中会经常出现这种情况：某个单词无法默写出来，不记得拼写方式，但是如果从几个单词中选择，则总能找到正确的那一个，毕竟以前学过，在大脑中多少存在一些印象。

要在 A1 单元格中插入批注，批注内容是当前时间，插入批注的单词是 AddComment，当记不住时可能写成“insertcomment”“Addtcoment”或者“Addcommont”，而直接从列表中选择 AddComment 既快又准。

输入 AddComment 之后，再加上参数“"当前时间：" & Now()”，其中 Now()函数用于生成当前的日期和时间，连接运算符&前后必须有空格，通过&将字符串“当前时间：”和函数 Now 的结果串联成一个字符串，显示在 A1 单元格的批注中。如图 2-31 所示为最终的插入批注代码。

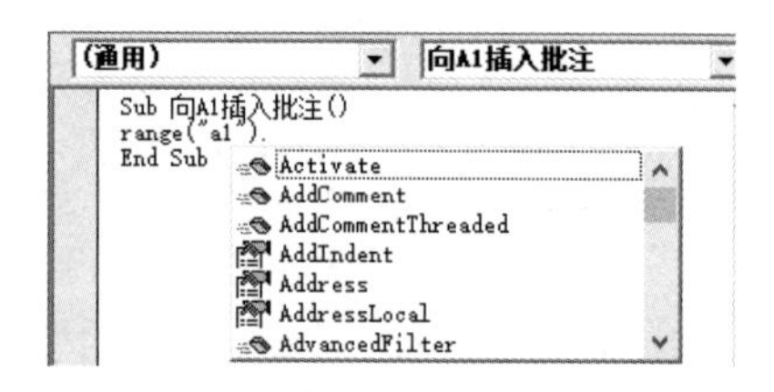

图 2-30　调出 Range 对象的属性和方法

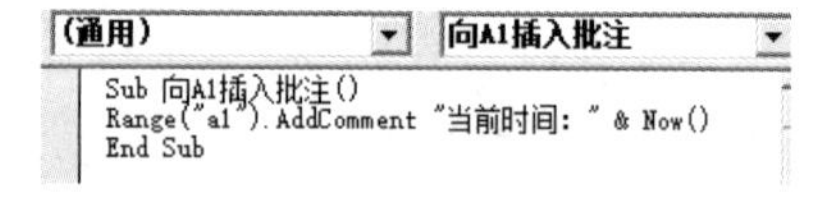

图 2-31　插入批注代码

选中图 2-31 中的代码，然后按<F5>键执行，插入的批注如图 2-32 所示。

补充说明　如果单元格中已经有批注，那么不能再向单元格插入批注，只能修改批注的内容，或者利用代码删除以前的批注，然后插入新的批注。因此，不能反复执行上面的代码，第二次执行时就会出错。想要不出错，需要用到后文的知识，在此略过。

第三类提示是函数的参数，或者各类方法的参数。前面用到的 AddComment 方法就有一个名为 Text 的参数。

调用方法的参数提示和调用函数的参数提示稍有区别，输入方法（例如 Range("a1"). AddComment）后，再加一个空格即可调出该方法的参数提示，效果如图 2-33 所示。通过该提示可以看出 AddComment 方法只有一个名为 text 的参数，该参数是可选参数。

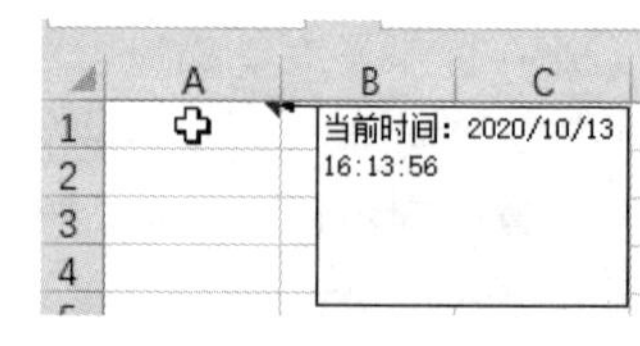

图 2-32　插入的批注

必须对参数赋值的是必选参数，可赋值也可不赋值的叫作可选参数。参数提示中带[ ]的表示它是可选参数。

调用函数的参数提示则需要将空格改为左括号。例如输入 mid 后再加上“(”，马上就可以看到参数提示，效果如图 2-34 所示。通过该提示可以看出 Mid 函数有 3 个参数，其中前两个是必选参数，第三个是可选参数。甚至还可以看出第一参数是 String 类型的字符串，第二参数是 Long 类型的数值，第三参数代表长度。

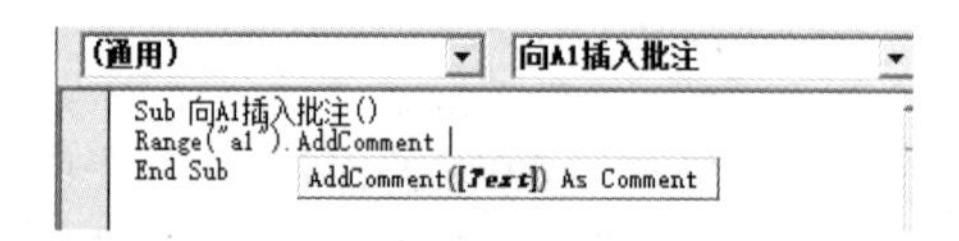

图 2-33　调用 AddComment 方法的参数提示

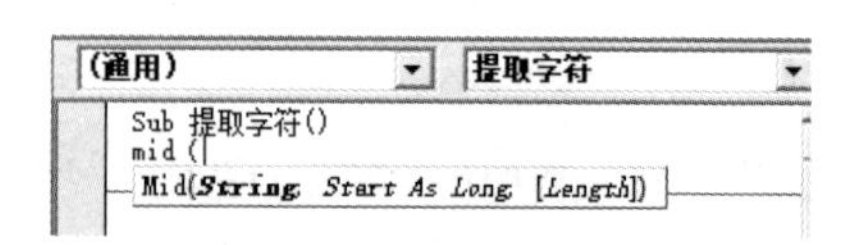

图 2-34　Mid 函数的参数提示

不管是 VBA 初学者还是老程序员，提示信息都是相当宝贵的，因为没有人可以将所有单词都记在脑中。往往常用的单词能记得很清晰，但是不常用的要么完全不记得，要么只有一个大概的印象，或者只知道前几个字母的书写方式，有了提示信息后，可以提升编程的效率和写书的准确度。

随书提供演示视频：2-03 调用 VBA 的内置提示.mp4

2.7.3 调用笔记

一段完整的程序，短的可能有 10 行 20 行，长的可能有上千行，没有必要每行代码和每段代码都手工书写。对于常用的代码应该做好笔记并备份起来，需要时从笔记中复制出来使用即可。

笔记的作用体现在两个方面：其一是解决记代码的问题。当忘记某些属性、方法的书写方式或者函数的参数时就无法书写代码，如果学习期间把学到的知识点都做详尽的笔记和代码备份，那么就可以直接复制代码出来使用，解决忘记代码的问题。其二是提升开发效率的问题。有些代码是使用频率较高的，可能每周都会用到，每次都手写所有代码吗？显然不合理。第一次学习 VBA 时将测试通过后的代码备份，需要时复制出来使用，可以让开发效率提升数倍。例如在笔记本中有下面的代码，用于将等于指定值的所有单元格标示指定的颜色。：

```
Sub 着色(值 As String, 颜色值 As Long)
 Application.ReplaceFormat.Interior.Color = 颜色值
 Cells.Replace What:=值, Replacement:=值, LookAt:=xlWhole, ReplaceFormat:=True
End Sub
```

当工作中存在将值为 80 的单元格标示为红色背景的需求时，可以将笔记中的代码复制出来，然后用简单的几个字调用它就能完成工作，代码如下：

```
Sub 将 80 填充为红色()
着色 80, 255
End Sub
```

笔记可以是单行的代码，也可以是整段的代码，重要的是，笔记中的代码必须是经过反复验证的，没有问题的代码，同时还要添加注释，给后续调用时提供便利。

随书提供演示视频：2-05 调用笔记提升开发效率.mp4

第 3 章　VBA 的程序结构详解

在进入实质性的 VBA 开发之前，我们有必要了解 VBA 的程序结构。

VBA 程序包含子过程、函数过程和属性过程，本章仅以子过程为例阐述过程的结构。

3.1 Sub 过程基本语法

VBA 初学者通常都是从录制宏开始的，录制宏产生的代码其实就是一个子过程。一个完整的子过程由作用范围、变量的生命周期、过程声明语句、参数、命令、中断过程语句、结束语句和注释 8 个部分组成，而录制宏时产生的代码不会同时包含这 8 个组成部分。因此，如果仅仅停留在录制宏阶段，是无法了解子过程的完整结构的。

3.1.1 认识程序结构

子过程包含作用范围、变量的生命周期、过程声明语句、参数、命令、中途终止过程语句、结束语句和注释 8 个部分。其中除注释外的 7 个部分可以在帮助中找到，在帮助中搜索关键字“Sub 语句”，即可得到子过程的结构。

子过程的结构如图 3-1 所示。

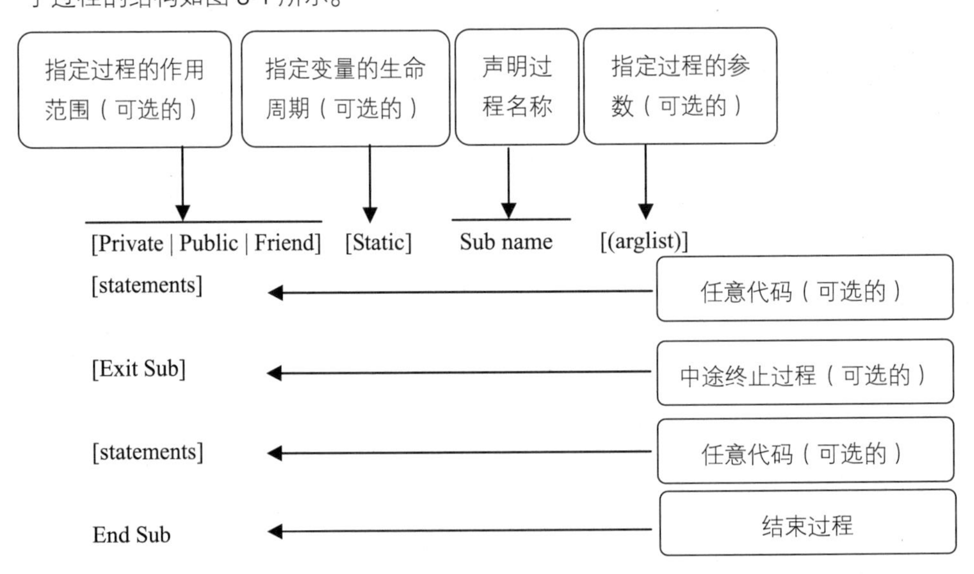

图 3-1　子过程的结构

图 3-1 中带有方括号“[]”的部分表示是可选项，在编程时允许忽略。例如用于中途中断过程的代码“Exit Sub”就是可选项，程序执行过程中可以有条件地中断过程，也可以不中断过程；过程的参数“arglist”也是可选项，可以根据需求决定是否使用参数。

图 3-1 中带有“|”的部分表示为并列项，例如 Private、Public 与 Friend 之间属于并列关系，三者不能同时存在，只能根据需求任选一种。同时又由于它是可选项，因此三者都可以忽略。

剔除所有可选项后，子过程的简写模式如下：

```
Sub name()

End sub
```

在实际工作中，用得最多的都是简写结构的过程，不需要指定作用范围、生命周期，也不需要使用参数。

知识补充 程序的声明语句和结束语句组成程序外壳。程序外壳是必不可少的组成部分，通常说一段程序用了多少行代码时都会忽略程序外壳。

以下过程“对 A1 赋值”忽略了作用范围、变量的生命周期、中断过程语句等部分，这是最常见的代码书写方式。

```
Sub 对 A1 赋值()
Range("a1").value = 123
End Sub
```

再如以下过程“修改工作表名称”，可用 A1 的值命名活动工作表的名称。

```
Sub 修改工作表名称()
ActiveSheet.Name = Range("a1").Value
End Sub
```

使用以上过程要注意 3 点，工作表的名称不能是空白的，不能超过 31 个字，不能包含/、?、*等特殊字符，因此在执行以上代码前，必须先检查 A1 的值是否符合标准，否则会出错。

3.1.2 为 VBA 程序添加注释

为程序添加注释有两个目的。其一是说明程序的功能、版号、作者、更新时间、更新内容等，也可以是程序的思路说明，为后续维护提供便利；其二是为某一行代码添加代码的含义说明。

代码注释默认显示为绿色，代码颜色为黑色，两者形成反差，从而便于识别。

添加注释有两种方法。其一是先写“Rem”加一个空格，然后输入注释内容，VBA 在执行代码时只要检测到“Rem”就自动忽略该行；其二是先写一个半角状态的单引号“'”，然后追加注释内容。

如图 3-2 所示，分别使用了两种方式为程序添加注释，在注释中既有程序的功能说明，又有每句代码的含义注释，从而给他人查看代码提供方便。

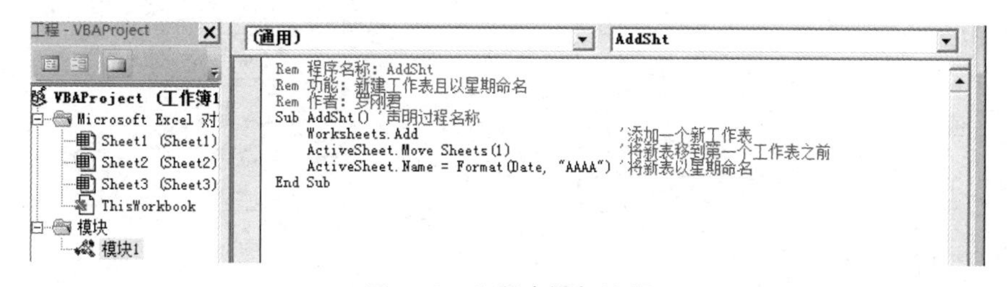

图 3-2　为程序添加注释

代码注释不是必需的，但是很有必要完善代码的注释，既给他人提供方便，也给自己维护代码提供方便。因为 VBA 开发者都不是专业程序员，当几个月不用 VBA 后再回来查看代码可能会连自己写的代码也无法厘清思路，鉴于此，代码的注释显得格外重要。

随书提供案例文件：3-01 为过程添加注释.xlsm

3.2 过程的作用范围

在调用程序时，除了通过菜单、快捷键、命令按钮、<Alt+F8>组合键等方式调用，还可以用另一个过程来调用当前过程，而用过程调用过程时就涉及过程的作用范围。

本节阐述过程的作用范围，也称之为作用域。

3.2.1 何谓作用范围

过程的作用范围是指过程只能被当前模块调用还是能让所有模块都调用。对于只有当前模块才能调用的过程称之为私有过程，使用 Private 关键字声明过程即可；所有模块都能调用的过程则称之为公有过程，使用 Public 关键字声明过程。由于 Public 属于默认值，因此声明公有的过程时可以忽略不写。

3.2.2 公有过程与私有过程的区别

公有过程与私有过程的区别主要体现在两方面。

1. 是否允许其他模块调用

私有过程只允许当前模块的其他过程调用，而公有过程允许所有模块的过程调用。通过以下步骤可以了解公有过程与私有过程的区别。

STEP 01 如果当前的 Excel 处于打开状态，那么重启 Excel。

STEP 02 在“工作簿 1”中按<Alt+F11>组合键打开 VBE 窗口。

STEP 03 在菜单栏执行“插入”→“模块”命令，并在产生的“模块 1”中输入以下 3 段子过程：

```
Rem 声明一个私有的过程“问候 1”
Rem 此过程只能当前模块才能调用
Private Sub 问候 1()
  MsgBox "早上好"
End Sub

Rem 声明一个公有的过程“问候 2”
Rem 此过程可被所有模块都调用
Sub 问候 2()
  MsgBox "下午好"
End Sub

Sub test()  '调用过程“问候 1”和“问候 2”
  Call 问候 1
  Call 问候 2
End Sub
```

STEP 04 将光标定位于过程“test”中的任意位置，然后按<F5>键执行过程，程序会依次弹出“早上好”和“下午好”两个信息框，说明“问候 1”和“问候 2”都调用成功。

STEP 05 在菜单栏执行“插入”→“模块”命令，并在产生的“模块 2”中输入以下过程：

```
Sub test()   '调用过程“问候 1”和“问候 2”
  Call 问候 1
  Call 问候 2
End Sub
```

STEP 06 将光标定位于过程“test”中的任意位置，然后按<F5>键执行过程，程序会弹出如图 3-3 所示的错误提示窗口，说明过程“问候 1”无法调用。

STEP 07 删除代码“Call 问候 1”，再次执行过程“test”，会弹出“下午好”的提示信息。

知识补充 使用代码调用其他过程时，可使用 Call 语句，将被调用的过程名称作为它的参数即可，参数不能使用双引号，例如写成“Call 问候 1”。事实上，在 Call 语句中允许忽略关键字“Call”，因此调用过程“问候 1”也可以直接写为“问候 1”。

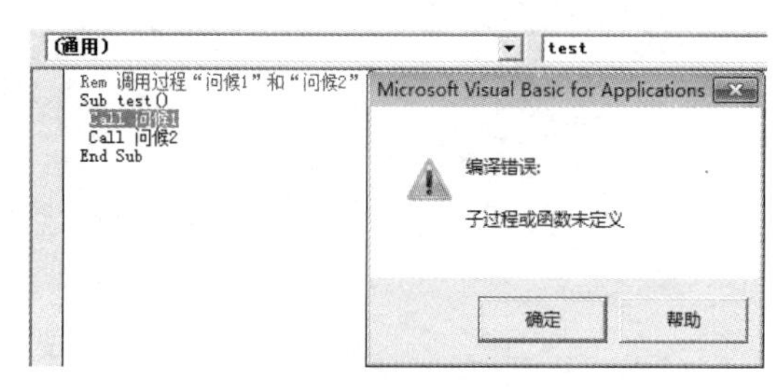

图 3-3　错误提示窗口

2. 是否出现在“宏”对话框中

公有过程的名称会罗列在通过按<Alt+F8>组合键打开的“宏”对话框中，而私有过程则处于隐藏状态，虽然也可以在工作表界面通过按<Alt+F8>组合键来调用私有过程，但是私有过程的名称不会出现在该列表中。

在实际工作中极少使用私有过程，因此直接忽略 Private 和 Public 即可。

随书提供演示视频：3-02 公有过程和私有过程.mp4

3.3 过程的命名规则

对过程命名需要遵循以下规则：

STEP 01 第一个字符必须使用英文字母或者汉字，禁止用数字开头。

STEP 02 不能使用空格和句号、感叹号、逗号、@、&、$、# 等符号。

STEP 03 名称的长度不能超过 255 个字符。

STEP 04 过程名称不宜与模块同名，否则跨模块调用该过程时必须同时书写模块名称和过程名称，当采用其他过程一样的调用方式时无法调用成功。

STEP 05 不能与同一个模块中的其他任意过程同名，但允许与不同模块中的过程同名。

STEP 06 不能与 VBA 的保留字一致。例如 Dim、Sub、End、as 和 Exit 等都是保留字。

此外，过程名称不区分字母大小写，命名为 A 时，也可以用代码“Call a”来调用。

3.4 过程的参数

过程允许携带参数，有参数的过程比无参数的过程更强大、灵活。在编写较大型的程序时会用到带参数的过程。

不过带有参数的过程在编写和应用上都较为复杂，本书在 10.3 节中有详解，因此本节暂且略过，待你掌握好 VBA 的基础知识后再做研究。

3.5 过程的执行流程

一个复杂的过程可能会有几百行代码。在执行程序时遵循从上到下、从左到右的顺序。不过 VBA 也提供了改变程序流程的诸多方法，可让程序随时更改执行顺序。

3.5.1 正常的执行流程

VBA 的程序执行流程是自上而下、从左到右的，如下所示。

```
Sub 问候()        '代码存放位置：模块中
  MsgBox "早上好"
  MsgBox "中午好"
  MsgBox "下午好": MsgBox "傍晚好"
  MsgBox "晚上好"
End Sub
```

在以上过程中，共有 5 句代码，其中第三句和第四句并列在一行中，使用了冒号作为分隔符。此处冒号的作用是将两行代码显示在一行中，代码仍然算作两句。

当选择模块中的过程“问候”，然后按<F5>键执行过程时，Excel 会依次弹出“早上好”“中午好”“下午好”“傍晚好”和“晚上好”。

也可以按<F8>键查看代码的执行流程。

选择过程“问候”，然后按<F8>键，可以看到 VBA 将声明语句“Sub 问候 ()”标示为黄色，表示它是即将执行的语句。再次按<F8>键，VBA 将“MsgBox "早上好"”标示为黄色，表示“MsgBox "早上好"”是即将执行的语句……

3.5.2 改变程序的执行流程

VBA 提供了条件语句和 Goto 语句来改变程序的执行流程。

以下两个过程使用了条件语句和 Goto 语句，程序不再是从上到下执行，你可以按<F8>键逐步执行代码，从而了解它的实际顺序。

```
Sub test()                      '代码存放位置：模块中
  a = 61                        '对变量 A 赋值为 61
  If a < 60 Then                '如果变量 A 的值小于 60
      MsgBox "不及格"           '提示“不及格”
  Else                          '否则
      MsgBox "及格"             '提示“及格”
  End If                        '结束条件语句
End Sub
Sub test2()                     '代码存放位置：模块中
  On Error GoTo line            '当程序出错时，跳转到 line 处执行代码
  MsgBox 100 / Range("a1")      '报告 100 除以 A1 单元格的值
  Exit Sub                      '结束程序
line:                           '设置一个标签
  Range("a1") = 10              '将 A1 单元格的值赋值为 10
```

```
  Resume                        '返回出错的地方继续执行
End Sub
```

随书提供案例文件和演示视频：3-3 改变程序的执行流程.xlsm 和 3-03 改变程序的执行流程 mp4

关于条件语句 If Then 和 Goto 语句会在本书第 7 章有详解，此处仅需了解通过代码可以改变执行流程即可。

3.6 中断过程

执行过程时，VBA 会按预设顺序连续地执行代码，直到遇到暂停语句或者终止过程的代码。VBA 提供了几个可以中断过程或者终止过程的代码，本节将一一解析这些语句。

3.6.1 结束过程：End Sub

End Sub 语句属于程序外壳的组成部分，它标志着程序结束，处于过程的末端。当 VBA 遇到此句代码时会自动结束过程。

一个 VBA 过程中只能存在一句 End Sub 语句。

3.6.2 中途结束过程：Exit Sub

Exit Sub 语句用于中途结束过程，可以在一个过程中存放任意数量的 Exit Sub 语句，不过在执行代码时只要遇到第一个 Exit Sub 语句就会结束过程，完全忽略其他的 Exit Sub 语句。

在测试一个有 200 行代码的过程时，假设只需要测试前 100 行，忽略后 100 行，可在第 100 行代码之后插入 Exit Sub 语句，那么后 100 行代码不再执行。

```
Sub 问候()                      '代码存放位置：模块中
  MsgBox "早上好"               '第一次提示
  MsgBox "中午好"               '第二次提示
  Exit Sub                      '中途结束过程
  MsgBox "下午好"               '第三次提示
End Sub
```

以上过程中使用了三个 MsgBox 函数，用于弹出三个信息框，然而在第三句代码之前插入 Exit Sub 语句之后，原本的第三句代码就不再执行了，你可以按<F8>键测试。

3.6.3 中途结束一切：End

End 语句具有 Exit Sub 语句的功能，可以中途结束过程。不过它比 End Sub 语句的功能强大得多，它不仅可以结束过程，甚至可以结束一切，包括清除所有公共变量的值，关闭当前窗体（假设 End 语句在窗体中）。

基于以上原因，End 语句不能随意使用，它可能会带来破坏性的后果，致使其他程序无法正常运行。

3.6.4 暂停过程：Stop

Stop 语句用于中途暂停过程，当程序执行过程中遇到 Stop 语句时会自动暂停，再次按<F5>

键时则继续执行后面的代码。一个过程中允许存放多个 Stop 语句。

在调试代码时，Stop 语句是比较有用的工具。

```
Sub 问候 2()            '代码存放位置：模块中
    MsgBox "早上好"  '第一次提示
    MsgBox "中午好"  '第二次提示
    Stop               '中途暂停过程
    MsgBox "下午好"  '第三次提示
End Sub
```

以上过程中使用了 Stop 语句，因此按<F5>键后只执行前两句代码，遇到 Stop 后就会暂停。当再次按<F5>键时才会继续执行完剩下的代码。

3.6.5 手动暂停程序：Ctrl+Break

除了前面所讲的通过代码结束或者暂停过程，Excel 还允许通过按< Ctrl+Break >组合键暂停过程，不过只能在程序刚开始运行不久时才管用。

假设某程序需要较长的执行时间，想要中途停止过程时，可以按<Ctrl+Break>组合键让程序暂停。例如以下过程需要 10 秒钟以上才能执行完毕，在程序启动后的前几秒可以按<Ctrl+Break>组合键让程序暂停。

```
Sub 填充数值()                             '代码存放位置：模块中
    For i = 1 To 1000000                   '从 1 到 100 万
        Cells(i, "A").value = I            '对 A 列第 i 个单元格输入序号
    Next                                   '下一个单元格
End Sub
```

随书提供案例文件：3-04 结束或暂停过程.xlsm

第 4 章　VBA 四大基本概念

本书的第 2 章和第 3 章介绍了 VBA 程序的入门知识，包括 VBA 程序代码的存放方式、产生方式、调用方式、保存方式、查询方式和 VBA 程序的基本结构等内容，对这些应用常识有所认识后，从本章开始正式接触 VBA 编程。

本章主要向你介绍 VBA 中的四大基本概念，此后的一切高级应用都是这四大概念的延伸，因此请你务必认真学习本章的理论，切不可跳过本章直接进入后面的综合应用环节。

4.1 Excel 的对象

在 VBA 的帮助中对于对象的定义是“代码和数据的组合，可将它看作单元，例如，控件、窗体或应用程序部件。每个对象由类来定义”。很显然，这个定义不够通俗、直白，无法从中明白对象究竟是什么。本节将向你详解 Excel 对象的概念、对象的特性，以及展示 Excel 常用对象的名称与书写方式。

4.1.1 什么是对象

不管是简单还是复杂的故事都会有人物、事件、时间和地点等要素，其中人物是故事的核心，故事的推进、发展总是围绕人物而展开。

在 VBA 编程过程中，也相应地有对象、属性、方法和事件等要素，其中对象是 VBA 的核心，一切操作皆以对象为基础。如果没有了对象，VBA 编程就失去了存在价值。

为了让你更易于理解，笔者打算使用类比方法来描述对象。尽管一切类比都会有疏漏之处，无法完整、恰到好处地传达目标信息，然而在无法明了官方定义时，类比可以作为有效的补充，让用户从中获得对概念的基本认知。

比如汽车是一个对象，车上的车轮、方向盘都是对象。方向盘的颜色、数量和尺寸就是方向盘这个对象的属性了，而且方向盘的旋转、升降等动作则属于方法。

Excel 的对象就像一个物体，实实在在地呈现在每一个 Excel 用户眼前。物体是能看得见的，或者能感受到它的存在的。Excel 中的单元格、工作表、工作簿、窗口、批注、图表、艺术字、菜单等都是对象，一个对话框就是一个对象，Excel 本身也是一个对象。

事实上，Excel 中也有一些比较隐蔽的、难以判断的对象。例如通过<Ctrl+F3>组合键定义的名称就是一个对象，一个筛选器、超级链接、页面设置、分页符也是一个对象。

操作 Excel，其实就是操作这些对象。

正确地理解对象，对于 VBA 编程有着深远的意义。

Excel 2019 有 305 类对象，不过常用的对象不超过 10 类，对于这些常用对象类别及其含义有必要熟记，如表 4-1 所示。

表 4-1 常用对象类别及其含义

对象类别	含义
Application	代表整个Excel应用程序
Workbook	代表Excel工作簿对象
Worksheet	代表工作表对象
Window	代表窗口对象
Range	代表单元格对象
Shape	代表嵌入到工作表中的图形对象，包括自选图形、OLE 对象、图片、图表、艺术字、文本框、批注等
Name	代表名称对象，可以是内置名称也可以是自定义名称
Chart	代表图表对象
WorksheetFunction	代表工作表函数对象
Comment	代表单元格中的批注对象

你可以从在线帮助中查看 Excel 2019 的所有对象大全，闲暇时可以逐个查看左边的对象列表，单击对象名称可以调用该对象的说明，以及案例应用举例。有的对象还有方法、事件，会一并罗列出来，同时提供案例代码和分析。

4.1.2 对象与对象集合

Excel VBA 将单一的对象和同类别的多个对象分别定义为对象与对象集合，对象集合通常以字母“s”结束，表示复数。例如：

Workbooks——工作簿集合，代表当前打开的所有工作簿，可能是 1 个也可能是数百个。

Worksheets——工作表集合，代表工作簿中的所有工作表，可能是 1 个也可能是数百个。

Comments——批注集合，代表工作表中的所有批注。

Cells——单元格集合，代表工作表中的所有单元格，有 1 048 576×16 384 个，如果使用兼容格式的工作簿，则只有 65 536×256 个。

Shapes——图形对象集合，代表插入到工作表中的一切图形对象。

不是所有对象都有对象集合，Excel 应用程序对象 Application 就只有一个，不存在集合，工作表函数对象 WorksheetFunction 和字体对象 Font 也不存在集合，只能单个访问。

使用以下代码可以关闭当前已经打开的所有工作簿。

```
Sub 关闭所有工作簿()
    Workbooks.Close
End Sub
```

其中 Close 表示关闭，因此整句代码表示关闭所有工作簿。

```
Sub 计算工作表数量()
    MsgBox Worksheets.Count
End Sub
```

其中 Count 表示数量，因此整句代码表示在信息框中显示工作表集合的总数量。

单个对象是指对象集合中的其中一个对象，通过参数来表示。

引用单个对象时有两种参数书写方式，包括使用序号和使用名称。

1. 使用序号引用单个对象

使用序号引用单个对象比较方便，书写时也比较简单，直接在对象集合的括号中加入一个序号即可。该序号不能小于 1、不能大于对象集合的总数量。语法如下：

```
对象集合(序号)
```

例如 Worksheets(1)表示第一个工作表，参数 1 代表工作表的序号，按从左到右的顺序计算。在图 4-1 中展示了工作表序号的编号方式。

图 4-1 为工作表序号示意图，只有 3 个工作表，因此只能使用 Worksheets(1)、Worksheets(2)和 Worksheets(3)引用这 3 个工作表，使用 Worksheets(0)或者 Worksheets(4)都会出错。

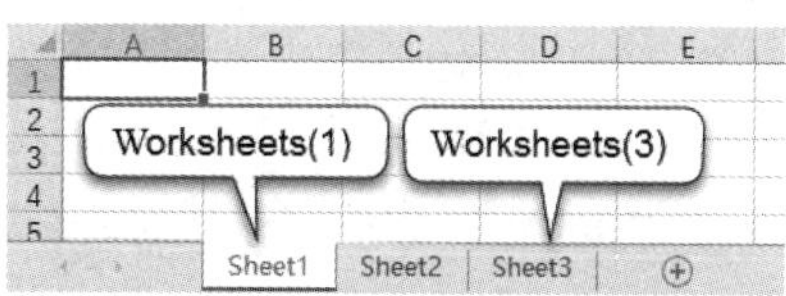

图 4-1　工作表序号示意图

同理，Comments(3)代表第 3 个批注，如果工作表中没有批注或者批注数量少于 3 个，那么执行代码时将会出错。

假设工作表中有超过 3 个批注，那么以下代码可以获得第 3 个批注的内容。

```
Sub 获得活动工作表第 3 个批注的内容()
   MsgBox ActiveSheet.Comments(3).Text
End Sub
```

代码中 ActiveSheet 代表活动工作表，Comments(3)代表第 3 个批注，Text 代表批注的内容，因此整句代码表示在信息框中显示活动工作表第 3 个批注的内容。

随书提供案例文件：4-01 获取第 3 个批注内容.xlsm

Cells 代表单元格集合，可以通过序号引用集合中的任意一个单元格。序号是先横向后纵向计算的，因此 Cells(8)代表横向第 8 个单元格，即 H1 单元格；Cells(16400)代表横向第 16 400 个单元格，即 P2 单元格。P2 的计算规则是：Excel 2010 的工作表具有 16 384 列，第 16 384 个单元格即第一列的最后一个单元格 XFD1，当序列号大于 16 384 时则从第二行开始继续累加。16 400 减去 16 384 等于 16，因此 16 400 个单元格即第二行的第 16 个单元格 P2。

2. 使用名称引用单个对象

使用名称引用单个对象比较直观，但是书写方式较使用序号更复杂。其语法如下：

```
对象集合("对象名称")
```

如果序号引用图 4-1 中的第二个工作表，应使用代码 Worksheets(2)，而使用名称引用图 4-1 中的第二个工作表则应采用 Worksheets("Sheet2")。具体应用如下：

```
Sub 删除 Sheet2()
   Worksheets("sheet2").Delete
End Sub
```

代码中 Delete 的含义是删除，因此整行代码的作用是删除名为“sheet2”的工作表。

对象名称需要使用双引号，忽略双引号时会执行出错；使用序号引用对象时则绝对不能使用双引号，否则 VBA 会将序号作为名称处理。例如 Worksheets(3)代表第 3 个工作表，而 Worksheets("3")则代表名称为 3 的工作表，两者含义大相径庭。

知识补充　单元格对象的书写方式比较特殊，它的对象集合是 Cells，可以通过序号作为参数引用单个单元格对象，例如 Cells(5)，但是不能对 Cells 使用名称参数，例如“Cells ("B5")”。Excel 提供了 Range("地址")这种形式的单元格引用方式，从而所见即所得，可通过参数了解它所引用的单元格对象的地址，例如 Range ("A1")、Range ("b2:c10")、Range ("C:D")等。

4.1.3 对象的层次结构

Excel 有 200 多类对象（包含对象集合），这些对象并不是并列存在的，而是像公司职员的组织架构一样具有一定的层次结构，一级一级泾渭分明。

Excel 最高级别的对象即 Excel 应用程序本身，其对象名称为 Application。在它的下层有工作簿对象（类别名称为 Workbook）、窗口对象（类别名称为 Window）、对话框对象（类别名称为 Dialogs）、应用程序级别的名称对象（类别名称为 Name）、单元格对象（类别名称为 Range）、活动工作表对象（此对象的书写方式是 ActiveSheet）等。

工作簿对象处于 Excel 对象的第 2 个层级，它的下层有工作表对象(类别名称为 Worksheet)、工作簿级别的名称对象（类别名称为 Name）、样式对象（类别名称为 Style）、活动工作表（此对象的书写方式是 ActiveSheet）等。

工作表对象处于 Excel 对象的第 3 个层次，在它的下层有单元格对象(类别名称为 Range)、批注对象(类别名称为 Comment)、行对象(行的集合用 Rows 表示，可通过参数引用单个行)、列对象（列的集合用 Columns 表示，可通过参数引用单个列）、页面设置对象（类别名称为 PageSetup）、分页符对象（类别名称为 HPageBreak）、图形对象（类别名称为 Shape）、工作表级的名称对象（类别名称为 Name）等。

行对象或者列对象处于 Excel 对象的第四层，在它们的下层都是 Range 对象。

对于几个常用的对象，可以按以下形式展示它们的层次关系：

Application 对象→Workbook 对象→Worksheet 对象→Rows 对象/Columns 对象→Range 对象→Comment 对象。

ActiveSheet 对象和 Range 对象比较特殊，有必要特别说明。

◆ ActiveSheet 对象

ActiveSheet 对象代表活动工作表。工作簿对象 Workbook 和应用程序对象 Application 都有一个名为 Activesheet 的下级对象，然而它们两者是不同的。Application 的子对象 ActiveSheet 代表活动工作簿中的活动工作表，由于活动工作簿只有一个，因此 Application 的子对象 ActiveSheet 永远只有一个；一个 Workbook 对象虽然也只有一个 Activesheet 子对象，但是由于 Excel 允许同时打开多个工作簿，因此每一个工作簿都有一个名为 Activesheet 的子对象。

基于此，Application 的子对象 ActiveSheet 和 Workbook 的子对象 ActiveSheet 是不同的。代码“Application.ActiveSheet”永远只能引用活动工作簿中的活动工作表，不能引用非活动工作簿中的活动工作表。换言之“Workbook.ActiveSheet”包含“Application.ActiveSheet”对象。

最后总结：如果当前打开了 3 个工作簿，那么 Application.ActiveSheet 代表活动工作簿中的活动工作表，只有一个表；而 Workbooks(1).ActiveSheet、Workbooks(2).ActiveSheet 和 Workbooks(3).ActiveSheet 则分别对应 3 个工作簿中的 3 个工作表，每一个工作簿都有一个活动工作表。你可以打开 3 个工作簿，然后将 3 个工作簿的活动工作表命名为不同名称，最后执行以下代码，从而了解“Workbook.ActiveSheet”和“Application.ActiveSheet”两个对象的区别。

```
Sub 获取三个工作簿的活动工作表名称()
  MsgBox Workbooks(1).ActiveSheet.Name
  MsgBox Workbooks(2).ActiveSheet.Name
  MsgBox Workbooks(3).ActiveSheet.Name
End Sub
```

◆ Range 对象

Range 对象即单元格或者区域，它既是工作表对象 Worksheet 的下层对象，同时又是

Application 对象的下层对象。当作为 Application 对象的下层对象时，Range 只代表活动工作表中的单元格；当作为工作表对象 Worksheet 的下层对象时，Range 可以代表任何工作表中的单元格，因此“Worksheet.Range”大于“Application.Range”对象。

下面用具体的案例来演示以上差异：

STEP 01 新建一个工作簿，在 Sheet1 工作表的 A1 单元格输入字符 A，在 Sheet2 工作表的 A1 单元格输入字符 B，在 Sheet3 工作表的 A1 单元格输入字符 C。

STEP 02 按<Alt+F11>组合键打开 VBE 窗口。

STEP 03 在菜单栏执行“插入”→“模块”命令，然后在模块中输入以下两段代码：

```
'此过程可以获取 Sheet1、Sheet2 和 Sheet3 中 A1 单元格的值
Sub 通过 Worksheet 对象访问 Range 对象的值()
  MsgBox Worksheets("Sheet1").Cells(1) '在信息框中显示 Sheet1 工作表中 A1 的值
  MsgBox Worksheets("Sheet2").Cells(1) '在信息框中显示 Sheet2 工作表中 A1 的值
  MsgBox Worksheets("Sheet3").Cells(1) '在信息框中显示 Sheet3 工作表中 A1 的值
End Sub
'此过程只能获取活动工作表中 A1 单元格的值
Sub 通过 Application 对象访问 Range 对象的值()
  MsgBox Application.Cells(1)              '在信息框中显示活动工作表中 A1 的值
End Sub
```

STEP 04 分别执行两个过程，第一个过程可以获取 3 个工作表中 A1 单元格的值，而第二个过程只能获取活动工作表中 A1 的值。这证实了 Range 对象分别作为 Application 对象和工作表对象的下层对象时是有区别的。

随书提供案例文件：4-02 单元格对象的两种访问方式.xlsm

4.1.4 父对象与子对象

由于 Excel 的对象具有层次结构，因此就产生了父对象与子对象的说法。

Excel 将上一层对象称之为父对象，下一层对象称之为子对象。例如工作簿是工作表的父对象，工作表是单元格的父对象；工作表是工作簿的子对象，批注是单元格的子对象。

访问子对象的语法如下：

```
对象名称.子对象名称
```

要注意，对象与它的子对象之间使用半角状态下的小圆点，切不可使用全角小圆点。

例如以下代码都是标准的访问子对象的方法：

Worksheets(1).Cells (10)——访问第 1 个工作表的第 10 个单元格。

Workbooks(3).Worksheets ("生产表")——访问第三个工作簿中名为“生产表”的工作表。

Cells(2).Comment——访问第 2 个单元格中（即 B1 单元格）的批注。

访问父对象的语法如下：

```
对象名称.Parent
```

其中 Parent 代表父对象。以下代码可以访问父对象：

Cells(2).Parent——访问第 2 个单元格的父对象，也就是活动工作表。

Comments(2).Parent——访问第 2 个批注的父对象，也就是该批注所在的单元格。

当你看到此处或许会产生一个疑问：为什么以上代码每一句都无法执行？例如以下两句代码

中任意一句都会出错：

```
Sub test()
  Worksheets(1).Cells (10)
  Workbooks(3).Worksheets ("生产表")
End Sub
```

对于 VBA 而言，一句完整的代码必定有一个动作，例如赋值、修改某个属性、打开或者关闭对象、声明一个变量、调用一个过程等。没有动作的代码都是不完整的，在执行过程中必定出错。

“Worksheets(1).Cells (10)” 和 “Workbooks(3).Worksheets ("生产表")” 是两个对象，它们属于名词，不算动词，因此不构成一句完整的代码。

以下代码属于完整的代码：

Workbooks("生产表.xlsm").Close——关闭工作簿，其中 Close 表示关闭，是一个动作。

MsgBox Workbooks("生产表.xlsm").Name——提示工作簿对象的名称，提示是一个动作。

Worksheets.Add——创建一个新工作表，创建是一个动作。

Range("A1")=123——对单元格 A1 赋值，此处的等号表示赋值，也算一个动作。

Worksheets(1).Name = "总表"——对第一个工作表重命名为“总表”，命名就是一个动作。

通过以上比较，你应该足以判断怎样才算一句完整的代码。

如果将代码修改为以下形式，就可以正常执行了：

```
Sub test()
    '提示第 1 个表中第 10 个单元格的值
    MsgBox Worksheets(1).Cells(10).Value
    '将第 3 个工作簿中的“生产表”隐藏起来
    '当前必须打开至少 3 个工作簿，而且第 3 个工作簿必须有一个名为“生产表”的工作表
    '否则执行代码时必定会出错，请在满足条件时测试代码
    Workbooks(3).Worksheets("生产表").Visible = False
End Sub
```

4.1.5 活动对象

Excel 将当前处于激活状态的对象定义为活动对象，活动对象是可以直接访问的，不用指定其名称。活动对象包括活动工作表 ActiveSheet、活动单元格 ActiveCell、活动图表 ActiveChart、活动窗口 ActiveWindow、活动工作簿 ActiveWorkbook 等。下面介绍常用的几种活动对象。

1. Activesheet

如图 4-2 所示中有 3 个工作表，其中 Sheet2 处于激活状态，因此只有 Sheet2 属于 ActiveSheet（活动工作表）。

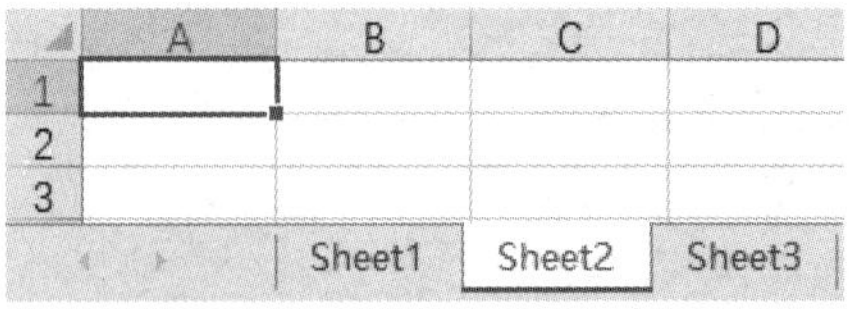

图 4-2　活动工作表

以下过程可以获得活动工作表的名称：

```
Sub 获取活动工作表的名称()
  MsgBox ActiveSheet.Name
```

```
End Sub
```

如果需要获取第 3 个工作表的名称，那么可以先进入第 3 个工作表再执行以上代码，也可以使用代码“MsgBox Worksheets(3).Name”。

一个工作簿只有一个活动工作表。

将非活动工作表 Sheet3 变成活动工作表应使用 Worksheet.Activate 方法，具体代码如下：

```
Worksheets("Sheet3").Activate
```

引用活动工作表中的单元格时可以省略 ActiveSheet，例如对活动单元格的 A1 赋值为 123，不再使用代码“ActiveSheet.Cells(1).value = 123”，而是简化为“Cells(1) .value= 123”。

2. ActiveWorkbook

活动工作簿由于处于激活状态，总在其他工作簿窗口的上层。不管打开了多少个工作簿，活动工作簿只有一个。活动工作簿的书写方式是 ActiveWorkbook。

当打开了一个新工作簿后，新工作簿就是活动工作簿。

引用活动工作簿中的工作表时，可以忽略活动工作簿。

3. ActiveCell

活动单元格是指处于激活状态的单元格，直接输入字符就能产生在活动单元格中。当选择单个单元格时，被选择的单元格就是活动单元格；当选择了一个区域时，该区域中背景为白色的单元格即为活动单元格，也可以根据名称框来确定活动单元格，只有活动单元格的地址会显示在名称框中。在图 4-3 中选区是 B2:C4，只有 C4 单元格才是活动单元格。

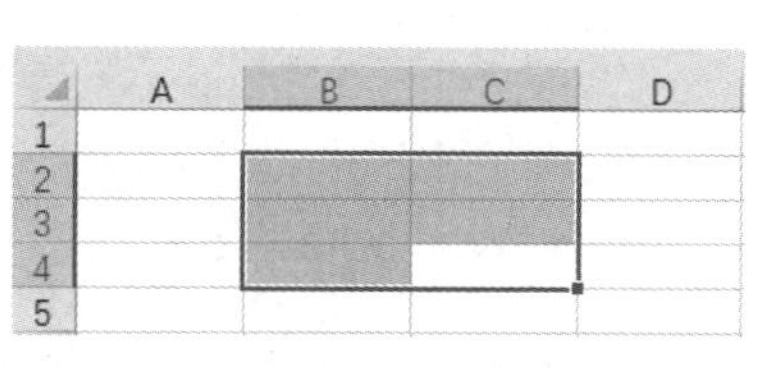

图 4-3　活动单元格（C4）示意图

引用活动单元格的子对象时不允许忽略 Activecell。例如以下过程表示向活动单元格中添加一个内容为“VBA 好犀利！”的批注，然后将批注内容输出到信息框中。在过程中使用了两次 ActiveCell，两个 ActiveCell 都不允许忽略。

```
Sub 批注()
  ActiveCell.AddComment "VBA 好犀利！"         '向活动单元格创建批注
  MsgBox ActiveCell.Comment.Text               '在信息框中显示活动单元格的批注内容
End Sub
```

由于不允许向有批注的单元格中插入新的批注，所以以上代码不能反复执行，需要判断单元格有没有批注，如果没有再插入新的批注。判断语句在第 7 章才会讲到，因此你在本章不需要了解得太细，知道以上代码不能重复执行即可。

随书提供案例文件：4-03 活动对象的省略与否问题.xlsm

4.2 对象的方法和属性

每个对象都有方法和属性，掌握了某个对象的方法和属性才算真正掌握了这个对象。

本节主要从概念上区分对象的方法与属性，以及介绍如何查看方法与属性，对于具体的应用将在本书第 9 章中提供大量的案例。

4.2.1 属性与方法的区别

对象的属性是指对象的某个特征，例如颜色、大小、地址、名称等。一切对象都有属性，而且有多个属性。

对象的方法是指处理对象的过程，通俗而言就是对对象执行某种操作。

方法都是动词，例如创建、删除、关闭、插入、激活、计算、复制、查找等。以下是 Range 对象的部分方法：

Range ("A1").Copy——复制 A1 单元格。

Range ("A1").Insert——在 A1 上方插入单元格。

Range ("A1"). AutoFill——填充 A1 单元格。

以下是 Worksheet 对象的部分方法：

Worksheets("Sheet2").Activate——激活工作表 Sheet2。

Worksheets("Sheet2").Delete——删除工作表 Sheet2。

Worksheets("Sheet2").Move——移动工作表 Sheet2。

对象的属性属于名词，例如大小、地址、位置序号、名称等。以下是 Workbook 对象的部分属性：

Workbooks(2).Name——获取第 2 个工作簿的名称。

Workbooks("生产表.xlsm").FileFormat——获取工作簿“生产表.xlsm”的文件格式。

ActiveWorkbook.Password——获取活动工作簿的密码。

4.2.2 查询方法与属性的两种方法

尽管方法和属性通过词性就相当容易区分，但是 Excel 还是提供了两种简便的查询方法，既帮助用户区分方法与属性，又让用户快捷地找到每个对象的方法和属性的含义解释。

1. 查询帮助

Excel VBA 的帮助系统中罗列了一切对象的属性和方法，如果是 Excel 2019 的用户，可以按<F1>键打开帮助网址，然后在窗口中左边的列表内找到 Workbook 对象即可，在其下方会罗列出该对象的所有方法和属性，如图 4-4 所示。

图 4-4 Excel 2019 的帮助系统

如果是 Excel 2010 的用户，可以按以下步骤操作。

STEP 01 在 VBE 窗口，在菜单栏执行“帮助”→“Microsoft Visual Basic for Applications 帮助”命令。

STEP 02 在 VBA 帮助界面的查询窗口中输入“Workbook 对象成员”，然后按回车键。

STEP 03 单击查询结果中的第一条“Workbook 对象成员”，此时将会打开 Workbook 对象相关的方法、属性和事件列表，Excel 2010 的本地帮助如图 4-5 所示。

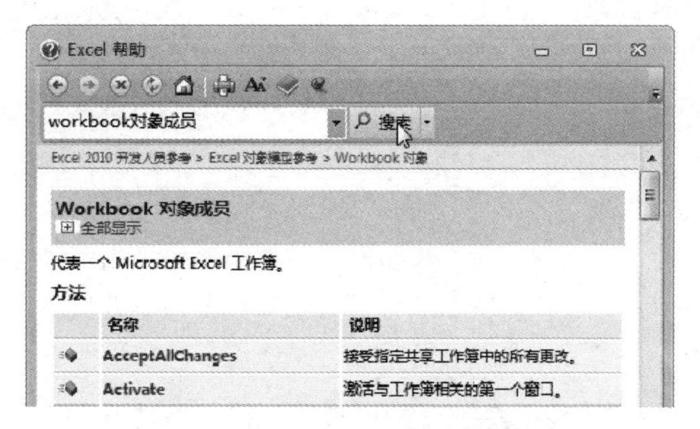

图 4-5　Excel 2010 的本地帮助

2. 属性与方法列表

VBA 为用户提供了对象的属性与方法列表，输入代码时会自动弹出该列表，用户可以从列表中选择属性或者方法名称，从而既加快输入速度又确保代码的准确性。

以调用工作表对象的属性与方法为例，操作步骤如下。

STEP 01 使用代码 “Dim a As Worksheet” 声明一个 Worksheet 类型的对象变量。

STEP 02 再输入代码 “a.”，此时会弹出工作表相关的所有属性与方法列表，如图 4-6 所示。

Worksheet 是工作表的类别名称，因此变量 a 此时就代表一个工作表，输入 “a.” 之后可以调用工作表对象的方法与属性。在图 4-6 中带有绿色图标的是方法，带有手形黑色图标的是属性。

STEP 03 如果需要查看单元格对象的方法与属性，那么将变量 a 的类型改为 Range 即可，如图 4-7 所示。

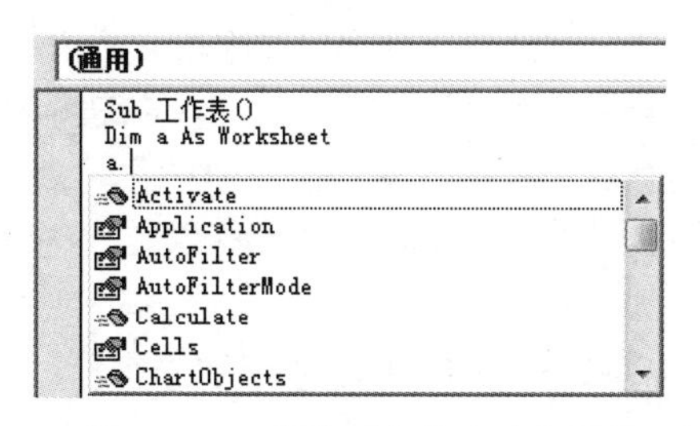

图 4-6　工作表对象的方法与属性

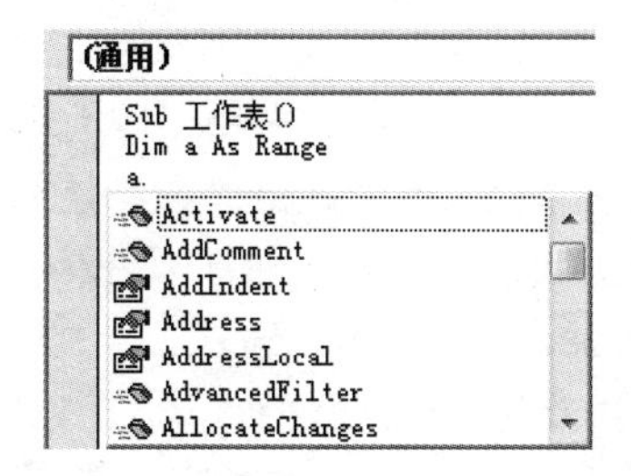

图 4-7　单元格对象的方法与属性

关于定义变量的相关知识将在本书第 5 章详述，此处知道调用属性与方法的步骤即可。

4.2.3　方法与属性的应用差异

1. 对象的属性

对象的属性包含只读属性和可读、可写属性，其中只读属性只能获取属性值，不能修改，而可读、可写属性则既能获取该属性的值又可以根据需求修改属性。

例如 Workbook 对象的 FullName 属性就是一个只读属性。FullName 属性代表工作簿的路径，可以获取该属性值，但不能修改该值，因为工作簿的路径是不允许修改的（要注意，将文件另存到其他路径下，看似修改了路径，其实这是偷换了概念，因为原文件的路径仍然没有变化，另存后会产生一个新文件，变化的是新文件，新文件的路径与原文件不同不代表修改了原文件的 FullName 属性值）。

获取活动工作簿的路径可用以下代码：

```
Range("a1") = ActiveWorkbook.FullName  '将活动工作簿的路径和名称保存在 A1 单元格中
```

FullName 属性包含了工作簿的路径和名称，如果工作簿未保存，那么只能获取到工作簿的名称，如果工作簿已保存，那么可将工作簿路径一并输出到 A1 单元格中。

对于可读、可写的属性，可以通过等号为属性赋值。例如工作表对象的 Name 属性是可读、可写的属性，因此既可以读取工作表的 Name 属性又可以随意修改该属性值。

以下代码分别获取了两个工作表的名称，也分别修改了两个工作表的名称：

```
Range("a1") = Worksheets(1).Name '将第一个工作表的名称输出到 A1 单元格
Range("b1") = Worksheets(2).Name '将第二个工作表的名称输出到 B1 单元格
Worksheets(1).Name = "分表" '将第一个工作表重命名为“分表”
Worksheets(2).Name = "总表" '将第二个工作表重命名为“总表”
```

如果对只读属性赋值，那么会产生“不能给只读属性赋值”的错误提示。

2. 对象的方法

对象的属性是一个名词，属性的应用就包含取值和改值两类。对象的方法属于动词，其操作结果千变万化，远比属性的应用复杂得多。

所有对象的方法加起来有近万个，每一种方法的操作结果都是独一无二的，因此没法按规律将它们分类。不过常用的方法并不多，包含激活、删除、新建、关闭、打印、保护、保存、移动、选择、复制、粘贴、查找、合并、排序、筛选等，而且这些方法都可以通过录制宏产生对应的代码，因此不必要花费精力去记这些方法的书写方式，学会录制宏和查询帮助即可。

对象的方法通常都可以录制，例如创建条件格式、新建工作表、删除单元格的值、排序、筛选、替换等都能通过录制宏得到一切代码。不过学习这些方法的重点在于方法的参数，多数方法具有多个参数，而且参数还分必选参数和可选参数，因此比较复杂。

通过录制宏可以了解各种方法的书写方式及其参数名称。下面以录制“选择性粘贴”宏为例，介绍 PasteSpecial 方法的正确方式。

STEP 01 新建一个工作簿，单击“录制宏”，保持默认的宏名称“宏 1”不变，将“保存在”设置为“当前工作簿”，单击“确定”按钮。

STEP 02 选择 A1 单元格，按<Ctrl+C>组合键复制 A1 单元格中的值。

STEP 03 选择 B1 单元格并右击，从弹出的右键菜单中执行“选择性粘贴”→“数值”命令。

STEP 04 单击“停止录制”，按<Alt+F11>组合键进入 VBE 窗口。

STEP 05 双击“模块 1”，可在模块中看到以下代码：

```
Sub 宏 1()
  Range("A1").Select
  Selection.Copy
  Range("B1").Select
  Selection.PasteSpecial Paste:=xlPasteValues, Operation:=xlNone, SkipBlanks _
        :=False, Transpose:=False
End Sub
```

将宏代码与前面的操作步骤对应起来查看即可明白代码“Range("A1").Select”表示选择 A1 单元格，代码“Selection.Copy”表示复制选区的值，“Range("B1").Select”表示选择 B1 单元格，而“Selection.PasteSpecial”表示将复制对象选择性粘贴到当前选区中，其后面的部分属于 PasteSpecial 方法的参数。

STEP 06 打开 VBA 的帮助窗口，以“Range.PasteSpecial”为关键字进行查询，从而可以得到以下语法描述：

```
表达式.PasteSpecial(Paste, Operation, SkipBlanks, Transpose)
```

根据帮助中的说明得知 Range.PasteSpecial 方法的 4 个参数分别对应于要粘贴的内容、粘贴时的操作方式、是否跳过空白单元格，以及是否转置 4 个项目。而“选择性粘贴”对话框中正好也有这 4 项，它们是一一对应的，如图 4-8 所示。因此只要熟悉 Excel 的基本操作，再配合录制宏及查询帮助可以快速掌握各种方法的语法和参数含义。

当然，并非对象的所有方法都是与操作界面一一对应的，有些方法的部分参数无法在操作界面的选项中找到，好在仍然可以通过录制宏并查看其 VBA 的帮助从而掌握每个参数的含义。

例如选择 A2 单元格，然后执行 4 次删除单元格，在如图 4-9 所示的操作界面中分别选择 4 个不同的选项对应 4 种删除方式。将此过程录制下来后所产生的宏代码如下：

```
Sub 宏 2()
    Range("A2").Select
    Selection.Delete Shift:=xlUp
    Selection.Delete Shift:=xlToLeft
    Selection.EntireRow.Delete
    Selection.EntireColumn.Delete
End Sub
```

很显然，代码中的“Selection.Delete”代表删除单元格，此处的 Selection 代表单元格对象。单元格对象的类别名称是 Range，因此应以“Range.Delete”为关键字去查询帮助。

帮助中关于 Range.Delete 方法的语法说明是：

```
表达式.Delete(Shift)
```

虽然它只有一个参数，参数 Shift 只有 xlShiftToLeft 和 xlShiftUp 两个选项，分别对应于“右侧单元格左移”和“下方单元格上移”，但是在宏代码的最后两句中明显增加了 EntireRow 和 EntireColumn 两段，分别以 EntireRow 和 EntireColumn 为关键字到 VBA 的帮助中查询可以得知它们分别代表整行和整列，这说明图 4-9 中后两种删除方式对应于 EntireRow 和 EntireColumn。换而言之，VBA 不是提供两个参数对应图 4-9 中的后两种删除方式，而是通过重置对象的方式解决问题，将对象 Selection 重置为整行或者整列。

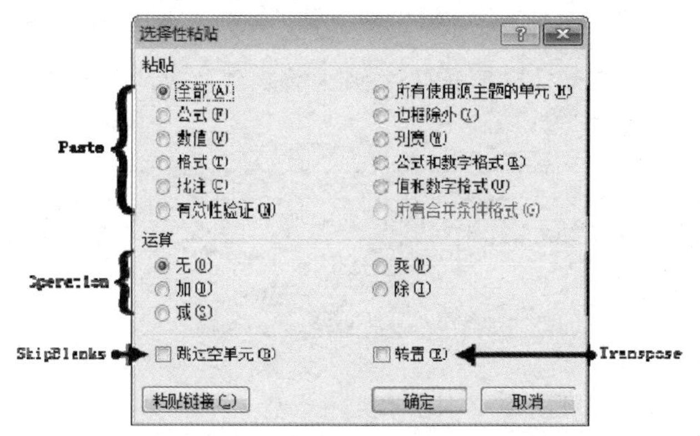

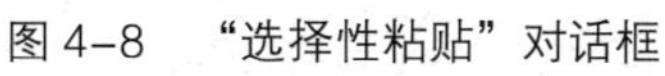
图 4-8 “选择性粘贴”对话框

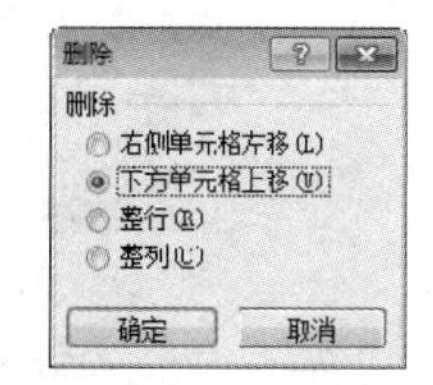

图 4-9 删除单元格的操作界面

以上两个案例说明了对象的方法虽然可能有较多的参数或者参数比较复杂，但是配合录制宏和 VBA 帮助就足以快捷地掌握这些方法，当然其前提是熟悉 Excel 的基本操作，只有对 Excel

的基本操作比较熟悉才能录制宏，从而根据宏代码去查询帮助、查看语法。

4.3 对象的事件

对象是组成 Excel 软件的基本单元，对象的属性用于指明对象的各种特征，对象的方法则用于操作这些对象。学习 VBA 其实就是用对象的方法去操作对象，以及读/写对象的属性。

为了提升程序的效率，VBA 还为常用对象提供了事件，通过事件可以让程序自动化执行。本节对事件做简要的阐述，在本书的第 8 章和第 9 章中会有大量关于事件的综合应用。

4.3.1 什么是事件

事件是对象在某个状态下触发的动作，事件是 VBA 为特定对象赋予的一个特性。不是每个对象都有事件，只有几类最常用的对象才有事件。

每一个事件都对应一个事件过程，通过事件过程可以让对象在满足特定条件时自动执行命令，从而更方便地控制对象，同时也提升工作效率。

可以用一个形象化的比喻来阐述事件：假设冰块是一个对象，冰块在坠落后会摔碎，冰块在坠落时就发生了坠落事件，摔碎是该事件的结果。若对冰块加温，那么会发生加温事件，在这个事件过程中冰块会融化，体积会缩小，这是事件的结果……

具体到 Excel 中，工作簿是一个对象，打开工作簿时就触发了工作簿的打开事件，工作簿打开事件过程的书写方式如下：

```
Private Sub Workbook_Open()
End Sub
```

在以上过程中，Workbook 代表对象，Open 代表过程，在它们之间用“_”串联起来，形成事件过程的完整名称。一切事件过程的名称都不允许修改，否则该过程无法自动运行。

在事件过程中允许随意指定命令，表示触发事件要执行的操作。假设需要打开工作簿时在第 2 个工作表的 A1 单元格显示今天的日期，那么事件过程的代码如下：

```
'Workbook 代表工作簿，Open 代表事件过程，Workbook_Open 则形成事件过程的完整名称
Private Sub Workbook_Open()
  Worksheets(2).Range("a1").value = Date '在第二个工作表的 A1 单元格显示当前日期
End Sub
```

以上过程是工作簿事件过程，代码必须放在 ThisWorkbook 窗口才生效，利用 Open 事件自动执行代码如图 4-10 所示。

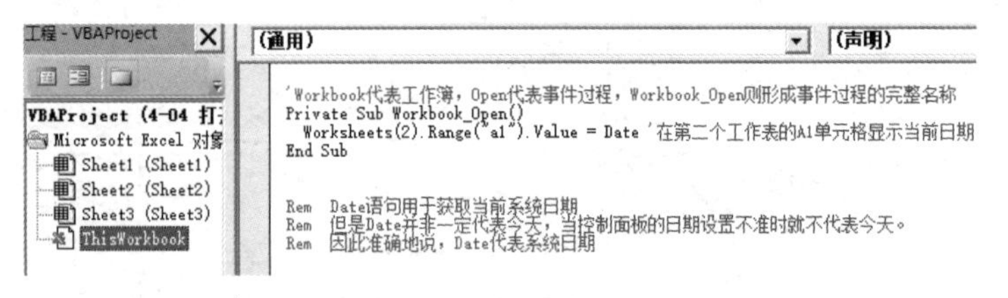

图 4-10　利用 Open 事件自动执行代码

随书提供案例文件和演示视频：4-04 Open 事件自动执行代码.xlsm 和 4-04Open 事件自动执行代码.mp4

4.3.2　事件的分类及其层级关系

Excel 中具有事件的对象包含 Excel 应用程序对象、工作簿对象、工作表对象、图表对象、ActiveX 控件对象、窗体对象、窗体中的控件。

本章和第 8 章主要讲述工作簿事件和工作表事件。而窗体和窗体中与控件相关的事件则会在第 14 章进行介绍。

应用程序对象、工作簿对象、工作表对象的事件被称作应用程序事件、工作簿事件和工作表事件，它们之间是有层级关系的，应用程序事件包含工作簿事件、工作簿事件包含工作表事件。当触发工作表事件时，同时也触发工作簿事件和应用程序事件，当触发工作簿事件时也会触发应用程序事件，但是反过来不成立，即触发高级别事件时不一定触发低级别事件。

4.3.3　工作簿事件与工作表事件一览

Excel 2019 的工作簿事件共有 42 种，最常用的只有 20 种，如表 4-2 所示。

表 4-2　常用工作簿事件

事件名称	功能说明
Activate	在激活工作簿、工作表、图表工作表或嵌入式图表时发生此事件
AfterSave	在保存工作簿之后发生此事件
BeforeClose	在关闭工作簿之前，先发生此事件。如果该工作簿已经更改过，则本事件在询问用户是否保存更改之前发生
BeforePrint	在打印指定工作簿（或者其中的任何内容）之前发生此事件
BeforeSave	在保存工作簿之前发生此事件
Deactivate	在图表、工作表或工作簿被停用时发生此事件
NewChart	在工作簿中创建新图表时发生
NewSheet	在在工作簿中新建工作表时发生此事件
Open	在打开工作簿时发生此事件
SheetActivate	在激活任何工作表时发生此事件
SheetBeforeDelete	在删除工作表前触发此事件
SheetBeforeDoubleClick	在双击任何工作表时发生此事件，此事件优先于默认的单元格双击操作
SheetBeforeRightClick	在右击任意单元格时发生此事件，此事件优先于默认的单元格右击操作
SheetCalculate	在重新计算工作表时或在图表上绘制更改的数据之后发生此事件
SheetChange	在用户或外部链接更改了任何工作表中的单元格时发生此事件
SheetDeactivate	在任何工作表被停用时发生此事件
SheetPivotTableUpdate	在数据透视表的工作表更新之后发生此事件
SheetSelectionChange	在任一工作表上的选定区域发生更改时发生此事件（但图表工作表上的选定区域发生改变时，不会发生此事件）
WindowActivate	在工作簿窗口被激活时发生此事件
WindowDeactivate	任何工作簿窗口被停用时发生此事件

工作簿事件的代码必须放在 ThisWorkbook 对象的代码窗口中，放在其他地方则只能当作普通的子过程处理，不具备自动执行的功能。

而工作表事件只有 17 种，常用的工作表事件包含 8 种，如表 4-3 所示。

表 4-3 常用工作表事件

名称	说明
Activate	在激活工作簿、工作表、图表工作表或嵌入式图表时发生此事件
BeforeDelete	在删除工表之前发生此事件
BeforeDoubleClick	在双击工作表时发生此事件，此事件先于默认的双击操作
BeforeRightClick	在右击工作表时发生此事件，此事件先于默认的右击操作
Calculate	对于 Worksheet 对象，在对工作表进行重新计算之后发生此事件
Change	在用户更改工作表中的单元格，或外部链接引起单元格的更改时发生此事件
Deactivate	在图表、工作表或工作簿被停用时发生此事件
SelectionChange	在工作表上的选定区域发生改变时发生此事件

工作表事件的代码必须放在工作表的代码窗口中，放在其他地方例如模块中或者 ThisWorkbook 中将不具备自动执行的功能。

4.3.4 工作簿与工作表事件的作用对象

工作簿事件和工作表事件的作用对象是不同的，不过触发机制是一致的。

1. 工作簿事件

部分事件过程由对象和触发条件两部分组成，例如打开工作簿的事件过程名称是“Workbook_Open”，其中的 Workbook 是作用对象，代表代码所在的工作簿，Open 是触发条件。当满足 Open 这个条件时，代码所在工作簿就触发了“Workbook_Open”事件。

其他的部分工作簿事件由 3 部分组成，包括对象、触发条件和参数，参数主要用于获取事件过程中的某些信息，或者作为事件的开关。对于事件过程的参数将在第 10 章有详细说明。

简单地说，工作簿事件只作用于代码所在工作簿，对其他工作簿无效。下面通过以下案例文件和视频文件了解 NewSheet 事件的作用对象。

随书提供案例文件和演示视频：4-05 NewSheet 事件演示.xlsm 和 4-05 NewSheet 事件演示.mp4

2. 工作表事件

工作表事件过程的名称也包含对象和触发条件，部分事件还包含参数。

工作表的 Change 事件的完整名称是“Worksheet_Change(ByVal Target As Range)”，其中 Worksheet 是作用对象，代表代码所在工作表，Change 代表触发条件，事件过程 Worksheet_Change 的整体含义是改变代码所在工作表的单元格的值时触发 Worksheet_Change 事件。Change 要理解为“改变”，它是一个动词，而非形容词“变化”，因为单元格的值没有变化时也可能触发该事件，例如删除空白单元格的值。

删除空白单元格这个动作的原本目的是去“改变”单元格 A1 的值，尽管单元格 A1 的值最终没有产生变化，但是执行命令的初衷是“改变”，这个动作已经执行，不管执行的结果是什么。

工作表事件的参数用于获取事件相关的信息。例如 Worksheet_Change 事件的参数 Target 代表此事件过程中的单元格对象，事件过程改变了哪些单元格，参数 Target 就代表哪些单元格对象。以下步骤可以让你了解事件过程与参数的关系。

STEP 01 新建一个空白工作簿。

STEP 02 按<Alt+F11>组合键打开 VBE 窗口。

STEP 03 在工程资源管理器中双击 Sheet1 从而进入工作表的代码窗口。

在工作表的代码窗口上方有一个对象窗口和过程窗口，如图 4-11 所示。它们是输入事件过程代码的辅助工具，单击这两个列表可以自动产生任意工作表事件过程的程序外壳。

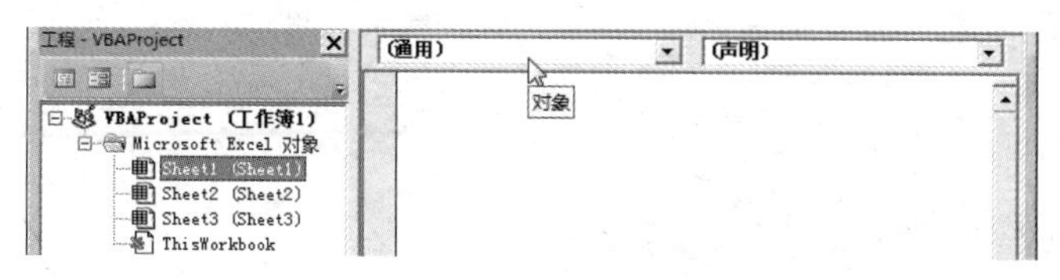

图 4-11　工作表的代码窗口

STEP 04 单击对象窗口，从列表中选择“Worksheet”，此时在代码窗口中会自动生成默认的工作表事件“SelectionChange”的程序外壳。

STEP 05 单击过程窗口，从列表中选择“Change”，如图 4-12 所示。此时在 Sheet1 工作表代码窗口中包含了工作表的 SelectionChange 事件和 Change 事件的程序外壳。

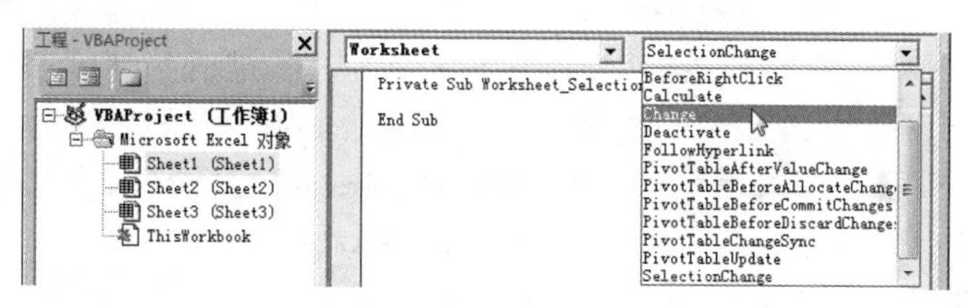

图 4-12　选择“Change”

STEP 06 删除 SelectionChange 事件的程序外壳，在 Change 事件的程序外壳中输入以下代码：

```
Application.StatusBar = "你当前正在修改" & Target.Address & "的值"
```

代码的含义是当修改单元格的值时在状态栏中显示被修改的单元格的地址。

STEP 07 按<Alt+F11>组合键返回工作表界面，进入 Sheet1 工作表中。

STEP 08 在 A1 单元格输入数值 1，然后按回车键，此时可在状态栏中看到如图 4-13 所示的提示信息。由于此命令是通过事件过程执行的，因此它是全自动的，在符合条件——改变 Sheet1 工作表的任意单元格的值时自动执行。

STEP 09 选中 B1:C2 区域，然后输入 10，并按<Ctrl+Enter>组合键结束，此时状态栏将会显示如图 4-14 所示的提示信息。

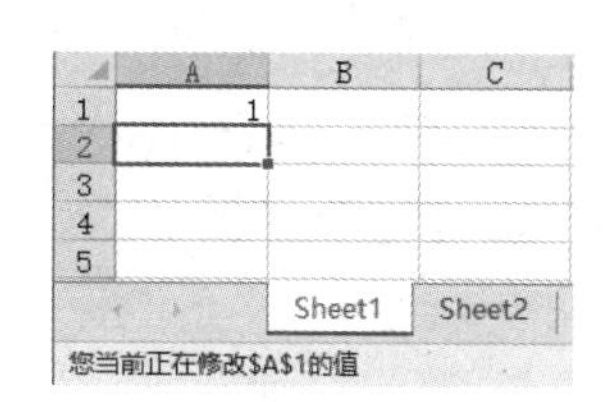

图 4-13　在 A1 单元格修改值

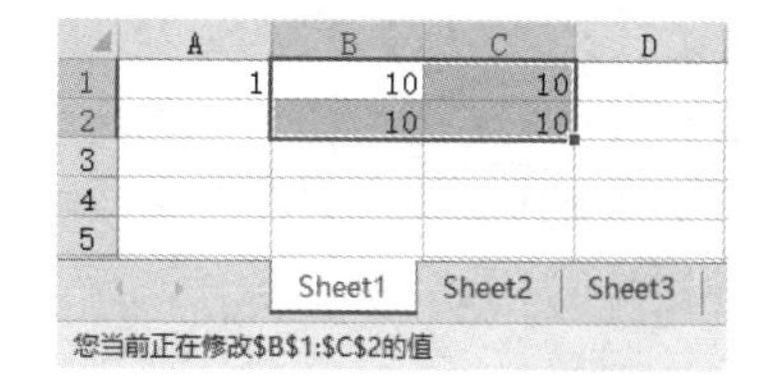

图 4-14　在 B1:C2 区域修改值

STEP 10 进入 Sheet2 工作表，修改任意单元格的值，状态栏将不产生任何变化。

通过以上 10 个步骤的测试可以了解工作表事件的以下几个知识点：

其一，工作表事件的代码需要放在工作表对应的代码窗口中。

其二，事件过程的程序外壳不需要手工拼写，而是用鼠标单击对象与过程列表，从而让代码自动产生。

其三，工作表事件的代码仅对代码所在工作表生效，不能跨表调用事件过程。

其四，工作表事件的参数 Target 代表当前正在操作的区域对象，可以通过该参数获得与该区域相关的一切信息。

其五，事件过程在满足条件时会全自动执行，无须人工调用。

随书提供案例文件和演示视频：4-06 SelectionChange 事件.xlsm 和 4-06 SelectionChange 事件.mp4

4.3.5 快速掌握事件过程

Excel 总共有几百个事件，你不需要花费任何精力和时间去记忆每个事件过程的书写方式，通过鼠标在事件代码窗口的对象列表和过程列表中选择即可产生代码。而对于每个事件过程的含义也同样不需要花费时间去记忆，一是完全没有必要，二是由于事件的数量较多，很难将它们记住。笔者向你推荐以下两种快捷、有效的方法解决此问题。

1. 查询帮助

当需要了解某个事件过程的功能时，以事件过程名称为关键词在 VBA 的帮助中查询，不超过两秒钟即可找到对应的帮助信息。例如要查询工作表的 Change 事件的含义，由于工作表的类别名称是 Worksheet，那么关键词是“Worksheet.Change 事件”，如果要查询工作簿的 SheetCalculate 事件，由于工作簿的类别名称是 Workbook，因此关键词是“Workbook.SheetCalculate 事件”，其他事件以此类推。在 Excel 2010 中查询事件帮助如图 4-15 所示。

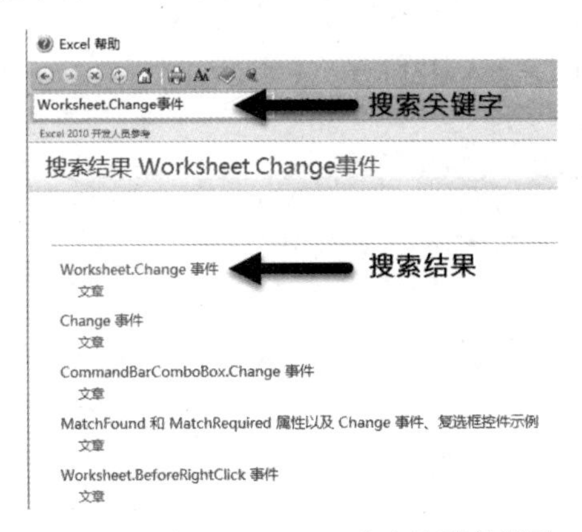

图 4-15　在 Excel 2010 中查询事件帮助

2. 打印笔记

对于常用的表格式的知识点，应将其整理到笔记（Word 文档或者 Excel 文件）中，要用时从笔记中翻查答案。也可以将笔记打印出来放在桌边，需要时预览一眼即可，这样既能瞬间找到需要的答案，又能避免记忆出错而导致代码无法达成预期效果。

4.3.6 何时需要使用事件过程

事件过程的存在价值在于“自动化”三个字，只要符合指定的条件就可以自动执行预先编好的代码，因此当需要自动化执行时才使用事件过程，在其他情况下宜在模块中编写子过程，通过按钮、<Alt+F8>组合键或者菜单调用。

本节主要介绍事件的概念、类别、用法与用途，对于具体的应用将在第 8 章进行详细讲解。在实战之前还需要了解更多的基础知识，需要掌握变量和常量，了解常用语句的用法。

第 5 章　通过变量强化程序功能

通俗地讲，变量就是一个在程序执行期间可以改变其值的量，它由用户指定名称，同时分配数据类型。在过程中使用变量可以使程序的功能更强大，让程序满足繁复的工作需求。

本章主要介绍变量的概念、声明变量的方式，以及与变量相关的另外两个概念——常量和数据类型。在以后的每一章都会大量涉及变量的相关应用。

5.1 数据类型

在学习变量之前，有必要了解一下变量的相关概念——数据类型。

数据类型是一类数据的集合，它决定变量的占用空间及变量的种类。在声明变量时指定合理的数据类型，可以使程序具有更高的执行效率。

5.1.1 为什么要区分数据类型

数据类型用于指定数据以何种方式存储在内存中，正确地分配数据类型可以节约数据的占用空间和执行效率。

每一个数据类型都有一个独有的名称，它决定了数据的有效范围。

VBA 将 0~255 之间的整数定义为 Byte 型，如果一个变量被定义为 Byte 型，那么它只允许在 0~255 之间变化，否则将会出错；VBA 将–32768~32767 之间的整数定义为 Integer 型，将–3.402 823 E38 到–1.401 298 E-45（科学记数法）之间的整数和小数定义为 Single 型，将文本定义为 String 型，每一种数据类型都有它的专用范围，超过范围赋值则会出错……

根据以上分析，似乎在 VBA 中引入数据类型这个概念只会带来麻烦，为什么还要区分数据类型呢？答案是方便管理，就和每个班级都会将学生分组一样，分组后再管理学生将高效得多。

其实也可以通过人民币的币值来理解 VBA 中的数据类型。人民币的面值从 1 分、2 分、5 分、1 毛、2 毛、5 毛、1 元、2 元、5 元、10 元、20 元、50 元、100 元共 13 种，通过不同面值的钞票解决不同的需求。例如要支付 5 分、20 元、70 元或者 100 元等不同范围的数额，如果只有面值为 1 元或者只有面值为 100 元的钞票，那么很难处理此类支付问题。如果提供从 1 分、2 分、3 分到 99 元、100 元共 10000 种面值的钞票，尽管可以处理以上支付问题，但是钞票的管理问题又会显得极为烦琐，因此现实中采用了折中的方案——提供 13 种面值的钞票。

数据类型的存在价值也与人民币面值分配相近，给不同范围和不同类型的数据指定不同的类型名称，并对每个类别的数据按需分配存储空间。如果在使用过程中正确地指定了数据类型，那么程序的调用时间可以更短、数据的占用空间可以更小，从而实现优化程序代码的目的。

5.1.2 认识 VBA 的数据类型

VBA 中支持 10 多种数据类型。不同数据类型的差异主要体现在 3 个方面：类型名称、占用内存空间的大小和取值范围。表 5-1 中罗列了 VBA 的数据类型的存储空间大小与范围。

表 5-1　VBA的数据类型

数据类型	存储空间大小	范围
Byte	1 个字节	0~255
Boolean	2 个字节	true 或 false
Integer	2 个字节	–32768~32767
Long（长整型）	4 个字节	–2147483648~2147483647
Single（单精度浮点型）	4 个字节	负数时从–3.402823E38~–1.401298E–45；正数时从 1.401298 E-45~3.402823E38
Double（双精度浮点型）	8 个字节	负数时从–1.79769313486231E308~–4.94065645841247E–324，正数时从4.94065645841247E–324~1.79769313486232E308
Currency（货币型）	8 个字节	从 -922337203685477 5808~922337203685477.5807
Decimal	14 个字节	没有小数点时为±79228162514264337593543950335，而小数点右边有 28 位数时为±7.9228162514264337593543950335；最小的非零值为±0.0000000000000000000000000001
Date（日期）	8 个字节	100 年1月1日到9999年12月31日
String（变长）	10 字节加字符串长度	0 到大约 20 亿
String（定长）	字符串长度	1 到大约 65400
Variant（数字）	16 个字节	任何数字值，最大可达 Double 的范围
Variant（字符）	22 个字节加字符串长度	与变长 String 有相同的范围

从表 5-1 中分析得知，如果要用变量去处理科目成绩，成绩的取值范围在 0~100，那么变量的数据类型应该用 Byte 型。虽然用 Long 型也可以正确执行运算，但它占用的内存是 Byte 的 4 倍，将使程序的效率降低。

假设变量需要处理的数据是 10 个科目的考试成绩汇总，那么不宜使用 Byte 型，否则将导致“溢出”错误，因为 Byte 型的上限是 255。

假设在过程中某变量总是代表数值去参与数学运算，那么不宜将变量声明为 String 型，因为 String 型变量占用的空间远远大于数值型变量（Byte、Integer、Long、Single、Double、Currency 等）。

假设过程中某变量总是代表文本去参与运算，那么此变量不宜声明为数值专用的数据类型（包含 Byte、Integer、Long、Single、Double、Currency 等），否则执行代码时会产生“类型不匹配”错误。

以下提供 3 个错误的数据类型应用案例，你可以对照表 5-1 自行修改代码，使代码不再出错。

```
Sub 错误地声明变量的数据类型 1()
   Dim a As Byte        '对变量 a 声明为 Byte 型(有效值在 0~255 之间)
   a = "长江"           '对变量赋值为文本“长江”，执行代码时必定出错——“类型不匹配”
End Sub
Sub 错误地声明变量的数据类型 2()
   Dim b As Byte        '对变量 b 声明为 Byte 型(有效值在 0~255 之间)
   b = 300              '对变量赋值为 300，执行代码时必定出错——“溢出”
End Sub
Sub 错误地声明变量的数据类型 3()
   Dim c As Integer     '对变量 c 声明为 Integer 型(有效值-32768 到 32767 之间,整数)
   c = 300.05           '对变量赋值为 300.05，赋值后将丢失小数部分，因为它只能存储整数
   MsgBox c
End Sub
```

随书提供案例文件和演示视频：5-01 3 个数据类型错误.xlsm 和 5-01 3 个数据类型错误.mp4

由于数据类型必须与 Dim 语句共用才有意义，因此以上案例中使用了 Dim 语句为变量指定数据类型。对于 Dim 语句的语法与功能将在 5.2 节提供详细阐述。

知识补充 数据类型中比较特别的是 Variant 型，它也被称作变体型，是变量的默认类型，任何未指定类型的变量都是变体型变量。变体型变量的特征是根据数据变化而自动分配数据类型。例如对变体型变量 A 赋值为文本“ABC”时，VBA 会自动将该变量转换成 String 型，若对变量赋值为 1123.45 时，VBA 则将该变量转换成 Double 型，若对变量赋值为 1000，那么 VBA 会将该变量转换成 Integer 型。将变量声明为变体型的优点是书写方便，因为默认状态下就是变体型，因此编写代码时可以不用指定变量的类型名称；其缺点是占用空间大，处理速度慢。编程的初衷是提升程序效率，因此不宜为了少写几个字而牺牲程序的效率，除非无法确定变量的赋值范围，不能提前指定其具体类型，否则应尽可能不使用变体型变量。

5.2 声明变量

变量对于 VBA 程序而言举足轻重，没有变量的程序只能处理一些简单的问题。

本节讲述变量的定义、用途、声明方式，以及区分动态变量和静态变量等知识。

5.2.1 变量的定义

“变量是一个已经命名的存储位置，它包含了程序每个执行阶段所修改的数据”，这是 VBA 帮助中对于变量的定义。如果要通俗地描述变量，那么它就是在程序执行中可以任意修改的量。

变量的本质是可以随意修改和代表一切未知数，变量的作用也体现在这两个方面。

变量区分数据变量、数组变量和对象变量，它们的声明方式和使用对象各不相同。如果要从使用难度上升序排序，那么应排列如下：

数据变量→对象变量→数组变量

录制宏时可以产生 Sub 过程代码，但是永远不可能产生变量，因此宏代码都是比较简单的程序，需要在其中加入循环语句、判断语句和变量之后才能使其更强大、更灵活。

5.2.2 变量的声明方式

声明变量有两种方式——显式声明和隐式声明。所谓的隐式声明其实就是不声明，直接在代码中调用变量。隐式声明变量后患无穷，既可能导致程序出错还会降低代码的执行效率，因此本节所说的声明变量一律指显式声明。

1. 语法

显式声明变量的前提是了解数据类型的有效范围和书写方式，因此笔者建议在编程前将表 5-1 打印出来放在身边适当的位置，在声明变量时查看该表即可，这样既确保书写正确率，又可以避免浪费太多时间去背单词。

声明变量有 4 种方式：Dim、Public、Private、Static，其中最常用的是 Dim 语句。使用 Dim 语句声明变量的语法如下：

```
Dim [WithEvents] varname[([subscripts])] [As [New] type] [, [WithEvents] varname [([subscripts])] [As [New] type]]
```

Dim 语句的参数说明如表 5-2 所示。

表 5-2　Dim语句的参数说明

参数	功能描述
WithEvents	可选参数。声明varname是一个用来响应由 ActiveX 对象触发的事件对象变量。只有在类模块中才是合法的
varname	必选参数。代表变量的名称
subscripts	可选参数。数组变量的维数；最多可以定义 60 维的多维数组
New	可选参数。可隐式地创建对象的关键字。如果使用 New 来声明对象变量，则在第一次引用该变量时将新建该对象的实例，因此不必使用 Set 语句来给该对象引用赋值。New 关键字不能与WithEvents一起使用
type	可选参数。变量的数据类型。所声明的每个变量都要一个单独的 As type 子句

针对表 5-2 有必要做以下补充：

（1）WithEvents 仅在类模块中才使用，VBA 的初、中级教程是不涉及类模块相关知识的。

（2）subscripts 部分仅用于数组变量，可为数组变量指定维数，在第 11 章会有相关的教学内容。

（3）New 关键字用于声明变量的同时创建一个对象，在声明数据变量时不能使用 New 关键字，而工作中使用最多的是数据变量。

（4）type 部分是指变量的类型，尽管这是可选的，却是为了确保代码的执行效率而尽可能指定变量的类型。

因此，去除那些不常用的部分，声明变量时采用以下格式即可：

```
Dim varname As type
```

即指定变量的名称和类型即可。

2. 命名规则

声明变量时变量名称是必选项，为变量指定名称时必须遵循以下规则：

（1）第一个字符必须使用英文字母或者汉字，禁止使用数字开头。

（2）不能使用空格、句号、逗号、感叹号、@、&、$、# 等符号。

（3）名称长度不能超过 255 个字符。

（4）变量不宜与过程同名，否则调用过程时可能产生混乱。

（5）同一个过程不允许存在多个同名的变量，不同过程中允许存在同名的变量。

（6）不能与 VBA 的保留字一致。例如 Dim、Sub、End、as 和 Exit 等。

下面列举一些常见的数据变量声明方式：

```
Dim name
Dim a as Byte
Dim 姓名 as String
Dim 产量 as long
Dim ShuiLv As Single
```

在声明变量时允许同一行中声明多个变量，也允许部分变量指定数据类型、部分变量不指定数据类型。在同一行代码中声明多个变量时只能使用一次 Dim 语句，例如：

```
Dim a, b, c            '声明了 3 个变体型变量，3 个变量皆未指定类型名称
Dim a As Byte, b, c, d As String      '声明了一个 Byte 型变量、一个 String 型变量和两个变体型变量
```

下面是两种错误的声明方式：

```
Dim a as String,b,dim c as Variant
```

以上代码错在同一句代码中使用了两个 Dim 语句。

```
Dim a As String, b
c As String
```

以上代码错在声明变量 c 时未使用 Dim 语句。

5.2.3 变量的赋值方式与初始值

在声明变量的同时变量就拥有了一个初始值，不同类型的变量的初始值是不同的。

按值的类型可以将变量分成 6 类：数值型、布尔值、文本型、日期型、数组型和对象型。

1. 数值型变量

数值型变量包括 Byte、Integer、Long、Single、Double 和 Currency 型，它们的初始值都是 0，即声明变量后、对变量赋值之前，用变量去参与运算时皆当作 0 处理。

对数值型变量的赋值方式如下：

```
Let 变量 = 值
```

其中 Let 是可选的，允许忽略。等号右边的值只能是数字。

如果对数值型变量赋值为文本，则会产生“类型不匹配”错误。以下是常见的两种赋值方式：

```
a = 125
b = "800"
```

2. 布尔型变量

布尔型变量是 Boolean 型的变量，它的赋值范围包括 True 和 False，默认值是 False。

对布尔型变量的赋值语法与对数值型变量一致。

在对布尔型变量赋值时可赋值为 True 和 False，也可以赋值为“True”和“False”，但是尽量不添加引号。

如果对布尔值变量赋值为数值，那么 0 当作 False 处理，0 以外的值都当作 True 处理。例如代码“变量=10”相当于“变量=True”，而代码“变量=0”相当于“变量=False”。

3. 文本型变量

文本型变量是指 String 型的变量，它的赋值范围较广，赋值为文本、数值、布尔值和日期都可以，只不过赋值后全都当作文本处理。

文本型变量的初始值是空文本（即""），也称作零长度的文本。

对文本型变量的赋值方式和对数值型变量的赋值方式一致。

4. 日期型变量

日期型变量是 Date 型的变量，包含日期和时间，它的日期赋值范围是 100 年 1 月 1 日到 9999 年 12 月 31 日，赋值范围在 0:00:00 到 23:59:59。时间初始值是“0:00:00”。

对日期型变量赋值时必须在前后添加“#”，例如：

```
Dim MyDate1 As Date, MyDate2 As Date
MyDate1 = #5/4/2014#
MyDate2 = #9:25:48 #
```

5. 数组变量

前面所说的四类变量都只能存放单个值，而数组变量可以存放无限个值，仅受内存限制。换而言之，只要内存足够大，多少数据都可以放在数组变量中去。数组变量的声明方式、应用方式都比较复杂，本书将它放在第 11 章讲述。

6. 对象型变量

对象变量相对于数据变量是比较特殊的一种变量，它用于存储一个对象，而不是一个或者一组数据，因此声明方式和赋值方式都有所不同。

对对象变量赋值的语法如下：

```
Set 变量 = 对象
```

Set 是必需的，不允许忽略。赋值时只能使用对象，如果赋值为数值、文本或者日期将会产生“类型不匹配”的错误提示。正确的赋值方式如下：

```
Dim sht As Worksheet
Set sht = Worksheets("Sheet2")
```

对于未赋值的对象变量，其初始值是 Nothing。

5.2.4 如何确定变量的数据类型正确

声明变量的同时指定变量的数据类型的目的是提升代码的效率，如果为变量指定了错误的数据类型，则可能适得其反，不仅降低程序的效率，还可能导致程序出错。

那么如何确保声明变量时指定的数据类型是正确的呢？其实很简单，符合一大一小两个原则即可。

◆ 原则一：大

大是指数据类型的有效取值范围必须大于变量的赋值范围。例如有一个名为“产量”的变量，在编写代码前需要先了解产量的最大值和最小值，假设最高产量是 800，最低产量是 400，那么参照表 5-1 的各种数据类型的有效范围就可以发现——不能声明为 String 型，因为它适合于文本；不能声明为 Byte 型，因为它的最大值才 255；也不能声明为 Date 型，Date 仅用于日期；更不能声明为 Boolean 型，它只适用于逻辑值 True 和 False。

◆ 原则二：小

小是指在所有符合条件的类型中取占用空间最小的一个。例如变量“产量”的赋值上限是 800，下限是 400，那么将它赋值为 Integer、Long、Single、Double、Currency、Decimal、Variant 等类型都不会产生“溢出”错误，但是为了程序的效率，必须在它们之间找一个占用空间最小的数据类型——那就是 Integer 了，仅 2 个字节。

换而言之，原则一的目的是防止代码出错，原则二的目的是提升程序效率，两者同等重要。

如果某个变量的赋值范围不确定呢？如果知道是数值，不知道值的大小、是否带有小数，那么可以声明为 Double 型；如果只知道是整数，不确定值的大小，那么宜用 Long 型，工作中超过 2147483647 的值极为少见；如果是文本还是数值都不确定，那么宜用变体型 Variant。

5.2.5 正确声明变量的数据类型的优势

对于初学者而言，为每一个变量都指定其类型尽管并不复杂，但是需要较好的耐心才能完成。那么对每一个变量指定数据类型在工作中会有哪些优势呢？

简要地说，显式声明变量且正确地指定其类型有两个作用：提升效率和防止出错。下面分别使用两个案例来印证。

1. 提升效率

为变量正确地分配数据类型可以节约变量所占用的空间，提升程序执行效率。以下两个过程的功能完全一致，区别仅在于过程 A 为变量指定的类型名称，而过程 B 中的一切变量都是变体型，当分别执行两段程序后可以发现过程 B 的执行时间是过程 A 的两倍左右。

```
Sub A()
   Dim tim As Date, x As Integer, y As Integer, z As Integer
   tim = Timer
   For x = -100 To 10000
        For y = 1 To 10000
             z = x + y
        Next y, x
        Application.StatusBar = "程序执行时间：" & Format(Timer - tim, "0.000 秒")
End Sub
   Sub B()
   tim = Timer
   For x = -100 To 10000
        For y = 1 To 10000
             z = x + y
        Next y
   Next x
   Application.StatusBar = "程序执行时间：" & Format(Timer - tim, "0.000 秒")
End Sub
```

对于以上过程的含义可以完全忽略，通过案例了解指定数据类型的重要性即可。

随书提供案例文件和演示视频：5-02 数据类型与效率.xlsm 和 5-02 数据类型与效率.mp4

2. 防止溢出

在 xlsx 或者 xlsm 格式的工作簿中使用以下 VBA 代码将会产生“溢出”错误：

```
Sub 计算单元格数量()
   MsgBox Rows.Count * Columns.Count    '利用行数乘以列数得到单元格总数量
End Sub
```

以上代码的思路是用总行数乘以总列数得到单元格的总数量，在理论上此思路完全可行。然而 VBA 在执行乘法运算时，总是取最精确的乘数作为结果的数据类型，这种策略偶尔会导致程序出错，当乘积的值远远大于乘数时就可能产生“溢出”错误。本例中 rows.count 的值 1048576 属于 Long 型，VBA 会预先为表达式的结果也分配为 Long 型，然而计算结果 17179869184 已经远超 long 型数据的上限，从而执行代码时产生了“溢出”错误。

如果预先声明两个 Double 型的变量，将 Rows.Count 和 Columns.Count 的值赋予变量就可以解决此问题。

```
Sub 单元格数量 2()
   Dim RowCount As Double, ColCount As Double    '声明两个 Double 型的变量
   RowCount = Rows.Count                         '将行数赋予变量 RowCount
   ColCount = Columns.Count                      '将列数赋予变量 ColCount
   MsgBox RowCount * ColCount                    '将行数与列数相乘，然后显示在信息框中
End Sub
```

修改后的代码不再出错是因为 Double 数据类型的上限大于乘法表达式的乘积。

随书提供案例文件和演示视频：5-03 正确声明类型防错.xlsm 和 5-03 正确声明类型防错.mp4

5.2.6 变量的作用域

变量的作用域是指允许在什么地方调用变量，或者可以理解为变量的可调用范围，如表 5-3 所示。

变量分为公有变量和私有变量，其中公有变量又分为模块级公有变量和工程级公有变量。作用范围的差异取决于变量的声明方式和存放位置。

表 5-3 变量的作用域

级别	作用域	存放位置	变量的声明方式
过程级	当前过程	过程中	使用Dim或者Static声明变量
模块级	当前模块	模块顶部	使用Dim或者Private声明变量
工程级	所有模块	模块顶部	使用Public声明变量

其中工程级变量可以被当前工程的任意模块中的任意过程调用；模块级变量只能在声明变量的模块中调用，允许跨过程调用；而过程级别变量则只能在声明变量的过程中调用。

通过以下步骤可以加深对变量的作用域的理解。

STEP 01 新建一个工作簿，按<Alt+F11>组合键进入 VBE 窗口。

STEP 02 在菜单栏执行“插入”→“模块”命令，然后在模块中输入以下代码。

```
Public a As String
Dim b As String
Private c As String
Sub test()
    Dim d As String             '声明过程级变量
    a = "工程级变量"             '对变量赋值
    b = "模块级变量"
    c = "模块级变量"
    d = "过程级变量"
End Sub
Sub 主程序()
    Call test                   '调用过程 Test,即对四个变量赋值
    '分别将 4 个变量的串联起来，用换行符分隔符，然后显示在对话框中
    MsgBox a & Chr(13) & b & Chr(13) & c & Chr(13) & d
End Sub
```

STEP 03 执行过程“主程序”，将弹出如图 5-1 所示的对话框。根据调用结果可以得出结论：过程级变量“d”不能跨过程调用。

STEP 04 在菜单栏执行“新建”→“模块”命令，然后将过程“主程序”的代码复制到模块 2 中。

STEP 05 执行模块 2 中的过程“主程序”，将弹出如图 5-2 所示的对话框。根据调用结果可以得出结论：过程级变量“d”和模块级变量“c”“d”不能跨模块调用。

随书提供案例文件和演示视频：5-04 变量的作用域.xlsm 和 5-04 变量的作用域.mp4

图 5-1　调用结果 1

图 5-2　调用结果 2

为什么要区分过程级、模块级和工程级变量呢？这是由工作需求决定的。当要求一个模块中的多个过程共用一个变量时，就需要使用模块级的变量，例如在过程“A”中对变量已经赋值过，那么过程“B”直接调用该变量参与运算即可，不再需要重新声明一个变量并且对它赋值。而需要跨模块调用变量时，则只有工程级变量能适应需求。工程级变量和模块级变量的声明语句都只能放在模块的顶部，在 Sub 过程或者 Function 过程之外。

知识补充 过程级变量区分动态变量和静态变量，分别采用 Dim 和 Static 语句声明。动态变量的特点是过程结束后自动释放变量的值，静态变量只有关闭工作簿后才释放变量的值。

5.2.7 变量的生命周期

变量保留其值的这段时间称为生存周期，通俗地讲，就是指在从声明变量到释放变量的值这期间的时间长短。

与生存周期相关的一个概念是“释放变量”。释放变量是指清空变量的值，释放其占用空间，也可以理解为让变量还原到初始值。释放变量的值包括手动释放和自动释放，关于变量的生命周期的计算方式是针对自动释放而言的。

过程级变量的生命周期等于过程的执行时间，当变量所在过程结束后变量的生命周期也相应结束。模块级变量和工程级变量的生命周期较长，只要不关闭工作簿，那么它的值就会一直保留下去，可以随意调用该变量的值。在文件“5-04 变量的作用域.xlsm”中已经将这几类变量的生命周期演示过，你可以反复测试该文件中的三个 Sub 过程，从中印证上述理论。

当然，也可随时手动释放变量的值。对于对象变量，将它赋值为 Nothing 即可，例如：

```
Set sht = Nothing
```

对于单个的数据变量，将它赋值为初始值即可。如果需要一次性释放所有变量，那么可在过程中使用 End 语句。不过 End 语句不仅仅是释放变量，它同时也会结束当前过程。如果当前过程在窗体中还会将窗体也一并关闭，因此一般不用 End 语句释放变量，它可能产生“误伤”，将其他需要保留值的公共变量也一并释放掉了。

在关闭 Excel 工作簿后，该工作簿中的一切变量的值都会释放掉。

5.3 对象变量

对象变量是指可以引用对象的变量，它可以代替对象去参与各种运算，拥有对象的一切属性、方法。在工作中关于对象变量的应用相当广泛，本节将详细阐述对象变量的相关知识。

5.3.1 如何区分对象变量和数据变量

数据变量用于存放数据，数值、文本、日期、逻辑值等都是数据，假设需要一个变量来存放这些数据，那么应将变量声明为数据变量，包括 Byte、Boolean、Integer、Long、Single、Double、Currency、Date、String 等类型。

对象变量用于存储对象，工作簿、工作表、单元格、批注、图表等皆为对象。声明对象变量和声明数据变量的语法完全一致，有区别的是类型名称不同。常用的对象类别及其含义见表 4-1。

例如声明一个代表单元格的对象变量可以用以下语句：

Public TargetRng As Range——声明一个公共变量，名称为 TargetRng，类型为 Range。

Dim Rng As Range——声明一个名为 Rng 的变量，其类型为 Range。

要注意单元格对象的类别名称是 Range，不是 Cell 或者 Cells。

如果声明一个代表工作表的变量可用以下代码：

```
Dim sht As Worksheet
```

要注意工作表的类别名称是 Worksheet，不是 Worksheets 或者 Sheet。

数据变量在赋值之前是 0 或者空文本(String 型)，而对象变量在赋值之前是 Nothing。

知识补充 当无法把握数据变量应该使用何种类型时，可用 VBA 提供的通用类型——变体型 Variant；如果对一个对象变量该声明为何种类型感到迷茫，可用 VBA 提供的另一个通用类型——Object，它可以代替任意对象类型。

5.3.2 对变量赋值

对数据变量赋值用 Let 关键字，不过由于允许忽略 Let 关键字，因此实际工作中对数据变量赋值采用的是“变量名称 = 值”方式。

对对象变量赋值使用 Set 关键字，因此假设需要将第 2 个工作表赋值给变量 sht，那么应按以下方式编写代码：

```
Sub test()
    Dim sht As Worksheet              '声明一个工作表对象变量
    Set sht = Worksheets(2)           '将第 2 个工作表赋值给变量
    '...更多代码...
End Sub
```

当使用 Set 为变量 sht 赋值后，变量 sht 就代表 Worksheets(2)对象，拥有 Worksheets(2)对象的一切方法和属性。此时直接使用对象变量去参与各种运算即可。

需要特别注意的是，对对象变量赋值时只能用对象，而不是对象的某个属性。下面演示 3 种错误的赋值方式。

```
Sub test()
    Dim Rng As Range, sht As Worksheet    '声明一个单元格对象变量，一个工作表对象变量
    Set Rng = Cells(1, 1).Value           '将 A1 的值赋予变量 Rng
    Set sht = Worksheets(2).Name          '将第 2 个工作表的名称赋予变量 sht
    Set sht = Worksheets(3).Cells         '将第 3 个工作表的所有单元格赋予变量 sht
End Sub
```

其中第一句代码的含义是将 A1 单元格的值赋予变量 Rng，由于单元格的值属于数据，单元

格本身才是对象，因此应去掉“.Value”部分；第二句的错误原因与第一句相同；第三句代码中的“Worksheets(3).Cells”尽管也是对象，但是它属于 Range 对象，不是 Worksheet 对象，因此赋值时会产生“类型不匹配”错误。

随书提供案例文件：5-05 三种错误的对象变量赋值方式.xlsm

5.3.3 使用对象变量的优势

调用对象变量去参与运算比直接使用对象参与运算有诸多优势，主要体现在以下 3 个方面。

1. 简化书写方式

Worksheets(2)代表第 2 个工作表对象，它包含 13 个字符，而变量 sht 仅有 3 个字符，当代码中需要多次调用这个对象时，显然采用变量会提升代码的输入速度和准确度，代码越长则书写错误的概率越高。

2. 提升执行效率

Excel VBA 调用对象变量比调用对象的速度更快，假设在一段程序中需要反复调用某个对象时应使用对象变量，而非每次都调用对象去参与运算。以下两个过程的功能一致，其中第二个过程使用了对象变量，直接用对象变量去参与运算，因此效率比第一个过程提升了 3~4 倍。

```
'使用 Range("a1")对象参与运算
Sub 直接引用对象()
  Dim tim1 As Single, tim2 As Single, item As Long, Length As Byte '声明变量
  tim1 = Timer                               '将当前时间赋予变量 tim1
  For item = 1 To 1000000                    '循环执行 1000000 次
    Length = Len(Range("A1").value)          '计算 Range("a1")的字符长度
  Next item
  tim2 = Timer                               '计算当前的时间
  MsgBox Format(tim2 - tim1, "程序执行时间为：0.000 秒") '根据两个时间的差值得到程序执行时间
End Sub
'使用变量代替 Range("a1")对象参与运算，效率约为前一个过程的 3~4 倍
Sub 直接引用对象 2()  '代码存放位置:模块中
  Dim tim1 As Single, tim2 As Single, item As Long    '声明变量
  Dim Length As Byte, rng As Range           '声明变量
  tim1 = Timer                               '将当前时间赋予变量 tim1
  Set rng = Range("a1")                      '将 A1 单元格赋值给变量 rng
  For item = 1 To 1000000                    '循环执行 1000000 次
    Length = Len(rng.value)                  '计算变量所代表的单元格的字符长度
  Next item
  tim2 = Timer                               '计算当前的时间
  MsgBox Format(tim2 - tim1, "程序执行时间为：0.000 秒")'根据两个时间的差值得到程序执行时间
End Sub
```

以上两段代码仅用于比较时间差异，对于代码中使用到的循环语句 For Next 将第 7 章有详细讲解，此处知道变量的价值即可。

随书提供案例文件：5-06 使用对象变量提升程序效率.xlsm

在引用对象时，对象的层级数量会影响引用对象的时间，对象的书写方式越复杂、层级越多

则效率越低。若改用对象变量，可以缩短更多的执行时间。

在随书提供的“5-06 使用对象变量提升程序效率.xlsm”文件中有相应的代码作为比较，此处不再罗列代码，当你打开工作簿后进入 VBE 窗口即可看到代码。

3. 提供属性与方法列表

引用对象集合时，VBA 会弹出对象集合的属性与方法列表，开发者可以从列表中选择单词的方式代替手工输入代码，既提升速度又确保准确度。然而引用部分对象时不会产生提示信息，例如在 VBE 中输入“worksheets(1).”，VBA 不会弹出属性与方法列表，这给编程工作带来障碍。如果将对象赋予对象变量，然后输入变量名称加小圆点则可以弹出属性与方法列表。如图 5-3 和图 5-4 所示分别说明了两种引用方式的效果，明显后者对编程更有帮助。

图 5-3　引用对象时无提示

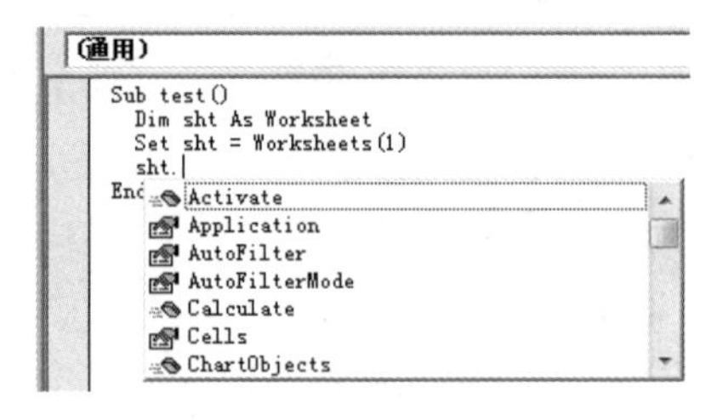

图 5-4　引用对象变量时有提示

知识补充 输入变量名称和小圆点后弹出的属性与方法列表受声明变量时所用的类型影响，由于图 5-4 中变量的类型是 Worksheet，因此弹出了工作表相关的属性与方法列表。假设声明变量时采用 Range 类型，那么将弹出单元格对象相关的属性与方法列表。假设声明变量时使用了 Object 或者 Variant 类型，那么将不会弹出属性与方法列表。

5.4　声明常量

常量是相对于变量而言的，它是在程序执行过程中不产生变化的量。

常量相较变量而言，没有那么重要，使用频率也更低，但是它仍然有存在的必要性。

5.4.1　常量的定义与用途

常量也称常数，在帮助中 Excel 对常量的定义是“执行程序时保持常数值的命名项目。常数可以是字符串、数值、另一常数、任何（除乘幂与 Is 外的）算术运算符或逻辑运算符的组合”。更通俗地讲，常量就是在程序执行过程中永远不变的量。

“你我他”是一个常量，“Ace”是一个常量，128 也是一个常量。

常量的用途主要体现在以下两方面。

1. 简化输入

在某个程序中需要多次使用一个数值 3.1415926 时，如果每次都输入这个长长的数值会降低工作效率，同时也有输入错误的潜在危险，例如漏掉了一位数或者多了一个小数点。

通常的解决办法是定义一个常量“P”，对常量赋值为 3.1415926，后续直接使用 P 参与运算即可，结果完全相同，但在输入时却轻松许多。

2. 方便识别

我们仍用前一个实例来说明，在程序中大量运用数据 3.1415926，而程序的终端用户却不一定知道这个数值是代表什么。如果我们在代码中定义一个常量“圆周率”，并对其赋值为 3.1415926，则可以让用户顾名思义。

5.4.2　常量的声明方式

声明变量采用 Dim、Public、Private、Statict 等语句，而声明常量必须使用 Const 语句来完成。

声明常量的语法如下：

```
[Public | Private] Const constname [As type] = expression
```

当在过程中声明过程级常量时，直接使用 Const 指定常量的名称和值即可；若要声明模块级的常量，则在 Const 之前添加 Private，而声明工程级常量需要前加添加 Public，Const 语句的使用说明如表 5-4 所示。

表 5-4　Const语句的使用说明

级别	作用域	声明方式	存放位置	举例
过程级	当前过程	Const	过程中	Const City As String = "乌鲁木齐"
模块级	当前模块	Private Const	模块顶部	Private Const City As String = "乌鲁木齐"
工程级	当前工程	Public Const	模块顶部	Public Const City As String = "乌鲁木齐"

其中“As type”部分是可选的，表示允许在声明常量时不指定其类型。

和变量一样，不指定类型时则是变体型，会耗用更多的资源，影响代码的效率。

声明常量时必须为常量赋值。

下面有 3 种常见的常量声明方式：

```
Const 圆周率 As Double = 3.1415926
Const 圆周率 = 3.1415926
Public Const 圆周率 As Double = 3.1415926
```

第一个声明语句指定了常量名称和常量类型，第二句未指定常量类型；第三句使用了 Public，因此代码只能放在模块顶部。如果在过程中通过 Public 声明常量将会产生编译错误。正确的声明工程级常量的代码如下：

```
Public Const 圆周率 As Double = 3.1415926 '在模块顶部声明工程级的常量
Sub test()
  MsgBox 圆周率  '在过程中调用常量
End Sub
```

5.2.3　常量的命名规则

常量有两类：内置常量和用户定义常量。

其中内置常量是 Excel 定义的，用户直接调用即可。例如：xlLandscape、xlPortrait、vbCancel、vbYes、xlDown 和 xlup 等。其中 xlLandscape 和 xlPortrait 两个常量分别代表 2 和 1，用于设定页面的方向是横向的还是纵向的。在代码中既可以调用这两个常量去参与运算，也可以直接用 2 或者 1 去参与运算，因为 xlLandscape 等于 2，xlPortrait 等于 1。

自定义的常量由开发者指定常量名称。

常量的命名规则和变量的命名规则完全一致，请参考变量命名规则。

下面列举一些不符合要求的常量声明方式：

Const 12st as Byte——数值开头、未赋值。

Const ?asc as Integer——问号开头、未赋值。

Const dim As Byte = 11——不能使用 Dim。

Const sub as String = "中国"——使用了保留字作为常量名称。

Const "ABC" As String="中国" ——常量名称不能包含引号。

第 6 章　详解五大常用对象

Excel 制表工作就是频繁地操作各种对象，因此对象对于 VBA 而言是极其重要的，几乎每一段程序中都会出现对象。尽管也可以刻意编写出几段不含任意对象的 VBA 代码，然而那已偏离了 Excel 制表软件的初衷。

本章首先和你一起回忆一下对象相关的概念，然后在此基础上延伸开，向你展示单元格、图形对象、工作表、工作簿等常用对象的引用方式。

当你将本章和第 7 章“常用语句解析”的知识点都掌握好后，VBA 的筑基过程就算完成了，剩下的将是综合应用，从应用中总结经验、完善思路。

6.1　对象基础知识

在第 4 章已经介绍过对象、对象的属性和对象的方法，你对于对象应该已有初步的认知。本章在该基础之上重点介绍常用对象的引用方式，展示其中的一些技巧。不过在介绍引用方式之前有必要复习一下对象相关的基本概念，从而可以更顺利地吸收新的知识。

6.1.1　对象的结构

Excel 2019 有 305 个类对象，它们之间有着层次分明的结构，就像公司职员的组织架构一样。

然而日常工作中需要接触的对象类别并不多，一般不超过 10 个。如图 6-1 所示是常用对象的基本结构。

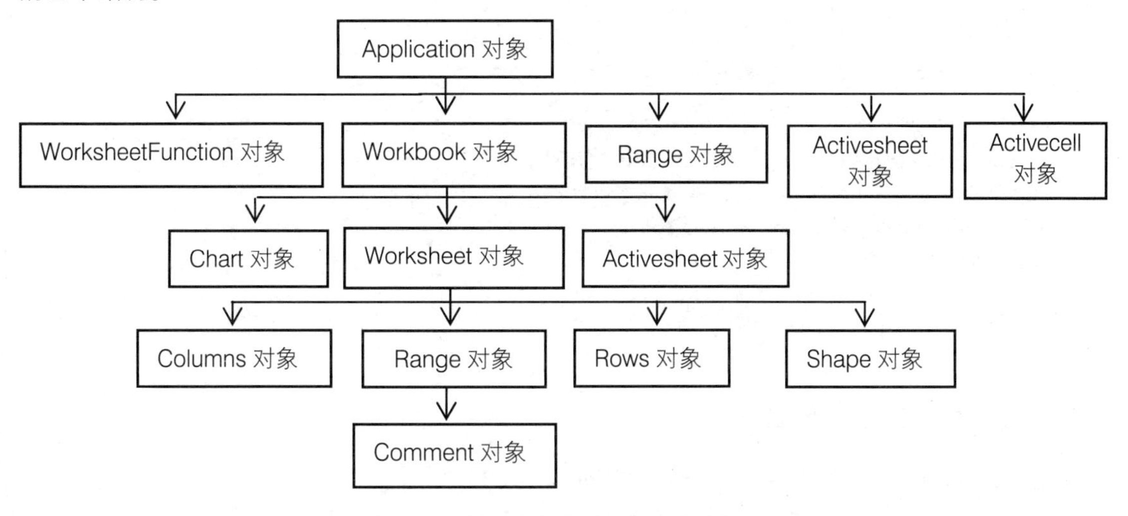

图 6–1　Excel 常用对象的基本结构

由于对象有着严格的层级关系，VBA 要求引用对象时也按层级关系引用对象。例如引用工作簿“财务.xlsx”中“一月报表”的 A1 单元格可以用以下代码：

```
Application.Workbooks("财务.xlsx").Worksheets("一月报表").Range("a1")
```

其中顶层的对象 Application 允许被忽略。

假设“财务.xlsx”是活动工作簿，那么代码可以简写为：

```
Worksheets("一月报表").Range("a1")
```

假设“一月报表”是活动工作表，那么代码可以继续简写为：

```
Range("a1")
```

6.1.2 对象与对象的集合

Excel 的部分对象有对象与对象集合之分，对象集合包含了同类的所有对象，采用数组形式表示。下面罗列了几个常见的对象集合：

Worksheets——工作表集合，代表工作簿中的所有工作表。

Cells——单元格集合，代表工作表中的所有单元格。

Shapes——图形对象集合，代表工作表中的所有图形对象。

对象包含于对象集合中，但是对象和对象集合各自拥有自己的方法和属性，它们之间不相通。例如对象集合有 Count 属性，表示对象集合的数量，而单个对象是没有 Count 属性的。

6.1.3 引用集合中的单一对象

当需要引用对象集合中的单个对象时，可通过参数指定对象的序号或者名称，从而引用集合中的指定对象。例如引用第 2 个工作簿中的第 4 个工作表可以用以下代码：

```
Workbooks(2).Worksheets(4)
```

当序号小于 1 或者大于对象集合的总数量时，执行代码时会产生“下标越界”错误。

如果以名称引用对象，那么应在名称前后添加双引号。例如引用“生产报表.xls”工作簿对象应用以下代码：

```
Workbooks("生产报表.xls")
```

VBA 允许使用变量或者常量作为参数去引用对象，例如：

```
Sub 计算指定工作簿中的工作表数量()
   Const WbName As String = "生产报表.xlsx" '声明常量
'以常量作参数引用指定工作簿，然后计算它的工作表数量
   MsgBox Workbooks(WbName).WorkSheets.Count
End Sub
```

想要正确执行以上代码，请先打开名为“生产报表.xls”的工作簿。VBA 不能引用未打开工作簿中的对象。

6.1.4 父对象与子对象

父对象是指某个对象的上一层对象，在 VBA 中使用 Parent 来表示父对象。例如要获取工作表中第 2 个批注所在单元格的地址，可用以下代码实现：

```
MsgBox ActiveSheet.Comments(2).Parent.Address
```

代码中的“ActiveSheet.Comments(2)”表示活动工作表中第 2 个批注；“Parent”代表父对

象，即批注所在单元格；“Address”代表单元格地址。如果工作表中的批注少于 2 个，执行代码将会出错。

随书提供案例文件和演示视频：6-01 引用父对象.xlsm 和 6-01 引用父对象.mp4

子对象是指某个对象的下一层对象。对象集合中的单个对象不是对象集合的子对象，必须是上下级关系才算子对象。

工作簿是 Excel 应用程序对象的子对象，工作表是工作簿的子对象，单元格是工作表的子对象……但 Excel 的对象之间并非都是这种单线式的层级关系，部分对象可能有多个父对象，或者说多个对象拥有同一个子对象。

例如任意工作表都有单元格这个子对象，活动工作表也有单元格子对象；行对象、列对象、Excel 应用程序对象都有单元格这个子对象。

6.1.5 活动对象

活动对象是当前可以直接操作的对象，例如安装了多个打印机，直接单击“打印”按钮就能调用的打印机是活动打印机，VBA 中用 ActivePrinter 表示。

Excel 的常用活动对象如表 6-1 所示。

表 6-1 常用活动对象

活动对象	书写方式
活动工作簿	ActiveWorkbook
活动工作表	ActiveSheet
活动单元格	ActiveCell
活动窗口	ActiveWindow

6.1.6 使用变量简化对象的引用

Excel 的对象之间皆有层级关系，因此在引用下级对象时可能需要较长的代码。当面对名称较长且需反复引用的对象时应该可以借助变量来简化对象的引用。

在引用对象时，小圆点越多，引用的时间就会越长，书写出错的概率也越大。正确的做法是将被引用的对象赋值给对象变量，然后使用这个变量代表对象参与各种运算和操作。

例如下面的“设置序号”过程可以在 A2:A16 的区域中生成如图 6-1 所示的大写序号。其中，代码“Workbooks("6-02 使用变量简化引用.xlsm").Sheets("一月").Range("a2:a15")”重复出现了 3 次：

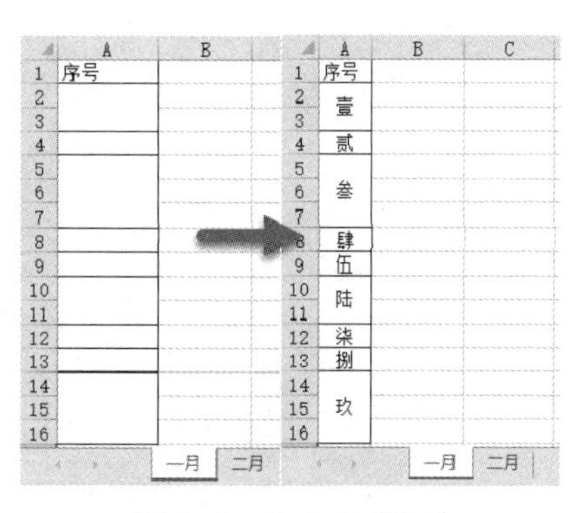

图 6-1 生成大写序号

```
Sub 设置序号()
    Workbooks("6-02 使用变量简化引用.xlsm").Sheets("一月").Range("a2:a15"). FormulaR1C1 =
"=COUNTA(R1C1:R[-1]C)" '设置公式
    Workbooks("6-02 使用变量简化引用.xlsm").Sheets("一月").Range("a2:a15"). NumberFormatLocal =
"[DBNum2][$-804]G/通用格式" '设置单元格的数字格式
```

```
'自动调整列宽
  Workbooks("6-02 使用变量简化引用.xlsm").Sheets("一月").Range("a2:a15"). EntireColumn.AutoFit
End Sub
```

如果改用对象变量来简化过程，可以按以下方式编写：

```
Sub 设置序号 2()
  Dim Rng As Range   '声明一个对象变量
'将 Range 对象赋值给变量
  Set Rng = Workbooks("6-1 使用对象变量和 With 语句简化引用.xlsm ").Sheets("一月").Range("a2:a15")
  Rng.FormulaR1C1 = "=COUNTA(R1C1:R[-1]C)"                    '设置公式
  Rng.NumberFormatLocal = "[DBNum2][$-804]G/通用格式"          '设置单元格的数字格式
  Rng.EntireColumn.AutoFit                                    '自动调整列宽
End Sub
```

很显然，使用变量简化程序后不仅代码更简短，程序的执行效率也更高。

随书提供案例文件和演示视频：6-02 使用变量简化引用.xlsm 和 6-02 使用变量简化引用.mp4

过程的 FormulaR1C1 属性代表单元格中 R1C1 样式的公式，可以通过此属性向单元格中插入公式。R1C1 样式是单元格相对引用的一种形式，其中的 R 代表行、C 代表列，R 和 C 后面的数字代表行偏移量和列偏移量。当以 A1 为原点时不使用方括号，当以公式所在单元格为原点时需要使用方括号。当偏移量是 0 时可以忽略不写。

例如要求在 B4 单元格输入公式“=a1”，由于 A1 单元格相对于 B4 单元格的行偏移量为–3，列偏移量为–1，因此代码如下：

```
Range("b4").FormulaR1C1 = "=r[-3]c[-1]"
```

执行代码后可以得到如图 6-2 所示的效果。

假设要求在 B4 单元格中输入公式“=sum(b1:b3)”，那么应使用以下代码：

```
Range("b4").FormulaR1C1 = "=sum(r[-3]c:r[-1]c)"
```

“r[–3]c”代表 B1 单元格，“r[–1]c”代表 B3 单元格，因此“r[–3]c:r[–1]c”代表 B1:B3”区域。代码的执行效果如图 6-3 所示。

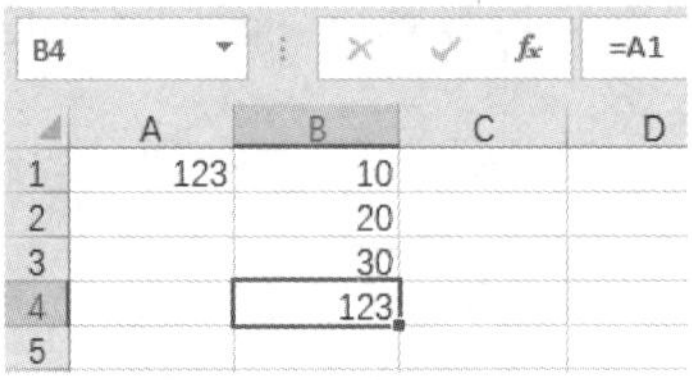

图 6–2　效果一

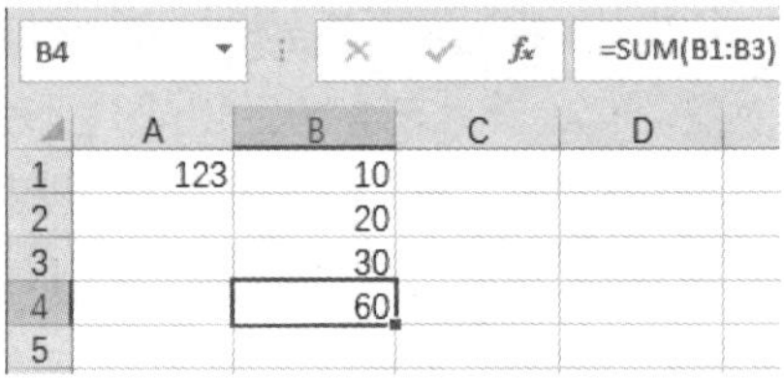

图 6–3　效果二

事实上，对单元格输入公式（Range.FormulaR1C1 属性）以及设置单元格的格式（Range.NumberFormatLocal 属性）、自动调整列宽（Range.AutoFit 方法）等都可以录制宏产生代码，不需要花时间记它们的语法，更不需要背下这些代码。

6.1.7　使用 With 语句简化对象的引用

With 语句是专门用于简化引用并提升效率而存在的，当某个对象重复出现时就有必要使用 With 语句。With 语句的语法如下：

```
With object
[statements]
End With
```

其中 object 代表对象，statements 代表针对 object 而执行的一条或多条语句。鉴于 With 语句的存在价值包含简化代码，因此在实际工作中 statements 必定包括多条语句。

以上一个案例中的“设置序号”过程为例，使用 With 语句简化后的过程如下：

```
Sub 设置序号3()        '通过 With 简化程序
'利用 With 语句引用对象
  With Workbooks("6-02 使用变量简化引用.xlsm").Sheets("一月").Range("a2:a15")
   .FormulaR1C1 = "=COUNTA(R1C1:R[-1]C)"                    '对当前引用的对象设置公式
   .NumberFormatLocal = "[DBNum2][$-804]G/通用格式"         '设置单元格的数字格式
   .EntireColumn.AutoFit                                    '自动调整列宽
  End With
End Sub
```

需要注意的是，以上过程中 With 和 End With 之间的三句代码都是基于同一个对象，三句代码都必须以小圆点开头。

With 语句允许嵌套使用，即里层的 With 语句所引用的对象是外层 With 语句引用的对象的子对象。以下过程的功能是对活动工作表重命名、移动位置，并且将表中已用区域加边框、设置字体。过程使用了 With 语句嵌套，里层 With 引用的对象“Cells.Find("中国").Font”是外层 With 语句所引用对象的子对象，因此在它之前需要添加小圆点。

```
Sub With 嵌套使用()
  With ActiveSheet                                      '引用活动工作表
      .Name = "总表"                                     '将引用的重命名为“总表”
      .Move after:=Worksheets(Worksheets.Count)          '将引用对象移动到最后边去
      With .UsedRange                                    '引用表中已用区域
          .Borders.LineStyle = 1                         '对已用区域添加1号边框
          .HorizontalAlignment = xlCenter                '将已用区域居中对齐
          With .Font                                     '引用已用区域的字体对象
              .Bold = True                               '将字体加粗显示
              .Name = "微软雅黑"                          '字体名称改成微软雅黑
          End With
      End With
  End With
End Sub
```

随书提供案例文件和演示视频：6-03 With 语句的嵌套应用.xlsm 和 6-03 With 语句的嵌套应用.mp4

6.2 单元格对象

Excel 中有很多对象，最常用的当属单元格对象，它是数据最基本的载体。而 VBA 中对单元格的表示方法也较其他对象更多、更复杂，本节专门讲述单元格与区域的表示方法。

单元格的最基本的表示方式有三种：Range("a1")方式、Cells(1,1)方式和[a1]方式，此外还有交集、合集、偏移量、已用区域、当前区域、End 等单元格引用的相关概念。

6.2.1 Range("A1")方式引用单元格

用 Range 可以将文本型的单元格地址转化为单元格对象引用，类似于工作表函数 INDIRECT。它可以引用单元格、区域、整行、整列及工作表中的所有单元格。

1. 引用单元格

Range 引用单元格对象的方式为：单元格的列标加行号作为参数，并且左右加入引号。例如：

Range ("A1")——表示 A1 单元格。

Range ("C25")——表示 C25 单元格。

Range ("ZZ1048576")——表示 ZZ1048576 单元格，在 Excel 2003 中是无效的引用，因为 Excel 2003 的最大行不超过 65536 行，最大列不超过 IV 列。

Range 参数中的引号必须在半角状态下输入，否则必将产生编译错误。

2. 引用区域

Range 引用区域时是利用区域左上角单元格地址加冒号再加右下角单元格地址作为其参数。不过参数也可以写成右下角单元格地址加冒号再加左上角单元格地址，VBA 会自动将其转换成左上角单元格地址加冒号再加右下角单元格地址的形式。

例如以下两种方式引用区域都可以得到相同结果：

```
MsgBox Range("A2:D1").Address
MsgBox Range("D1:A2").Address
```

以下是区域引用的 3 个案例：

Range ("A1:V10")——代表从 A1 到 V10 的矩形区域，包括 220 个单元格。

Range("F2:F10000")——代表从 F2 到 F10000 的矩形区域，包括 9999 个单元格。

Range("D2:ZZ10000")——代表从 D2 到 ZZ10000 的矩形区域，包括 6989301 个单元格，不过它在兼容模式的工作簿中是不合法的引用，因为兼容模式的工作表末列是 IV 列。

区域和单元格的默认属性都是 Value，但是区域的 Value 是一个数组，包括多个值，VBA 中无法直接将其显示在屏幕上。如果利用 MsgBox 函数来显示区域的值，将得到如图 6-4 所示的运行时错误。如果需要将区域中每个单元格的值都显示在信息框中，需要使用循环语句将每一个单元格的值串联起来，形成一个字符串，在第 7 章将会讲述循环语句的语法和应用。

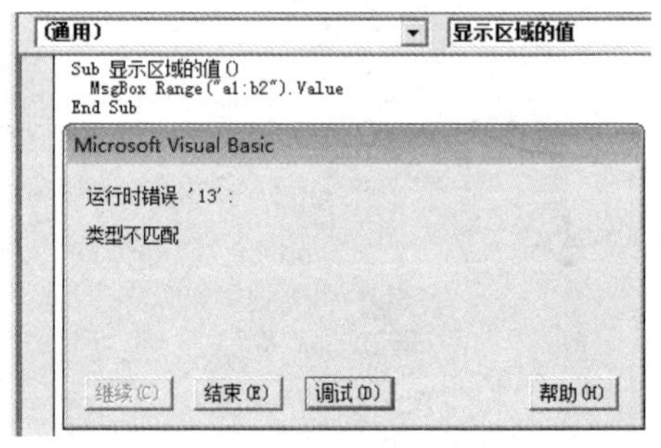

图 6-4　运行时错误

不过可以通过参数引用区域中的单个单元格的值，例如：

Range("a1:b2")(1) ——代表 a1:b2 区域中第 1 个单元格，即 a1。

Range("a1:b2")(2) ——代表 a1:b2 区域中第 2 个单元格，即 b1。

Range("a1:b2")(3) ——代表 a1:b2 区域中第 3 个单元格，即 a2。

Range("a1:b2")(4) ——代表 a1:b2 区域中第 4 个单元格，即 b2。

也就是说，索引号代表区域中从左到右、从上到下的序号，它以区域左上角单元格为参照点进行相对引用。

事实上，引用区域中的单个单元格时也可以使用双索引号，第一参数表示行的索引，第二参数表示列的索引。那么参数“(4,5)”就可以引用区域中第 4 行、第 5 列的单元格，它以区域左上角单元格为参照，而非以工作表中 A1 单元格为参照。

MsgBox Range("D3:F7")(1, 3).Address——结果为“$F$3”，表示 D3:F7 区域第 1 行第 3 列的单元格的地址。

MsgBox Range("D3:F7")(4, 2).Address——结果为“$E$6”，表示 D3:F7 区域第 4 行第 2 列的单元格的地址。

MsgBox Range("D3:F7")(9, 4).Address——结果为“$G$11”，即 D3 向下偏移到第 9 行，再向右偏移到第 4 列。虽然其行数与列数都已超过区域的大小，仍然可以正确地引用单元格。

Range 的参数也支持表达式，即字符或者数值运算的结果。例如：

Range("F" & 3 + 2)——表示引用 F5 单元格，两个字符合并成一个必须使用&运算符。

Range("F" & Range("D5").Value) ——表示列标为 F、行号等于 D5 单元格的值的单元格。

还可以使用变量作为参数，例如：

Range("D" & i) ——表示列标为 D、行号为变量 i 的值决定的单元格。变量 i 的值不能小于或等于 0 或者大于工作表的总行数，否则会引用失败。

3. 引用多区域

将单元格或者区域的地址以半角的逗号为分隔符串联成字符串，然后作为 Range 的参数，可以引用不连续的多个区域。例如以下引用方式：

Range("D3,F7")——表示 D3 和 F7 两个区域，包括了 2 个单元格。

Range("D3:F4,G10")——表示 D3:F4 和 G10 两个区域，包括 7 个单元格。

Range("A1,B3:F4,Z1:ZB2")——表示 A1、B3:F4 和 Z1:ZB2 三个区域，包括 1317 个单元格。

此方式引用区域有限制——参数的长度不能超过 255 个字符，否则将会产生运行时错误。

4. 引用整行、整列

利用“行号:行号”作为参数时可以引用整行，同理利用“列标:列标”作为参数时可引用整列，如果两个行号或者两个列标不一致时，可以引用多行或者多列。以下是引用案例：

Range("2:2")——表示引用第 2 行。

Range("2:10")——表示引用第 2 到第 10 行。

Range("D:d")——表示引用第 D 列，列标不区分大小写。

Range("D:Z")——表示引用从 D 列开始、Z 列结束的区域。

Range("D:A")——表示引用 A 列到 D 列，当顺序不一致时，VBA 会自动转换成升序格式。

Range 的参数必须使用半角状态的冒号，否则将产生编译错误。

整行、整列引用对象除了使用 Range 方法，还可以用 Rows 和 Columns 来完成。其中 Rows 引用行，以阿拉伯数字作为参数；Columns 引用列，既可用阿拉伯数字也可用列标作参数。

Rows(2) ——表示引用第 2 行。

Rows("2")——同样表示引用第 2 行。

Rows("2:2")——仍然表示引用第 2 行。

Rows("2:4")——表示引用第 2 到第 4 行。

Columns(2) ——表示引用第 2 列，相当于 Range("B:B")。

Columns("B")——同样表示引用第 2 列。

Columns("B:B")——仍然表示引用第 2 列。

Columns("B:D")——表示引用第 2 到第 4 列。

如果不带参数，那 Rows 代表整个工作表所有行，包括 17 179 869 184 个单元格。而 Columns

代表整个工作表所有列，也包括 17 179 869 184 个单元格。

5. Range 嵌套使用

除了上面的 4 种方法，Range 还支持利用单元格作为参数，其具体语法为：

```
Range(Cell1, Cell2)
```

其中 Cell1 和 Cell2 是必选参数。Cells1 用于指定目标区域的左上角单元格，Cell2 用于指定目标区域右下角单元格。如果使用 1 个或者 3 个单元格，将产生编译错误。

以下为 Range 嵌套引用的案例：

Range(Range("A1"), Range("D2"))——表示引用 A1:D2 区域，包含 8 个单元格。

Range(Range("A4"), Range("A100"))——表示引用 A4:A100 区域，包含 97 个单元格。

6.2.2 Cells(1,1)方式引用单元格

利用 Cells 引用单元格有 3 种用法。

1. WorkSheet.Cells（横坐标，纵坐标）

引用某工作表中行、列坐标所指定的单元格，可以使用本方式，基本语法为：

```
WorkSheet.Cells(RowIndex,ColumnIndex)
```

当行坐标与列坐标皆为 1 时表示工作表左上角的 A1 单元格。

MsgBox Cells(1, 1).Address——计算结果为“$A$1”。

以上代码中忽略了工作表对象，因此表示引用活动工作表中的 A1 单元格；如果忽略横坐标与纵坐标，则表示引用所有单元格。

以下为 Cells(1,1)形式的单元格引用案例：

WorkSheets(1).Cells(5, 4) ——表示引用第 1 个工作表中行坐标为 5、列坐标为 4 的单元格 D5。

WorkSheets("生产表").Cells(10000, 1000) ——表示引用“生产表”中的 ALL10000 单元格。在兼容模式的工作簿中执行代码将会出错，因为其最大列为 256，不足 1000 列。

2. WorkSheet.Cells（行号，列标）

本引用方式依靠目标地址的行号与列标来确定目标单元格。其中行号与列标两个参数都是必选参数。而工作表对象 Worksheet 则是可选参数。

以下三个引用为合法的单元格对象引用：

WorkSheets("生产表").Cells(2, "C")——表示引用“生产表”中 C2 单元格。

Cells(12, "ZZ")——表示引用当前表的 ZZ12 单元格。

Cells("12", "ZZ")——仍然表示 ZZ12 单元格，其中行号并非一定要使用双引号，但列标一定要使用双引号，不过使用变量时不能用引号。

本方法永远只能引用一个单元格，不能引用区域。

3. Range.Cells（横坐标，纵坐标）

本方式引用单元格是以 Range 对象的横向坐标与纵向坐标的交叉点为目标，它有别于“WorkSheet.Cells（横坐标，纵坐标）”，坐标的计算方式相同，但是参照点不同。

Range("B2:G11").Cells(2, 2)——表示 B2:G11 单元格中横坐标为 2、纵坐标为 2 的单元格 C3。如图 6-5 所示为 Range("B2:G11").Cells(2, 2)示意图。

图中黄色单元格相对于工作表的横、纵坐标分别为 3 和 3，但对于 B2:G11 区域，其横、纵坐标则为 2 和 2。

Cells 的参数还可以使用小数，不过 VBA 会将其进行四舍五入后再计算坐标。例如：

Range("B2:G11").Cells(1.5, 4.4) ——表示引用 B2:G11 区域第二行、第四列的 E3 单元格。

还可以使用负数或者 0 作为参数，那么其坐标计算方式则向左、向上偏移。例如：

Range("D4:H9").Cells(−1, −1) ——表示引用 B2 单元格。

Range("D4:H9").Cells(0, −2) ——表示引用 A3 单元格。

如图 6-6 所示为 Range("D4:H9").Cells(−1, −1)示意图。

	A	B	C	D	E	F	G	H
1		1	2	3	4	5	6	
2	1							
3	2							
4	3							
5	4							
6	5							
7	6							
8	7							
9	8							
10	9							
11	10							
12								

图 6–5 Range("B2:G11").Cells(2, 2)示意图

	A	B	C	D	E	F	G	H	I
1			-2						
2			-1						
3	-2	-1	0	1	2	3	4	5	
4			1						
5			2						
6			3						
7			4						
8			5						
9			6						
10									

图 6–6 Range("D4:H9").Cells(−1,−1)示意图

4. Range.Cells（索引号）

当使用单个索引号作为参数时，它表示父对象中的一个索引子集。其编号方式是先行后列、先左后右。

Range("B2:G10").Cells(5) ——表示 B2:G10 区域中第 5 个单元格 F2，从 B2 开始向右数 5 个单位。

Range("B2:G10").Cells(7) ——表示 B2:G10 区域中第 7 个单元格 B3，因父对象只有 6 列，那么第 2 行第 1 个单元格即为该区域的第 7 个单元格。

Range("B2:G10").Cells(60) ——表示引用单格 G11。在 B2:G10 区域中仅有 54 个单元格，而参数 60 超过区域的最大个数后，则继续向其下一行开始累加，直到超出整个工作表的边界。

6.2.3 [a1]方式引用单元格

[a1]方式引用单元格是在左、右方括号中直接输入单元格或者区域地址来引用目标的方式，单元格地址不区分大小写，也不区分相对引用还是绝对引用。

[a1]方式引用单元格在写法上占有较大优势，而且可以引用单元格、区域、整行、整列等，既书写简单又功能强大。

以下是[a1]形式的单元格引用案例：

[a1] ——表示引用单元格 A1。

[B$10] ——表示引用单元格 B10。

[D2:F500] ——表示引用 D2:F500 区域，包括 1497 个单元格。

[D2,F2] ——表示引用 D2 和 F2 两个单元格。

[D2:D3,F2:G10,Z100] ——表示引用 D2:D3 和 F2:G10、Z100 三个区域，包括 21 个单元格。

[D2：D3，D5] ——表示引用 D2:D3 和 D5 两个区域，中间的冒号和逗号允许使用全角，VBA 会自动将其转换为半角。

以下是错误的单元格引用案例：

["D2:D3"] ——参数不能使用引号。

[A1:F2500000] ——行数超过允许的最大值 1048576。

6.2.4 Range（"A1"）、Cells（1,1）与[a1]比较

在实际工作中，Range（"A1"）、Cells（1,1）和[a1]这三种单元格引用方式各有所长。如表 6-2 所示是它们在引用方式上的比较。

表 6-2 三种单元格引用方式比较

引用方式 / 比较项目	Range（"A1"）	Cells（1,1）	[a1]
可以引用的对象	单元格、区域、多区域、整行、整列	单元格	单元格、区域、多区域、整行、整列
属性与方法列表	支持	不支持	不支持
用于代码循环	行循环	行循环、列循环	不支持
输入简便性	差	差	好
支持参数	索引号、Item和Cells	索引号、Item和Cells	Item和Cells
效率	中	高	低

从以上的比较中可以发现，Cells(1,1)的优势在于将它用于循环语句比较方便，而且效率极高，缺点是无法引用区域；Range 的优势在于支持属性与方法列表，支持行循环和参数，缺点是书写时不够方便；而[A1]方式的优势在于书写方便、可以引用单元格区域，缺点是不支持循环和不能弹出属性与方法列表、效率极低。

为了加深你对表 6-2 的理解程度，下面特别对其中 4 点详加说明。

1. 属性与方法列表

对象是否支持属性与方法列表是很重要的一个特点，在编写代码时，可能程序员对某些属性或者方法不够熟悉，需要借助属性与方法列表来快速输入代码。

在单元格的三种引用方式中，仅 Range("A1")引用方式支持属性与方法列表，在代码窗口输入“[A1].”或者“Cells(1,1）.”后不会有任何反应。

2. 通过参数访问子集

能否通过参数访问区域中的单个对象也是衡量引用方式是否人性化的标准之一。

Range("A1:A10")支持三种方式访问其子集，例如获取 A1:A10 区域的第 2 个单元格，那么有以下三种方式：

```
Range("A1:A10").Item(2)
Range("A1:A10").Cells(2)
Range("A1:A10")(2)
```

而[A1]和 Cells(1,1)方式引用单元格时仅仅支持两种方式引用子集。例如：

```
[A1:A10].Item(2)
[A1:A10].Cells(2)
Cells(3,5).Cells(2)
```

3. 支持循环

支持循环是指参数是否能配合变量在循环语句中实现累加或者递减。支持循环会给编程带来很大的便利。Range("A1")引用支持单循环，例如代码中“Range("A" & 变量)”的行号采用变量，

当变量配合循环语句实现累加或者递减时，引用的对象也会产生相应变化，当变量是 2 时就引用 A2 单元格，当变量是 3 时就引用 A3 单元格。

Cells(1,1)支持双循环，横坐标和纵坐标都允许使用数值变量，在循环语句中它会占有较大的优势。在第 7 章中讲述循环语句时可以展示 Cells(1,1)的优势。

[a1]形式的引用不支持循环。

4. 引用效率

Cells(1,1)引用方式的效率最高，[a1]引用方式的效率最低，前者大约是后者的 20 倍，因此需要反复引用一个单元格去参与某些运算时应采用 Cells(1,1)引用方式，如果只引用一次，那么 Range（"A1"）、Cells（1,1）、[a1]三者任选，它们之间的差异几乎可以忽略。例如 0.0001 秒和 0.00005 秒我们完全感受不到有何区别，但是如果引用 10 万次后，它们之间的差值就比较明显了。

6.2.5 Selection 与 ActiveCell：当前选区与活动单元格

在选择了单元格或者区域的情况下，Selection 代表当前选中的所有单元格，通常简称为选区，而 ActiveCell 则表示活动单元格。选区可以是一个单元格，也可以包含多个单元格甚至多个区域，但活动单元格永远只有一个，而且活动单元格一定包含于选区中。

如果选区仅有一个单元格，那么选区与活动单元格完全相同，它们代表相同的对象。

如果想在选区不变的情况下改变活动单元格，可用 Range.Activate 方法来实现，其语法如下：

```
Range.Activate
```

其中 Range 表示待激活的单元格，只能包含一个单元格，如超过一个则会产生运行时错误。

假设让选区中第 4 个单元格成为活动单元格，使用以下语句即可：

```
Selection(4).Activate
```

如果需要让选区中的第 2 列、第 3 行的单元格成为活动单元格，使用以下语句即可：

```
Selection.Cells(3, 2).Activate
```

ActiveCell 和 Selection 都只能引用活动工作表中的单元格，如果在前面加上其他工作表名称，引用必将产生运行时错误。例如代码“WorkSheets(2).Selection”并不能成功引用第 2 个工作表的选区。

要引用非活动中的 ActiveCell 或者 Selection，必须先选择该工作表对象。

6.2.6 已用区域与当前区域

已用区域是指 UsedRange，其父对象是工作表。

当前区域是指 CurrentRegion，其父对象是单元格。

1. UsedRange

WorkSheet.UsedRange 表示工作表中的已用区域，即用户已经使用过的区域。

例如在工作表 Sheet1 中 A1:V2 存放了数据，其他区域一直保持空白，那么 A1:V2 区域是该表的已用区域。如果在 A1:V2 之外的 B10 输入一个数据，那么该表的已用区域应为 A1:V10。

一个工作表只有一个已用区域，该区域是一个矩形的、包含了所有已用单元格的区域。

当单元格中有数据时，它无疑属于已用区域；如果单元格中没有数据但是曾经设置过格式，而且格式信息尚未清除，那么此单元格也属于已用区域。

如图 6-7 所示，B3:B6、D2:F2 区域都有数据，G8 单元格没有数据但有格式信息，它们三者组成的最小矩形区域是 B2:G8,，因此活动工作表的已用区域即为 B2:G8。可用以下代码测试实际的已用单元格区域的大小：

```
MsgBox ActiveSheet.UsedRange.Address
```

假设工作表中任何单元格都未曾使用过，那么工作表的 UsedRange 是 A1 单元格，而非 Nothing。

	A	B	C	D	E	F	G	H
1								
2				test	test	test		
3		test						
4		test						
5		test						
6		test						
7								
8								
9								

图 6–7　工作表的已用区域

2. CurrentRegion

Range.CurrentRegion 表示当前区域。当前区域是以包含指定单元格且以空行、空列组合为边界的区域。与 WorkSheet.UsedRange 相比较，它们的不同点如表 6-3 所示。

表 6-3　已用区域与当前区域的比较

比较项目 \ 比较对象	UsedRange	CurrentRegion
判断标准	是否有格式以及有数据	是否有数据及是否与Range之间存在空白行、空白列
工作表中的拥有数量	一个表只有一个UsedRange	一个表中可以有多个CurrentRegion
父对象	Worksheet	Range

每个单元格都拥有自己的 CurrentRegion，如果某单元格有数据而且与指定对象 Range 之间不存在空行或者空列间隔，那么它就属于该 Range 的 CurrentRegion 成员。

如图 6-8 所示，工作表中的已用区域和 A1 单元格的当前区域获取方法如下：

```
Sub UsedRange 与 CurrentRegion()
MsgBox "UsedRange:" & ActiveSheet.UsedRange.Address & Chr(10) _
& "CurrentRegion:" & Range("a1").CurrentRegion.Address, vbInformation, "提示"
End Sub
```

其中 Chr(10)表示编码为 10 的字符，它可以将信息框中的字符串换行，代码的执行结果如图 6-9 所示。

	A	B	C	D	E
1	姓名	成绩		姓名	成绩
2	赵秀文	87		张中正	82
3	朱明	92		蒋文明	97
4	陈冲	60		黄未东	100
5	朱贵	85		张朝明	51
6	陈丽丽	74		胡东来	83
7	黄花秀	64		赵云秀	91
8	黄淑宝	45		陈英	54
9					

图 6–8　成绩表

图 6–9　UsedRange 与 CurrentRegion

Excel 的排序与筛选操作其实就是以 Range.CurrentRegion 为操作对象的，当工作表中有多个不相邻的数据区域时，排序与筛选操作仅针对当前区域有效。

6.2.7 SpecialCells：按条件引用区域

Range.SpecialCells 方法可以返回与指定类型和值相匹配的区域。它的具体参数为：

```
Range.SpecialCells(Type, Value)
```

其中 Range 可以是任意单元格对象或者区域，Type 参数表示单元格类型，Value 参数是可选参数，只有 Type 参数为 xlCellTypeConstants 或 xlCellTypeFormulas 时才可用。Value 参数用于确定数值类型，它的取值范围是数值、文本、逻辑值和错误值。

其中 Type 参数即为 XlCellType 常量，其含义与值如表 6-4 所示。

表 6-4　XlCellType常量

XlCellType 常量	含义	值
xlCellTypeAllFormatConditions	包含条件格式的单元格	–4172
xlCellTypeAllValidation	包含有效性验证条件的单元格	–4174
xlCellTypeBlanks	空单元格	4
xlCellTypeComments	含有注释的单元格	–4144
xlCellTypeConstants	含有常量的单元格	2
xlCellTypeFormulas	含有公式的单元格	–4123
xlCellTypeLastCell	已用区域中的最后一个单元格	11
xlCellTypeSameFormatConditions	含有相同条件格式的单元格	–4173
xlCellTypeSameValidation	含有相同有效性条件的单元格	–4175
xlCellTypeVisible	所有可见单元格	12

Value 参数即为 XlSpecialCellsValue 常量，其含义与值如表 6-5 所示。

表 6-5　XlSpecialCellsValue 常量可用值详解

XlSpecialCellsValue 常量	含义	值
xlNumbers	数值	1
xlTextValues	文本	2
xlLogical	逻辑值	4
xlErrors	错误值	16

表 6-5 中的 4 项常量允许任意组合，例如用 23 代表所有值，用 6 代表文本与逻辑值。参数的默认值是所有值，也就是说，如果忽略第二参数时相当于使用 23 作为参数。

根据表 6-4，引用 Range ("A1:G10")区域中的空白单元格可以使用以下代码：

```
Range("A1:G10").SpecialCells(xlCellTypeBlanks)
```

删除 Range("A1:G10")区域中带有批注的单元格可以使用以下代码：

```
Range("A1:G10").SpecialCells(xlCellTypeComments).Delete
```

而引用所有带有公式的单元格则用以下代码：

```
Range("A1:G10").SpecialCells(xlCellTypeFormulas, 23)
```

如果 SpecialCells 的参数所指定的单元格不存在，那么引用结果并非 Nothing，而会直接弹出错误提示，表示不存在指定类型的单元格。例如选择公式所在区域的代码如下：

```
Sub 选择公式所在区域()
  Range("A1:E14").SpecialCells(-4123, 23).Select
End Sub
```

当 A1:E14 区域中无公式时，执行上述代码后会弹出一个错误提示；当 A1:E14 区域中有公式时，执行上述代码后会选中所有公式所在的单元格。

知识提示 使用 Range.SpecialCells 方法引用单元格可以通过录制“定位条件”的宏来完成。在录制宏时可以产生关于 Range.SpecialCells 方法的所有常量名称，用户在不熟悉参数用法时可以通过录制宏来获取代码。“定位条件”对话框如图 6-10 所示。

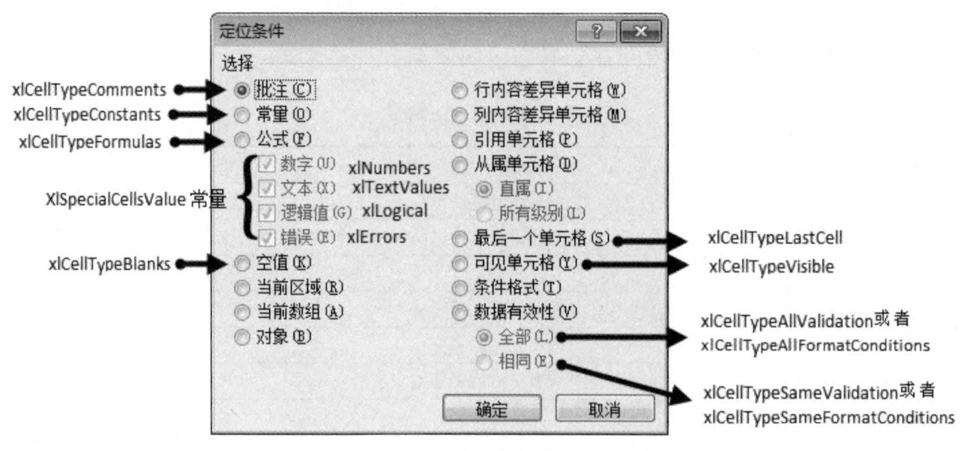

图 6-10 “定位条件”对话框

在图 6-10 中，右下角的“全部”和“相同”都对应两个常量，具体对应哪一个由上面的“条件格式”和“数据有效性”决定。例如选中“条件格式”单选框时，那么“全部”对应的常量是 xlCellTypeAllFormatConditions，而“相同”对应的常量是 xlCellTypeSameFormatConditions。

假设有如图 6-11 所示的成绩表，要求将其中空白单元格填充黄色背景色，将所有数值的字体改用 Arial Black，再将所有标题套用样式“着色 1”。由于需求中的三个目标都有显著的特点，我们可以通过定位来完成，因此套用 Range.SpecialCells 方法，并配合录制宏就可以完成代码。完整的代码如下：

```
Sub SpecialCells()
        '引用当前表的已用区域
  With ActiveSheet.UsedRange
        '空白单元格填充黄色背景
        .SpecialCells(xlCellTypeBlanks).Interior.Color = 65535
        '数值区域的字体设置为 Arial Black
        .SpecialCells(xlCellTypeConstants, 1).Font.Name = "Arial Black"
        '文本区域的样式采用着色 1
        .SpecialCells(xlCellTypeConstants, 2).Style = "着色  1"
  End With
End Sub
```

执行代码后会得到如图 6-12 所示的标示结果。

	A	B	C	D	E
1	姓名	语文	数学	化学	地理
2	赵秀文	60	55	69	49
3	朱明	89	87	60	42
4	陈冲	75	74	93	
5	朱贵	74	74	43	40
6	陈丽丽		49	55	50
7	黄花秀	85	97	82	98
8	黄淑宝	88	65	65	73

图 6-11 成绩表

	A	B	C	D	E
1	姓名	语文	数学	化学	地理
2	赵秀文	**60**	**55**	**69**	**49**
3	朱明	**89**	**87**	**60**	**42**
4	陈冲	**75**	**74**	**93**	
5	朱贵	**74**	**74**	**43**	**40**
6	陈丽丽		**49**	**55**	**50**
7	黄花秀	**85**	**97**	**82**	**98**
8	黄淑宝	**88**	**65**	**65**	**73**

图 6-12 标示结果

随书提供案例文件和演示视频：6-04 SpecialCellis 演示.xlsm 和 6-04 SpecialCellis 演示.mp4

实际上，这个过程中的所有代码都可以通过录制宏产生，然后对宏代码进行小小修改即可。录制宏得到的代码如图 6-13 所示。

其中，有背景色的代码是必要的代码，其他代码都可以删除。精简后的代码如下：

```
Sub 宏 1()
    Range("A1:E8").Select
    Selection.SpecialCells(xlCellTypeBlanks).Select
    Selection.Interior.color = 65535
    Range("A1:E8").Select
    Selection.SpecialCells(xlCellTypeConstants, 1).Select
    Selection.Font.Name = "Arial Black"
    Range("A1:E8").Select
    Selection.SpecialCells(xlCellTypeConstants, 2).Select
    Selection.Style = "着色  1"
End Sub
```

以上代码已经可以实现需求，但是代码还不够精简，也不够高效。可以基于以下两个原则对代码进一步优化。

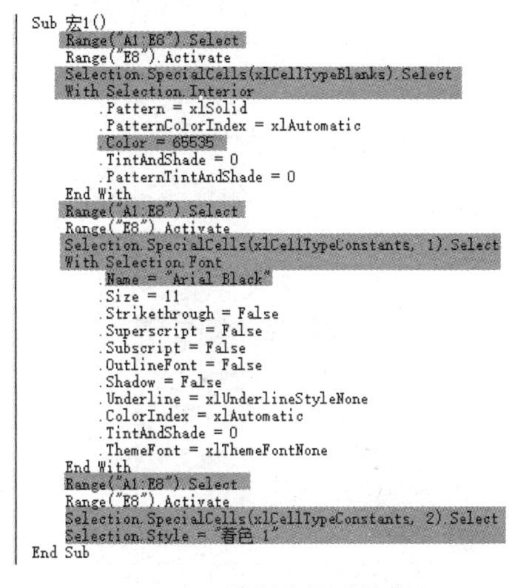

```
Sub 宏1()
    Range("A1:E8").Select
    Range("E8").Activate
    Selection.SpecialCells(xlCellTypeBlanks).Select
    With Selection.Interior
        .Pattern = xlSolid
        .PatternColorIndex = xlAutomatic
        .Color = 65535
        .TintAndShade = 0
        .PatternTintAndShade = 0
    End With
    Range("A1:E8").Select
    Range("E8").Activate
    Selection.SpecialCells(xlCellTypeConstants, 1).Select
    With Selection.Font
        .Name = "Arial Black"
        .Size = 11
        .Strikethrough = False
        .Superscript = False
        .Subscript = False
        .OutlineFont = False
        .Shadow = False
        .Underline = xlUnderlineStyleNone
        .ColorIndex = xlAutomatic
        .TintAndShade = 0
        .ThemeFont = xlThemeFontNone
    End With
    Range("A1:E8").Select
    Range("E8").Activate
    Selection.SpecialCells(xlCellTypeConstants, 2).Select
    Selection.Style = "着色 1"
End Sub
```

图 6-13　录制宏得到的代码

1. 少用硬编码，提升通用性

上面的代码中的 Selection 用了 6 次，但是它们分别代表了不同的区域。第 1 次、第 3 次和第 5 次都代表活动工作表中的已用区域 A1:E8，第 2 次、第 4 次和第 6 次的 Selection 则代表 Range.SpecialCells 方法所定位的目标区域。

要让代码具有通用性，编程时要尽可能不用硬编码。A1:E8 就属于硬编码，它只适用于工作表中 A1:E8 区域以外无值的情况，而实际工作中不同的工作表会有不同大小的已用区域，为了确保代码的通用性，让一段代码在数据行数、列数不同的工作表中都可以使用，那么应该用 Activesheet.UsedRange 来替代 Range("A1:E8")。

2. 直接操作对象，提升效率

对一个区域定位目标对象，在手工操作时必须先选中这个区域，然后对这个区域执行定位操作。而用 VBA 代码对区域定位时可以直接定位，忽略 Range.Select 操作，从而在简化代码的同时还能让效率大幅提升。

基于以上两个原则，以下三句代码：

```
Range("A1:E8").Select
Selection.SpecialCells(xlCellTypeBlanks).Select
Selection.Interior.color = 65535
```

可以精简为一句：

```
Activesheet.Usedrange.SpecialCells(xlCellTypeBlanks) .Interior.color = 65535
```

而整个 Sub 过程则可以精简为以下效果：

```
Sub SpecialCells()
    With ActiveSheet.UsedRange
```

```
        .SpecialCells(xlCellTypeBlanks).Interior.Color = 65535
        .SpecialCells(xlCellTypeConstants, 1).Font.Name = "Arial Black"
        .SpecialCells(xlCellTypeConstants, 2).Style = "着色  1"
    End With
End Sub
```

精简前后的代码的执行效率差异约为 190 倍。

随书提供案例文件：6-05 代码精简前后效率比较.xlsm

6.2.8 CurrentArray：引用数组区域

数组公式分为单元格数组公式和区域数组公式，数组区域是针对数组公式而言的，指区域数组公式所占用的区域。数组区域有以下两个显著特点。

◆ 公式两端有花括号“{}”

在输入数组公式后必须按<Ctrl+Shift+Enter>组合键，输入完成后在公式的首尾会自动产生花括号“{ }”。如图 6-14 所示为典型的数组公式与数组区域。

◆ 无法单独编辑其中某个单元格

区域数组公式跨越多个相邻的单元格，用户无法单独编辑其中任何一个单元格，包括修改、删除等。如图 6-15 所示为编辑数组区域中单个单元格时产生的错误提示。

C2 {=RANK.AVG(B2:B11,B2:B11)}

姓名	成绩	排名
胡东来	70	4
罗新华	65	6
朱明	81	2
童怀礼	80	3
曹值军	61	8
罗传志	62	7
诸光望	69	5
张庆	83	1
陈星星	60	9
龚丽丽	57	10

图 6-14　典型的数组公式与数组区域

{=RANK.AVG(B2:B11,B2:B11)}

Microsoft Excel

无法更改部分数组。

确定

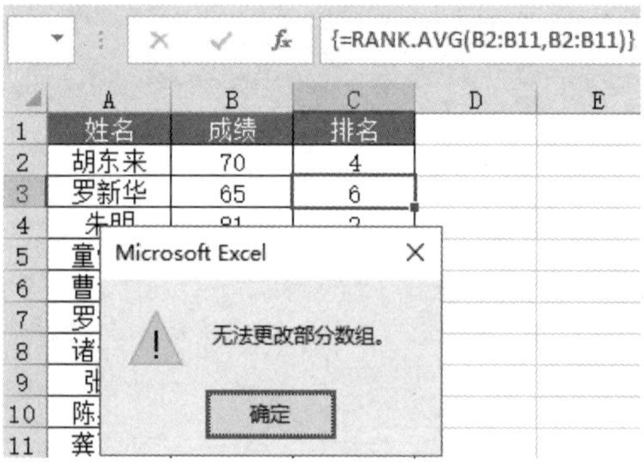

图 6-15　错误提示

如果需要修改区域数组公式，需要先选择整个数组区域，然后对整个区域一并修改。

CurrentArray 代表数组区域，其具体语法为：

```
Range.CurrentArray
```

Range 可以是隶属于数组区域中的任意单元格。例如在图 6-15 中，单元格 A1 的数组区域和 A2 的数组区域完全一致。

如果 Range 不在数组区域中，则引用 Range.CurrentArray 时将产生“未找到单元格”的错误信息。

假设要删除活动单元格的值，由于活动单元格可能处于数组区域中也可能不处于数组区域中，为了让代码更通用，应按以下方式编写代码：

```
Sub 删除活动单元格的值()
    On Error Resume Next   '当代码出错时，继续执行下一句代码
    ActiveCell.CurrentArray.ClearContents      '删除活动单元格的数组区域的值
    '如果有错误(表示活动单元格未处于数组区域内)，那么只删除活动单元格的值
```

```
    If Err.Number > 0 Then ActiveCell.ClearContents
End Sub
```

过程的含义是指活动单元格处于数组区域中就删除数组区域的值，否则删除活动单元格的值。Range.ClearContents 方法表示清除单元格的内容，不清除单元格的格式。

过程中首先使用“On Error Resume Next”防错语句，避免活动单元格未处于数组区域中时导致代码出错并中断程序，然后使用 Range.ClearContents 方法清除活动单元格的数组区域的值，此时利用条件语句 If Then 判断程序是否有错误，如果有错误，重新调用代码“ActiveCell.ClearContents”只清除活动单元格的值。

对于防错语句和条件语句的更多详细内容请参阅本书第 7 章。

随书提供案例文件：6-06 删除活动单元格的值.xlsm

6.2.9 Resize：重置区域大小

Range.Resize 属性用于调整区域的大小，返回调整后的区域。它的具体语法如下：

```
Range.Resize(RowSize, ColumnSize)
```

其中参数 RowSize 代表重置后的区域行数，ColumnSize 代表重置后的区域列数。两个参数皆为可选参数，如果省略参数则表示新区域中的行数或者列数保持不变。

以下为 Range.Resize 属性的应用案例：

Range("a1").Resize(2, 2)——表示 A1:B2，包括两行两列共 4 个单元格。

Cells(3, 2).Resize(1, 4) ——表示 B3:E3，包括一行四列共 4 个单元格。

Range("B1:C2").Resize(4, 4) ——表示 B1:E4，包括四行四列共 16 个单元格。

Range("B1:C2").Resize(1) ——表示 B1:C1，将原区域两行重置为一行，而列数保持不变。

Range("B1:C2").Resize(1, 1) ——表示 B1，行与列都调整为 1。为了简化代码通常不使用这种引用方式，而是改用索引号来引用第一个单元格——Range("B1:C2")（1）。

Range([a2], [c10]).Resize(4, 5) ——表示 A2:E5，将原区域的列数增大、行数减小。

Range.Resize 属性的参数不可以使用负数和 0，否则将产生运行时错误。

还可以使用表达式作为 Resize 和参数，例如：

Range("A4:B7").Resize(1, [A1] + 5) ——重置后新区域的行数为 1，列数为 A1 的值加 5。

根据以上的参数解说，你对 Resize 属性应该已有较深入的认识了。以下是 Range.Resize 属性的一个应用案例——将第一个工作表的已用区域复制到第二个工作表中。

```
Sub 复制工作表的已用区域的值()              '不保留公式和格式，仅复制数值
    With Worksheets(1).UsedRange             '引用第一个工作表的已用区域
    '以第二个工作表的 A1 单元格为基准，重置为第一个工作表的已用区域的大小，
    '然后将其赋值为第一个工作表的已用区域的值
        Worksheets(2).Range("a1").Resize(.Rows.Count, .Columns.Count).Value = .Value
    End With
End Sub
```

在将一个区域赋予另一个区域时，需要确保两个区域的高度和宽度一致，否则将产生错误。而利用 Resize 属性可以计算数据源的大小，再将目标区域重置为相同大小。

代码中“.Rows.Count”表示区域的总行数，“.Columns.Count”表示区域的总列数，当两个区域的行数与列数都相同时就可以通过等号赋值。

随书提供案例文件：6-07 将第 1 工作表的已用区域的值复制到第 2 个工作表.xlsm

事实上，利用以上思路还可以实现将一个区域的公式转换成值，也就是消除区域中的公式，代码如下：

```
Sub 将活动工作表的公式转换成值()
  With Activesheet.UsedRange '引用活动工作表的已用区域
    .Value = .Value '区域的值等于区域的值
  End With
End Sub
```

6.2.10 Offset：根据偏移量引用新区域

Range.Offset 属性可以返回一个 Range 对象，代表位于指定单元格或区域的一定偏移量位置上的新区域。其具体语法如下：

```
Range.Offset(RowOffset, ColumnOffset)
```

RowOffset 表示行偏移量，ColumnOffset 表示列偏移量。两个参数均为可选参数，如果忽略某个参数，表示该参数采用默认值为 0，即不执行偏移。

以下是 Range.Offset 属性的应用案例：

[a1].Offset(2, 3) ——表示相对于 A1 单元格向下偏移 2 行、向右偏移 3 列，即 D3。

Range("D2").Offset(, 4) ——表示相对于 D2，行偏移为 0、列偏移为 4，即 H2 单元格。

VBA 中的 Range.Offset 属性与工作表函数 Offset 在使用上有较大的差异。工作表函数中 Offset 有 5 个参数，后两个参数用于指定目标区域的高度与宽度，而 VBA 中的 Range.Offset 属性则没有提供表示高度与宽度的参数，而是由其前置对象 Range 来决定的。

Range("D2:C3").Offset(1, 1) ——表示相对于 D2:C3 区域向下偏移 1 行、向右偏移 1 列，并且高度与宽度和 D2:C3 一致的新区域 D3:E4。

Range("D2:D10").Offset(, 4) ——表示引用 H2:H10，从原区域向右移动 4 列，高度与宽度一致。

Range.Offset 属性的参数也可以使用负数。当 RowOffset 参数使用负数时则表示向上偏移，而 ColumnOffset 参数使用负数时则表示向左偏移。

Range("D4:D10").Offset(–2, 4) ——表示引用 H2:H8 单元格，在原有区域基础上向上偏移 2 行、向右偏移 4 列。

Cells(3, 4).Offset(–1, –2) ——表示引用 B2 单元格，在原 D3 单元格基础上上移 1 行、左移 2 列。

Cells(3, 4).Offset(–1, –4) ——由于向左偏移 4 列后已超过了工作表的边界，所以产生错误。

我们也可以使用表达式作为 Range.Offset 属性的参数，例如：

Range("F2").Offset(2*3, [a1] + 5) ——表示向 F2 单元格向下偏移 6 行，向右偏移 A1 的值加 5 列。

以下提供一个 Range.Offset 属性的应用案例。

假设有如图 6-16 所示的业绩表，要求将 A 组、B 组和 C 组 3 个工作表的数据复制到总表中，将数据按先后顺序向下排列。

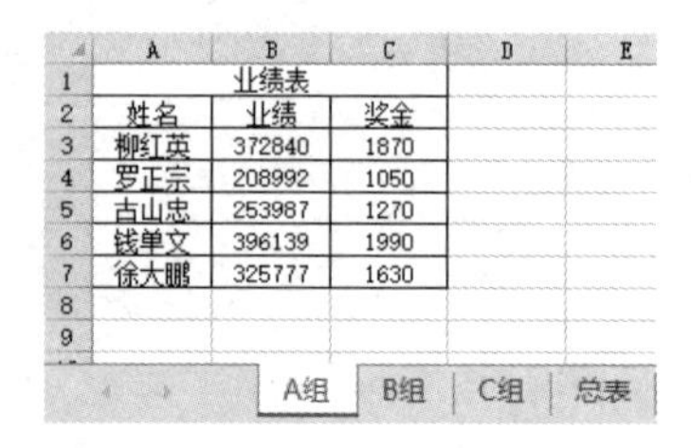

图 6-16　业绩表

要实现本例所要求的功能主要涉及 3 个知识点：

已用区域：即 Worksheet.Usedrange 属性，它可以自动适应工作表的数据多少，不管工作表的数据如何增减变化都不用修改代码。

Range.Offset 属性：通过此属性可以得到工作表的已用区域下方的区域，复制数据时用它作为目标区域可以避免覆盖数据。

Range.Copy 方法：此方法有一个可选参数，它的语法如下：

```
Range.Copy(Destination)
```

参数 Destination 是一个单元格对象，通常使用单个单元格即可。当忽略参数时表示将数据复制到剪贴板中；当使用了参数时表示将数据复制到参数所指定的单元格，当被复制的对象是一个区域时，将会沿参数所指定的单元格向下、向右扩展，形成与被复制区域的大小一致的新区域，然后将数据粘贴在此区域中。例如代码“Range("a1:c2").Copy Range("b5")”中目标实际上不是 B5 单元格，而是 B5:D6，其高度和宽度由 Range("a1:c2")决定。

综合以上 3 个知识点，代码如下：

```
Sub 复制数据()
    Worksheets("总表").Cells.Clear '清除“总表”中的所有内容，包括格式信息
   '将“A 组”工作表的已用区域复制到“总表”中，存放区域的左上角单元格为 A1
   Worksheets("A 组").UsedRange.Copy Worksheets("总表").Cells(1)
   '将“B 组”工作表的已用区域复制到“总表”的已用区域下一行中
   Worksheets("B 组").UsedRange.Copy Worksheets("总表").UsedRange. Cells(1).Offset(Worksheets("总表
").UsedRange.Rows.Count).Cells(1)
   '将“C 组”工作表的已用区域复制到“总表”的已用区域下一行中
   Worksheets("C 组").UsedRange.Copy Worksheets("总表").UsedRange.Cells(1). Offset(Worksheets("总表
").UsedRange.Rows.Count). Cells(1)
End Sub
```

当执行以上代码后可得到如图 6-17 所示的合并结果。

以上过程在合并 3 个工作表时没有考虑标题的问题，复制 3 个工作表后在“总表”中就产生了 3 个标题，如果要求只保留 1 个标题，那么应使用 Range.Offset 属性排除第 2 和第 3 个标题，完整代码如下：

```
Sub 复制数据 2()'代码存放位置:模块中
   Worksheets("总表").Cells.Clear '清除“总表”中的所有内容
   '将“A 组”工作表的已用区域复制到“总表”中，存放区域的左上角单元格为 A1
   Worksheets("A 组").UsedRange.Copy Worksheets("总表").UsedRange.Cells(1)
   '将“B 组”工作表的已用区域(排除前 2 行)复制到“总表”的已用区域下一行中
   Worksheets("B 组").UsedRange.Offset(2).Copy Worksheets("总表").UsedRange.
Cells(1).Offset(Worksheets("总表").UsedRange.Rows.Count). Cells(1)
   '将“C 组”工作表的已用区域(排除前 2 行)复制到“总表”的已用区域下一行中
   Worksheets("C 组").UsedRange.Offset(2).Copy Worksheets("总表").UsedRange.
Cells(1).Offset(Worksheets("总表").UsedRange.Rows.Count). Cells(1)
End Sub
```

执行新的代码后可得到如图 6-18 所示的合并结果。

	A	B	C	D	E
1	业绩表				
2	姓名	业绩	奖金		
3	柳红英	372840	1870		
4	罗正宗	208992	1050		
5	古山忠	253987	1270		
6	钱单文	396139	1990		
7	徐大鹏	325777	1630		
8	业绩表				
9	姓名	业绩	奖金		
10	朱贵	306088	1540		
11	游三妹	344978	1730		
12	罗新华	226341	1140		
13	罗至贵	375649	1880		
14	张未明	385038	1930		
15	钟秀月	272435	1370		

A组 B组 C组 总表

图 6-17　合并结果 1

	A	B	C	D	E
1	业绩表				
2	姓名	业绩	奖金		
3	柳红英	372840	1870		
4	罗正宗	208992	1050		
5	古山忠	253987	1270		
6	钱单文	396139	1990		
7	徐大鹏	325777	1630		
8	朱贵	306088	1540		
9	游三妹	344978	1730		
10	罗新华	226341	1140		
11	罗至贵	375649	1880		
12	张未明	385038	1930		
13	钟秀月	272435	1370		
14	张秀文	201050	1010		
15	朱邦国	230278	1160		

A组 B组 C组 总表

图 6-18　合并结果 2

修改后的代码使用了“Offset(2)”，表示将已用区域向下移动两行从而产生新的区域，该区域不再包含标题行。

随书提供案例文件和演示视频：6-08 三表数据合并到总表.xlsm 和 6-08 三表数据合并到总表 mp4

Range.Clear 方法可以去除单元格的数据和格式，Range.ClearContents 方法则将单元格的内容和格式一并去除。

还有一个 Range.Delete 方法，它能去除单元格中的内容、格式以及单元格本身，然后下方的单元格向上移动。最后还有一个 Range.ClearFormats 方法，仅去除单元格的格式，不去除单元格的内容。

6.2.11　Union：多区域合集

多区域的合集是将多个单元格或者区域合并为一个 Range 对象，它与合并单元格的概念不同，仅仅为了引用方便，不会影响单元格的状态和数值。

在工作中，需要用到合集的地方较多，通常配合循环语句一起使用。

引用多区域的合集可以用 Application.Union 方法，其具体语法为：

```
Application.Union(Arg1, Arg2, Arg3, Arg4, Arg5, Arg6, Arg7, Arg8, Arg9, Arg10, Arg11, Arg12, Arg13, Arg14, Arg15, Arg16, Arg17, Arg18, Arg19, Arg20, Arg21, Arg22, Arg23, Arg24, Arg25, Arg26, Arg27, Arg28, Arg29, Arg30)
```

其中前两个参数为必选参数，后面 28 个为可选参数，其返回结果为 Range 对象。

例如需要同时引用 A2:B2 和 D3:G4 两个区域，那么可以利用 Union 方法将两个区域合并为一个 Range 对象，后续使用此对象参与运算即可。代码如下：

```
Application.Union(Range("A2:B2"),Range("D3:G4"))
```

其中 Application 对象允许忽略。

如果你还记得 Range 引用多区域的方法，那么可能会认为不使用 Union 方法仍然可以引用多区域的合并区域。例如以上区域可以表示为：

```
Range("A2:B2,D3:G4")
```

然而，Range 参数的字符限制使它在多区域应用方面无法取代 Application.Union 方法，当参数长度超过 255 个字符时必将产生编译错误。而 Application.Union 方法配合循环语句可以突破这个屏障，在学习第 7 章的循环语句后，Application.Union 方法将大有用武之地，因此本节不针对 Union 方法提供案例，在你学会循环语句之后会介绍大量的案例。

6.2.12　Intersect：单元格、区域的交集

交集是指两个或者是多个区域的重叠部分，交集也是一个 Range 对象。

获取多区域的交集可用 Application.Intersect 方法，其具体语法如下：

```
Application.Intersect(Arg1, Arg2, Arg3, Arg4, Arg5, Arg6, Arg7, Arg8, Arg9, Arg10, Arg11, Arg12, Arg13, Arg14, Arg15, Arg16, Arg17, Arg18, Arg19, Arg20, Arg21, Arg22, Arg23, Arg24, Arg25, Arg26, Arg27, Arg28, Arg29, Arg30)
```

其中前两个参数为必选参数，其余 28 个为可选参数。

相对于多区域的合集，多区域的交集在工作中有更广阔的应用天地，通常利用它来提升代码的执行效率。

以下为三种常见引用交集的方法：

Application.Intersect(Range("B1:B10"), Range("2:2"))——表示引用 B1:B10 与第 2 行的交集处 B2 单元格，如图 6-19 所示。

Intersect([B2:F10], Range("A2:G3"))——表示引用 B2:F3 区域，Application 可以忽略不写。

Intersect(Range("B2:F10"), Cells(3, 11))——两个区域不存在重叠区，运行代码时将产生错误。可以利用 TypeName 函数计算 Intersect 的类型，如果返回 Nothing，表示两者无交集。

下面通过一个案例解读 Intersect 方法的使用思路。

如图 6-20 所示为捐款记录表，填表时间总是捐款的当日，不允许延后，因此为了提升输入数据的效率，要求双击 C 列或者 F 列的单元格时就能输入日期。

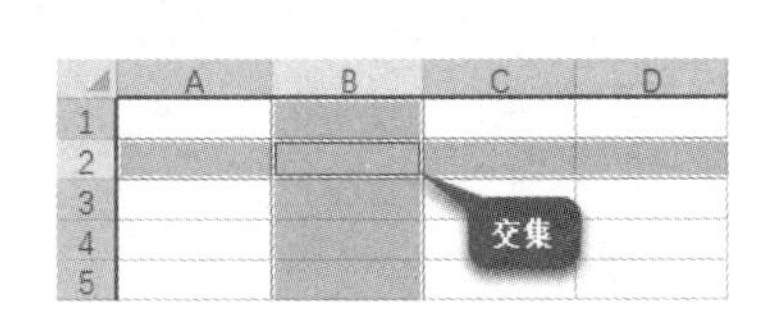

图 6-19　两个区域的交集

	A	B	C	D	E	F
1	姓名	捐款数量	捐款日期	姓名	捐款数量	捐款日期
2	黄未东			赵有才		
3	张朝明			谢有金		
4	胡东来			张三月		
5	赵云秀			徐大鹏		
6	陈英			刘专洪		
7	黄淑宝			张志坚		
8	罗翠花			宁湘月		
9	朱真光			柳红英		
10	张秀文			朱志明		
11						

图 6-20　捐款记录表

解决本例需求的重点在于如何选择事件以及如何限定事件的触发条件，具体操作步骤如下。

STEP 01 按<Alt+F11>组合键进入 VBE 窗口。

STEP 02 如果未显示工程资源管理器，那么在菜单栏执行“视图”→“工程资源管理器”命令。

STEP 03 双击工程资源管理器中的 Sheet1，从而打开工作表事件代码窗口。

STEP 04 单击代码窗口上方的对象列表，从中选择 Worksheet。

STEP 05 单击代码窗口上方的过程列表，从中选择 BeforeDoubleClick，此时在代码窗口中已经生成了 Worksheet_BeforeDoubleClick 事件和 Worksheet_SelectionChange 事件的程序外壳。

STEP 06 删除 Worksheet_SelectionChange 事件的程序外壳，然后在 Worksheet_BeforeDoubleClick 事件中加入判断语句。完整代码如下：

```
Private Sub Worksheet_BeforeDoubleClick(ByVal Target As Range, Cancel As Boolean)
  '如果双击的单元格 Target 和 C 列或者 F 列存在交集
  If Not Intersect(Target, Union(Columns("C:C"), Columns("F:F"))) Is Nothing Then
        Target.Value = Date  '那么在单元格中输入今天的日期
  End If
End Sub
```

关于条件语句 If Then 语句会在第 7 章有详解，它的功能是如果符合条件就执行其下方的代码。录制宏是永远不能产生条件判断语句的。

STEP 07 关闭 VBE 窗口，返回工作表界面，然后双击 C2 单元格，在 C2 单元格将会产生当前的系统日期，效果如图 6-21 所示。

STEP 08 双击 E10 单元格，同样会产生当前日期，但是双击 C 列和 F 列以外的任意区域则不会产生当前日期。

C3 2020/10/25

	A	B	C	D	E	F
1	姓名	捐款数量	捐款日期	姓名	捐款数量	捐款日期
2	黄未东			赵有才		
3	张朝明		2020/10/25	谢有金		
4	胡东来			张三月		
5	赵云秀			徐大鹏		
6	陈英			刘专洪		
7	黄淑宝			张志坚		
8	罗翠花			宁湘月		
9	朱真光			柳红英		
10	张秀文			朱志明		

图 6-21 当前的系统日期

代码中 Union 方法的作用是将 C 列和 F 列合并为一个 Range 对象，再用此对象与事件过程中的 Target 进行比较，如果重叠就允许双击输入日期。Target 变量是一个 Range 对象，代表事件过程中被双击的那一个单元格。

If Then 是条件语句，在本例中的功能是用于判断被双击的单元格与 C 列或 F 列是否存在交集，当不存在交集时，Intersect 方法的返回值是 Nothing。

Worksheet_BeforeDoubleClick 事件是工作表级别的事件，双击单元格时触发此事件，此事件的代码必须输入在工作表的代码窗口中，否则无法执行。

如果要求在 C 列和 F 列以外的区域双击时可以输入日期，那么使用代码中的 Not 删除即可。

随书提供案例文件和演示视频：6-09 双击输入日期.xlsm 和 6-09 双击输入日期.mp4

6.2.13 End：引用源区域的区域尾端的单元格

如果活动单元格在一个较大的数据区域中间，按下<Ctrl+上箭头>、<Ctrl+下箭头>、<Ctrl+左箭头>、<Ctrl+右箭头>组合键，可以迅速激活已用区域边缘的单元格；如果整个工作表均空白，则可以在最小行、最小列或者最大行、最大列之间切换；如果在空白区域向数据区域所在方向使用快捷键，则可以定位于数据区域的第一个或者最后一个非空单元格。

Range.End 属性正好对应于以上四个快捷键，可以实现最上端、最下端、最左端和最右端的切换。其具体语法为：

```
Range.End(Direction)
```

其中，必选参数 Direction 表示方向，如表 6-6 所示为 Direction 的 4 个常量。

表 6-6 Direction的 4 个常量

名称	值	描述
xlDown	-4121	向下
xlToLeft	-4159	向左
xlToRight	-4161	向右
xlUp	-4162	向上

以下语句配合图示可以更清晰地理解 Range.End 属性的用法与技巧，所有代码都基于如图 6-22 所示的数据进行测试，如果工作表中的数据有变化，则代码的执行结果也会相应变化。

◆ 引用 C 列第一个非空单元格

Range("C1").End(xlDown)——从空白单元格 C1 向下，遇到第一个非空单元格 C3 时停止。

Range("C4").End(xlUp) ——从非空区域中间向上移，遇到最后一个非空单元格 C3 时停止。

Range("C1048576").End(xlUp). End(xlUp) ——从 C 列最后一个单元格向上，遇到第一个非空单元格 C5 时停止，再次向上遇到最后一个非空单元格 C3 时停止。

以上三种方法都可以得到正确结果 C3。

	A	B	C	D	E
1					
2					
3			text	text	text
4			text	text	text
5			text	text	text
6					

图 6-22　测试数据

◆ 引用第 4 行最后一个非空单元格

Range("XFD4").End (xlToLeft) ——从 XFD4 单元格向左遇到的第 1 个非空单元格。

Cells(4, Columns.Count).End(xlToLeft)——第 4 行最后一列向左遇到的第 1 个非空单元格。

以上两句代码都能成功引用目标单元格 E4，不过第一句代码通用性较差，只有在 xlsx 和 xlsm 格式的工作簿中可用，在 xls 格式的工作簿中执行代码会产生错误。

随书提供案例文件：6-8 Range.End 属性的应用.xlsm

为了确保代码的通用性，引用 A 列最后 1 个单元格应使用 Cells(Rows.Count, 1)，而不是 Range ("A65536")或者 Range("A1048576")；引用第 1 行最后 1 个单元格应使用 Cells(1,Columns.Count)，而不是 Range("IV1")或者 Range("FXD1")。

◆ 获取 D 列已用区域下面第一个空白单元格的地址

当需要在 D 列插入新数据时，通常需要定位最后一个非空单元格下方的第一个空单元格，将新数据存放在此处既能避免覆盖原有数据又能确保新数据与原始数据间不产生空行。

获取 D 列已用区域下面第一个空白单元格地址的代码如下：

```
Sub D列已用区域下面第一个空白单元格地址()
  MsgBox Cells(Rows.Count, 4).End(xlUp).Offset(1).Address
End Sub
```

代码 Cells(Rows.Count, 4)代表第 4 列最后一个单元格，而 End(xlUp).Offset(1)表示从该单元格向上遇到第一个非空单元格，然后向下偏移一行，从而得到“D 列已用区域下面第一个空白单元格”。本代码对于 Excel 2003、2007、2010 和 2013 版本都通用。

6.2.14　EntireRow/EntireColumn：扩展至整行、整列

Range.EntireRow 表示将单元格扩展成整行，前面的 Range 对象占有几行，那么使用 EntireRow 扩展区域后也是几行。

Range("A2:B5").EntireRow ——表示 Range("2:5")，或者 A2:XFD5 区域。

前面讲过 SpecialCells(xlCellTypeBlanks)可以定位区域中的空白单元格，那么如果要将活动工作表中已用区域的空白单元格整行删除，那么可用以下代码：

```
ActiveSheet.UsedRange.SpecialCells(xlCellTypeBlanks).EntireRow.Delete
```

前面的 UsedRange.SpecialCells(xlCellTypeBlanks).只是获得所有空白单元格，添加 EntireRow 后则会扩展为整行。将空白单元格整行删除前后的效果如图 6-23 和图 6-24 所示。

	A	B	C	D
1	1	10	100	
2		20	200	
3	3	30	300	
4	4		400	
5	5	50	500	
6	6	60		
7	7	70	700	
8	8	80	800	
9	9	90	900	
10	10	100	1000	
11				

图 6-23　有若干空白单元格的区域

	A	B	C	D
1	1	10	100	
2	3	30	300	
3	5	50	500	
4	7	70	700	
5	8	80	800	
6	9	90	900	
7	10	100	1000	
8				

图 6-24　将空白单元格整行删除后的效果

如果当前选中了 B2:B3 两个单元格，要求在上方插入两个空行，可能你第一时间想到的是代码：Selection.Insert。其中 Range.Insert 方法表示插入单元格。

当执行代码后你会发现只插入了两个单元格，而且是插入到左方。必须改用以下代码才能实现需求：

```
Selection.EntireRow.Insert
```

代表的含义是将选区扩展为整行，然后插入单元格。Range.Insert 方法的规律是：前置对象是单元格就插入单元格，前置对象是整行就插入整行，前置对象是整列就插入整列。

如图 6-25 至图 6-27 所示的三张图片分别对应插入单元格前的状态、在左方插入单元格的状态和在上方插入整行后的状态。

	A	B	C
1	1	10	100
2	2	20	200
3	3	30	300
4	4	40	400
5	5	50	500
6	6	60	600
7	7	70	700

图 6-25　已选中 B2:B3

	A	B	C	D
1	1	10	100	
2	2		20	200
3	3		30	300
4	4	40	400	
5	5	50	500	
6	6	60	600	
7	7	70	700	

图 6-26　在左方插入单元格

	A	B	C	D
1	1	10	100	
2				
3				
4	2	20	200	
5	3	30	300	
6	4	40	400	
7	5	50	500	
8	6	60	600	
9	7	70	700	

图 6-27　在上方插入整行

Range.EntireColumn 表示将单元格扩展成整列，其使用方法与 Range.EntireRow 一致。

6.2.15　RangeSelection：工作表中的选定单元格

RangeSelection 是指定窗口中工作表上的选定单元格，它类似于 Selection。两者的相同点是在当前窗口中选择了单元格，那么 ActiveWindow.RangeSelection 等同于 Selection；如果在当前窗口中选中的对象是图片，那么此时 ActiveWindow.RangeSelection 表示单元格对象，Selection 则表示选中的图片。

如图 6-28 所示，假设在工作表中有一张图片，先选中 A2:B3 区域，然后选中工作表中的图片，此时 ActiveWindow.RangeSelection 代表 A2:B3 单元格，而 Selection 则代表图片，测试结果如图 6-29 所示。我们可以通过以下代码进行测试。

```
Sub 测试 RangeSelection 与 Selection()
    '获取在当前窗口中选中的单元格的地址，以及选中的图片的名称
    MsgBox "RangeSelection:" & ActiveWindow.RangeSelection.Address & vbCrLf & "Selection:" &
Selection.Name
End Sub
```

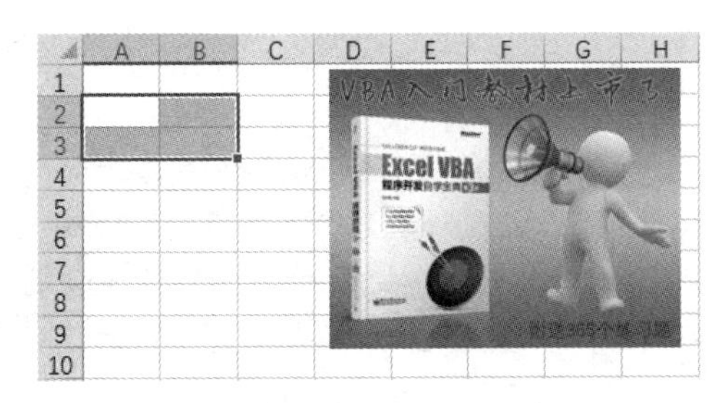

图 6-28 测试 RangeSelection 与 Selection

图 6-29 测试结果

随书提供案例文件和演示视频：6-11 RangeSelection 与 Selection.xlsm 和 6-11 操作演示.mp4

基于以上分析，要操作当前选中的区域时尽量用 ActiveWindow.RangeSelection，而非 Selection。不管最后一次单击时选中的是单元格还是图片，代码都可以正常执行。

6.2.16 VisibleRange：指定窗口的可见区域

VisibleRange 是 Window 对象的一个属性，其返回值是窗口中可见区域的所有单元格。你能看到多少个单元格，VisibleRange 就包含多少个单元格。

例如，在图 6-30 中能看到活动窗口的可见区域——A1:F7 区域，那么 ActiveWindow.VisibleRange 就代表 A1:F7 区域。

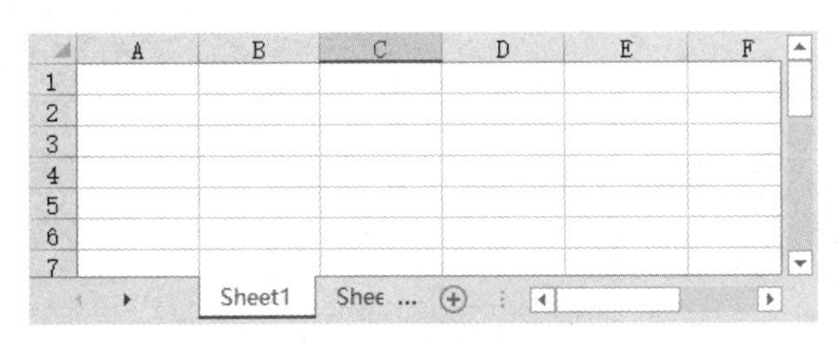

图 6-30 活动窗口的可见区域

通过以下案例你可以更深入地了解 VisibleRange 的作用。

需求：在当前窗口中实时标示选中单元格所在行，从而便于查看、阅读报表。例如当前选中了 D5 单元格，那么就将第 5 行用黄色标示；如果当前选中了 F2:F5 单元格，则将第 2 行到第 5 行用黄色标示。

由于要求实时标示单元格的颜色，因此必须使用工作表的 SelectionChange 事件，每次选择不同单元格时都会触发事件。标示颜色采用条件格式来实现，不会破坏单元格原有的背景颜色。又由于对所有单元格添加条件格式会导致工作簿的体积增大，打开文件的速度变慢，因此仅对窗口中的可见区域添加条件格式即可。完整的代码如下：

```
Private Sub Worksheet_SelectionChange(ByVal Target As Range)
  '将已用区域和可见区域的合集删除所有条件格式
  Union(ActiveWindow.VisibleRange, ActiveSheet.UsedRange).FormatConditions.Delete
  '引用可见区域与当前行的交集。Target 代表当前选中的区域，Target.EntireRow 则表示将区域扩展
为整行
  With Intersect(ActiveWindow.VisibleRange, Target.EntireRow)
        '对引用对象添加一个条件格式，条件为 True，表示随时都符合条件
        .FormatConditions.Add Type:=xlExpression, Formula1:="=TRUE"
        '条件格式的条件是：填充黄色背景。65535 代表黄色
        .FormatConditions(1).Interior.Color = 65535
```

```
    End With
End Sub
```

代码中的 Union(ActiveWindow.VisibleRange, ActiveSheet.UsedRange)表示当前表的已用区域和当前窗口的可见区域的合集，当然也可以使用 Cells 替代，表示删除所有单元格的条件格式，只是操作区域越大，需要的时间就越长，因此采用 Union(ActiveWindow.VisibleRange, ActiveSheet.UsedRange)。不过两者的差异也很小，半秒不到，如果你为了省事，在本例中直接用 Cells 也没有问题。

代码中的 Intersect(ActiveWindow.VisibleRange, Target.EntireRow)表示当前窗口的所有单元格与当前行的交集。之所以不直接用 Target.EntireRow 是为了减少操作区域的大小，提升代码执行效率。

FormatConditions.Add 方法表示创建一个条件格式。在本例中 Type 参数赋值为 xlExpression 表示当前条件格式是基于表格式，当表达式成立时就应用后面所设置格式。

代码 FormatConditions(1).Interior.Color = 65535 表示将第一个条件格式的格式设置为单元格背景着色——黄色。如果将 65535 修改为 255，则会变成红色。

Worksheet_SelectionChange 事件的代码必须放在工作表的代码窗口中，否则代码不执行。

如图 6-31 所示是选中 D6 时的效果，第 6 行已经用黄色标示出来。如果此时选中 F5:F7 单元格，代码会将可见区域的第 5 到第 7 行都标示黄色背景。

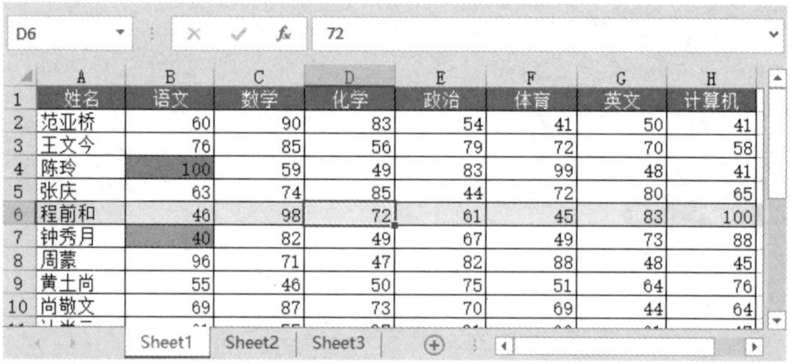

D6 72

	A	B	C	D	E	F	G	H
1	姓名	语文	数学	化学	政治	体育	英文	计算机
2	范亚桥	60	90	83	54	41	50	41
3	王文今	76	85	56	79	72	70	58
4	陈玲	100	59	49	83	99	48	41
5	张庆	63	74	85	44	72	80	65
6	程前和	46	98	72	61	45	83	100
7	钟秀月	40	82	49	67	49	73	88
8	周蒙	96	71	47	82	88	48	45
9	黄土尚	55	46	50	75	51	64	76
10	尚敬文	69	87	73	70	69	44	64

Sheet1 Sheet2 Sheet3

图 6-31　标示可见区域中的当前行

随书提供案例文件和演示视频：6-12 在可见区域中标示当前行.xlsm 和 6-12 在可见区域标示当前行.mp4

6.3 批注对象

单元格批注可以作为单元格内容的补充，在批注中可以放文字也可以放图片。用好批注可以为表格增色不少。

6.3.1 批注对象的特点

批注对象的类别名称叫作 Comment，其父对象是单元格。如果要声明一个变量来代表批注，应使用以下语句：

```
Dim Mycom as Comment
```

在一个单元格中只能有一个批注，在一个工作表中可以有百万、千万个批注。但是批注过多会导致文件打开变慢，也不利于查看和打印，因此使用批注应该像对待花边一样，点缀式地使用，偶尔需要说明一个特殊值时就用批注，正常情况下一定不用。

如果单元格中已经存在批注，再对单元格添加批注会导致代码出错，因此正确地添加批注有两个思路，一是不管单元格中有没有批注，使用代码删除单元格中的批注，然后添加新的批注；二是先判断单元格中是否存在批注，如果没有就添加新的批注，如果有批注就直接修改原本的批注内容。

基于以上原因，使用代码操作单元格批注需要了解防错语句、条件语句、循环语句。因此，本章只是介绍一些批注的基本概念，具体的应用案例要放在第 7 章以后讲解，在第 7 章中会详细阐述防错语句、条件语句、循环语句等用法。

6.3.2 判断单元格中是否有批注

如果单元格中没有批注，那么 Comment 是 Nothing，即什么都没有。判断活动单元格是否有批注的代码如下：

```
Sub 判断活动单元格是否有批注()
  Dim Comm As Comment   '声明一个变量，Comment 型
  Set Comm = ActiveCell.Comment '将活动单元格的批注赋值给变量
  MsgBox IIf(Comm Is Nothing, "没有批注", "有批注") '判断变量是否 Nothing
End Sub
```

代码中的 Nothing 代表一个对象未初始化的状态。当对一个对象进行判断时，要用 is 语句而不是等号，等号是赋值时才用的。

条件判断语句 IIf 和工作表函数 If 类似，都是三个参数，第一参数用于判断是否符合条件，如果符合条件则函数返回第二参数的值，不符合条件则返回第三参数的值。

6.3.3 AddComment：添加单元格批注

对单元格添加批注使用 Range.AddComment 方法，其语法如下：

```
Range.AddComment(Text)
```

参数 Text 代表批注的内容，不能是数值。如果一定要在批注中显示数值，只能使用 CStr 函数将数值转换成 String 类型，然后赋值给批注。

例如，要求将 A2 单元格的值添加到 B2 单元格的批注中去，应用以下代码：

```
Sub 将A2单元格的值添加B2单元格的批注中()
  Dim Comm As Comment                              '声明一个变量，Comment 型
  Set Comm = Range("B2").Comment                   '将 B2 单元格的批注赋值给变量
  If Comm Is Nothing Then                          '如果批注不存在
    Range("B2").AddComment CStr(Range("a2").Value) '添加批注
  Else                                             '否则
    Comm.Text CStr(Range("a2").Value)              '将批注的值修改为 A2 单元格的值
  End If
End Sub
```

简单地使用“Range("B2").AddComment Range("a2").Value”是一定不行的，因为 B2 单元格可能已经有批注了，再次添加批注会出错。同时 A2 的值可能是数值，因此为了保险起见，不管它是什么类型，都用 CStr 函数强制转换成 String 类型。如图 6-32 所示为向 B2 单元格插入批注后的效果。

代码中的 If……Then…… Else……End If 的功能是如果符合条件就执行 Else 上方面的代码，否则执行 Else 下方的代码。在第 7 章会有更详尽的说明。

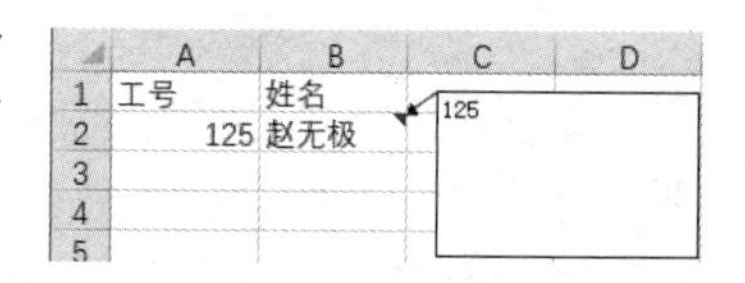

图 6–32　向 B2 单元格插入批注

6.3.4　AutoSize：让批注框自动缩放

在图 6-32 中生成的批注有一个缺陷：文字内容仅占用一行，但是批注的高度足够容纳 5 行，导致批注的外框显示不够协调。实际上，如果你的批注内容有 10 行，批注的外框尺寸仍然不变。VBA 提供了 AutoSize 属性来控制批注缩放，让批注可以随文字的多少而自动调节大小。具体语法如下：

```
Comment.Shape.TextFrame.AutoSize [= Boolean]
```

AutoSize 属性赋值为 True 时，批注的外框会根据字符数量缩放到合适的大小。以图 6-32 中的批注为例，要让批注外框自动缩放，可在 End If 下方插入以下代码：

```
Range("b2").Comment.Shape.TextFrame.AutoSize = True
```

执行代码后会自动缩放批注外框，显示效果如图 6-33 所示。如果想在批注中添加文字，批注的外框会相应放大，自动适应字符的数量，效果如图 6-34 所示。

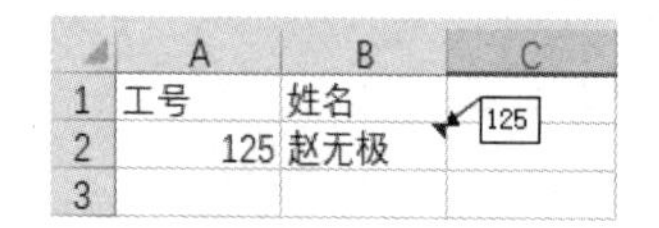

图 6–33　自动缩放批注外框

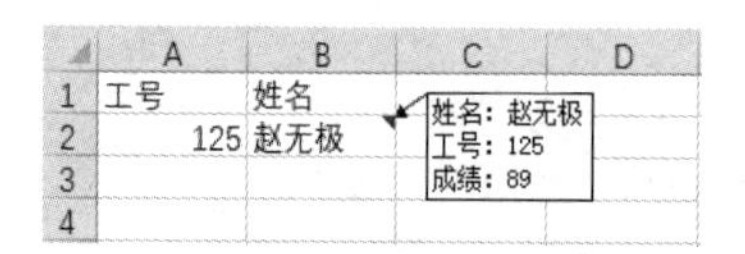

图 6–34　添加文字后批注的外框会相应放大

6.3.5　AutoShapeType：修改批注的外形

批注的外框总是方方正正的，如果你想要漂亮一些的外形，那么可以通过 Shape. AutoShapeType 属性来控制，赋值范围在 1～137 之间。

例如，要将如图 6-34 所示的批注外形修改为气球形状，效果如图 6-35 所示，那么可以在代码中加入以下代码：

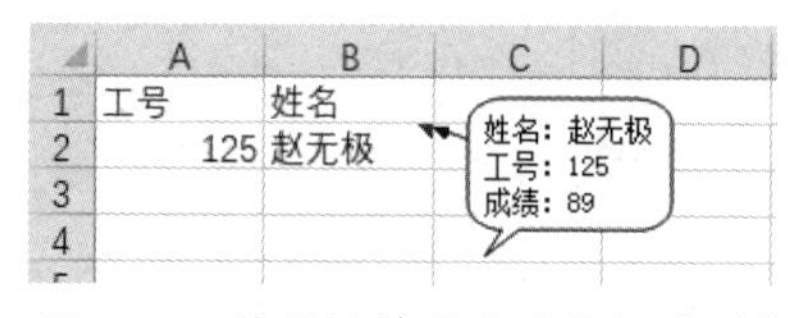

图 6-35　将批注外形修改为气球形状

```
Range("b2").Comment.Shape.AutoShapeType = 137
```

随书提供案例文件和演示视频：6-13 添加批注并修改外形.xlsm 和 6-13 添加批注并修改外形.mp4

6.3.6　ClearComments：清空表中所有批注

如果要求清空单元格中的批注，那么可以用 Range.ClearComments 方法来实现。具体的代码如下：

```
Cells.ClearComments
```

你也可以在清除批注之前判断一下工作表中是否存在批注，如果没有批注就不用执行 Cells.ClearComments 操作。计算工作表中的批注数量可用以下代码：

```
MsgBox ActiveSheet.Comments.Count
```

6.4 图形对象

图形对象的类别名称是 Shape，形状、剪贴画、SmartArt 对象、图表、艺术字、文本框和插入到工作表中的图片等都属于图形对象。下面讲解图形对象的多种方法。

6.4.1 Shapes：图形对象集合

Shapes 代表图形对象集合，其父对象是 Worksheet，书写时不可以省略父对象名称。

Shapes 对象集合包含形状（Excel 2003 中称之为自选图形）、剪贴画、SmartArt 对象、图表、艺术字、文本框和插入到工作表中的图片，不过由于它的父对象是工作表而不是工作簿，因此可以通过以下代码统计活动工作表中的图形对象数量：

```
MsgBox ActiveSheet.Shapes.Count
```

但没有办法通过 Shapes 对象集合直接计算工作簿中的图形对象数量。

从“Shapes 对象成员”的帮助中可以得知——Shapes 对象集合不支持批量操作，包括删除、移动、调整比例等，唯一的一个可以作用于 Shapes 对象集合的方法是 SelectAll，它可以批量选中 Shapes，但不能对图形对象集合批量删除、批量移动、批量调整比例。

Shapes 对象集合有一个 Item 方法用于获取对象集合中的单个对象，例如需要引用活动工作表中的第 2 个图形对象，那么应采用以下代码：

```
ActiveSheet.Shapes.Item(2)
```

其中 Item 可以忽略，直接使用索引号即可引用单个对象。

单个图形对象和图形对象集合有着截然不同的方法和属性。

根据 Shapes 的帮助和 Shape 对象的帮助可以得到以下拓展应用：

MsgBox ActiveSheet.Shapes(1).Name——获取活动工作表的第 1 个图形对象的名称。

MsgBox WorkSheets(2).Shapes.Count——计算第 2 个工作表的图形对象的总数量。

Activesheet.Shapes(Activesheet.Shapes.count).Delete——删除活动工作表最后一个对象。

Activesheet.Shapes(3).Select——选中活动工作表的第 3 个图形对象。

Worksheets(1).Shapes(3).left = 0——将第 1 个工作表的第 3 个图形对象移动到工作表最左边位置。Left 属性代表图形对象的左边距，赋值为 0 则表示左移于边界处。

需要注意的是，不管引用哪一个工作表中的图形对象都不能忽略父对象。例如“ActiveSheet.Shapes(1)”不能写作“Shapes(1)”。

6.4.2 图形对象的名称

图形对象有两种命名方式，一种是插入图形对象时在名称栏可以看到的名称，采用汉字加编号的形式命名，可以随意修改；另一种是 VBA 中专用的名称，采用英文加编号的形式命名，不可以修改。

通过以下步骤可以了解两种命名方式：

STEP 01 在工作表中插入任意一张图片，在名称栏中显示的图片名称为“图片 1”，如图 6-36 所示。

STEP 02 按<Alt+F11>组合键打开 VBE 窗口，然后在菜单栏执行“插入”→“模块”命令，并在模块中输入代码：

```
Sub 获取图片名称()
MsgBox ActiveSheet.Shapes(1).Name  '获取第 1 个图形对象的名字
End Sub
```

STEP 03 选择代码，然后按<F5>键执行代码，VBA 将弹出如图 6-37 所示的对话框，显示 VBA 内部的图片名称。

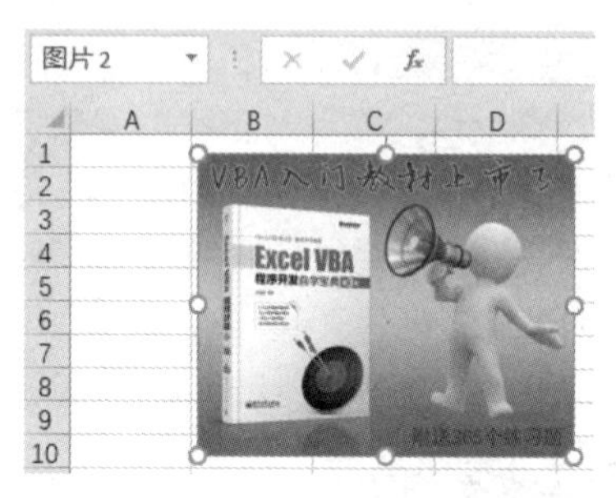

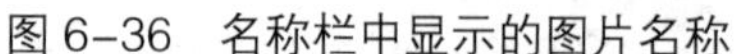

图 6-36　名称栏中显示的图片名称

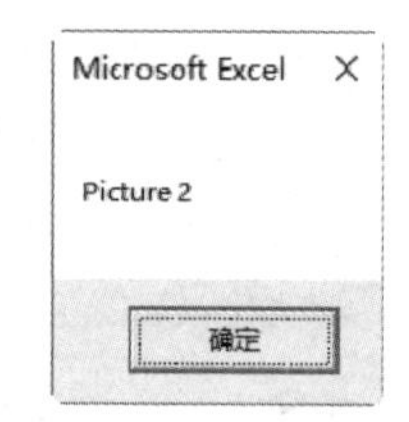

图 6-37　VBA 内部的图片名称

STEP 04 返回工作表界面，进入名称栏，将“图片 2”修改为“图书”，然后按回车键确认。

STEP 05 按<Alt+F11>组合键打开 VBE 窗口，在模块中继续输入代码。

```
Sub 获取图片的边距()
  MsgBox ActiveSheet.Shapes("图书").Left '获取名为“图书”的图形对象
End Sub
```

执行代码后将获得图片的左边距，说明手工对图片命名后可以将该名称应用到代码中。但是此命名方式对于 VBA 内部的名称没有影响，原名称“Picture 2”保持不变。

当工作表中有一个图形对象时，其名称是图形对象的类型加编号 1，当插入第二个图形对象时，则用第二个图形对象的名称加编号 2 命名，不管两个图形对象的类型是否一致。也就是说，图形对象的编号方式与图形对象的类型无关，而是与插入顺序相关。假设表中有 2 个矩形、2 个图表，编号时不会采用“矩形 1”“矩形 2”和“图表 1”“图表 2”，而是采用升序的自然数序号，不可能重复，除非手工重新命名。

不过不需要纠结于图形对象的具体名称的写法，在实际工作中通常采用循环语句访问每个图片，不需要知道图片的具体名称也可以正常工作。

随书提供案例文件：6-14 图形对象名称.xlsm

6.4.3 隐藏的图形对象集合

Shapes 代表工作表中的图形对象集合，但是不能通过它对图片执行批量操作。VBA 提供了一个隐藏的图形对象集合——DrawingObjects，它可以弥补 Shapes 的缺陷。

由于 DrawingObjects 是 VBA 的一个隐藏对象，因此无法在 VBA 的帮助中查询到它的任何帮助信息。但事实上，我们可以借用它来实现很多 Shapes 不具备的功能。下面提供几个应用案例。

1. 删除工作表中所有图形对象

```
Sub 删除活动工作表中所有图形对象()
  ActiveSheet.DrawingObjects.Delete  'Delete 方法用于删除图形对象
End Sub
```

Shapes 对象集合没有 Delete 方法，但是 DrawingObjects 对象集合有 Delete 方法，借助

“DrawingObjects.Delete”可以弥补 Shapes 不足之处。

2. 让所有图形对象按 B 列对齐

```
Sub 让所有图形对象按 B 列对齐()'代码存放位置：模块中
'DrawingObjects 对象没有 Left 属性，它的子对象 ShapeRange 具有 Left 属性
'因此借用 ShapeRange 实现批量调整边距
'代码的含义是让活动工作表中所有图形对象的左边距等于 B 列的左边距
  ActiveSheet.DrawingObjects.ShapeRange.Left = Range("B:B").Left
End Sub
```

DrawingObjects.ShapeRange 代表对象中的所有形状，它的 Left 属性即为图形对象的左边距，修改此属性值可以移动图形对象。本例以 Range("B:B").Left 作为图形对象的左边距，因此可以实现所有图形对象以 B 列对齐，前后对比效果如图 6-38 所示。

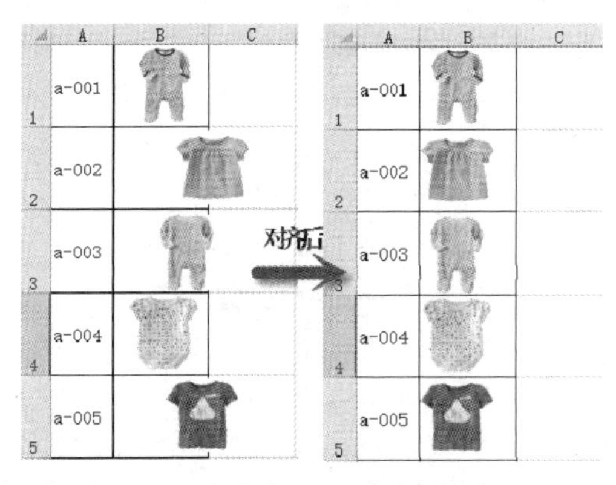

图 6-38　图形对象以 B 列对齐的前后对比

3. 缩小所有图形对象

```
Sub 让所有图形对象显示为原图的一半大小()
 'ShapeRange.ScaleHeight 方法用于设置图形对象的高度，参数 0.5 表示缩小为一半大小
 '第二参数使用 msoFalse 表示以图片的当前大小为参照标准进行缩放
 '第三参数 msoScaleFromTopLeft 表示缩放图片时，其左上角位置保持不变
  ActiveSheet.DrawingObjects.ShapeRange.ScaleHeight 0.5, msoFalse, msoScale FromTopLeft
End Sub
```

ShapeRange.ScaleHeight 方法用于调整图形对象的高度，其语法如下：

```
表达式.ScaleHeight(Factor, RelativeToOriginalSize, Scale)
```

其中，参数 Factor 代表形状调整后的高度与当前或原始高度的比例，值小于 1 时表示缩小，大于 1 时表示放大；RelativeToOriginalSize 代表参照标准，赋值为 msoTrue 表示相对于形状的原有尺寸来调整，而赋值为 msoFalse 时表示相对于形状的当前尺寸来调整；第三参数 Scale 表示调整形状大小时，该形状哪一部分的位置将保持不变，可选项包括 msoScaleFromBottomRight、msoScaleFromMiddle、msoScaleFromTopLeft。

4. 批量复制图形对象且调整左边距

```
Sub 批量复制图形对象且调整左边距()
  ActiveSheet.DrawingObjects.Copy    '复制活动工作表的所有图形对象
  Worksheets(2).Activate             '激活第 2 个工作表
```

```
    Worksheets(2).Paste                    '粘贴被复制的图形对象
    Selection.ShapeRange.Left = Range("A:A").Left '设置对象的左边距
End Sub
```

Shapes 对象集合没有 Copy 方法，无法批量复制，DrawingObjects.Copy 方法可以弥补该缺陷。不过复制图形对象不如复制单元格方便，DrawingObjects.Copy 方法没有参数，不能指定目标区域或者目标工作表。因此，复制图形对象需要分两步执行——先复制、后粘贴。

随书提供案例文件：6-15 DrawingObjects 应用.xlsm

6.5 表对象

Excel 有 4 种表，包含工作表、图表、4.0 宏表和 5.0 对话框，统称表对象，不过用得最多的是工作表。下面介绍表对象的一些特性和引用方式。

6.5.1 表的类别

表对象包含工作表、图表、4.0 宏表和 5.0 对话框。

表对象的集合采用 Sheets 表示，它代表工作簿中的所有表。

图表对象集合采用 Charts 表示，它代表工作簿中的所有图表。

5.0 对话框对象集合采用 DialogSheets 表示，它代表工作簿中的 5.0 对话框。

4.0 宏表对象集合采用 Excel4MacroSheets 表示，它代表工作簿中的所有 4.0 宏表。

工作表对象集合采用 Worksheets 表示，它代表工作簿中的所有工作表。

在如图 6-39 所示的工作簿中包含 4 类表：1 个图表、1 个 4.0 宏表、1 个 5.0 对话框和 2 个工作表。使用以下代码可以得到表对象的总量 5。

```
Sub 计算表对象集合的数量()'代码存放位置：模块中
    MsgBox "共有" & Sheets.Count & "个表", vbInformation, "友情提示"    '结果为 5
End Sub
```

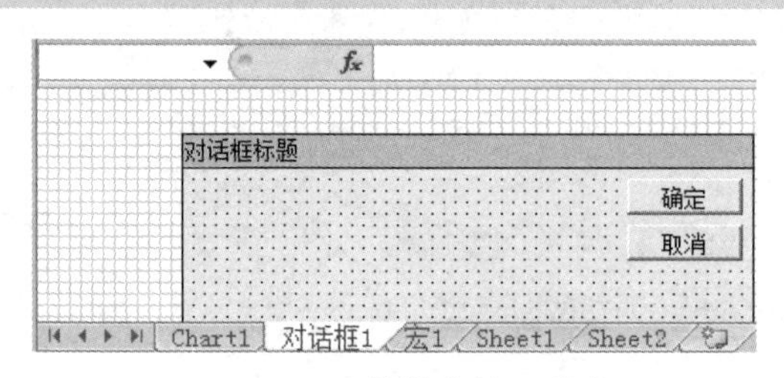

图 6-39　工作簿中的 4 类表

如果改用以下代码则可得到结果 2，表示活动工作簿的所有表中只有两个是工作表。

```
Sub 计算工作表对象集合的数量()
    MsgBox Worksheets.Count     '结果为 2
End Sub
```

平时都用工作表，即 Worksheet，其他的表基本上很难用到一次。

6.5.2 Worksheets：工作表集合

尽管 Excel 支持 4 类表，但是常用的表是工作表，其类别名称为 Worksheet。

工作表对象集合的书写方式是 Worksheets，因此假设要求在工作簿中查找数据或者删除工作簿中所有图片时，循环语句的循环对象应该是 Worksheets，而非 Sheets，否则工作簿中存在图表时执行代码将会出错。

6.5.3 引用工作表子集

WorkSheets 代表工作表集合，我们可以通过参数引用其中单个工作表对象。参数包含数值参数和文本参数两种，当以数值作为参数时，VBA 将它当作工作表的顺序；当以文本作为参数时，VBA 将它当作工作表的名称。如图 6-40 所示的工作表有以下结果：

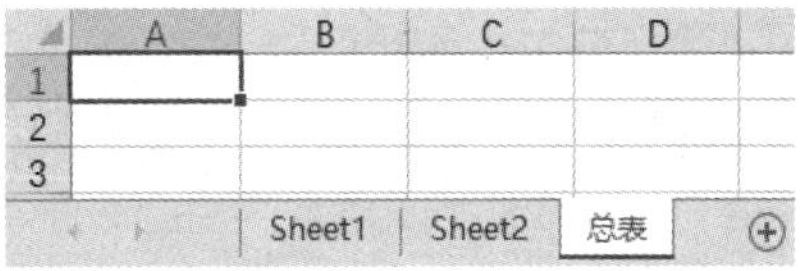

图 6-40 工作表

Worksheets(2)——代表引用第 2 个工作表“Sheet1”，按从左向右的顺序计算。

Worksheets ("Sheet1") ——也是引用第 2 个工作表“Sheet1”。

Worksheets(Worksheets.count) ——代表最后 1 个工作表“总表”。

Worksheets("Sheet" & 变量) ——当变量的值等于 2 时，那么可以引用“Sheet2”工作表。

假设工作表的名称是数字呢？例如名为“10”的工作表。

如果采用 Worksheets(10)引用工作表，它只能引用第 10 个工作表，而不是名字为 10 的工作表。正确的办法是对名称 10 添加双引号——Worksheets ("10")。

如果 10 来自单元格，那么引用单元格作为 Worksheets 的参数时必须将单元格的值转换成文本，主要有以下两种办法，一是用“ & ""”，二是用 CStr 函数转换成 String 类型。

```
Worksheets(Range("a1") & "").Delete
```

当 A1 单元格的值是 10 时，直接引用 Range("a1")只能得到一个数值，而将数值与空文本串联后会变成文本。

```
Worksheets(CStr(Range("a1"))).Delete
```

此代码中使用了类型转换函数 CStr，该函数可以将任意类型的数据转换成文本。

随书提供案例文件和演示视频：6-16 引用数值名称的工作表.xlsm 和 6-16 引用数值名称的工作表.mp4

6.5.4 ActiveSheet：活动表

VBA 采用 ActiveSheet 来表示活动表，不管当前活动的表是何类型。也就是说，没有活动工作表、活动图表或者活动宏表之分，ActiveSheet 可以代表任意类型的活动表。但在实际工作中，99%以上的可能都在使用工作表，因此工作中常将 ActiveSheet 解释为活动工作表。

一个工作簿只允许有一个活动表，但允许每一个工作簿中都有一个活动表。

当访问活动工作簿的活动表时可以忽略工作簿名称，而访问非活动工作簿的活动表时需要指明活动表的父对象。例如将工作簿“生产.xlsm”的活动表重命名为“二月”，代码如下：

```
Workbooks("生产.xlsm").ActiveSheet.Name = "二月"
```

其中，Name 属性表示表的名称，可以直接赋值从而对表重命名，不过需要遵循 Excel 的规则，例如“\”“/”“：”“?”“*”等符号不允许作为表名称。

如果要将非活动表变成活动表，那么可以使用 Worksheet.Activate 方法去激活它。例如：

WorkSheets(4).Activate——激活第 4 个工作表。

WorkSheets(WorkSheets.Count). Activate——激活最后一个工作表。

任何工作表只要通过 Activate 方法激活后都会成为活动表，不过隐藏状态的工作表是无法激活的。

6.5.5 工作表的特性

工作表有很多特性，下面针对在实际工作中可能会影响到工作的几个特性逐一讲解。

1. 工作表的数量限制

Excel 的工作表没有数量限制，不过工作表越多则占用的内存越大，因此正确的说法是工作表数量仅受内存限制，电脑的内存越大，工作簿中可以存放的工作表就越多。

2. 工作表的名称限制

对工作表命名时必须遵守工作表名称的规则，其规则如下：

（1）字符数量不能大于 31 位。

（2）不能包含 "：" "\" "/" "?" "*" "[" 和 "]" 等特殊字符。

（3）名称不能是空白。

假设调用单元格中的字符为工作表命名，应先检查单元格的值是否符合以上三个条件。

3. 工作表的显示状态

使用代码 "Worksheets(1).Visible =0" 可以隐藏第一个工作表，不过当工作簿中仅有一个工作表则无法隐藏。工作簿必须保留至少一个可见的工作表。

4. 隐藏工作表的特性

隐藏工作表有两种办法，一是将其 Visible 属性赋值为 0，二是将其 Visible 属性赋值为 2。两者的区别在于后者是深度隐藏，只能修改工作表的 Visible 属性值才能显示工作表，前者是普通隐藏，可以在工作表标签的右键菜单中执行"取消隐藏"命令，从而显示隐藏的工作表。

处于隐藏状态的工作表无法对其做任何操作，包括重命名、修改单元格的值、插入行、设置格式等，但是 VBA 可以对普通隐藏的工作表执行任意操作。

假设第 2 个工作表处于隐藏状态，以下所有语句都可正常执行：

Worksheets(2).Name = "生产表"——对隐藏工作表重命名。

Worksheets(2).Range("B:B").Insert——在隐藏工作表的第 2 列前插入 1 列。

Worksheets(2).Range("B:B").Copy Worksheets(1).Range("a1")——将隐藏工作表的第 2 列数据复制到第 1 个工作表的 A 列。

如果工作表的 Visible 属性值为 2，即工作表处于深度隐藏状态下，那么使用 VBA 代码也无法对该表执行删除、复制、移动等操作。

5. 工作表的默认数量

Excel 2019 中新工作簿的默认工作表数量为 1，即新建一个工作簿后，在工作簿中只有一个工作表。而 Excel 2007、Excel 2010 等版本中默认有 3 张表。

通过以下代码可以修改新工作簿中的工作表数量为 3。

```
Application.SheetsInNewWorkbook = 3
```

6.5.6 新建工作表

新建工作表的语法如下：

```
worksheets.Add([Before], [After], [Count], [Type])
```

第一参数 Before 和第二参数 After 都表示新表的存放位置，前者表示之前，后者表示之后，两者不能同时使用。第三参数 Count 表示新表的数量，第四参数表示表的类型。

这 4 个参数都是可选参数，忽略第一参数和第二参数时表示新表放在活动工作表之前；忽略第三参数表示新建表的数量为 1；忽略第四参数时表示新表的类型是工作表。

Worksheets.Add——新建 1 个工作表，放在活动工作表之前。

Worksheets.Add ,255——新建 255 个工作表。

Worksheets.Add ,Worksheets(1),2——新建 2 个工作表，放在第 1 个工作表右方。

Worksheets.Add ,Worksheets(Worksheets.count)——新建 1 个工作表，放在最右方。其中 worksheets.count 代表工作表的总数量，而,Worksheets(Worksheets.count)则代表最后一个工作表，因此整句代码表示新工作表放在最后一个工作表的右方。

以下代码用于创建一个名为“总表”的新表，新表放在最右方。

```
Sub 新建总表且放在最右方()
  Dim sht As Worksheet '声明一个工作表类型的变量
  '新建一个工作表，放在最右方，且将新表赋值给变量 sht
  Set sht = Worksheets.Add(, Worksheets(Worksheets.Count))
  sht.Name = "总表"  '将新表命名为总表
End Sub
```

代码 Set sht = Worksheets.Add(, Worksheets(Worksheets.Count))表示将新建的工作表赋值给变量 sht，以后再次操作该表时只需要引用 sht 即可，sht 会一直代表新建的表执行任意操作。

需要注意的是，对数值、文本型变量赋值直接用等号即可，而对对象变量赋值时必须在前面添加 Set 语句，否则无法赋值成功。

不管工作簿中有多少工作表，Worksheets.Add 新建的工作表会立刻变成活动表。

对于新建工作表，VBA 中提供了 Worksheet.Delete 方法来删除工作表。例如要删除第一个工作表可用以下代码：

```
Worksheets(1).Delete
```

6.6 工作簿对象

工作簿就是 Excel 文件，它保存着一切用户数据。下面展示引用工作簿的一些常识和技巧，以及不同格式的工作簿特性。

6.6.1 工作簿格式与特性

Excel 2003 使用 xls 格式的工作簿，它支持 65536 行、256 列。从 Excel 2007 开始新增了 xlsx 和 xlsm 格式，将文件保存为新格式可以拥有更大的空间、更小的体积。

xlsx 和 xlsm 格式的文件都支持 1048576 行、16384 列，将同一个文件保存为 xlsx 或者 xlsm 格式，文件的体积只有 xls 格式工作簿的大约一半大小。

xlsx 格式的文件不能保存宏代码，因此随书提供的案例文件都采用了 xlsm 格式。

6.6.2 新建工作簿

新建工作簿的语句如下：

```
Workbooks.add
```

此语句会创建一个新工作簿，新工作簿会成活动工作簿。

新工作簿是没有保存的，因此不涉及格式问题，在保存文件时会有专门的参数来控制文件的格式。

6.6.3 Workbooks：工作簿集合

VBA 中使用 Workbooks 表示工作簿集合，代表当前已打开的所有工作簿。对于没有打开的工作簿，VBA 没有任何方法引用。

以下是关于工作簿集合的一些简单应用：

Workbooks.Count——获取已打开的工作簿的总数量。

Workbooks.Close——关闭当前打开的所有工作簿。

MsgBox Workbooks.Item(2).Name——Item 属性可以产生集合中的单个对象引用，不过由于直接在括号中添加索引号也能引用，因此在实际工作中都不使用 Item 属性。

6.6.4 引用工作簿子集

我们可以通过索引号引用 Workbooks 对象集合的单个工作簿，也可以通过名称来引用。

Workbooks(10)——引用第 10 个工作簿。

Workbooks("工作簿 1")——由于新建工作簿在保存前不存在扩展名，因此可以忽略。

Workbooks("财务损益表.xlsm")——引用已经保存过的工作簿必须添加扩展名。

Workbooks(Workbooks.count)——引用最后一个打开的工作簿。

Workbooks (Range("a1").Value)——表示引用名字等于 A1 单元格的值的工作簿。

6.6.5 ActiveWorkbook：活动工作簿

活动工作簿是指当前可以直接操作的处于激活状态的工作簿，与活动表不同（每个工作簿都有一个活动表，所以当前打开多个工作簿时会有多个活动表），活动工作簿只有一个。

在 VBA 中采用 ActiveWorkbook 来表示活动工作簿。

如果需要将一个非活动工作簿转换成活动工作簿，可采用 Activate 方法激活它：

```
Workbooks("五月.xlsm").Activate
```

引用活动工作簿中的工作表时可以忽略 ActiveWorkbook，直接引用表名即可。

VBA 中还有一个特殊的对象——ThisWorkbook，ThisWorkbook 表示代码所在工作簿，而活动工作簿指当前正在使用的工作簿，与代码保存位置无关。

在任何一个打开的工作簿中，通过代码调用 ActiveWorkbook 时都指向同一个工作簿，但是在不同工作簿中调用 ThisWorkbook 时却会指向不同的工作簿。

第 7 章 常用语句解析

编写代码时最重要的是了解语法，而对于对象、对象的方法和对象的属性，只要录制宏或者借助属性与方法列表即可获取对应代码，不需要花费时间去记忆。

VBA 中涉及的语法相当多，本章将对其中常见的几类语句的语法进行详解，并通过诸多案例加深对这些语句的理解。

7.1 输出/输入语句

输出语句通常指 MsgBox 函数，将代码中的某些值输出到屏幕上供用户预览。输入语句指 Application.InputBox 方法，它会弹出一个对话框，允许用户在其中输入任意想输入的数据。

7.1.1 MsgBox 函数

MsgBox 函数可以将信息显示在屏幕上，或者弹出选项让用户选择，后者必须配合条件判断语句使用。

MsgBox 函数的语法如下：

```
MsgBox(prompt[, buttons] [, title] [, helpfile, context])
```

如表 7-1 所示，对 MsgBox 函数的参数进行说明。

表 7-1 MsgBox函数的参数说明

参数	说明
prompt	该参数的值将被输出到对话框中，显示在屏幕上。 通常此参数用于告诉户某个信息。它的最大长度约为1024个字符，由所用的宽度决定
buttons	它表示按钮的个数、样式和排列方，以及默认是哪一采用值
title	在对话框标题栏中显示的字符串表达式。如果省略title，则将应用程序名放在标题栏中，否则将应用程序名放在标题栏中
helpfile	字符串表达式，用来识别向对话框提供上下文相关的帮助文件
context	数值表达式，由帮助文件的作者指定给适当主题的上下编号

MsgBox 函数有 5 个参数，但常用的是前 3 个，包含信息框的内容、标题和按钮，例如：

```
MsgBox "您喜欢 VBA 吗?", vbYesNo, "提示"
```

以上代码就用到了 prompt、buttons 和 title 三个参数，参数与信息框的对应关系如图 7-1 所示。

参数中最复杂的是第二参数，它表示各种按钮的组合。如表 7-2 所示第二参数 buttons 的取值范围以及对应的图标。

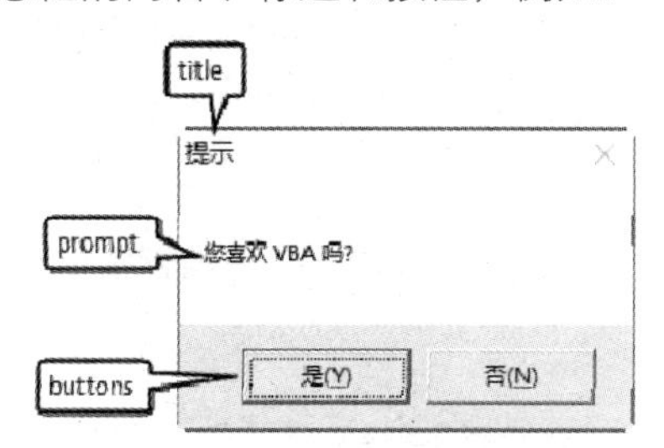

图 7–1 信息框中的参数位置说明

表 7-2　buttons参数的取值范围及对应图标说明

常数	值	功能	按钮示意图
vbOKOnly	0	只显示“确定”按钮	确定
VbOKCancel	1	显示“确定”及“取消”按钮	确定　取消
VbAbortRetryIgnore	2	显示“中止”“重试”及“忽略”按钮	中止(A)　重试(R)　忽略(I)
VbYesNoCancel	3	显示“是”“否”及“取消”按钮	是(Y)　否(N)　取消
VbYesNo	4	显示“是”及“否”按钮	是(Y)　否(N)
VbRetryCancel	5	显示“重试”及“取消”按钮	重试(R)　取消
VbCritical	16	显示“临界消息”图标	
VbQuestion	32	显示“警告疑问”图标	
VbExclamation	48	显示“警告消息”图标	
VbInformation	64	显示“信息消息”图标	
vbDefaultButton1	0	第一个按钮是默认按钮	是(Y)　否(N)　取消
vbDefaultButton2	256	第二个按钮是默认按钮	是(Y)　否(N)　取消
vbDefaultButton3	512	第三个按钮是默认按钮	是(Y)　否(N)　取消

对于上表需要补充四点：

1. MsgBox 的第二参数可以使用上表中的常数，也可以采用数值，它们功能一致。

2. 值 0 到 5 用于确定按钮的个数和样式，值 16 到 64 用于确定图标的样式，值 256 和 512 用于分别代表默认按钮是第二个还是第三个。默认按钮是指按回车键时被选中的按钮，Excel 会用特殊的外观标示这个默认按钮。当不指定默认按钮时，第一个按钮为默认按钮。

3. 最后三行的示意图仅用于展示默认按钮的状态，三个常数的功能是指定哪一个按钮是默认按钮，而不是产生这三个图标。如果 MsgBox 的第二参数采用 3+512，能产生“是”“否”和“取消”三个按钮，并且第三个按钮是默认按钮的效果。

4. 以上 3 段代码（0 到 5 为第一段，16 到 64 为第一段，256 和 512 为第三段）可以相加，表示多种效果的混合应用。例如以下两句代码都能实现如图 7-2 所示的效果。

```
MsgBox "VBA 很棒!", 1 + 64
```

或者：

```
MsgBox "VBA 很棒!", vbOKCancel + vbInformation
```

以下两句代码能实现如图 7-3 所示的效果。

```
MsgBox "VBA 很棒?", 4 + 32 + 256
```

或者：

```
MsgBox "VBA 很棒?", vbYesNo + vbQuestion + vbDefaultButton2
```

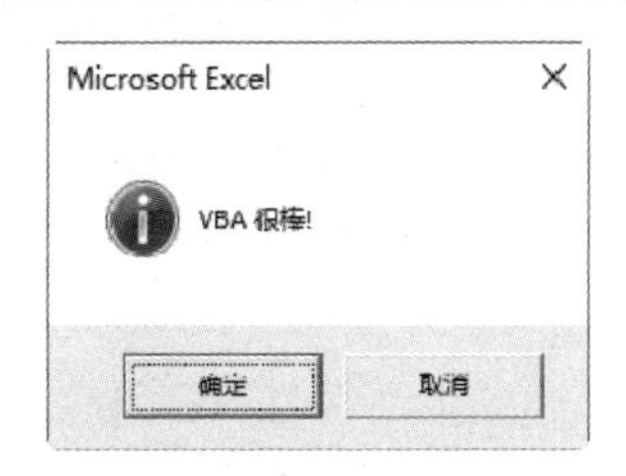

图 7–2 按钮累加的效果 1

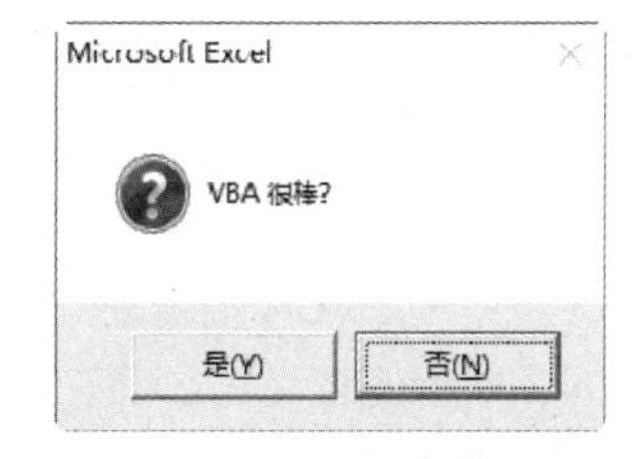

图 7–3 按钮累加的效果 2

MsgBox 函数的作用主要体现在两个方面：一是显示通知信息，二是提供选项让用户选择。以下是具有代表性的两种关于 MsgBox 的用法。

```
MsgBox "程序执行完毕，已经完全数据汇总。" & vbCrLf & "请保存并备份好文件。 ", vbOKOnly +
vbInformation, "通知"
```

这是通知形式的用法，执行结果如图 7-4 所示。

```
Sub 合并文件()
  Dim Msg As VbMsgBoxResult
  Msg = MsgBox("发现要合并的工作簿中存在隐藏表。" & vbCrLf & "合并时是否忽略合并隐藏表?",
vbYesNo + vbQuestion, "请选择")
  If Msg = vbYes Then
        '更多代码...
  Else
        '更多代码...
  End If
End Sub
```

这是选项形式的用法，执行结果如图 7-5 所示。

图 7–4 通知形式的 MsgBox

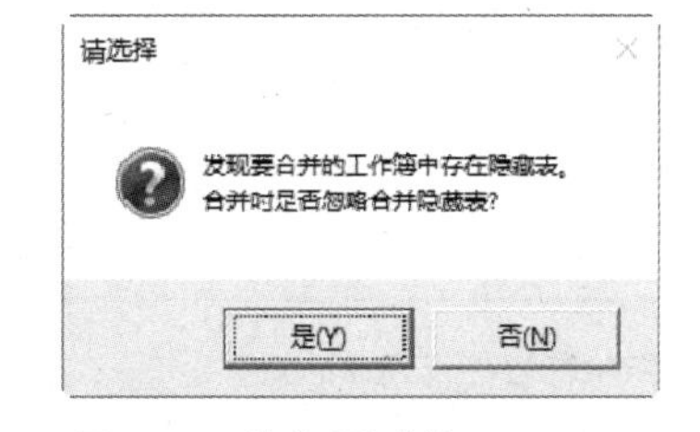

图 7–5 询问形式的 MsgBox

MsgBox 是一个函数，有返回值。如果要使用变量去代替 MsgBox 的返回值，那么这个变量必须是 VbMsgBoxResult 类型。

MsgBox 在等号右方时，参数必须放在括号中。

在第二参数 vbYesNo + vbQuestion 中，vbYesNo 代表按钮，vbQuestion 代表问号图标。信息框中同时出现了“是”和“否”两个按钮，其返回值则对应 vbYes 或者 vbNo，程序可以配合条件判断语句 If Then 来判断用户单击了哪一个按钮，然后执行不同的代码。

代码 vbCrLf 的作用是换行，比如两个 vbCrLf 串联在一起则会换两行。但不要写成了“vbCrLfvbCrLf”，而是每一个 vbCrLf 前后都必须有&运算符，并且必须有空格。

随书提供案例文件与演示视频：7-01 MsgBox 选项形式用法.xlsm 和 7-01 MsgBox 选项形式用法.mp4

7.1.2 Application.InputBox 方法

VBA 提供了两个可以创建输入框的语句，一个是 InputBox 函数，另一个是 Application.InputBox 方法。后者的功能比前者强大，而且还可以对用户输入的数据进行校验，因此在实际工作中用 Application.InputBox 方法代替了 InputBox 函数。本书也仅介绍 Application.InputBox 方法的语法并提供相应的案例应用。如果你对 InputBox 函数感兴趣，可以用关键字“InputBox 函数”去 VBA 的帮助中查询。

Application.InputBox 方法的存在价值在于提升程序的灵活性，让程序在执行过程中弹出一个输入框等待用户指定 Range 对象或者数据，而不是在编写代码期间由程序员指定。

Application.InputBox 方法允许用户输入公式、数字、文本、逻辑值、单元格引用、错误值和数值数组等 7 种类型的值，同时也提供了一个参数，让程序去限制用户只能输入何种类型的值，并且带有校验功能，当输入的值与指定的类型不同时会提示用户。正是基于此优点，Application.InputBox 方法在工作中被大量应用。

Application.InputBox 方法的基本语法如下：

```
Application.InputBox(Prompt, Title, Default, Left, Top, HelpFile, HelpContextID, Type)
```

如表 7-3 所示，包括了 Application.InputBox 方法的各参数详解。

表 7-3　Application.InputBox方法的各参数详解

名称	必选/可选	描述
Prompt	必选	要在对话框中显示的消息。其可以为字符串、数字、日期或布尔值（在显示之前，Excel 自动将其值强制转换为String）
Title	可选	输入框的标题。如果省略该参数，默认标题将为“Input”
Default	可选	指定一个初始值，该值在对话框最初显示时出现在文本框中。如果省略该参数，文本框将为空。该值可以是 Range 对象
Left	可选	指定对话框相对于屏幕左上角的 *X* 坐标（以磅为单位）
Top	可选	指定对话框相对于屏幕左上角的 *Y* 坐标（以磅为单位）
HelpFile	可选	此输入框使用的帮助文件名。如果存在 HelpFile和HelpContextID 参数，在对话框中将出现一个“帮助”按钮
HelpContextID	可选	HelpFile 中帮助主题的上下文 ID 号
Type	可选	指定返回的数据类型。如果省略该参数，对话框将返回文本

Application.InputBox 方法有 8 个参数，其中最重要的是前 3 个和最后 1 个。前 3 个参数比较简单，通过以下代码可以瞬间了解参数与输入框的对应关系。

```
Sub 输入框()
    MsgBox Application.InputBox("请输入你的姓名：", "姓名", "罗刚君")
End Sub
```

执行弹出程序后会弹出如图 7-6 所示的输入框，3 个参数的值都已经显示在输入框中。其中第 3 参数“罗刚君”是预设的默认值，用户可以随意修改。当单击“确定”按钮后，MsgBox 函数会将用户输入的值输出到信息框中。

图 7-6　默认值为“罗刚君”的输入框

Type 参数用于指定一种或者多种数据类型，Application.InputBox 方法会根据类型对用户的输入信息进行校验，如果不符合则会阻止程序执行。Application.InputBox 方法校验参数如表 7-4 所示。

表 7-4　Application.InputBox方法的校验参数

值	含义
0	公式
1	数字
2	文本（字符串）
4	逻辑值（True 或 False）
8	单元格引用，作为一个 Range 对象
16	错误值，如 #N/A
64	数值数组

表 7-4 中的数值允许单个使用，也允许多个组合，0 除外。例如，对 Type 参数赋值为 1，表示只能输入数值；若赋值为 3，则表示可以输入数值或者文本(1+2=3)；若赋值为 10，则表示允许输入文本和单元格引用。

Application.InputBox 方法的功能体现在后期指定数据或区域上。下面通过 3 个案例展示 Application.InputBox 方法在此方面的应用。

1．案例：指定待求和的区域

案例要求：弹出输入框让用户选择区域，然后对该区域求和，横向和纵向各求和一次。

知识要点：Application.InputBox 方法、Range.FormulaR1C1 属性、Range.Offset 属性。

实现步骤：

STEP 01 在工作表中输入如图 7-7 所示的成绩表。

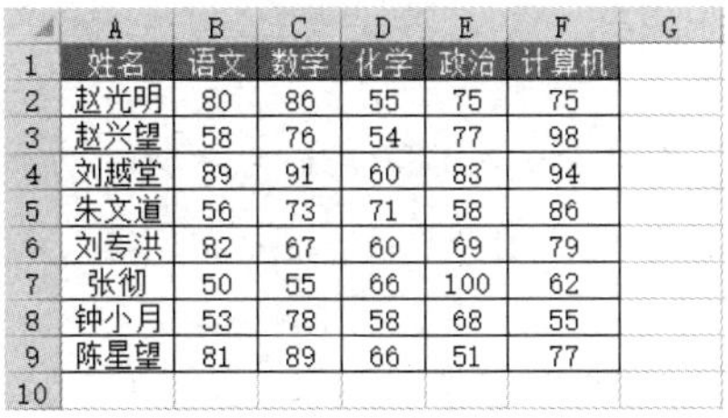

	A	B	C	D	E	F	G
1	姓名	语文	数学	化学	政治	计算机	
2	赵光明	80	86	55	75	75	
3	赵兴望	58	76	54	77	98	
4	刘越堂	89	91	60	83	94	
5	朱文道	56	73	71	58	86	
6	刘专洪	82	67	60	69	79	
7	张彻	50	55	66	100	62	
8	钟小月	53	78	58	68	55	
9	陈星望	81	89	66	51	77	
10							

图 7–7　成绩表

STEP 02 按<Alt+F11>组合键打开 VBE 窗口，然后在菜单栏执行“插入”→“模块”命令。

STEP 03 在模块中输入以下代码：

```
Sub 行列求和()'随书案例文件中有每一句代码的含义注释
 Dim Rng As Range
  Set Rng = Application.InputBox("请指定待求和的区域", "区域", , , , , , 8)
  Rng.Offset(, Rng.Columns.Count).Columns(1).FormulaR1C1 = "=SUM(RC[-" & Rng.Columns.Count & "]:RC[-1])"
  Rng.Offset(Rng.Rows.Count).Rows(1).FormulaR1C1 = "=SUM(R[-" & Rng.Rows. Count & "]C:R[-1]C)"
End Sub
```

STEP 04 按<Alt+F11>组合键返回工作表界面。

STEP 05 按<Alt+F8>组合键打开“宏”对话框，然后执行“行列求和”过程，当程序弹出“区域”输入框时，选择成绩区域 B2:F9，此时在输入框中会自动产生区域地址，如图 7-8 所示。

STEP 06 在“区域”输入框中单击“确定”按钮，程序会产生如图 7-9 所示的求和结果。

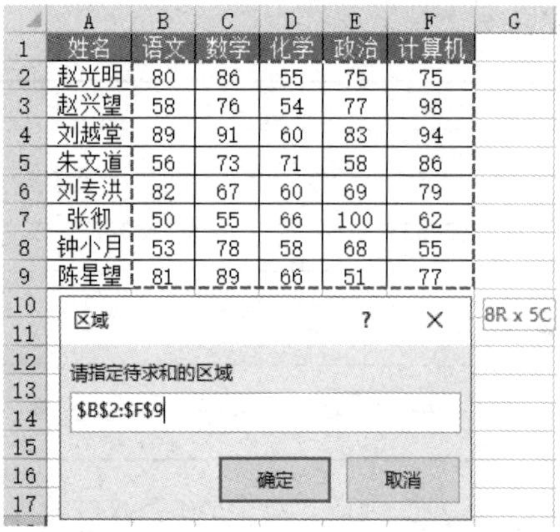

图 7-8　选择区域时在输入框中产生区域地址

图 7-9　对指定的区域按行、列求和

思路分析：

由于在编程阶段需要计算的区域对象是未知的，因此采用变量占位，对变量所代表的区域执行求和，变量实际代表什么将在过程的执行阶段由用户指定。

根据以上思路，本例首先声明了一个 Range 型的变量，然后通过 Application.InputBox 方法弹出输入框，让用户指定求和区域，并将返回值赋值给变量 Rng。由于变量 Rng 属于对象，因此对它赋值必须采用 Set 语句。

本例的难点在于最后两句——给 Rng 右边一列和下边一行设置求和公式。由于 Rng 代表求和区域（假设是 B2:F9），那么“Rng.Offset(, Rng.Columns.Count)”则代表 G2:K9 区域。由于只需要将公式输入到 G2:K9 区域的第一列，因此在它之后添加代码“.Columns(1)”，从而引用它的第一列 G2:G9 区域。

当确定存放公式的区域后，通过 FormulaR1C1 属性向区域中输入公式即可。公式的重点在于如何取得左边的求和区域的地址。由于 R1C1 引用样式的公式采用的相对引用地址，R 代表行，C 代表列，对 R 和 C 赋值即可得到目标区域地址。

以 G2 单元格为例，它左边的求和区域是 B2:F2，其中 B2 相对于 G2 的行偏移为 0、列偏移为-5，即 Rng 区域的列数的相反数，因此引用 B2 应采用代码“RC[-" & Rng.Columns.Count & "]”。F2 相对于 G2 的行偏移为 0、列偏移为-1，因此引用 F2 应采用代码“RC[-1]”。将两者组合起来，引用 B2:F8 区域的相对引用代码为“RC[-" & Rng.Columns.Count & "]:RC[-1]”。

知识补充 调用变量或者表达式时不能使用引号，否则变量与表达式会变成字符串。如果将一个文本与变量或者将文本与表达式串联成新的字符串应只对文本加引号，然后用连接运算符“&”将它与变量或者表达式串联起来。运算符的前后必须有一个空格，例如将变量“A”与文本“公斤”串联成字符串应用代码“A & "公斤"”，而非“"A 公斤"”。

本例实际上是调用公式对 Rng 区域求和，因此代码相当整洁。如果你对公式比较了解，可以直接书写代码；如果你对公式不太了解，可以录制宏让代码自动产生，然后手工修改代码。修改代码通常包括：加入变量、变量循环语句或判断语句，修改对象名称或对象地址。

针对本例，先选择 G2:G9 区域，按<Alt+=>组合键，再选择 B10:F10 区域，按 <Alt+=>组合键，将这两个步骤录制下来即可。代码中会自动产生公式，开发者需要做的是加入变量、修改公式的单元格地址即可。

从本节开始，所有代码不再提供每一行代码的注释，不过为了方便读者学习，在随书案例文件中提供了每一句代码的含义注释，还同步提供代码中涉及某些语句的语法说明。

随书提供案例文件和演示视频：7-02 行列求和.xlsm / 7-02 行列求和.mp4

2. 案例：指定汇总方式与区域

案例要求：弹出输入框，让用户选择区域，然后弹出对话框，让用户选择汇总方式，最后按行与列对选定的区域汇总。

知识要点：Application.InputBox 方法、Rnge.FormulaR1C1 属性、Rnge.Offset 属性。

实现步骤：

STEP 01 打开前一个案例文件，按<Alt+F11>组合键打开 VBE 窗口。

STEP 02 在模块中继续输入以下代码：

```
Sub 行列汇总()'随书案例文件中有每一句代码的含义注释
    Dim Rng As Range, GatherStyle As Long, GatherStr As String
    Set Rng = Application.InputBox("请指定待求和的区域", "区域", , , , , , 8)
    GatherStyle = Application.InputBox("输入 1:求和" & Chr(13) & "输入 2:求积" & Chr(13) & "输入 3:求平均
" & Chr(13) & "输入 4:计数", "汇总方式", , , , , , 1)
    GatherStr = Evaluate("=vlookup(" & GatherStyle & ",{1,""SUM"";2,
""PRODUCT"";3,""AVERAGE"";4,""COUNTA""},2,false ) ")
    Rng.Offset(, Rng.Columns.Count).Columns(1).FormulaR1C1 = "=" & GatherStr & "(RC[-" &
Rng.Columns.Count & "]:RC[-1])"
    Rng.Offset(Rng.Rows.Count).Rows(1).FormulaR1C1 = "=" & GatherStr & "(R[-" & Rng.Rows.Count &
"]C:R[-1]C)"
End Sub
```

STEP 03 按<Alt+F11>组合键返回工作表界面。

STEP 04 按<Alt+F8>组合键打开“宏”对话框，然后执行“行列汇总”过程，当程序弹出“区域”输入框时，选择成绩区域 B2:F9。

STEP 05 在“区域”输入框中单击“确定”按钮后，程序会产生如图 7-10 所示的输入框。

STEP 06 在“汇总方式”输入框中输入 3，然后单击“确定”按钮，程序会对选定的区域 B2：B9 求平均值，结果如图 7-11 所示。

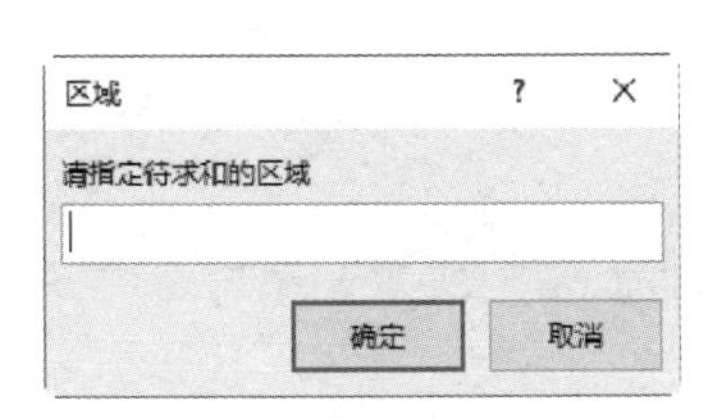

图 7-10　“汇总方式”输入框

G2　=AVERAGE(B2:F2)

	A	B	C	D	E	F	G
1	姓名	语文	数学	化学	政治	计算机	
2	赵光明	80	86	55	75	75	74.2
3	赵兴望	58	76	54	77	98	72.6
4	刘越堂	89	91	60	83	94	83.4
5	朱文道	56	73	71	58	86	68.8
6	刘专洪	82	67	60	69	79	71.4
7	张彻	50	55	66	100	62	66.6
8	钟小月	53	78	58	68	55	62.4
9	陈星望	81	89	66	51	77	72.8
10		68.6	76.9	61.3	72.6	78.25	

图 7-11　对指定的区域求平均值

思路分析：

相对于“案例：指定待求的区域”，本例仅添加了一个确定汇总方式的输入框，不过涉及的知识点却包含 4 个。

其一：变量 GatherStyle 是数值型变量，不是对象，因此对它赋值不用 Set。

其二：为了美观，需要将 Application.InputBox 方法的第一参数的字符串显示为 4 行，因此要在换行处插入换行符。VBA 中用 chr(13)或者 chr(10)表示换行，由于 chr(13)和 chr(10)属于表达式，不属于文本，因此不能直接写在字符串中，而是先将文本拆分开，然后将换行符插入其中再通过连接运算符将它们串联起来。

其三：为了简化用户的操作，仅让用户在“汇总方式”输入框中输入数值，而实际产生在公式中的是函数名称，因此存在数字与函数名称的转换过程。工作表函数 Vlookup 可以实现此类转换，因此本例中创建了一个包含 Vlookup 的公式表达式，然后通过 VBA 中的 Evaluate 函数将该表达式转换成值。由于 GatherStyle 是变量，因此不能直接输入到公式中，而是通过连接运算符“&”将它与公式串联起来。

其四：要在字符串中产生双引号时必须书写两个双引号，否则会产生语法错误。例如要在信息框中显示“A "B"”，应使用代码“MsgBox "A""B"""”，采用“MsgBox "A"B""”则会出错。

由于在 7.4 节才介绍防错技术，因此本例代码并没有防错，如果在输入框中胡乱输入可能导致程序出错。当前可以忽略此问题，待学到 7.4 节后再回过头来处理。

3. 案例：为新建文件夹命名

案例要求：弹出一个输入框，让用户输入文件名称，默认名称是当前日期，然后在 D 盘新建一个文件夹并且以该名称命名。

知识要点：Application.InputBox 方法、MkDir 语句。

实现步骤：

STEP 01 按<Alt+F11>组合键打开 VBE 窗口，然后在菜单栏执行“插入”→“模块”命令。

STEP 02 在模块中输入以下代码：

```
'在随书案例文件中有每一句代码的含义注释
Sub 在输入框中指定名称然后创建文件夹()
   Dim FileName As String
   FileName = Application.InputBox("请输入文件夹名称", "文件夹名称", Format(Date, "yyyy-mm-dd"))
MkDir "d:\" & FileName
End Sub
```

STEP 03 单击过程任意位置，然后按<F5>键运行代码，程序会弹出如图 7-12 所示的输入框，其默认值为当前系统日期。

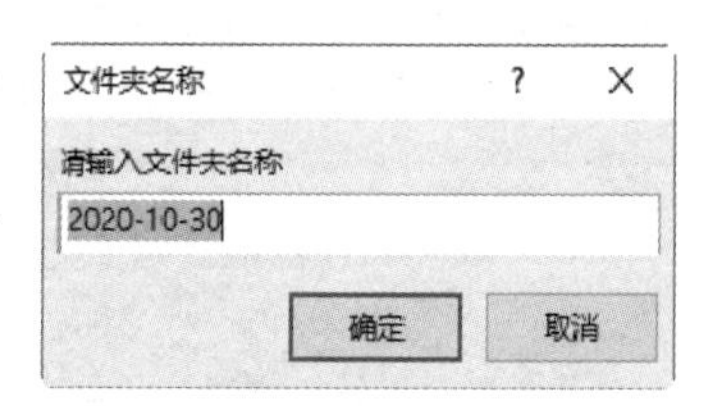

图 7-12　在输入框中指定文件夹名称

STEP 04 保持默认的名称，然后单击“确定”按钮，程序会在 D 盘中创建一个名为“20201030”的文件夹。不过如果重复此过程，多次创建相同名称的文件夹则会导致代码出错，Windows 系统不允许在同一路径下存在多个同名的文件夹。

思路分析：

由于文件夹名称属于文本，因此首先声明一个 String 型的变量，然后通过 Application.InputBox 方法创建一个输入框，等待用户输入文件夹名称。

输入框中的默认值是已经被格式化为“yyyy-mm-dd”格式的当前系统日期。

当用户输入文件夹名称后，程序会通过 Mkdir 语句在 D 盘创建一个文件夹，文件夹的名称由变量 FileName 决定。

假设正常地输入文件夹名称，本例代码足以完成需求，假设用户在输入框中按了“取消”键或者输入了“?”“/”等禁用字符时，代码必定出错。不过本例代码的价值在于演示 Application.InputBox 方法的功能，对于条件判断将在 7.2 节中补充。

随书提供案例文件：7-03 在输入框中指定名称然后创建文件夹.xlsm

7.2 条件判断语句

条件判断语句在 VBA 中是使用率非常高的语句。由于录制宏时无法产生条件语句，必须通过 VBE 界面手工编写代码，因此了解条件判断语句的详细语法就显得尤为重要。

条件语句主要包括以下 5 种，下面将一一解析。

- IIf
- If Then
- If Then End If
- Select Case End Select
- Choose

7.2.1 IIf 函数的语法与应用

IIf 是 VBA 中类似于工作表函数 If 的条件判断函数，由于 IIf 是函数，因此它会基于条件返回不同的值。

1. IIf 的基本语法

IIf 函数可以根据第一参数的值返回第二、第三参数中的一个。它的基本语法为：

```
IIf(expr, truepart, falsepart)
```

IIf 的三个参数均为必选参数，各参数的含义如表 7-5 所示。

表 7-5　IIf的参数详解

参数	功能描述
expr	用来判断真伪的表达式
truepart	如果 expr 为 True，则返回本参数的值或表达式
falsepart	如果 expr 为 False，则返回本参数的值或表达式

如果 A1 的值大于或等于 60 分时，在 B1 返回“及格”，否则返回“不及格”，那么可用以下语句：

```
Range("B1") = IIf(Range("a1") >= 60, "及格", "不及格")
```

如果第二、第三参数的字符较长，并且不同的字符较少，为了缩短代码，也可以改用以下方式：

```
Range("B1") = "你的成绩" & IIf(Range("a1") >= 60, "已", "不") & "及格"
```

即把相同部分置于 IIf 函数之外，而用 IIf 函数的第二、第三参数来决定不同的部分。

当 A1 的值大于 B1 的值时，则在 D1 返回 C1 的值，否则返回 C1 的值的 50%，那么可用以下语句：

```
Range("d1") = IIf(Range("a1") > Range("b1"), Range("c1"), Range("c1") / 2)
```

也可以改用以下方式，将 C1 置于 IIf 语句之外，代码如下：

```
Range("d1") = Range("c1") / IIf(Range("a1") > Range("b1"), 1, 2)
```

2. And 运算符与 Or 运算符

当 IIf 函数使用多条件时，必须借助 And 运算符与 Or 运算符来连接条件。

如果需要同时满足多条件，可使用 And 运算符。And 运算符的主要作用是对两个表达式进行逻辑连接，其表达式如下：

```
result = expression1 And expression2
```

其中，result 与 expression1、expression2 之间的关系如表 7-6 所示。

表 7-6　And运算符的参数与结果之关系

如果 expression1 为	且 expression2 为	则 result 为
TRUE	TRUE	TRUE
TRUE	FALSE	FALSE
TRUE	Null	Null
FALSE	TRUE	FALSE
FALSE	FALSE	FALSE
FALSE	Null	FALSE
Null	TRUE	Null
Null	FALSE	FALSE
Null	Null	Null

如果有 3 个条件就可以采用以下表达式：

```
result = expression1 And expression2 And expression3
```

如果某企业招聘时要求员工的体重在 50 到 65 公斤之间，否则不合格，VBA 表达方式如下：

```
MsgBox IIf(Range("a1") >= 50 And Range("a1") < =65, "合格", "不合格")
```

如果需要在多条件中满足条件之一即可返回指定值，那么可以使用 Or 运算符，其主要作用是对两个表达式进行逻辑析取运算，其表达式如下：

```
result = expression1 Or expression2
```

其中，result 与 expression1、expression2 之间的关系如表 7-7 所示。

表 7-7　Or运算符的参数与结果之关系

参数	功能描述
result	必选参数，任何数值变量
expression1	必选参数，任何表达式
expression2	必选参数，任何表达式

如果 A1 单元格的成绩小于 1 或者大于 100，则提示“输入错误”，否则提示“正确”，那么 VBA 表达方式如下：

```
MsgBox IIf(Range("a1") > 100 Or Range("a1") < 1, "输入错误", "正确")
```

IIf 函数也可以嵌套使用，即一句代码中使用多个 IIf，根据两个以上的条件返回对应的值，而且每个条件参数也可以借用 And 或者 Or 运算符来连接。

当 And 和 Or 共用一个参数时，尽量采用括号来体现其优先顺序，例如：

```
(expression1 And expression2) Or (expression3 And expression4)
```

3. IIf 的应用案例

案例要求：根据输入的月份计算季度。

知识要点：Application.InputBox 方法、IIf 函数、Month 函数。

实现步骤：

STEP 01 按<Alt+F11>组合键打开 VBE 窗口，然后在菜单栏执行“插入”→“模块”命令。

STEP 02 在模块中继续输入以下代码：

```
Sub 根据月份判断季度() '随书案例文件中有每一句代码的含义注释
    Dim Months As Byte
    Months = Application.InputBox("请输入月份，只能是数字", "月份", Month(Date), , , , , 1)
    MsgBox IIf(Months >= 1 And Months < 4, "一季度", IIf(Months >= 4 And Months < 7, "二季度",
IIf(Months >= 7 And Months < 10, "三季度", IIf(Months >= 10 And Months < 13, "四季度", "输入错误"))))
End Sub
```

STEP 03 单击过程中任意位置，然后按<F5>键，程序会弹出如图 7-13 所示的输入框，其默认值为 1。在其中输入数字 10，单击“确定”按钮后将弹出如图 7-14 所示的信息框。

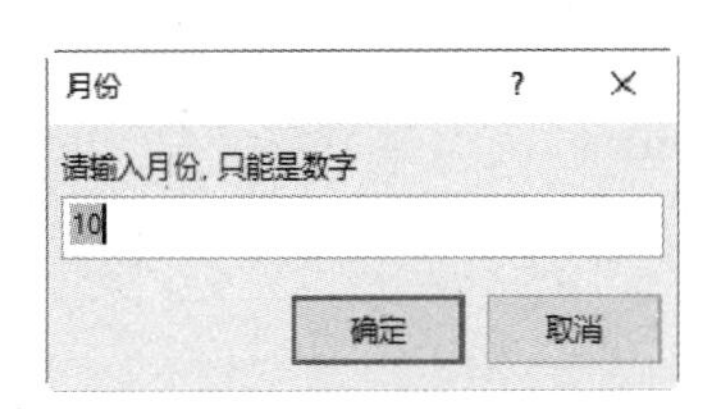

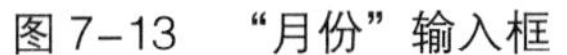
图 7-13　“月份”输入框

图 7-14　根据月份计算季度

思路分析：

本例中由于月份的下限是 1、上限是 12，因此声明变量 Months 时采用 Byte 型。

然后通过 Application.InputBox 方法创建一个输入框让用户输入月份值，由于月份是数值，Application.InputBox 的第 8 参数使用 1，从而强制用户只能输入数值。

在输入框中显示的默认值是当前月份，其中 Date 语句可以生成当前系统日期，将它配合 Month 函数使用可以提取本月的月份。

在执行判断时，由于季度是按范围来界定的，而不是单纯地等于某个值或者大于某个值，因此需要使用 And 运算符，而且 IIf 函数需要嵌套应用。

如果用户输入的值小于 1 或者大于 12，那么 IIf 会返回最后一个参数“输入错误”。

如果用户单击了“取消”按钮，那么其返回值为 0，同样会在信息框显示“输入错误”。

随书提供案例文件：..\第 07 章\7-04 根据月份判断季度.xlsm

7.2.2 IIf 函数的限制

IIf 是一个函数，与工作表函数 If 极其相似，但是它相对于 If 函数在用法上稍有差异，主要体现在以下方面。

1．第三参数是必选参数

IIf 的第三参数是必选参数，而工作表函数 If 的第三参数是可选参数。

例如工作表中可以使用以下公式，它忽略了第三参数：

```
=If(A1>=60,"及格")
```

但是使用 IIf 时不能忽略第三参数，否则将产生编译错误。

2. 是否检验第三参数

当第一参数的返回值为 True 时，If 函数可以忽略第三参数，而 IIf 函数则会同时检验第三参数的值，如果第三参数存在错误值则会中断程序。例如以下语句：

```
IIf([a1] > [b1], [b1] / [a1], [a1] / [b1])
```

当单元格 a1 大于 0 且 b1 为 0 时，程序会产生编译错误。因为 IIf 的特点是条件成立仍然检测第三参数；如果在单元格中使用工作表函数 If 则不会产生任何错误。

3. 错误方式

当 If 函数计算结果为错误值时，它会在单元格中产生对应的值，不影响其他单元格中的公式；而 IIf 的第三参数假设使用了 0 作为除数，那么整个过程都会中断并提示错误信息。

虽然 If 较 IIf 更好用，但是在 VBA 中不能调用工作表函数 If。

7.2.3 If Then 语句的语法详解

If Then 语句不是函数，而是条件判断语句，是符合指定条件时一组指定的代码。如果有多句代码，可利用冒号将它们显示在同一行中。

If Then 语句的语法如下：

```
If condition Then statements
```

参数 condition 和 statements 均为必选参数，缺一不可。其中，条件语句 condition 是运算结果为 True 或 False 的表达式，如果 condition 为 Null，则 VBA 将其视为 False。

例如变量 A 大于 60，则变量 B 等于“及格”，其表达式为：

```
If A > 60 Then B = "及格"
```

如果 A1 单元格字符数超过 3 个，那么将 A1 单元格的字符加粗再倾斜，代码如下：

```
If Len(Range("a1")) >= 3 Then Range("a1").Font.Bold = True: Range("a1").Font. Italic = True
```

“Range("a1").Font.Bold = True”和“ Range("a1").Font.Italic = True”原本是两句代码，必须将它们写在同一行中，中间使用冒号分隔开。

如果将第二句代码放在第二行，那么第二句代码会在不符合条件时也执行。

7.2.4 If Then 应用案例

If Then 条件语句在工作中的应用较广，下面通过两个案例展示它的用法。

1. 案例：禁止打印“总表”以外的工作表

案例要求：禁止打印“总表”以外的工作表。

知识要点：Workbook_BeforePrint 事件、If Then 条件语句。

实现步骤：

STEP 01 按<Alt+F11>组合键打开 VBE 窗口。

STEP 02 如果未显示工程资源管理器，则按<Ctrl+R>组合键显示工程资源管理器，然后双击 ThisWorkbook 进入工作簿事件代码窗口。

STEP 03 在窗口中输入以下事件过程代码：

```
Private Sub Workbook_BeforePrint(Cancel As Boolean)    '代码存放位置：ThisWorkbook
  If ActiveSheet.Name <> "总表" Then MsgBox "禁止打印": Cancel = True
```

```
End Sub
```

STEP 04 返回工作表界面，选择“总表”以外的任意工作表，然后单击“打印”按钮，程序将弹出如图 7-15 所示的提示，同时禁止工作表打印。

图 7-15 打印总表以外的工作表时的提示信息

思路分析：

Workbook_BeforePrint 事件是一个工作簿事件，代码必须放在 ThisWorkbook 窗口中，它会在发送打印命令之后、打印机响应打印命令之前触发。

在 Workbook_BeforePrint 事件中，参数 Cancel 用于控制是否允许打印，对当前工作簿中的所有工作表都生效。本例中的代码使用了条件语句作为限制，因此只有在工作表名称不等于“总表”时才生效。

随书提供案例文件：7-05 禁止打印总表以外的工作表.xlsm

2. 案例：允许 8 点到 18 点之间可以打开活动工作簿

案例要求：允许 8 点到 18 点之间可以打开当前工作簿，其他时段不允许打开。

知识要点：Workbook_Open 事件、If Then 条件语句、Application.Quit 方法、Hour 函数。

实现步骤：

STEP 01 按<Alt+F11>组合键打开 VBE 窗口。

STEP 02 如果未显示工程资源管理器，则按<Ctrl+R>组合键显示工程资源管理器，然后双击 ThisWorkbook 进入工作簿事件代码窗口。

STEP 03 在窗口中输入以下事件过程代码：

```
Private Sub Workbook_Open()'代码存放位置：ThisWorkbook
  If Hour(Now) < 8 Or Hour(Now) > 18 Then Application.Quit
End Sub
```

STEP 04 保存工作簿后再重新开启，如果当前时间小于 8 点或者大于 18 点，那么工作簿会自动关闭。

思路分析：

Excel 本身没有办法禁止打开工作簿，不过可以采用其他的办法变通一下——打开工作簿后检查条件，如果符合条件就自动关闭工作簿，从而变相达成目的。

基于以上分析，只能采用 Workbook_Open 事件来实现。本例在 Workbook_Open 事件中采用 If Then 语句判断当前的小时数是否小于 8 或者大于 18，当满足条件时采用 Application.Quit 方法退出 Excel。

工作簿事件过程的代码必须放在 Thisworkbook 代码窗口，否则无法自动执行。

随书提供案例文件：7-06 允许 8 到 18 点开启工作簿.xlsm

7.2.5 If Then Else 语句的语法与应用

If Then 语句表示满足条件时执行指定的语句，而 If Then Else 语句则表示满足条件时执行指定的语句，如果不满足条件要执行另一组语句。

1. If Then Else 语句的语法详解

If Then Else 语句有两种用法，包含单行模式和块形式。

单行模式的 If Then Else 语句语法如下：

```
If Condition Then [statements][Else elsestatements]
```

其中，Condition 代表条件，通常是值为 True 或者 False 的表达式，statements 和 elsestatements 分别代表满足条件时执行的语句和不满足条件时执行的语句。

块形式的 If Then Else 语句的语法如下：

```
If Condition Then
   [statements]
[Else
   [elsestatements]]
End If
```

单行模式的条件语句不需要 End If，它的所有代码都在同一行中；块形式的条件语句必须以 End If 结束，由于 statements、Else 和 elsestatements 都是可选参数，因此代码可能占据 2 行、可能 3 行也可能 5 行。

当代码少时应尽量使用单行模式的 If Then Else 语句，反之使用块形式的 If Then Else 语句。

2. If Then Else 语句的应用案例

案例要求：利用代码打开“D:\生产表.xlsm”文件，然后将它的第一个工作表的所有数据复制到活动工作簿的活动工作表已用数据区域的下方。如果不存在“D:\生产表.xlsm”或者该工作簿的第一个工作表没有数据，要给予提示。

知识要点：If Then Else 语句、Workbooks.Open 方法、Dir 函数、Range.Copy 方法、Workbook.Close 方法。

实现步骤：

STEP 01 按<Alt+F11>组合键打开 VBE 窗口，然后在菜单栏执行“插入”→“模块”命令。

STEP 02 在模块中输入以下代码：

```
Sub 打开文件且复制已用区域()'随书案例文件中有每一句代码的含义注释
  Const FileName As String = "D:\生产表.xls"
  Dim sht As Worksheet
  If Len(Dir(FileName)) = 0 Then
    MsgBox "未找到 " & FileName, vbInformation, "友情提示"
  Else
    Set sht = ActiveSheet
    With Workbooks.Open(FileName)
      If IsEmpty(.Worksheets(1).UsedRange) Then
          MsgBox FileName & "的第一个工作表是空表", vbInformation, "友情提示"
      Else
          .Worksheets(1).UsedRange.Copy sht.Cells(Rows.Count, 1).End(xlUp). Offset(1)
          .Close (False)
      End If
    End With
  End If
End Sub
```

STEP 03 单击过程中任意位置，然后按<F5>键，假设 D 盘不存在“生产表.xlsm”，程序会弹出如图 7-16 所示的信息框，提示未找到文件；假设工作簿存在，但是该工作簿的第一个工作表未使用过，将会弹出如图 7-17 所示的信息框，提示工作表是空表；如果以上两者都不是，那么程序会打开“生产表.xlsm”，然后将它的第一个工作表的已用区域的值复制到活动工作簿的活动工作表的已用区域下方。

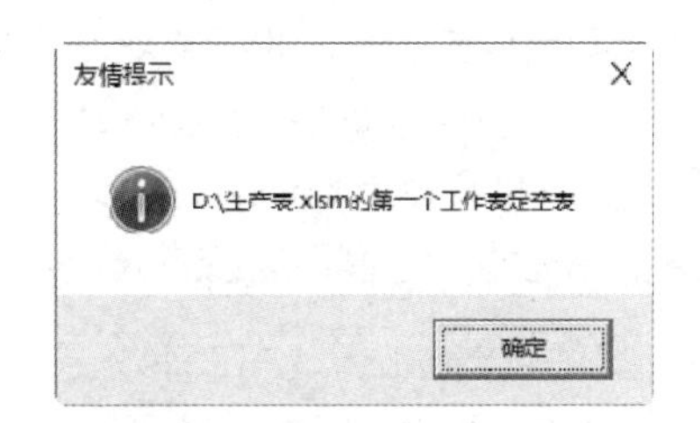

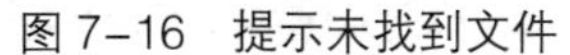
图 7-16 提示未找到文件　　图 7-17 提示工作表是空表

思路分析：

如果只是打开文件并复制数据，代码会相当简单，不过编程需要注重代码的通用性，要防止某些意外情况的发生，包括指定的文件不存在或者要复制的数据也不存在，否则代码就可能在执行过程中出错。一段优秀的代码必须有足够的判断语句，对意外情况加以防范。

本例中首先采用了 Len+Dir 组合判断文件是否存在，其原理是 Dir 函数提取文件名称时遇到不存在的文件会返回一个空文本，因此利用 Len 函数计算 Dir 函数的返回值的长度即可判断指定的文件是否存在。

当已经存在文件时，本例采用了 Workbooks.Open 方法打开该文件，然后使用 With 语句引用该文件，使用 With 的目的是简化代码。Workbooks.Open 方法用于打开并返回一个工作簿对象，该对象会在后面出现 3 次，而使用 With 语句后仅需引用对象一次。

当打开工作簿后，不能立即复制工作表数据，而是采用 IsEmpty 函数判断工作表中是否有数据，对于空表没有必要执行复制操作。IsEmpty 函数的原本功能是判断变量是否初始化，本例用它来判断工作表是否为空表。

当复制完数据后，前面所打开的工作簿必须关闭。Workbook.Close 方法用于关闭单个工作簿，将它的参数 SaveChanges 赋值为 False 可以加快关闭速度。

语法补充：

（1）Workbooks.Open 方法表示打开一个工作簿，其语法如下：

```
Workbooks.Open(FileName, UpdateLinks, ReadOnly, Format, Password, WriteResPassword, IgnoreReadOnlyRecommended, Origin, Delimiter, Editable, Notify, Converter, AddToMru, Local, CorruptLoad)
```

其中，FileName 参数表示要打开的工作簿名称，包含完整路径。

（2）IsEmpty 的功能是指出变量是否已经初始化，计算结果为 Boolean 值，它的语法如下：

```
IsEmpty (expression)
```

IsEmpty 用于指出变量是否已经初始化，在实际工作中极少使用 IsEmpty 函数。

（3）Workbook.Close 方法用于关闭单个工作簿，其语法如下：

```
表达式.Close(SaveChanges, Filename, RouteWorkbook)
```

参数 SaveChanges 代表是否保存修改。当修改了工作簿时，将此参数赋值为 True 则表示保存修改，否则不保存。参数 Filename 代表文件名称（包含路径），相当于另存为一个新的文件。

（4）Dir 函数用于获取文件名称、文件夹名称，或者获取文件的某个属性，其语法如下：

```
Dir[(pathname[, attributes])]
```

第一参数表示路径，支持通配符，例如“D:\生产表\5 月 12 日.xlsx”或者“D:\生产表\5 月*.xlsx”。第二参数表示要获取的目标是什么，可选值包含 vbNormal、vbReadOnly、vbHidden、

VbSystem、vbVolume、vbVolume、vbDirectory 和 vbAlias。最常用的是 vbNormal 和 vbDirectory，表示获取文件名称和文件夹名称。如果要获取的目标存在，就会返回对应的值；如果不存在则返回空值。因此，很多时候也用 Dir 函数来判断一个文件夹或者文件是否存在。例如，判断文件夹“D:\生产表”是否存在可用以下代码：

```
MsgBox IIf(Len(Dir("D:\生产表", vbDirectory)), "文件夹存在", "文件夹不存在")
```

而判断文件“D:\生产表\5 月 12 日.xls”是否存在则可用以下代码：

```
MsgBox IIf(Len(Dir("D:\生产表\5 月 12 日.xlsx", vbNormal)), "文件存在", "文件不存在")
```

如果判断文件夹“D:\生产表”中是否包含 Excel 文件，可用以下代码：

```
MsgBox IIf(Len(Dir("D:\生产表\*.xls*", vbNormal)), "有 Excel 文件", "没有 Excel 文件")
```

代码中的通配符“*”表示任意长度的任意字符。

随书提供案例文件：7-07 打开文件且复制其已用区域的值.xlsm

知识补充 当代码较多时，块形式的条件语句比单行模式的条件语句更利于阅读，也更美观。例如，当单元格 A1 的值大于 60 时，则将 A1 的字体加粗、倾斜并添加红色背景，通过两种形式书写代码，它们的效果比较如图 7-18 所示。

```
(通用)                                  B
Option Explicit

Sub A()
    If [A1] > 60 Then [A1].Font.Bold = True: [A1].Font.Italic = True: [A1].Interior.Color
End Sub
Sub B()
    If [A1] > 60 Then
        [A1].Font.Bold = True
        [A1].Font.Italic = True
        [A1].Interior.ColorIndex = 3
    Else
        [A1].Font.Bold = False
        [A1].Font.Italic = False
        [A1].Interior.ColorIndex = xlNone
    End If
End Sub
```

图 7-18　两种条件语句的书写方式比较

7.2.6 多条件嵌套的条件判断语句

条件语句不局限于 If Then Else 语句这种双条件判断，允许设置几个或者几十个条件。

下面主要展示多条件嵌套的条件语句的语法，并提供相关的案例应用。

条件语句的嵌套分为两种方式，方式一的语法如下：

```
If Condition Then
   If Condition Then
      [statements]
   [Else
      [elsestatements]]
   End If
End If
```

本嵌套方式表示在 If 与 End If 之间置入若干个块形式的 If Then Else 条件语句，那么有多少个 If 就会有多少个 End If。

使用此类语句通常是指满足某条件后继续执行条件判断，或者不满足某条件时继续检测是否满足更多的条件。在文件“7-07 打开文件且复制其已用区域的值.xlsm”中已经使用过此类条件嵌套的判断方式，为了加深理解，下面提供一些相关的案例。

1. 案例：根据输入框的值创建文件夹

案例要求：弹出一个输入框，让用户输入文件名称，默认名称是当前日期，然后在 D 盘新建一个文件夹并且以该名称命名，如果用户输入了"\/:*?"<>|"这类非法字符时，要及时提示用户，如果用户单击"取消"按钮则立即结束过程，不能创建名称为"False"的文件夹。

知识要点：If Then Else 语句、Exit Sub 语句、InStr 函数、MkDir 语句。

实现步骤：

STEP 01 按<Alt+F11>组合键打开 VBE 窗口，然后在菜单栏执行"插入"→"模块"命令。

STEP 02 在模块中输入以下代码：

```
'随书案例文件中有每一句代码的含义注释
Sub 在输入框中指定名称然后创建文件夹()
  Dim FileName As String
    FileName = Application.InputBox("请输入文件夹名称", "文件夹名称", Format(Date, "yyyy-mm-dd"))
    If FileName = "False" Then
        Exit Sub
    Else
        If InStr(FileName, ":") Or InStr(FileName, "\") Or InStr(FileName, "/") Or InStr(FileName, "?") Or
InStr(FileName, "*") Or InStr(FileName, """") Or InStr(FileName, "|") Then
          MsgBox "文件夹名称不能包含（\/:*?""<>|）中的任意一个字符", vbInformation, "友情提示"
        Else
          MkDir "d:\" & FileName
        End If
    End If
End Sub
```

STEP 03 单击过程中任意位置，然后按<F5>键，程序会弹出如图 7-19 所示的输入框，其默认值为当前日期。

STEP 04 单击"确定"按钮，程序会在 D 盘中创建一个名为"2020-10-30"的文件夹。

STEP 05 继续执行过程，输入非法字符时会自动提示，比如在"文件夹名称"输入框中输入"五月?报表"，单击"确定"按钮后，程序会弹出如图 7-20 所示的信息框。

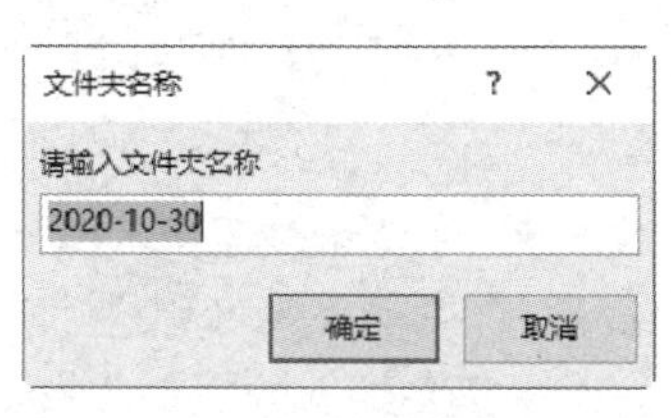

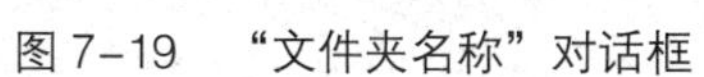
图 7–19　"文件夹名称"对话框

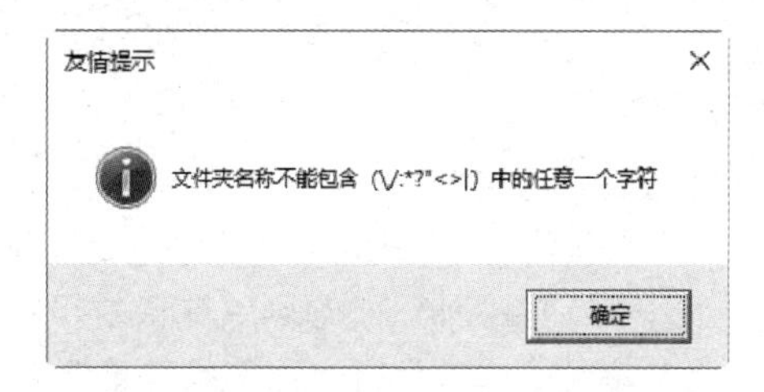

图 7–20　输入非法字符时自动提示

STEP 06 继续执行过程，在弹出"文件夹名称"输入框时单击"取消"按钮，程序会自动结束。

思路分析：

由于变量 FileName 的类型是 String，当在 Application.InputBox 创建的输入框中单击"取消"按钮时，赋值给变量 FileName 的值是"Flase"，为了避免用户单击"取消"按钮时创建一个名为"False"的文件夹，在程序中使用了条件语句进行判断，符合条件时则通过"Exit Sub"语句结束过程，如果不符合条件，则再嵌套一个条件语句判断用户是否输入了非法字符。

在判断用户是否输入非法字符时，本例采用了 Instr 函数计算"\"等 9 个字符在 FileName 中的位置，如果位置大于 0，那么说明 FileName 中包含了非法字符。

由于执行逻辑判断时一切不等于 0 的数值都当作 True 处理，因此代码中省略了“>0”。换而言之，代码“InStr(FileName, ":")”的完整书写方式是“InStr(FileName, ":") > 0”。

语法补充：

InStr 函数用于计算一字符串在另一字符串中最先出现的位置，其语法如下：

```
InStr([start, ]string1, string2[, compare])
```

其中，第一和第四参数是可选参数，通常忽略不用；第二参数代表接受搜索的字符串表达式；第三参数表示被搜索的字符。简单而言就是在第二参数中查询第三参数，返回第三参数在第二参数的起始位置。例如：

MsgBox InStr("ABCDB", "B")——返回值为 2，表示字母“B”在“ABCDB”中出现在第 2 位，按从左向右取第一个目标。如果要按从右向左的顺序取第一个目标，应用以下代码：

MsgBox InStrRev("ABCDB", "B")——返回值为 5，要注意不是 1。

随书提供案例文件：7-08 在输入框中指定名称然后创建文件夹.xlsm

事实上，本例的代码并不完善，如果用户需要创建一个名为“False”的文件夹，在输入框中输入“False”后单击“确定”按钮，程序会自动结束。可按以下方式修改代码：

```
'随书案例文件中有每一句代码的含义注释
Sub 在输入框中指定名称然后创建文件夹 2()
  Dim FileName As Variant
  FileName = Application.InputBox("请输入文件夹名称", "文件夹名称", Format(Date, "yyyy-mm-dd"))
  If TypeName(FileName) = "Boolean" Then
    Exit Sub
  Else
    If InStr(FileName, ":") Or InStr(FileName, "\") Or InStr(FileName, "/") Or InStr(FileName, "?") Or InStr(FileName, "*") Or InStr(FileName, """") Or InStr(FileName, "|") Then
      MsgBox "文件夹名称不能包含（\/:*?""<>|）中的任意一个字符", vbInformation, "友情提示"
    Else
      MkDir "d:\" & FileName
    End If
  End If
End Sub
```

思路分析：

本例中首先将变量 FileName 定义为变体型，当在 Application.InputBox 创建的输入框中单击“取消”按钮时，赋值给变量 FileName 的值是布尔值“False”，它的类别名称是“Boolean”。如果在输入框中输入了任意字符，赋值给变量 FileName 的值是用户输入的文字，其类别名称是“String”。基于此原因，在过程中通过 TypeName 函数计算 Application.InputBox 的返回值的类别名称即可判断用户是单击了“取消”按钮还是输入了字符串“False”。

多条件嵌套的条件语句的语法如下：

```
If Condition Then
  [statements]
[ElseIf condition-n Then
  [elseifstatements] ...
[Else
  [elsestatements]]
End If
```

语法列表中的省略号代表可以继续添加更多的条件和对应的执行语句，方括号中的部分表示这是可选参数，允许忽略。

2. 案例：模仿复选框控制单元格中的勾与叉

案例要求：复选框可以实现单击时会产生一个“√”符号，再次单击时会变成一个“×”符号，但在打印后却有一个方框，不太美观，而且当工作表中有大量的复选框时会导致工作簿体积增大，同时降低文件的开启速度。下面要求在如图 7-21 所示的工作表中 B2:B20 区域双击产生一个“√”符号，再次双击产生一个“×”符号。

知识要点：Intersect 方法、Len 函数、If Then Else 嵌套应用。

实现步骤：

STEP 01 在工作表标签处右击，在弹出的右键菜单中选择“查看代码”命令，从而进入工作表代码窗口。

STEP 02 在窗口中输入以下代码：

```
'①代码存放位置：工作表事件代码窗口。②随书案例文件中有每一句代码的含义注释
Private Sub Worksheet_BeforeDoubleClick(ByVal Target As Range, Cancel As Boolean)
  If Not Intersect(Target, Range("b2:b20")) Is Nothing Then
    Cancel = True
    If Len(Target) = 0 Or Target = "×" Then
       Target = "√"
     Else
       Target = "×"
     End If
   Else
     Cancel = False
  End If
End Sub
```

STEP 03 按<Alt+F11>组合键返回工作表界面，双击 B4 单元格，B4 单元格将会产生一个“√”符号，效果如图 7-22 所示。

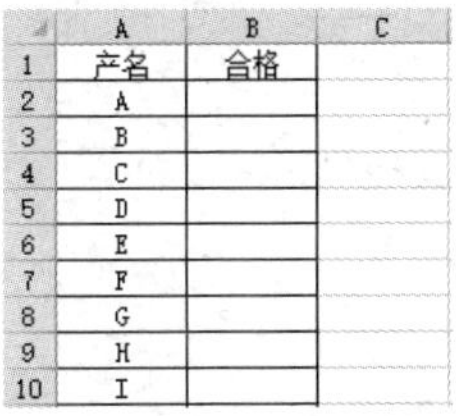

	A	B	C
1	产名	合格	
2	A		
3	B		
4	C		
5	D		
6	E		
7	F		
8	G		
9	H		
10	I		

图 7-21　产品检验表

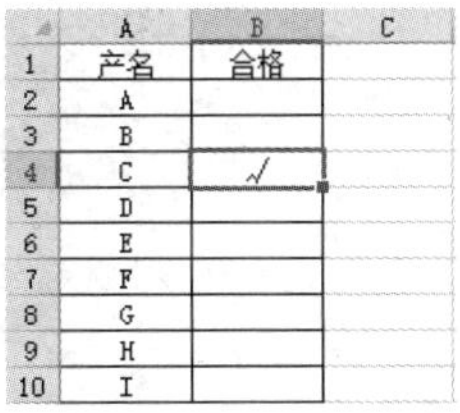

	A	B	C
1	产名	合格	
2	A		
3	B		
4	C	√	
5	D		
6	E		
7	F		
8	G		
9	H		
10	I		

图 7-22　双击输入“√”符号

STEP 04 再次双击 B4 单元格，B4 单元格的值将变成一个“×”符号。

STEP 05 双击 B2:B20 以外的任意单元格，将不会触发工作表的 BeforeDoubleClick 事件。

思路分析：

Worksheet_BeforeDoubleClick 事件属于工作表事件，仅对代码所在工作表生效，代码必须存放在工作表事件代码窗口中。

事件过程的参数 Target 代表被双击的单元格，Cancel 代表是否让单元格进入编辑状态。本例中 B2:B20 区域需要双击输入字符，因此将 Cancel 赋值为 True，从而禁止进入编辑状态，当双击的单元格处于 B2:B20 区域以外时才允许进入编辑状态。

在事件过程中，外层的条件判断语句用于判断当前双击的区域是否处于 B2:B20 之中，里层

的条件语句用于判断何时应该输入“√”符号、何时应该输入“×”符号。由于需求是单元格中没有数据或者值为“×”时产生“√”符号，因此 If 后面必须书写两个条件，使用 Or 运算符将它们连接起来。

判断单元格是否为空白单元格有两个办法，其一是使用“Len(Range("a1")) = 0”，其二是使用“Range("a1") = ""”。

本例如果采用 IIf 函数替代里层的 If Then Else 语句可以简化代码，代码如下：

```
'①代码存放位置：工作表事件代码窗口。②随书案例文件中有每一句代码的含义注释
Private Sub Worksheet_BeforeDoubleClick(ByVal Target As Range, Cancel As Boolean)
  If Not Intersect(Target, Range("b2:b20")) Is Nothing Then
    Cancel = True
    Target = IIf(Len(Target) = 0 Or Target = "×", "√", "×")
  Else
    Cancel = False
  End If
End Sub
```

语法补充：

（1）Intersect 方法用于获取多个区域的交集，如果不存在交集则返回 Nothing。判断一个对象是否为 Nothing 时不用等号，而是用 Is 运算符。Is 运算符的语法如下：

```
result = object1 Is object2
```

其中，object1 和 object2 是两个对象，不能是数据或者数据变量。

（2）Not 也是一个运算符，它表示取反运算。例如将 True 变成 False，将 False 变成 True。它的语法如下：

```
Not expression
```

参数 expression 是一个逻辑值或者运算结果是逻辑值的表达式。

随书提供案例文件和演示视频：7-09 双击输入勾与叉.xlsm 和 7-09 双击输入勾与叉.mp4

7.2.7 Select Case 语法详解

Select Case 语句也是条件语句之一，当需要判断的条件较多时，它比 If Then Else 语句更最强大，书写方式也更简单。

1. 语法详解

Select Case 语句的语法如下：

```
Select Case testexpression
   [Case expressionlist-n
     [statements-n]] ...
   [Case Else
      [elsestatements]]
End Select
```

Select Case 语句包括 4 部分，每部分详细含义如表 7-8 所示。

表 7-8　Select Case语句各部分含义

部分	描述
testexpression	必要参数。任何数值表达式或字符串表达式

续表

部分	描述
expressionlist-n	如果有 Case 出现，则为必要参数。其形式为 expression，expression To expression，Is comparisonoperator。expression的一个或多个组成的分界列表。To 关键字可用来指定一个数值范围。如果使用 To 关键字，则较小的数值要出现在 To 之前。使用 Is 关键字时，则可以配合比较运算符（除 Is 和 Like 外）来指定一个数值范围。如果没有提供，则 Is 关键字会被自动插入
statements-n	可选参数。一条或多条语句，当testexpression匹配expressionlist-n中的任何部分时执行
elsestatements	可选参数。一条或多条语句，当testexpression不匹配Case子句的任何部分时执行

在以上语法列表中，省略号代表可以使用多个条件。只要有一个 Case，就需要有一个 statements-n，Case 和 statements-n 分别表示条件及符合条件时要执行的语句。

其中 elsestatements 表示不符合指定条件时的执行语句，是可选参数。

在 Select Case 的多个参数中最复杂的是 expressionlist-n 部分，它有多种表达形式，包括：

expression——直接声明一个条件值，例如 5。

expression To expression——声明一个条件的范围，例如 5~10。

Is comparisonoperator——声明一种比较方式，例如 is>5。

下面的实例可以展示参数中 expressionlist-n 部分的多种表达形式。

2. 案例：多条件时间判断

案例要求：根据当前的时间判断现在是上午、中午、下午、晚上还是午夜。其中 7~10 时算上午、11~12 时算中午、13~17 时算下午、18~23 时算晚上、24~6 时算午夜。

知识要点：Select Case 语句、Now 函数、Hour 函数。

实现步骤：

STEP 01 按<Alt+F11>组合键打开 VBE 窗口，然后在菜单栏执行“插入”→“模块”命令。

STEP 02 在窗口中输入以下代码：

```
Sub 时间()'随书案例文件中有每一句代码的含义注释
  Dim Tim As Byte, msg As String
  Tim = Hour(Now)
  Select Case Tim
  Case 7 To 10
    msg = "上午"
  Case 11, 12
    msg = "中午"
  Case 13 To 17
    msg = "下午"
  Case 18 To 23
    msg = "晚上"
  Case 24, Is < 7
    msg = "午夜"
  End Select
  MsgBox "现在是：" & msg
End Sub
```

STEP 03 单击过程中任意位置，然后按<F5>键，程序会在信息框中显示当前时间状态。

思路分析：

在以上代码中，“Case 7 To 10”表示当前时间在 7~10 时，用于限定一个范围；“Case 11，

12”表示当前时间为 11 时或者 12 时，可用于限定具体的数值；“Case 24, Is < 7”代表 24 时或者 7 时之前，两者中符合一个条件即可。

本例中不存在例外的情况，所以忽略了“Case Else”语句。

语法补充：

（1）Hour 函数用于从时间中提取小时，它的参数只能是时间。代码“Hour(#13:50:50#)”的返回值为 13。

（2）Now 函数返回当前的日期和时间值，同时包含日期和时间。Now 函数没有参数，是否使用括号不影响函数的计算结果。

随书提供案例文件：7-10 多条件时间判断.xlsm

3. 案例：以指定格式的今天日期显示 Excel 标题

案例要求：Excel 的标题默认显示为“Microsoft Excel”，下面要求显示为今天日期，并且日期需要提供数字格式、中文小写和中文大写三种方式供用户选择。

知识要点：Select Case 语句、工作表函数 Text、标签、Goto 语句、Application.Caption。

实现步骤：

STEP 01 按<Alt+F11>组合键打开 VBE 窗口，然后在菜单栏执行“插入”→“模块”命令。

STEP 02 在窗口中输入以下代码：

```
Sub 以今天日期显示标题() '随书案例文件中有每一句代码的含义注释
  Dim DateStr As String
Restart:
  Select Case Application.InputBox("请指定日期显示方式：" & Chr(10) & "1：数字日期" & Chr(10) & "2：中文小写" & Chr(10) & "3：中文大写", "日期显示方式", 1, , , , , 1)
  Case 1
    DateStr = "yyyy-mm-dd"
  Case 2
    DateStr = "[DBNum1] yyyy 年 m 月 d 日"
  Case 3
    DateStr = "[DBNum2] yyyy 年 m 月 d 日"
  Case Else
    MsgBox "输入错误，请重新输入", vbInformation
    GoTo Restart
  End Select
  Application.Caption = WorksheetFunction.Text(Date, DateStr)
End Sub
```

STEP 03 单击过程中任意位置，然后按<F5>键，程序会弹出如图 7-23 所示的输入框。

STEP 04 在输入框中输入“2”，单击“确定”按钮，程序会将 Excel 的原有标题“Microsoft Excel”修改为中文小写格式的当前日期，效果如图 7-24 所示。

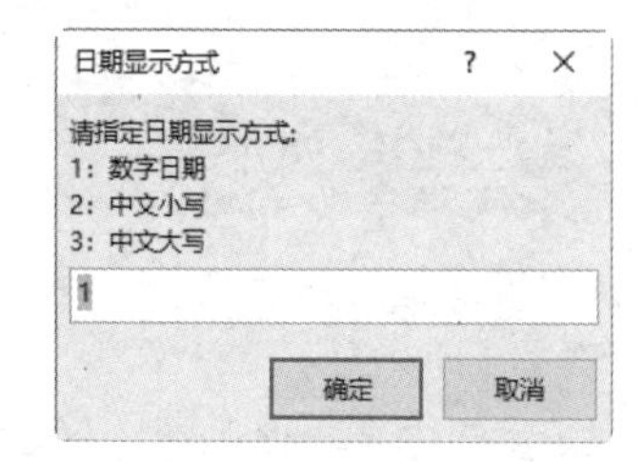

图 7-23 “日期显示方式”输入框

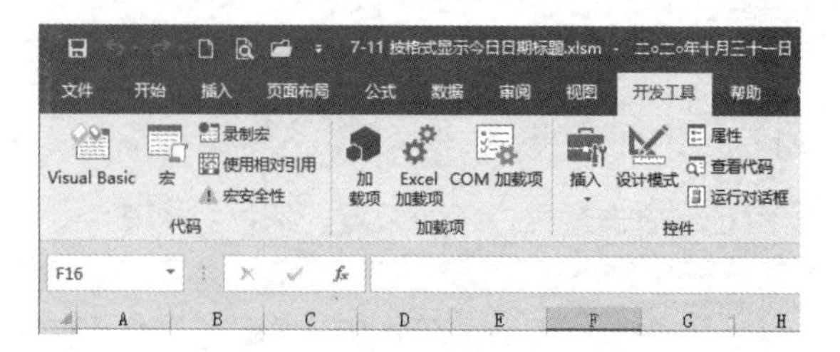

图 7-24 修改后的 Excel 标题栏

思路分析：

由于需求是将日期格式化为三种样式供用户选择，因此首先通过 Application.InputBox 方法创建一个输入框，让用户在 1、2、3 之间选择，然后使用 Select Case 语句根据用户的输入值设置格式信息。

本例的条件应该是四种，包括为用户提供的 1、2、3 这三个选项，以及用户错误输入时的其他选项。对于前三种选项，分别对变量 DateStr 赋值为“yyyy-mm-dd”“[DBNum1] yyyy 年 m 月 d 日”和“[DBNum2] yyyy 年 m 月 d 日”即可。对于第四种条件，本例采用的办法是借用标签和 Goto 语句让用户重新输入，直到输入正确时再执行后续的代码。

标签的功能是标示一个位置，通常配合 Goto 语句使用，而 Goto 语句又通常配合条件语句使用，因此标签与 Goto 语句搭配使用后可以指定一个位置，然后在符合某条件时让程序跳转到该位置处继续执行。

在本例中，当用户输入 1、2、3 以外的任何数字时，过程中的 Goto 语句会改变程序的执行流程，让程序跳转到标签 Restart 处，从 Restart 标签的下一行代码继续执行。如果用户继续输入 1、2、3 以外的数值，程序会继续跳转到标签 Restart 处让用户重新输入，直到输入正确范围内的值时停止。

当用户指定了正确的日期格式时，调用工作表函数 Text，将日期 Date 进行格式化即可。尽管 VBA 的 Format 函数也用于格式化数字，但是它不支持“[DBNum1]”和“[DBNum2]”。

Text 属于工作表函数，前面要加“WorksheetFunction.”，它的功能和 VBA 的 Format 函数相近，不过较 Format 更强大。

Application.Caption 表示 Excel 界面的标题，它是一个可读、可写的属性。

语法补充：

工作表函数 Text 的功能是将一个字符串转换成指定格式，通常也称它为格式化函数。其语法如下：

```
TEXT(value, format_text)
```

其中参数 Value 是待格式化的字符串，可以是数值也可以是文本。参数 format_text 表示格式信息。例如“0”表示只显示整数部分，“0.00”表示只显示整数和两位小数，“yyyy 年 m 月 d 日”则表示显示为日期格式，“[DBNum2]0”表示将整数部分显示为中文大写。

随书提供案例文件：7-11 按格式显示今天日期标题.xlsm

7.2.8 Select Case 与 If Then Else 之比较

Select Case 与 If Then Else 两者都可以实现多条件判断，但在使用中各有优势。

If Then Else 的优势在于可以配合 And 与 Or 运算符实现多条件判断，而 Select Case 语句执行条件判断时只能实现 Or 运算符的类似功能，不能实现 And 运算符的类似功能。If Then Else 还允许设置多个比较对象，而 Select Case 语句只能设置单个比较对象。

例如 A2 单元格存放性别，B2 单元格存放身高，要求女性大于 1.55 米并且小于或等于 1.70 米算合格，男性则大于 1.7 米并且小于或等于 1.80 米算合格。那么采用 If Then Else 语句可以实现，完整代码如下：

```
If Range("a2") = "女" And Range("b2") > 1.55 And Range("b2") <= 1.7 Then
    MsgBox "合格"
ElseIf Range("a2") = "男" And Range("b2") > 1.7 And Range("b2") <= 1.8 Then
```

```
        MsgBox "合格"
    Else
        MsgBox "不合格"
    End If
```

如果改用 Select Case 语句则无法实现。

Select Case 语句的优势在于对同一对象设置多条件时比 If Then Else 语句更整洁，你可以根据自己的需求决定使用何种条件语句。

7.2.9 借用 Choose 函数简化条件选择

Choose 函数的作用是从参数列表中选择一个值，它只能返回值，不能根据条件执行指定的过程或者语句。Choose 类似于 IIf 函数，而有别于 If Then Else 语句和 Select Case 语句。

Choose 函数的基本语法如下：

```
Choose(index, choice-1[, choice-2, ... [, choice-n]])
```

其中 index 为必选参数，可用数值表达式或数字作为参数，参数的值必介于 1 和可选择的项目数量之间。如果超过可选择项目个数，将产生错误结果。

除 index 外的所有参数都是可选项目，可选项目中第一个为必选参数，其余为可选参数。

Choose(3, 1, 2, 3, 4)——返回 3，表示从 1、2、3、4 这 4 个项目中选择第 3 个值。

Choose((3 + 2) / 0.5, "A", "C", "D", , , , , , "F", "G", , , "I", "J")——返回 G。index 参数的计算结果为 10，因此返回项目表中第 10 个值，即字母 G。

当根据条件返回值时，Choose 函数往往比 IIf 嵌套、If Then Else 语句和 Select Case 都简单。

例如对单元格设置颜色，由用户在 5 个可选项目之间选择。如果用户输入 1 则为红色，输入 2 则为蓝色，输入 3 则为灰色，输入 4 则为棕色，输入 5 则为绿色。如果使用 Choose、IIf、If Then 和 Select Case 语句来实现，则 4 段代码如下：

```
'随书案例文件中有每一句代码的含义注释
Sub 设置单元格颜色 1()  'Choose 法
    Dim 颜色 As Byte
    颜色 = Application.InputBox("请选择颜色：" & Chr(10) & "1:红色" & "    2:蓝色" & Chr(10) & "3:灰色"
& "    4:棕色" & Chr(10) & "5:绿色", "指定颜色", 1, , , , , 1)
    Range("A1").Interior.ColorIndex = Choose(颜色, 7, 5, 15, 40, 4)
End Sub
Sub 设置单元格颜色 2()  'IIf 法
    Dim 颜色 As Byte
    颜色 = Application.InputBox("请选择颜色：" & Chr(10) & "1:红色" & "    2:蓝色" & Chr(10) & "3:灰色"
& "    4:棕色" & Chr(10) & "5:绿色", "指定颜色", 1, , , , , 1)
    Range("A1").Interior.ColorIndex = IIf(颜色 = 1, 7, IIf(颜色 = 2, 5, IIf(颜色 = 3, 15, IIf(颜色 = 4, 40, IIf(颜
色 = 5, 4, xlNone)))))
End Sub
Sub 设置单元格颜色 3()  'If Then Else 法
    Dim 颜色 As Byte
    颜色 = Application.InputBox("请选择颜色：" & Chr(10) & "1:红色" & "    2:蓝色" & Chr(10) & "3:灰色" & "
4:棕色" & Chr(10) & "5:绿色", "指定颜色", 1, , , , , 1)
    If 颜色 = 1 Then
        Range("A1").Interior.ColorIndex = 7
```

```
    ElseIf 颜色 = 2 Then
        Range("A1").Interior.ColorIndex = 5
    ElseIf 颜色 = 3 Then
        Range("A1").Interior.ColorIndex = 15
    ElseIf 颜色 = 4 Then
        Range("A1").Interior.ColorIndex = 40
    ElseIf 颜色 = 5 Then
        Range("A1").Interior.ColorIndex = 4
    End If
End Sub
Sub 设置单元格颜色4()    'Select Case 法
    Dim 颜色 As Byte
    颜色 = Application.InputBox("请选择颜色：" & Chr(10) & "1:红色" & "      2:蓝色" & Chr(10) & "3:灰色" & "
4:棕色" & Chr(10) & "5:绿色", "指定颜色", 1, , , , , 1)
    Select Case 颜色
    Case 1
        Range("A1").Interior.ColorIndex = 7
    Case 2
        Range("A1").Interior.ColorIndex = 5
    Case 3
        Range("A1").Interior.ColorIndex = 15
    Case 4
        Range("A1").Interior.ColorIndex = 40
    Case 5
        Range("A1").Interior.ColorIndex = 4
    End Select
End Sub
```

执行以上任意程序时，将弹出如图 7-25 所示的对话框，如果输入 1 到 5 中的任意数值，那么 A1 单元格会产生对应的颜色。

以上 4 个过程可以产生同样的效果，其中使用 Choose 函数最简捷。

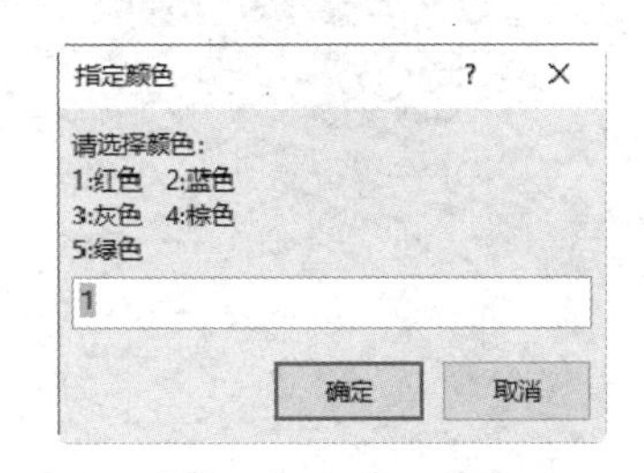

图 7-25　要求用户指定 A1 单元格需要显示的颜色

随书提供案例文件：\7-12 按指定值设置单元格背景色.xlsm

不过 Choose 函数也有其限制。

使用 Choose 函数进行条件选择时，虽然它只返回一个值，但 Choose 会计算列表中的每个选项，IIf 函数也有类似的副作用。

通过以下实例可以证实这个副作用的存在：

```
Choose(2, 12 + 2, 356, 12 / 0)
```

代码中 Choose 函数的第一参数是 2，因此其结果是列表中的第 2 个值，但是 Choose 会将每个选项分别计算一次，任意一个选项出错都会中断整个过程，使程序无法继续执行。

如果改用 Select Case 语句就不存在此副作用，代码如下：

```
Sub 选择性取值()
    a = 2
    Select Case a
    Case 1
      MsgBox 12 + 2
```

```
    Case 2
        MsgBox 256
    Case 3
        MsgBox 12 / 0
    End Select
End Sub
```

7.3 循环语句

循环语句用于重复执行一系列代码，从而批量地执行任务。循环语句在实际工作中的应用面极广，并且因为循环语句不可能利用录制宏产生，所以必须潜心掌握它的语法与结构。

循环语句主要包括以下几类：

- For Next
- For Each Next
- Do Loop
- Do While Loop

7.3.1 For Next 语句

在实际工作中，我们可以使用 For Next 语句去重复一组语句，它的循环次数可以自由指定，循环执行的代码也可以自由指定。

1. 语法详解

For Next 循环语句的基本语法如下：

```
For counter = start To end [Step step]
    [statements]
    [Exit For]
    [statements]
Next [counter]
```

For Next 语句的参数详解如表 7-9 所示。

表 7-9　For Next语句的参数详解

参数	功能描述
counter	必要参数，作为循环计数器的数值变量。这个变量不能是 Boolean 或数组元素
start	必要参数，counter 的初值
end	必要参数，counter 的终值
step	可选参数，counter 的步长。如果没有指定，则 step 的默认值为 1
statements	可选参数，放在 For 和 Next 之间的一条或多条语句，它们将被执行指定的次数
Exit For	可选参数，终止循环
Next counter	Next是必选的，counter是可选的。Next表示当前循环结束，即将执行下一轮循环

其中，counter 是计数器变量，由用户声明；start 和 end 表示计数器的起止范围，用户可以根据需求定义这个范围；step 表示步长值，即计数器累加的单位，它可以是正数，也可以是负数，但是不能为 0，并且不能大于 End、不能小于 start。

当循环开始后，计数器逐步累加，累加值由步长值决定；statements 则是循环语句的核心，虽然它是可选参数，然而如果忽略此参数，所有循环都失去意义。

以下代码可以作为循环语句的一个通用模板，可以通过它理解循环的执行流程和循环的意义。

需求：利用 VBA 的循环语句统计从 1 累加到 100 的值，代码如下：

```
Sub 累加 1 到 100() '随书案例文件中有每一句代码的含义注释
  Dim Item As Integer, SumValue As Integer
  For Item = 1 To 100 Step 1
    SumValue = SumValue + Item
  Next Item
  MsgBox SumValue
End Sub
```

在该过程中，循环的范围是 1 到 100，循环的步长为 1。由于步长值的默认值即为 1，所以本例中的 step 参数也可以忽略不写。

为了获取 1 到 100 的累加值，需要使用一个中间变量 SumValue，该变量在累加初期的值为 0，当进入循环语句之后，每循环一次，它的值会累加一次 Item，直到循环结束。

如果只累加 1 到 100 之间的偶数，那么代码如下：

```
Sub 累加 1 到 100 之间的偶数()
  Dim Item As Integer, SumValue As Integer
  For Item = 2 To 100 Step 2
    SumValue = SumValue + Item
  Next Item
  MsgBox SumValue
End Sub
```

随书提供案例文件：7-13 累加 1 到 100 之间的自然数和偶数.xlsm

2. 循环的方向对循环结果的影响

在多数情况下，从大向小循环和从小到大循环能取得一样的结果，但是在删除或者插入 Range 对象时，循环的方向不对，会导致无法取得预期的结果。

例如通过循环删除工作表中前 20 行（仅演示用），那么使用不同的循环方法会得到不同的结果。下面提供两种采用不同循环方式的过程作为对比，操作步骤如下：

STEP 01 在 A1 和 A2 单元格分别输入 1 和 2，然后将其向下填充到 A20 单元格。

STEP 02 在菜单栏执行“插入”→“模块”命令，并且在模块中输入以下代码：

```
Sub 循环删除前 20 行 A()'随书案例文件中有每一句代码的含义注释
  Dim Item As Integer
  For Item = 1 To 20
        Rows(Item).Delete
  Next Item
End Sub
Sub 循环删除前 20 行 B()
  Dim Item As Integer
  For Item = 20 To 1 Step -1
        Rows(Item).Delete
  Next Item
End Sub
```

STEP 03 返回工作表界面，按<Alt+F8>组合键打开“宏”对话框，从中选择过程“循环删除前 20 行 A”，然后单击“执行”按钮，结果如图 7-26 所示。

STEP 04 重复前一个步骤，执行第二个过程“循环删除前 20 行 B”，其执行结果如图 7-27 所示。

	A	B
1	2	
2	4	
3	6	
4	8	
5	10	
6	12	
7	14	
8	16	
9	18	
10	20	

图 7-26　步长为正数的执行效果

	A	B
1		
2		
3		
4		
5		
6		
7		
8		
9		
10		

图 7-27　步长为负数的执行效果

过程“循环删除前 20 行 B”完全符合预期的效果，而过程“循环删除前 20 行 A”则仅删除了前 20 行的一半，显然不符合需求。产生这种差异的原因如下：

删除行或者插入行这类操作会破坏对象的结构，例如删除第 1 行后原来的第 2 行会变成第 1 行，原来的第 3 行则变成第 2 行。此时继续删除第 2 行其实就是删除原来的第 3 行。当循环结束后会发现刚好遗漏了一半。如果从后向前循环则不会破坏这 20 行的结构，可以达到预期的结果。

随书提供案例文件：7-14 使用循环语句删除前 20 行.xlsm

3. 不确定的起止范围

循环语句的起止范围并非都是明确的，也可能需要计算才知道范围。

例如，罗列今年所有星期天的日期，代码如下：

```
Sub 罗列今年所有星期天的日期()'随书案例文件中有每一句代码的含义注释
   Dim Item As Long, StartLng As Long, EndLng As Long, i As Byte
   StartLng = DateSerial(Year(Date), 1, 1)
   EndLng = DateSerial(Year(Date) + 1, 1, 0)
   For Item = StartLng To EndLng
      If Weekday(Item, 2) = 7 Then
         i = i + 1
         Cells(i, 1) = Format(Item, "yyyy-mm-dd")
      End If
   Next Item
End Sub
```

思路分析：

在以上过程中，循环语句的起始值是本年度的第一天的日期值，终止值是本年度最后一天的日期值。由于每一年的第一天和最后一天都是不相同的，因此两个数值都只能通过计算得来。

计算第一个星期天的日期应采用代码 DateSerial(Year(Date), 1, 1)，其中 Year(Date)代表今年的年份。

计算今年最后一年的日期值采用代码 DateSerial(Year(Date) + 1, 1, 0)，其中 Year(Date) + 1 代表明年的年份，整句代码的含义是明年的第 0 天，也就是今年的最后一天。

当确定好循环语句的起止范围后，重点在于提取星期天所对应的日期值。Weekday 函数用于计算指定日期属于星期几，当它的第二参数为 2 时表示采用中国式星期制度——星期一作为一周的第一天。当 Weekday 的返回值为 7 时，则表示该日期属于一周的第七天，即星期天。

找出星期天后，需要将该日期值从 A1 单元格开始排列在 A 列中，因此首先对变量 i 累加 1，然后将日期值通过 Format 函数格式化为星期样式，再输出到第 i 行第 1 列中。由于代码“i = i + 1”处于循环体中，因此每找到一个符合条件的日期值变量 i 就会累加 1，从而使 Cells(i,1)所引用的单元格也相应地变化，从 A1 变为 A2、A3、A4……

语法补充：

（1）DateSerial 函数用于将代表年、月、日的 3 个参数转换成相应的日期值，其语法如下：

```
DateSerial(year, month, day)
```

3 个参数分别代表年、月、日，其中 Year 参数只能是 100 到 9999 中的整数。

DateSerial 函数具有智能纠错功能，当第 2 参数的值小于 1 或者大于 12 时，它会将月份自动调整为 1 到 12 中的值，同时对代表年份的第 1 参数相应地增减；当第 3 参数小于 1 或者大于 31 时也会同样地智能调整。例如：

MsgBox DateSerial(2012, 8, 70)——2012 年 8 月的第 70 天也就是 10 月的第 9 天，DateSerial 函数会自动将日期调整为有效的日期“2012-10-9”。

MsgBox DateSerial(2012, 2, 31)——2012 年 2 月只有 29 天，因此 2 月 31 日会自动转换成 3 月 2 日。

（2）Weekday 函数用于计算某个日期是星期几，它的语法如下：

```
Weekday(date, [firstdayofweek])
```

第 1 参数 Date 代表日期，第 2 参数是可选参数，代表将星期几算作一周的第一天。参数赋值为 1 时表示星期天作为一周的第一天，赋值为 2 时表示星期一作为一周的第一天，赋值为 3 时代表星期二作为一周的第一天……

随书提供案例文件：7-15 罗列本年度所有星期天的日期.xlsm

4. 根据需求中途退出循环

在一个较大的范围中循环时会消耗较多内存，而根据条件适时地退出循环则可以避免不必要的消耗。下面举一个实例说明如何在需要时退出循环。

Excel 中有很多操作都会受限于合并单元格，例如排序、筛选、分列等。在进行此类操作前，最好检查一下活动工作表的已用区域中是否存在合并单元格，如果有则提示用户。以下代码即用于判断活动工作表的已用区域中是否存在合并单元格：

```
'随书案例文件中有每一句代码的含义注释
Sub 判断活动工作表的已用区域是否存在合并单元格()
  With ActiveSheet.UsedRange
    Dim i As Long
    For i = 1 To .Count
      If .Cells(i).MergeArea.Address <> .Cells(i).Address Then Exit For
    Next i
    MsgBox .Address & IIf(i < .Count, "", "不") & "存在合并单元格"
  End With
End Sub
```

思路分析：

由于操作对象是活动工作表的已用区域，因此首先通过 With 语句引用 ActiveSheet.UsedRange 对象，然后利用 For Next 循环语句遍历已用区域的每一个单元格，循环的起始值是 1，终止值是已用区域的单元格数量——Range.Count。

判断单元格是否为合并单元格的办法是提取单元格的地址（Range.Address 属性）以及该单元格的合并区域的地址（Range.MergeArea.Address），然后将两者做比较，如果相同则表示不是合并单元格。因此在本例的循环语句中以“.Cells(i).MergeArea.Address <> .Cells(i).Address”作为是否结束循环的条件，当找到一个合并单元格后立即通过“Exit For”语句结束循环。

本例中使用“End Sub”的目的是避免浪费程序的执行时间。当已用区域中有多个合并单元格时，只要发现第一个合并单元格后就已经可以下结论：活动工作表中存在合并单元格，不必继续检查其他的单元格，因此此时使用“End Sub”语句结束循环可以缩短程序执行时间。

在过程的最后，判断已用区域中是否存在合并单元格时以计数器 i 的值为判断依据，如果发现合并单元格并且中途结束循环，那么计数器的值必定小于已用区域的单元格数量。

其实 VBA 中有一个专用函数 MergeCells 用于判断区域中是否存在合并单元格，本例仅用于演示循环语句的用法。

语法补充：

（1）Range.MergeArea 是一个 Range 对象，该对象代表包含指定单元格的合并区域。如果指定的单元格不在合并区域内，则返回单元格本身。

MsgBox Range("a2").MergeArea.Address——如果 A2 不是合并单元格，那么返回值为“$A$2”，如果将 A2:B4 区域合并，那么以上代码将返回“$A$2:$B$4”。

（2）Range.Count 属性代表区域中的单元格数量，它是只读属性，不允许修改。

（3）Exit For 语句代表结束 For Next 循环语句，它只能存放在 For 与 Next 语句之间，通常配合条件语句使用，表示符合某条件时结束循环语句。

随书提供案例文件：7-16 判断区域中是否存在合并单元格.xlsm

5. For Next 循环的嵌套应用

循环也可以像条件语句一样多层嵌套使用，在每一层循环中可以按需求随时中断循环。本例是双层循环的应用。

假设在工作簿的第一个工作表中有本期 9 个班的三好学生名单，如图 7-28 所示。需要将这些名单分置于 9 个工作表中，并且将学生姓名纵向存放，每个表必须以班名进行命名。

实现以上需求可以使用 For Next 循环语句的双层循环来完成，完整代码如下：

```
Sub 分班()'随书案例文件中有每一句代码的含义注释
  Dim 班 As Byte, 学生 As Byte
  For 班 = 2 To Cells(Rows.Count, 1).End(xlUp).Row
    With Worksheets.Add(, Worksheets(Worksheets.Count))
      .Name = WorkSheets(1).Cells(班, 1).Value
        For 学生 = 2 To WorkSheets(1).Cells(班, 1).End(xlToRight).Column
          .Cells(学生 - 1, 1).value = WorkSheets(1).Cells(班, 学生).value
        Next 学生
    End With
  Next 班
End Sub
```

思路分析：

由于班级数量和每个班的学生数量都不足 100，因此本例中“班”和“学生”两个变量都声明为 Byte 型。

本例使用了双层循环来分班，外层循环的功能是遍历班级所在区域，以班级作为工作表名称逐一新建工作表；里层循环的功能是遍历每个班级所对应的学生姓名，将它们逐一赋值到班级对应的工作表中。

外层循环的起始值为 2、终止值由 A 列最后一个非空单元格的行号决定，代码“Cells(Rows.Count, 1).End(xlUp).Row”即为 A 列最后一个非空单元格的行号。

Sheets.Add 方法用于创建新表，本例中对它的 after 参数赋值为 Sheets(Sheets.Count)，表

示新建的工作表存放在最后一个表的右边，当循环结束后所有新表的顺序会保持与 A 列的班级顺序一致。

里层循环的起始值仍然是 2，终止值由该行的最后一个非空列的列号决定，代码“WorkSheets(1).Cells(班, 1).End(xlToRight).Column”即代表最后一个非空列的列号。代码中使用了 WorkSheets(1)是因为通过 Sheets.Add 方法创建工作表时会改变活动工作表，如果不加 WorkSheets(1)，那么代码“Cells(班, 1).End(xlToRight).Column”只能引用新工作表中的值，而不再是针对“三好学生”工作表。

本例过程的执行结果如图 7-29 所示。

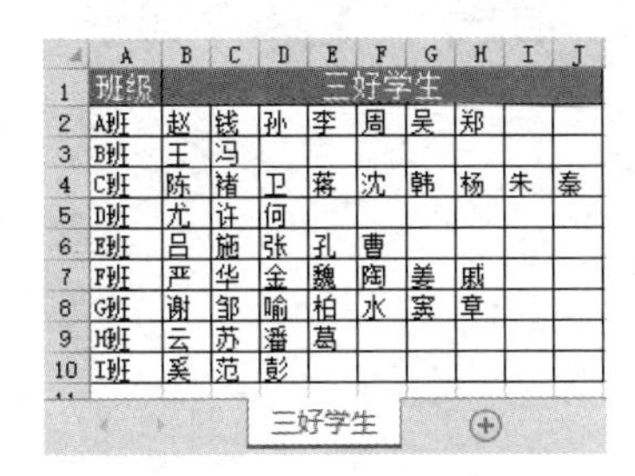

班级	三好学生								
A班	赵	钱	孙	李	周	吴	郑		
B班	王	冯							
C班	陈	褚	卫	蒋	沈	韩	杨	朱	秦
D班	尤	许	何						
E班	吕	施	张	孔	曹				
F班	严	华	金	魏	陶	姜	戚		
G班	谢	邹	喻	柏	水	窦	章		
H班	云	苏	潘	葛					
I班	奚	范	彭						

图 7-28　三好学生名单

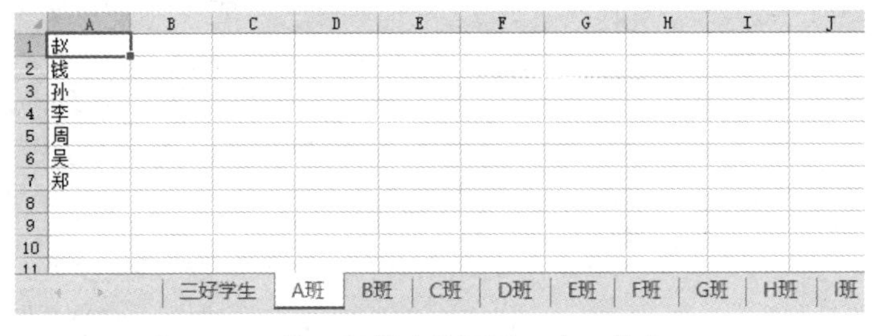

图 7-29　将三好学生分置于 9 个工作表

语法补充：

（1）Cells(Rows.Count, 1).End(xlUp).Row 代表 A 列最后一个非空单元格的行号。其中 Cells(Rows.Count, 1)代表 A 列最后一个单元格。当 A 列最后一个单元格是空白单元格时，Cells(Rows.Count, 1).End(xlUp)代表从下往上移动遇到第一个非空单元格时停止。最后获取该单元格的行号，用它作为循环语句的结束值。

WorkSheets(1).Cells(班, 1).End(xlToRight).Column 的功能和 Cells(Rows.Count, 1).End(xlUp).Row 相近，它是从右向左移动的，获取第一行的最后一个非空单元格的列号。

（2）Worksheet.Name 属性代表工作表的名称，它既可读也可写。在本例中对此属性赋值表示重命名工作表。在命名时要注意不能包含“\/?*!:”等字符。

随书提供案例文件：7-17 分班.xlsm

6. For Next 循环的综合应用：创建工作表目录

案例要求：对工作簿中的所有工作表创建目录，单击目录中任意单元格时可以进入对应的工作表中。

知识要点：For Next 循环、WorkSheets.Add 方法、Hyperlinks.Add 方法。

实现步骤：

STEP 01 按<Alt+F11>组合键打开 VBE 窗口，然后在菜单栏执行“插入”→“模块”命令。

STEP 02 在模块中输入以下代码：

```
Sub 建立目录()'随书案例文件中有每一句代码的含义注释
  Dim i As Integer
  For i = 1 To Worksheets.Count
    If Worksheets (i).Name = "工作表目录" Then GoTo Mulu
  Next
  Worksheets.Add Worksheets(1)
  ActiveSheet.Name = "工作表目录"
Mulu:
```

```
  Worksheets ("工作表目录").Range("A:B").Clear
  For i = 2 To Worksheets.Count
    Worksheets ("工作表目录").Cells(i - 1, 1).Value = i - 1
   Worksheets ("工作表目录").Hyperlinks.Add Anchor:= Worksheets("工作表目录").Cells(i - 1, 2),
Address:="", SubAddress:="'" & Worksheets(i).Name & "'!A1", TextToDisplay:=Worksheets(i).Name,
ScreenTip:="单击打开：" & Worksheets(i).Name
  Next
End Sub
```

STEP 03 单击过程中任意位置，按<F5>键执行过程，程序会在工作簿中创建一个新工作表，并命名为“工作表目录”，在该工作表的 A、B 列创建所有工作表的目录，效果如图 7-30 所示。

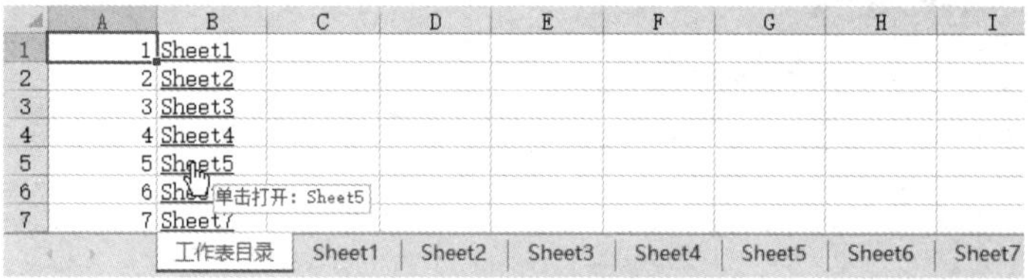

图 7–30　工作表目录

STEP 04 单击 B2 单元格，由于 B2 单元格的值是 Sheet2，因此会跳转到 Sheet2 工作表中。

思路分析：

创建工作表目录时，为了不破坏当前数据，需要新建一个工作表，并命名为“工作表目录”，然后将目录创建在该工作表中。但是为了程序的通用性，确保工作簿中已有名为“工作表目录”的工作表时执行当前代码仍然不出错，应首先通过代码检查工作簿中是否存在“工作表目录”，如果有则直接创建目录，如果没有则先新建工作表，然后创建目录。

本例的办法是使用 For Next 循环语句遍历活动工作簿中的所有工作表，然后逐一判断每个工作表的名称是否等于“工作表目录”，如果没有则通过 Worksheets.Add 方法创建工作表，并且命名为“工作表目录”；如果有则通过 Goto 语句跳转到指定标签处，从而忽略新建工作表并且命名的操作。

在创建工作表目录时，本例使用的是 Hyperlinks.Add 方法加 For Next 循环，它们搭配使用既可在单元格中输入所有工作表的名称又能实现单击单元格时打开对应的工作表。

语法补充：

（1）Hyperlinks.Add 方法用于对图形对象或者 Range 对象创建超级链接，它的语法如下：

```
Hyperlinks.Add(Anchor, Address, SubAddress, ScreenTip, TextToDisplay)
```

Hyperlinks.Add 方法的参数列表如表 7-10 所示。

表 7-10　Hyperlinks.Add方法的参数列表

参数名称	必选/可选	数据类型	说明
Anchor	必选	Object	超链接的位置，可为Range或Shape对象
Address	必选	String	超链接的地址
SubAddress	可选	Variant	超链接的子地址
ScreenTip	可选	Variant	当鼠标指针停留在超链接上时所显示的屏幕提示
TextToDisplay	可选	Variant	要显示的超链接的文本

超级链接的链接对象是文件或者网址时，应将文件或者网页的地址赋值给 Address 参数，同

时忽略 SubAddress 参数；如果链接对象是单元格，则应对 Address 参数赋值为空文本，将单元格地址赋值给 SubAddress 参数。

（2）Range.Clear 方法用于清除单元格的值和格式信息，和它相近的还有 Range.ClearComments（清除批注）、Range.ClearContents（清除内容）、Range.ClearFormats（清除格式）和 Range.Delete（删除单元格）。

随书提供案例文件：7-18 利用 For Next 循环语句创建工作表目录.xlsm

7.3.2 For Each Next 语句

For Each Next 循环语句是针对一个数组或集合中的每个元素重复执行一组语句。

For Each Next 循环与 For Next 循环在语法上极其相似，功能上也极其相似，而且绝大多数时候可以用 For Next 语句来完成 For Each Next 的工作，但在处理对象集合时 For Each Next 循环具有较多的优势。

在实际工作中，For Each Next 循环语句主要用于遍历对象集合。

1. 语法详解

For Each Next 语句的语法如下：

```
For Each element In Group
   [statements]
   [Exit For]
   [statements]
Next [element]
```

For Each Next 语句的参数详解如表 7-11 所示。

在 For Next 循环中可以自由设定循环的范围，而 For Each Next 循环则无法设定范围，而是由对象的数量来决定。例如在 WorkSheets 集合中循环，那么范围就是所有工作表。

表 7-11　For Each Next语句参数详解

参数名称	功能描述
element	必要参数，用来遍历集合或数组中所有元素的变量。对于集合来说，element可能是一个Variant 变量、一个通用对象变量，对于数组而言，element只能是一个Variant变量
Group	必要参数，对象集合或数组的名称（用户定义类型的数组除外）
statements	可选参数，针对 Group 中的每一项执行的一条或多条语句
Exit For	可选参数，表示中途退出循环，通常配合条件语句使用

当 Group 是对象时，参数 element 可以是对象变量，也可以是变体型变量，但是声明为对象变量对于编写代码而言更有利，它可以产生属性与方法列表；当 Group 是数组或者集合时，参数 element 必须用变体型变量。

例如在 WorkSheets 对象集合中循环时，变量 element 应该声明为 Worksheet 型。

如果在图形对象集合 Shapes 中循环时，变量 element 应该声明为 Shape 型。

当把握不准对象类型时也可以采用 Object 或者 Variant 型。

For Next 循环语句有一个代表计数器的变量，而 For Each Next 循环语句没有计数器，当需要用到计数器时需要额外声明一个变量，并在循环体中累加变量的值。

2. 案例：使用 For Each Next 语句创建工作表目录

案例要求：利用 For Each Next 循环创建工作表目录。

知识要点：For Each Next 循环、WorkSheets.Add 方法、Hyperlinks.Add 方法。

实现步骤：

STEP 01 按<Alt+F11>组合键进入 VBE 窗口，然后在菜单栏执行“插入”→“模块”命令。

STEP 02 在模块中输入以下代码：

```
Sub 建立目录()'随书案例文件中有每一句代码的含义注释
    Dim sht As Worksheet, i As Integer
    For Each sht In WorkSheets
        If sht.Name = "工作表目录" Then GoTo Mulu
    Next
    Worksheets.Add Worksheets(1)
    ActiveSheet.Name = "工作表目录"
Mulu:
    Worksheets("工作表目录").Range("A:B").Clear
    For Each sht In Worksheets
        If sht.Name <> "工作表目录" Then
            i = i + 1
            Worksheets("工作表目录").Cells(i, 1).Value = i
            Worksheets("工作表目录").Hyperlinks.Add Anchor:=Worksheets("工作表目录").Cells(i, 2),
Address:="", SubAddress:="'" & sht.Name & "'!A1", TextToDisplay:=sht.Name, ScreenTip:="单击打开：" &
sht.Name
        End If
    Next
End Sub
```

STEP 03 单击过程中任意位置，按<F5>键执行过程，程序会在工作簿中创建一个新工作表，并命名为“工作表目录”，在该工作表的 A、B 列创建所有工作表的目录。

思路分析：

本例代码是基于“7-18 利用 For Next 循环语句创建工作表目录.xlsm”的代码修改而来的，由于 For Each Next 循环不使用计数器和步长值，而是通过对象变量去逐一访问对象集合中的每一个对象，因此变量 sht 即代表每一个需要创建目录的工作表，不再使用 Worksheets(i)。

由于 For Each Next 循环没有计数器，而将工作表名称输入到单元格中去时需要计数器，因此将 For Next 循环改为 For Each Next 循环时需要多使用一个变量。

For Next 循环可以自由指定范围，而 For Each Next 循环必须遍历对象集合中的一切子集。本例中创建工作表目录时需要排除名为“工作表目录”的工作表，因此需要在循环语句中使用 If Then 语句加以限制。

随书提供案例文件：7-19 利用 For Each Next 循环语句创建工作表目录.xlsm

3. 案例：利用循环选择区域中所有负数

案例要求：选中 B 列和 E 列中的所有负数。

知识要点：For Each Next 循环、Intersect 方法、Union 方法、Range.Selete 方法。

实现步骤：

STEP 01 按<Alt+F11>组合键打开 VBE 窗口，然后在菜单栏执行“插入”→“模块”命令。

STEP 02 在模块中输入以下代码：

```
Sub 选择进出库记录中的负数()'随书案例文件中有每一句代码的含义注释
   Dim Rng As Range, TargetRng As Range
   If Intersect(ActiveSheet.UsedRange, Union(Range("b:b"), Range("e:e"))) Is Nothing Then Exit Sub
   For Each Rng In Intersect(ActiveSheet.UsedRange, Union(Range("b:b"), Range("e:e")))
      If Rng < 0 Then
         If TargetRng Is Nothing Then
            Set TargetRng = Rng
         Else
            Set TargetRng = Union(Rng, TargetRng)
         End If
      End If
   Next Rng
   If TargetRng Is Nothing Then
      MsgBox "没有小于 0 的单元格"
   Else
      TargetRng.Select
      TargetRng.Interior.ColorIndex = 3
   End If
End Sub
```

STEP 03 按<Alt+F11>组合键返回工作表界面，按<Alt+F8>组合键打开“宏”对话框。

STEP 04 从“宏”列表中选择“进出库记录中的负数”，单击“执行”按钮，如果活动工作表的 B 列和 E 列中存在负数，程序会瞬间选择所有负数所在的单元格，如图 7-31 所示。

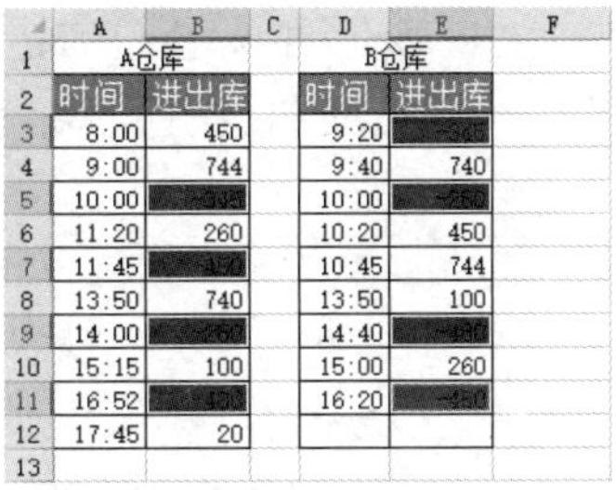

	A	B	C	D	E	F
1	A仓库			B仓库		
2	时间	进出库		时间	进出库	
3	8:00	450		9:20	[illegible]	
4	9:00	744		9:40	740	
5	10:00	[illegible]		10:00	[illegible]	
6	11:20	260		10:20	450	
7	11:45	[illegible]		10:45	744	
8	13:50	740		13:50	100	
9	14:00	[illegible]		14:40	[illegible]	
10	15:15	100		15:00	260	
11	16:52	[illegible]		16:20	[illegible]	
12	17:45	20				
13						

图 7-31　选中出库中的负数所在的单元格

思路分析：

A 组和 B 组的进出库数据存放在 B 列和 E 列，为了提升代码的执行效率，本例首先利用 Intersect 方法提取 B 列、E 列与已用区域的交集，如果不存在交集，那么直接结束过程，如果存在交集则通过 For Each Next 循环语句遍历交集。此思路比遍历已用区域的效率会高几倍，它排除了 A 列、C 列、D 列的数据区域。

虽然直接将 B2:B12 和 E2:E12 作为操作对象也可以选中当前数据的所有负数，不过代码的通用性将大打折扣，当新增数据时必须修改代码，否则会遗漏新增的单元格。

当启动循环语句之后，由于变量 Rng 代表操作对象中的每一个单元格，因此直接用“Rng ＜ 0”作为判断条件，如果符合条件则将 Rng 代表的区域合并到 TargetRng 对象中去。当循环语句执行完成后，TargetRng 即代表了所有负数所在单元格，使用“TargetRng.Select”可选中所有负数。

在使用 Union 方法合并多个区域时，其每一个参数必须是单元格（即 Range 对象），其中任何一个参数是变体型变量或者 Nothing，则无法合并成功。本例中的变量 TargetRng 在初始化之前正是 Nothing，因此需要使用条件语句判断变量是否初始化，如果没有初始化就使用 Set 语句赋值，使其由 Nothing 变成 Range 对象，当再次发现负数所在单元格时就可以直接使用代码 Union(Rng, TargetRng)将 TargetRng 与 Rng 合并了。

语法补充：

（1）Intersect 方法用于提取多个 Range 对象的交集，本例中 ActiveSheet.UsedRange 与 Range("b:b")有交集，与 Range("e:e")也有交集，但是 ActiveSheet.UsedRange 与 Range("b:b")、Range("e:e")不存在交集，也就是三者作为三个对象是没有重叠部分的。但是将 Range("b:b")与

Range("e:e")当作一个对象，它与 ActiveSheet.UsedRange 之间就产生交集了，因此本例中先用 Union 方法合并两个区域为单个 Range 对象，再用 Intersect 方法取它与 ActiveSheet.UsedRange 的交集。

（2）Range.Select 方法表示选择单元格或者区域，如果表达式中 Range 部分使用的是对象变量而且它尚未初始化时，执行 Range.Select 方法必定失败，因此需要先用条件语句判断，未初始化时就提示用户且结束过程，已经初始化就执行 Range.Select 方法选择区域。

（3）Range.Interior.ColorIndex 表示单元格的内部颜色，其中 Interior 代表内部，ColorIndex 代表颜色编码，取值范围为 0~56。本例将它赋值为 3 表示红色。也可以改用“Interior.Color=65535”来表示红色。

随书提供案例文件：7-20 选择 B 和 E 列所有负数所在单元格.xlsm

4. 案例：利用循环统一所有图片的高度并对齐单元格

案例要求：在工作表中批量插入图形对象时，其大小与左边距、上边距不会与所在单元格自动统一，Excel 也没有提供批量统一图片尺寸与边距的工具。下面要求通过 VBA 让图片高度及边距与图片所在单元格统一。

知识要点：For Each Next 循环、Shapes 对象集合、Shape.TopLeftCell 属性、Shape.Top 属性、Shape.Left 属性、Range.Top 属性、Range.Left 属性。

实现步骤：

STEP 01 假设工作表中有如图 7-32 所示的数据与图片，按<Alt+F11>组合键打开 VBE 窗口，然后在菜单栏执行“插入”→“模块”命令。

STEP 02 在模块中输入以下代码：

```
Sub 统一高度与左边距()'随书案例文件中有每一句代码的含义注释
  Dim shp As Shape
  For Each shp In ActiveSheet.Shapes
    shp.Height = shp.TopLeftCell.Height
    shp.Left = shp.TopLeftCell.Left
    shp.Top = shp.TopLeftCell.Top
  Next shp
End Sub
```

STEP 03 单击过程中任意位置，按<F5>键执行程序，工作表中所有图形对象将会瞬间自行调整位置和大小。调整后效果如图 7-33 所示。

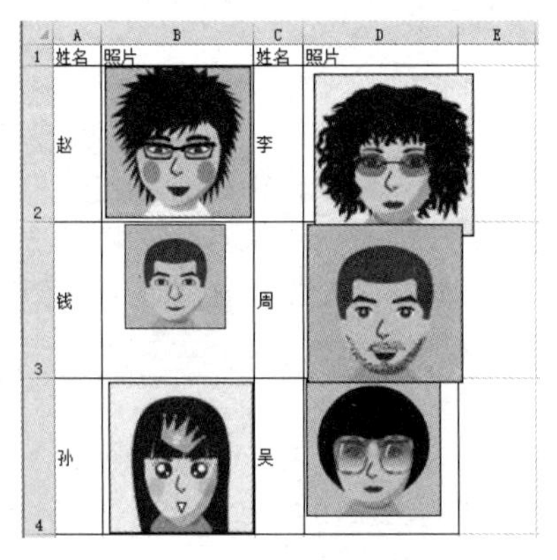

图 7-32　混乱的图形对象

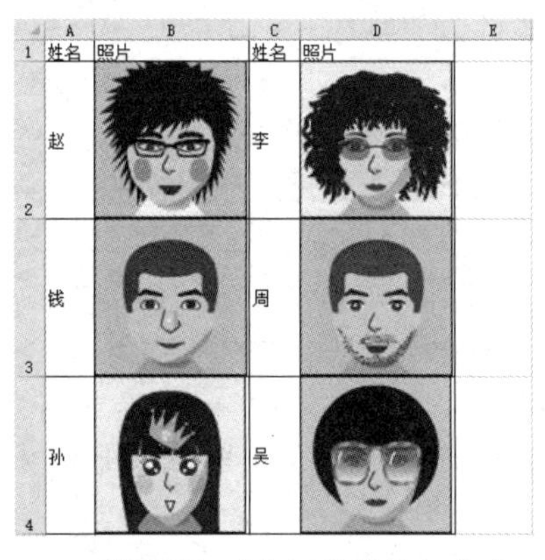

图 7-33　利用循环对齐图片并统一高度

思路分析：

本例中需要遍历的对象是所有图形对象 Shapes，因此用于循环语句的变量 shp 需要声明为 Shape 对象类型。尽管将它声明为 Object 或者变体型也不影响程序的功能，但是在书写“shp.”时不会产生属性与方法列表，不利于快速编写代码。

当程序进入循环语句之后，变量 shp 代表 Shapes 集合中的每一个子集，修改 shp 的高度（Shape.Height 属性）、左边距（Shape.Left 属性）和上边距（Shape.Top 属性）即等于统一所有图形对象的高度与边距。

如果在工作表中除了图片，还有图表、艺术字、文本框的话，还可以修改代码限制图形对象的类型，使代码仅仅调整图片的高度与边距，代码如下：

```
Sub 统一高度与左边距 2()'随书案例文件中有每一句代码的含义注释
  Dim shp As Shape
  For Each shp In ActiveSheet.Shapes
    If shp.Type = msoPicture Then
      shp.Height = shp.TopLeftCell.Height
      shp.Left = shp.TopLeftCell.Left
      shp.Top = shp.TopLeftCell.Top
    End If
  Next shp
End Sub
```

语法补充：

（1）Shape.Height 属性代表图形对象的高度，以磅为单位。Range.Height 属性表示单元格的高度，其单位也是磅，因此可以将单元格的 Height 属性赋值给 Shape 对象的 Height 属性，从而统一两者的高度。

（2）Shape.Left 属性代表图形对象的左边距，即图形对象与 A 列左边框的距离。它的参照位置由 A 列决定，而不是屏幕的左边框，与单元格的边距算法一致。

（3）Shape.TopLeftCell 属性可以返回图形对象左上角下方的单元格，换而言之，它是一个 Range 对象。与 Shape.TopLeftCell 相对的还有 Shape.BottomRightCell 属性。

（4）Shape.Type 属性代表图形对象的类型，可以通过此属性值区分开图片、文本框、艺术字、图表等图形对象。Shape.Type 属性的取值范围由如表 7-12 所示的 MsoShapeType 常数决定。

表 7-12　MsoShapeType常数列表

名称	值	描述
msoShapeTypeMixed	–2	混合形状类型
msoAutoShape	1	自选图形
msoCallout	2	标注
msoChart	3	图
msoComment	4	批注
msoFreeform	5	任意多边形
msoGroup	6	组合
msoEmbeddedOLEObject	7	嵌入的 OLE 对象
msoFormControl	8	窗体控件
msoLine	9	线条
msoLinkedOLEObject	10	链接 OLE 对象
msoLinkedPicture	11	链接图片

续表

名称	值	描述
msoOLEControlObject	12	OLE 控件对象
msoPicture	13	图片
msoPlaceholder	14	占位符
msoTextEffect	15	文本效果
msoMedia	16	媒体
msoTextBox	17	文本框
msoScriptAnchor	18	脚本定位标记
msoTable	19	表
msoCanvas	20	画布
msoDiagram	21	图表
msoInk	22	墨迹
msoInkComment	23	墨迹批注
msoIgxGraphic	24	IGX 图形

随书提供案例文件：7-21 统一图片高度及边距.xlsm

7.3.3 Do Loop 语法详解

Do Loop 是一种循环语句，表示当条件成立或者不成立时重复执行一组命令，也可以是首先执行一组命令，直到条件成立或者不成立时停止循环。

Do Loop 循环语句没有明确的循环次数，只要符合指定条件或者不符合指定件就会一直循环下去，直到用户手工中断程序或者关闭 Excel 程序。

1. 语法详解

Do Loop 循环总共包含 5 种书写形式，它们的书写方式和功能都大同小异。

形式一：一直循环执行代码。语法如下：

```
Do
    [statements]
[Exit Do]
    [statements]
Loop
```

其中，statements 代表需要执行的一句或者多句代码，Exit Do 代表结束循环，通常配合条件语句 If Then 使用，表示符合某条件时结束循环。

形式二：只要符合某条件，那么一直循环执行代码，其语法如下：

```
Do While condition
    [statements]
[Exit Do]
    [statements]
Loop
```

其中，condition 代表条件，While condition 代表只要符合条件就会一直循环下去。形式二的 Do Loop 循环也支持中途通过 Exit Do 结束循环。

形式三：只要不符合条件，那么就会一直循环执行代码，其语法如下：

```
Do Until condition
```

```
    [statements]
[Exit Do]
    [statements]
Loop
```

Until condition 表示不符合条件时就会一直循环下去，允许中途结束循环。

形式四：一直循环执行代码，直到符合条件时停止循环，其语法如下：

```
Do
    [statements]
[Exit Do]
    [statements]
Loop While condition
```

形式五：一直循环执行代码，直到不符合条件时停止循环，其语法如下：

```
Do
    [statements]
[Exit Do]
    [statements]
Loop Until condition
```

这五种循环方式中最常用的是第一种，只要熟练掌握第一种用法就能实现其他四种的功能。

2. 案例：判断哪一日产量正常

案例要求：如图 7-34 所示的产量表中包含日期和产量，公司要求日产量高于 800 才算合格。请计算第一次产量合格是哪一天。

知识要点：Do Loop 循环语句、Instr 函数、If Then Else 语句。

实现步骤：

STEP 01 按<Alt+F11>组合键打开 VBE 窗口，然后在菜单栏执行“插入”→“模块”命令。

STEP 02 在模块中输入以下代码：

```
Sub 用 A 列的值批量命名工作表()'随书案例文件中有每一句代码的含义注释
  Dim i As Byte, Mystr As String, Endrow As Integer
  Dim Bl As Boolean, Msg As String
  i = 2
  Endrow = Cells(Rows.Count, 1).End(xlUp).Row
  Do
    Mystr = Range("A" & i).Value
    If Len(Mystr) = 0 Or Len(Mystr) > 31 Then
      Bl = True
      Msg = "A" & i & " 的字符长度不对，请修正"
      Exit Do
    ElseIf InStr(Mystr, "\") Or InStr(Mystr, "/") Or InStr(Mystr, ":") Or InStr(Mystr, "?") Or InStr(Mystr, "*")
Or InStr(Mystr, "[") Or InStr(Mystr, "]") Then
      Bl = True
      Msg = "A" & i & " 中包含禁用字符，请修正"
      Exit Do
    End If
    i = i + 1
    If i > Endrow Then Exit Do
  Loop
  If Bl Then
    MsgBox Msg, 64, "出错"
  Else
```

```
    For i = 1 To Worksheets.Count
      Worksheets(i).Name = Range("A" & i + 1).Value
    Next
  End If
End Sub
```

STEP 03 单击过程中任意位置，按<F5>键执行程序，程序会弹出如图 7-35 所示的出错提示。

	A	B	C	D	E	F	G
1	数据源						
2	Cameron						
3	Edward						
4	Cole Wen						
5	Franklin						
6	Glendon Ace						
7	Brandon						
8	Michael Owen						
9	Kennedy						
10	Randolph						
11	Marshal Jordan						
12	Annie/Ann						
13	Anne Tom						

Sheet1 | Sheet2 | Sheet3 | Sheet4 | Sheet5 | Shee ...

图 7-34 要用于命名的数据源

图 7-35 出错提示

思路分析：

Do Loop 循环表示循环执行一组代码，遇到 Exit Do 时停止循环。在本例中循环语句"i = i + 1"表示让计数器在 2 的基础上逐一累加，直到 9 个条件中的任何一个条件成立时停止循环，最后提醒用户出错的原因。如果整个过程中所有条件都不成立，那么变量 Bl 的值为 False，程序就会调用 A 列的值对工作表命名，有任何一个单元格符合 9 个条件中的任何一个条件则结束循环，然后提示用户，并结束过程，不再执行命名的操作。

事实上，改用 Do While Loop 或者 Do Until Loop 形式的循环语句可以实现同等效果。下面提供另外两种形式的循环语句，加深你对 Do While Loop 或者 Do Until Loop 的了解。

```
Sub 用 A 列的值批量命名工作表 2()    ' Do While Loop 方式
  Dim i As Byte, Mystr As String, Endrow As Integer
  Dim Bl As Boolean, Msg As String
  i = 2
  Endrow = Cells(Rows.Count, 1).End(xlUp).Row
  Do While Bl = False
    Mystr = Range("A" & i).Value
    If Len(Mystr) = 0 Or Len(Mystr) > 31 Then
      Bl = True
      Msg = "A" & i & " 的字符长度不对，请修正"
    ElseIf InStr(Mystr, "\") Or InStr(Mystr, "/") Or InStr(Mystr, ":") Or InStr(Mystr, "?") Or InStr(Mystr, "*")
Or InStr(Mystr, "[") Or InStr(Mystr, "]") Then
      Bl = True
      Msg = "A" & i & " 中包含禁用字符，请修正"
    End If
    i = i + 1
    If i > Endrow Then Exit Do
  Loop
  If Bl Then
    MsgBox Msg, 64, "出错"
  Else
    For i = 1 To Worksheets.Count
```

```
            Worksheets(i).Name = Range("A" & i + 1).Value
        Next
    End If
End Sub
```

相对于 Do Loop 循环，Do While Loop 循环相当于将结束循环的条件放到了 Do 语句所在行，因此可以忽略“Exit Do”。在本例中，Do While Loop 循环的含义是如果变量 Bl 的值等于 False，那么就一直循环下去，直到 Bl 的值为 True 时结束循环。而后面的代码会去判断单元格的值是否符合 9 个条件之一，只要有一个条件符合时就将变量 Bl 改写为 True。

```
Sub 用 A 列的值批量命名工作表 3()    'Do Until Loop 方式
    Dim i As Byte, Mystr As String, Endrow As Integer
    Dim Bl As Boolean, Msg As String
    i = 2
    Endrow = Cells(Rows.Count, 1).End(xlUp).Row
    Do Until Bl = True
        Mystr = Range("A" & i).Value
        If Len(Mystr) = 0 Or Len(Mystr) > 31 Then
            Bl = True
            Msg = "A" & i & "  的字符长度不对，请修正"
        ElseIf InStr(Mystr, "\") Or InStr(Mystr, "/") Or InStr(Mystr, ":") Or InStr(Mystr, "?") Or InStr(Mystr, "*")
Or InStr(Mystr, "[") Or InStr(Mystr, "]") Then
            Bl = True
            Msg = "A" & i & "  中包含禁用字符，请修正"
        End If
        i = i + 1
        If i > Endrow Then Exit Do
    Loop
    If Bl Then
        MsgBox Msg, 64, "出错"
    Else
        For i = 1 To Worksheets.Count
            Worksheets(i).Name = Range("A" & i + 1).Value
        Next
    End If
End Sub
```

Do Until Loop 循环的功能是不符合条件时就一直循环下去，因此相对于 Do While Loop 循环，它的条件必须相反。

随书提供案例文件和演示视频：7-22 用 A 列的值命名工作表.xlsm 和 7-22 用 A 列的值命名工作表.mp4

3. 案例：按格式查找

案例要求：如图 7-36 所示是成绩表，其中部分单元格的字体是宋体、部分单元格的字体是 Impact，还有部分单元格的背景颜色是红色。现要求利用代码选中字体名称为 Impact 而且背景是红色的所有单元格。

知识要点：Do Loop 循环语句、FindFormat.Clear 方法、Range.Find 方法。

	A	B	C	D	E	F	G	H
1	姓名	语文	数学	化学	政治	计算机	物理	法律
2	朱真光	73	75	80	44	66	85	98
3	柳红英	51	71	89	92	65	55	99
4	曹值军	98	50	68	88	98	56	72
5	钟正国	79	43	60	81	97	56	57
6	陈览月	68	63	84	50	78	85	78
7	陈真亮	56	59	57	75	45	52	97
8	梁兴	58	92	99	75	87	76	100
9	简文明	73	99	84	53	92	70	56
10	周语怀	99	78	98	55	79	65	72
11	柳龙云	57	95	72	54	59	98	66

图 7-36　成绩表

实现步骤：

STEP 01 按<Alt+F11>组合键打开 VBE 窗口，然后在菜单栏执行“插入”→“模块”命令。

STEP 02 在模块中输入以下代码：

```
Sub 按格式查找()'随书案例文件中有每一句代码的含义注释
  Dim Rng As Range, TargetRng As Range, FirstAddRess As String
  Application.FindFormat.Clear
  With Application.FindFormat
    .Interior.ColorIndex = 3
    .Font.Name = "Impact"
  End With
  With ActiveSheet.UsedRange
    Set Rng = .Find(what:="", SearchFormat:=True)
    If Rng Is Nothing Then MsgBox "没有找到此类单元格": Exit Sub
    Set TargetRng = Rng
    FirstAddRess = Rng.Address
    Do
      Set Rng = .Find(what:="", after:=Rng, SearchFormat:=True)
      If FirstAddRess = Rng.Address Then Exit Do
      Set TargetRng = Union(TargetRng, Rng)
    Loop
    TargetRng.Select
  End With
End Sub
```

STEP 03 单击过程中任意位置，按<F5>键执行程序，程序会瞬间选中工作表中所有字体名称为 Impact 而且背景是红色的单元格。

思路分析：

Excel 提供了按格式查找的功能，不过只能录制清除查找格式、设置查找格式和查找第一个符合条件的单元格这三类操作，不能将查找全部录制下来。基于此原因，必须在录制宏的基础上，将 Do Loop 循环语句输入宏代码中，配合 Range.Find 方法实现批量查找。

本例代码首先使用“Application.FindFormat.Clear”方法清除以前的查找格式，避免它影响本次查找结果。然后通过 FindFormat 对象设置本次查找的格式，包括“Interior.ColorIndex”——单元格背景色和“Font.Name”——字体名称。

设置好查找格式后，使用 Range.Find 方法查找第一个符合条件的单元格，并且将查找结果赋值给变量 Rng。由于是按格式查找，因此 What 参数被赋值为空文本，而 SearchFormat 参数被赋值为 True。

如果使用 Range.Find 方法查找成功，则可以取得一个单元格对象，如果查找不成功，则返回 Nothing。当 Range.Find 方法的返回值是 Nothing 时必须终止过程，不必要执行其他语句，因此本例中将条件语句与 Exit Sub 语句搭配使用，根据查找结果决定是否允许程序继续执行。

当 Range.Find 方法的返回值为单元格时，应首先记录它的地址，然后在 Do Loop 循环语句中以该地址作为结束循环的条件，否则 Do Loop 循环与 Range.Find 方法搭配使用会永远查找下去。

在 Do Loop 循环的查找过程中，每一次查找只能返回一个符合条件的单元格，由于可能有多个单元格符合条件，因此应使用 Union 方法将所有符合条件的目标单元格合并为单个 Range 对象，当循环结束后才能使用 TargetRng.Select 语句选中这些符合条件的所有单元格。

在第一次使用 Range.Find 方法执行查找时可以不对 After 参数赋值，其他每一次查找都必须以上一次的目标单元格作为 After 参数的值，它的用意是在上一次找到的目标之后开始查找，则只能找到一个符合条件的单元格。

语法补充：

（1）FindFormat.Clear 方法表示清除以往所设置的查找格式。Excel 的查找对话框具有记忆功能，每次设置的查找条件都会自动保存下来，如果不清除将会影响本次的查找结果。假设上一次查找的条件是红色字体，本次所设置的条件是字号为 12 号，那么实际查找条件是红色字体、字号为 12 号的单元格。

（2）Range.Find 方法可以按值查找也可以按格式查找，这取决于它的参数赋值情况。Range.Find 方法的语法如下：

```
表达式.Find(What, After, LookIn, LookAt, SearchOrder, SearchDirection, MatchCase, MatchByte, SearchFormat)
```

它有 9 个参数，每个参数的含义如下：

表 7-13　Range.Find方法的参数

参数名称	功能描述
What	要搜索的数据，可以是字符串或任意 Excel 数据类型
After	此参数是一个单元格，Range.Find方法将从该单元格之后开始搜索，此单元格对应于从用户界面搜索时的活动单元格的位置
LookIn	赋值为xlComments时表示在批注中查找，赋值为xlFormulas时表示在公式中查找，赋值为xlValues时表示在值中查找，默认为第2项
LookAt	赋值为xlWhole时表示完全匹配，赋值为xlPart时表示部分匹配，例如“A”可以匹配“AB”
SearchOrder	赋值为xlByRows时表示按行查找，赋值为xlByColumns时表示按列查找
SearchDirection	搜索的方向。赋值为xlNext时表示搜索下一个匹配值，赋值为xlPrevious时表示搜索上一个匹配值。当区域中有多个符合条件的值时此参数才有意义
MatchCase	赋值为True时表示搜索时区分大小写，否则不区分，默认值为False
MatchByte	赋值为True时表示搜索时区分全/半角，否则不区分
SearchFormat	赋值为True时表示按格式查找，否则不按格式查找，默认值为False

在工作表界面按<Ctrl+F>组合键可以打开查找对话框，该对话框中有 7 个地方对应 Range.Find 方法的 7 个参数，如图 7-37 所示。

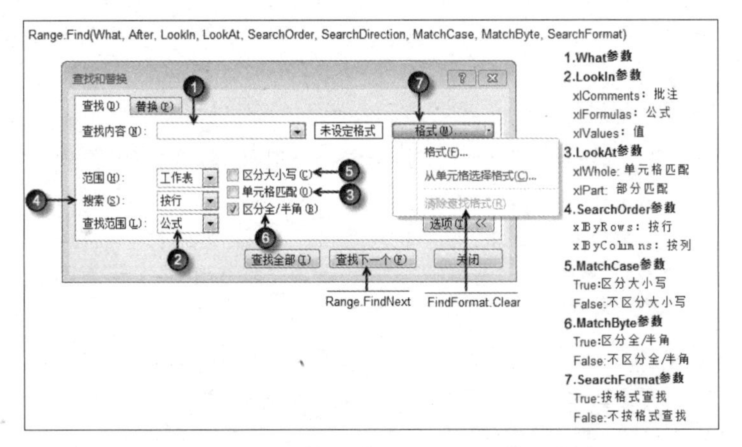

图 7-37　查找对话框与 Range.Find 的对应关系

Range.Find 方法配合 Do Loop 循环查找目标时会周而复始查找，例如在图 7-38 中查找字母 A，它的查找规则是没有指定 After 参数时，默认从左上角第一个单元格之后开始查找，因此第一次找到的单元格是 B2，第二次找到的单元格是 C3，第三次找到的单元格是 A1，第四次找到的单元格又是 B2。

	A	B	C	D
1	A	77	79	
2	65	A	89	
3	50	88	A	
4				

图 7-38　查找字母 A

为了确保程序查找完一轮后自动停止，通用的办法是首次查找时记录下它的地址，然后每查找一次都与该地址进行比较，如果比较结果为 True 则结束循环。

随书提供案例文件：7-23 按格式查找.xlsm

4. 案例：计算累计得分达到 1000 分时的场次

案例要求：某篮球运动员加过 100 场比赛，在工作表中罗列了他在 100 场比赛的得分，如图 7-39 所示。现需计算他在哪一场的累计得分达到 1000 分。

知识要点：Do Loop 循环语句、Exit Sub 语句、If Then Else 语句。

实现步骤：

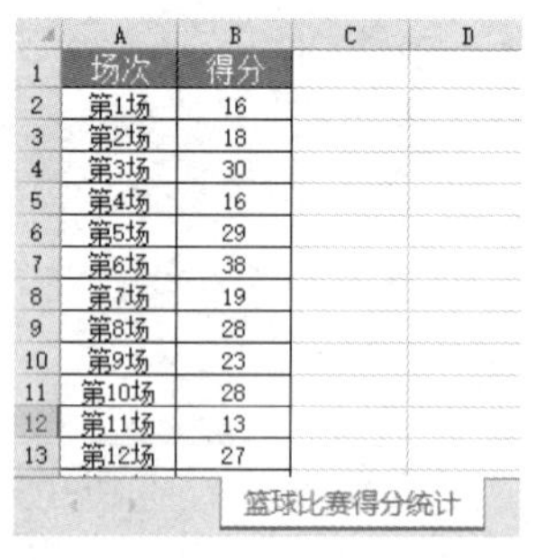

	A	B	C	D
1	场次	得分		
2	第1场	16		
3	第2场	18		
4	第3场	30		
5	第4场	16		
6	第5场	29		
7	第6场	38		
8	第7场	19		
9	第8场	28		
10	第9场	23		
11	第10场	28		
12	第11场	13		
13	第12场	27		

篮球比赛得分统计

图 7-39　比赛得分统计表

STEP 01 按<Alt+F11>组合键打开 VBE 窗口，然后在菜单栏执行“插入”→“模块”命令。

STEP 02 在模块中输入以下代码：

```
Sub 得分累积到 1000 的场次()'随书案例文件中有每一句代码的含义注释
  Dim SumValue As Integer, i As Integer
  i = 2
  Do
    SumValue = SumValue + Cells(i, 2).Value
    If SumValue >= 1000 Then
      MsgBox "第" & i - 1 & "场达到 1000 分", vbInformation, "提示"
      Exit Sub
    Else
      i = i + 1
    End If
  Loop
End Sub
```

STEP 03 将光标定位于过程并按<F5>键执行程序，程序会弹出累计得分达到 1000 分的比赛场次。

思路分析：

由于得分累计 1000 分后就会终止过程，因此用于存放累计得分的变量 SumValue 应声明为 Integer，如果改为 Byte 型会产生溢出错误，如果改用 Long 型会耗费更多的资源。

在循环语句中，计数器 i 的值会逐一累加下去，Cells(i, 2)所代表的单元格也会不断地变化。变量 SumValue 的初始值是 0，将它与 Cells(i, 2)相加后可以得到每一场的得分累计值。

在循环语句中，本例设置的终止循环的条件是 SumValue 的值大于或等于 1000。终止循环的语句是 Exit Sub 而不是 Exit Do，两者的功能原本不同，不过在本例中是一样的。Exit Do 只能终止循环，而 Exit Sub 既可以终止循环又可以终止过程。

随书提供案例文件：7-24 计算得分累积到 1000 的场次.xlsm

5. 案例：利用循环产生文字动画

案例要求：在 Flash 或者网页中可以实现滚动文字，有一种炫目的感觉。是否可以利用 VBA 实现同等功能呢？

知识要点：Do Loop 循环语句、DoEvents 函数、If Then 语句。

实现步骤：

STEP 01 按<Alt+F11>组合键打开 VBE 窗口，然后在菜单栏执行“插入”→“模块”命令。

STEP 02 在模块中输入以下代码：

```
Dim 停 As Boolean
Sub 字符滚动()'随书案例文件中有每一句代码的含义注释
  Dim j As Integer
  停 = False
  Range("a1") = "四维实业公司人事报表  "
  Do
    For j = 1 To 3000
      DoEvents
    Next j
    Range("a1").Value= Mid(Range("a1").Value, 2, Len(Range("a1").Value) - 1) & Left(Range("a1").Value, 1)
    If 停 = True Then Exit Do
  Loop
  Range("a1").ClearContents
End Sub
Sub 停止滚动()
  停 = True
End Sub
```

STEP 03 按<Alt+F11>组合键返回工作表界面，依次单击功能区中的“开发工具”→“插入”→“按钮（表单控件中的按钮）”。

STEP 04 在工作表中按住鼠标左键向右下拖动，从而绘制出一个按钮。

STEP 05 当 Excel 弹出如图 7-40 所示的“指定宏”对话框时，在“宏名”列表中选择“字符滚动”，然后单击“确定”按钮关闭对话框。

STEP 06 将按钮的标题由“按钮 1”修改为“开始”。

STEP 07 重复步骤 3、4、5，在工作表中添加第二个按钮，将其关联到过程“停止滚动”，然后将它的标题由“按钮 2”改为“停止”。

STEP 08 单击“开始”按钮，A1 单元格中将产生“四维实业公司人事报表”，而且字符串会向左滚动，直到单击“停止”按钮时停止滚动。用按钮控件控制字符串滚动如图 7-41 所示。

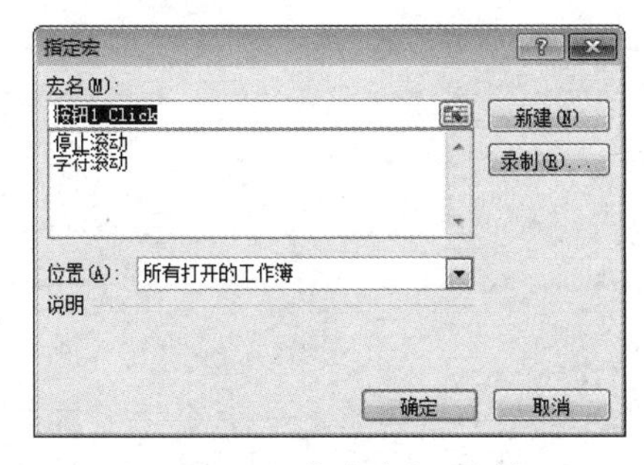

图 7-40　“指定宏”对话框

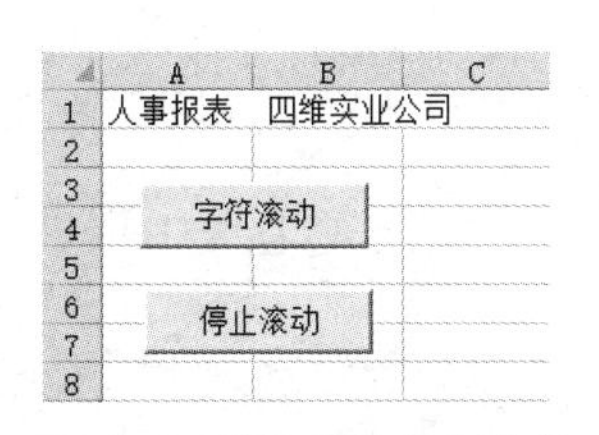

图 7-41　用按钮控件控制字符串滚动

思路分析：

本例中两个 Sub 过程都会为变量“停”赋值，因此变量必须声明为公共变量。

在“字符滚动”过程中，首先为变量“停”和 A1 单元格赋予初始值，然后在 Do Loop 循环语句中移动 A1 单元格的首字符的位置，在快速且反复移动字符位置时，给人的感受就是字符在滚动。

由于循环语句中，代码“Range("a1").Value= Mid(Range("a1").Value, 2, Len(Range("a1").Value) - 1) & Left(Range("a1").Value, 1)”的执行速度相当快，导致用户会完全感觉不到字符有滚动效果。为了解决这个问题，本例使用 DoEvents 函数来拖延时间，让用户有足够时间看清楚滚动的字符。由于 DoEvents 函数执行一次所延迟的时间相当短，因此将它放在循环语句，反复执行 3000 次。你可以将“3000”修改为更大或者更小的数值，然后感觉字符的滚动速度变化。

Do Loop 循环语句在执行期间会耗用大量的内存，为了方便随时停止字符滚动，所以在工作表中插入了命令按钮，单击该按钮时将变量“停”赋值为 True，而过程“字符滚动”中的条件语句检测到变量的值为 True 后会自动结束循环。

语法补充：

（1）DoEvents 函数的功能是转移控制权，在实际工作中更多的是通过它来实现延时效果。

（2）Mid 函数用于从字符串中指定位置提取指定长度的字符。它的语法如下：

```
Mid(string, start[, length])
```

其中 string 参数是一个字符串表达式，start 参数代表取值的起始位置，length 参数代表取值的长度。整体的含义是从 string 字符串的第 start 位开始提取 length 位字符。length 参数是可选参数，它的默认值是 string 的长度。

例如代码“Mid(12345,2)”相当于“Mid(12345,2,len(12345))”，其返回值为 2345。

（3）len 函数用于计算字符串的长度，亦称字符数量。例如代码“len(12)”等于 2，代码“len("你好")”也等于 2。

（4）Left 函数用于提取字符串左边若干位字符，其语法如下：

```
Left(string, length)
```

第一参数代表字符串，第二参数代表长度，两者都是必选参数，与工作表函数 Left 不同。

随书提供案例文件和演示视频：7-25 利用循环产生文字动画.xlsm 和 7-25 利用循环产生文字动画.mp4

7.4 错误处理语句

任何人在开发程序过程中必定会遇到代码错误，包括可以预料的错误、意外的错误，以及开发者故意设置的错误。在执行过程中有必要对这些错误进行处理或者预防，避免程序中断或者无法达成预期结果。

下面对程序出错的原因、含义、错误捕捉设置以及防错的方法进行一一解说。

7.4.1 错误类型与原因

VBA 内部对程序出错的原因有近百种解释，即表示错误类型有近百种。但若以大类进行划分，通常可以分为三类：环境问题、开发者“笔误”和用户错误使用。

1. 环境问题

此处指的环境问题是指Office应用程序的环境，而该环境又包括两方面：版本和Excel对象。

版本问题是指使用者的Office版本与开发者的应用程序版本不同，造成代码不兼容。例如在Excel 2010中录制一个排序的宏，将此代码应用到Excel 2003一定会出错。因为Excel 2010所用的排序代码只能在Excel 2007及以上的版本中运行，不支持Excel 2003，但是Excel 2003中录制的排序宏却可以在Excel 2010中正常执行。

对象问题主要是指过程中涉及的对象不存在，读取一个不存在的对象的任意属性都会出错。一方面可能开发者的代码在容错性上未下足功夫，另一方面也可能是用户使用不当，导致当前的运行环境与预设的环境不一致。例如在空白工作表中执行“调整图片大小”之类的过程，由于根本不存在图片，因此操作图片的代码就无法正常执行。

2. 开发者“笔误”

很多大中型插件或者系统都有上万行VBA代码，难免出现拼写失误，包括标点符号的多写或者漏写以及单词拼写错误等，因此在编程过程中测试代码就显得极为重要。

3. 用户错误使用

操作错误包含无意和有意两种。

在工作表保护状态下执行了修改数据的程序，在工作表命名的程序中输入了非法字符，以及在选择图片状态下执行了对选区进行查找、汇总之类的程序等都会导致程序出错，这属于无意的失误操作。

有意的错误操作主要是基于测试的心态，想看看程序如何反应。

```
Sub 加解密()
  Dim ans As Byte
  ans = Application.InputBox("输入 1：加密" & Chr(10) & "输入 2：解密",,,,,,, 1)
  '…更多代码…
End Sub
```

在以上过程中，因为正常情况下变量ans只需在1~2这个范围之间变化，所以编程时将其数据类型声明为Byte。而用户可能会故意胡乱地输入256以上或者0以下的数据，此时程序必定会中断，同时产生“溢出”错误。

基于以上各种原因，程序在使用过程中出错很难避免，那么在代码中进行防错就显得尤为重要。

7.4.2 err对象及其属性、方法

VBA中提供了一个err对象，err对象拥有若干属性和方法，借助这个对象及其属性、方法可以获取代码的错误原因以及提前防错。

err是一个对象，因此在模块中输入“err.”后可以弹出其属性与方法列表，如图7-42所示。

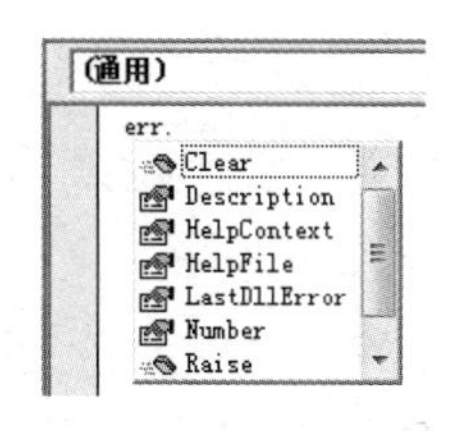

图7–42 err对象的属性与方法

err的属性详解参见表7-14，err的方法详解参见表7-15。

表 7-14 err属性详解

属性名称	含义描述
Number	返回或设置表示错误的数值。Number 是 err 对象的默认属性。可读也可写
HelpContext	返回或设置一个字符串表达式，包含 Windows 帮助文件中的主题的上下文 ID。可读也可写
HelpFile	返回或设置一个字符串表达式，表示帮助文件的完整限定路径。可读也可写
Source	返回或设置一个字符串表达式，指明最初生成错误的对象或应用程序的名称。可读也可写
LastDLLError	返回因调用动态链接库 (DLL) 而产生的系统错误号，只读。在Macintosh中，LastDLLError 总是返回零
Descriptio	返回或设置一个字符串表达式，包含与对象相关联的描述性字符串。可读也可写

表 7-15 err的方法详解

方法名称	含义描述
Raise	产生运行时错误
Clear	清除 err 对象的所有属性设置

err 的属性中使用最频繁的是 err.Number 属性，而方法中使用最频繁的是 err.Clear 方法。本书后面的章节会有大量的关于 err.Number 属性和 err.Clear 方法的应用。

7.4.3 认识 Error 函数

Error 函数用于获取对应于已知错误编码的错误信息或者创建一个错误。例如知道错误编码是 5，那么代码“MsgBox Error(5)”可以返回错误编码 5 对应的信息——无效的过程调用或参数。而代码“Error 5”则可以产生一个编码为 5 的错误。

Error 函数的语法如下：

```
Error [(errornumber)]
```

其参数代表错误编码，例如编码 6 表示“溢出”错误。Error 函数的功能是获取错误信息以及创建一个错误，在实际工作中通过它获取错误的应用更为普遍。

当 Error 有数字参数时，表示获取指定编码的错误信息；当 Error 无参数时表示获取当前过程中的错误信息，如果当前过程没有错误则返回空文本。

Err.Raise 方法也可以产生运行时错误，因此以下两句代码的功能一致。

```
Error 6
Err.Raise 6
```

7.4.4 On Error GoTo line

为了处理错误（包括代码编写有误或者代码正确但使用者使用不当造成的错误），VBA 提供了两个专用的防错语句。在编程过程中可以借助防错语句处理代码中的错误，包括让程序出错时忽略错误、继续执行下一句和程序出错时更改程序的执行流程。

与 On Error 相关的语句总共包括三句，其中两句用于处理错误，第三句用于禁止前两句的功能，具体书写方式和含义如表 7-16 所示。

表 7-16　VBA的错误处理语句

语句	含义描述
On Error GoTo line	当程序出错时跳转到line标签处继续执行 line是一个由开发者指定的标签（可以自定义名字，如Err line），当过程中任意代码出错时，程序就会激活此错误处理程序，并将程序的执行流程转向line处。On Error GoTo line语句必须与标签line在同一个过程中
On Error Resume Next	当运行出错时继续执行下一句，但同时在过程中记录当前的错误编号
On Error GoTo 0	禁止当前过程中任何已启动的错误处理程序

On Error GoTo line 语句表示如果程序在执行时出错就跳转到指定的标签处继续运行，此语句必须配合标签使用。

在两种情况下需要使用 On Error GoTo line，以下通过两个案例分别演示。

1. 重新描述错误提示

案例要求：将当前选择的图片扩大到 2 倍

知识要点：On Error GoTo Err line 语句、ShapeRange.ScaleHeight 方法、ShapeRange.ScaleWidth 方法、Application.Version 属性、If Then 语句。

实现步骤：

STEP 01 按<Alt+F11>组合键打开 VBE 窗口，然后在菜单栏执行“插入”→“模块”命令。

STEP 02 在模块中输入以下代码：

```
Sub 将选择的图片放大到两倍 A()'随书案例文件中有每一句代码的含义注释
   Selection.ShapeRange.ScaleHeight 2, msoFalse, msoScaleFromTopLeft
   Selection.ShapeRange.ScaleWidth 2, msoFalse, msoScaleFromTopLeft
End Sub
```

以上代码仅用于 Excel 2003，它可以将当前选中的图片的高度和宽度都扩大到 2 倍。但是此代码在 Excel 2007 或者 Excel 2010 中执行时则会扩大到 4 倍。第一句代码原本的功能是将高度扩大到 2 倍，但在 Excel 2003 以上的版本中执行代码时它会保持图片的纵横比例，使图片的宽度和高度同时扩大到 2 倍。如果此时再执行第二句代码，图片的高度和宽度就会扩大到 4 倍。

如果要让代码通用于所有版本，任何时候都只放大到 2 倍，那么应按以下方式编写。

```
Sub 将选择的图片放大到两倍 B()'随书案例文件中有每一句代码的含义注释
   Selection.ShapeRange.ScaleHeight 2, msoFalse, msoScaleFromTopLeft
   If Application.Version < 12 Then
   Selection.ShapeRange.ScaleWidth 2, msoFalse, msoScaleFromTopLeft
     End If
End Sub
```

代码的含义是先将高度放大到 2 倍，然后使用 If Then 语句判断当前 Excel 版本号，如果小于 12 则将宽度也放大到 2 倍，否则直接结束过程。

STEP 03 返回工作表界面，选中工作表中已经插入的图片，然后执行过程“将选择的图片放大到 2 倍 B”，程序会将图片的高度和宽度都放大到当前值的 2 倍。

STEP 04 选择任意单元格，然后执行过程“将选择的图片放大到 2 倍 B”，程序会弹出图 7-43 所示的错误提示。

STEP 05 很显然，Excel 用户对于如图 7-43 所示的错误提示很难明白是什么原因导致了代码出错。为了让用户看到错误提示就明白如何纠错，应将代码按如下形式修改。

```
Sub 将选择的图片放大到两倍 C()'随书案例文件中有每一句代码的含义注释
    On Error GoTo ErrLine
    Selection.ShapeRange.ScaleHeight 2, msoFalse, msoScaleFromTopLeft
    If Application.Version   < 12 Then
        Selection.ShapeRange.ScaleWidth 2, msoFalse, msoScaleFromTopLeft
    End If
    Exit Sub
ErrLine:
    MsgBox "请选择图片后再执行本过程", vbInformation, "错误提示"
End Sub
```

STEP 06 选中图片并执行以上过程，程序会将图片的高度和宽度都扩大到 2 倍。如果选中单元格再执行以上过程，程序会弹出如图 7-44 所示的错误提示。

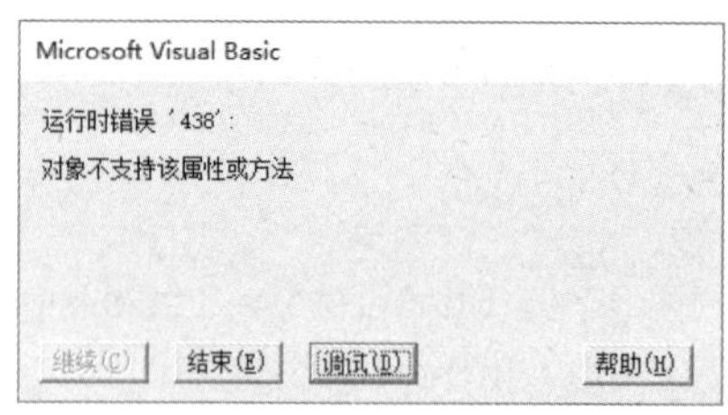
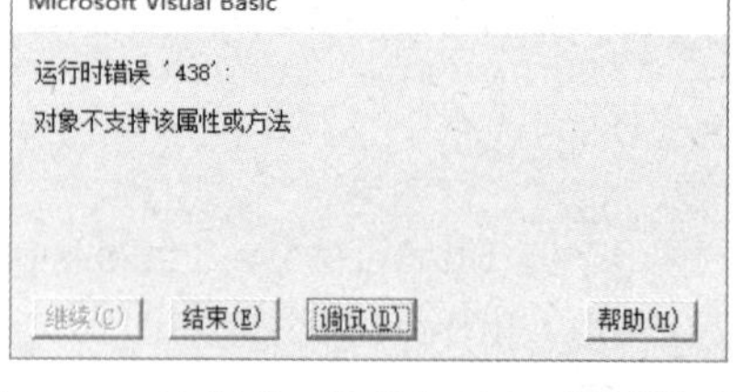

图 7–43　选择单元格执行过程时的错误提示

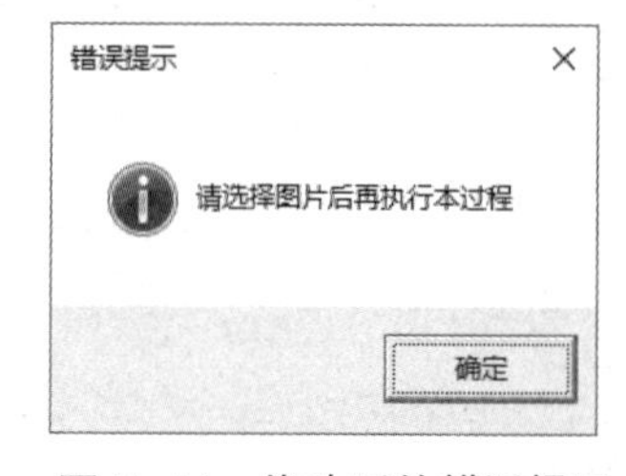

图 7–44　修改后的错误提示

图 7-44 的提示和图 7-43 的提示都是遇到同样错误时产生的，但是显然图 7-44 更人性化，你可以根据提示明白错在哪里，如何纠错。

思路分析：

过程“将选择的图片放大到 2 倍 C”的重点在于“On Error GoTo ErrLine”，它表示程序出错时就执行标签“ErrLine”后面的代码，而“ErrLine”后面的代码可以随意定制，可以使用任何人都能看懂的提示，而非只有程序员才能懂得的“对象不支持该属性或方法”。

在本例中，标签 ErrLine 位于过程末尾，为了避免程序没有错误时也执行标签 ErrLine 后的代码，特在标签之前插入了一句“Exit Sub”。

语法补充：

（1）On Error GoTo line 语句中的 line 代表标签，标签名称可以自由定义，允许使用数字开头，也允许使用汉字或者英文，但不能使用标点符号开头。

（2）ShapeRange.ScaleHeight 方法代表调整图形对象的高度，由于工作表中插入的图片默认是锁定纵横比的，因此在 Excel 2003 以上的任意版本中都会同时修改图片的高度与宽度，但在 Excel 2003 中只能修改图片的高度。

随书提供案例文件和演示视频：7-26 新描述错误信息.xlsm 和 7-26 重新描述错信息.mp4

2. 指定错误的处理方式

案例要求：创建新工作表并且命名为“总表”，如果工作簿中已经存在“总表”则不再新建工作表。

知识要点：Sheets.Add 方法、On Error GoTo ErrLine 语句、Application.DisplayAlerts 属性、WorkSheet.Delete 方法。

实现步骤：

STEP 01 新建工作簿，按<Alt+F11>组合键进入 VBE 窗口，然后在菜单栏执行“插入”→

“模块”命令。

STEP 02 在模块中输入以下代码：

```
Sub 新建总表 A()'随书案例文件中有每一句代码的含义注释
  Worksheets.Add after:=Worksheets(Worksheets.Count)
  Worksheets(Worksheets.Count).Name = "总表"
End Sub
```

STEP 03 单击过程中任意位置，按<F5>键执行程序，程序会新建一个“总表”。

STEP 04 再次执行过程“新建总表 A”，由于工作簿中已经存在过“总表”，因此会弹出如图 7-45 所示的错误信息，同时在工作簿中留下一个新建的工作表。

很显然，以上代码有两个问题：一是提示信息不够人性化，二是程序有后遗症——留下一个空白工作表，需要手工删除。为了解决这两个问题，请继续第 5 步操作。

STEP 05 进入模块中，删除刚才的过程，重新输入以下代码：

```
Sub 新建总表 B()'随书案例文件中有每一句代码的含义注释
  On Error GoTo ErrLine
  Worksheets.Add after:=Worksheets(Worksheets.Count)
   Worksheets(Worksheets.Count).Name = "总表"
  Exit Sub
ErrLine:
  Application.DisplayAlerts = False
   Worksheets(Worksheets.Count).Delete
  MsgBox "工作簿中已经存在“总表”，请更换名称或者删除已有的“总表”", 64, "提示"
  End Sub
```

STEP 06 执行过程“新建总表 B”，如果工作簿中没有“总表”，那么它会新建一个工作表，并且重命名为“总表”，如果已经存在“总表”则会产生如图 7-46 所示的提示信息。

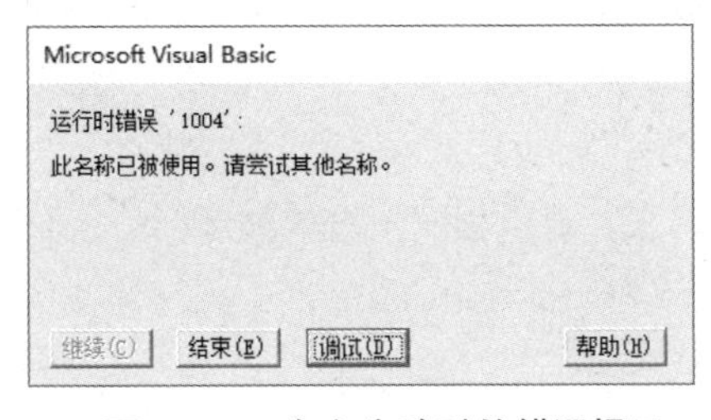

图 7-45　命名失败时的错误提示

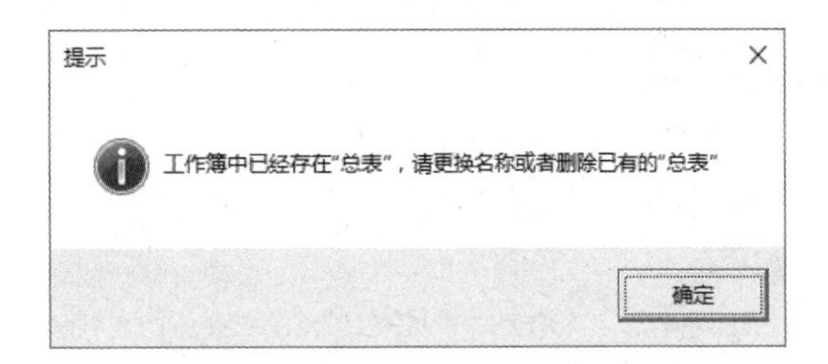

图 7-46　新的提示信息

思路分析：

在过程“新建总表 B”中通过“On Error GoTo ErrLine”为程序创建了防错机制，如果程序在执行过程中出错，那么它会跳转到标签“ErrLine”之后继续执行，从而忽略出错的语句。改进的代码相对于改进前更人性化，改进后的代码屏蔽了原先的错误提示，提供了新的提示信息“工作簿中已经存在名为总表的工作表”，同时删除了新建的工作表。

和前一个案例一样，在标签 ErrLine 之前添加“Exit Sub”语句是防止程序无错误时也执行标签 ErrLine 之后的代码。

语法补充：

（1）Worksheet.Delete 方法用于删除工作表。为了安全，在删除工作表时 Excel 会弹出一个对话框，当用户单击“删除”按钮后才能删除工作表。使用代码删除工作表时是不需要这个确认对话框的，它会降低程序的执行效率，因此 Worksheet.Delete 方法通常配合 Application.

DisplayAlerts 属性一起使用。

之所以没有 Worksheets.Delete 方法，是因为任何工作簿不允许工作表的数量为 0。

（2）Application.DisplayAlert 属性用于控制 Excel 在执行宏时是否弹出提示信息，当赋值为 True 时允许弹出提示信息，赋值为 False 时表示禁止弹出提示信息。

Application.DisplayAlert 属性并不能控制所有提示信息，工作中通常用它控制三类提示信息——合并单元格时的提示信息、删除工作表时的提示信息、关闭未保存的工作簿时弹出的提示信息。在本例中，代码“Application.DisplayAlerts = False”用于关闭删除工作表时所弹出的提示信息。

随书提供案例文件和演示视频：7-27 指定错误的处理方式.xlsm 和 7-27 指定错误的处理方式.mp4

7.4.5 On Error Resume Next

On Error Resume Next 表示当程序出错时仍然继续执行后面的语句，禁止弹出错误提示及中断程序。

在工作中，On Error Resume Next 语句的应用频率非常高，因为在实际工作中不可预料的错误有很多，利用这种防错机制可以确保程序顺利执行完毕，不会中途停止。

On Error Resume Next 语句可以置于过程中的任意位置，不过建议放在过程的最前端。

当然，On Error Resume Next 语句其实也是一把双刃剑，它可让程序不因某句代码出错而中断，但同时也会将某些意料之外的错误信息一并屏蔽掉，导致开发者可能错过纠错的机会。

在实际工作中，将编好的程序应用到工作中去之前应尽量多做测试，对于可以预料的错误提前防范。当确认代码没有问题后再在过程中使用 On Error Resume Next 语句。

On Error Resume Next 语句的应用相当广泛，不仅用它防止程序出错，很多时候也用它搭配 Err.Number 属性使用从而对某些特殊情况做判断。下面通过 3 个实例展示 On Error Resume Next 语句在实际工作中的应用。

1. 案例：计算人均预拨款

案例要求：如图 7-47 所示为某企业的预拨款数目表，要求根据预拨款和部门的人数计算人均预拨款。

知识要点：On Error Resume Next、For Next 循环语句。

实现步骤：

STEP 01 新建工作簿，按<Alt+F11>组合键打开 VBE 窗口，然后在菜单栏执行“插入”→“模块”命令。

STEP 02 在模块中输入以下代码：

```
Sub 人均预拨款()'随书案例文件中有每一句代码的含义注释
  On Error Resume Next
  Dim Item As Byte
  For Item = 2 To Cells(Rows.Count, 1).End(xlUp).Row
    Cells(Item, 4).Value = Cells(Item, 1).Value / Cells(Item, 3).Value
  Next Item
End Sub
```

STEP 03 单击过程中任意位置，按<F5>键执行程序，程序会将各部门的人均预拨款数目计算出来存放在 D 列中，效果如图 7-48 所示。

	A	B	C	D
1	财务预拨款	部门	人数	人均
2	10000	人事部	1	
3	80000	业务部	4	
4	120000	生产部		
5	35000	后勤部	8	
6	35000	仓库	4	
7	28000	企划部		
8	15000	保安部	4	
9	38000	财务部	3	

图 7–47　预拨款数目表

	A	B	C	D
1	财务预拨款	部门	人数	人均
2	10000	人事部	1	10000
3	80000	业务部	4	20000
4	120000	生产部		
5	35000	后勤部	8	4375
6	35000	仓库	4	8750
7	28000	企划部		
8	15000	保安部	4	3750
9	38000	财务部	3	12667

图 7–48　计算人均预拨款数目

思路分析：

代码"Cells(Item, 1).value/ Cells(Item, 3).value"表示用 A 列的预拨款除以 C 列的人数从而得到人均预拨款。由于 C 列部分单元格空白，空白单元格参与数学运算时当作 0 处理，同时又由于 0 不能做除数，因此计算到第 4 行时会出错，从而导致程序被中断，此后的所有单元格不再产生运算结果。基于此原因，本例在过程中添加了 On Error Resume Next，它能让程序出错时继续执行下一句，完全无视错误的存在，从而将后面的已经填写人数的部门的人均预拨款项计算完成。

你可以试着删除 On Error Resume Next 再执行代码，从而了解该代码的功用。

随书提供案例文件和演示视频：7-28 防错处理一.xlsm 和 7-28 防错处理一.mp4

2. 案例：错误三次则结束程序

案例要求：利用代码打开"生产表.xlsx"，如果输入密码错误时继续弹出输入框，连续错误三次则关闭程序。

知识要点：On Error Resume Next 语句、Do Loop 循环语句、Application.InputBox 方法、Workbooks.Open 方法、Err.Number 属性、Err.Clear 方法、ThisWorkbook.Path 属性。

实现步骤：

STEP 01 按<Alt+F11>组合键打开 VBE 窗口，然后在菜单栏执行"插入"→"模块"命令。

STEP 02 在模块中输入以下代码：

```
Sub 打开工作簿()'随书案例文件中有每一句代码的含义注释
  On Error Resume Next   '错误时执行下一步
  Dim i As Byte, PsdStr As String
  Do
      Err.Clear
      i = i + 1
      PsdStr = Application.InputBox("请输入密码：" & Chr(10) & "你还有" & 4 - i & "次机会", "第" & i & "
次输入密码", , , , , , 3)
      Workbooks.Open ThisWorkbook.Path & "\生产表.xlsx", , , , PsdStr
      If i = 3 Then
          If Err.Number = 0 Then
              Exit Do
          Else
              MsgBox "对不起,你已错误三次,程序即将关闭"
              Exit Sub
          End If
      Else   '否则
          If Err.Number = 0 Then Exit Do
      End If
  Loop
```

```
    Application.StatusBar = "打开工作簿成功..."
End Sub
```

STEP 03 保存工作簿。

STEP 04 在本工作簿的相同路径下存放一个名为“生产表.xlsx”的工作簿，并且将其打开密码设置为“789”。

STEP 05 单击过程中任意位置，按<F5>键执行程序，程序会立即弹出如图 7-49 所示对话框，在对话框中提示了用户当前是第几次输入密码，以及还剩下几次机会。

STEP 06 如果在对话框输入密码“456”并单击“确定”按钮，将弹出如图 7-50 所示对话框。

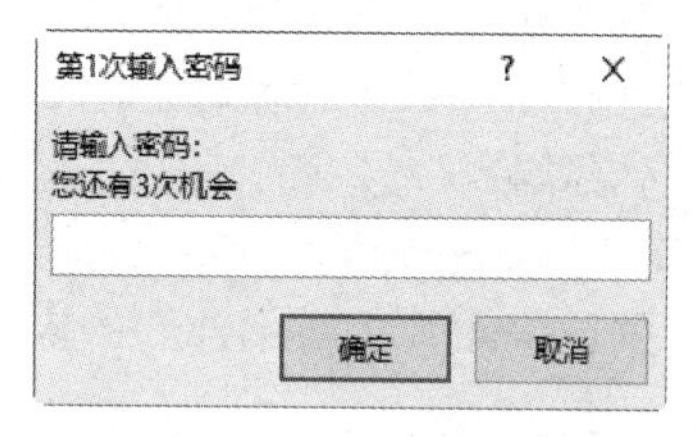

图 7-49 第 1 次输入密码

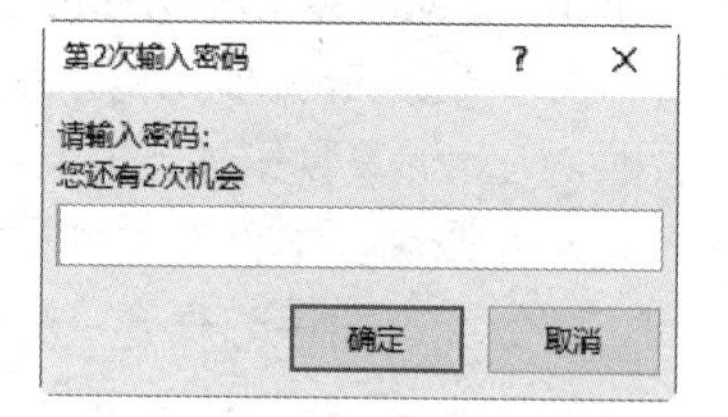

图 7-50 第 2 次输入密码

如果第 2 次输入错误的密码将弹出如图 7-51 所示对话框，同时表示这是最后一次机会。如果第 3 次输入密码错误则弹出图 7-52 所示的对话框。

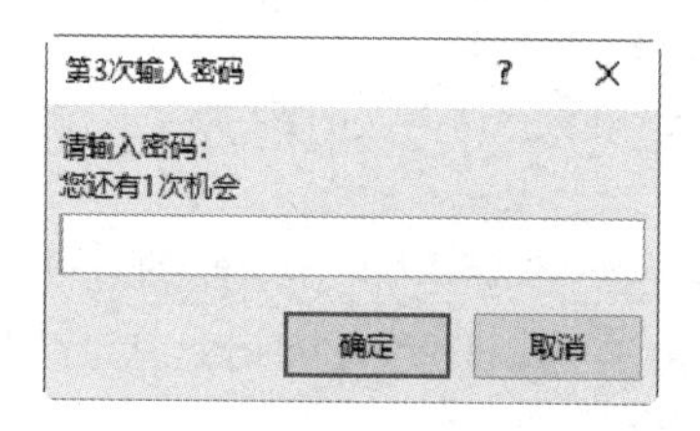

图 7-51 第 3 次输入密码

图 7-52 第 3 次输入密码错误后的错误信息

如果在前三次中任意一次输入的密码是“789”，那么程序会打开“生产表.xlsx”，同时在状态栏显示“打开工作簿成功”。

思路分析：

Workbooks.Open 方法可以打开带密码的工作簿，它的第 5 参数 Password 用于指定密码。如果指定的密码有误并且未使用 On Error Resume Next 语句防错的话，程序会弹出编号为 1004 的错误提示信息，然后中断程序。为了解决这个问题，在过程的前端加入 On Error Resume Next 语句，使程序忽略错误继续执行。

为了记录密码错误的次数，过程中使用了 Do Loop 循环语句搭配计数器 i，用户每输入一次密码累加一次计数器，如果输入的密码可以打开工作簿就通过 Exit Do 语句结束循环；如果用户输入的密码无法打工作簿则返回重复弹出输入框等待用户输入密码。当计数器累加到 3 以后就通过 Exit Sub 语句结束过程。

在判断密码是否错误时，本例的思路是先用该密码去打开工作簿，如果打开过程出错，那么 Err.Number 属性值必然不等于 0，此时通过 Do Loop 循环语句反复弹出输入框让用户重新输入密码即可。假设第一次输入密码有误，Err.Number 属性值等于 1004，等到第二次输入密码时，尽管密码输入正确，Err.Number 属性值仍然等于 1004，这会导致条件语句判断失误。为了解决此问题，在 Do Loop 循环语句中的 Workbooks.Open 之前需要使用 Err.Clear 方法清除错误。

语法补充：

（1）Workbooks.Open 方法用于打开工作簿，其语法如下：

```
Workbooks.Open(FileName, UpdateLinks, ReadOnly, Format, Password, WriteResPassword, IgnoreReadOnlyRecommended, Origin, Delimiter, Editable, Notify, Converter, AddToMru, Local, CorruptLoad)
```

其中 Password 参数代表工作簿的密码，如果指定的密码错误将产生编号为 1004 的错误提示，如果密码正确则会打开工作簿，并且引用该工作簿。

（2）Err.Clear 方法表示清除错误，也可以理解为将错误编码归零。

（3）Err.Number 属性代表错误编码，当执行代码过程中没有错误时此属性值为 0，因此通常用代码“If Err.Number <> 0 Then”来判断程序中是否有错误。

随书提供案例文件和演示视频：7-29 防错处理二.xlsm 和 7-29 防错处理二.mp4

3. 案例：隐藏所有公式

案例要求：一键隐藏工作表中的所有公式，即只能查看计算结果，禁止查看公式。

知识要点：On Error Resume Next 语句、Do Loop 循环语句、Application.InputBox 方法、Workbooks.Open 方法、Err.Number 属性、Err.Clear 方法、ThisWorkbook.Path 属性。

实现步骤：

STEP 01 按<Alt+F11>组合键打开 VBE 窗口，然后在菜单栏执行“插入”→“模块”命令。

STEP 02 在模块中输入以下代码：

```
Sub 一键隐藏公式()'随书案例文件中有每一句代码的含义注释
  Dim Rng As Range
  If ActiveSheet.ProtectContents Then
    MsgBox "工作表已保护,本程序拒绝执行！", vbInformation, "友情提示"
    Exit Sub
  Else
      On Error Resume Next
      Set Rng = Cells.SpecialCells(xlCellTypeFormulas)
      If Err.Number <> 0 Then
        MsgBox "活动工作表中不存在公式", vbInformation, "友情提示"
      Else
        Cells.FormulaHidden = False
        rng.FormulaHidden = True
        ActiveSheet.Protect 123, False, True, False, False, True, True, True, True, True, True, True, True, 
True, True, True
      End If
  End If
End Sub
```

STEP 03 按<Alt+F11>组合键返回工作表界面，假设工作表中有如图 7-53 所示的成绩表，表中部分区域有公式、部分区域无公式，按<Alt+F8>组合键打开“宏”对话框，然后执行过程“一键隐藏公式”，程序会隐藏工作表中的所有公式，效果如图 7-54 所示。

C3 =RANK(B3,B$3:B$11)

	A	B	C	D	E	F	G	H
1	A班				A班			
2	姓名	成绩	排名		姓名	成绩	排名	
3	钟正国	86	4		王文今	59	6	
4	陈丽丽	56	8		古山忠	51	9	
5	胡不群	98	2		朱千文	57	7	
6	朱华青	77	6		张大中	61	5	
7	朱真光	99	1		朱未来	65	4	
8	赵冰冰	87	3		张世后	55	8	
9	周光辉	60	7		赵前门	93	1	
10	周锦	84	5		洪文强	75	3	
11	陈新年	53	9		陈秀雯	77	2	

图 7-53　成绩表

C3

	A	B	C	D	E	F	G	H
1	A班				A班			
2	姓名	成绩	排名		姓名	成绩	排名	
3	钟正国	86	4		王文今	59	6	
4	陈丽丽	56	8		古山忠	51	9	
5	胡不群	98	2		朱千文	57	7	
6	朱华青	77	6		张大中	61	5	
7	朱真光	99	1		朱未来	65	4	
8	赵冰冰	87	3		张世后	55	8	
9	周光辉	60	7		赵前门	93	1	
10	周锦	84	5		洪文强	75	3	
11	陈新年	53	9		陈秀雯	77	2	

图 7-54　隐藏公式后的成绩表

如果工作表中没有公式，执行程序后会弹出“活动工作表中不存在公式”的信息框；如果工作表处于保护状态，执行程序后会弹出“工作表已保护，本程序拒绝执行！”的信息框。

思路分析：

隐藏公式需要修改单元格的 FormulaHidden 属性，如果工作表处于保护状态则无法修改，因此在隐藏公式之前有必要判断工作表是否处于保护状态。ProtectContents 属性值为 True 时表示工作表处于保护状态。

当工作表未保护时，使用 SpecialCells (xlCellTypeFormulas) 引用公式所在单元格，并将它赋值给变量 Rng。假设工作表中没有公式，SpecialCells 方法引用目标单元格时会出错，为了避免程序因出错而中断，在 SpecialCells 方法之前插入“On Error Resume Next”，然后用条件语句判断 Err.Number 属性值是否不等于 0，如果不等于 0 则表示工作表没有公式，此时提示用户并且结束程序即可；如果 Err.Number 属性值等于 0，表示工作表中有公式，那么首先将所有单元格的 FormulaHidden 属性赋值为 False，然后将 Rng 区域的 FormulaHidden 属性赋值为 True，最后对工作表加密，Rng 变量所代表的区域就会自动隐藏公式。隐藏公式后，只能在单元格中查看公式的值，无法在编辑栏中看到公式本身。

程序的重点有两个：其一是引用所有公式所在的区域，使用 Range. SpecialCells 方法即可；其二是保护公式的同时不影响其他单元格，正确的操作思路是将所有单元格的 FormulaHidden 属性赋值为 False，而公式所在单元格的 FormulaHidden 属性赋值为 True，当使用 WorkSheet.Protect 方法保护工作表后 Rng 区域处于隐藏状态，其他单元格处于显示状态，并且可以正常编辑。

语法补充：

（1）WorkSheet.ProtectContents 属性代表工作表内容的保护状态，属性值为 True 表示已被保护，否则处于未保护状态。

（2）Range.SpecialCells 方法用于定位符合条件的目标对象，本例中将它的第一参数赋值为 xlCellTypeFormulas，表示只定位公式所在单元格。

（3）Range.FormulaHidden 属性代表单元格是否隐藏公式，将它赋值为 True，表示隐藏公式，否则显示公式。此功能必须搭配 WorkSheet.Protect 方法使用，只有工作表处于保护状态时，FormulaHidden 属性为 True 的单元格才会真的被隐藏。

（4）WorkSheet.Protect 方法用于保护工作表。保护工作表对话框有很多选项，因此 WorkSheet.Protect 方法也有相当多的参数。其具体的语法如下：

```
WorkSheet.Protect(Password, DrawingObjects, Contents, Scenarios, UserInterfaceOnly, AllowFormattingCells
, AllowFormattingColumns, AllowFormattingRows, AllowInsertingColumns, AllowInsertingRows, AllowInsertin
```

```
gHyperlinks, AllowDeletingColumns, AllowDeletingRows, AllowSorting, AllowFiltering, AllowUsingPivotTables)
```

对于每一个参数的含义，你可以到 VBA 的帮助中查询，查询帮助的关键字为“Worksheet.Protect 方法”。

随书提供案例文件和演示视频：7-30 防错处理三.xlsm 和 7-30 防错处理三.mp4

7.4.6 On Error GoTo 0

On Error GoTo 0 语句表示禁止当前过程中任何已启动的错误处理程序。

假设在过程中有 On Error GoTo line 和 On Error Resume Next 语句，那么本语句可以令 On Error GoTo line 和 On Error Resume Next 失效，所以 On Error GoTo 0 语句不会单独使用。

如果在过程中使用了 On Error GoTo line 或者 On Error Resume Next 语句，限制了程序出错时的处理办法，而当某个条件下不再需要这些错误处理规则时，则可以插入 On Error GoTo 0 语句，在此语句之后如果产生了错误将会弹出错误提示，同时中断过程。

7.5 预览语句

编写代码时需要处处注重代码的通用性，通用是指代码中尽可能少用 C5：D10、“C:\5 月出货表.xlsm”或者“D:\生产表\”这类“硬编码”，而是让终端用户自己来选择区域、文件或者文件夹路径，否则程序的功能就会过于单一，灵活性、通用性会大打折扣。

使用 Application.InputBox 方法可以实现弹出对话框让用户选择区域，在前面的章节中有过不少案例。本节主要展示弹出一个“浏览”对话框让用户选择文件或者文件夹的技巧。

7.5.1 认识 FileDialog 对象

FileDialog 对象用于创建对话框，包括“打开”对话框、“另存为”对话框、“文件选取器”对话框和“文件夹选取器”对话框。

FileDialog 对象有 2 个方法和 13 个属性，你可以从帮助中查询到这些方法与属性的详细介绍以及案例演示，查询关键字为“FileDialog 对象成员”。

在此有必要罗列其中最常用的一个方法和三个属性。

◆ FileDialog.Show 方法

FileDialog.Show 方法用于显示 FileDialog 对象创建的对话框，没有参数，有一个返回值。当单击 FileDialog.Show 方法创建的对话框中的“打开”按钮时其返回值为-1，如果单击“取消”按钮则返回值为 0。

◆ FileDialog.AllowMultiSelect 属性

FileDialog.AllowMultiSelect 属性代表是否允许多选，将它赋值为 True 时表示允许多选，赋值为 False 时表示只能单选。

FileDialog.Show 方法可以创建四类对话框：“打开”对话框、“另存为”对话框、“文件选取器”对话框和“文件夹选取器”对话框，其中“另存为”对话框和“文件夹选取器”对话框不支持多选，即使将 FileDialog.AllowMultiSelect 属性赋值为 True 也只能单选。

◆ FileDialog.SelectedItems 属性

FileDialog.SelectedItems 属性代表用户所选择对象的集合，对象的类型由对话框类型而定。

当 FileDialog.Show 方法创建的对话框是“打开”对话框时，那么 SelectedItems 代表用户选择的所有文件的集合；当 FileDialog.Show 方法创建的对话框是“文件夹选取器”对话框时，那么 SelectedItems 代表用户选择的所有文件夹的集合。

需要特别说明的是，尽管“另存为”对话框和“文件夹选取器”对话框不支持多选，但是它的 SelectedItems 属性仍然属于集合，需要使用 SelectedItems(1)才能引用文件名称或者文件夹名称。

◆ Title 属性

Title 属性代表对话框的标题，可以随意指定。默认的标题是“预览”二字，可以根据需求定制。

FileDialog 对象可以创建 4 种对话框，对话框的类型由参数决定，具体语法如下：

```
Application.FileDialog(fileDialogType)
```

其中，参数 FileDialogType 代表对话框类型，VBA 为此参数指定了一组 msoFileDialogType 常量，FileDialogType 参数的取值范围受限于此常量。msoFileDialogType 常量的名称、值与说明如表 7-17 所示。

表 7-17　msoFileDialogType常量

名称	值	说明
msoFileDialogOpen	1	“打开”对话框
msoFileDialogSaveAs	2	“另存为”对话框
msoFileDialogFilePicker	3	“文件选取器”对话框
msoFileDialogFolderPicker	4	“文件夹选取器”对话框

从上表可以得知：使用 msoFileDialogOpen 或者将 1 作为 FileDialog 的参数都能创建一个“打开”对话框，而创建“文件夹选取器”对话框则使用 msoFileDialogFolderPicker 或者将 4 作参数……

7.5.2 选择路径

要统计某路径下有多少文件，或者要求删除某路径下的所有文件、合并某路径下的所有工作簿数据等，都需要一个路径。在编程时不能手工指定这个路径名称，而是让用户自己根据实际需求选择路径，否则程序的实用性将大打折扣。

通过 FileDialog 对象创建一个选择路径的对话框可使用以下模板：

```
Sub 浏览并获取指定路径名称()'随书案例文件中有每一句代码的含义注释
    Dim PathStr As String
    With Application.FileDialog(msoFileDialogFolderPicker)
        .Title = "请选择一个文件夹"
        If .Show = -1 Then PathStr = .SelectedItems(1) Else Exit Sub
    End With
    PathStr = PathStr & IIf(Right(PathStr, 1) = "\", "", "\")
    MsgBox PathStr
    '…更多代码…
End Sub
```

在过程中首先声明一个 String 型的变量，然后使用 msoFileDialogFolderPicker 或者将 4 作为 FileDialog 对象的参数创建对话框，接着利用 FileDialog.Show 方法显示这个对话框。

由于对话框中有“打开”和“取消”两个按钮，因此需要通过条件语句判断用户单击了哪一个按钮。代码“If .Show = -1 Then PathStr = .SelectedItems(1) Else Exit Sub”的含义是如果用户单击了“打开”按钮，那么将用户选择的路径名称赋值给变量 PathSht，否则结束过程。

由于用户选择不同路径时对话框的返回值也不同，例如选择磁盘的根目录时得到的路径的最后一个字符是“\”，而选择了根目录下方的子文件夹时得到的路径最后一个字符不是“\”，为了统一路径，使用 IIf 函数判断最后一个字符是否为“\”，如果不是就添加一个“\”。

程序执行结束后，变量 PathStr 的值就代表用户选择的路径名称，以“\”结尾。如图 7-55 所示是 FileDialog 对象生成的对话框，如图 7-56 所示是最终获得的路径。

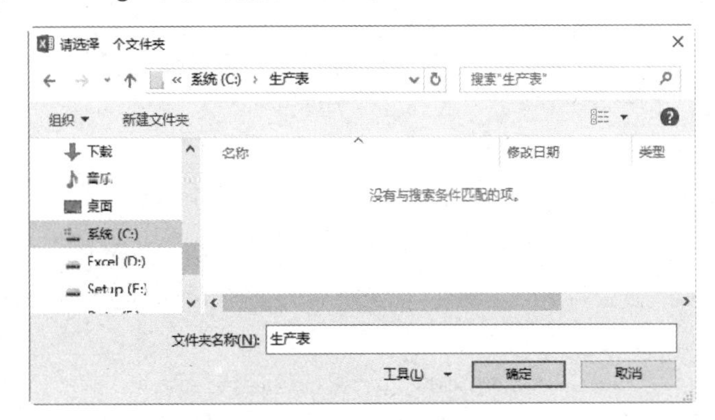

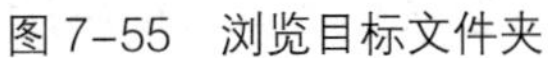
图 7–55　浏览目标文件夹

图 7–56　最终获得的路径

随书提供案例文件：7-31 浏览并获取指定路径名称.xlsm

7.5.3 选择文件

批量打开文件或者批量插入图片等都需要让用户从对话框中选择文件。创建一个批量选择文件的对话框仍然使用 FileDialog 对象实现。为了便于你快速应用到工作中去，在此提供一个通用的模板。

```
Sub 浏览并报告所有文件名称()'随书案例文件中有每一句代码的含义注释
Dim Item As Integer
With Application.FileDialog(msoFileDialogFilePicker)
  If .Show =-1 Then
    For Item = 1 To .SelectedItems.Count
      MsgBox .SelectedItems(Item)
    Next Item
  Else
   Exit Sub
  End If
End With
  '...更多代码...
End Sub
```

以上过程通过 FileDialog 属性创建一个选择文件的对话框，然后利用条件语句判断用户选择了哪一个按钮，如果是“取消”按钮则结束过程，如果是“打开”按钮，那么逐一将用户选择的文件的完整名称显示在信息框中。

由于 FileDialog 对象的 AllowMultiSelect 属性默认值为 True，因此在代码中忽略了 AllowMultiSelect 属性仍然可以多选文件。

事实上，你可以随意修改以上模板，将 MsgBox 函数替换为赋值或者打开文件。假设要将用户选择的所有文件的名称罗列在工作表中，可以按以下方式修改。

```
Sub 创建文件目录()'随书案例文件中有每一句代码的含义注释
  Dim Item As Integer
  With Application.FileDialog(msoFileDialogFilePicker)
  If .Show = -1 Then
    For Item = 1 To .SelectedItems.Count
     Cells(Item, 1).Value = .SelectedItems(Item)
    Next Item
  End If
  End With
End Sub
```

随书提供案例文件和演示视频：7-32 浏览并选择文件.xlsm 和 7-32 浏览并选择文件.mp4

7.5.4 按类型选择文件

Windows 系统采用扩展名来区分文件的类型，预览文件的对话框也用扩展名作为条件筛选文件。Excel 自带的“打开”对话框就使用了筛选功能，在对话框中只能看到与 Excel 相关的文件，其他类型的文件已被自动隐藏起来。

创建具有筛选功能的对话框可用 GetOpenFilename 方法实现，其语法如下：

```
Application.GetOpenFilename(FileFilter, FilterIndex, Title, ButtonText, MultiSelect)
```

GetOpenFilename 方法的 5 个参数都是可选参数，其具体功能如表 7-18 所示。

表 7-18　GetOpenFilenam方法的参数

参数名称	功能描述
FileFilter	用于指定文件筛选条件的字符串
FilterIndex	指定默认文件筛选条件的索引号，取值范围为 1 到由FileFilter所指定的筛选条件数目。如果省略该参数，或者该参数的值大于可用筛选条件数，则使用第一个文件筛选条件
Title	指定对话框的标题。如果省略该参数，则标题为“打开”
ButtonText	仅限Macintosh。在Windows系统中忽略此参数即可
MultiSelect	如果赋值为True，则允许选择多个文件名。如果赋值为False，则只能单选文件名，默认为False

其中，FileFilter 参数比较复杂，它的功能为通过指定文件扩展名来设置筛选条件，由文件类型描述和包含 DOS 通配符的扩展名组成，中间以逗号分隔。

例如“"文本文件 (*.txt),*.txt"”或者“"文本文件,*.txt"”代表只筛选出文本文件。其中逗号前面部分可以随意书写，它用于说明当前的筛选条件，改用“ABC”也不影响功能，只是无法帮助用户快速理解罢了；逗号后面的部分用于指定文件的扩展名称，一个字都不允许错误。你可以通过以下步骤验证 FileFilter 参数为“"文本文件,*.txt"”时的筛选功能。

（1）在 D 盘新建一个文件夹，并命名为“文件”。

（2）在“D:\文件\”路径下新建两个文本文件和两个 Excel 文件，再复制 2 张 jpg 格式的图片和两张格式的 png 图片到该路径下。

（3）在 Excel 中按<Alt+F11>组合键打开 VBE 窗口，然后在菜单栏执行“插入”→“模块”命令。

（4）在模块中输入以下代码：

```
Sub 预览指定类型的文件名称()'随书案例文件中有每一句代码的含义注释
  On Error Resume Next
  Dim FileName, i As Integer
```

```
    FileName = Application.GetOpenFilename("文本文件,*.txt", , "请选择文本文件", , True)
    If Err.Number > 0 Then Exit Sub
    For i = 1 To UBound(FileName)
        MsgBox FileName(i)
    Next i
End Sub
```

（5）单击过程中任意位置，按<F5>键执行过程。

（6）在对话框中选择路径“D:\文件”，此时在对话框中可以选择 2 个文本文件，效果如图 7-57 所示。

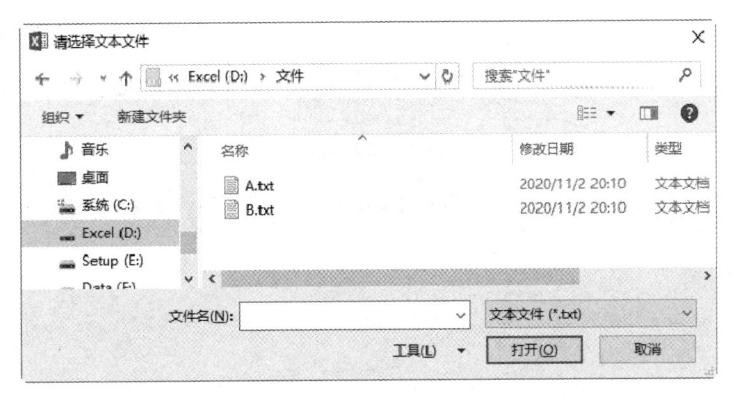

图 7–57　选择文本文件

很显然，代码中的参数“"文本文件,*.txt"”只能筛选出文本文件，将图片和 Excel 文件隐藏了，这刚好符合需求。

事实上，工作需求是变化的，而非单一的。有时要求在对话框中显示出多种类型的文件，GetOpenFilename 方法是否仍然可以满足需求呢？答案仍然是通过 FileFilter 参数实现。

GetOpenFilename 方法的 FileFilter 参数支持多种扩展名，不同扩展名之间使用分号隔开即可。例如在“D:\文件”中 png 和 jpg 两种格式的图片文件，将它们的名称导入到工作表中可用以下代码：

```
Sub 批量导入图片文件名称()'随书案例文件中有每一句代码的含义注释
    On Error Resume Next
Dim FileName, i As Integer
    FileName = Application.GetOpenFilename("图片文件,*.jpg;*.png", , "请选择图片文件", , True)
    If Err.Number > 0 Then Exit Sub
    For i = 1 To UBound(FileName)
        Cells(i, 1)Value = FileName(i)
    Next i
End Sub
```

以上代码的重点在于“"图片文件,*.jpg;*.png"”，它定义了 jpg 和 png 两种文件格式，如果还需要更多类型的文件，可以一并罗列出来，使用分号隔开即可。

执行以上过程后将弹出图 7-58 所示的对话框，可以选择图片文件。

图 7–58　选择图片文件

随书提供案例文件和演示视频：7-33 按类型预览文件.xlsm 和 7-33 按类型预览文件.mp4

第 8 章　开发自启动程序

VBA 的主要存在价值是提升工作效率，可能以往需要 10 分钟、重复上百步完成的工作通过 VBA 来实现往往仅需单击一次按钮即可。同时，由于 VBA 允许程序自动化执行，这甚至连单击按钮的时间也省了，从而将 VBA 的潜力发挥得更彻底。

VBA 代码自动化执行主要通过自动宏和事件来实现，本章的重点在于介绍工作簿事件和工作表事件。

8.1 让宏自动执行

早期版本的 Excel 就已经支持宏代码自动运行了，但是当时的自动宏功能极其有限。为了方便工作，后来在 Excel 中引入了“事件”这一概念，事件比早期的自动宏强大得多。不过微软为了确保程序的兼容性还是保留了早期的自动宏，因此，如今在 Excel 2010、2013、2016 和 2019 中既可使用早期的自动宏又可使用事件。

8.1.1 Auto 自动宏

在 VBA 中，只要将宏命名为“Auto_Open”，并且保存在模块中，那么开启工作簿时就可以自动执行该宏程序。

对应地，如果宏程序被命名为“Auto_Close”，并且保存在模块中，那么在关闭工作簿时也可以自动执行该宏程序。

例如，每次开启工作簿时让工作簿在状态栏显示“四维实业公司人事报表”，而关闭工作簿时自动保存工作簿，我们可以使用以下代码来实现：

```
Sub Auto_Open()    '代码存放位置：模块中
Application.StatusBar = "四维实业公司人事报表"
End Sub
Sub Auto_Close()
ThisWorkbook.Save
End Sub
```

在以上两段代码中，第一段的功能是打开工作簿时在状态栏显示“四维实业公司人事报表”，效果如图 8-1 所示。第二段则可以实现在关闭工作簿时自动保存，而不需要用户手工单击“保存”按钮。

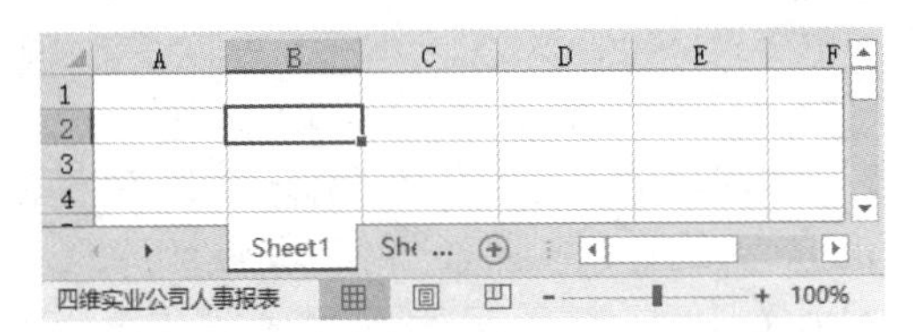

图 8–1　状态栏的显示效果

随书提供案例文件：8-01 自动宏.xlsm

8.1.2 升级版自动宏：事件

早期的 Excel 仅仅支持“Auto_Open”和“Auto_Close”两个自动宏，功能过于单一。为了满足日益繁复的工作需求，微软在 Excel 中引入了事件这个概念，而且每升级一次 Excel 就会增加若干个事件。例如 Excel 2010 相对于 Excel 2007 就新增了 24 个事件，后来的 Excel 2013、Excel 2019 又有新的事件加入进来。

事件的种类有很多，关于窗体与窗体组件的事件将在第 14 章讲述，下面重点讲述工作表事件和工作簿事件。

1. 工作表事件

Excel 2019 提供了近 17 种工作表事件，每一个工作表事件都有一个独一无二的触发条件，例如工作表的 Activate 事件在激活工作表时触发，Calculate 事件在重算公式时触发，Change 事件在改变单元格的值时触发，SelectionChange 事件在选区变化时触发……

工作表事件仅作用于代码所在工作表，例如代码存放在 Sheet2 工作表中，那么对 Sheet2 执行某个操作时可以触发该事件，在其他任意工作表中都无法触发此事件。

部分工作表事件拥有一个或者两个参数，部分工作表事件没有参数。当参数为 Target 时表示可以通过此参数获取当前的操作区域，例如在 SelectionChange 事件中的参数 Target 表示当前选中的区域，Change 事件中的参数 Target 表示当前正在修改其值的区域……

当参数为 Cancel 时表示可以通过此参数控制原有功能的启用与禁用状态，例如 BeforeDoubleClick 事件是一个双击事件，原本双击单元格后可以进入编辑状态，若将此事件的 Cancel 参数赋值为 True，那么可以禁止单元格进入编辑状态；BeforeRightClick 事件属于右击时触发的事件，原本右击单元格后可以弹出右键菜单，若将此事件的 Cancel 参数赋值为 True 则可以禁止右击单元格时弹出右键菜单。

2. 工作簿事件

Excel 2019 提供了 42 种工作簿事件，每一个事件对应一个独有的触发条件。

工作簿事件高于工作表事件，同时包含工作表事件，因此任何一个工作表事件触发时都会同步触发工作簿事件。

工作表事件仅作用于代码所在工作表，工作簿事件则作用于代码所在工作簿或者工作簿中的所有工作表，因此所有工作表事件都可以用对应的工作簿事件代替。

工作簿事件也和工作表事件一样——部分事件无参数，部分事件有一到多个参数。当参数为 Sh 时，表示可以通过此参数引用触发事件的工作表对象。

工作簿的 SheetSelectionChange 事件的书写方式如下：

```
Private Sub Workbook_SheetSelectionChange(ByVal Sh As Object, ByVal Target As Range)
End Sub
```

其中参数 Sh 代表触发当前事件的工作表。

当前正在操作哪一个工作表，那么参数 Sh 就代表那个工作表。

如果参数是 Target 或者 Cancel，那么其含义与工作表事件中的同名参数一致。

每个工作表事件都对应一个工作簿事件，例如 Worksheet_SelectionChange 事件对应 Workbook_SheetSelectionChange 事件，前者仅当代码所在工作表的选区变化时触发事件，后者则在代码所在工作簿的任意工作表中选区变化时触发事件。

如果要用工作簿的 SheetSelectionChange 事件替换工作表的 SelectionChange 事件，那么在 Workbook_SheetSelectionChange 事件过程中使用条件语句限制工作表名称即可。

我们可以通过以下步骤证明工作簿事件足以取代工作表事件：

（1）新建一个工作簿，按<Alt+F11>组合键打开 VBE 窗口。

（2）双击工程资源管理器中的“Sheet2”，然后在代码窗口中输入以下事件过程代码：

```
'①代码存放位置：工作表事件代码窗口。②随书案例文件中有每一句代码的含义注释
Private Sub Worksheet_SelectionChange(ByVal Target As Range)
  If WorksheetFunction.Count(Target) > 0 Then
    Application.StatusBar = Target.Address(False, False) & " 的 平 均 值 为 :" &
WorksheetFunction.Average(Target)
  Else
    Application.StatusBar = ""
  End If
End Sub
```

代码的含义是：如果 Target 区域中的数值个数大于 0，那么在状态栏显示选区的地址和选区的平均值，否则让状态恢复原状。由于以上工作表事件过程的代码存放在 Sheet2 工作表中，因此代码的作用对象是 Sheet2 工作表，在其他工作表中选择区域时不触发事件。

如图 8-2 所示是在 Sheet2 工作表中选择 A2:C3 时的操作结果，状态栏显示了选区中的平均值。

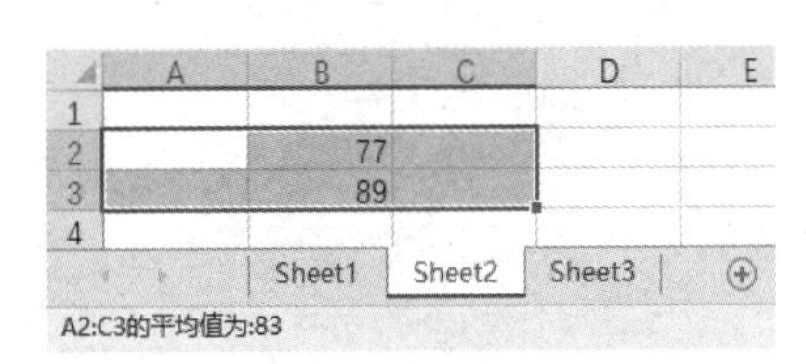

图 8-2　在状态栏显示选区中的平均值

（3）关闭工作簿，新建一个工作簿，按<Alt+F11>组合键打开 VBE 窗口。

（4）双击工程资源管理器中的 ThisWorkbook，然后在代码窗口中输入以下事件过程代码：

```
'①代码存放位置：ThisWorkbook。②随书案例文件中有每一句代码的含义注释
Private Sub Workbook_SheetSelectionChange(ByVal Sh As Object, ByVal Target As Range)
  If Sh.Name = "Sheet2" Then
    If WorksheetFunction.Count(Target) > 0 Then
      Application.StatusBar = Target.Address(False, False) & " 的 平 均 值 为 :" &
WorksheetFunction.Average(Target)
    Else
      Application.StatusBar = ""
    End If
  End If
End Sub
```

相对于工作表事件的代码，以上工作簿事件代码添加了一句条件语句，从而将事件过程的触发条件限制在 Sheet2 工作表中，因此两组代码的功能完全一致。

知识补充 Count 和 Average 都属于工作表函数，不是 VBA 的函数，因此不能直接调用，必须在函数名称前添加父对象 WorkSheetFunction 才能调用。有 90%以上的工作表函数都可以通过这种方式调用，而 Sqrt、If、Abs、Char、Code、Indirect、Address、Cell、Date、Datedif、Year、Day、Month、NOW、Today、Value、N、T、Mod、Maxa、Mina、Mimute、Second、Hour、Sin、Rmb、Info、Int、Isblank、Na、Not、Row、Rows、Column、Columns、Tan、True、False、Type、Upper、Lower、Left、Right、Mid 等函数则不允许，因为 VBA 已经提供了相同功能的函数。例如 VBA 函数 Sqr 等同于工作表函数 Sqrt、VBA 函数 Left 等同于工作表函数 Left、VBA 函数 IIf 等

同于工作表函数 If、VBA 函数 Chr 等同于工作表函数 Char……

（5）返回工作表界面，在 Sheet2 工作表中随意输入数值，然后选中区域，在状态栏将显示选区的平均值。

（6）在其他工作表中输入任意数值并选中区域，状态栏不会显示平均值，这证明工作簿事件可以替代工作表事件。

随书提供演示视频：8-02　通过事件让状态栏显示选区的平均值.mp4

8.1.3 事件的禁用与启用

Excel 的事件可以通过代码启用或者禁用，当将 Application 对象的 EnableEvents 属性赋值为 True 时表示启用事件，将它赋值为 False 时则禁用事件，完整的代码如下：

```
Application.EnableEvents = True
Application.EnableEvents = False
```

通常在以下两种情况下需要禁用事件。

1. 临时关闭事件

当工作簿中存在工作表事件或者工作簿事件的代码时，只要符合条件，代码就会自动执行。而某些时候不需要触发这些事件，那么就有必要使用代码禁止事件。

以下案例用于演示禁用事件和启用事件。

案例要求：D 盘中的“生产报表.xlsm”工作簿中设置了一个名为 Workbook_Open 的工作簿事件，现要求用代码打开该工作簿，并且禁止打开工作簿时执行 Workbook_Open 事件。

知识要点：Application.EnableEvents 属性、Workbooks.Open 方法。

实现步骤：

STEP 01 按<Alt+F11>组合键打开 VBE 窗口，然后在菜单栏执行“插入”→“模块”命令。

STEP 02 在模块中输入以下代码：

```
Sub 打开文件()'随书案例文件中有每一句代码的含义注释
  Application.EnableEvents = False
  Workbooks.Open "D:\生产报表.xlsm "
  Application.EnableEvents = True
End Sub
```

STEP 03 将光标定位于过程“打开文件”中的任意位置，然后按<F5>键执行代码，程序会自动打开 D 盘中的“生产报表.xlsm”工作簿，而且工作簿中的 Workbook_Open 事件不会执行。

思路分析：

过程“打开文件”首先利用代码“Application.EnableEvents = False”禁用事件，然后使用 Workbooks.Open 方法打开工作簿，在此期间不管工作簿中有多少个事件，都会被禁止执行。特别是批量打开工作簿时禁用事件更有现实意义——防止事件干扰代码执行。

例如某个工作簿的 Workbook_Open 事件使用了 MsgBox 函数，那么在程序执行过程中必须人工关闭 MsgBox 函数产生的信息框，然后批量打开工作簿的代码才得以继续执行。

2. 防止事件的连锁反应

部分事件可能会导致连锁反应——事件过程的代码导致事件再次执行。例如在工作表的 SelectionChange 事件中使用了 Range.Select 方法，而 Range.Select 方法又会触发

SelectionChange 事件，两者相互作用下就产生了连锁反应。

例如以下事件过程：

```
'代码存放位置：工作表事件代码窗口
Private Sub Worksheet_SelectionChange(ByVal Target As Range)
Target.Offset(1, 0).Select
End Sub
```

事件的触发条件是选区变化，而事件过程中的代码“Target.Offset(1, 0).Select”会导致选区变化，从而再次触发条件，导致 SelectionChange 事件连锁反应。例如选择 A1 单元格时代码“Target.Offset(1, 0).Select”会选择 A2 单元格，此句代码会触发事件，从而选择 A3 单元格，然后继续选择 A4 单元格、A5 单元格……

再如以下事件过程：

```
'代码存放位置：工作表事件代码窗口
Private Sub Worksheet_Change(ByVal Target As Range)
 Target = Target + 1
End Sub
```

事件过程的本意是在单元格中输入数据时自动累加 1，然而事件的连锁反应会让事件的执行结果与原本需求背道而驰。假设在 A1 单元格中输入 1，事件过程的结果并不是 2，由于事件的连锁反应会导致 A1 单元格的值反复累加下去。

将 Application.EnableEvents 属性赋值为 False，可以关闭事件的这种连锁反应。对于上述 Worksheet_SelectionChange 事件，按以下方式修改：

```
'代码存放位置：工作表事件代码窗口
Private Sub Worksheet_SelectionChange(ByVal Target As Range)
   Application.EnableEvents = False
   Target.Offset(1, 0).Select
   Application.EnableEvents = True
End Sub
```

随书提供案例文件和演示视频：8-03 启用与禁用事件.xlsm 和 8-03 启用与禁用事件.mp4

8.1.4 事件的特例

所谓特例，是指按照常规思路大家认为可能触发事件的操作却没有触发事件，而大家认为可能不会触发事件的操作事实上却触发了事件过程。下面列举 6 个特例。

1. 删除空白单元格时触发 Worksheet_Change 事件

当单元格是空白状态时，按<Detele>键会触发 Worksheet_Change 事件。例如：

```
'①代码存放位置：工作表事件代码窗口。②随书案例文件中有每一句代码的含义注释
Private Sub Worksheet_Change(ByVal Target As Range)
MsgBox "您在修改：" & Target.Address(0, 0)
End Sub
```

将以上代码放在 Sheet1 的代码窗口中，然后在工作表中删除空白单元格 A1 时会弹出如图 8-3 所示的提示框。

事实上，如果将 Worksheet_Change 事件看作单元格的值变化时触发的事件，那么将难以理解上述结果。如果将它看作修改单元格的值时触发的事件就可以理解了，因为“变化”是一个形

容词，表明一个状态，当 A1 单元格的值为空白时，按下<Delete>键后 A1 单元格的状态并未产生变化；“改变”是一个动作，强调的是动作而非结果，因此尽管删除空白单元格时单元格的值尚未变化，但是改变 A1 单元格的值这一个动作已经发生了，那么就可以触发事件。

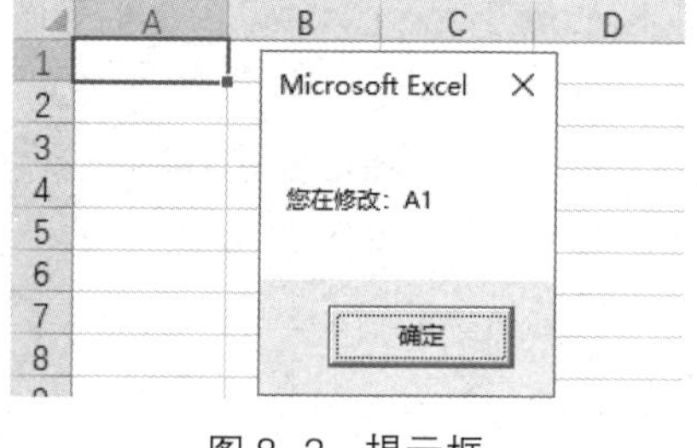

图 8-3　提示框

2. 插入批注时不触发任何事件

任何单元格插入批注时都不触发任何事件。

可以理解为批注是一个悬浮于单元格之上的图形对象，导入图像的目的和结果与改变单元格的值无关。

3. 修改单元格格式不触发事件

不管对单元格格式进行任向修改，包括背景色、填充图案、对齐方式及边框、定义数字格式等都不触发任何事件。

虽然定义数字格式时单元格的显示内容发生了改变，然而单元格的内容在本质上是不变化的，改变的是单元格的外观、状态，而不是单元格的内容。

4. 清除格式会触发 Worksheet_Change 事件

清除单元格格式时会触发 Worksheet_Change 事件。

我们不清楚微软当初为什么设计清除格式这种不修改单元格的内容的操作会触发工作表事件，只能记住这个特例即可。

5. 数据分列时不触发事件

假设 A1 单元格中的文本为“中国/广东/广州”，以“/”为分隔符将它进行分列，在分列时不会触发任何事件，包括 Worksheet_Change 事件和 Worksheet_SelectionChange 事件。

6. 表单控件修改单元格不触发事件

表单控件中的复选框、列表框和组合框等都可以修改单元格的值，但是经过多次测试这个操作过程不会触发任何工作表或者工作簿事件。

但是 ActiveX 控件中的复选框、列表框和组合框却可以触发工作表事件、工作簿事件和应用程序事件。

8.2 工作表事件

工作表事件仅用于代码所在的工作表，本节对部分工作表事件提供详细的案例，帮助你对工作表事件有深入的认知。

8.2.1 在状态栏提示最大值的单元格地址

案例要求：选择“生产表”中任何区域时在状态栏提示选区中最大值的地址。

实现步骤：

STEP 01 打开如图 8-4 所示的工作簿，按<Alt+F11>组合键进入 VBE 界面。

STEP 02 双击工程资源管理器中的“生产表”，并在“生产表”代码窗口中输入以下代码：

```
'①代码存放位置：工作表事件代码窗口。②随书案例文件中有每一句代码的含义注释
Private Sub Worksheet_SelectionChange(ByVal Target As Range)
```

```
  If WorksheetFunction.Count(Target) = 0 Then
    Application.StatusBar = ""
  Else '否则
    Application.StatusBar = Target.Find(WorksheetFunction.Max(Target), , , xlWhole).Address
  End If
End Sub
```

STEP 03 按<Alt+F11>组合键返回工作表界面，选择任意区域，假设选区中没有数值，那么状态栏将没有任何变化；假设选区中有数值，那么在状态栏会显示选区中最大值的地址，效果如图 8-4 所示。

	A	B	C	D
1	姓名	机台	产量	不良品
2	赵有国	1	868	3
3	简文明	2	976	6
4	周蒙	3	762	12
5	陈越	4	753	1
6	罗生荣	5	983	16
7	朱邦国	6	716	0
8	肖小月	7	761	43

生产表　Sheet2

$C$3

图 8-4　在状态栏显示选区中最大值的地址

思路分析：

工作表的 SelectionChange 事件是工作表中的选区变化时触发的事件，参数 Target 代表当前的选区。事件过程的代码必须放在“生产表”对应的代码窗口中，否则代码不生效。

本例要求计算选区的最大值的地址，由于当选区没有数值时 Max 函数计算出来的最大值是 0，而选区中没有 0，因此利用 Range.Find 方法查找 0 时将会出错。为了解决此问题，本例采用工作表函数 Count 计算 Target 区域是否有数值，如果没有数值则恢复状态栏信息，并在状态栏显示最大值的地址。

语法补充：

（1）Count 函数用于计算一个或者多个区域中的数值个数，它是工作表函数，必须使用“WorksheetFunction.Count”形式才可以调用。对于 Left、Ritht、Mid、Instr 这类 VBA 函数则可以直接书写函数名称，忽略 WorksheetFunction。

（2）Range.Find 方法表示在指定区域中查找字符串，返回值是一个 Range 对象。本例要求在选区中查找，而事件过程的参数 Target 即代表选区，因此本例代码使用的 Target.Find 而非 Cells.Find。

随书提供案例文件：8-04 在状态栏提示最大值的单元格地址.xlsm

8.2.2 快速输入出勤表

案例要求：在如图 8-5 所示的出勤表的 B2:H11 区域中单击单元格时产生“迟到”，双击单元格时产生“早退”，右击单元格时产生“请假”。

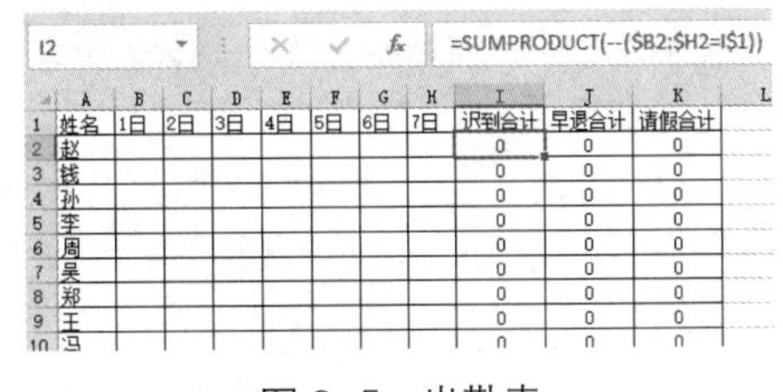
I2　=SUMPRODUCT(--($B2:$H2=I$1))

	A	B	C	D	E	F	G	H	I	J	K
1	姓名	1日	2日	3日	4日	5日	6日	7日	迟到合计	早退合计	请假合计
2	赵								0	0	0
3	钱								0	0	0
4	孙								0	0	0
5	李								0	0	0
6	周								0	0	0
7	吴								0	0	0
8	郑								0	0	0
9	王								0	0	0
10	冯								0	0	0

图 8-5　出勤表

实现步骤：

STEP 01 在工作表标签栏右击，在弹出的右键菜单中选择“查看代码”命令。

STEP 02 在代码窗口中输入以下工作表事件过程代码：

```
'①代码存放位置：工作表事件代码窗口。②随书案例文件中有每一句代码的含义注释
Private Sub Worksheet_SelectionChange(ByVal Target As Range)
  If Not Intersect(Target, Range("B2:H10")) Is Nothing Then
    Intersect(Target, Range("B2:H11")).Value= "迟到"
  End If
End Sub
```

以上事件过程表示选择 B2:H11 区域的单元格时自动产生“迟到”。

STEP 03 继续输入以下事件过程代码：

```
'①代码存放位置：工作表事件代码窗口。②随书案例文件中有每一句代码的含义注释
Private Sub Worksheet_BeforeDoubleClick(ByVal Target As Range, Cancel As Boolean)
  If Not Intersect(Target, Range("B2:H11")) Is Nothing Then
    Cancel = True
    Intersect(Target, Range("B2:H11")) .Value = "早退"
  End If
End Sub
```

以上事件过程表示双击 B2:H11 区域的任意单元格后禁止单元格进入编辑状态，然后在单元格中自动产生“早退”。

STEP 04 继续输入以下事件过程代码：

```
'①代码存放位置：工作表事件代码窗口。②随书案例文件中有每一句代码的含义注释
Private Sub Worksheet_BeforeRightClick(ByVal Target As Range, Cancel As Boolean)
  If Not Intersect(Target, Range("B2:H11")) Is Nothing Then
    Cancel = True
    Target(1) .Value= "请假"
  End If
End Sub
```

以上事件过程表示右击 B2:H11 区域任意单元格后禁止单元格弹出右键菜单，然后在单元格中自动产生“请假”。

STEP 05 返回工作表界面，单击 B2:H11 区域中任意单元格即可产生“迟到”，若在 B2:H11 区域中双击单元格则可产生“早退”，右击单元格可产生“请假”。如果在 B2:H11 以外的区域单击、双击或者右击则不会触发事件，或者准确地说是虽然触发了事件，但由于不符合条件因此不会执行条件语句中的代码。

思路分析：

本例需要单击、双击和右击单元格时产生不同的字符，而这三个操作刚好对应三个工作表事件，因此本例使用了三个事件来完成需求。

由于本例要求只在 B2:H11 区域中产生“请假”“迟到”和“早退”，忽略其他区域，因此在三个事件过程中都使用了条件语句 If Then 判断 Target 对象与 B2:H11 是否存在交集，只有存在交集时才向 Target 中输入数据。

语法补充：

（1）Not 运算符表示否定运算，例如将 True 变成 False 或将 False 变成 True。当两个区域没有交集时 Intersect 方法的返回值是 Nothing，可以使用“Is Nothing”来判断。两个区域有交集时返回值是一个 Range 对象，但不能使用“Is Range”来判断，因此采用 Not 即可。

（2）BeforeRightClick 事件过程中的 Cancel 参数用于控制右击单元格时是否弹出右键菜单，由于在 B2:H11 区域中右击时只需要产生“请假”，不需要弹出右键菜单，因此当 Target 与 B2:H11 区域存在交集时将 Cancel 参数赋值为 True，屏蔽原本的右键菜单。

随书提供案例文件和演示视频：8-05 快速输入出勤表.xlsm 和 8-05 快速输入出勤表.mp4

8.2.3 在状态栏显示选区的字母、数字、汉字个数

案例要求：选择任意区域时，在状态栏显示选区中的字符个数，以及字母个数、数字个数、

汉字个数。

实现步骤：

STEP 01 在工作表标签栏右击，在弹出的右键菜单中选择“查看代码”命令。

STEP 02 在代码窗口中输入以下工作表事件过程代码：

```
'①代码存放位置：工作表事件代码窗口。②随书案例文件中有每一句代码的含义注释
Private Sub Worksheet_SelectionChange(ByVal Target As Range)
  Dim 字符 As String, 字符数 As Long, 汉字 As Long, 字母 As Long, 数字 As Long, 其他符号
  Dim Rng As Range, Item As Integer, rngg As Range
  If WorksheetFunction.CountA(Target) = 0 Then
    Application.StatusBar = ""
  Else
    For Each Rng In Intersect(Target, ActiveSheet.UsedRange)
      字符数 = 字符数 + Len(Rng)
      For i = 1 To Len(Rng)
        字符 = Mid(Rng, i, 1)
        If 字符 Like "[一-隝]" = True Then
          汉字 = 汉字 + 1
        ElseIf 字符 Like "[a-zA-Z]" = True Then
          字母 = 字母 + 1
        ElseIf 字符 Like "[0-9]" = True Then
          数字 = 数字 + 1
        Else
          其他符号 = 其他符号 + 1
        End If
      Next
    Next
    Application.StatusBar = "字数：" & 字符数 & "个，其中：" & "汉字：" & 汉字 & "个，" & "字母：
" & 字母 & "个，" & "数字：" & 数字 & "个，" & "其他符号：" & 其他符号 & "个"
  End If
End Sub
```

STEP 03 返回工作表界面，选择空白区域，状态栏无任何反应；选择已用区域中的非空单元格，在状态栏显示选区字数，如提示字符总数以及汉字个数、字母个数、数字个数和其他符号个数。其他符号是指标点、空格、片假名等，效果如图 8-6 所示。

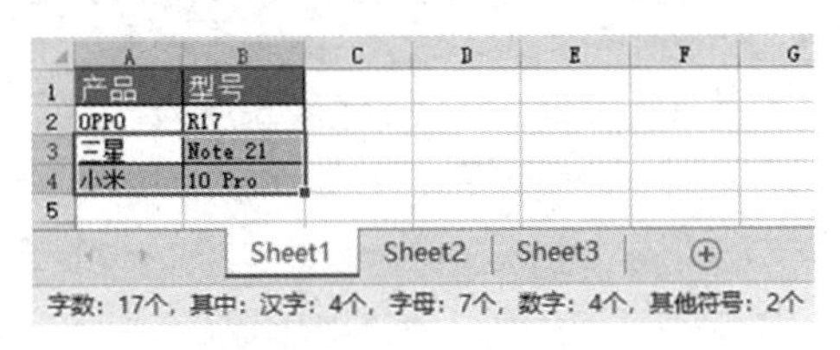

图 8-6　在状态栏显示选区字数

思路分析：

Worksheet_SelectionChange 事件是选区变化时触发的事件，它的参数 Target 代表当前选区。为了提升代码的执行效率，本例首先在条件语句中通过工作表函数 Counta 判断 Target 区域是否为空白区域，如果是空白区域则恢复状态栏的显示内容，然后直接结束过程；如果选区不是空白区域，则使用 Intersect 方法提取选区与已用区域的交集，并用循环语句遍历该交集，在循环体中逐一统计每个单元格的字符数量。

在过程中判断选区是否为空白区域，以及提取选区与已用区域的交集两个步骤极为重要，它可以避免浪费系统资源，提升程序的执行效率。

在统计选区的字符数量时，首先使用 For Each Next 循环语句遍历选区与已用区域的交集，然后使用 Len 函数计算每个单元格的字符数量，将它们累加后即为选区的字符总数。而统计汉字个数、字母个数和数字个数时则需要在 For Each Next 循环语句中嵌套 For Next 循环，通过它遍历单元格的每一个字符，然后配合 Like 运算符逐一判断每个字符是汉字、字母还是数字，最后根据字符的类型累加对应的变量。

当循环完成后，根据变量的值可以获得汉字、字母、数字和其他字符的总数量。

本例代码仅用于演示工作表事件和 Like 运算符的用法，代码的执行效率并不是最优的。如果在实际工作中有此类需求，应该使用数组的技术优化代码。不过数组技术在本书的第 13 章才会涉及，因此本例中不宜提供数组相关的优化代码，你可以学完数组知识后再返回此处改写代码。

语法补充：

（1）Mid 是 VBA 的函数，用于从字符串中提取指定长度的字符。尽管它与工作表函数 Mid 的功能一致，每个参数的功能也一致，但两者在使用上还是有所区别的。工作表函数 Mid 有三个必选参数，分别是字符串、起始位置和长度，VBA 的 MID 函数有两个必选参数和一个可选参数，第三参数表示长度，如果忽略第三参数则表示长度等于第一参数的总长度。具体语法如下：

```
Mid(string, start[, length])
```

（2）Like 是 VBA 的运算符，用于比较两个字符或者字符串，返回值是 True 或者 False。

Like 运算的语法如下：

```
result = string Like pattern
```

其中 result 是返回值，string 代表用来比较的字符串，pattern 代表比较条件。Like 在执行字符比较时支持通配符和字符区间。判断 A1 单元格的值是否包含“中国”可以用以下代码：

```
MsgBox Range("a1") Like "*中国*"
```

代码中“*”代表任意长度的任意字符，因此比较条件“*中国*”的含义是以任意长度的任意字符开始、中间是“中国”并且以任意长度的任意字符结尾。如果 A1 单元格包含“中国”二字，那么信息框中将显示 True。

再如判断 A1 单元格是否包含三个字符，那么应使用以下代码：

```
MsgBox Range("a1") Like "???"
```

通配符“?”代表单个任意字符，因此“???”代表长度为任意三个字符。

Like 运算符最强大的地方莫过于它允许使用字符区间作为比较条件，字符区间以方括号“[”开始，以“]”结尾，中间插入字符范围，表示一个区间。例如“[a-z]”代表所有小写字母、“[A-Z]”代表所有大写字母、“[0-9]”代表所有数字、“[一-隝]”代表所有汉字……

随书提案例文件和演示视频：8-5 选区字符统计.xlsm 和 8-06 选区字符统计.mp4

8.2.4 实时监控单元格每一次编辑的数据与时间

案例要求： 保存 B 列每个单元格的修改记录，包括修改后的数据和修改时间。

实现步骤：

STEP 01 在工作表标签栏右击，在弹出的右键菜单中选择“查看代码”命令。

STEP 02 在代码窗口中输入以下工作表事件过程代码：

```
'①代码存放位置：工作表事件代码窗口。②随书案例文件中有每一句代码的含义注释
Private Sub Worksheet_Change(ByVal Target As Range)
    If Target.Column <> 2 Or Target.Rows.Count = Rows.Count Or Target.Columns.Count = Columns.Count
Then
        Exit Sub
    Else
        Dim Rng As Range, TimeStr As String
        TimeStr = Format(Now, "m 月 d 日 hh:mm:ss")
        Application.ScreenUpdating = False
        For Each Rng In Intersect(Target, Columns(2))
            If Not Rng.Comment Is Nothing Then
                Rng.Comment.Text Rng.Comment.Text & Chr(10) & TimeStr & "：  " & IIf(Rng = "", "【清空】",
Rng)
            Else
                Rng.AddComment TimeStr & "：  " & IIf(rng = "", "【清空】" ", Rng)
            End If
        Rng.Comment.Shape.TextFrame.AutoSize = True
        Next
        Application.ScreenUpdating = True
    End If
End Sub
```

STEP 03 按<Alt+F11>组合键返回工作表界面，在 A 列输入收支项目，在 B 列输入金额，那么 B 列的任意单元格的编辑记录都会在批注中体现出来，如记录当前输入的数据及时间如图 8-7 所示。

STEP 04 清空 B3 单元格的值，然后查看 B3 单元格的批注。批注中会保留第一次输入的值 -1250 及时间，同时添加一条新的记录，包含时间及"【清空】"，从而让用户随时可以查询该单元格的所有修改记录，效果如图 8-8 所示。

	A	B	C	D	E
1	收支项目	金额			
2	购电脑	-3500	11月3日16:26:11:　-1250		
3	购办公桌	-1250			
4	招待费				
5	车费报销				
6	收货款				
7					

图 8-7　记录当前输入的数据及时间

	A	B	C	D	E
1	收支项目	金额			
2	购电脑	-3500	11月3日16:26:11:　-1250		
3	购办公桌		11月3日16:26:40:　【清空】		
4	招待费				
5	车费报销				
6	收货款				
7					

图 8-8　清空单元格时记录时间及保留以前的记录

STEP 05 选择 B4:C5 区域，输入数字"400"后按<Ctrl+Enter>组合键，表示在多单元格同时输入数据，然后查看批注，我们可以发现仅 B 列的单元格会按要求记录时间和内容，其他列则自动忽略，效果如图 8-9 所示。

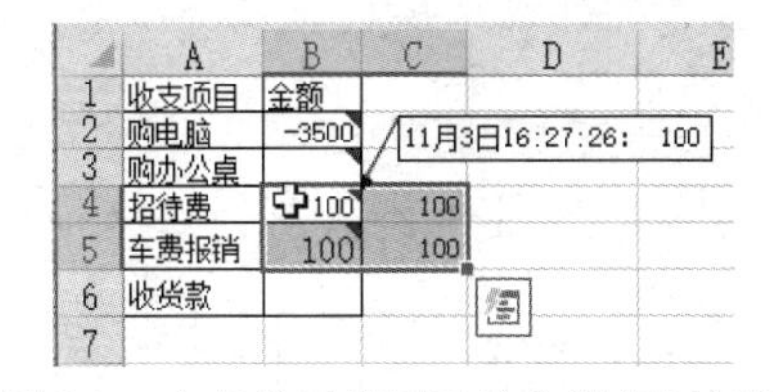

图 8-9　在多单元格同时输入数据时仅保留 B 列的编辑记录

思路分析：

由于需求是在修改 B 列的值时在批注中呈现所有修改记录，因此使用工作表的 Change 事件，它的功能是修改单元格的值时自动执行代码。

在过程中首先利用条件语句判断 Target 区域的列号是否等于 2（表示当前正在 B 列输入数据），不等于 2 则结束过程。如果 Target 区域的列号为 2，还需继续判断 Target 是否为整行或者整列，如果是，也直接结束过程，因为对整行或者整列添加批注需要消耗太多时间，影响代码

的效率，而且在正常情况下用户并不会整列输入数据，因此 Target 代表整行或者整列时不记录修改值与时间。

当确定 Target 符合条件以后，首先利用 Now 函数生成当前时间，然后通过 For Each Next 循环语句遍历 Traget 与 B 列的交集，逐一向单元格中添加批注，在批注中生成修改内容以及修改时间。由于单元格可能已经有批注也可能没有批注，因此生成批注前有必要判断单元格中是否存在批注。如果没有批注，则使用 AddComment 方法生成批注；如果有，则在原来的批注内容之后追加新的内容。

在生成批注后，为了方便用户观看批注内容，应该让批注框的高度和宽度随批注内容的长短自动变化，因此本例将批注框的 AutoSize 属性赋值为 True，其中“Comment.Shape.TextFrame”代表批注的文本框。

由于批量添加批注且设置其 AutoSize 属性时屏幕会反复闪动，既不美观又影响代码的执行效率，因此在循环语句之前通过代码“Application.ScreenUpdating = False”关闭屏幕更新。

语法补充：

（1）Range.Column 属性代表单元格或者区域的列号，当 Range 是一个区域时只取左上角单个单元格的列号，而不是生成一个数组，这一点与工作表函数 column 大大不同。

（2）Application.ScreenUpdating 属性赋值为 True 时表示执行代码过程屏幕可以即时更新，赋值为 False 时表示禁止更新。通常在频繁插入与删除单元格、图形对象，或者批量打开工作簿时有必要关闭屏幕更新，完成一切操作后再开启更新，从而加快代码的执行速度。

默认状态下屏幕更新处于开启状态，Excel 会将每一个步骤的操作结果呈现给用户，而这个过程是需要时间的，如果在执行操作前关闭更新，待完成一切操作后再一次性更新则可以节约时间，提升工作效率。

（3）Range.AddComment 方法表示向单元格中插入批注，其语法如下：

```
Range.AddComment(Text)
```

参数 Text 代表批注的内容，必须是文本，如果被添加到批注中的内容是数值，应该先使用 CStr 函数将它转换成文本，例如：

```
Range("a1").AddComment (CStr(12))
```

（4）AutoSize 属性用于控制对象是否自动调整大小，自动调整大小才能显示完整的文本内容。文本框才有 AutoSize 属性，没有 Comment 对象和 Shape 对象，因此使用“Comment.Shape.TextFrame”引用批注的文本框，然后对其 AutoSize 属性赋值。

随书提供案例文件和演示视频：8-07 在批注中存放修改记录.xlsm 和 8-07 在批注中存放修改记录.mp4

8.2.5 利用数字简化公司名输入

案例要求：某公司有 5 个客户，分别为“广东长风汽车有限公司”“湖南衡大塑胶生产厂”“江苏天信集团”“珠海电信公司”和“北京天虹印刷厂”，在工作表 A 列中希望可以通过数字 1、2、3、4、5 来完成五个常用公司名称的输入工作。

实现步骤：

STEP 01 在工作表标签栏右击，在弹出的右键菜单中选择“查看代码”命令。

STEP 02 在代码窗口中输入以下工作表事件过程代码：

```
'①代码存放位置：工作表事件代码窗口。②随书案例文件中有每一句代码的含义注释
Private Sub Worksheet_Change(ByVal Target As Range)
  If Target.Column = 1 Then
    If Target.Count > 1 Then Exit Sub
    Application.EnableEvents = False
    Select Case Target.Value
    Case 1
      Target = "广东长风汽车有限公司"
    Case 2
      Target = "湖南衡大塑胶生产厂"
    Case 3
      Target = "江苏天信集团"
    Case 4
      Target = "珠海电信公司"
    Case 5
      Target = "北京天虹印刷厂"
    End Select
    Application.EnableEvents = True
  End If
End Sub
```

STEP 03 返回工作表界面，在 A2 单元格输入 1，当按回车键后，单元格中的 1 将转换成“广东长风汽车有限公司”。

思路分析：

输入数字后自动转换成长地名有很多办法可以实现，包括自定义单元格的数字格式、自动替换和本例所用的工作表事件。其中自定义格式仅适用于公司名称不超过 4 个，自动替换功能对所有工作簿都生效，而本例要求仅对 A 列生效，因此采用工作表事件最理想的办法。

本例的事件过程使用了两个 If Then 语句嵌套，从而只有在 A 列的单个单元格中输入字符时才触发条件。当然，也可以使用 Or 运算符将两个条件连接起来，从而只用单个 If Then 语句限定条件。

在执行数字转公司名称时本例采用的是 Select Case 语句，其含义是在 Target 中输入 1、2、3、4、5 时分别替换成对应的公司名称。如果不使用 Select Case 语句可以改用工作表函数 Vlookup 实现，代码如下：

```
'①代码存放位置：工作表事件代码窗口。②随书案例文件中有每一句代码的含义注释
Private Sub Worksheet_Change(ByVal Target As Range)
  If Target.Column = 1 Then
    If Target.Count > 1 Then Exit Sub
    On Error Resume Next
    Application.EnableEvents = False
    Target = WorksheetFunction.VLookup(Target.Value, [{1,"广东长风汽车有限公司";2,"湖南衡大塑胶生产厂";3,"江苏天信集团";4,"珠海电信公司";5,"北京天虹印刷厂"}], 2, False)
    Application.EnableEvents = True
  End If
End Sub
```

代码中“{1,"广东长风汽车有限公司";2,"湖南衡大塑胶生产厂";3,"江苏天信集团";4,"珠海电信公司";5,"北京天虹印刷厂"}”是一个用于工作表函数的常量数组，在 VBA 中不支持这种形式的常量数组，但是可以使用“[]”将它们转换成 VBA 可以接受的数组。

过程中“Application.EnableEvents = False”的功能是避免 Worksheet_Change 事件的连锁

反应。

在实际工作中需要对代码限制作用范围，避免在其他需要输入数值的区域也被替换成公司名称。

语法补充：

VLookup 是工作表函数，需要通过 WorksheetFunction 对象才能调用。不过 Vlookup 函数找不到目标时不会在单元格中产生错误值，而是中断过程，这是在 VBA 中调用函数与在单元格中使用工作表函数的区别所在。代码中的 On Error Resume Next 语句的存在价值就在于避免用户输入 1、2、3、4、5 以外的字符时导致代码出错，从而中断过程。

事实上，本例还可以采用 Choose 函数替代 Vlookup 函数，代码如下：

```
Private Sub Worksheet_Change(ByVal Target As Range) '①代码存放位置：工作表事件代码窗口
  If Target.Column = 1 Then
    If Target.Count > 1 Then Exit Sub
    Application.EnableEvents = False
    If Target = 1 Or Target = 2 Or Target = 3 Or Target = 4 Or Target = 5 Then Target = Choose(Target, "广东长风汽车有限公司", "湖南衡大塑胶生产厂", "江苏天信集团", "珠海电信公司", "北京天虹印刷厂")
    Application.EnableEvents = True
  End If
End Sub
```

随书提供案例文件和演示视频：8-08 利用数字简化名称输入.xlsm 和 8-08 利用数字简化名称输入.mp4

8.2.6 输入数据时自动跳过带公式的单元格

案例要求：如图 8-10 所示是一个产量统计表，其中 D 列、F 列和 G 列分别包含计算良品数、不良率和良品率的公式。现要求输入数据并按回车键后总是自动跳过公式所在单元格，定位于下一个待输入数据的单元格。例如在 C2 单元格输入数据并按回车键后将自动选择 E2 单元格；在 E2 输入数据并按回车键后可自动选择 H2 单元格；在 H2 单元格输入数据并按回车键将自动选择 A3 单元格……

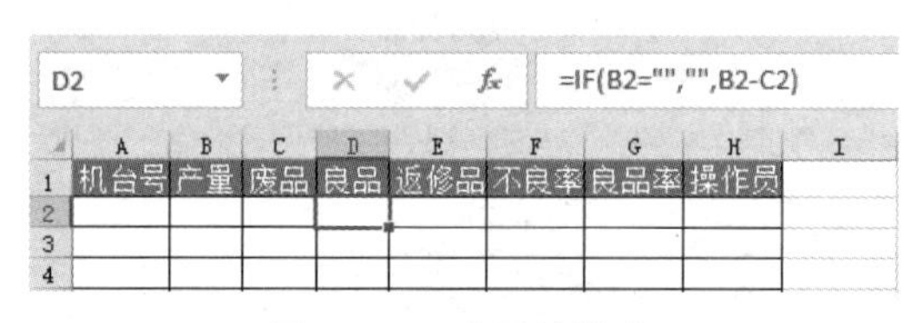

图 8-10　产量统计表

实现步骤：

STEP 01 在工作表标签栏右击，在弹出的右键菜单中选择“查看代码”命令。

STEP 02 在代码窗口中输入以下工作表事件过程代码：

```
'①代码存放位置：工作表事件代码窗口。②在随书案例文件中有每一句代码的含义注释
Private Sub Worksheet_SelectionChange(ByVal Target As Range)
  If Target.Count = 1 Then
    Application.MoveAfterReturnDirection = xlToRight
    If Target.HasFormula Then Target.Offset(0, 1).Select
    If Target.Column = 9 Then Target.Offset(1, -8).Select
  End If
End Sub
```

STEP 03 返回工作表界面，在 B2 单元格输入产量并按回车键，活动单元格将成为 C2 单元格。当在 C2 单元格输入废品数量并按回车键后，活动单元格成为 E2 单元格而不是 D2 单元格，因为 D2 单元格中有公式。当在 E2 单元格按回车键后活动单元格成为 H2 单元格。当在 H2 单元格输入操作员姓名后，活动单元格将变成 A3 单元格，而非 I2 单元格。

思路分析：

尽管工作需求是输入数据后自动定位下一个不包含公式的单元格，仍然不宜使用 Worksheet_Change 事件，而应该采用 Worksheet_SelectionChange 事件。

在 Worksheet_SelectionChange 事件中，将 MoveAfterReturnDirection 属性赋值为 xlToRight 表示按回车键后光标向右移动，这符合输入数据时的日常习惯。然后利用 If Then 语句判断 Target 中是否存在公式，如果有公式则选中它右边的一个单元格。由于 Range.Select 方法会触发 Worksheet_SelectionChange 事件的连锁反应，因此当多个连续的单元格中有公式时会一并跳过，直到遇到第一个不含公式的单元格。

为了提升输入数据的效率，本例代码还加入了“If Target.Column = 9 Then Target.Offset(1, -8).Select”，它表示在第 8 列（H 列）输入数据并按回车键后可以自动定位下一行的首个单元格，从而让代码代替手工定位，在数据输入过程中不再需要运用鼠标，大大节约了操作时间。

语法补充：

（1）Application.MoveAfterReturnDirection 属性用于控制按回车键后活动单元格的移动方向，它的可选范围受 XlDirection 常量限制，XlDirection 常量的名称、值与说明如表 8-1 所示。

表 8-1 XlDirection常量

名称	值	说明
xlDown	–4121	向下
xlToLeft	–4159	向左
xlToRight	–4161	向右
xlUp	–4162	向上

（2）Range.HasFormula 属性代表单元格是否有公式，当值为 True 时表示有公式，值为 False 时表示没有公式。

随书提供案例文件和演示视频：8-09 自动跳过公式区域.xlsm 和 8-09 自动跳过公式区域.mp4

8.3 工作簿事件

工作簿级别的事件高于工作表级的事件，它对 ThisWorkbook 中所有工作表和单元格都生效。我们可以使用工作簿事件完成一切工作表事件的同等功能。善用工作簿事件可以让程序自动化，甚至做到让工作无人值守，一切按预设的步骤自动完成。

8.3.1 新建工作表时自动设置页眉

案例要求：在工作簿中有一个名为“样本”的工作表，已经设置好页眉与页脚，为了让所有工作表都保持相同的页眉与页脚，而且节约手动设置的时间，现要求在任意时候新建的工作表都自动复制“样本”工作表中的页眉与页脚信息。

实现步骤：

STEP 01 新建一个工作簿，并且将第一个工作表命名为“样本”。
STEP 02 对“样本”工作表设置好页眉与页脚。
STEP 03 按<Alt+F11>组合键打开 VBE 窗口。
STEP 04 如果此时没有显示工程资源管理器则通过按<Ctrl+R>组合键调出工程资源管理器，然后双击 ThisWorkbook 进入工作簿事件代码窗口，并在窗口中输入以下事件过程代码：

```
'①代码存放位置：ThisWorkbook。②随书案例文件中有每一句代码的含义注释
Private Sub Workbook_NewSheet(ByVal Sh As Object)
  With Sh.PageSetup
    .LeftHeader = Worksheets("样本").PageSetup.LeftHeader
    .CenterHeader = Worksheets("样本").PageSetup.CenterHeader
    .RightHeader = Worksheets("样本").PageSetup.RightHeader
    .LeftFooter = Worksheets("样本").PageSetup.LeftFooter
    .CenterFooter = Worksheets("样本").PageSetup.CenterFooter
    .RightFooter = Worksheets("样本").PageSetup.RightFooter
End With
End Sub
```

STEP 05 按<Alt+F11>组合键返回工作表界面，再按<Shift+F11>组合键新建一个工作表，然后在工作表中随意输入字符。
STEP 06 按<Ctrl+P>组合键进入预览状态，在预览界面可以看到新工作表中的页眉和页脚与“样本”工作表完全一致。

思路分析：

Workbook_NewSheet 是工作簿事件，事件过程的代码必须存放在 ThisWorkbook 代码窗口才生效。本事件的触发条件是在创建新表时触发，事件的应用范围只限于代码所在的工作簿。事件过程的参数 sh 代表新建的表，它可能是工作表也可能是图表，还可能是 4.0 宏表。

在本例过程中，由于需要引用 6 次“Sh.PageSetup”，因此采用 With 语句引用该对象，从而提高代码的书写速度和执行速度。然后对该对象的 LeftHeader、CenterHeader、RightHeader、LeftFooter、CenterFooter、RightFooter 共 6 个属性赋值，这 6 个属性分别代表左边页眉、中间页眉、右边页眉、左边页脚、中间页脚和右边页脚，它们都是可读也可写的属性，因此读取“样本”的 6 个属性然后赋予 Sh 对象的相同属性即完成题目的需求。

由于页眉与页脚相关的一切操作都可以通过录制宏获得代码，因此不需要花时间记忆这些代码的书写方式，更不需要学习它们的语法。

随书提供案例文件和演示视频：8-10 自动设置工作表页眉.xlsm 和 8-10 自动设置工作表页眉.mp4

8.3.2 未汇总则禁止打印与关闭工作簿

案例要求：在如图 8-11 所示的工作簿中有若干个产量表和一个汇总表，每个表中都可能有一个“合计”单元格，在其右方的单元格用于存放产量合计。现要求每次打印和关闭工作簿之前都检查是否存在未汇总的工作表，如果有任何一个工作表未汇总则禁止打印和关闭工作簿。

实现步骤：

STEP 01 打开如图 8-11 所示的产量表，按<Alt+F11>组合键打开 VBE 窗口。

	A	B	C	D	E	F
1	机台	产量				
2	1#	7785				
3	2#	7108				
4	3#	6281				
5	4#	7462				
6	5#	6203				
7	6#	5663				
8	7#	5506				
9	8#	5625				
10	9#	5122				
11	合计	56755				

一车间 二车间 三车间 汇总表

图 8–11 产量表

STEP 02 如果没有显示工程资源管理器则按<Ctrl+R>组合键调出工程资源管理器，然后双击 ThisWorkbook 进入工作簿事件代码窗口，并且在窗口中输入以下两个事件过程代码：

```
'①代码存放位置：ThisWorkbook。②随书案例文件中有每一句代码的含义注释
Private Sub Workbook_BeforeClose(Cancel As Boolean)
  Dim sht As Worksheet, ShtName As String, rng As Range
  For Each sht In Worksheets
    Set Rng = sht.UsedRange.Find("合计", , , xlPart)
    If Not Rng Is Nothing Then
      If Len(Rng.Offset(0, 1)) = 0 Then
        ShtName = ShtName & Chr(13) & sht.Name
      End If
    End If
  Next sht
  If Len(ShtName) > 0 Then
    Cancel = True
    MsgBox "以下工作表尚未汇总，禁止关闭工作簿" & ShtName, vbInformation, "提示"
  End If
End Sub
Private Sub Workbook_BeforePrint(Cancel As Boolean)
  Dim sht As Worksheet, ShtName As String, Rng As Range
  For Each sht In Worksheets
    Set Rng = sht.UsedRange.Find("合计", , , xlPart)
    If Not Rng Is Nothing Then
      If Len(Rng.Offset(0, 1)) = 0 Then
        ShtName = ShtName & Chr(13) & sht.Name
      End If
    End If
  Next sht
  If Len(ShtName) > 0 Then
    Cancel = True
    MsgBox "以下工作表尚未汇总，禁止打印工作表" & ShtName, vbInformation, "提示"
  End If
End Sub
```

STEP 03 按<Alt+F11>组合键返回工作表界面，然后单击“打印”按钮，假设工作簿中有任意工作表未汇总，在打印数据之前会弹出如图 8-12 所示的信息框，然后禁止用户打印。

STEP 04 然后按<Alt+F4>组合键关闭工作簿，将会弹出如图 8-13 所示的信息框。

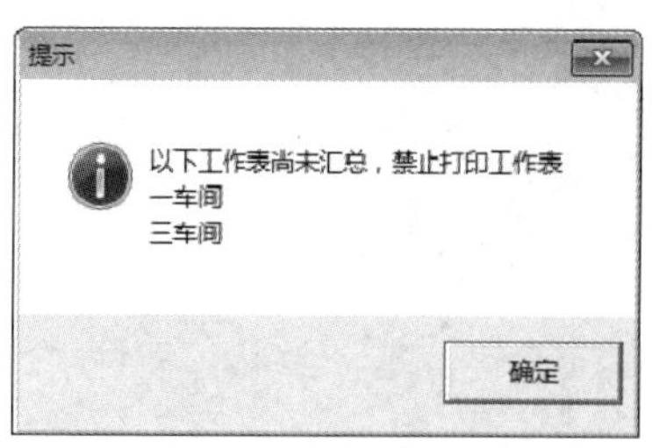

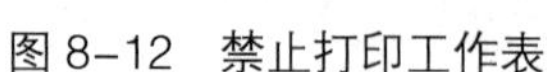
图 8-12　禁止打印工作表

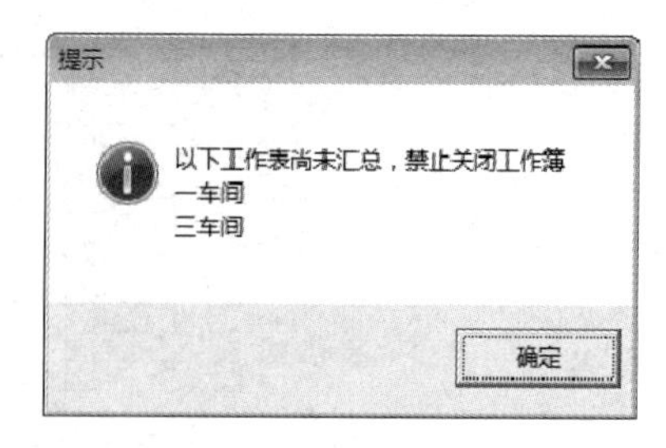

图 8-13　禁止关闭工作簿

如果此时在“一车间”和“三车间”工作表的合计单元格中输入合计结果，再次关闭工作簿或者打印工作表则一切正常。

思路分析：

本例要求未汇总时禁止打印工作表，以及禁止关闭工作簿，因此需要使用两个事件。

Workbook_BeforeClose 事件是工作簿事件，在单击“关闭”按钮或者按<Alt+F4>组合键之后、实际关闭工作簿之前触发，它的参数 Cancel 用于控制是否允许关闭工作簿，赋值为 True 时表示禁止关闭工作簿，赋值为 False 时表示允许关闭工作簿。

在 Workbook_BeforeClose 事件中，首先使用 For Each Next 循环遍历所有工作表，在循环体中使用 Range.Find 方法查找“合计”，如果未找到则继续查找下一个工作表，如果找到则记录工作表的名称，将它追加到变量 ShtName 中。当循环结束之后使用 Len 函数配合条件语句 If Then 判断变量 ShtName 的长度是否大于 0，如果大于 0，表示有一个或者多个表未汇总，那么将参数 Canel 赋值为 True，表示禁止关闭工作簿，然后提示用户。

Workbook_BeforePrint 事件是工作簿事件，在打印工作表之前触发，参数 Cancel 用于控制是否允许打印工作表。本例中 Workbook_BeforePrint 事件的代码与 Workbook_BeforeClose 事件的路径完全一致，因此不再详解其思路。

随书提供案例文件和演示视频：8-11 未汇总则禁止打印关闭.xlsm 和 8-11 未汇总则禁止打印关闭.mp4

8.3.3 自动选中相同值并计数

案例要求：在工作簿的任意工作表中选择非空单元格时都自动选中所有相同值的单元格。例如当单击值为“中国”的单元格时，程序会同时找到其他值为“中国”的单元格，然后一并选中。

实现步骤：

STEP 01 按<Alt+F11>组合键打开 VBE 窗口。

STEP 02 如果没有显示工程资源管理器则按<Ctrl+R>组合键调出工程资源管理器，然后双击 ThisWorkbook 进入工作簿事件代码窗口，并且在窗口中输入以下事件过程代码：

```
'①代码存放位置：ThisWorkbook。②随书案例文件中有每一句代码的含义注释
Private Sub Workbook_SheetSelectionChange(ByVal Sh As Object, ByVal Target As Range)
    If Len(Target.Cells(1).Value) = 0 Or Len(Target.Cells(1).Value) >= 256 Then
      Application.StatusBar = ""
      Exit Sub
    End If      Dim fds As String, Rng As Excel.Range, TargetRng As Range, MyItem As Integer
    Application.FindFormat.Clear
    With Sh.UsedRange
        Set Rng = .Find(what:=Target.Cells(1).Value, LookAt:=1, LookIn:=-4163)
        Set TargetRng = Rng
```

```
            fds = Rng.Address
            Do
                MyItem = MyItem + 1
                Set TargetRng = Union(TargetRng, Rng)
                Set Rng = .Find(what:=ActiveCell.Text, LookAt:=1, LookIn:=-4163, after:=Rng)
                If fds = Rng.Address Then Exit Do
            Loop
            TargetRng.Select
            Application.StatusBar = MyItem & "个目标:" & TargetRng.Address(0, 0)
        End With
End Sub
```

STEP 03 返回工作表界面，选中 B4 单元格，由于 B4 单元格的值是“乒乓球”，所以单击 B4 单元格后程序会选中所有相同值的单元格，同时在状态栏提示单元格的数量和地址，效果如图 8-14 所示。

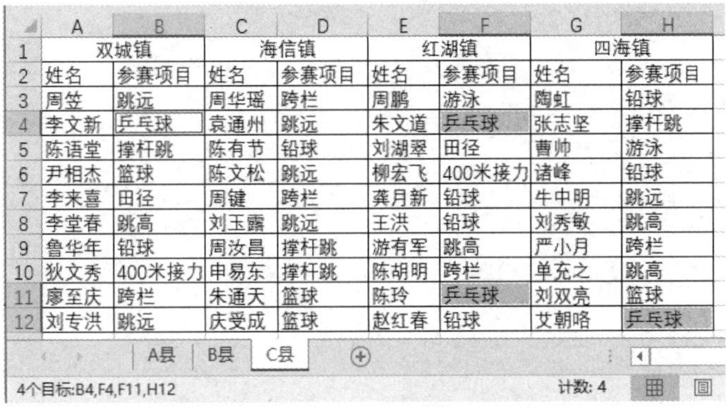

	A	B	C	D	E	F	G	H
1	双城镇		海信镇		红湖镇		四海镇	
2	姓名	参赛项目	姓名	参赛项目	姓名	参赛项目	姓名	参赛项目
3	周笠	跳远	周华瑶	跨栏	周鹏	游泳	陶虹	铅球
4	李文新	乒乓球	袁通州	跳远	朱文道	乒乓球	张志坚	撑杆跳
5	陈语堂	撑杆跳	陈有节	铅球	刘湖翠	田径	曹帅	游泳
6	尹相杰	篮球	陈文松	跳远	柳宏飞	400米接力	诸峰	铅球
7	李来喜	田径	周键	跨栏	龚月新	铅球	牛中明	跳远
8	李堂春	跳高	刘玉露	跳远	王洪	铅球	刘秀敏	跳高
9	鲁华年	铅球	周汝昌	撑杆跳	游有军	跳高	严小月	跨栏
10	狄文秀	400米接力	申易东	撑杆跳	陈胡明	跨栏	单充之	跳高
11	廖至庆	跨栏	朱通天	篮球	陈玲	乒乓球	刘双亮	篮球
12	刘专洪	跳远	庆受成	篮球	赵红春	铅球	艾朝晗	乒乓球

A县　B县　C县

4个目标:B4,F4,F11,H12　计数: 4

图 8–14　选中所有相同值的单元格

STEP 04 选中空白单元格，状态栏会显示空白。

思路分析：

要求选中所有相同值的单元格，为了提升操作效率故采用工作簿事件让代码自动执行。

选中所有相同值且需要排除空白的单元格，因此要在过程中第一句就判断单元格的长度，如果长度为 0 就结束过程。其中 Target.Cells(1)代表选中的区域的左上角单元格。不管用户选中了多少单元格，Target.Cells(1)只取一个单元格。如果不加.Cells(1)，当用户选择多个单元格时会导致代码出错。

如果用户选择的单元格有值，那么使用 Range.Find 方法在当前表的已用区域中查找单元格的值。找到第一个目标后记录其地址，然后通过 Do Loop 循环搜索其他单元格，记录下所有单元格的地址和数量，直到下一个找到的目标单元格地址等于第一次找到的单元格地址时停止循环，最后在状态栏显示已找到的单元格的数量和地址。

Range.Find 方法在工作表中搜索字符时一次只能找一个目标，它配合 Do Loop 语句使用时会循环搜索，永远不会停止，因此在找到第一个目标时需要记录单元格的地址，然后每找到一个都和该地址比较，如果一致就表示搜索完成了又回到起点，此时结束循环即可。

Range.Find 方法不支持查找长度大于 255 的值，因此在代码中还需要限制长度，大于 255 时则直接结束过程。

随书提供案例文件和演示视频：8-12 自动选中相同值并计数.xlsm 和 8-12 自动选中相同值并计数.mp4

8.3.4 设计未启用宏就无法打开的工作簿

案例要求：当工作簿中有 VBA 代码特别是事件过程代码时，如果用户未启用宏则代码无法运行，无法实现预先设置的功能。现要求设计一个未启宏就不能查看工作簿中任意数据、启用宏后数据就自动呈现出来的工作簿。当用户未启用宏时需要提示用户。

实现步骤：

STEP 01 新建一个空白工作簿，再新建若干个工作表，确保工作簿中不少于 3 个工作表，然后将第一个工作表重命名为“提示”。

STEP 02 将 B2:G7 单元格合并，然后在其中输入“请启用宏再开启本工作簿”。

STEP 03 将前 8 行以及第 8 列以外的区域隐藏起来，然后将 A1:H8 区域设置背景色、边框，使其呈现出立体感。此步骤不是必要的，你也可以跳过此步骤。

STEP 04 按<Alt+F11>组合键打开 VBE 窗口，然后双击 ThisWorkbook。

STEP 05 在工作簿事件代码窗口中输入以下事件过程代码：

```
'①代码存放位置：ThisWorkbook。②随书案例文件中有每一句代码的含义注释
Private Sub Workbook_Open()
  Dim sht As Worksheet
  For Each sht In Worksheets
    If sht.Name <> "提示" Then sht.Visible = xlSheetVisible
  Next sht
  Worksheets("提示").Visible = xlSheetVeryHidden
End Sub
Private Sub Workbook_BeforeClose(Cancel As Boolean)
  Dim sht As Worksheet
  For Each sht In Worksheets
    If sht.Name = "提示" Then
      sht.Visible = xlSheetVisible
    Else
      sht.Visible = xlSheetVeryHidden
    End If
  Next sht
  ThisWorkbook.Save
End Sub
```

STEP 06 在菜单栏执行“工具”→“VBAProject 属性”命令，然后进入“保护”选项卡，勾选“查看时锁定工程”，并且在下方输入密码，效果如图 8-15 所示（本工程的密码是 123456）。

STEP 07 在菜单栏执行“开发工具”→“宏安全性”命令，然后在对话框中将“宏设置”选项设置为“禁用所有宏，并发出通知”。

STEP 08 保存工作簿，然后重新打开工作簿，此时在工作表上方将会出现“安全警告”，同时显示“提示”工作表，其他工作表全处于隐藏状态，如图 8-16 所示。

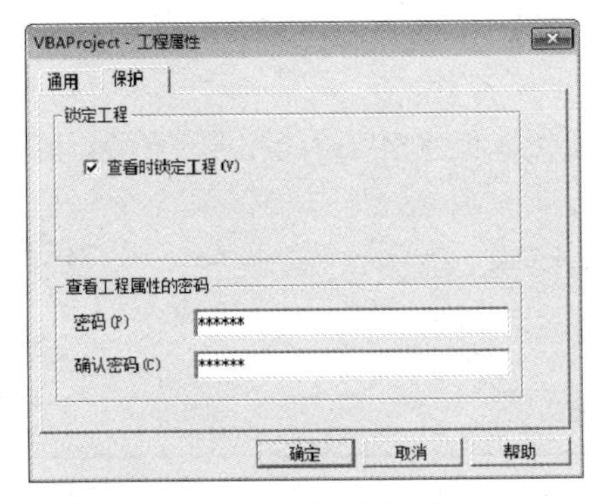

图 8-15　为工程加密

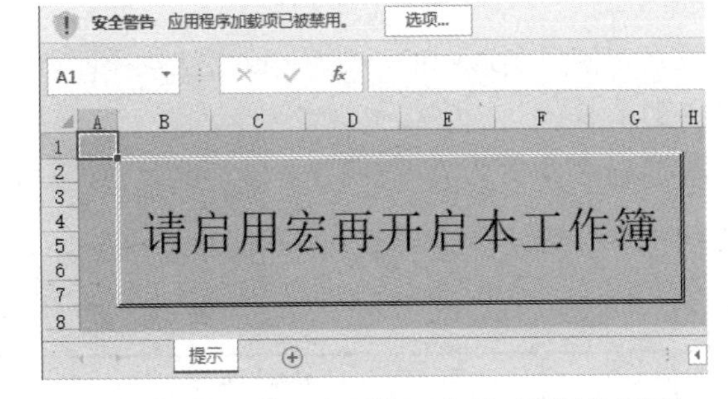

图 8-16　禁用宏后打开作簿时显示的页面

STEP 09 再次进入“宏设置”选项，将其设置为“启用所有宏”。

STEP 10 重新打开工作簿，我们会看到“提示”工作表处于隐藏状态，其他工作表则处于显示状态，效果如图 8-17 所示。

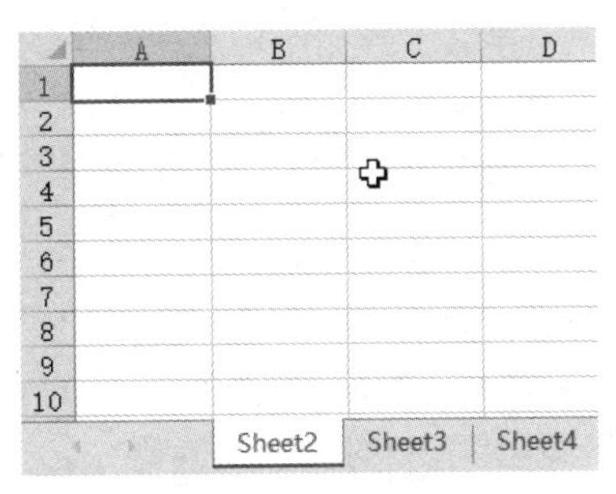

图 8-17　启用宏后打开工作簿时显示的页面

思路分析：

当工作簿中使用了宏代码而用户又未启用宏的前提下打开工作簿时，由于宏代码无法执行，这必定会影响制表的效率以及预设的功能。为了强制用户启用宏，本例主要通过三个步骤实现。

其一，将第一个工作表命名为“提示”，并且在工作表中通过文字提示用户要启用宏。

其二，关闭工作簿时通过“Workbook_BeforeClose”事件将“提示”工作表显示出来，将其他工作表深度隐藏，同时对工程加密，防止用户修改代码。如此设置后，如果禁用宏再打开工作簿，那么只能看到“提示”工作表，其他工作表不能查看也不能取消隐藏。

其三，打开工作簿时通过“Workbook_Open”事件将“提示”工作表隐藏起来，将其他工作表显示出来，恢复正常的工作状态。

Workbook_Open 事件过程中隐藏“提示”工作表的代码的位置很重要，该语句必须放在循环语句之后，否则执行代码时会出错。

Excel 规定任何工作簿都必须至少有一个可见工作表，在执行循环语句之前唯一可见的工作表是“提示”，因此在循环语句之前不能将“提示”隐藏起来。

随书提供案例文件：8-13 启用宏才能开启的工作簿.xlsm

8.4 定时执行的程序

定时执行和工作表事件、工作簿事件一样都是自动执行的，只是触发条件不同而已。本节将详细阐述如何让程序定时执行。

8.4.1 基本语法

VBA 中使用 Application.OnTime 方法执行计划任务，可以任意指定时间和程序名称，其具体的语法如下：

```
Application.OnTime(EarliestTime, Procedure, LatestTime, Schedule)
```

OnTime 参数详解如表 8-2 所示。

表 8-2　OnTime参数

参数名称	必选/可选	参数说明
EarliestTime	必选	希望此过程运行的时间
Procedure	必选	要运行的过程名
LatestTime	可选	过程开始运行的最晚时间
Schedule	可选	如果为True，则预定一个新的OnTime 过程。如果为False，则清除先前设置的过程

第 1 参数代表任务的执行时间；第 2 参数用于指定待运行的过程名称，在指定过程名称时必须使用引号。

其中，第二参数是关于时间的，它包含相对时间和绝对时间两种情况，以下分别讲述。

1．相对时间

所谓相对时间，是指现在之后多长时间执行程序。例如 5 分钟之后，或者 10 秒钟以后，代码的书写方式为 Now + TimeValue(time)。其参数 Time 的格式为“00:00:00”。

例如，5 分 30 秒后执行过程“提示”，可用以下代码：

```
Application.OnTime Now+TimeValue("00:05:30"), "提示"
```

需要特别注意的是：Sub 过程“提示”的代码必须放在模块中，不能放在工作表事件代码窗口或者工作簿事件代码窗口。

2．绝对时间

绝对时间是指一个具体的时间，例如 9:00 或者 22:30。

假设要 17 时 35 分执行“打印”过程，可用以下代码：

```
Application.OnTime TimeValue("17:35:00"), "打印"
```

Application.OnTime 方法的第四参数用于控制任务的有无，赋值为 True 时表示创建一个新的计划任务；赋值为 False 时表示取消一个已经创建的计划任务。

例如，有一个 9 时要执行“提示”过程的计划任务，如果现在要取消它可用以下代码：

```
Application.OnTime TimeValue("09:00:00"), "提示", ,False
```

其中时间和过程名称必须和创建任务时的参数完全一致，否则执行代码时会出错。

8.4.2 每天在 13:28 语音提示开会

案例要求：每天在 13:28 通过语音提示“马上要开会了，请准备好资料”。13:30 开会，必须提前 2 分钟提醒，而且必须是语音提醒。

实现步骤：

STEP 01 按<Alt+F11>组合键打开 VBE 窗口。

STEP 02 如果没有显示工程资源管理器，则按<Ctrl+R>组合键调出工程资源管理器，然后双击 ThisWorkbook 进入工作簿事件代码窗口，并且在窗口中输入以下工作簿事件过程代码：

```
Private Sub Workbook_Open()
  Application.OnTime TimeValue("13:28:00"), "提示"
End Sub
```

STEP 03 在菜单栏执行“插入”→“模块”命令，然后输入以下代码：

```
Sub 提示()
  Application.Speech.Speak "马上要开会了，请准备好资料"
End Sub
```

STEP 04 保存文件，但不能关闭，当时间到了 13:28 后计算机的音响中会传出“马上要开会了，请准备好资料”的语音提示。

思路分析：

为了让程序自动执行，必须通过 Workbook_Open 事件来创建计划任务。

Workbook_Open 事件的代码要放在 ThisWorkbook 代码窗口中，而“提示”过程的代码则必须放在模块中，否则会无法调用。

Application.Speech.Speak 方法用于朗读文本，执行此代码需要确保计算机的声卡驱动已经正常安装好，同时计算机已经连接好音响。Application.Speech.Speak 方法的语法如下：

```
Application.Speech.Speak (Text, SpeakAsync, SpeakXML, Purge)
```

其中第 1 参数 Text 是需要朗读的文本，允许是中文也允许是英文，其他 3 个参数是可选参数，通常只写第 1 参数即可。

早期的 Windows Xp 系统只支持朗读英文，需要安装中文语音引擎才能朗读中文。若是 Windows 7、Windows 8 或者 Windows 10 系统则可以直接阅读中文短句，系统自带中文语音引擎。

随书提供案例文件：8-14 14 时 28 分执行提示过程.xlsm

8.4.3 在单元格中显示当前时期

案例要求：在单元格中显示当前时间，然后每秒钟更新一次。

实现步骤：

STEP 01 按<Alt+F11>组合键打开 VBE 窗口。

STEP 02 在菜单栏执行“插入”→“模块”命令，然后输入以下代码：

```
Sub 显示当前时间() '随书案例文件中有每一句代码的含义注释
    Range("a1").Value = Format(Now, "yy-mm-dd hh:mm:ss")
    Application.OnTime Now + TimeValue("00:00:01"), "显示当前时间"
End Sub
```

STEP 03 选中以上过程代码，按<F5>键执行代码。

STEP 04 返回工作表界面，在 A1 单元格可以看到当前时间，并且每秒钟更新一次。

思路分析：

在单元格中显示当前时间应该用 Range("a1").Value =Now，但是经过测试发现虽然 Now 产生的时间值中包含了秒，但单元格中的显示值却不含秒，只有年月日和时钟、分钟，因此采用 Format 函数将 Now 的值转换成包含秒的字符串以后再输出到单元格中。

过程“显示当前时间”可以在单元格中显示当前时间，那么每 1 秒钟执行一次过程“显示当前时间”就可以实现需求。因此本例将“显示当前时间”作为 Ontime 的参数，一秒钟后再调用自身一次即可。

如果需要中断计算任务，删除“显示当前时间”即可。

Format 函数类似于工作表函数 Text，可以将数值、日期等转换成指定的格式。在本例中它的参数是“yy-mm-dd hh:mm:ss”，表示将 Now 函数产生的时间转换成包含年、月、日、时、分、秒的字符串。

随书提供案例文件：8-15 显示当前时间且每秒更新.xlsm

第 9 章　综合应用案例

Excel VBA 的基础知识并不多，主要包含数据类型、变量、对象、属性、方法、事件、条件语句、循环语句、防错语句等，通常可以在一个月以内学完这些基础知识。不过要将它们熟练地组合起来解决工作中的疑难问题并不容易，你需要勤加练习，并且多看相关成熟的代码，从中借鉴思路。

我们在前 8 章学习了 VBA 的基础知识，在本章进行综合练习。

9.1 Application 应用案例

Application 对象代表 Excel 应用程序，它包含几十个方法、属性和事件，本节针对其中常用的属性和方法展开案例演示。

9.1.1 计算字符表达式

案例要求：将如图 9-1 所示的工作表中的产品规格的文字表达式转换成值，并将计算结果存放在 C 列。

知识要点：Application.Evaluate 方法。

程序代码：

```
Sub 将表达式转换成值()'随书案例文件中有每一句代码的含义注释
  Dim Rng As Range, Result
  If Cells(Rows.Count, 2).End(xlUp).Row < 2 Then Exit Sub
  For Each Rng In Range("B2:B" & Cells(Rows.Count, 2).End(xlUp).Row)
    If Len(Rng.Value) > 0 Then
      Result = Application.Evaluate(Rng.Value)
      If Not IsError(Result) Then Rng.Offset(0, 1).Value = Result
    End If
  Next Rng
End Sub
```

将以上代码存放在模块中，按<F5>键执行过程，将表达式转换为值，在 C 列将产生如图 9-2 所示的结果。

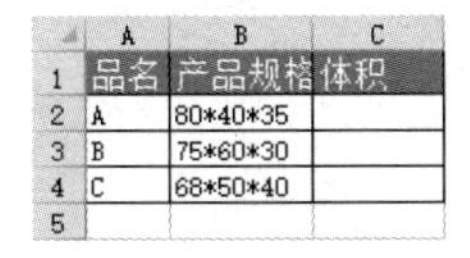

	A	B	C
1	品名	产品规格	体积
2	A	80*40*35	
3	B	75*60*30	
4	C	68*50*40	
5			

图 9-1　产品规格

	A	B	C
1	品名	产品规格	体积
2	A	80*40*35	112000
3	B	75*60*30	135000
4	C	68*50*40	136000

图 9-2　将表达式转换成值

思路分析：

Application.Evaluate 方法用于将文本形式的表达式转换成值，不过它不能批量转换表达式，因此需要配合循环语句逐一计算表达式的值，然后将计算结果存放在右边的单元格中。

在循环语句中，尽管直接使用 Range("B2:B4")作为循环的对象也足以实现本例需求，不过其代码的通用性较差，当增减数据时需要修改代码才能确保不遗漏。为了提升代码的通用性，本例首先使用条件语句判断 B 列最后一个非空单元格的行号是否小于 2，如果小于 2 则直接结束过程。然后用 Range("B2:B" & Cells(Rows.Count, 2).End(xlUp).Row)作为循环的对象，其重点在于代码 Cells(Rows.Count, 2).End(xlUp).Row，即利用代码计算 B 列最后一个非空行的行号，而不是直接在代码中手工指定行号 4，它的优点是自动适应数据变化，不需要每增加一次数据就修改一次代码。

此外，为了提升程序的执行效率，本例代码采用了两条措施，其一是使用条件语句排除空白单元格，节约使用 Evaluate 方法转换表达式的计算时间；其二是利用变量减少一半的计算次数。假设不使用变量 Result，那么应按以下方式编写代码：

```
If Not IsError(Application.Evaluate(rng. Value)) Then rng.Offset(0, 1) = Application.Evaluate(rng. Value)
```

很显然，此方法需要将每一个表达式计算两次，当数据量大时其劣势会相当明显。

编程时除了注重效率，还要注重防错。当单元格中没有字符或者单元格中的字符不是标准的表达式时，使用 Evaluate 方法的计算结果是错误值，为了避免在 C 列单元格中产生错误值，本例采用 Iserror 函数排除了错误值。事实上，也可以使用 IIf 替代本例的 If Then 语句：

```
rng.Offset(0, 1).Value = IIf(IsError(Result), "", Result)
```

语法补充：

（1）Application.Evaluate 方法用于将表达式转换为对象或者值，其具体语法如下：

```
Application.Evaluate(Name)
```

其中，参数 Name 可以是用户定义的名称，也可以是一个标准的表达式，如果不是标准的表达式则会返回错误值。标准表达式需要符合两个条件，其一是符合 Excel 对象的命名规则，例如“A1”“Sheet1”“B:B”；其二是符合数学运算的规则，例如“1+2”“Sum(A1,B10,20)”等。“ABC”和“(2+1*8”就属于不标准的表达式，无法正确地转换成结果。

（2）IsError 是 VBA 函数，用于判断表达式是否为错误值。VBA 未提供判断表达式是否为错误值的函数，因此 IsError 函数常搭配 Not 运算符使用。

（3）Evaluate 方法可以单独使用，忽略其父对象 Application。

（4）Evaluate 方法的参数不能大于 255 个字符。

扩展应用：

本例中 B 列的产品规格是标准的表达式，如果是“长 80 宽 40 高 35”这种形式的不标准的表达式则应按以下方式修改代码：

```
Result = Application.Evaluate(Replace(Replace(Replace(rng.Value, "长", ""), "宽", "*"), "高", "*"))
```

代码的含义是使用 Replace 函数将“长”替换成空文本，再将“宽”与“高”替换成乘号，从而转换成标准的表达式，然后通过 Evaluate 方法转换成计算结果。

随书提供案例文件和演示视频：9-01 计算字符表达式.xlsm 和 9-01 计算字符表达式.mp4

9.1.2 合并相同且相邻的单元格

案例要求：将任意列中已选中的相同且相邻的单元格合并，合并时不能弹出提示框。

知识要点：Application.DisplayAlerts 属性、Application.Intersect 方法、Application.Selection 属性。

程序代码：

```
Sub 合并相同且相邻的单元格()'随书案例文件中有每一句代码的含义注释
    Dim Rng As Range, PreviousRng As Range, TargetRng As Range
    If TypeName(Selection) <> "Range" Then Exit Sub
    If Selection.Columns.Count > 1 Then MsgBox "只能选择单列": Exit Sub
    Set TargetRng = Intersect(ActiveSheet.UsedRange, Selection)
    Set PreviousRng = TargetRng(1)
    Application.DisplayAlerts = False
    For Each Rng In TargetRng.Offset(1, 0)
        If Rng <> Rng.Offset(-1, 0) Then
            Range(PreviousRng, Rng.Offset(-1, 0)).Merge
            Set PreviousRng = Rng
        End If
    Next
    Application.DisplayAlerts = True
End Sub
```

选择如图 9-3 所示的省市列表的 A2:A13 区域，然后执行过程“合并相同且相邻的单元格”，程序会将选区中相同且相邻的单元格合并，效果如图 9-4 所示。

	A	B
1	省	市
2	福建省	彰州市
3	福建省	厦门市
4	福建省	三明市
5	云南省	昭通市
6	云南省	玉溪市
7	云南省	曲靖市
8	广东省	珠海市
9	广东省	中山市
10	广东省	肇庆市
11	江苏省	镇江市
12	江苏省	扬州市
13	江苏省	盐城市

图 9-3　省市列表

	A	B
1	省	市
2		彰州市
3	福建省	厦门市
4		三明市
5		昭通市
6	云南省	玉溪市
7		曲靖市
8		珠海市
9	广东省	中山市
10		肇庆市
11		镇江市
12	江苏省	扬州市
13		盐城市

图 9-4　合并相同且相邻的单元格

思路分析：

合并相同且相邻的单元格主要是针对单列的选区而言的，因此在过程的开始需要先判断 Selection 是区域还是图形对象，以及选区的列数是否只有一列，不符合条件时就直接结束过程。

为了提升程序的执行效率，避免用户选择整列后再执行代码，从而将时间浪费在大量的空白区域中，本例使用 Application．Intersect 方法提取选区与已用区域的交集并赋值给变量 TargetRng，其后以 TargetRng 作为操作对象，从而可以忽略空白区域。然后将 TargetRng 向下偏移一行生成一个新的区域，通过循环语句遍历该区域，在循环语句中使用变量 Rng 与它上一行单元格进行比较，如果相同则继续比较下一个单元格，如果不同则将它与上方的相同值单元格合并。

如果合并非空单元格时会弹出提示框，会导致程序中断，也影响代码的执行效率，因此，有必要在循环语句之前关闭提示。

语法补充：

（1）Application.DisplayAlerts 属性用于控制执行宏时是否弹出警告框。当值为 True 时允许弹出警告框，否则禁止弹出警告框。在过程结束后，Application.DisplayAlerts 属性会自动恢复 True。调用 DisplayAlerts 属性时不可省略父对象 Application。

（2）Application.Intersect 方法用于提取至少两个区域的交集，只要涉及 Selection 对象的过程都应该使用 Application.Intersect 方法，避免用户选择了太大的区域时浪费执行时间。

（3）Application.Selection 属性代表用户当前选中的对象，可能是区域也可能是图形对象，因此调用之前有必要判断它的类型名称，如果 TypeName 的返回值为“Range”，则说明是区域，如果返回值是“Shape”，则说明是图形对象。调用 Selection 时允许忽略父对象 Application。

扩展应用：

本例的过程用于批量合并单元格，事实上，也可以通过 VBA 将合并单元格批量取消合并，然后将合并时的值填充到取消合并后的所有单元格中，代码如下：

```
Sub 取消合并单元格并填充()'随书案例文件中有每一句代码的含义注释
    Dim Rng As Range
    Application.FindFormat.Clear
    Application.FindFormat.MergeCells = True
    If TypeName(Selection) <> "Range" Then Exit Sub
    Set Rng = Selection.Find("", , , , , , , , True)
    Do While Not Rng Is Nothing
        With Rng.MergeArea
            .UnMerge
            .Value = Rng.Value
            Set Rng = Selection.Find("", Rng, , , , , , True)
        End With
    Loop
End Sub
```

随书提供案例文件和演示视频：9-02 合并相同相邻的单元格.xlsm 和 9-02 合并相同相邻的单元格.mp4

9.1.3 定时打印文件

案例要求：假设自己是某部门主管，已经将已“D:\生产表”文件夹共享，现要求助理每天 10 点以后将名为“昨日生产表.xlsx”的文件放进来，然后本机每 10 分钟检查一次文件夹中是否有文件进来，有就直接打印并关闭、删除文件。如果没有就隔 10 分钟再检查一次，从而让整个工作全自动完成，不用人工干预。

知识要点：Application.OnTime 方法、Application .Quit 方法、Application.StatusBar 属性。

程序代码：

```
Sub Auto_Open()'随书案例文件中有每一句代码的含义注释
  Dim FilePath As String, NewWkb As Workbook
  FilePath = "D:\生产表\昨日生产表.xlsx"
  On Error Resume Next
  Set NewWkb = Workbooks.Open(FilePath)
  If Err.Number <> 0 Then
      Application.StatusBar = "暂时未发现“" & FilePath & "”，请等候或者催促。"
      Application.OnTime Now + TimeValue("00:10:10"), "Auto_Open"
  Else
      Application.StatusBar = "文件打印中，请勿关闭"
      NewWkb.ActiveSheet.PrintOut
      NewWkb.Close False
      Kill FilePath
      Application.Quit
    End If
End Sub
```

以上代码可以自动执行，但它不是工作簿事件，代码要放在模块中。

当打开包含以上代码的文件时，过程“Auto_Open”会自动执行。此过程首先会通过 Workbooks.Open 方法去打开“D:\生产表\昨日生产表.xlsx”，如果该文件存在，那么就会顺利打开，然后通过 PrintOut 方法打印其活动工作表的内容，打印完后关闭文件、关闭 Excel 软件；如果文件不存在，那么就在状态栏提示用户，同时创建一个 10 分钟后再次执行本过程的任务。

思路分析：

Application.OnTime 方法用于设置计划任务，指定某个时间段执行某个程序，本例中需要每 10 分钟检查一次文件是否存在，因此对 Application.OnTime 方法的第二参数采用当前过程的名字，表示每 10 分钟调用自身。

检查文件“D:\生产表\昨日生产表.xlsx”是否存在两种方法：其一是通过 Dir 函数判断文件是否存在，在第 7 章已经介绍过。其二是利用 Workbooks.Open 方法打开文件，然后查看代码是否出错，如果文件存在，则代码不会出错，Err.Number 值为 0。

如果文件存在，则直接打印，然后关闭文件，以及关闭 Excel 软件；如果文件不存在，那么借助 Application.OnTime 方法隔 10 分钟再检查一次文件是否存在，只要助理将文件放到该文件夹中，程序就会马上打印出来。

打印完文件后，就可以关闭文件以及关闭 Excel 软件了。

需要注意的是，由于代码是每 10 分钟检查一次，因此在打印之前不能关闭 Excel 软件。Application.OnTime 方法创建的计划任务在关闭 Excel 软件后会自动取消。

语法补充：

（1）Application.Quit 方法用于退出 Excel，同时关闭工作簿。

Workbooks.Close 方法可以关闭所有工作簿，但不关闭 Excel 程序，因此需要关闭工作簿以后再通过 Application.Quit 退出 Excel 程序。

如果打开了多个工作簿，只要其中一个没有保存，那么 Application.Quit 就没法执行。

（2）Application.StatusBar 代表状态栏，直接对它赋值就可以输出某些简单的文字信息。但由于位置有限，字符不能太长，尽量不要超过 50 个字。

（3）Workbook.Close 方法用于在关闭文件时可以通过第一参数来决定是否在关闭前保存文件，本例中打印文件后不需要保存，因此第一参数赋值为 False。

扩展应用：

如果助理没有按要求将文件命名为“昨日生产报表.xlsx”呢？例如文件名是“2020-11-10.xlsx”，那么记录文件路径的那一句代码应按以下方式修改：

```
FilePath = "D:\生产表\" & Dir("D:\生产表\*.xlsx")
```

随书提供案例文件和演示视频：9-03 定时打印生产表.xlsm 和 9-03 定时打印生产表.mp4

9.1.4 模拟键盘快捷键打开高级选项

案例要求： 利用代码模拟键盘快捷键打开 Excel 2019 的高级选项。

知识要点： Application.SendKeys 方法。

程序代码：

```
Sub 打开高级选项()'①代码存放位置：模块中
  Application.SendKeys "%to{DOWN 5}"
End Sub
```

在工作表界面按<Alt+F8>组合键打开“宏”对话框，选择“打开高级选项”，然后执行过程，程序立即会开启 Excel 的高级选项。功能等同于<Alt+T+O+↓+↓+↓+↓+↓+↓+↓>组合键。

思路分析：

在 Excel 2019 中按<Alt+T+O>组合键可以打开“Excel 选项”对话框，再按 7 次<↓>键可以打开高级选项。而 Application.SendKeys 方法可以模拟键盘实现按这 10 次键的同等效果，因此本例代码使用了 Application.SendKeys 方法向 Excel 发送“%to{DOWN 7}”，其中%符号代表<Alt>键，而{DOWN 7}代表按 7 次<↓>键。

必须在 Excel 界面执行以上代码才生效，不能在 VBE 窗口中执行过程。

语法补充：

（1）Application.SendKeys 方法可以将一个或多个按键消息发送到活动窗口，模仿键盘操作。其语法如下：

```
Application.SendKeys(Keys, Wait)
```

第 1 参数 Keys 表示要发送的按键消息，可以是键盘上的任意键，允许是组合键。第 2 参数 Wait 是可选参数，如果赋值为 True，则 Excel 会等到处理完按键后再执行后面的代码；默认值是 False，表示不等候按键是否处理完成，可以同步执行其他代码。

利用 Application.SendKeys 方法发送字母或者数字时，直接对 Keys 参数赋值为字母或者数字并加引号即可，如果是<F1><Alt><Insert><Enter>等键，则必须按 VBA 预设的代码编写才能正常调用，具体请以“Application.SendKeys 方法”为关键字查询 VBA 帮助，有详细介绍。

（2）Application.SendKeys 方法只能发送键盘上的键，无法发送汉字。例如向 A1 单元格中发送“中国”是无法实现的，但发送“China”则可以。

```
Sub 向 A1 输入 China()
   Range("a1").Select
   Application.SendKeys "China~"
End Sub
```

代码中的参数 Keys 被赋值为“China~”，表示先输入单词“China”，然后按回车键。

扩展应用：

Excel 2003 提供了打开“多重合并计算数据区域”的透视表向导，而从 Excel 2007 开始不再提供该菜单，是否能用 VBA 直接启动此向导呢？通过 VBA 发送<Alt+D+P>组合键即可，代码如下：

```
Sub 打开透视表向导()
   Application.SendKeys "%dp"
End Sub
```

随书提供案例文件和演示视频：9-04 模拟键盘打开高级选项.xlsm 和 9-04 模拟键盘打开高级选项.mp4

9.1.5 使用快捷键合并与取消合并单元格

案例要求： 设置两个快捷键，分别用于合并单元格与取消合并单元格，同时要做到合并单元格时不产生提示框，取消合并单元格后可以将合并状态下的值填充到合并区域中。

知识要点： Application.OnKey 方法、Application.FindFormat 属性、Application.DisplayAlerts

属性、Application.Selection 属性。

程序代码：

```
Sub 合并()'随书案例文件中有每一句代码的含义注释
   If TypeName(Selection) = "Range" Then
      Application.DisplayAlerts = False
      Selection.Merge
      Selection.HorizontalAlignment = xlCenter
   End If
End Sub
Sub 取消合并()
   Dim Rng As Range
   Application.FindFormat.Clear
   Application.FindFormat.MergeCells = True
   If TypeName(Selection) <> "Range" Then Exit Sub
   If Selection.MergeCells = False Then Exit Sub
   Do
      Set Rng = Selection.Find("", , , , , , , , True)
      With Rng.MergeArea
         .UnMerge
         .Value = Rng.Value
         Set Rng = Selection.Find("", Rng, , , , , , , True)
         If Rng Is Nothing Then Exit Do
      End With
   Loop
End Sub
Sub Auto_Open()
   Application.OnKey "^M", "合并"
   Application.OnKey "^%m", "取消合并"
End Sub
```

将以上代码存放在模块中，然后保存并重启工作簿。

假设工作簿中有如图 9-5 所示的符合并数据，需要合并 A2:A4、C2:C4 和 E2:E4 三个区域，那么首先选中这三个区域，然后按<Ctrl+Shift+M>组合键执行合并命令，合并效果如图 9-6 所示。如果此时按<Ctrl+Alt+M>组合键，那么图 9-6 中的数据将会还原到图 9-5 中的状态。

	A	B	C	D	E	F
1	省	市	省	市	省	市
2	福建省	彰州市	云南省	昭通市	广东省	珠海市
3	福建省	厦门市	云南省	玉溪市	广东省	中山市
4	福建省	三明市	云南省	曲靖市	广东省	肇庆市
5						

图 9–5　待合并数据

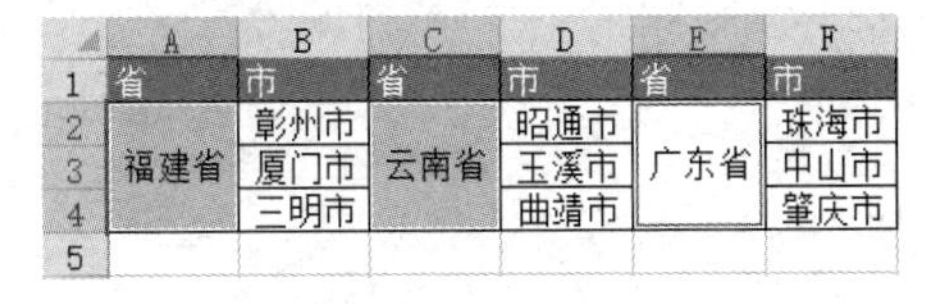

	A	B	C	D	E	F
1	省	市	省	市	省	市
2	福建省	彰州市	云南省	昭通市	广东省	珠海市
3		厦门市		玉溪市		中山市
4		三明市		曲靖市		肇庆市
5						

图 9–6　合并效果

思路分析：

如果本例的需求只是区域合并单元格与取消合并，那么采用“Selection.Merge”与“Selection.UnMerge”两句代码即可，而取消合并单元格后要填充合并状态下的值则比较麻烦，无法一步完成，除非选区只有一个区域。

为了提升程序的通用性，编写代码时应该考虑单个区域与多个区域的环境。本例在取消合并单元格时使用了 Do Loop 循环搭配 Range.Find 方法，从 Selection 对象中查找合并单元格，然后逐一取消合并，而且填充内容。

在合并单元格时，尽管使用“Selection.Merge”方法即可合并单个或者多个区域，然而它无法处理这三个问题：Selection 对象不一定是单元格，合并单元格时会弹出提示框，Range.Merge

方法只能合并单元格却不能让单元格的值居中显示。所以在本例代码中加入了条件判断语句、关闭提示以及居中显示的语句，从而让程序更完善。

过程“Auto_Open”的功能是为“合并”与“取消合并”两个过程指定快捷键。

过程命名为“Auto_Open”的目的是开启工作簿时自动执行，不用再手工指定快捷键。过程中的“^M”和“^%m”分别代表<Ctrl+Shift+M>和<Ctrl+Alt+M>两个快捷键。

语法补充：

（1）Application.OnKey 用于为过程指定快捷键，其语法如下：

```
Application.OnKey(Key, Procedure)
```

第一参数 Key 表示按键组合，第二参数表示过程名称，两个参数都必须带引号。

事实上，Application.OnKey 方法还可以为过程指定内置的快捷键，例如快捷键<Ctrl+C>用于复制数据，如果要将该快捷键与过程“合并”绑定，那么可用以下代码实现：

```
Application.OnKey "^c", "合并"
```

如果要取消快捷键<Ctrl+C>与过程“合并”的绑定，有两种方法实现：一是重启工作簿，二是对 Application.OnKey 方法的第二参数赋值为空文本，代码如下：

```
Application.OnKey "^c", ""
```

（2）Application.OnKey 方法除了可以为过程指定快捷键，也可以用于屏蔽内置的快捷键。例如<Ctrl+V>是粘贴数据的快捷键，使用以下代码可以使快捷键<Ctrl+V>失效，不过代码仅在重启工作簿之前有效，重启工作簿后该快捷键会自动恢复。

```
Application.OnKey "^v", ""
```

OnKey 方法不能单独使用，不能忽略其前置对象 Application。

扩展应用：

Application.OnKey 方法用于为过程指定快捷键，事实上，也可以利它修改内置的快捷键。例如快捷键<Ctrl+C>已经绑定到内置的复制功能，如果要禁用快捷键<Ctrl+C>，改用快捷键<Ctrl+Shift+C>复制数据，那么代码如下：

```
Sub 快捷键()
   Application.OnKey "^c", "快捷键"
   Application.OnKey "^C", "复制"
End Sub
Sub 复制()
   Selection.Copy
End Sub
```

第一句 Application.OnKey 可禁用快捷键<Ctrl+C>，第二句 Application.OnKey 则为复制操作指定了新的快捷键<Ctrl+Shift+C>。

随书提供案例文件和演示视频：9-05 使用快捷键执行宏.xlsm 和 9-05 使用快捷键执行宏.mp4

9.1.6 查找至少两月未付货款的客户名称

案例要求：在如图 9-7 所示的贷款表中，B 列是发货时间，D 列是收款时间。现要求打开工作簿时自动选中超过两个月未收到款项的客户，同时将客户名称显示在状态栏。

知识要点：Application.Union 方法、Application.StatusBar 属性。

程序代码：

```
'①代码存放位置：ThisWorkbook。②随书案例文件中有每一句代码的含义注释
Private Sub Workbook_Open()
    Dim Rng As Range, TargatRng As Range, NameStr As String
    For Each Rng In Range("b2:b" & Cells(Rows.Count, 2).End(xlUp).Row)
        If DateDiff("m", Rng.Value, Date) > 2 And Len(Rng.Offset(0, 2)) = 0 Then
            If TargatRng Is Nothing Then
                Set TargatRng = Rng
            Else
                Set TargatRng = Application.Union(Rng, TargatRng)
            End If
            NameStr = NameStr & "," & Rng.Offset(0, -1).Value
        End If
    Next Rng
    If Not TargatRng Is Nothing Then
        TargatRng.Offset(0, -1).Select
        Application.StatusBar = "超过两个月未付款的客户：" & NameStr
    End If
End Sub
```

将以上代码保存在 ThisWorkbook 窗口中，然后重启工作簿，假设今天是 11 月 6 日，那么“货款表”中两个超过两月未付款的客户名称所在单元格将自动呈选中状态，同时会在状态栏显示客户名称，效果如图 9-8 所示。

	A	B	C	D
1	公司	发货时间	货款	收款时间
2	正大集团	7月1日	52428	
3	天信鞋业	7月20日	8952	11月1日
4	朝明镙丝厂	8月2日	35978	10月5日
5	洪锋鞋材厂	8月5日	58480	10月30日
6	珠海新立五金厂	8月3日	10115	
7	越福塑胶公司	9月2日	36160	11月1日
8	福泰轮胎厂	10月1日	36044	11月2日
9	金六福酒厂	10月4日	59710	
10	天心礼帽公司	10月20日	16634	11月6日
11	正太服份有限公司	11月1日	58475	
12				

货款工作表

就绪

图 9–7　货款表

	A	B	C	D
1	公司	发货时间	货款	收款时间
2	正大集团	7月1日	52428	
3	天信鞋业	7月20日	8952	11月1日
4	朝明镙丝厂	8月2日	35978	10月5日
5	洪锋鞋材厂	8月5日	58480	10月30日
6	珠海新立五金厂	8月3日	10115	
7	越福塑胶公司	9月2日	36160	11月1日
8	福泰轮胎厂	10月1日	36044	11月2日
9	金六福酒厂	10月4日	59710	
10	天心礼帽公司	10月20日	16634	11月6日
11	正太服份有限公司	11月1日	58475	
12				

货款工作表

超过两个月未付款的客户：,正大集团,珠海新立五金厂

图 9–8　选中两月未付款的客户名称

思路分析：

本例过程首先使用 For Each Next 循环语句遍历 B 列所有的发货时间，在循环体中使用 DateDiff 函数计算每一个发货时间与今天的间隔月数，如果间隔月数大于 2 而且发货时间右边第 2 列的收款时间是空白的话，那么使用 Application.Union 方法将发货时间左边一列的公司所在单元格合并为一个 Range 对象，同时将公司名称串联成一个字符串。

待循环完成后，选中符合条件的公司所在单元格，同时将公司名称显示在状态栏。

本例的循环对象采用了 Range("b2:b" & Cells(Rows.Count, 2).End(xlUp).Row)，而非 Range("b2:b11")，此代码的优点是可以适应数据的增减变化，用代码计算最后一个非空行的行号，而不是在代码中手工指定行号。

语法补充：

（1）Application.Union 方法返回两个或多个区域的合集，如果没有合集则返回 Nothing。

Application.Union 方法无法合并跨表的区域，例如执行以下代码必定会产生错误：

```
Sub 求合集()
MsgBox Application.Union(Sheets(1).[a1], Sheets(2).[d1:g2]).Address
End Sub
```

Union 可以单独使用，忽略其前置对象 Application。

（2）Application.StatusBar 属性代表应用程序的状态栏，可以对它随意赋值，不过状态栏可以显示的字符长度有限制。

扩展应用：

状态栏中可以显示指定的字符，若配合循环语句，则可以让状态栏显示滚动文字。例如：

```
Sub 状态栏()
  Application.StatusBar = "兴趣是最好的老师"
    Do
    For i = 1 To 10000
      DoEvents
    Next
    Application.StatusBar = Right(Application.StatusBar, Len(Application.StatusBar) - 1) & Left(Application.
StatusBar, 1)
  Loop
End Sub
```

代码中的 10000 用于调节滚动速度，值越大，滚动得越慢。

随书提供案例文件：9-06 在状态栏显示超期未付款的客户名称.xlsm

9.2 Range 对象应用案例

单元格对象是数据的基本载体，是 Excel 制表工作中接触最多的一个对象，它的类别名称是 Range。本节针对 Range 对象的常用属性和方法展开案例演示。

9.2.1 合并工作表

案例要求：如图 9-9 所示的成绩表，该工作簿中有若干个工作表，现要求将所有工作表的数据合并到“总表”中来，合并时需要将原来的公式转换成值，而且合并后要确保格式、列宽与合并前一致。

	A	B	C	D	E	F	G	H
1	姓名	语文	数学	地址	历史	化学	生物	平均成绩
2	黄淑宝	42	79	82	60	45	81	64.8
3	潘大旺	40	100	88	93	68	72	76.8
4	刘易扬	94	44	87	94	84	44	74.5
5	周少强	95	90	83	97	42	98	84.2
6	石开明	86	44	49	59	50	54	57.0
7	刘越堂	69	98	76	96	70	83	82.0
8	陈玲	91	43	45	50	61	49	56.5
9	胡秀文	42	67	42	58	99	96	67.3
10	钱光明	89	43	44	56	92	97	70.2

一班　二班　三班

图 9-9　成绩表

知识要点：Range.Copy 方法、Range.PasteSpecial 方法、Range.Offset 属性、Range.End 属性。

程序代码：

```
Sub 合并成绩到总表()'随书案例文件中有每一句代码的含义注释
  Dim sht As Worksheet, i As Byte
  Application.ScreenUpdating = False
  On Error Resume Next
  Application.DisplayAlerts = False
  Worksheets("总表").Delete
  Worksheets.Add(Worksheets(1)).Name = "总表"
  For Each sht In Worksheets
    If sht.Name <> "总表" Then
```

```
            If WorksheetFunction.CountA(sht.Range("A:A")) > 0 Then
                i = i + 1
                If i = 1 Then
                    sht.UsedRange.EntireRow.Copy
                    Range("a1").PasteSpecial xlPasteAllUsingSourceTheme
                    Range("a1").PasteSpecial xlPasteValues
                    Range("a1").PasteSpecial xlPasteColumnWidths
                Else
                    sht.UsedRange.Offset(1, 0).EntireRow.Copy
                    With Cells(Rows.Count, 1).End(xlUp).Offset(1, 0)
                        .PasteSpecial xlPasteAllUsingSourceTheme
                        .PasteSpecial xlPasteValues
                    End With
                End If
            End If
        End If
    Next sht
    Application.ScreenUpdating = True
    Application.DisplayAlerts = True
End Sub
```

思路分析：

合并工作表就是将多个工作表的数据复制到同一个工作表中，在复制过程中会频繁更新屏幕，为了提升代码的执行效率，在循环语句之前将 Application.ScreenUpdating 属性赋值为 False，从而关闭屏幕更新，待循环完成后再恢复更新。

在合并工作表之前，需要确保工作簿中有“总表”，否则会合并出错。本例采用的方法是先删除“总表”，然后新建一个“总表”，此思路比先判断是否存在“总表”，然后根据判断结果决定处理方式的代码简单得多。不过当工作簿中没有“总表”时代码会出错，因此需要在代码中插入防错语句。

在启动循环语句后，首先使用条件语句排除“总表”，然后排除 A 列是空白的工作表，接着将其他工作表的已用区域复制到“总表”中。

在复制工作表的数据时，由于第一个工作表才有必要复制标题，因此需要借助一个变量 *i* 来判断 sht 属于第几个工作表。对于第一个工作表，将它的已用区域复制到“总表”的 A1 单元格即可，对于其他工作表则应该只复制排除标题行之后的已用区域，由于本例标题行只有一行，所以复制对象是“UsedRange.Offset(1, 0)”。

在复制数据后，本例对每一个工作表都粘贴了三次，第一次是粘贴全部（xlPasteAllUsingSourceTheme），即数据与格式信息，第二次是粘贴值（xlPasteValues），第三次只粘贴列宽。第二次粘贴的目的在于将公式转换成值，避免合并前后的公式结果不一致。例如合并前的工作表的 A2 有公式“=row()”，它的计算结果为 2，而合并后公式存放在“总表”的 A100，此时公式的结果将变成 100，不再是原值 2。

第三次粘贴的目的在于确保合并前后的列宽一致。第一次粘贴时尽管是粘贴全部，其实只是数据和格式，并不包含列宽，为了将合并后的“总表”与合并前的工作表的列宽保持一致，必须单独粘贴一次列宽。

语法补充：

（1）Range.Copy 方法表示复制单元格或者区域，它有两种用法，其一是通过参数指定粘贴时的目标地址，从而将单元格或者区域复制到指定单元格，例如：

Range("a1:b2").Copy Range("d1")——表示将 A1:B2 区域复制到 D1:E2 区域中。书写代码时

允许只写目标区域的左上角单元格。

其二是忽略参数，直接将单元格或者区域复制到剪贴板中，然后配合 Range.PasteSpecial 方法粘贴数值或者粘贴格式、列宽、公式等。

（2）Range.PasteSpecial 方法表示选择性粘贴，其语法如下：

```
Range.PasteSpecial(Paste, Operation, SkipBlanks, Transpose)
```

其中 Range 代表粘贴时的目标单元格，Range.PasteSpecial 方法的参数详解参数的含义如表 9-1 所示。

表 9-1　Range.PasteSpecial方法的参数

参数名称	功能描述
Paste	要粘贴的区域部分，例如粘贴格式、粘贴值、粘贴列宽等
Operation	粘贴操作，包含加、减、乘、除与无操作五个选项
SkipBlanks	如果赋值为True，表示不将剪贴板上区域中的空白单元格粘贴到目标区域中，默认值为 False
Transpose	如果赋值为True，表示在粘贴区域时转置行和列，默认值为 False

其中，Paste 参数包含 12 个选项，Operation 参数包含 5 个选项，不过对于它们的书写方式与含义不必要花时间记，编程前可以通过录制宏产生代码，然后将宏代码复制到自己的过程中即可。

通过 Range.PasteSpecial 方法和 ActiveSheet.Paste 方法都可以粘贴数据，前者不管用什么参数都只能复制数据，而后者还可以复制区域中的图片。但是后者必须选择单元格，然后才能粘贴，效率上就会差一些，因此，需要根据自己的需求选择复制方式。

扩展应用：

Range.Copy 方法可以将一个区域复制到剪贴板中，粘贴后仍然是一个区域。如果需要将区域中的值合并成单个字符串再放入剪贴板，粘贴时只粘贴在单个单元格中，那么应改用 DataObject 对象和 PutInClipboard 方法。操作步骤如下。

STEP 01 在 A1:A4 区域随意输入字符，然后按<Alt+F11>组合键打开 VBE 窗口。

STEP 02 在菜单栏执行“工具”→“引用”命令，然后在引用窗口中勾选“Microsoft Forms 2.0 Object Library”（也可以在菜单栏执行“插入”→“用户窗体”命令，从而自动添加引用，然后删除窗体）。

STEP 03 插入一个模块，然后在模块中输入以下代码：

```
Sub 将 A1 到 A4 的值复制到粘贴板中()
  Dim MyData As DataObject, Rng As Range, Mystr As String
  Set MyData = New DataObject
  For Each Rng In Range("a1:a4")
  Mystr = Mystr & Rng.Value
  Next Rng
  MyData.SetText Mystr
  MyData.PutInClipboard
End Sub
```

STEP 04 返回工作界面，执行过程“将 A1:A4 的值复制到粘贴板中”，此时 A1:A4 的值已经被复制到剪贴板中，我们可以在任意单元格粘贴 A1:A4 的值。

随书提供案例文件和演示视频：9-07 合并工作表.xlsm 和 9-07 合并工作表.mp4

9.2.2　合并区域且保留所有数据

案例要求：将当前选区合并再居中显示，同时保留合并前的所有数据。

知识要点：Range.Merge 方法、Range.Areas 属性、Range.HorizontalAlignment 属性、Range.ClearContents 方法、Range.Value 属性。

程序代码：

```
Sub 合并区域且保留所有值()'随书案例文件中有每一句代码的含义注释
    Dim Rng As Range, Mystr As String, i As Byte
    If TypeName(Selection) <> "Range" Then Exit Sub
    For i = 1 To Selection.Areas.Count
        With Selection.Areas(i)
            Mystr = ""
            For Each Rng In .Cells
                Mystr = Mystr & Rng
            Next Rng
            .ClearContents
            .Merge
            .HorizontalAlignment = xlCenter
            .Value = Mystr
        End With
    Next i
End Sub
```

假设工作表中有如图 9-10 所示的数据，同时选中 A1:C1、A3:B3 和 A5:C5 区域，然后执行过程“合并区域且保留所有值”，三个区域将会分别合并，并且合并区域时保留合并前的所有数据，效果如图 9-11 所示。

	A	B	C	D
1	2020年	11月	12日	
2				
3	湖南	长沙		
4				
5	VBA	真	犀利	
6				

图 9-10　合并前的数据

	A	B	C	D
1	2020年11月12日			
2				
3	湖南长沙			
4				
5	VBA真犀利			
6				

图 9-11　合并后的效果

思路分析：

Selection 可能是区域也可能是图形对象，合并单元格仅对区域生效，因此，在过程开始时需要使用条件语句排除图形对象，当前选择的对象是图形时直接结束过程即可。

当前选区可能包含多个不相邻的区域，为了提高程序的通用性，本例使用循环语句遍历所有区域，然后嵌套一个循环语句遍历区域中的每个单元格，将它们合并成一个字符串并赋值给变量 MyStr。接着清除区域的值、合并区域、将区域设置为居中显示、将变量 MyStr 的值赋予合并后的单元格。

当外层的循环结束后，每一个区域都会变成合并单元格，并且显示合并前的所有字符。

过程“合并区域且保留所有值”中有两个重点，其一是变量 MyStr 用于存储区域的所有字符，当里层循环结束后变量 MyStr 将包含第 *i* 个区域的值，为了避免合并下一个区域时变量 Mystr 中还保留了当前区域的值，从而影响下一区域的值，在进入里层循环之前必须清除变量 Mystr 的值。

第二个重点是合并区域时会不会弹出提示信息是由区域中是否有值决定的，本例中由于合并区域前已经将所有值记录在变量 MyStr 里，所以可以先清除区域中的值再合并，那么 Excel 不再弹出提示框，因此本例不需要使用代码“Application.DisplayAlerts = False”。

语法补充：

（1）Range.Merge 方法用于合并区域，如果区域中超过一个单元格有值，将会弹出提示框。Range.Merge 方法只负责合并区域，不会让单元格的值居中显示，因此它总配合 Range.HorizontalAlignment 属性使用。Range.Merge 方法的语法如下：

```
Range.Merge(Across)
```

如果参数 Across 赋值为 True，则将区域中每一行合并一次，区域中有多少行就合并成多少个区域，相当于 Excel 内置的“跨越合并”功能。Across 参数的默认值是 False，表示一个区域只合并一次，不管多少行都合并为一个区域。

（2）Range.Areas 属性代表区域集合，相邻的单元格为一个区域，如图 9-10 所示，该表包含三个区域。Range.Areas 属性其实也是 Range 对象，不过它的单位是区域，所以使用索引号引用子集时不是单个单元格，而是单个区域。

扩展应用：

如图 9-12 所示，A1:B8 包含省市名称，要求将它合并选区且保留所有值，如 D1:E8 中的结果。代码如下：

	A	B	C	D	E
1	省	市		省市	
2	福建省	彰州市		福建省彰州市	
3	福建省	厦门市		福建省厦门市	
4	福建省	三明市		福建省三明市	
5	云南省	昭通市		云南省昭通市	
6	云南省	玉溪市		云南省玉溪市	
7	云南省	曲靖市		云南省曲靖市	
8	广东省	珠海市		广东省珠海市	

图 9–12　合并选区且保留所有值

```
Sub 跨越合并且保留所有值()'随书案例文件中有每一句代码的含义注释
  Dim RowCount As Integer, ColCount As Integer, i As Integer, Mystr As String
  If TypeName(Selection) <> "Range" Then Exit Sub
  For i = 1 To Selection.Areas.Count
    For RowCount = 1 To Selection.Areas(i).Rows.Count
      Mystr = ""
      For ColCount = 1 To Selection.Areas(i).Columns.Count
        Mystr = Mystr & Selection.Areas(i).Cells(RowCount, ColCount)
      Next ColCount
      Selection.Areas(i).Rows(RowCount).ClearContents
      Selection.Areas(i).Cells(RowCount, 1) = Mystr
    Next RowCount
    Selection.Areas(i).Merge True
    Selection.Areas(i).HorizontalAlignment = xlCenter
  Next i
End Sub
```

随书提供案例文件和演示视频：9-08 合并选区且保留所有值.xlsm 和 9-08 合并选区且保留所有值.mp4

9.2.3 合并计算多区域的值

案例要求：如图 9-13 所示，该产量表中包含 4 个组别的产量，要求对所有产品分类汇总。

知识要点：Range.Consolidate 方法、Range. CurrentRegion 属性、Range.Borders 属性。

程序代码：

```
Sub 合并计算()'随书案例文件中有每一句代码的含义注释
    Range("m1").Consolidate Array("R1C1:R9C2", "R1C4:R9C5", "R1C7:R9C8", "R1C10:R9C11"), xlSum, True, True, False
    Range("m1") = "产品"
    Range("m1").CurrentRegion.Borders.LineStyle = xlContinuous
End Sub
```

执行以上过程后将得到如图 9-14 所示的计算结果。

	A	B	C	D	E	F	G	H	I	J	K
1	A组产品	数量		B组产品	数量		C组产品	数量		D组产品	数量
2	测压器	82		老虎钳	77		电笔	77		直尺	77
3	主板诊断卡	23		梅花刀	63		六角镙丝	63		扳手	63
4	梅花刀	63		压线钳	66		改锥	66		圆形镙丝	66
5	一字刀	97		圆形镙丝	43		温度计	43		压线钳	43
6	电笔	32		美工刀	44		直尺	44		美工刀	44
7	六角镙丝	95		圆规	82		主板诊断卡	82		一字刀	82
8	改锥	20		扳手	21		美工刀	21		老虎钳	21
9	温度计	99		改锥	81		一字刀	81		测压器	40
10											

图 9-13　产量表

M	N
产品	数量
测压器	122
直尺	121
主板诊断卡	105
老虎钳	98
梅花刀	126
一字刀	260
电笔	109
六角镙丝	158
压线钳	109
圆形镙丝	109
美工刀	109
圆规	82
扳手	84
改锥	167
温度计	142

图 9-14　计算结果

程序代码：

本例过程首先利用 Range. Consolidate 方法将 A1:B9、D1:E9、G1:H9、J1:K9 四个区域进行合并计算，合并计算时首行与最左列作为标题行，不参与运算，计算方式是求和。由于合并计算结果没有每列的列标题和边框，因此在合并计算后手工添加列标题和边框。

Range.Consolidate 方法的第一参数必须是数组，在 VBA 中使用 Array 函数生成数组。在第 13 章中将会详细介绍更多关于数组的知识。

语法补充：

（1）Range.Consolidate 方法可以将多个区域的数据分类汇总，汇总方式包括平均、计数、只计数数值、最大值、最小值、乘、基于样本的标准偏差、基于全体数据的标准偏差、总计、未指定任何分类汇总函数、基于样本的方差、基于全体数据的方差。其语法如下：

```
Range.Consolidate(Sources, Function, TopRow, LeftColumn, CreateLinks)
```

Range.Consolidate 方法的参数详解如表 9-2 所示。

表 9-2　Range.Consolidate方法的参数

参数名称	功能描述
Sources	以文本引用字符串数组的形式给出合并计算的源，该数组采用 R1C1-样式表示法。这些引用必须包含将要合并计算的工作表的完整路径
Function	用于指定合并计算的类型，包含12种汇总方式，详见表 9-3
TopRow	如果为 True，则基于合并计算区域中首行内的列标题对数据进行合并。如果为 False，则按位置进行合并计算。默认值为 False
LeftColumn	如果为 True，则基于合并计算区域中左列内的行标题对数据进行合并计算。如果为 False，则按位置进行合并计算。默认值为 False
CreateLinks	如果为 True，则让合并计算使用工作表链接。如果为 False，则让合并计算复制数据

其中，第 1 参数 Sources 必须使用 R1C1 样式的单元格地址，例如 A1:B9 改用 R1C1 样式后为 R1C1:R9C2，即“第 1 行第 1 列:第 9 行第 2 列”。

其中，第 2 参数 Function 包含 12 种汇总方式，可选范围由如表 9-3 所示的 12 个常量决定。

表 9-3　汇总方式详解

常量名称	功能描述	参数名称	功能描述
xlAverage	平均	xlStDev	基于样本的标准偏差
xlCount	计数	xlStDevP	基于全体数据的标准偏差
xlCountNums	只计数数值	xlSum	总计
xlMax	最大值	xlUnknown	未指定任何分类汇总函数
xlMin	最小值	xlVar	基于样本的方差
xlProduct	乘	xlVarP	基于全体数据的方差

Range.Consolidate 方法的语法以及 Function 参数的常量名称都不必要记，需要时录制宏即可自动产生代码。

（2）Range.Borders 对象代表单元格的边框集合。Borders.LineStyle 属性则代表边框的线型，如表 9-4 所示是线型的常量及功能。

表 9-4　线型的常量及其功能

常量名称	功能描述	常量名称	功能描述
xlContinuous	实线（单线）	xlDot	点式线
xlDash	虚线	xlDouble	双线
xlDashDot	点画相间线	xlLineStyleNone	无线条
xlDashDotDot	画线后跟两个点	xlSlantDashDot	倾斜的画线

扩展应用：

Range.Consolidate 方法也支持跨工作表或者跨工作簿合并计算。假设要对 A 组、B 组、C 组、D 组的 A1:B9 区域合并计算，将结果保存在“分类汇总”工作表的 A1 单元格中，代码如下：

```
Sub 合并计算()'随书案例文件中有每一句代码的含义注释
    Worksheets("分类汇总").Range("A1").Consolidate Array("A 组!R1C1:R9C2", "B 组!R1C1:R9C2", "C 组!R1C1:R9C2", "D 组!R1C1:R9C2"), xlSum, True, True, False
    Worksheets("分类汇总").Range("A1") = "产品"
    Worksheets("分类汇总").Range("A1").CurrentRegion.Borders.LineStyle = 1
End Sub
```

随书提供案例文件和演示视频：9-09 合并计算.xlsm 和 9-09 合并计算.mp4

9.2.4 模糊查找公司名称并罗列出来

案例要求：在活动工作表中精确查找名字长度为 2 并且第一个字是“天”的公司，然后将查找结果存放在 F 列和 G 列中。

知识要点：Range.Copy 方法、Range.Resize 属性、Range.Offset 属性、Range.Find 方法。

程序代码：

```
Sub 模糊查找公司名称并罗列出来()'①代码存放位置：模块中。②随书文件中有每一句代码含义注释
 Dim Rng As Range, FirstAddress As String
  Set Rng = Columns("A:D").Find("天?公司", , , xlPart)
  If Not Rng Is Nothing Then
    FirstAddress = Rng.Address
    Range("A1:B1").Copy Range("F1")
```

```
        Do
            Rng.Resize(1, 2).Copy Cells(Rows.Count, 6).End(xlUp).Offset(1, 0)
            Set Rng = Columns("A:D").FindNext(Rng)
            If Rng.Address = FirstAddress Then Exit Do
        Loop
    End If
End Sub
```

当工作表有如图 9-15 所示 A1:D7 区域的数据时，执行过程“模糊查找公司名称并罗列出来”后将得到 F1:G3 所示的结果。

	A	B	C	D	E	F	G
1	公司	电话	公司	电话		公司	电话
2	福春公司	33776390	宏运企业	20818931		天宏公司	24002049
3	彰化公司	41204934	天宏公司	24002049		天信公司	85365201
4	柳州化工厂	28023755	福兴钢铁厂	93517381			
5	福缘制造厂	20944756	尊明企业	80774419			
6	天信公司	85365201	天龙兴公司	50004542			
7	龙锋企业	61292960	龙华胶水厂	67219661			
8							

图 9-15　查找数据并将其罗列在 F 列和 G 列

思路分析：

Range.Find 方法支持通配符“?”和“*”，前者代表单个任意字符，后者代表任意长度的任意字符。本例要查找名字长度为 2 并且第一个字是“天”的公司，因此将“天?公司”设置为 Range.Find 方法的查找对象。

Range.Find 方法一次只能查找一个目标，因此需要配合 Do Loop 循环语句使用，每找到一个目标就使用 Range.Resize 方法引用该单元格及其右边的电话，然后使用 Range.Copy 方法将它们复制到 F 列。

由于 Do Loop 循环配合 Range.Find 方法执行查找时会一直循环下去，为了让它在查找完一遍后自动停止，特意在 Do Loop 循环之前将第一次找到的目标单元格地址记录在变量 FirstAddress 中，然后在 Do Loop 循环之中比较每一次查找到的目标单元格的地址是否与变量 FirstAddress 一致，如果一致则结束循环，避免在 F 列产生重复的公司名称。

语法补充：

Range.Resize 用于重置区域大小，它的两个参数分别代表重置后的区域高度与宽度。本例中 Range.Find 的查找目标是公司名称，而要复制的目标是公司与电话，因此需要将变量 Rng 重置为 1 行 2 列后再复制。

扩展应用：

假设要求在 E1 单元格中输入查找条件，按回车键后自动启动查找过程，并且将结果罗列在 F 列和 G 列中，那么应按以下方式修改代码：

```
'①代码存放位置：工作表事件代码窗口。②随书案例文件中有每一句代码含义注释
Private Sub Worksheet_Change(ByVal Target As Range)
    Dim Rng As Range, FirstAddress As String
    If Target.Count > 1 Then Exit Sub
    If Target.Address <> "$E$1" Then Exit Sub
        Set Rng = Range("a2:d" & ActiveSheet.UsedRange.Rows.Count).Find (Target.Value, , , xlPart)
        If Not Rng Is Nothing Then
        FirstAddress = Rng.Address
        Application.EnableEvents = False
        Range("f:g").Clear
        Range("A1:B1").Copy Range("F1")
```

```
    Do
        Rng.Resize(1, 2).Copy Cells(Rows.Count, 6).End(xlUp).Offset(1, 0)
        Set Rng = Range("a2:d" & ActiveSheet.UsedRange.Rows.Count).FindNext(Rng)
        If Rng.Address = FirstAddress Then Exit Do
    Loop
    Application.EnableEvents = True
    End If
End Sub
```

随书提供案例文件和演示视频：9-10 模糊查找.xlsm 和 9-10 模糊查找.mp4

9.2.5 反向选择单元格

案例要求：选择当前工作表中已用区域的反向区域，即选择未被选中的区域。

知识要点：Range.Select 方法、Range.Address 属性、Range.CountLarge 属性。

程序代码：

```
Sub 反向选择()'随书案例文件中有每一句代码的含义注释
  If TypeName(Selection) <> "Range" Then Exit Sub
  Dim SelectionAddress As String, UsedRangeAddress As String, FanXiang As String, Rng As Range
  If Selection.CountLarge = Cells.CountLarge Then Exit Sub
  If IsEmpty(ActiveSheet.UsedRange) Then MsgBox "反向选择仅对数据区域生效": Exit Sub
  Set Rng = Intersect(Selection, ActiveSheet.UsedRange)
  If Rng Is Nothing Then MsgBox "反向选择仅对数据区域生效": Exit Sub
  If Rng.Address = ActiveSheet.UsedRange.Address Then ActiveSheet. UsedRange.Select: Exit Sub
  SelectionAddress = Rng.Address
  UsedRangeAddress = ActiveSheet.UsedRange.Address
  Application.ScreenUpdating = False
  With Worksheets.Add
    .Range(UsedRangeAddress) = 0
    .Range(SelectionAddress) .ClearContents
    FanXiang = .Range(UsedRangeAddress).SpecialCells(xlCellTypeConstants, 1).Address
    Application.DisplayAlerts = False
    .Delete
  End With
  ActiveSheet.Range(FanXiang).Select
  Application.ScreenUpdating = True
End Sub
```

如图 9-16 所示，当前选区为 B2:B9 和 D2:D9。执行过程“反向选择”后，选区会变成 A1:A9、B1、C1:C9、D1，效果如图 9-17 所示。

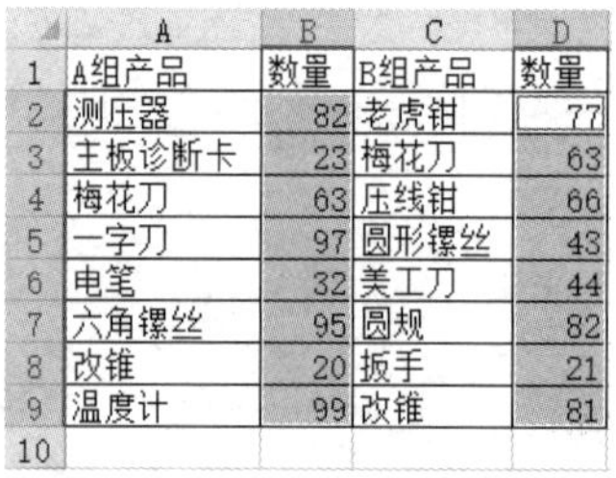

	A	B	C	D
1	A组产品	数量	B组产品	数量
2	测压器	82	老虎钳	77
3	主板诊断卡	23	梅花刀	63
4	梅花刀	63	压线钳	66
5	一字刀	97	圆形镙丝	43
6	电笔	32	美工刀	44
7	六角镙丝	95	圆规	82
8	改锥	20	扳手	21
9	温度计	99	改锥	81
10				

图 9-16　选择 B2:B9 和 D2:D9

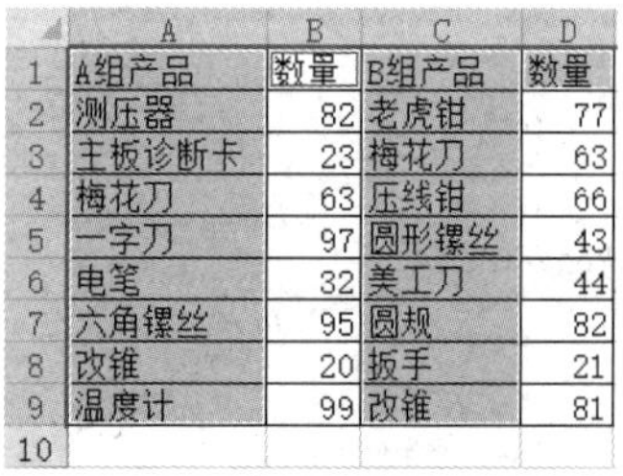

	A	B	C	D
1	A组产品	数量	B组产品	数量
2	测压器	82	老虎钳	77
3	主板诊断卡	23	梅花刀	63
4	梅花刀	63	压线钳	66
5	一字刀	97	圆形镙丝	43
6	电笔	32	美工刀	44
7	六角镙丝	95	圆规	82
8	改锥	20	扳手	21
9	温度计	99	改锥	81
10				

图 9-17　反向选择区域

思路分析：

反向选择是针对当前选择的区域而言的，选区必须与工作表的已用区域存在交集，而且该交集必须小于活动工作表的已用区域，否则反向选择就没有存在的意义。

本例代码使用了 5 个条件语句，将不符合条件的情况排除在外，然后新建辅助工作表，在该表中计算反向区域的地址，最后以该地址为依据选择活动工作表中的反向区域。

在 5 个条件语句中需要特别说明的是判断用户是否全选了工作表，过程中的判断依据是"Selection.CountLarge = Cells.CountLarge"，其中，Range.CountLarge 属性代表单元格数量，功能上等同于 Range.Count 属性，不过 Range.Count 属性的值是 Long 型，适用于 Excel 2003，而在 Excel 2010 中单元格的总数量远远大于 Long 型的上限，因此微软为 VBA 新开发了一个属性——Range.CountLarge，此属性增大了存储空间，专用于 Excel 2007 及以上版本。在 Excel 2010 中编写代码计算单元格的数量时，如果需要强调兼容性与通用性，那么可用 Range.Count 属性，而强调代码的准确性，确保代码不会出错，则应使用 Range.CountLarge 属性。

在计算反向区域时，本例的思路是：先记录下选区与已用区域的交集的地址，并且将其存放于变量 SelectionAddress 中，以及记录下已用区域的地址并且将其存放于变量 UsedRangeAddress 中，然后新建一个工作表，在新工作表中向地址等于 UsedRangeAddress 的区域输入数值 0，将新工作表中地址等于 SelectionAddress 的区域清除 0，那么剩下的 0 值所在区域即为反向区域。此时使用 Range.SpecialCells 方法引用常量区域（即 0 值所在区域），然后记录下它的地址，删除辅助工作表，返回原来的工作表中，使用 Range.Select 方法选中已经记录下的反向区域即可。

本例的重点有两个：一是使用条件语句排除不符合条件的情况，二是借助辅助工作表识别反向区域。

语法补充：

（1）Range.Select 方法用于选择 Range 对象。可以是单个单元格，也可以是单个区域或者多个区域。它有别于 Range.Activate 方法，Range.Activate 方法只能激活单个单元格。

（2）Range.Address 属性用于获取单元格的地址，其语法如下：

```
Range.Address(RowAbsolute, ColumnAbsolute, ReferenceStyle, External, RelativeTo)
```

其 5 个参数皆为可选参数，当忽略所有参数时表示 A1 样式的绝对引用，具体参数详解如表 9-5 所示。

表 9-5　Range.Address属性的参数

名称	描述
RowAbsolute	如果为True，则以绝对引用返回引用的行部分。默认值为True
ColumnAbsolute	如果为True，则以绝对引用返回引用的列部分。默认值为True
ReferenceStyle	代表引用样式，可能是xlA1也可能是xlR1C1。默认值为 xlA1
External	如果为True，则返回外部引用。如果为False，则返回本地引用。默认值为False
RelativeTo	如果RowAbsolute 和ColumnAbsolute 为False，并且ReferenceStyle为xlR1C1，则必须包括相对引用的起始点。此参数是定义起始点的Range对象

（3）Range.CountLarge 属性可返回 Range 对象的单元格数量，仅用于 Excel 2007 及以上版本（Excel 的帮助中关于 Range.CountLarge 属性的含义解释是错误的）。

扩展应用：

Range.Select 仅对活动工作表有效，不能选择其他工作表的单元格。例如活动工作表是 Sheet1，那么执行以下代码必定出错：

```
Worksheets("sheet2").Range("a100").Select
```

跨表选择单元格应使用 Application.Goto 方法，代码如下：

```
Sub 跨表选择单元格()
    Application.Goto Worksheets("sheet2").Range("a100")
End Sub
```

随书提供案例文件：9-11 反向选择.xlsm

9.2.6 插入图片并调整为选区大小

案例要求：插入一张产品图片，并且图片刚好适应选区。

知识要点：Range.Top 属性、Range.Left 属性、Range.Height 属性、Range.Width 属性。

程序代码：

```
Sub 插入图片且等于选区大小()'随书案例文件中有每一句代码的含义注释
    If TypeName(Selection) <> "Range" Then Exit Sub
    Dim Filenname As String
    Filenname = Application.GetOpenFilename("所有图片文件 (*.jpg;*.bmp;* .png;*.gif),*.jpg;*.bmp;*.png;
*.gif", , "请选一个图片文件", , False)
    If Filenname= "False" Then Exit Sub
    ActiveSheet.Shapes.AddPicture Filenname, False, True, Selection.Left, Selection.Top, Selection.Width,
Selection.Height
End Sub
```

执行以上过程会弹出一个选择图片的对话框，支持 jpg、bmp、png 和 gif 四种格式的图片。当选择图片并且单击“打开”按钮后，程序会将选择的图片插入到工作表中，而且图片的大小、边距刚好适应当前区域。例如，选择了如图 9-18 所示的区域再执行代码，会插入图片并覆盖选区，如图 9-19 所示。

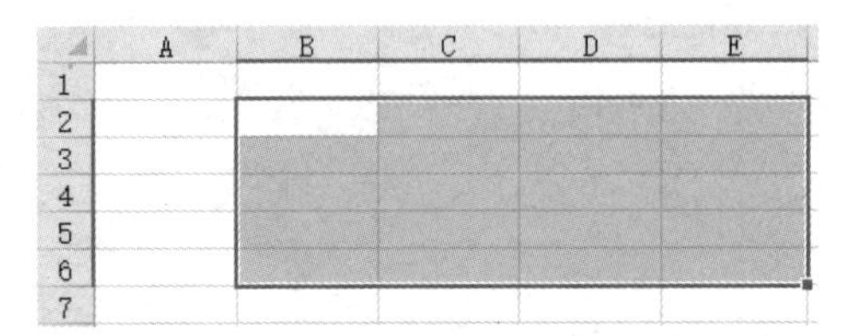

图 9–18　选择区域

图 9–19　插入图片并覆盖选区

思路分析：

插入图片并且显示为选区的大小，那么必须确保 Selection 对象是单元格，而不是图形对象，因此本例首先使用条件语句判断 Selection 对象的类型，如果不是单元格则结束过程。然后使用 GetOpenFilename 方法创建一个打开图片文件的对话框，让用户选择图片。由于用户可能选择了图片也可能单击了“取消”按钮，因此，有必要使用条件语句判断返回值是否为“False”。如果是，则结束过程；如果否，则调用 Shapes.AddPicture 方法插入图片，并且根据选区的左边距、上边距、宽度与高度调整图片。

过程中代表图片路径的变量 Filenname 被声明为 String 型，当用户在对话框中单击“取消”按钮时，返回值是文本“False”。如果单击“打开”按钮，则返回值是图片路径，因此，根据返回值的差异可以简单而准确地区分用户的按键行为。

语法补充：

（1）Range.Top 属性用于获取或设置单元格的上边距，以磅为单位；而 Range.Left 属性则用于获取或设置单元格的左边距，以磅为单位。当 Range 对象包含多个单元格时，以左上角单元格作为计算依据。

（2）Range.Width 属性用于获取一个区域的宽度，以磅为单位（VBA 帮助中关于 Range.Width 属性的解释是错的，它是可读属性，只能读取值，不能修改）；Range.Height 则用于获取或者设置一个区域的高度，以磅为单位。当 Range 对象包含多个区域时仅对第一个区域有效。

（3）Shapes.AddPicture 方法用插入图片，其语法如下：

```
Shapes.AddPicture(Filename, LinkToFile, SaveWithDocument, Left, Top, Width, Height)
```

其 7 个参数都是必选参数，具体参数详解如表 9-6 所示。

表 9-6　Shapes.AddPicture方法的参数

参数名称	功能说明
Filename	图片路径
LinkToFile	赋值为True时表示向工作表中插入图片链接，赋值为False时表示将图片文件嵌入到文件中
SaveWithDocument	赋值为True时表示将图片与文档一起保存，赋值为False时表示不保存图片，当删除硬盘中的图片后工作表中将不再显示图片
Left	图片左上角相对于文档左上角的位置（以磅为单位）
Top	图片左上角相对于文档顶部的位置（以磅为单位）
Width	图片的宽度（以磅为单位）
Height	图片的高度（以磅为单位）

其中 LinkToFile 和 SaveWithDocument 不允许同时赋值为 False。当 SaveWithDocument 参数为 False、LinkToFile 参数赋值为 True 时不能在工作表中嵌入图片文件，删除磁盘中的图片文件后工作表中的图片会消失；当 SaveWithDocument 参数为 True 时，不管 LinkToFile 参数的值是什么都可以在工作表中嵌入图片文件，删除磁盘中的图片文件后工作表中仍然会显示图片。

录制插入图片的宏时，宏代码会调用 Pictures.Insert 方法来插入图片，本例中不使用 Pictures.Insert 方法插入图片是因为它有一个显著的缺点——删除磁盘中的图片文件后，插入到工作表中的图片会自动消失。

扩展应用：

插入单张图片并且指定其边距与大小并不能体现 VBA 的优势。

Shapes.AddPicture 方法配合循环语句可以从活动单元格开始向单元格中批量插入图片，并且让图片的位置和大小随单元格变化，完整代码如下：

```
Sub 批量导入图片且指定高度()'①代码存放位置：模块中。②随书案例文件中有每一句代码含义注释
  If TypeName(Selection) <> "Range" Then Exit Sub
  Dim Filenname, shpName, i As Integer, shp As Shape
  Filenname = Application.GetOpenFilename("所有图片文件 (*.jpg;*.bmp;*.png;*.gif),*.jpg;*.bmp;*.png;
*.gif", , "请选一个图片文件", , True)
  If TypeName(Filenname) = "Boolean" Then Exit Sub
  For Each shpName In Filenname
    Set shp = ActiveSheet.Shapes.AddPicture(shpName, msoFalse, msoTrue, ActiveCell.Offset(i, 0).Left,
ActiveCell.Offset(i, 0).Top, ActiveCell.Offset(i, 0).Width, ActiveCell.Offset(i, 0).Height)
    shp.Placement = xlMoveAndSize
    shp.Name = Dir(shpName)
    i = i + 1
  Next shpName
End Sub
```

选择 A1 单元格，然后执行以上过程，当弹出“请选择所有待插入的图片文件”对话框后，

在图片文件夹中按住鼠标左键并拖动，从而选择需要插入的图片，如图 9-20 所示。

当单击“打开”按钮后，当前选择的所有图片会插入到工作表中，从活动单元格开始向下排列，每个图片的位置和大小随单元格而定，效果如图 9-21 所示。

选择 1 到 12 行，然后修改行高，A1:A12 区域中的图片也会相应地调整高度，效果如图 9-22 所示。

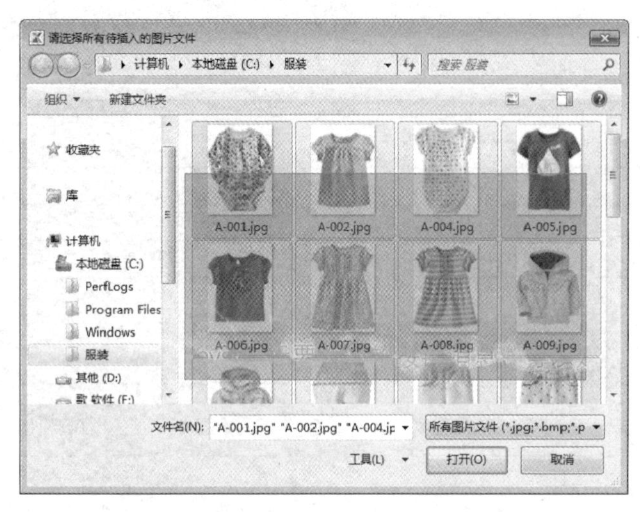

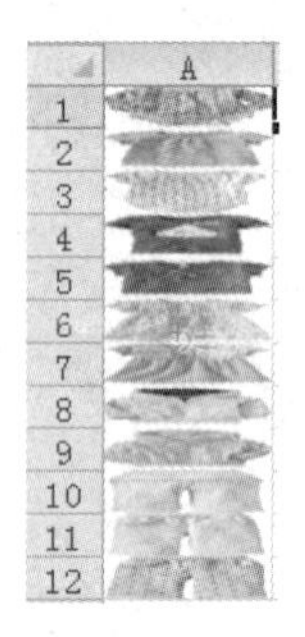

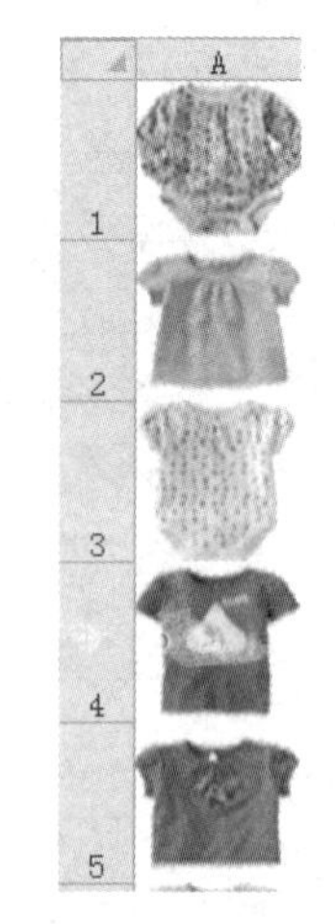

图 9-20　选择需要插入的图片　　图 9-21　插入图片　　图 9-22　修改行高

随书提供案例文件和演示视频：9-12 插入图片且自动调整.xlsm 和 9-12 插入图片且自动调整.mp4

9.2.7 提取唯一值

案例要求：如图 9-23 所示为参赛者列表，其中，部分人员参加了多个项目的比赛。现在需要提取参赛者姓名的唯一值，并将结果罗列在 C 列中。

知识要点：Range.RemoveDuplicates 方法、Range.Value 属性。

程序代码：

```
Sub 提取唯一值 1()'随书案例文件中有每一句代码的含义注释
  With Range("C1:C" & Cells(Rows.Count, 1).End(xlUp).Row)
  .Value = Range("A1:A" & Cells(Rows.Count, 1).End(xlUp).Row).Value
  .RemoveDuplicates 1, xlYes
  End With
End Sub
```

执行以上过程，在 C 列将获取唯一值，效果如图 9-24 所示。

	A	B	C
1	姓名	参赛项目	
2	赵月峨	长跑	
3	范亚桥	田径	
4	朱文道	跳高	
5	张中正	跳水	
6	张秀文	举重	
7	张秀文	田径	
8	范亚桥	长跑	
9	张彻	射击	
10	张中正	长跑	
11	陈年文	跳水	

图 9-23　参赛者列表

	A	B	C
1	姓名	参赛项目	姓名
2	赵月峨	长跑	赵月峨
3	范亚桥	田径	范亚桥
4	朱文道	跳高	朱文道
5	张中正	跳水	张中正
6	张秀文	举重	张秀文
7	张秀文	田径	张彻
8	范亚桥	长跑	陈年文
9	张彻	射击	
10	张中正	长跑	
11	陈年文	跳水	

图 9-24　获取唯一值

思路分析：

使用 Range.RemoveDuplicates 方法可以从区域中提取唯一值，结果只能存放在原区域，本例需要将结果存放在另一列中，因此只能先将 A 列的姓名复制到 C 列，然后提取唯一值。

语法补充：

（1）Range.RemoveDuplicates 方法用于从区域中删除唯一值，允许设置多条件，即多列同时相同才算重复，也可以指定其中某一列相同就算重复。其语法如下：

```
Range.RemoveDuplicates(Columns, Header)
```

其两个可选参数的详解如表 9-7 所示。

表 9-7　Range.RemoveDuplicates方法的参数

参数名称	功能描述
Columns	用于指定以哪一列或者哪几列作为判断是否重复的依据。当以单列作为判断依据时赋值为代表列数的数值即可，当以多列作为判断依据时应赋值为数组。如果忽略参数则表示每一列都参与运算，作为判断重复的依据
Header	指定第一行是否参与运算，赋值为xlNo时表示不参与运算，赋值为xlYes时表示参与运算，赋值为xlGuess时表示让Excel自己判断。默认值是xlNo

Range.RemoveDuplicates 方法对应于功能区的“数据”选项卡中的“删除重复项”功能，我们可以通过录制宏得到代码，因此不必要记忆语法或者参数名称，需要时录制宏即可产生代码，然后根据需求修改宏代码中的区域即可。

Range.RemoveDuplicates 方法仅用于 Excel 2007 及以上版本，不支持 Excel 2003。

（2）“Range.Value= Range.Value”形式用于将一个区域的值复制到另一个区域，它只复制数值不会复制公式和格式信息。

扩展应用：

Range.RemoveDuplicates 方法提取的唯一值只能存放在原位置，若改用高级筛选提取唯一值，则可以将结果存放在任意位置，包括跨工作表或者跨工作簿存放。

下面仍以取 A 列的唯一值并存放在 C 列为例，完整代码如下：

```
Sub 提取唯一值 2()
Range("A1:A" & Cells(Rows.Count, 1).End(xlUp).Row).AdvancedFilter xlFilterCopy, , Workbooks("工作簿2").Sheets(1).Range("A1"), True
End Sub
```

以上过程中 Range. AdvancedFilter 方法表示高级筛选，第 1 参数赋值为 xlFilterCopy 表示将结果复制到其他区域，而第 3 参数则用于指定结果存放区域，允许该区域来自其他工作表或者其他工作簿。使用以上代码必须先新建一个名为“工作簿 2”的工作簿。

随书提供案例文件：9-13 提取唯一值.xlsm

9.2.8 隐藏所有公式结果为错误的单元格

案例要求： 如图 9-25 所示，表格中部分公式的运算结果为错误值，现要求将所有错误隐藏起来，让单元格显示空白即可，但同时要保留公式。

知识要点： Range.Font 属性、Range.Interior 属性、Range.NumberFormatLocal 属性。

程序代码：

```
Sub 隐藏所有错误值()'随书案例文件中有每一句代码的含义注释
```

```
    Dim Rng As Range
    For Each Rng In ActiveSheet.UsedRange.SpecialCells(xlCellTypeFormulas, 16)
        Rng.Font.Color = Rng.Interior.Color
        Rng.NumberFormatLocal = "[黑色]G/通用格式"
        Rng.Errors(1).Ignore = True
    Next
End Sub
```

执行以上过程后，计算结果为错误值的公式将自动隐藏起来，效果如图 9-26 所示。

C2 =RANK(B2,B$2:B$11)

	A	B	C	D	E	F
1	姓名	成绩	排名			
2	赵	42	7			
3	钱		#N/A			
4	孙		#N/A			
5	李	94	1			
6	周	65	5			
7	吴	90	3			
8	郑	56	6			
9	王	93	2			
10	冯		#N/A			
11	陈	86	4			

图 9-25　公式中的错误值

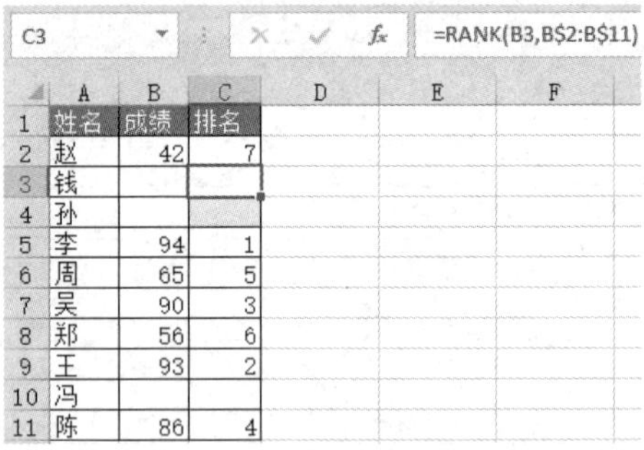

C3 =RANK(B3,B$2:B$11)

	A	B	C	D	E	F
1	姓名	成绩	排名			
2	赵	42	7			
3	钱					
4	孙					
5	李	94	1			
6	周	65	5			
7	吴	90	3			
8	郑	56	6			
9	王	93	2			
10	冯					
11	陈	86	4			

图 9-26　隐藏错误值

思路分析：

隐藏计算结果为错误值的公式比较简单，将字体颜色设置为与单元格背景颜色一致即可。不过此操作会有后遗症——修改被公式引用的单元格的值从而使公式的计算结果不再是错误值后，公式的计算结果仍然不会显示出来。本例的办法是将单元格的数字格式自定义为“[黑色]G/通用格式”，表示单元格中的值不是错误时，字体颜色将显示为黑色。

由于不同单元格的背景颜色可能不一致，因此不能一次性设置错误值所在单元格的字体颜色和数字格式，必须使用循环语句。

语法补充：

（1）Range.NumberFormatLocal 属性可以获取或设置一个单元格的数字格式编码。修改单元格的数字格式只能修改单元格的显示值，不影响单元格的实际值。当单元格中的值是“2014-9-9”时，通过以下代码可以将它的显示值修改为“星期二”：

```
Range("A1").NumberFormatLocal = "AAAA"
```

自定义单元格的数字格式可以通过录制宏产生代码，因此不必记忆各种格式所对应的格式编码，需要编写自定义格式的代码时，录制宏即可。

（2）Range.Errors 代表单元格中的错误对象集合，Error.Ignore 属性用于设置错误检查选项的状态，将它赋值为 True 时表示禁用错误检查选项，即关闭单元格中的绿色倒三角符号。

（3）Range.Font 代表单元格的字体对象，Range.Font.Color 属性则代表字体颜色；Range.Interior 代表单元格的内部，Range.Interior.Color 属性则代表单元格的背景颜色。

扩展应用：

本例代码的功能是修改错误值的显示状态。

如果仅仅是要求打印时忽略错误值，而不修改单元格的显示状态，那么应使用以下代码修改活动工作表的页面设置：

```
Sub 不打印错误值()
    ActiveSheet.PageSetup.PrintErrors = xlPrintErrorsBlank
End Sub
```

随书提供案例文件：9-14 隐藏所有错误值.xlsm

9.3 Comment 对象应用案例

Comment 对象即批注，在工作中应用极广，常用于对单元格数据做补充说明，也可用于存储图片。下面展示 4 个 VBA 操作批注的综合应用案例。

9.3.1 在所有批注末尾添加指定日期

案例要求：如图 9-27 所示的成绩表中有 4 个批注，现要求在所有批注末尾添加日期。

知识要点：Comment.Text 方法、Comment.Shape.TextFrame.AutoSize 属性。

程序代码：

```
Sub 在批注中添加日期()'随书案例文件中有每一句代码的含义注释
    Dim DateStr As String, Com As Comment
    Do
        DateStr = Application.InputBox("请指定一个日期：", "日期", Date, , , , , 2)
        If IsDate(DateStr) Then Exit Do Else MsgBox "只能输入日期", vbInformation
    Loop
    For Each Com In ActiveSheet.Comments
        Com.Text Text:=Com.Text & Chr(10) & DateStr
        Com.Shape.TextFrame.AutoSize = True
    Next
End Sub
```

执行以上过程会弹出如图 9-28 所示的输入框，默认值为当前的系统日期。如果在其中输入了非日期值，程序会提示用户只能输入日期，然后继续弹出输入框，直到输入日期为止。

	A	B	C	D	E	F
1	姓名	成绩	姓名	成绩		
2	李范文	78	朱贵	75		
3	游有之		刘佩佩	69		
4	文月章	98	邹之前	78		
5	周锦	69	诸有光		因病未参试	
6	张朝明		游有庆			
7						

图 9-27　成绩表

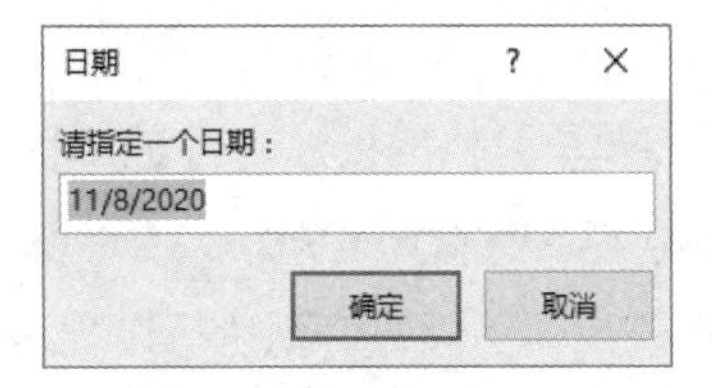

图 9-28　输入框

如果使用默认日期，直接单击“确定”按钮即可，程序执行完成后会将日期添加到原有批注后，而且批注框会随内容增减而自动调整大小，效果如图 9-29 所示。

如果需要将日期添加到第一行，按以下方式修改批注内容的代码即可。

```
Com.Text Text:=DateStr & Chr(10) & Com.Text
```

修改代码后会将日期添加到原有批注前，效果如图 9-30 所示。

	A	B	C	D	E
1	姓名	成绩	姓名	成绩	
2	李范文	78	朱贵	75	
3	游有之		刘佩佩	69	
4	文月章	98	邹之前	78	
5	周锦	69	诸有光		因病未参试 11/8/2020
6	张朝明		游有庆		

图 9-29　将日期添加到原有批注后

	A	B	C	D
1	姓名	成绩	姓名	成绩
2	李范文	78	朱贵	75
3	游有之		刘佩佩	69
4	文月章	98	邹之前	78
5	周锦	69	诸有光	11/8/2020 辍学
6	张朝明		游	
7				

图 9-30　将日期添加到原有批注前

思路分析：

使用 Application.InputBox 方法可以弹出输入框，让用户输入日期，不过一个完善的程序还应考虑防错和便捷性，因此本例代码中加入了条件语句和循环语句。条件语句的功能是防错，用于判断用户输入的值是否为日期，当用户输入的不是日期时则提示用户；循环语句的功能是当用户输入错误时可以再次弹出输入框等待用户重新输入，不用手工重新执行代码。

当用户输入了正确的日期后，通过 For Each Next 循环语句遍历活动工作表中的批注集合 Comments，然后通过 Comment.Text 方法将换行符 chr(10)与日期追加到每一个批注末端。

当对批注中添加新的内容后，应调整批注框的大小，避免批注内容显示不完整。正确的做法不是将批注框拉大，而是将它的 AutoSize 属性赋值为 True，使其自动调整大小。

语法补充：

（1）Comments 是批注集合，Comment 则是批注的类别名称，因此声明变量用于遍历批注集合时应将变量的类型声明为 Comment。

（2）Comment.Text 方法用于设置批注的文本，其语法如下：

```
Comment.Text(Text, Start, Overwrite)
```

其参数详解如表 9-8 所示。

表 9-8 Comment.text方法的参数

参数名称	功能描述
Text	要添加的文本
Start	要插入文本的起始位置，只有第三参数赋值为False时才使用本参数。如果省略第二、第三参数则会覆盖所有批注内容
Overwrite	省略此参数时表示覆盖批注内容，赋值为False时表示向批注中插入文本，保留原来的内容。此参数不允许赋值为True

VBA 帮助中关于第 3 参数 Overwrite 的解释是错的，正确的说法见上表 9-8。

例如 A1 单元格的批注内容是“我要学 VBA”，那么执行以下代码后批注内容是“Excel”：

```
Range("a1").Comment.Text "Excel"
```

如果改用以下代码，则执行过程后批注内容是“我要学 Excel”：

```
Range("a1").Comment.Text "Excel", 4
```

如果改用以下代码，则执行过程后批注内容是“我要学 Excel VBA”：

```
Range("a1").Comment.Text "Excel", 4, False
```

（3）Shape.TextFrame.AutoSize 属性代表图形对象的大小是否随文本字符的长短自动调整大小。所有可以编辑字符的图形对象都有此属性，例如批注、文本框、形状（也称自选图形）。

扩展应用：

如果需要按<Ctrl+Q>组合键为活动单元格的批注添加日期，代码如下：

```
Sub Auto_Open()  '随书案例文件中有每一句代码的含义注释
  Application.OnKey "^q", "为当前批注添加日期"
End Sub
Sub 为当前批注添加日期()
  If ActiveCell.Comment Is Nothing Then
    MsgBox "活动单元格不存在批注"
  Else
```

```
      ActiveCell.Comment.Text ActiveCell.Comment.Text & Chr(10) & Date
      ActiveCell.Comment.Shape.TextFrame.AutoSize = True
   End If
End Sub
```

随书提供案例文件和演示视频：9-15 批量为批注添加日期.xlsm 和 9-15 批量为批注添加日期.mp4

9.3.2 生成图片批注

案例要求：给单元格插入一个图片批注，图片由用户随意选择。

知识要点：Comment.Shape.Fill.UserPicture。

程序代码：

```
Sub 插入图片标注()'随书案例文件中有每一句代码的含义注释
   Dim Pic As String, com As Comment
   Pic = Application.GetOpenFilename("图片文件,*.jpg; *.bmp;*.png", , "请选择一张图片", , False)
   If Pic = "False" Then Exit Sub
   If ActiveCell.Comment Is Nothing Then Set com = ActiveCell.AddComment Else Set com =
ActiveCell.Comment
   com.Shape.Fill.UserPicture Pic
   com.Shape.Height = 100
   com.Shape.Width = 120
End Sub
```

执行过程“插入图片标注”，在弹出的对话框中选择一张图片，单击“打开”按钮后，如果活动单元格已经有批注则将选择的图片填充到批注中，批注的原本内容保持不变；如果活动单元格中没有批注，那么会插入一个新的批注，然后将图片填充到批注中。

代码中的 100 和 120 分别表示批注框的高度和宽度，你可以根据需求随意修改。如果将 100 改为 160，那么最后产生的效果如图 9-31 所示。

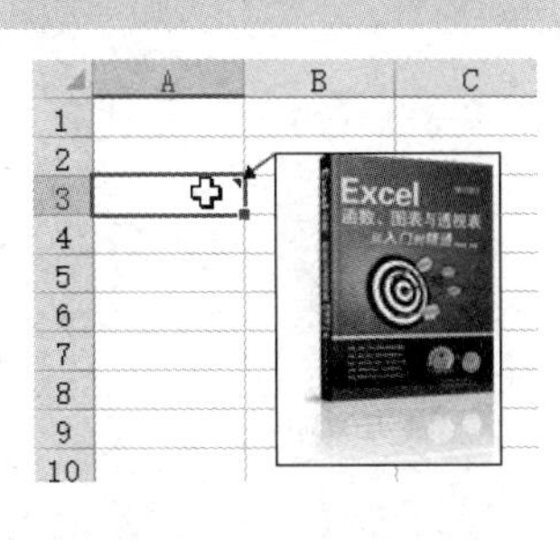

图 9-31　插入图片批注

思路分析：

本例过程首先通过 Application.GetOpenFilename 方法创建一个打开图片文件的对话框，然后通过条件语句判断用户是否选择了图片文件并选择“打开”按钮。如是不是，则直接结束过程，如果是，则再利用条件语句判断活动单元格是否有批注，当没有批注时会新建一个批注，将前面所选择的图片通过 Shape.Fill.UserPicture 方法填充到批注中去。最后为批注指定高度与宽度，使批注中的图片看起来不至于变形。

判断单元格是否存在批注和判断工作簿中是否存在某个工作表的思路大大不同，引用一个不存在的工作表时代码会出错，因此可以根据代码是否出错来判断工作表是否存在；引用批注时，如果批注不存在则返回 Nothing，因此判断批注是否存在主要通过“Is Nothing”的返回值决定，返回 True 则表示批注不存在。

语法补充：

（1）Comment.Shape 是一个 Shape 对象，代表批注的外框。批注这个对象没有高度、宽度和背景填充这些属性，因此要调整批注的大小和填充背景图片要借助 Comment.Shape 实现。

（2）Fill.UserPicture 方法的功能是将图片填充为背景，其参数是图片路径，可以是 bmp、jpg、png 或者 gif 等格式的图片文件，但将动画文件填充为背景后不会产生动画效果。

扩展应用：

如果将本例中 Application.GetOpenFilename 方法的最后一个参数赋值为 True，然后配合循环语句就可以实现批量插入图片批注，完整代码如下：

```
Sub 批量生成图片批注()'随书案例文件中有每一句代码的含义注释
  If TypeName(Selection) <> "Range" Then Exit Sub
  Dim Filenname, shpName, i As Integer, shp As Shape
  Filenname = Application.GetOpenFilename("所有图片文件 (*.jpg;*.bmp;*.png;*.gif),*.jpg;*.bmp;*.png;*.gif", , "请选择所有待插入的图片文件", , True)
  If TypeName(Filenname) = "Boolean" Then Exit Sub
  Application.ScreenUpdating = False
  For Each shpName In Filenname
    If ActiveCell.Offset(i, 0).Comment Is Nothing Then Set com = ActiveCell.Offset(i, 0).AddComment Else Set com = ActiveCell.Offset(i, 0).Comment
    com.Shape.Fill.UserPicture shpName
    com.Shape.Height = 100
    com.Shape.Width = 120
    i = i + 1
  Next shpName
  Application.ScreenUpdating = True
End Sub
```

随书提供案例文件和演示视频：9-16 生成图片批注.xlsm 和 9-16 生成图片批注.mp4

9.3.3 添加个性化批注

案例要求：生成具有个性化外形的批注，提供多种形状可供选择。

知识要点：Range.AddComment 方法、Comment.Shape.AutoShapeType 属性、Comment.Delete 方法。

程序代码：

```
Sub 添加个性化批注()  '随书案例文件中有每一句代码的含义注释
    Dim Mystr As String, mystr2 As String, Com As Comment
    ActiveCell.ClearComments
    Mystr = Application.InputBox("输入批注内容", "批注", Application.UserName, 10, 10, , , 2)
    Mystr2 = Application.InputBox("输入批注外形" & Chr(10) & "1 口哨形,2 书卷形,3 箭头形,4 圆角矩形" & Chr(10) & "5 缺角矩形,6 菱形,7 五角星,8 云形标注,9 圆形,10 六边形,11 八边形,12 柱形,13 笑脸形,14 心形,15 八角星,16 横卷形,17 竖卷形,18 波形,19 双波形,20 十六角星,21 二十四角星,22 文档.", "批注外形", 1, 10, 10, , , 1)
    With ActiveCell.AddComment(mystr)
      Select Case mystr2
      Case 1
      .Shape.AutoShapeType = msoShapeFlowchartSequentialAccessStorage
      Case 2
      .Shape.AutoShapeType = msoShapeFoldedCorner
      Case 3
      .Shape.AutoShapeType = msoShapeRightArrow
      Case 4
      .Shape.AutoShapeType = msoShapeRoundedRectangularCallout
      Case 5
      .Shape.AutoShapeType = msoShapePlaque
      Case 6
```

```
            .Shape.AutoShapeType = msoShapeDiamond
            Case 7
            .Shape.AutoShapeType = msoShape5pointStar
            Case 8
            .Shape.AutoShapeType = msoShapeCloudCallout
            Case 9
            .Shape.AutoShapeType = msoShapeOval
            Case 10
            .Shape.AutoShapeType = msoShapeHexagon
            Case 11
            .Shape.AutoShapeType = msoShapeOctagon
            Case 12
            .Shape.AutoShapeType = msoShapeCan
            Case 13
            .Shape.AutoShapeType = msoShapeSmileyFace
            Case 14
            .Shape.AutoShapeType = msoShapeHeart
            Case 15
            .Shape.AutoShapeType = msoShape8pointStar
            Case 16
            .Shape.AutoShapeType = msoShapeHorizontalScroll
            Case 17
            .Shape.AutoShapeType = msoShapeVerticalScroll
            Case 18
            .Shape.AutoShapeType = msoShapeWave
            Case 19
            .Shape.AutoShapeType = msoShapeDoubleWave
            Case 20
            .Shape.AutoShapeType = msoShape16pointStar
            Case 21
            .Shape.AutoShapeType = msoShape24pointStar
            Case 22
            .Shape.AutoShapeType = msoShapeFlowchartDocument
            Case Else
              MsgBox "只能输入 1 到 22 的自然数", vbInformation, "友情提示"
            .Delete
            End Select
        End With
End Sub
```

执行以上过程会弹出如图 9-32 所示的输入框，提示输入批注内容，输入框的默认值是 Office 的用户名称，假设在其中输入“明天休息”，单击“确定”按钮后程序会继续弹出如图 9-33 所示的输入框，可以选择批注的形状。

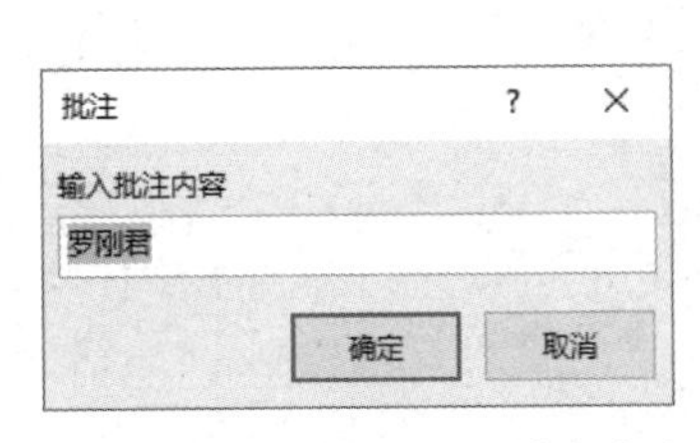

图 9-32　提示输入批注内容

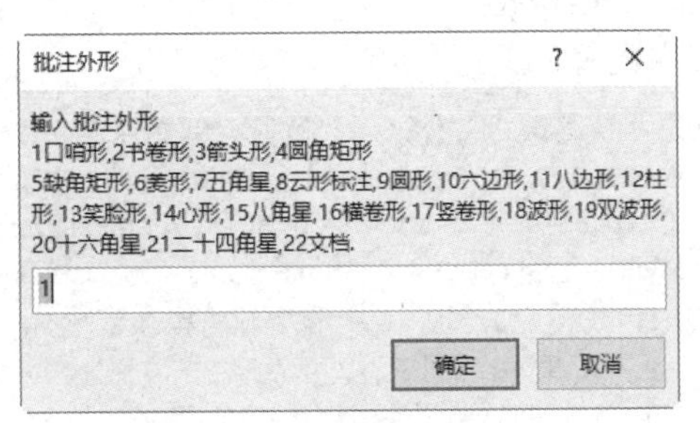

图 9-33　选择批注的形状

在第二个输入框中输入 16，表示设为横卷形批注，然后单击“确定”按钮，活动单元格将产生如图 9-34 所示的批注；如果输入的是 6，表示设为菱形批注，活动单元格将产生如图 9-35 所示的批注。

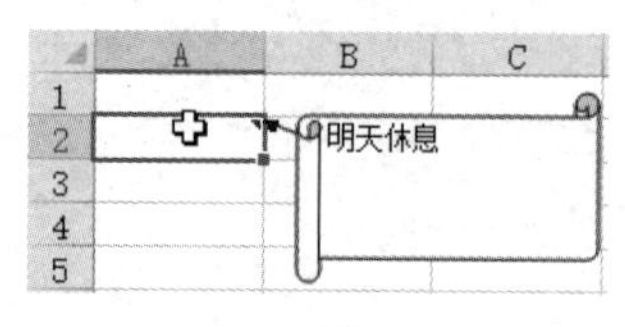

图 9–34　横卷形批注

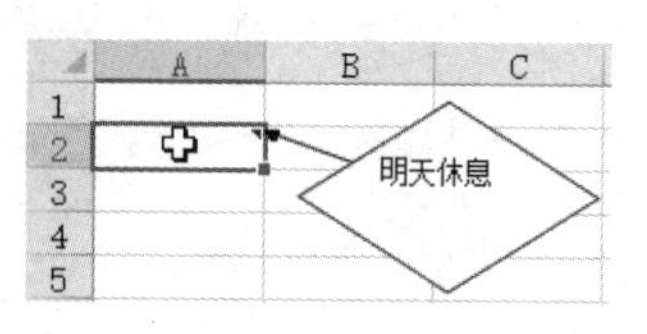

图 9–35　菱形批注

思路分析：

由于要让用户指定批注内容和批注的外形，所以在过程中先使用两句 Application.InputBox 分别创建两个输入框，前者用于输入批注内容，第 8 参数必须使用 2；后者让用户输入形状编码，因此第 8 参数使用 1，强制用户输入数值。

当确定好批注内容与外形后，使用 Range.AddComment 方法向单元格中添加批注，然后使用条件语句根据用户输入的数值修改批注的外形。换而言之，插入批注时的默认外形是不能调整的，只能插入批注后再修改它的 Shape.AutoShapeType 属性。

本例提供了 22 种批注外形，如果用户输入的值超出了 1 到 22 这个范围，那么程序会弹出提示框告知用户，然后结束过程。

语法补充：

（1）Range.AddComment 方法表示向单元格添加一个批注，如果单元格中已经有批注则会出错。通常采用“On error Resume Next”和“ClearComments”两种方法之一防错。

（2）Shape.AutoShapeType 属性代表图形对象的类型，Excel 提供了 139 种类型，你可以通过“MsoAutoShapeType 枚举”关键字查询帮助，找到这些内置常量的书写方式和含义。

扩展应用：

本例的代码重点在于修改批注的外形，如果要修改批注的颜色，那么可在“ActiveCell.AddComment(Mystr)”语句之后添加以下代码，表示将批注填充红色：

```
.Shape.Fill.ForeColor.RGB = RGB(255, 0, 0)
```

随书提供案例文件和演示视频：9-17 生成个性化批注.xlsm 和 9-17 生成个性化批注.mp4

9.3.4 批量修改当前表的所有批注外形

案例要求： 为当前表的所有批注修改外形。

知识要点： Comments.Count 属性、Comment.Shape.AutoShapeType 属性、Comment.Shape.TextFrame.AutoSize 属性。

程序代码：

```
Sub 批量修改批注外形()  '随书案例文件中有每一句代码的含义注释
   Dim Style As String, Com As Comment
   If ActiveSheet.Comments.Count = 0 Then Exit Sub
   Style = Application.InputBox("输入批注外形" & Chr(10) & "1 口哨形,2 书卷形,3 箭头形,4 圆角矩形" & Chr(10) & "5 缺角矩形,6 菱形,7 五角星,8 云形标注,9 圆形,10 六边形,11 八边形,12 柱形,13 笑脸形,14 心形,15 八角星,16 横卷形,17 竖卷形,18 波形,19 双波形,20 十六角星,21 二十四角星,22 文档.", "批注外形", 1, 10, 10, , , 1)
  If Style = "False" Then Exit Sub
   If Style < 1 Or Style > 22 Then MsgBox "只能输入 1~22 的整数。", vbInformation: Exit Sub
```

```
  For Each Com In ActiveSheet.Comments
    With Com
      Select Case Style
      Case 1
        .Shape.AutoShapeType = msoShapeFlowchartSequentialAccessStorage
      Case 2
        .Shape.AutoShapeType = msoShapeFoldedCorner
      Case 3
        .Shape.AutoShapeType = msoShapeRightArrow
      Case 4
        .Shape.AutoShapeType = msoShapeRoundedRectangularCallout
      Case 5
        .Shape.AutoShapeType = msoShapePlaque
      Case 6
        .Shape.AutoShapeType = msoShapeDiamond
      Case 7
        .Shape.AutoShapeType = msoShape5pointStar
      Case 8
        .Shape.AutoShapeType = msoShapeCloudCallout
      Case 9
        .Shape.AutoShapeType = msoShapeOval
      Case 10
        .Shape.AutoShapeType = msoShapeHexagon
      Case 11
        .Shape.AutoShapeType = msoShapeOctagon
      Case 12
        .Shape.AutoShapeType = msoShapeCan
      Case 13
        .Shape.AutoShapeType = msoShapeSmileyFace
      Case 14
        .Shape.AutoShapeType = msoShapeHeart
      Case 15
        .Shape.AutoShapeType = msoShape8pointStar
      Case 16
        .Shape.AutoShapeType = msoShapeHorizontalScroll
      Case 17
        .Shape.AutoShapeType = msoShapeVerticalScroll
      Case 18
        .Shape.AutoShapeType = msoShapeWave
      Case 19
        .Shape.AutoShapeType = msoShapeDoubleWave
      Case 20
        .Shape.AutoShapeType = msoShape16pointStar
      Case 21
        .Shape.AutoShapeType = msoShape24pointStar
      Case 22
        .Shape.AutoShapeType = msoShapeFlowchartDocument
      End Select
      .Shape.TextFrame.AutoSize = True
    End With
  Next Com
End Sub
```

执行以上过程会弹出如图 9-36 所示的提示框，可以选择批注框的外形，在其中输入 1 到 22 之间的任意数值并单击“确定”按钮，程序会将工作表中的所有批注框都修改为指定的外形。

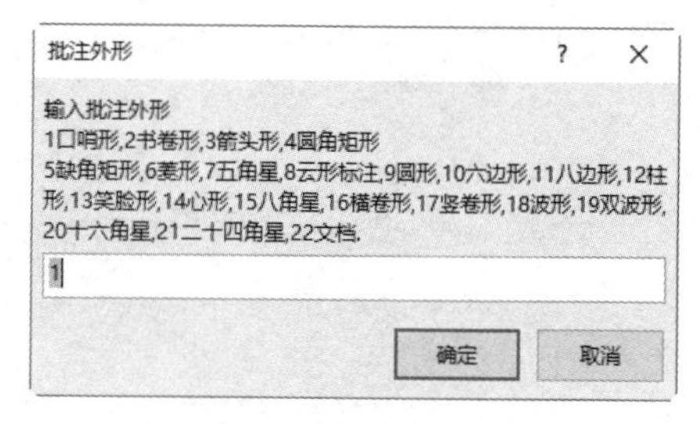

图 9-36　选择批注框的外形

思路分析：

本例代码首先计算活动工作表中的批注数量，如果等于 0 则直接结束过程。然后使用 Application.InputBox 方法弹出输入框让用户选择批注的新外形。判断用户输入的值是否有误的代码必须放在循环语句之前，如果用户未输入值，直接单击“取消”按钮，那么其返回值为文本“False”，而不是 0 或者布尔值，因为变量 Style 已经被声明为 String 型。

当用户输入的值是 1 到 22 之间的数值时，使用 For Each Next 循环语句遍历所有批注，然后在循环体中借助条件语句 Select Case 根据用户的输入值决定批注的新外形。

由于批注的外形调整可能会影响批注的内容无法完整显示出来，因此在修改批注的外形后需要将 AutoSize 属性赋值为 True。

语法补充：

（1）Application.InputBox 的第 8 参数使用 1 时，其返回值是数值，如果在输入框中单击“取消”按钮则返回 False。而将 False 赋值给 String 型的变量 Style 后会自动转换成文本“False”；如果变量 Style 被声明为 Integer 型，那么将 False 赋值给变量 Style 则会自动转换成数值 0。因此判断用户是否单击了“取消”按键要看变量的声明类型。

（2）Comments.Count 属性代表单个工作表中的批注集合的数量，如果要计算工作簿中的批注数量需要配合循环语句遍历所有工作表，然后逐一累加。

扩展应用：

可以在右键中添加一个新菜单来生成批注，批注的默认内容是当前日期，批注的外形是口哨形状。具体的代码如下：

```
Sub Auto_Open()   '随书案例文件中有每一句代码的含义注释
    With Application.CommandBars("Cell").Controls.Add(msoControlButton, , , 1)
          .Caption = "新批注"
          .OnAction = "批注"
          .FaceId = 483
     End With
End Sub
 Sub 批注()
     If ActiveCell.Comment Is Nothing Then
          With ActiveCell.AddComment
               .Text Format(Date, "yyyy-mm-dd")
               .Shape.AutoShapeType = msoShapeFlowchartSequentialAccessStorage
          End With
     Else
          ActiveCell.Comment.Shape.AutoShapeType = msoShapeFlowchartSequentialAccessStorage
     End If
End Sub
```

随书提供案例文件和演示视频：9-18 批量修改批注的外形.xlsm 和 9-18 批量修改批注的外形.mp4

9.4 WorkSheet 对象应用案例

工作表对象的类别名称是 Worksheet，而引用具体的工作表对象则应使用“Worksheets("生产表")”和“Worksheets(2)”这两种形式。

工作表对象大于单元格对象、小于工作簿对象，是每一天的工作都离不开的对象。本节主要展示工作表对象的应用。

9.4.1 新建工作表并且命名为今天日期

案例要求：在工作簿中新建一个工作表，保存在所有工作表的右端，并以今天日期命名。

知识要点：Worksheets.Add 方法、Worksheet.Name 属性。

程序代码：

```
Sub 新建工作表()'随书案例文件中有每一句代码的含义注释
  Dim ShtName As String, sht As Worksheet
  ShtName = Format(Date, "yyyy-mm-dd")
  On Error Resume Next
  Set sht = Worksheets(ShtName)
  If Err.Number = 0 Then
    MsgBox "已经存在名为 " & ShtName & "的工作表", vbInformation, "友情提示"
  Else
    Worksheets.Add(, Sheets(Sheets.Count)).Name = ShtName
  End If
End Sub
```

假设今天是 2020 年 11 月 9 日，工作簿中没有今天日期命名的工作表，执行以上过程会在工作簿的右端新建名为“2020-11-09”的工作表，效果如图 9-37 所示。

再次执行以上过程，程序会弹出如图 9-38 所示的提示信息。

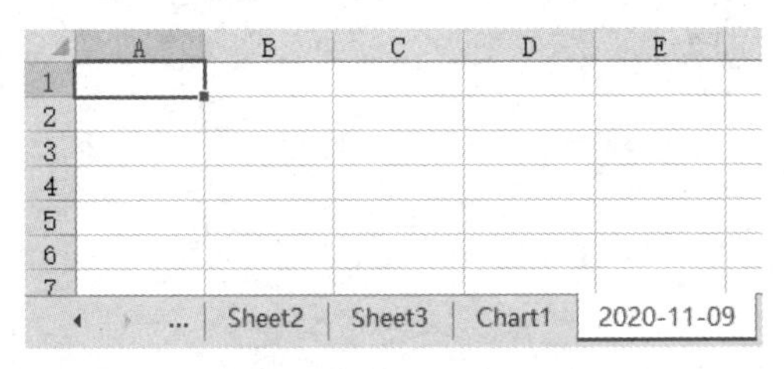

图 9–37　新建的工作表

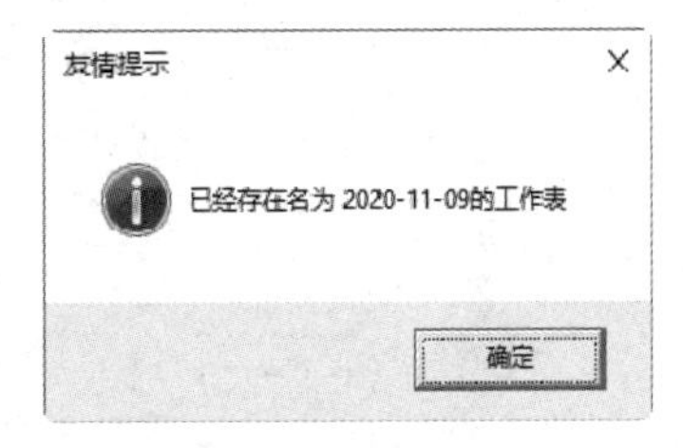

图 9–38　提示信息

思路分析：

Date 语句可以产生当前的系统日期，日期格式在控制面板中设置，其分隔符有可能是“-”“/”和“.”三者中的一个。Excel 的工作表名称不支持“/”，因此在命名前应使用 Format 函数将日期强制转换成“yyyy-mm-dd”格式，采用“-”作为分隔符。

工作簿中不允许存在多个同名的工作表，因此在创建指定名称的工作表之前应先判断工作簿中是否已经存在该名称的工作表。判断方式是使用“Worksheets(Name)”形式的代码引用该工作表，如果引用过程出错则表示不存在，此时 Err.Number 属性值不等于 0。因此本例首先引用工作表，然后使用条件语句根据 Err.Numer 的值判定是否新建工作表。

新建指定名称的工作表不能直接使用 Worksheets.Add 方法，而应该在创建工作表前加以判断，确保代码的通用性和准确性。

语法补充：

（1）WorkSheets.Add 方法用于新建工作表，新建的工作表将自动成为活动表。其语法如下：

```
WorkSheets.Add(Before, After, Count, Type)
```

4 个参数都是可选参数。如果忽略所有参数，表示在当前活动工作表之前添加一个新的工作表。本例要求新工作表放在最后面，因此将第二参数 After 赋值为 Sheets(Sheets.Count))。

（2）Worksheet.Name 属性用于获取或者修改工作表的名称，是可读亦可写的属性。工作表名称不能超过 31 个字符，不能包含“:\/?*[]”中的任意字符。

扩展应用：

批量新建工作表，数量等于下月的总天数，而且以下月每一天日期命名。完整代码如下：

```
Sub 新建下月工作表()'随书案例文件中有每一句代码的含义注释
  Dim Days As Byte, i As Byte, sht As Worksheet, ShtName As String
  On Error Resume Next
  Days = Day(DateSerial(Year(Date), Month(Date) + 2, 0))
  Application.ScreenUpdating = False
  For i = 1 To Days
    ShtName = Format(DateSerial(Year(Date), Month(Date) + 1, 0) + i, "yyyy-mm-dd")
    Set sht = Worksheets(ShtName)
    If Err.Number = 0 Then
      sht.Move , Sheets(Sheets.count)
    Else
      Worksheets.Add(, Sheets(Sheets.Count)).Name = ShtName
      Err.Clear
    End If
  Next
  Application.ScreenUpdating = True
End Sub
```

假设今天是 2020 年 11 月 9 日，工作簿中已经有 3 个工作表，执行以上过程后会在工作簿中新建 31 个工作表，并以 12 月每一天的日期命名，新建下月工作表效果如图 9-39 所示。

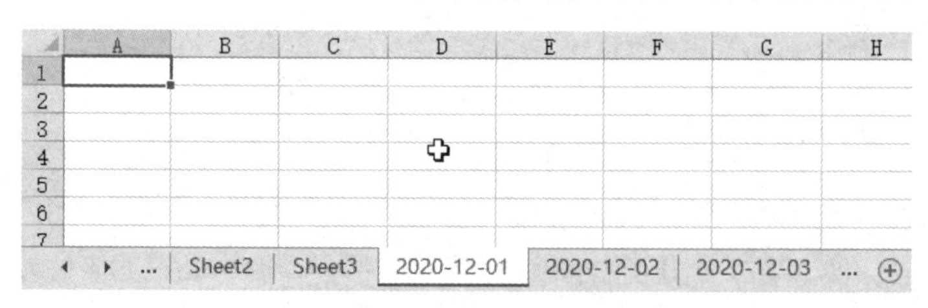

图 9-39　新建下月工作表

随书提供案例文件：9-19 新建工作表且以今天日期命名.xlsm

9.4.2 批量保护工作表与解除保护

案例要求：保护所有工作表以及解除保护。

知识要点：Worksheet.ProtectContents 属性、Worksheet.ProtectDrawingObjects 属性、Worksheet.Protect 方法、Worksheet.UnProtect 方法。

程序代码：

```
Sub 批量保护工作表()'随书案例文件中有每一句代码的含义注释
  Dim sht As Worksheet, Shtname As String
  For Each sht In Worksheets
    If sht.ProtectContents Or sht.ProtectDrawingObjects Then
      Shtname = Shtname & Chr(10) & sht.Name: Err.Clear
    Else
      sht.Protect "会当凌绝顶"
    End If
  Next sht
  If Len(Shtname) > 0 Then MsgBox "以下工作表已有密码，加密不成功" & Shtname
End Sub
Sub 批量解除工作表保护()
  On Error Resume Next
  Dim sht As Worksheet, Shtname As String
  For Each sht In Worksheets
    sht.Unprotect "会当凌绝顶"
    If Err.Number <> 0 Then Shtname = Shtname & Chr(10) & sht.Name: Err.Clear
  Next sht
  If Len(Shtname) > 0 Then MsgBox "以下工作表解密不成功" & Shtname
End Sub
```

假设工作簿中有 4 个工作表，Sheet2 和 Sheet4 工作表已经用密码 123 保护，执行过程“批量保护工作表”会弹出如图 9-40 所示的提示信息，提示加密不成功的工作表名称，未提示名称的工作表则已加密成功。

接着执行过程“批量解除工作表保护”会弹出如图 9-41 所示的提示信息，提示解密不成功的工作表名称，未提示名称的工作表则已经解密成功。

图 9-40　提示加密不成功的工作表名称

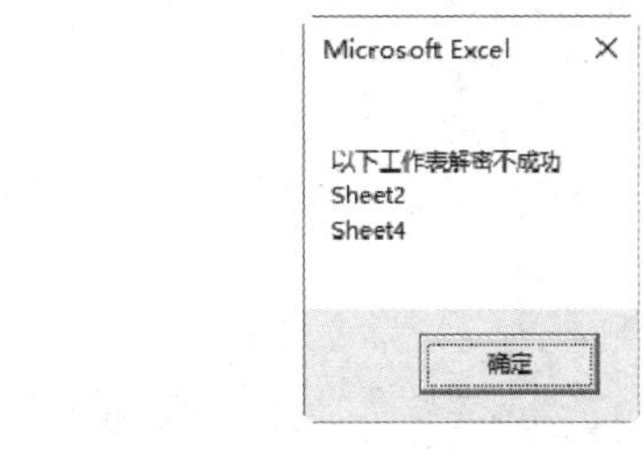

图 9-41　提示解密不成功的工作表名称

思路分析：

Worksheet.Protect 方法用于对工作表加密，一次只能加密一个工作表，因此本例将它配合循环语句使用。

如果工作表已经处于保护状态，那么 Worksheet.Protect 方法会执行失败，但是不会弹出错误提示，因此不能根据 Err.Number 属性值来判断工作表是否保存，而是使用 Worksheet.ProtectContents 属性和 Worksheet.ProtectDrawingObjects 属性判断。

在使用 Worksheet.UnProtect 方法解除密码时，如果解密不成功，则会产生错误提示，Err.Number 的值为 1004，因此可以根据 Err.Number 的值判断是否解密成功。

语法补充：

（1）Worksheet.ProtectContents 属性和 Worksheet.ProtectDrawingObjects 属性分别表示工作表的内容和形状是否处于保护状态，两者都是可读不可写的属性。

（2）Worksheet.Protect 方法用于保护工作表，有 16 个可选参数。其语法如下：

```
Worksheet.Protect(Password, DrawingObjects, Contents, Scenarios, UserInterfaceOnly, AllowFormattingCells, AllowFormattingColumns, AllowFormattingRows, AllowInsertingColumns, AllowInsertingRows, AllowInsertingHyperlinks, AllowDeletingColumns, AllowDeletingRows, AllowSorting, AllowFiltering, AllowUsingPivotTables)
```

其中第一参数是密码，可以使用字母、数字、汉字或者标点符号。

（3）Worksheet.UnProtect 方法用于解除工作表的密码，它只有一个代表密码的必选参数，如果指定的密码有误则会产生错误。

扩展应用：

假设要求关闭工作簿时自动保护所有工作表，避免忘记加密，那么可以将加密的代码放在 Workbook_BeforeClose 事件过程中，完整代码如下：

```
'①代码存放位置：ThisWorkbook。②随书案例文件中有每一句代码的含义注释
Private Sub Workbook_BeforeClose(Cancel As Boolean)
  Dim sht As Worksheet, Shtname As String
  For Each sht In Worksheets
    If sht.ProtectContents = False Or sht.ProtectDrawingObjects = False Then
      sht.Protect "会当凌绝顶"
    End If
  Next sht
End Sub
```

随书提供案例文件：9-20 批量保护工作表与解除保护.xlsm

9.4.3 为所有工作表设置水印

案例要求：对活动工作簿的所有工作表设置可以打印的水印。

知识要点：Worksheet.PageSetup.LeftHeader 属性、Worksheet.PageSetup.LeftHeaderPicture.Filename 属性。

程序代码：

```
Sub 为工作表设置可打印的水印()'随书案例文件中有每一句代码的含义注释
  Dim Pic As String, Rng As Range
  Pic = Application. GetOpenFilename ("图片文件 (*.jpg; *.bmp),*.jpg; *.bmp")
  If Pic = "False" Then exit sub
  ActiveSheet.PageSetup.LeftHeaderPicture.Filename = Pic
  ActiveSheet.PageSetup.LeftHeader = "&G"
End Sub
```

在 Photoshop 软件中设计一张 1557 像素×2258 像素的图片，在图片中写上水印内容，作为水印的图片，效果如图 9-42 所示。然后运行以上过程，当弹出选择图片的对话框后从中选择“水印.jpg”文件，然后单击“打开”按钮，程序会将该图片文件插入到页眉中。

按<Ctrl+F2>组合键进入打印预览状态，此时可以看到指定的图片内容已经显示为水印效果，效果如图 9-43 所示。

图 9–42　作为水印的图片

图 9–43　通过打印预览查看水印效果

思路分析：

Word 可以设置水印，Excel 不具备水印功能，不过将图片插入到页眉中可以实现与水印一样的效果，因此本例首先使用 GetOpenFilename 方法弹出对话框让用户选择图片，然后将该图片插入到页眉中，当工作表进入预览状态后就可以产生如图 9-43 所示的水印效果。

语法补充：

（1）PageSetup.LeftHeaderPicture.Filename 属性用于指定将要显示在页眉中的图片的路径。但是并非指定图片路径后就可以在页眉中显示图片，还需要将 PageSetup.LeftHeader 属性赋值为“&G”才行。

（2）PageSetup.LeftHeader 代表左边页眉，赋值为“&G”时表示在其中显示图片。如表 9-9 所示的表格中罗列了用于页脚和页眉的 VBA 代码详解。

表 9-9　用于页脚和页眉的VBA代码

代码	含义	代码	含义
&D	打印当前日期	&P+数字	打印页号加上指定数字
&T	打印当前时间	&P–数字	打印页号减去指定数字
&F	打印文档名称	&&	打印单个和号
&A	打印工作簿标签名称	&N	打印文档的总页数
&P	打印页号	&Z	打印文件路径
&G	插入图像		

扩展应用：

对活动工作簿中的所有工作表设置水印，代码如下：

```
Sub 为工作表设置可打印的水印()'随书案例文件中有每一句代码的含义注释
  Dim Pic As String, Rng As Range, sht As Worksheet
  Pic = Application.GetOpenFilename("图片文件 (*.jpg; *.bmp),*.jpg; *.bmp")
  If Pic = "False" Then Exit Sub
  For Each sht In Worksheets
    sht.PageSetup.LeftHeaderPicture.Filename = Pic
    sht.PageSetup.LeftHeader = "&G"
  Next sht
End Sub
```

随书提供案例文件：9-21 为工作表设置可打印的水印.xlsm

9.4.4 批量命名工作表

案例要求：根据单元格的值对工作表进行批量命名。

知识要点：WorkSheet.Name 属性。

程序代码：

```
Sub 批量命名所有表()'随书案例文件中有每一句代码的含义注释
  On Error Resume Next
  Dim onlys As New Collection, i As Integer, ShtName As String
  For i = 1 To Cells(Rows.Count, 1).End(xlUp).Row
    If Len(Cells(i, 1)) > 0 Then onlys.Add Cells(i, 1),Cells(i, 1)).text
  Next i
  If Err.Number <> 0 Then
    MsgBox "数据源中存在重复值，请修正后再执行本过程", vbInformation, "友情提示"
  Else
    For i = 1 To Sheets.Count
      Sheets(i).Name = onlys.Item(i)
      If Err.Number <> 0 Then ShtName = ShtName & Chr(10) & Sheets(i).Name:Err.Clear
    Next i
    If Len(ShtName) > 0 Then MsgBox "以下工作表命名不成功" & ShtName
  End If
End Sub
```

假设工作簿中有 7 个工作表，A1:A7 中有如图 9-44 所示的数据，执行以上过程后会将 7 个工作表命名为 A1:A7 的值，效果如图 9-45 所示。

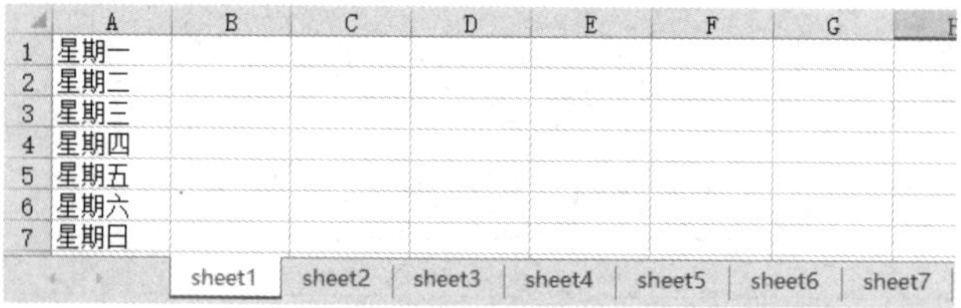

	A	B	C	D	E	F	G
1	星期一						
2	星期二						
3	星期三						
4	星期四						
5	星期五						
6	星期六						
7	星期日						

sheet1 | sheet2 | sheet3 | sheet4 | sheet5 | sheet6 | sheet7

图 9–44　命名前

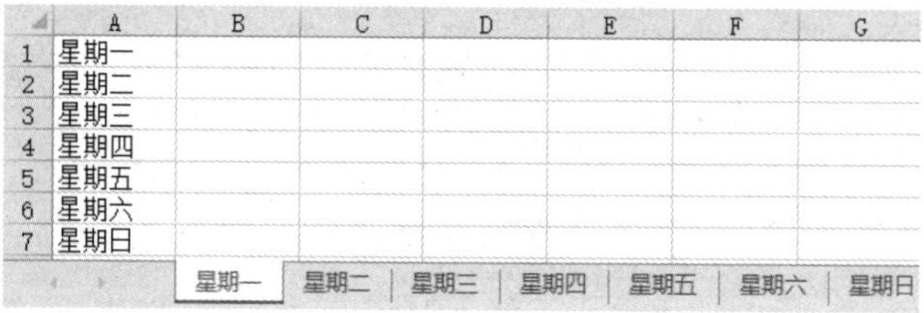

	A	B	C	D	E	F	G
1	星期一						
2	星期二						
3	星期三						
4	星期四						
5	星期五						
6	星期六						
7	星期日						

星期一 | 星期二 | 星期三 | 星期四 | 星期五 | 星期六 | 星期日

图 9–45　命名后

如果 A1:A7 区域中存在重复值，那么无法对工作表命名，而是弹出“数据源中存在重复值，请修正后再执行本过程”的信息框。如果部分单元格中包含“/”“*”等字符，由于工作表名称中禁止使用这些字符，因此会弹出未命名成功的所有工作表名称。

思路分析：

工作簿中不允许存在多个同名的工作表，因此批量命名工作表前有必要检测数据源是否包含重复值。

集合对象 Collection 是一个容器，可以向其中添加任意字符，容器的 Key 值具有唯一性，如果向容器中的 Key 输入重复值会产生错误。基于此原则，先用代码“On Error Resume Next”强制代码一直执行下去，然后通过循环语句向集合对象 Collection 的 Key 中逐一输入区域中的值，最后查看 Err.Number 属性的值是否大于 0 来判断这个区域中是否存在重复值。

由于集合对象 Collection 的 Key 参数不能使用数值，因此 Collection.Add 方法的第二参数使用 Cells(i, 1).Text，而非 Collection 的 Cells(i, 1)或者 Cells(i, 1).Value。Range.Text 属性总是返回 String，不管单元格中是数值还是文本。

当确定 A 列不存在重复值后，使用 For Next 循环语句遍历所有表，然后用集合 onlys 中的第 *i* 个值对第 *i* 个表命名，当循环完成后，所有工作表都已命名完成。

不过由于工作表名称不能包含“:\/?*[]”中的任意字符，因此对表命名有可能不成功，所以在过程中根据 Err.Number 属性值是否等于 0 来判断表命名成功与否，并且将命名失败的表名称报告给用户。

语法补充：

（1）Collection 对象属于集合对象，将它添加到集合中，然后像引用单元格一样将它引用出来使用。Collection 对象可以存放一行数据，通过 Collection 对象的 Add 方法将数据添加到集合中。在添加数据时允许通过 Key 参数为每一个值命名，因此实际上可以向集合中输入两行相关联的数据，其中 Item 参数所关联的数据允许重复，而 Key 参数所关联的数据不重复。

Collection.Add 方法的语法如下：

```
Collection.Add item, key, before, after
```

其参数详解如表 9-10 所示。

表 9-10　Collection.Add方法的参数

参数名称	功能描述
item	必选参数，这是要添加到集合中的成员，不具有唯一值，允许是文本或数值
key	可选参数，用于对对应的Item命名，可以通过key名称来访对应的Item值
before	可选参数，用于指定集合中的相对位置，新添加的值将存放于此位置之前。当此参数是数值时，表示以序号指定位置，序号必须介于1到数据个数之间；当此参数是字符时，那么以名称指定位置。before和after两个参数不能同时使用
after	可选参数，用于指定集合中的相对位置，新添加的值将存放于此位置之后。当此参数是数值时，表示以序号指定位置，序号必须介于1到数据个数之间；当此参数是字符时，那么以名称指定位置。before和after两个参数不能同时使用

为了让你对集合对象有更深刻的理解，请看以下案例：

```
Sub 向集合中输入与导出数据()
  Dim onlys As New Collection '声明变量
  onlys.Add "张达明", "第一届" '向集合中输入“张达明”，并将它命名为“第一届”
  onlys.Add "胡丽丽", "第二届" '向集合中输入“胡丽丽”，并将它命名为“第二届”
  onlys.Add "陈文坤", "第三届" '向集合中输入“陈文坤”，并将它命名为“第三届”
  onlys.Add "胡丽丽", "第四届" '向集合中输入“胡丽丽”，并将它命名为“第四届”
  For i = 1 To 4                '从 1 到 4
    Cells(i, 1) = onlys.Item(i)  '将集合中第 i 个值输入到第 i 个单元格中
  Next
End Sub
```

过程首先创建一个名为 onlys 的集合对象，然后分四次向集合中输入 4 个值：张达明、胡丽丽、陈文坤、胡丽丽，并且分别将其命名为第一届、第二届、第三届和第四届，其中 Item 参数

添加的数据存在重复值，而 Key 参数添加的名称没有重复，如果 Key 有重复值必然会添加失败。过程的最后，通过循环语句将集合中的 4 个数据分别输入到 A1:A4 中去。

以上过程中，读取集合中的值时采用的是序号，例如使用代码“MsgBox onlys.Item(2)”可以获得第二个数据“胡丽丽”，若改用名称来引用数据也可以获取相同结果，例如代码“MsgBox onlys.Item("第二届")”的结果仍然是“胡丽丽”。

名称具有唯一性，否则名称就没有了存在价值。假设将以上过程中的“第四届”修改为“第二届”，然后执行代码必定会出错。基于此原则，工作中使用 Collection 对象的目的通常是判断一组数组是否重复，或者提取一组数据的唯一值。

如图 9-46 所示的表格中的代码用于提取 A 列的唯一值，然后输出到 B 列中。

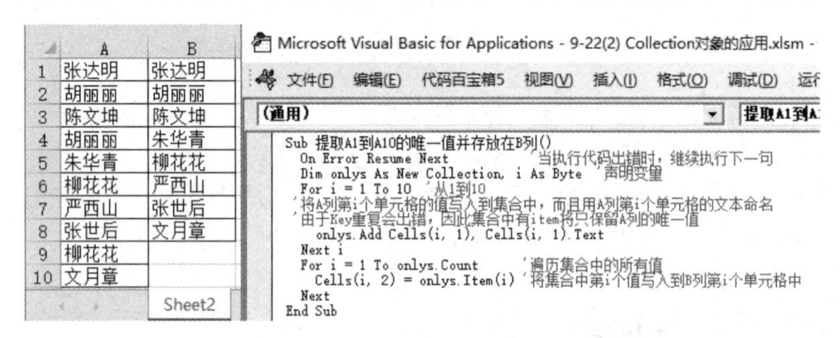

图 9–46　提取 A 列的唯一值

（2）本例中使用 Sheets 而不用 Worksheets 是因为要对工作簿中的所有表命名，而非仅针对工作表，否则当工作簿中有非嵌入式的图表和宏表时会命名不完整。

扩展应用：

通过 Worksheet.Name 属性可以为工作表指定新的名称，也可以替换工作表名称中的部分字符，或者在原来的工作表名前后追加新的字符。假设要将“星期一”“星期二”“星期三”……重命名为“周一”“周二”“周三”……如图 9-47 所示，那么可用以下代码实现：

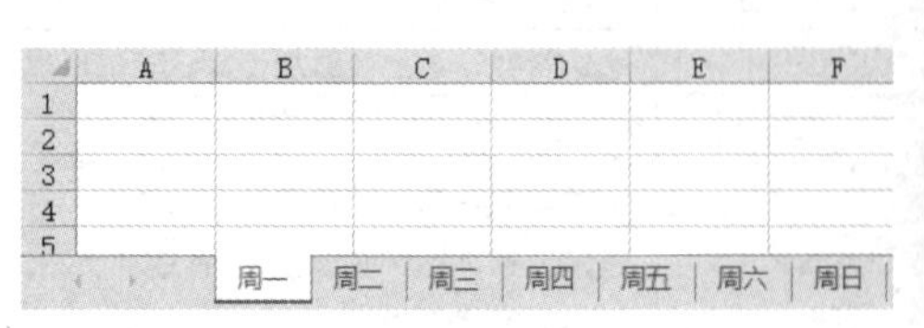

图 9–47　替换工作表名称

```
Sub 批量替换表名称()
  For Each sht In Sheets
    sht.Name = Replace(sht.Name, "星期", "周")
  Next sht
End Sub
```

随书提供案例文件和演示视频：9-22 批量命名工作表.xlsm 和 9-22 批量命名工作表.mp4

9.4.5 判断筛选条件

案例要求：根据给出的条件筛选工作表中的数据比较简单，现要求根据筛选状态下的工作表快捷找出每一列的筛选条件。

知识要点：WorkSheet.FilterMode 属性、WorkSheet.AutoFilter 属性、Filters.Count 属性、Filter.On 属性、Filter.Criteria1 属性、Filter.Criteria2 属性、Filter.Operator 属性。

程序代码：

```
Sub 找出筛选条件()'随书案例文件中有每一句代码的含义注释
    Dim i As Byte, msg As String
    If ActiveSheet.FilterMode Then
        For i = 1 To ActiveSheet.AutoFilter.Filters.Count
            With ActiveSheet.AutoFilter.Filters(i)
                If .On Then
                    If .Operator >= 0 And .Operator < 7 Then
                        msg = msg & Chr(10) & "第" & i & "列:" & .Criteria1
                        If .Operator = 1 Or .Operator = 2 Then
                            msg = msg & vbTab & IIf(.Operator = 1, "而且", "或者") & vbTab & .Criteria2
                        End If
                    ElseIf .Operator > 6 And .Operator < 12 Then
                        msg = msg & Chr(10) & "第" & i & "列:" & WorksheetFunction.VLookup(.Operator, [{7,"按值筛选(不少于 3 个)";8,"按单元格颜色筛选";9,"按字体颜色筛选";10,"按图标筛选";11,"高于平均值或低于平均值"}], 2, False)
                    End If
                End If
            End With
        Next i
        MsgBox msg, vbInformation, "友情提示"
    End If
End Sub
```

如图 9-48 所示为处于筛选状态下的成绩表，执行过程“找出筛选条件”后将弹出如图 9-49 所示的信息框，表示工作表前四列中第一列没有设置筛选条件，第二列有一个筛选条件，第三列和第四列各有两个筛选条件，第五列是按颜色筛选。

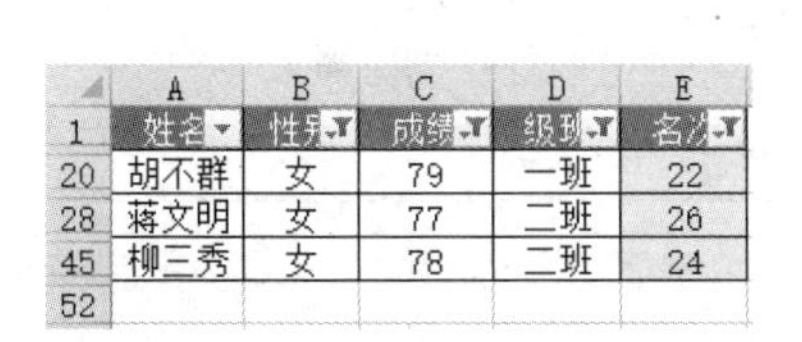

	A	B	C	D	E
1	姓名	性别	成绩	级别	名次
20	胡不群	女	79	一班	22
28	蒋文明	女	77	二班	26
45	柳三秀	女	78	二班	24
52					

图 9–48　筛选状态下的成绩表

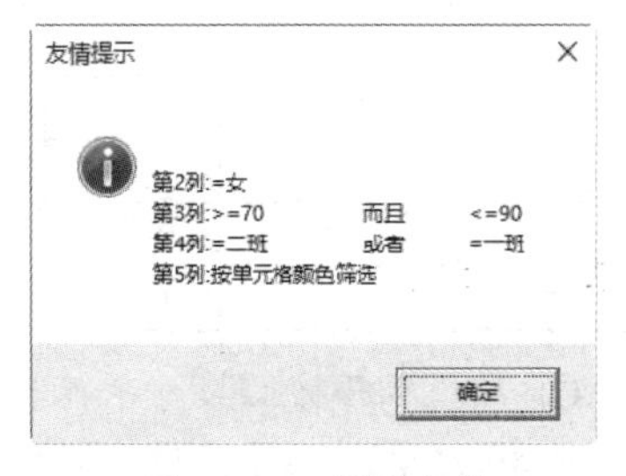

图 9–49　筛选条件

思路分析：

过程首先使用 WorkSheet.FilterMode 属性判断工作表是否处于筛选模式，如果是则使用循环语句遍历所有筛选，在循环体中通过 Filter.On 属性判断每一列是否指定了筛选条件，如果指定了条件则参照表 9-11 的操作符将条件分类，按类别不同采取不同的方式提取筛选条件。

Excel 的筛选操作符包含 12 种，操作符的值是 1 和 2 时表示有两个筛选条件，我们可以通过 Filter.Criteria1 属性和 Filter.Criteria2 属性获取这两个条件的值；当操作符的值是 0、3、4、5、6 时表示只有一个筛选条件，可以通过 Filter.Criteria1 属性获取筛选条件的值；当操作符的值在 7 到 11 之间时无法提取具体的筛选条件，只能用一句话描述筛选方式。

基于以上规则，本例代码首先使用代码“If .Operator >= 0 And .Operator < 7 Then”将所有通过 Filter.Criteria1 属性指定筛选条件的筛选列数与条件 1 提取出来，然后使用代码“If .Operator = 1 Or .Operator = 2 Then”进一步提取条件 2，如果以上都不是，则属于第三类——

“只能用一句话描述筛选方式”的筛选，为了简化条件判断，本例使用了工作表函数 Vlookup 从列表中自动查找对应的筛选方式描述。

Excel 2003 自带的筛选条件比较单一，判断筛选条件会简单很多，从 Excel 2007 开始增加了按图标筛选、按颜色筛选、按最大值筛选、按高于/低于平均值筛选等，因此代码比较复杂，需要使用较多的条件语句。

语法补充：

（1）WorkSheet.FilterMode 属性用于判断工作表是否处于筛选模式，值为 True 时表示是筛选模式，否则表示不是筛选模式。

（2）AutoFilter.Filters 对象集合代表工作表中的自动筛选集合，可以使用索引号引用其中单个筛选。工作表处于筛选模式时，有多少个筛选器（倒三角符号），那么 AutoFilter.Filters.Count 的值就等于几。

（3）Filter.Operator 属性代表筛选符，用于区分当前的筛选方式以及筛选条件的数量。Excel 有 12 个筛选符，如表 9-11 所示。

表 9-11　筛选符

名称	值	说明
(无)	0	按单值筛选（由条件1决定）
xlAnd	1	同时满足两个条件
xlOr	2	满足两个条件中的一个
xlTop10Items	3	筛选前N大值（由条件1决定）
xlBottom10Items	4	筛选前N小值（由条件1决定）
xlTop10Percent	5	筛选最大百分比（由条件1决定）
xlBottom10Percent	6	筛选最小百分比（由条件1决定）
xlFilterValues	7	按多值筛选（不少于3个）
xlFilterCellColor	8	按单元格颜色筛选
xlFilterFontColor	9	按字体颜色筛选
xlFilterIcon	10	按图标筛选
xlFilterDynamic	11	高于平均值或低于平均值

（4）Filter.On 属性用于说明某一个筛选器是否指定了筛选条件，它只表示筛选器的状态，而 WorkSheet.FilterMode 属性表示工作中是否使用了筛选条件。假设工作表中有 10 个筛选器，其中第 2 个筛选器使用了筛选条件，那么第一个筛选器的 Filter.On 属性值为 False，第二个筛选器的 Filter.On 属性值为 True，整个工作表的 WorkSheet.FilterMode 属性值为 True（任何一个筛选器使用了筛选条件时，WorkSheet.FilterMode 属性值都是 true）。也就是说，Filter.On 属性表明单个筛选器的状态，WorkSheet.FilterMode 属性表明整个工作表的筛选状态。

（5）Filter.Criteria1 属性和 Filter.Criteria2 属性分别代表筛选条件 1 和筛选条件 2，只有操作符是 1 或者 2 时才会使用条件 2，而操作符是 0 到 6 之间的任意一个值时都会使用条件 1。

扩展应用：

假设工作簿中有若干个工作表处于筛选模式，现要求让每个工作表显示出所有数据，避免合并工作表或者数据汇总时产生遗漏，那么有以下两种思路可以实现：

```
'随书案例文件中有每一句代码的含义注释
Sub 让筛选状态的工作表显示所有数据 1()
  Dim sht As Worksheet
```

```
  For Each sht In Worksheets
    If sht.FilterMode Then sht.AutoFilter.Range.AutoFilter
  Next sht
End Sub
Sub 让筛选状态的工作表显示所有数据2()
  Dim sht As Worksheet
  For Each sht In Worksheets
    If sht.FilterMode Then sht.ShowAllData
  Next sht
End Sub
```

Worksheet.AutoFilter.Range 代表工作表中的自动筛选区域，即拥有倒三角符号的单元格集合。Range.AutoFilter 方法让自动筛选区域取消筛选，而 Worksheet.ShowAllData 方法不会取消筛选，只是清除筛选条件，不过两者都可以让筛选模式的工作表显示出隐藏的数据。

随书提供案例文件和演示视频：9-23 获取工作表的筛选条件.xlsm 和 9-23 获取工作表的筛选条件.mp4

9.5 Workbook 对象应用案例

Workbook 对象即工作簿对象。工作簿是一个单独的文档，保存完整的报表信息，不像工作表或单元格一样附属于其他对象中。下面提供工作簿对象相关的 6 个应用案例。

9.5.1 拆分工作簿

案例要求：将工作簿按工作表拆分，将每个工作表保存为一个独立的工作簿，保存路径由用户选择。

知识要点：Workbook.SaveAs 方法、Workbook.Close 方法。

程序代码：

```
Sub 拆分工作簿()'随书案例文件中有每一句代码的含义注释
  Dim path As String, sht As Worksheet
  With Application.FileDialog(msoFileDialogFolderPicker)
    If .Show = -1 Then
      path = .SelectedItems(1) & IIf(Right(.SelectedItems(1), 1) = "\", "", "\")
    Else
      Exit Sub
    End If
  End With
  Application.ScreenUpdating = False
  For Each sht In Sheets
    sht.Copy
    ActiveWorkbook.SaveAs path & sht.Name, xlWorkbookDefault
    ActiveWorkbook.Close , False
  Next sht
  Application.ScreenUpdating = True
End Sub
```

假设活动工作簿中有如图 9-50 所示的 7 个工作表，执行以上过程后会弹出“浏览”对话框，在其中选择“拆分结果”文件夹，然后单击“确定”按钮，程序会瞬间将活动工作簿中的 7 个工作表拆分成如图 9-51 所示的工作簿。

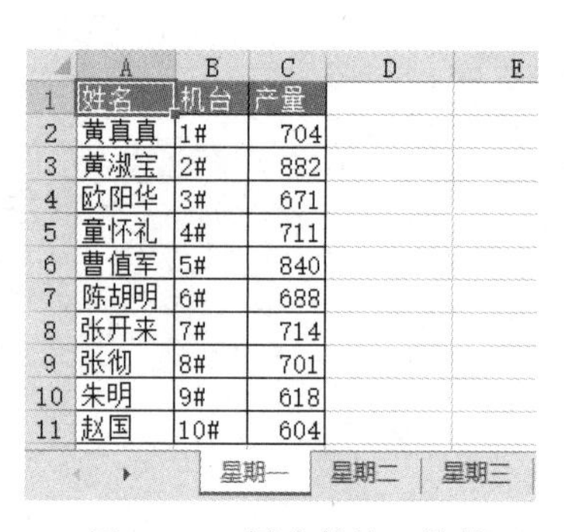

图 9-50　拆分前的工作簿

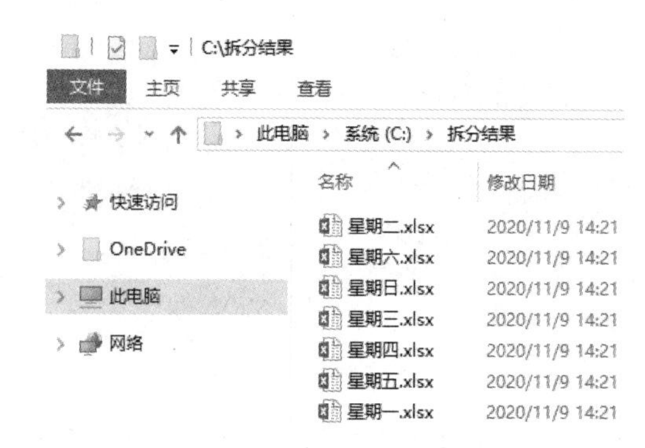

图 9-51　拆分后的工作簿

思路分析：

首先使用 Application.FileDialog 属性创建一个“浏览”对话框供用户指定路径，然后使用循环语句 For Each Next 遍历活动工作簿中的所有表，通过 Worksheet.Copy 方法将表复制到新工作簿中，再用 Workbook.SaveAs 方法将新工作簿另存到前面所指定的路径中，以工作表的名称作为新工作簿的名称，最后关闭新工作簿。当循环语句完成后工作簿即已拆分完成。

由于拆分工作簿时屏幕会频繁闪动，因此在循环语句之前有必要通过“Application.ScreenUpdating = False”语句关闭屏幕更新，循环结束后再恢复更新。

语法补充：

（1）Worksheet.Copy 方法表示将工作表复制到工作簿的另一位置，如果不指定参数则表示将新建一个工作簿，并且将工作表复制到新工作簿中。其语法如下：

```
Worksheet .Copy(Before, After)
```

其中 Before 和 After 都是可选参数，表示复制工作表时的参照位置。前者表示将工作表复制到该表之前，后者表示将工作表复制到该表之后，两者不能同时使用。如果两者都忽略，则将工作表复制到新建的工作簿中。

（2）Workbook.Close 方法表示关闭工作簿，它的第一参数 SaveChanges 表示关闭工作簿时是否保存工作簿，赋值为 True 时表示保存，否则不保存。

（3）Workbook.SaveAs 方法表示另存工作簿，其语法如下：

```
Workbook.SaveAs(FileName, FileFormat, Password, WriteResPassword, ReadOnly Recommended, CreateBackup, AccessMode, ConflictResolution, AddToMru, TextCodepage, TextVisualLayout, Local)
```

Workbook.SaveAs 方法参数众多，不过常用的参数是前 3 个，第 1 个参数代表文件名称，包含完整的路径；第 2 参数指定文件的格式，必须与文件的扩展名一致；第 3 参数代表文件的打开密码。

Excel 2019 支持 56 种工作簿格式，常用的文件格式代码有以下 6 种，如表 9-12 所示。

表 9-12　常用的文件格式代码

格式名称	说明	扩展名
xlAddIn	Excel 2007 加载项	xlam
xlAddIn8	Excel 97-2003 加载项	xla
xlExcel8	Excel8	xls
xlOpenXMLWorkbook	打开XML的工作簿	xlsx

续表

格式名称	说明	扩展名
xlOpenXMLWorkbookMacroEnabled	打开启用宏的XML工作簿	xlsm
xlWorkbookDefault	默认工作簿	由Excel选项设置决定

扩展应用：

假设工作表中有公式，要求拆分后的工作簿中只显示公式的值，避免公式跨工作簿引用数据失败而导致数据不完整，那么应在本例过程的“sht.Copy”语句之后插入以下代码：

```
ActiveSheet.UsedRange.Value = ActiveSheet.UsedRange.Value
```

 随书提供案例文件和演示视频：9-24 拆分工作簿.xlsm 和 9-24 拆分工作簿.mp4

9.5.2 每 10 分钟备份一次工作簿

案例要求： Excel 有工作簿定时保存的功能，但无法实现定时备份。现要求打开工作簿后每 10 分钟备份一次。第一次备份前弹出对话框让用户选择备份的路径，以后的备份操作则全自动完成。

知识要点： Workbook.SaveCopyAs 方法、Workbook.Name 属性。

程序代码：

```
Private Sub Workbook_Open()'①代码存放位置：ThisWorkbook。②随书文件中有每一句代码含义注释
  With Application.FileDialog(msoFileDialogFolderPicker)
    .Title = "请选择备份文件的路径"
    If .Show Then PathStr = .SelectedItems(1) Else Exit Sub
  End With
  PathStr = PathStr & IIf(Right(PathStr, 1) = "\", "", "\")
  Call 备份
End Sub
```

以上代码保放在 ThisWorkbook 中。

```
Public PathStr As String
Sub 备份()'随书案例文件中有每一句代码的含义注释
  Application.OnTime Now + TimeValue("00:10:00"), "备份"
  ThisWorkbook.SaveCopyAs PathStr & Format(Now, "HHMMSS--") & ThisWorkbook.Name
End Sub
```

以上代码存放在模块中，然后保存并且重启工作簿，在打开工作簿时会弹出选择备份路径的对话框，假设活动工作簿名称为“11 月生产表.xlsm”，备份路径设置为“D:\备份”，当指定路径并且单击“确定”按钮后，程序会马上将文件备份在“D:\备份”中。

然后每 10 分钟备份一次，每一次的备份文件的名称都由备份时间加“11 月生产表.xlsm”组成，效果如图 9-52 所示。

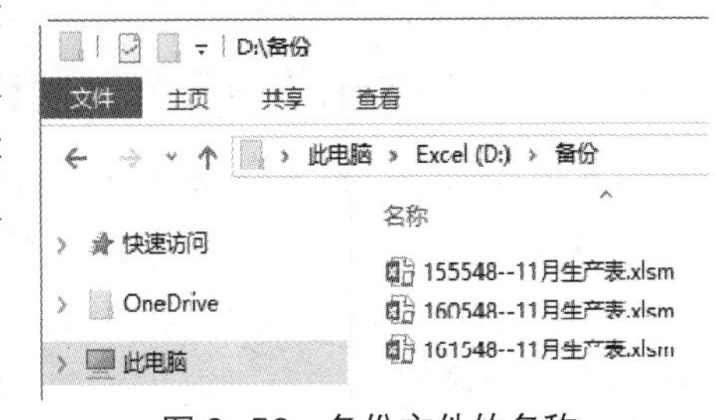

图 9-52 备份文件的名称

发生停电等意外故障时可能导致文件损坏，定时备份可以减少损失，而且当编辑文档过程中产生失误时，如果想返回前面的某一个步骤，而这个步骤超出了 Excel 的可撤销步骤的话，那么最好的办法是打开备份的文件。

代码中的备份文件的间隔时间可以根据需求随意修改，而在每天上班时可以根据需求决定是否删除头一天的所有备份文件，避免备份文件夹中有太多不需要的文件。

思路分析：

定时备份文件主要涉及三个知识点：指定路径、备份文件、定时调用过程。

对于“指定路径”，本例首先在模块中定义一个公共变量 PathStr，便于 Workbook_Open 事件和“备份”两个过程调用，然后在 Workbook_Open 事件过程中通过 Application.FileDialog 方法弹出对话框让用户指定路径。

对于“备份文件”，调用 Workbook.SaveCopyAs 方法即可，它可将工作簿备份在任意路径下，备份文件时可以随意指定文件名称，而且备份文件时不会改变活动工作簿的路径，这是与 Workbook.SaveAs 方法最大的区别。

对于“定时调用过程”，使用 Application.OnTime 方法每 10 分钟调用一次“备份”过程即可。尽管代码中只用 Application.OnTime 方法创建了一个计划任务，但由于它调用的是过程本身，因此在执行备份时会反复添加计划任务，从而形成每 10 分钟创建一个新的任务。

语法补充：

（1）Workbook.SaveCopyAs 方法用于备份工作簿，而在备份后不改变活动工作簿的路径。Workbook.SaveAs 方法用于另存工作簿，另存后会改变活动工作簿的路径。

Workbook.SaveCopyAs 方法的语法如下：

```
Workbook.SaveCopyAs(Filename)
```

参数 Filename 用于指定备份后的文件名称，包括路径。VBA 帮助中说此参数是可选参数，应该是书写有误，忽略此参数时无法执行备份。

（2）Workbook.Name 属性代表工作簿的名称，不包含路径，而 Workbook.FullName 属性则包含路径。

扩展应用：

假设要用代码删除“D:\备份”路径中的所有 Excel，可用以下过程完成：

```
Sub 删除备份文件夹中的所有 Excel 文件()
 Kill "D:\备份\*.xls*"
End Sub
```

Kill 方法用于删除文件，支持“*”和“?”两个通配符。

随书提供案例文件：9-25 每 10 分钟备份工作簿.xlsm

9.5.3 5 分钟内未编辑工作簿则自动备份

案例要求：假设在制表过程中未保存工作簿就离开了座位，在回来之后有可能发现工作簿已被他人意外关闭，或者由于停电、意外重启等原因导致工作簿未保存，从而丢失数据。现要求利用 VBA 代码实现 5 分钟内未编辑工作簿（对单元格赋值、删除、插入行等）则自动将文件备份到“D:\备份”路径中。

知识要点：Workbook.SaveCopyAs 方法、Application.OnTime 方法

程序代码：

```
'①代码存放位置：ThisWorkbook。②随书案例文件中有每一句代码含义注释
Private Sub Workbook_SheetChange(ByVal Sh As Object, ByVal Target As Range)
  On Error Resume Next
```

```
  Application.OnTime Time1, "备份", , False
  Time2 = Now + TimeValue("00:05:00")
  Application.OnTime Time2, "备份"
  Time1 = Time2
End Sub
Private Sub Workbook_SheetSelectionChange(ByVal Sh As Object, ByVal Target As Range)
  On Error Resume Next
  Application.OnTime Time1, "备份", , False
  Time2 = Now + TimeValue("00:05:00")
  Application.OnTime Time2, "备份"
  Time1 = Time2
End Sub
```

以上代码保放在 ThisWorkbook 中。

```
Public Time1 As Date, Time2 As Date
Sub 备份()
  ThisWorkbook.SaveCopyAs "D:\备份\" & ThisWorkbook.Name
End Sub
```

以上代码存放在模块中，然后保存并重启工作簿，在任意单元格中输入数据，等 5 分钟后可以发现“D:\备份”文件夹中已经产生了备份文件。如果任意两次修改单元格的间隔时间小于 5 分钟，那么“D:\备份”文件夹中不会产生备份文件。

思路分析：

5 分钟内未编辑则备份文件，其重点有两个：其一是如何判断文件是否已结束编辑，其二是如何取得编辑结束后 5 分钟的这个时间点。

编辑工作簿主要体现在两方面，一是修改单元格的值、插入行、删除行等操作，可以通过 Workbook_SheetChange 事件捕捉到这些操作，进而获取这些操作的时间。其二是无法用 Workbook_SheetChange 事件捕捉到的操作，例如对单元格设置背景色、修改字体、生成图表等，所幸执行这些操作前都会选择区域，而选择区域的操作会触发 Workbook_SheetSelectionChange 事件，因此我们可以简单地认为触发 Workbook_SheetChange 事件和 Workbook_SheetSelectionChange 事件时表示工作簿正处在编辑过程中。

VBA 中的 Now 函数可以取得当前时间，因此代码“Now + TimeValue("00:05:00")”表示 5 分钟之后的时间。在 Workbook_SheetChange 事件和 Workbook_SheetSelectionChange 事件中使用 Application.OnTime 方法添加一个 5 分钟后执行备份文件的计划任务就可以实现本例的一半需求。剩下的一半需求：如果两次编辑的时间间隔不到 5 分钟则不能备份文件，仍然通过 Application.OnTime 方法实现，只不过不是使用它添加计划任务，而是将它的第 4 参数赋值为 False，从而取消前面所添加的计划任务。

简而言之，实现本例需求的思路是：在 Workbook_SheetChange 事件和 Workbook_SheetSelectionChange 事件中添加一个 5 分钟后备份文件的计划任务，同时取消上一次所设置的计划任务。假设两次触发事件的间隔时间小于 5 分钟，由于计划任务已经被取消，因此不会在闲置时间小于 5 分钟时备份文件；假设两次触发事件的间隔时间大于或等于 5 分钟，由于计划任务已经执行完毕，因此取消计划任务的操作会执行失败，不会影响备份文件，因此过程的重点在于借助时间差完美实现按时备份，不到时间则不备份。

语法补充：

Application.OnTime 方法用于设置计划任务，当第 4 参数的值是 False 时则用于取消预设的计划任务，其语法如下：

```
Application.OnTime(EarliestTime, Procedure, LatestTime, Schedule)
```

扩展应用：

打开工作簿后每 1 分钟保存一次工作簿，代码如下：

```
Sub Auto_Open()
  Application.OnTime Now + TimeValue("00:01:00"), "Auto_Open"   '设置计划任务
  ThisWorkbook.Save '保存文件
End Sub
```

随书提供案例文件：9-29 5 分钟不编辑则自动备份工作簿.xlsm

9.5.4 记录文件打开次数

案例要求：记录文件打开次数。

知识要点：Workbook.CustomDocumentProperties 属性、DocumentProperties.Add 方法、DocumentProperty.Value 属性。

程序代码：

```
Sub Auto_Open()'随书案例文件中有每一句代码的含义注释
  On Error Resume Next
  Dim Open_Count As Integer
  With ActiveWorkbook.CustomDocumentProperties
    Open_Count = .Item("打开次数").Value
    If Err.Number <> 0 Then
      .Add "打开次数", False, msoPropertyTypeNumber, 1
    Else
      .Item("打开次数") = .Item("打开次数").Value + 1
    End If
    MsgBox "本文件打开次数：" & .Item("打开次数").Value
  End With
End Sub
```

将以上代码存放在模块中，然后保存并重启工作簿，Excel 会提示“本文件打开次数：1”。如果关闭后再次打开则会提示“本文件打开次数：2”。

思路分析：

本例过程取名为“Auto_Open”，其目的是让过程在打开工作簿时自动运行。

在“Auto_Open”过程中，首先判断是否存在名为“打开次数”的自定义属性，如果没有则使用 CustomDocumentProperties.Add 方法新建该属性，默认值为 1，如果已经有该属性，则对该属性的值累加 1，最后使用 MsgBox 函数报告“打开次数”属性的值。

没有函数或者属性用于判断某个自定义属性是否存在，只能根据读取属性的值是否出错来判断是否存在该属性。

语法补充：

（1）Workbook.CustomDocumentProperties 代表自定义属性集合，可以随意添加、删除文件的自定义属性。

（2）DocumentProperties.Add 方法表示向工作簿创建一个自定义属性，新建的自定义属性保存在工作簿中，我们可以通过在菜单栏执行“文件”→“信息”→“属性”→“高级属性”命令打开工作簿的属性对话框，然后在“自定义”选项卡中看到 VBA 代码新建的自定义属性。

DocumentProperties.Add 方法的语法如下：

```
DocumentProperties.Add(Name, LinkToContent, Type, Value, LinkSource)
```

其参数的详解如表 9-13 所示。

表 9-13　DocumentProperties.Add方法的参数

参数名称	必选/可选	说明
Name	必选	新属性的名称
LinkToContent	必选	指定属性是否链接到容器文档中的内容。如果参数为True，则必须通过LinkSource参数指定链接对象，如果为False，则必为Value参数赋值
Type	可选	新属性的数据类型。可以是以下常量之一：msoPropertyBoolean、msoPropertyDate、msoPropertyFloat、msoPropertyNumber 或 msoPropertyString
Value	可选	属性的值。如果LinkToContent属性为True，则忽略此参数
LinkSource	可选	链接属性的来源。如果LinkToContent为False，则忽略此参数

通过以下过程可以获取活动工作簿中的所有自定义属性的名称与值：

```
Sub 获取自定义属性()
  Dim Item As Byte, P As DocumentProperty          '声明变量
  For Each P In ActiveWorkbook.CustomDocumentProperties '遍历所有自定义属性
    Item = Item + 1                              '累加变量
    Cells(Item, 1).Value = P.Name                '将自定义属性的名称输出到第一列
    Cells(Item, 2).Value = P.Value               '将自定义属性的值输出到第二列
  Next
End Sub
```

扩展应用：

利用自定义属性配合工作簿事件可以让工作簿只能打开 3 次，关闭工作簿时自动销毁文件。完整代码如下：

```
Dim Open_Count As Byte
Sub Auto_Open()'随书案例文件中有每一句代码的含义注释
  On Error Resume Next
  With ActiveWorkbook.CustomDocumentProperties
    Open_Count = .Item("打开次数").Value
    If Err <> 0 Then
      .Add "打开次数", False, msoPropertyTypeNumber, 1
    Else
      .Item("打开次数") = .Item("打开次数").Value + 1
    End If
    ThisWorkbook.Save
  End With
End Sub
Sub Auto_Close()'随书案例文件中有每一句代码的含义注释
  If Open_Count = 3 Then
    With ThisWorkbook
      .Saved = True
      .ChangeFileAccess Mode:=xlReadOnly
      Kill .FullName
      .Close
    End With
```

```
  End If
End Sub
```

随书提供案例文件和演示视频：9-30 记录文件打开次数.xlsm 和 9-30 记录文件打开次数/mp4

9.5.5 不打开工作簿而提取数据

案例要求：从关闭的工作簿中获取数据，允许用户随意指定工作簿的路径、工作表名称和区域地址。假设当前工作簿同路径下有一个文件夹名为“人事资料”，其中有一个工作簿“人事报表”，现要求在不打开工作簿的前提下获取其中任何工作表、任何区域的值。

知识要点：Workbook.Path 属性。

程序代码：

```
'随书案例文件中有每一句代码的含义注释
Sub 取值(路径 As String, 文件 As String, 工作表, 单元格 As String)
  On Error Resume Next
  Dim Rng As Range
  Set Rng = ActiveCell.Resize(Range(单元格).Rows.Count, Range(单元格).Columns.Count)
  If Err.Number <> 0 Then
    MsgBox "请调整区域,当前区域不足以存放引用区域的值" & Chr(10) & "建议选择 A1 单元格再执行
程序", vbInformation, "提示"
    Exit Sub
  End If
  With Rng
    .FormulaArray = "='" & 路径 & "\[" & 文件 & "]" & 工作表 & "'!" & 单元格
    .Value = .Value
  End With
End Sub
Sub 不打开工作簿而获取其值 1()
  取值 ThisWorkbook.Path & "\人事资料", "人事报表.xls", "部门人员统计", "A1:B9"
End Sub
```

在模块中输入以上代码，然后将工作簿保存在文件“人事资料”的相同路径下（由于过程“不打开工作簿而获取其值 1”使用了相对路径，因此当前的工作簿必须在“人事资料”的相同路径下，否则无法通过代码 ThisWorkbook.Path 引用路径），最后执行过程“不打开工作簿而获取其值 1”。假设活动单元格是 XFD2，由于它右边没有单元格，不足以存放“人事报表.xls”工作簿中 A1:B9 区域的值，因此会弹出如图 9-53 所示的提示信息。

提取 2 列数据，选择 B2 单元格，然后执行过程“不打开工作簿而获取其值 1”，B2:C10 区域将会产生如图 9-54 所示的取值结果。

如果要求未保存活动工作簿时也可以调用其他工作簿的值，那么过程中的文件路径必须使用绝对路径。假设工作簿保存在“D:\人资料事”路径下，要引用其值可使用以下代码：

```
Sub 不打开工作簿而获取其值 2()'随书案例文件中有每一句代码的含义注释
  If Len(Dir("D:\人事资料\人事报表.xls")) > 0 Then
    取值 "D:\人事资料", "人事报表.xls", "人事资料", "A1:C42"
  End If
End Sub
```

提取 3 列数据并选择 A1 单元格，然后执行以上过程，在 A1:C42 区域将产生如图 9-55 所示的结果。

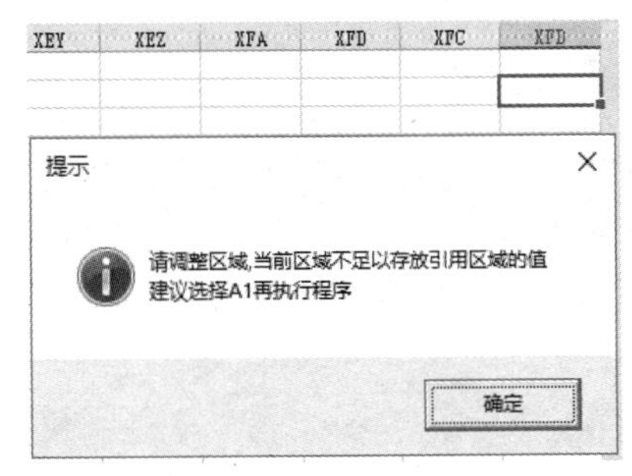

图 9-53　提示信息

	A	B	C
1			
2		部门	人数
3		生管	5
4		企划	2
5		仓库	2
6		人事	1
7		总务	2
8		保安	3
9		财务	2
10		生产	50

图 9-54　提取 2 列数据

	A	B	C
1	姓名	性别	工号
2	赵	女	7965
3	钱	女	7176
4	孙	女	5885
5	李	男	1924
6	周	女	1682
7	吴	女	8258
8	郑	女	7434
9	王	女	6109
10	冯	女	6585

图 9-55　提取 3 列数据

思路分析：

VBA 没有提供不打开工作簿而引用其数据的方法，但是直接在单元格中输入公式可以引用未打开的工作簿中的值，只要公式中的路径正确即可。因此本例在过程“取值”中通过 Range.FormulaArray 属性在区域中输入公式，当公式将目标数据提取出来后，再将公式转换成值。

本例的过程“取值”是一个带参数的通用程序，其他过程可以调用此过程去提取未打开的工作簿中的数据，只要对过程“取值”的 4 个参数正确赋值即可。

带有参数的过程不允许直接执行，只能通过其他过程调用。

语法补充：

（1）Range.FormulaArray 代表单元格对象中的数组公式，本例通过它向区域中输入公式，从而引用未打开的工作簿中的数据。

（2）ThisWorkbook.Path 代表代码所在工作簿的路径，不包含文件名称。如果改用 ThisWorkbook.FullName 则同时包含路径和文件名称。

扩展应用：

本例中带参数的过程“取值”是为了其他过程反复调用或者方便多个过程调用而设计的，如果只需要取值一次，那么只用一个不带参数的 Sub 过程完成即可。假设要将过程“取值”和“不打开工作簿而获取其值 2”合并为一个过程，那么应按以下方式编写代码：

```
Sub 不打开工作簿而获取其值 3()'随书案例文件中有每一句代码的含义注释
   On Error Resume Next
   Dim Rng As Range
   Set Rng = ActiveCell.Resize(42, 3)
   If Err.Number <> 0 Then
      MsgBox "请调整区域,当前区域不足以存放引用区域的值" & Chr(10) & "建议选择 A1 再执行程序",
vbInformation, "提示"
   Else
      With Rng
         .FormulaArray = "='D:\人事资料\[人事报表.xls]人事资料'!A1:C42"
         .Value = .Value
      End With
   End If
End Sub
```

随书提供案例文件和演示视频：9-31 不打开工作簿而取数据.xlsm 和 9-31 不打开工作簿而取数据.mp4

9.5.6 建立指定文件夹下所有工作簿目录和工作表目录

案例要求：对指定目录下所有工作簿以及每个工作簿中的工作表建立目录，工作簿名称存放在 A 列，工作表名称存放在 B 列。

知识要点：Workbooks.Open 方法、ActiveWorkbook.Close 方法、Workbook.Name 属性。

程序代码：

```
'随书案例文件中有每一句代码的含义注释
Sub 建立所有工作簿中的工作表目录()
  Dim path As String, Old_Name As String, RowCount As Integer
Dim ShtItem As Integer, WbName As String
  With Application.FileDialog(msoFileDialogFolderPicker)
    If .Show = -1 Then
      path = .SelectedItems(1) & IIf(Right(.SelectedItems(1), 1) = "\", "", "\")
    Else
      Exit Sub
    End If
  End With
  Worksheets.Add
  Range("a1") = "工作簿"
  Range("b1") = "工作表"
  Old_Name = ActiveWorkbook.Name
  WbName = Dir(path & "*.xls*")
  Application.ScreenUpdating = False
  Do
    If WbName = "" Then Exit Do
    RowCount = ActiveSheet.UsedRange.Rows.Count + 1
    ActiveSheet.Hyperlinks.Add Cells(RowCount, 1), path & WbName, , WbName, WbName
    Workbooks.Open path & WbName
    For ShtItem = 1 To Sheets.Count
      Workbooks(Old_Name).Sheets(1).Cells(RowCount + ShtItem, 2) = Sheets(ShtItem).Name
    Next ShtItem
    ActiveWorkbook.Close False
    WbName = Dir
  Loop
  Application.ScreenUpdating = True
End Sub
```

假设在某个文件夹中有“一车间.xls”“二车间.xls”“三车间.xls”“四车间.xls”4 个工作簿，执行以上过程时选择该文件夹，然后单击“确定”按钮，程序会在活动工作簿中新建一个工作表，然后在 A 列创建所选路径下的工作簿目录，在 B 列创建每个工作簿的工作表目录，其中工作簿目录具有超级链接功能，效果如图 9-56 所示。

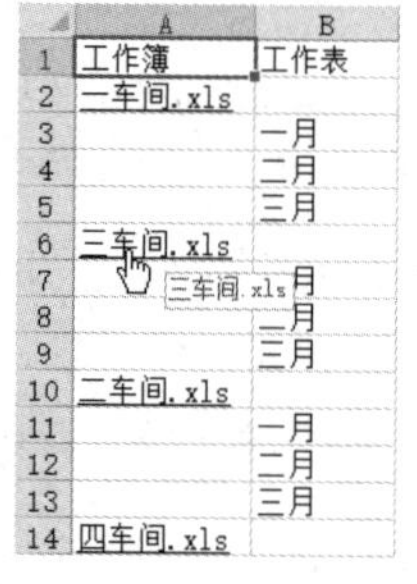

	A	B
1	工作簿	工作表
2	一车间.xls	
3		一月
4		二月
5		三月
6	三车间.xls	
7		一月
8		二月
9		三月
10	二车间.xls	
11		一月
12		二月
13		三月
14	四车间.xls	

图 9-56 工作簿与工作表目录

思路分析：

本例首先利用 Application.FileDialog 方法弹出一个对话框让用户选择路径，如果用户单击了“取消”按钮，则用 Exit Sub 语句结束过程，否则记录下路径。

然后使用 Worksheets.Add 方法新建一个工作表，用于存放目录。

接着使用 Dir 函数配合 Do Loop 循环语句搜索指定目录下的所有工作簿，每找到一个工作簿就通过 Hyperlinks.Add 方法创建与工作簿的超链接。同时使用 Workbooks.Open 方法打开工作簿，并且嵌套一个 For Next 循环语句遍历其所有工作表，将工作表的名称逐一导入到 B 列中。最后关闭打开的工作簿。

获取工作簿名称和工作表名称比较简单，主要在于循环语句的嵌套应用。案例的难点在于如何确定工作簿名称和工作表名称在活动工作表中的存放位置，本例的思路如下。

对于工作簿名称的存放位置，其列数是 1，行号由代码"ActiveSheet.UsedRange.Rows.Count + 1"决定，表示已用区域下一行的行号。每追加一个工作簿的目录，该表达式的结果会自动累加，因此不会导致多个工作簿的名称存放在同一个单元格中。

对于工作表名称的存放位置，其列数是 2，行号由工作簿名称所在行的行号加工作表的序号决定，由于工作表序号总是从 1 向上累加，因此工作表名称会存放在工作簿名称右方且向下逐一延伸的区域中。

语法补充：

（1）Workbooks.Open 方法表示打开工作簿，其第一参数 FileName 代表需要打开的工作簿的名称，包含路径。Workbooks.Open 方法在打开工作簿时会改变活动工作簿对象，例如活动工作簿名为"A.xlsm"，使用 Workbooks.Open 方法之前代码"Sheets(1).Range("a1")"可以引用 A.xlsm 的第一个表的 A1 单元格，使用 Workbooks.Open 方法打开 B.xlsm 工作簿后代码"Sheets(1).Range("a1")"，则只能引用 B.xlsm 工作簿中的第一个表的 A1 单元格。如果此时一定要引用 A.xlsm 工作簿的第一个表的 A1 单元格，则必须对"Sheets(1).Range("a1")"添加父对象，书写为"Workbooks ("A.xlsm") .Sheets(1).Range("a1")"，因此，在本例过程"建立所有工作簿中的工作表目录"中的循环语句之前使用以下代码记录原来的工作簿名称：

```
Old_Name = ActiveWorkbook.Name
```

然后使用以下代码引用打开新工作簿之前的活动工作簿中的单元格：

```
Workbooks(Old_Name).Sheets(1).Cells(RowCount + ShtItem, 2)
```

（2）Workbook.Close 表示关闭工作簿，其参数 SaveChanges 代表关闭工作簿的同时是否保存工作簿，本例将参数赋值为 False 表示只关闭工作簿而不保存。

扩展应用：

本例中工作表名称是纵向摆放的，如果要横向摆放，那么应将以下代码：

```
Workbooks(Old_Name).Sheets(1).Cells(RowCount + ShtItem, 2) = Sheets(ShtItem). Name
```

修改为：

```
Workbooks(Old_Name).Sheets(1).Cells(RowCount,
ShtItem + 1) = Sheets(ShtItem). Name
```

修改代码后工作簿与工作表目录如图 9-57 所示。

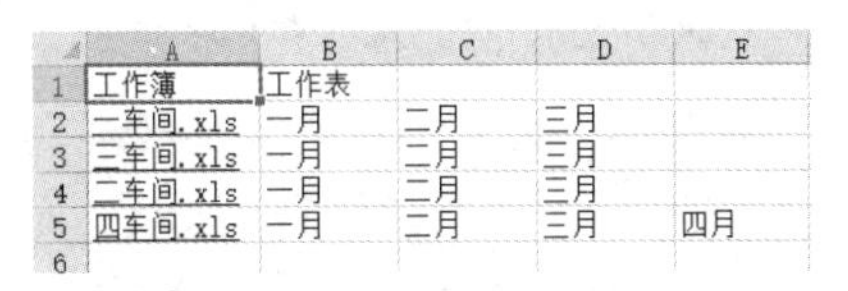

	A	B	C	D	E
1	工作簿	工作表			
2	一车间.xls	一月	二月	三月	
3	三车间.xls	一月	二月	三月	
4	二车间.xls	一月	二月	三月	
5	四车间.xls	一月	二月	三月	四月
6					

图 9-57　工作簿与工作表目录

随书提供案例文件和演示视频：9-32 创建工作簿及工作表目录.xlsm 和 9-32 创建工作簿及工作表目录

第 10 章 编程规则与代码优化

编写代码的目的是完成工作需求，但是优秀的代码并非只要完成工作需求而已，还要方便阅读、理解、维护，以及提高执行效率。

本章将展示编程过程的一些规则和代码优化手法，这些规则并不是必须遵守的，但是按规则编写的代码会更完善。

10.1 代码编写规则

由于工作需求会经常变化，因此 VBA 代码也可能会经常修改。一段优秀的代码必须是可读性强、可维护性强，并且让人能快速看懂的代码，否则后期维护会相当困难。

本节提供若干代码编写规则，你在编写代码时应遵循这些规则。

10.1.1 对代码添加注释

不管程序开发人员和终端用户是否是同一个人，都完全有必要对代码进行注释。代码具有清晰的注释才方便阅读和修改。

1. 添加注释的作用

添加注释主要有以下两个作用。

◆ 描述每句代码的含义

编程时应对每一句代码添加含义描述，让阅读者能快速了解代码的功能。

◆ 整段程序的介绍

对于大中型程序，需要声明开发者姓名、版权、版本号、开发日期、更新日期、更新内容及本程序功能说明、注意事项等，方便用户了解程序的设计思路、修改记录、注意事项。

2. 添加注释的方法

对代码添加注释有三种方式：Rem 和单引号（也称撇号），以及工具按钮法。

◆ 利用 Rem 添加程序注释

Rem 语句用来在程序中添加注释。其语法如下：

```
Rem comment
```

其中，comment 是注释内容，与 Rem 之间有一个空格。

VBA 会将注释行显示为绿色，以示区别。

在以下代码中，过程上方的一行文字即为注释，用于阐述当前过程的功能。

```
Rem 程序功能：获取 Excel 用户名称
Sub UserName()
    MsgBox Application.UserName
End Sub
```

在任意代码窗口输入以上代码，Rem 注释行都呈绿色显示，如图 10-1 所示。

图 10-1　为过程添加注释

注释可置于代码的上方或者右方，如图 10-2 所示为将注释添加在代码上方的效果，如图 10-3 所示为将注释添加在代码右方的效果。

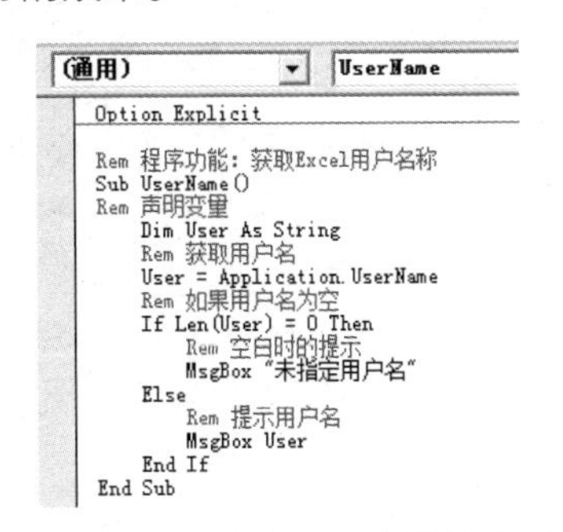

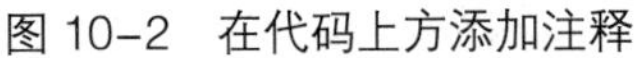

图 10-2　在代码上方添加注释

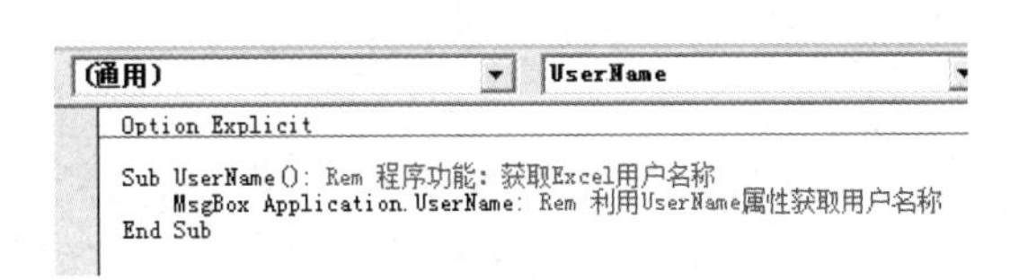

图 10-3　在代码右方添加注释

◆ 利用单引号添加程序注释

单引号后面的字符都是注释，单引号与注释之间不需要空格。

如图 10-4 所示为将注释添加在代码上方和右方的两种效果。

在添加注释时，如果注释与代码呈上下行关系，则将注释尽量与代码对齐。如图 10-4 中第一个过程，过程名称未缩进，那么代码的注释也不需要缩进；过程中间的代码缩进了四个单位，那么注释也相应缩进四个单位。

如果代码与注释呈前后关系，则应在代码与注释之间应添加几个空格。

虽然以上规则并非必须执行，但遵循本规则会使代码美观，给阅读者带来便利。

◆ 用工具栏按钮将代码批量转换成注释

在“编辑”工具栏中有一个专用于“设置注释块”和“解除注释块”的按钮，分别用于批量添加注释及批量解除注释。如图 10-5 所示，鼠标指针指向的图标即为设置注释的专用工具，其右边第一个按钮则用于解除注释。

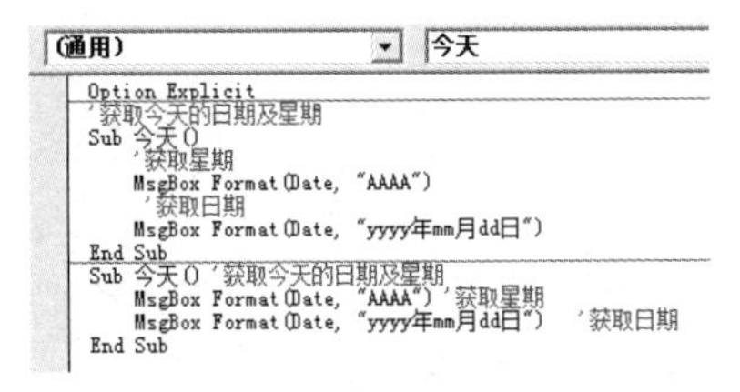

图 10-4　利用单引号添加注释

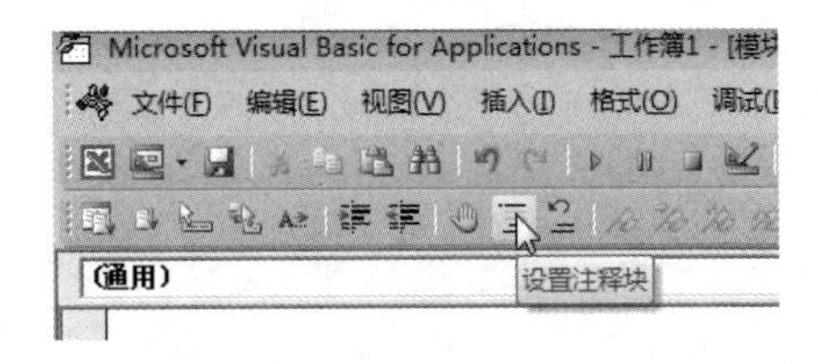

图 10-5　设置注释及解除注释的按钮

使用工具设置注释的步骤为：选择代码（可以是多行，甚至多个过程）→单击“设置注释块”按钮。

使用该工具按钮添加的注释是以行为单位的，我们无法从代码中间某个字符开始设置注释。所以选择代码时只需定位于该行任意位置再单击“设置注释块”按钮即可。

例如以下过程用于获取今天的日期，代码中提供了三种日期格式，现在暂时仅需第三种，但不排除以后使用前两种格式的可能，因此不宜删除前两行代码，而是将这两行暂时不用的代码转换成注释，等以后需要时再从注释转换成代码才是最佳选择。

```
Sub 今天()
```

```
    MsgBox Format(Date, "DDDD yyyy 年 mm 月 dd 日")
    MsgBox Format(Date, "DDD yyyy 年 mm 月 dd 日")
    MsgBox Format(Date, "AAAA yyyy 年 mm 月 dd 日")
End Sub
```

选择两行代码的任意位置，然后单击“设置注释块”按钮，批量设置注释的效果如图 10-6 所示。

后续需要该代码时，无须重新编写代码，选择目标代码行的任意位置，然后单击“解除注释块”按钮即可。

图 10-6　批量设置注释被

3. 设置注释在调试代码中的作用

鉴于测试环境或者数据在实际工作中可能存在差异，在调试代码时部分代码不需要被执行，但在调试时又不宜直接删除它，在代码前加一个单引号使其暂时不执行才是上策。

例如，以下代码用于检测 B2:B10000 区域的成绩，如果成绩单元格为空白，则提示用户输入成绩，如果成绩小于 60 分，则对该单元格填充红色背景。

```
Sub 标示小于 60 分的成绩()
  For i = 2 To 10000 '遍历 B2:B10000
    If Len(Cells(i, 2)) = 0 Then MsgBox Cells(i, 1).Address(0, 0) & "没有输入成绩"
    If Cells(i, 2) <60 Then Cells(i, 2).Interior.ColorIndex = 3
  Next
End Sub
```

在测试时，往往习惯于随意输入几个数据，从而造成 B2:B10000 区域中存在大量的空白单元格，那么执行此代码时将弹出无数个对话框。为了避免此问题，可以选择第二行代码并将它设置为注释，从而暂时不执行该语句，调试完成后在实际工作中使用时再解除注释。

另外，在调试具有破坏性的代码时也有必要将部分代码转换成注释，从而仅测试其他代码。例如一段过程中的部分代码具有清除数据、图片或者批量添加条件格式等功能，在调试代码时应禁止这些代码执行，仅运行其他代码即可。

4. 对插件添加声明

对于大中型程序或者利用 VBA 设计 Excel 插件时，有必要对工具添加详细说明，包括功能、版本、更新项目等。通常将这些说明信息置于程序顶端。

例如对于从身份证号码中获取信息的代码，可以在代码前面添加如图 10-7 和图 10-8 所示的描述信息。

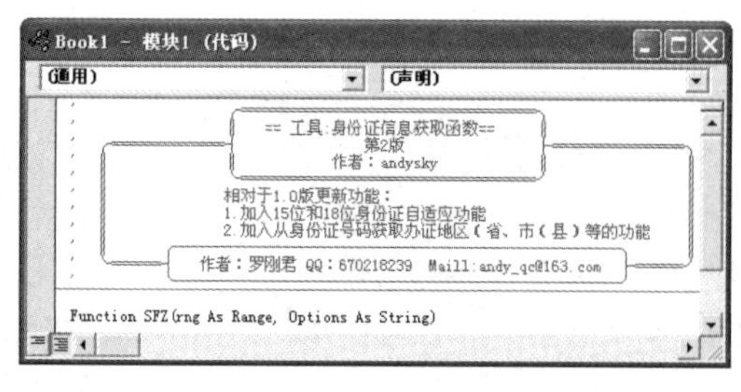

图 10-7　描述信息 1

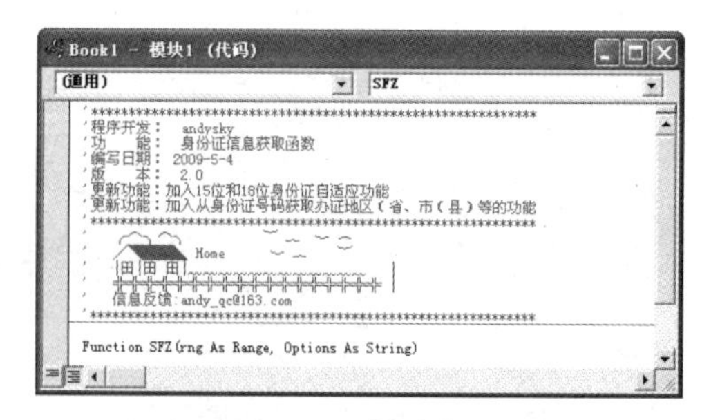

图 10-8　描述信息 2

10.1.2　长代码分行

VBA 代码每行允许存放 1 到 1024 个字符。

然而为了提升阅读和修改的便利性，一行应尽量不要超过 200 个字符，或者尽量让一行代码不超过当前屏幕的可见宽度，使用户查看代码时不需要拖动滚动条。

对长代码进行分行的方法如下：

从整行代码的换行处插入空格，再输入下画线“_”，最后按回车键即可。

假设某行代码为“AAAABBBB”，需要在第四个“A”之后将其截断为两行，那么代码分行的效果如图 10-9 所示。

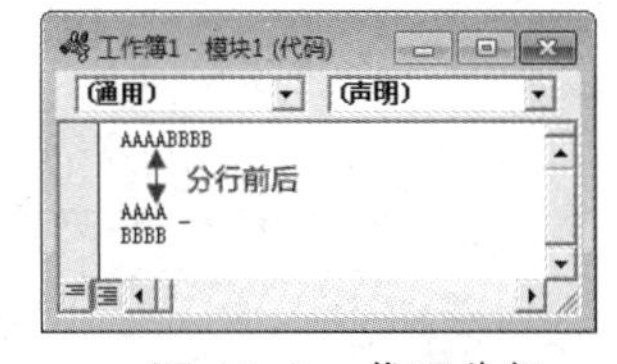

图 10-9　代码分行

以下代码用于获取计算机中所有磁盘的盘符、序列号、总空间和剩余空间：

```
Sub 磁盘信息()
  Dim 盘符 As String, 类型 As String
  For i = 1 To 26
    On Error Resume Next
    盘符 = Mid("ABCDEFGHIJKLMNOPQRSTUVWXYZ", i, 1)
    Select Case CreateObject("Scripting.FileSystemObject").GetDrive(盘符 & ":").DriveType
    Case 0: 类型 = "无法识别"
    Case 1: 类型 = "移动磁盘"
    Case 2: 类型 = "固定磁盘"
    Case 3: 类型 = "网络磁盘"
    Case 4: 类型 = "光盘 DVD"
    Case 5: 类型 = "虚拟磁盘"
    End Select
    If Err.Number = 0 Then
      msg = msg & CreateObject("Scripting.FileSystemObject").GetDrive(盘符 & ":").DriveLetter & " " & 类型 & " " & CreateObject("Scripting. FileSystemObject").GetDrive(盘符 & ":").SerialNumber & " " & CreateObject("Scripting.FileSystemObject").GetDrive( 盘 符 & ":").TotalSize / 1024 & " " & CreateObject("Scripting.FileSystemObject").GetDrive(盘符 & ":").FreeSpace / 1024 & Chr(10)
    End If
  Next i
  MsgBox msg
End Sub
```

该代码的具体含义本节不做详述，此处仅需要理解长代码如何分行显示即可。

以上代码中 MsgBox 语句的代码过长，超过两屏的宽度才能显示完成，这非常不利于阅读。我们可以通过以下方式转换成五行。

```
msg = msg & _
CreateObject("Scripting.FileSystemObject").GetDrive(盘符 & ":").DriveLetter & " " & 类型 & " " & _
CreateObject("Scripting.FileSystemObject").GetDrive(盘符 & ":").SerialNumber & " " & _
CreateObject("Scripting.FileSystemObject").GetDrive(盘符 & ":").TotalSize / 1024 & " " & _
CreateObject("Scripting.FileSystemObject").GetDrive(盘符 & ":").FreeSpace / 1024 & Chr(10)
```

截成五行后的代码不仅方便查看，对于用户理解代码也大有裨益。

随书提供案例文件：10-1 代码分行.xlsm

如果需要从一个字符串中间截成两行，那么需要对截断后的两段字符串补齐双引号，并且添加连接符。例如以下代码中 MsgBox 函数的参数需要分行显示。

```
Sub test()
    MsgBox "123456789123456789"
End Sub
```

分行后的效果如下：

```
Sub test()
    MsgBox "123456789" _
    & "123456789"
End Sub
```

要注意的是，“_”之前有一个空格，分行后的两行代码需要补齐双引号。

10.1.3 代码缩进对齐

代码缩进是指在代码的前面按层次添加若干个空格，或者换<Tab>键缩进若干个单位。

代码缩进也不是必需的，但是对于用户阅读代码却有莫大的帮助。在编程过程中应尽量对代码缩进，使其具有层次感。如图 10-10 所示的代码使用了代码缩进，从而使代码层次分明。

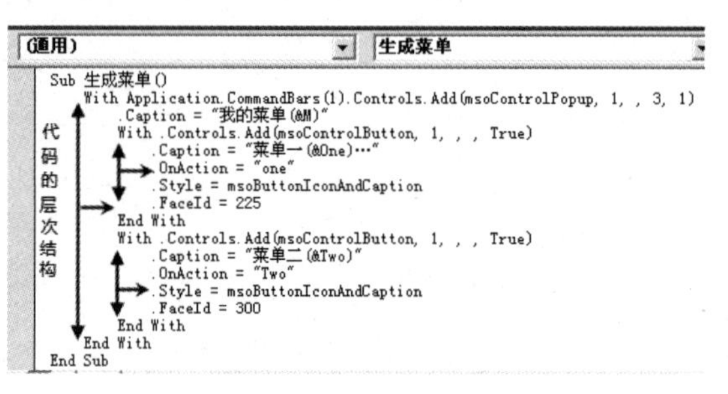

图 10–10　代码缩进

代码缩进有两种方式：单行代码手动缩进和利用工具批量缩进。

1. 单行代码手动缩进

缩进代码其实就是在代码前添加空格或者 Tab 制表符。将光标插入点移到代码的前方，按<Tab>键可以让代码一次缩进 4 个单位的字符宽度，如果只需要缩进 2 个单位的字符宽度，那么可以在菜单栏执行“工具”→“选项”命令，然后在选项对话框中将“Tab 宽度”由 4 修改为 2。

2. 利用工具栏按钮批量缩进

当有多句代码需要缩进时，手动缩进代码的效率极差，VBA 提供了用于批量缩进及还原的工具。如图 10-11 所示，在“编辑”工具栏中，鼠标指针下方的按钮即为“缩进”菜单，单击一次“缩进”菜单会产生一个制表符，它右边的一个按钮是“凸出”菜单，用于删除制表符。

图 10–11　“缩进”菜单

如图 10-12 所示是缩进前的代码，如图 10-13 所示是缩进后的代码，显然后者更利于阅读。

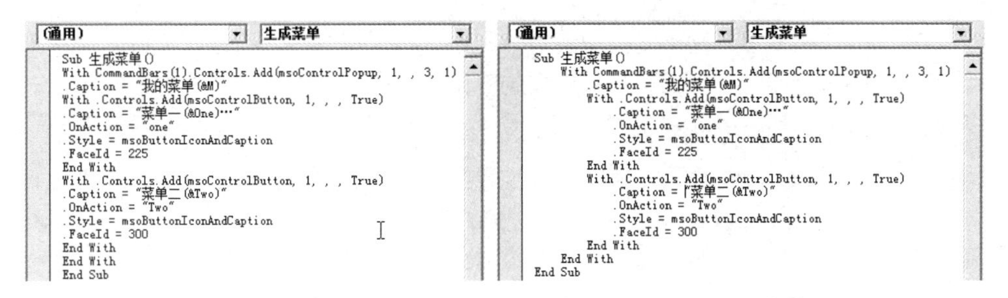

图 10-12　缩进前　　　　图 10-13　缩进后

将图 10-12 中的代码转换成图 10-13 中的代码需要按以下步骤操作。

STEP 01 选择第 5 行到第 8 行，并单击工具栏的“缩进”按钮。

STEP 02 选择第 11 行到第 14 行，并单击工具栏的“缩进”按钮。

STEP 03 选择第 3 行到第 15 行，并单击工具栏的“缩进”按钮。

STEP 04 选择第 2 行到第 16 行，并单击工具栏的“缩进”按钮。

如果需要所有代码左对齐，那么可以选择所有代码后，反复单击“突出”按钮，直到所有代码左对齐为止。

随书提供案例文件：10-2 代码缩进.xlsm

10.1.4 声明有意义的变量名称

在第 5 章中已经讲述了关于声明变量的数据类型的优势，事实上，变量的名称也需要进行规范。虽然“ABC”或者“One”“数量 1”等都可以作为变量名称，然而不利于用户快速阅读、理解代码。正确地命名变量可采用以下三种方式之一。

◆ 简写的数据类型名称

用数据类型名称的简写形式作为变量名称，可以让用户一目了然，根据变量名称明白变量的有效范围。例如，声明一个 String 型变量可以使用以下方式：

```
Dim Str As String
Dim Mystr As String
```

在过程中的任意地方看到变量 Str 或者 Mystr 立即就能明白该变量是 String 型，用于存储文本字符串。

而声明一个 Integer 型的变量则可以使用以下方式：

```
Dim integ As Integer
```

声明一个工作表对象变量则用以下方式：

```
Dim sht As Worksheet
```

◆ 对变量的作用进行简要描述

前一种变量命名方式注重变量类型，第二种命方式则注重变量的功能。通过变量的名称描述变量的功能可大大提升代码的阅读性。例如，要声明一个用于存储工作表中所有图形对象数量的变量，那么变量名称可以用“图形数量”或者“Shapes.Count”。例如：

```
Dim 图形数量 As Integer
图形数量 = ActiveSheet.Shapes.Count
```

◆ 两者综合

变量名称同时包含变量的功能和类型会更有利于用户理解代码，不过变量名称会偏长。

假设需要声明一个用于存储图形对象数量的变量，那么可按以下方式声明：

```
Dim ShapesCount_int    As Integer
```

其中“_”前面的 ShapesCount 表示当前变量的功能是存储图形对象数量，后面的 int 则表示此变量的数据数型是 Integer。本方式声明变量的优势在于可以让用户准确、迅速理解变量的含义，缺点是变量名称偏长，你可以根据自己的喜好在以上三种方式中选择。

10.1.5 If Then End If 类配对语句的输入方式

VBA 中有很多类似于 If Then End If 这类需要配对输入的语句，包括 With End With、For each Next、For Next、Do Loop、Sub End Sub 等。

VBA 可以对 Sub 语句自动配对，即只要输入完整的 Sub 语句后按回车键，VBA 就会全自动生成 End Sub，但以 If Then End If、With End With 等语句只能由用户手工输入。

对于初学者，常常因为代码输入不完整而产生编译错误，如图 10-14 和图 10-15 所示为常见的输入语句不完整而产生的编译错误。

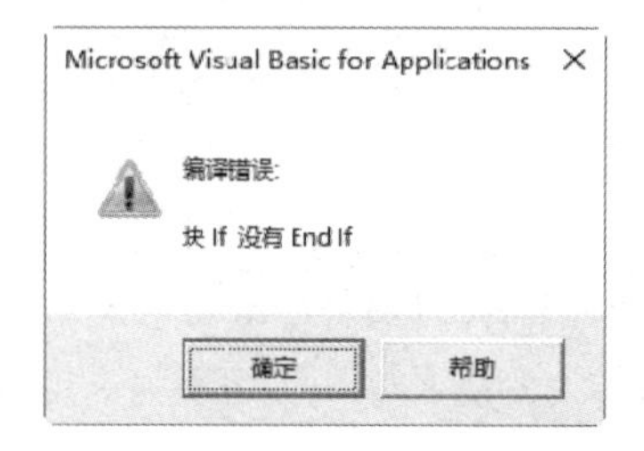

图 10-14　If 语句输入不完整

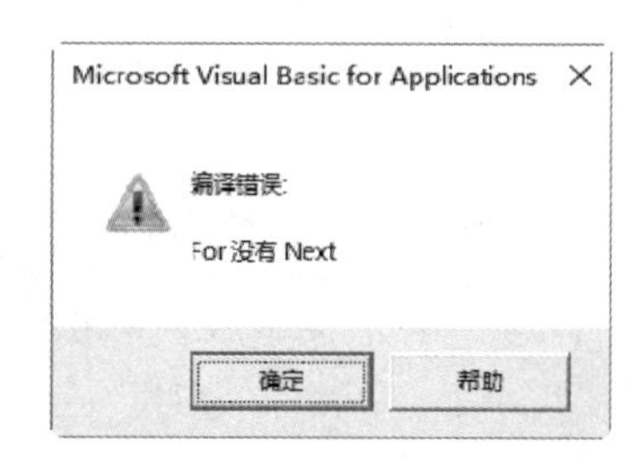

图 10-15　For 语句输入不完整

正确的输入规则是先输入起始语句，然后按两次回车键，接着输入结束语句，最后返回上一行输入中间的代码，从而避免忘记输入结束语句。

```
If Range("a1") >= 60 Then
    Range("b1") = "及格"
End If
```

基于以上规则，正确输入以上 3 句代码的步骤如下：

STEP 01 输入“If Range("a1") >= 60 Then”。

STEP 02 按两次回车键，然后输入“End If”。

STEP 03 按<↑>键返回第二行，接着输入代码“Range("b1") = "及格"”。

对于其他需要配对的代码同样应采用以上步骤输入，从而避免忘记输入结束语句。

10.1.6 输入属性与方法的技巧

VBA 有数千个属性与方法，任何人都不可能准确地记得所有单词，而手工输入代码的出错率偏高，输入速度也偏慢，在此情况下借助“属性与方法列表”输入代码才是最佳选择。

借用“属性与方法列表”输入代码的重点在于掌握库，顶层的对象即库。

VBA 有 Excel、Office、Stdole、VBA、VBAProject 等 5 个库，常用的是 Excel 和 VBA 两个库。其中，Excel 可以用 Application 代替，因此只要熟记 Application 和 VBA 两个单词，常用的函数名称、对象名称、方法名称和属性名称都可以自动产生。

假设要输入 AppActivate 语句，如果不记得它的完整拼写方式或者担心记错，再或者为了避免手误，不管基于何种原因，都应该通过 VBA 的库配合“属性与方法”列表来输入单词。

例如要输入激活其他应用程序窗口专用的 AppActivate 语句，此单词较长，不利于记忆，也不便于输入，在实际工作中可以借用“自动列出成员”来完成。具体方法如下。

（1）首先思考激活其他应用程序窗口专用的 AppActivate 语句应该是 Application 库还是 VBA 库，如果记得库名称就直接输入库名称加一个小圆点，然后从“属性与方法列表”中选择 AppActivate，如果不确定是哪一个库，那么只能一个个测试，例如先输入“Application.”，然后查看其列表，结果如图 10-16 所示。

显然 Application 没有名为 AppActivate 的属性，因此再执行第二步。

（2）删除“Application.”，然后输入“vba.”，我们可看到列表中有 AppActivate 存在，效果如图 10-17 所示。

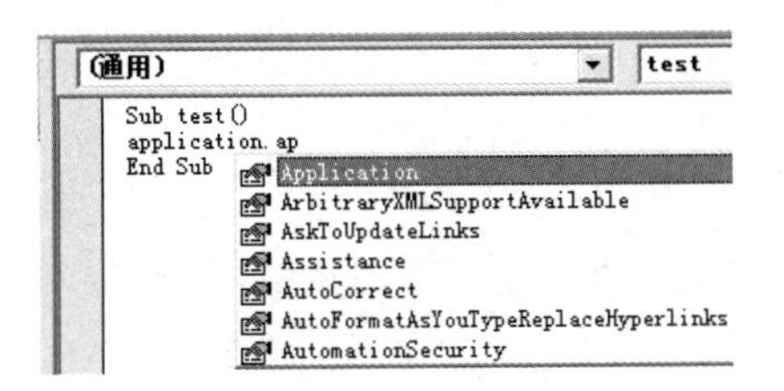

图 10-16 调用 Application 库的属性与方法

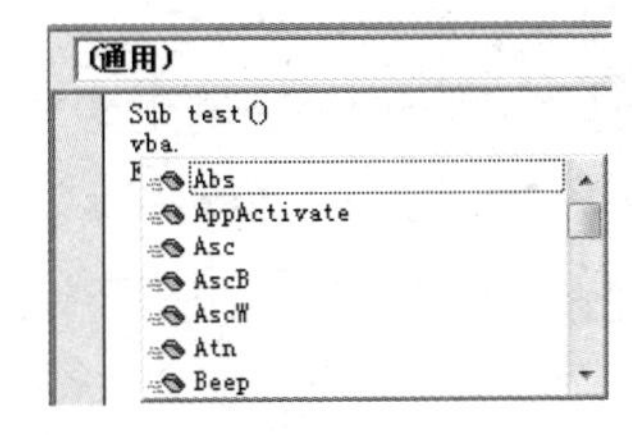

图 10-17 调用 VBA 库的属性与方法

（3）按<↓>键，从列表中选择目标 AppActivate，然后按<Tab>键，代码将自动产生在代码窗口中。使用此方法输入代码比较快捷，而且不会产生拼写错误。

要引用工作簿时，不知道该用“Workbooks”“Workbook”还是“Workbuks”，那么可以先输入“application.wo”，然后查看列表中的正确拼写方式。如图 10-18 所示，正确拼写方式是 Workbooks。

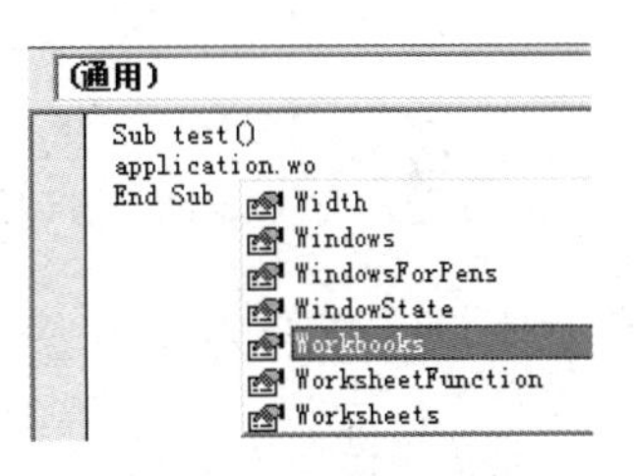

图 10-18 从列表中查看正确拼写方式

要输入工作表函数 Transpose，由于单词太长可能拼写错误，那么同样可以借助“属性与方法列表”来完成。由于函数 Transpose 的父对象是 WorksheetFunction，因此在代码窗口输入“WorksheetFunction.”，VBA 会自动产生所有工作表函数的名称，继续输入 tr，那么完整的单词 Transpose 会自动产生，效果如图 10-19 所示。

如果你不记得如何拼写单词 WorksheetFunction，那么可以通过 Application 库来产生 WorksheetFunction，再通过 WorksheetFunction 产生 Transpose。如图 10-20 所示为借助 Application 库输入单词 WorksheetFunction。

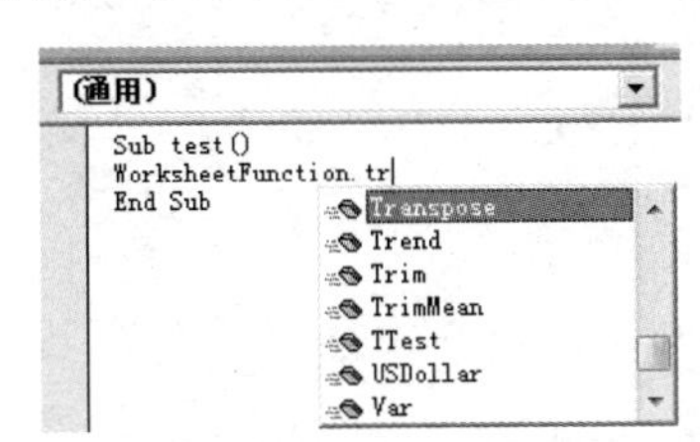

图 10-19 输入 Transpose

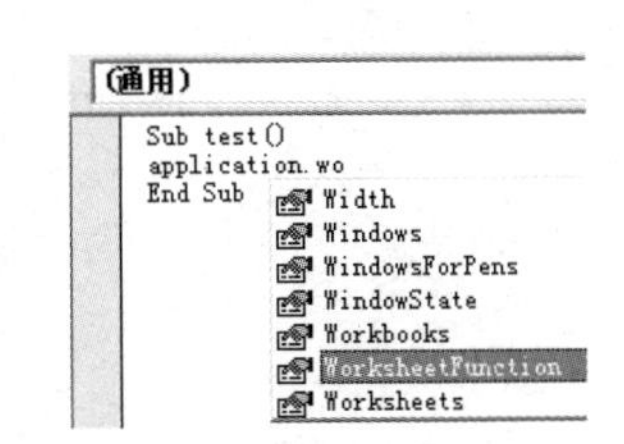

图 10-20 输入 WorksheetFunction

10.1.7 无提示的词组的输入技巧

VBA 提供的“属性与方法列表”仅对部分对象有效，部分对象不会产生该列表。例如 Range("a1")、Sheets、Workbooks、Workbooks(10)、Cells、Columns、Application、ActiveCell 等对象能产生“属性与方法列表”，但是 Cells(1,1)、Worksheets(1)、Columns(2)、ActiveSheet、Shapes(1)、Charts(1)、ChartObjects(1)等对象没有“属性与方法列表”。

对于没有“属性与方法列表”的对象，要输入它们的属性与方法，可以借助变量产生“属性与方法列表”。例如，忘记了 Worksheet.Delete 方法的具体书写方式，输入“activesheet.”后又无法调用“属性与方法列表”，此时可以按如图 10-21 所示方式通过借助变量调用“属性与方法列表”。

当变量太长时，要正确输入变量也是一件不容易的事，不过 VBA 提供了一个快捷键帮助用户快捷输入变量，操作步骤如下。

STEP 01 声明一个较长的变量：

```
Dim ShapesCount_Inte As Integer
```

STEP 02 调用变量时，只需要输入前两个字母，如“sh”，然后按<Ctrl+J>组合键，VBA 会自动弹出“sh”开头的所有变量名称、对象和常量名称，效果如图 10-22 所示。

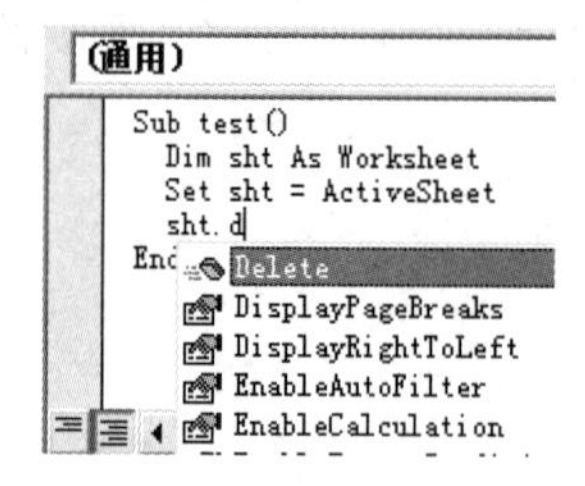

图 10-21 通过借助变量调用“属性与方法列表”

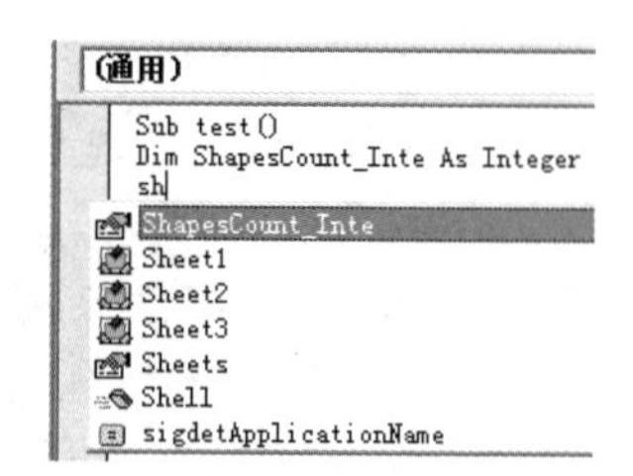

图 10-22 按<Ctrl+J>组合键调用变量

10.1.8 善用公共变量

如果过程中的某个表达式的运算结果需要在“过程二”中调用，那么可以将“过程一”的运算结果输入到某个辅助单元格或者注册表中，当“过程二”中需要使用该值时直接读取这个辅助单元格的值或者读取注册表即可。

尽管以上方式可以达成需求，但是代码的执行效率并不理想，而且辅助区与注册表还可能被意外删除，而最佳方式是借用公共变量作为容器，将值传递给所有模块中的过程。

```
Public Sums As Long
Sub 过程一() '赋值
 '汇总第一个工作表的所有数值
  Sums = WorksheetFunction.Sum(Worksheets(1).UsedRange)
End Sub
Sub 过程二() '取值
  MsgBox Sums  '提取变量的值
End Sub
```

在以上代码中，执行“过程一”后，变量 Sums 即已赋值，只要工作簿不关闭，那么任何模块都可以直接调用变量 Sums 的值，相比在“过程一”中将汇总值存入单元格，在“过程二”中读取单元格的值要快得多，而且避免了意外删除的可能。

10.1.9 使用常量名称替代数值

VBA 每一个内置的常量名称都对应一个数值，调用常量时尽量写常量名称而不调用它对应的数值，从而便于识别和理解。

例如 MsgBox 函数的第二参数使用 vbYesNo 和使用数值 4 的功能一致，但是使用 vbYesNo 能让人瞬间明白它的含义是产生“是”和“否”两个按钮，而数值 4 则无法理解，只能查询帮助处后才能理解代码。

再如 Range.End 属性的参数使用 xlDown 和使用–4121 时含义一致，但是前者可以让人顾名思义，瞬间明白它表示“向下”，而数值–4121 则让人不明就里。

随书提供案例文件：10-3 使用内置常量名称代替数值.xlsm

10.1.10 尽可能兼容 Excel 2003 到 Excel 2019 之间的所有版本

目前阶段，Excel 多版本并存，编写代码时应该尽可能考虑代码的兼容性。

兼容性主要体现在三个方面：对象、方法、属性和函数的数量变化，工作表行数与列数变化，用功能区替代传统菜单。

1. 对象、方法、属性与函数的数量变化

在 Excel 2019 中，相对于 Excel 2003 增加了很多对象、方法、属性及函数，如果代码中涉及这些新的对象、方法、属性及函数，那么使用低版本的用户将无法正常执行代码。例如 Excel 2003 以上的版本才有的 ColorScaleCriteria 对象（色阶条件格式）、Sumifs（工作表函数）、Range.CountLarge 属性（计算单元格数量）等都无法在 Excel 2003 中运行。再如排序功能，Excel 2007 对它做了强化，可以添加 64 个条件，Excel 2003 只能添加 3 个条件。

对于以上情况，假设编写代码时在 Excel 2016 或者 Excel 2019 中完成，同时又要确保代码能在 Excel 2003、Excel 2010 和 Excel 2013 都能使用，那么应尽量只用通用的部分，对于新增的对象、方法、属性或函数都不用。

升级 Office 时也并非都是添加新功能，同时还会删除部分功能，例如删除了 FileSearch 对象。因此为了提升代码的兼容性，搜索文件时应一律使用 Dir 函数，不再通过 FileSearch 对象搜索文件。

2. 工作表行列数差异

Excel 2003 的最大行数为 65536，最大列数为 256，而 Excel 2019 支持 1048576 行、16384 列。为了提升代码的兼容性，引用 A 列最后一行时不能采用以下两种形式：

Range("A65536")——不适用于 Excel 2007 和 Excel 2010。

Range("A1048576") ——不适用于 Excel 2003。

以下代码才是引用 A 列最后一个单元格的最通用的方法：

```
Cells(Rows.Count, 1)
```

其中，行数既不是强制使用 65536 也不是 1048576，而是通过计算得来的，因此在任何情况下使用都准确无误。

3. 用功能区替代传统菜单

Excel 从 2007 版本开始推行功能区来替代传统菜单，但是没有完全删除 CommandBars 对象，因此当需要代码在 Excel 2003 和高版本的 Excel 中通用时应采用传统菜单，不能编写功能区

菜单来调用 Sub 过程，如果确定程序的终端用户 100%都是使高版本的 Excel（如 Excel 2016、Excel 2019），那么才能使用功能区。

10.2 优化代码思路

对于程序开发者的最基本要求是运算结果准确，但若想成为一名优秀的程序员，自我要求不能止于准确，还需要快捷。可以高效且准确地完成任务的代码才算优秀的代码。

本节主要介绍优化代码的一些基本思路。

10.2.1 强制声明变量

VBA 并不要求用户必须声明每个变量，VBA 会自动为每个变量分配数据类型，这是相对于其他程序软件的一个优点，即兼容性好。然而它也是一个缺点，不声明变量的数据类型会让程序消耗更多的内存，相当于牺牲效率换取兼容性。

为了提升程序的效率，在编写代码时应尽量显式声明变量并指定其数据类型。

10.2.2 善用常量

如果某个数值或者字符串在程序中反复出现，那么尽量声明一个常量取代该值，以后在代码中直接调用常量参与运算，而非每次都手工输入这个值。

当目标字符偏长时，使用常量可以提升输入代码的速度，也可以避免拼写错误。

10.2.3 关闭屏幕更新

在单元格中大量输入数据、删除数据、插入行或者批量插入图形对象时，每执行一句代码都会更新屏幕一次，而更新屏幕需要时间。为了提升代码的执行效率，可以在执行这些操作之前关闭屏幕更新，执行完成后再恢复更新。

以下两句代码分别表示开启更新和关闭更新：

```
Application.ScreenUpdating=True
Application.ScreenUpdating=False
```

以下两个过程的功能一致，都用于隐藏工作表中的所有偶数列：

```
Sub 隐藏偶数列()'随书案例文件中有每一句代码的含义注释
    Dim tim1 As Single, tim2 As Single
    tim1 = Timer
    For Col = 1 To Columns.Count
        If Col Mod 2 = 0 Then Cells(1, Col).EntireColumn.Hidden = True
    Next
    tim2 = Timer
    MsgBox Format(tim2 - tim1, "程序执行时间为：0.00 秒"), 64, "时间统计"
End Sub
Sub 隐藏偶数列 2()
    Dim tim1 As Single, tim2 As Single
    tim1 = Timer
    Application.ScreenUpdating = False
    For Col = 1 To Columns.Count
        If Col Mod 2 = 0 Then Cells(1, Col).EntireColumn.Hidden = True
```

```
    Next
    Application.ScreenUpdating = True
    tim2 = Timer
    MsgBox Format(tim2 - tim1, "程序执行时间为：0.00 秒"), 64, "时间统计"
End Sub
```

过程“隐藏偶数列”并未关闭更新，因此代码的执行时间远远超过“隐藏偶数列 2”，你可以在任意工作簿中测试两个代码，然后比较两者的执行时间差异。

随书提供案例文件和演示视频：10-4 关闭屏幕更新提升效率.xlsm 和 10-4 关闭屏幕更新提升效率.mp4

10.2.4　利用 With 减少对象读取次数

在 VBA 中引用对象需要花费一定的时间，如果引用多级对象（同时列出父对象与子对象）则需要花费更多时间。例如引用 ThisWorkbook.Sheets(1). Range ("a1")的时间大于引用“Range ("a1")的时间。如果在循环语句中反复引用同一个对象，那么程序会浪费不少时间。

With 语句可以在一定程度上减少这种浪费，让多次引用同一个对象时既减少书写时间又减少代码的执行时间。例如以下代码中引用了 5 次 A1 单元格的字体对象。

```
Sub 设置字体()'随书案例文件中有每一句代码的含义注释
    Range("A1").Font.Name = "黑体"
    Range("A1").Font.FontStyle = "加粗 倾斜"
    Range("A1").Font.Size = 11
    Range("A1").Font.Underline = xlUnderlineStyleNone
    Range("A1").Font.Color = 192
End Sub
```

借用 With 语句可以简化代码的书写方式，同时也提高了代码的执行效率。

```
Sub 设置字体()'随书案例文件中有每一句代码的含义注释
    With Range("A1").Font
        .Name = "黑体"
        .FontStyle = "加粗 倾斜"
        .Size = 11
        .Underline = xlUnderlineStyleNone
        .Color = 192
    End With
End Sub
```

以上两段代码的书写时间明显有较大的变化，但是单独执行两段代码无法感受两者在效率上的差异，如果将代码放在循环语句中，反复执行上万次后就能感受两者的差异了。

随书提供案例文件：10-5 使用 With 提升代码的书写效率和执行效率.xlsm

10.2.5　利用变量减少对象读取次数

如果某个对象在一个过程中多次出现，应考虑用一个变量来替代该对象，因为变量保存于内存中，VBA 读取内存中的值远远快过读取对象的值。

```
'随书案例文件中有每一句代码的含义注释
Sub 对小于 B1 的单元格填充背景 1()
```

```
    Dim tim1 As Single, tim2 As Single, Rng As Range
    tim1 = Timer
    For Each Rng In Range("A1:A20000")
        If Rng > [b1] Then Rng.Interior.ColorIndex = 3
    Next
    tim2 = Timer
    Range("b2") = Format(tim2 - tim1, "0.00 秒")
End Sub
Sub 对小于 B1 的单元格填充背景 2()
    Dim tim1 As Single, tim2 As Single, Rng As Range, MyValue As Byte
    tim1 = Timer
    MyValue = [b1].Value
    For Each Rng In Range("A1:A20000")
        If Rng > MyValue Then Rng.Interior.ColorIndex = 3
    Next
    tim2 = Timer
    Range("b3") = Format(tim2 - tim1, "0.00 秒")
End Sub
```

以上两个过程的功能一致，由于第二个过程使用了变量替代对象，它的执行效率提高了数倍。

随书提供案例文件和演示视频：10-6 小于 B1 的单元格加颜色.xlsm 和 10-6 小于 B1 的单元格加颜色.mp4

10.2.6 善用带$的字符串处理函数

在 VBA 中，有两套字符串处理函数，包括带“$”和不带“$”的函数，例如 Mid 和 Mid$，Left 和 Left$，Right 和 Right$。

如果使用不带“$”符号的函数计算字符串，那么 VBA 将字符串作为变体型数据进行计算，而使用带“$”的函数时则将字符串当作 String 类型进行计算。显然变体型数据在计算时需要更多的内存空间。

例如以下两句代码，第二句代码在执行效率上会稍占优势。

```
Reault = Mid("中华人民共和国", 3)
Reault = Mid$("中华人民共和国", 3)
```

随书案例文件中有比较两者效率的代码。

随书提供案例文件和演示视频：10-7 使用带$的函数优化程序.xlsm 和 10-7 使用带$的函数优化程序.mp4

10.2.7 不使用 Select 和 Activate 直接操作对象

手工操作表格时，不管任何操作都是先选中对象，然后操作对象，包括删除、输入、设置格式等等，因为手工操作时总是只对 Selection 生效，对其他对象无效。

VBA 操作对象时不需要 Select 和 Activate 动作，直接操作对象即可，不管目标对象是否处于选中状态。因此以下代码：

```
Range("B1").Select                '选中 B1 单元格
Selection.Font.Name = "宋体"      '设置选区的字体名称
```

可以修改为：

```
Range("B1").Font.Name = "宋体"　'对 B1 单元格设置字体名称
```

后者的效率将高出一倍以上。

10.2.8　将与循环无关的语句放到循环语句外

循环语句中间的语句是需要反复运行的，如果某些语句与循环无关，或者说它只需要执行一次的代码，那么应该将它们放在循环体以外，从而减少代码的执行时间。

例如声明变量及以下所有语句都不宜放在循环体中：

```
If TypeName(Selection) <> "Range" Then Exit Sub
On Error Resume Next
Application.Calculation = xlManual
Application.EnableEvents = False
Application.DisplayAlerts = False
Application.ScreenUpdating = False
If ActiveSheet.ProtectContents Or ActiveSheet.ProtectDrawingObjects Then MsgBox "工作表已保护,本程序拒绝执行！", 64, "友情提示": Exit Sub
```

10.2.9　利用 Instr 函数简化字符串判断

当需要批量执行字符串比较时，借用 Instr 函数可以大大简化代码。

```
Sub 判断输入的省份是否正确()'随书案例文件中有每一句代码的含义注释
    Dim MyVal As String
    MyVal = Application.InputBox("请输入省份名称")
    If MyVal <> "河北省" And MyVal <> "山西省 " And MyVal <> "辽宁省" And MyVal <> "吉林省" And MyVal <> "黑龙江省" And MyVal <> "江苏省" And MyVal <> "浙江省" And MyVal <> "安徽省" And MyVal <> "福建省" And MyVal <> "江西省" And MyVal <> "青海省" And MyVal <> "甘肃省" And MyVal <> "陕西省" And MyVal <> "西藏自治区" And MyVal <> "云南省" And MyVal <> "山东省" And MyVal <> "河南省" And MyVal <> "湖北省" And MyVal <> "湖南省" And MyVal <> "贵州省" And MyVal <> "广东省" And MyVal <> "海南省" And MyVal <> "四川省" Then
        MsgBox "输入有误，请重输入"
    Else
        MsgBox MyVal
    End If
End Sub
```

以上代码执行了 24 次判断，效率低而且代码长。以下代码能实现同样的功能，只执行了单次运算，而且代码短小精悍：

```
Sub 判断输入的省份是否正确 2()'随书案例文件中有每一句代码的含义注释
    Dim MyVal As String
    MyVal = Application.InputBox("请输入省份名称")
    If InStr("-河北省-山西省-辽宁省-吉林省-黑龙江省-江苏省-浙江省-安徽省-福建省-江西省-山东省-河南省-湖北省-湖南省-广东省-海南省-四川省-贵州省-云南省-西藏自治区-陕西省-甘肃省-青海省-", "-" & MyVal & "-") = 0 Then
        MsgBox "输入有误，请重输入"
    Else
        MsgBox MyVal
    End If
```

```
End Sub
```

随书提供案例文件：10-8 用 Instr 函数简化字符串判断.xlsm

10.2.10 使用 Replace 简化字符串连接

如果某字符串中需多次插入一个固定的字符串，在代码中多次插入字符串不如直接输入一个不常用的生僻字来替代，最后使用 Replaec 函数将该字符替换为目标字符串，此举可以简化代码，也可以减少代码的运算量。

```
Sub test1()'随书案例文件中有每一句代码的含义注释
    Reault = Application.InputBox("输入 1:小学" & Chr(13) & "输入 2:初中" & Chr(13) & "输入 3:高中" & Chr(13) & "输入 4:本科" & Chr(13) & "输入 5:硕士" & Chr(13) & "输入 6:博士", "请指定代表您学历的数字",,,,,, 1)
    If Reault > 0 And Reault < 7 Then MsgBox WorksheetFunction. VLookup(Int(Reault), [{1,"小学";2,"初中";3,"高中";4," 本科";5,"硕士";6,"博士"}], 2, False)
End Sub
```

以上过程表示弹出输入框让用户选择代表自己学历的数字，代码会根据该数字返回对应的学历。为了让信息框显得更美观，在字符中使用了 5 个 Chr(13)换行，效果如图 10-23 所示。

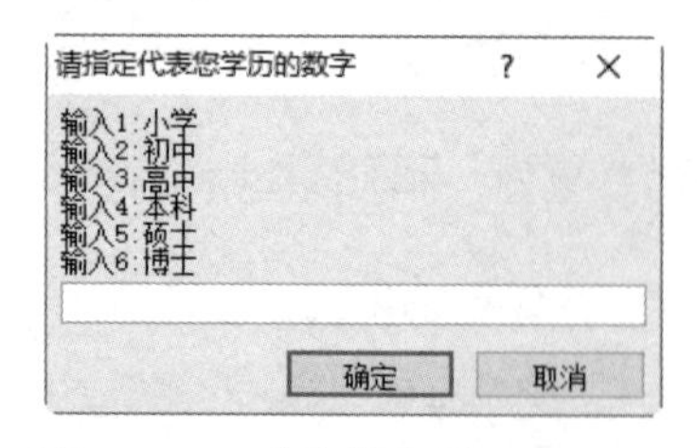

图 10-23　在字符中插入 Chr(13)

以下过程实现了同等的功能，不过代码更简短，效率也更高：

```
Sub test2()'随书案例文件中有每一句代码的含义注释
    Reault = Application.InputBox(Replace("输入 1:小学@输入 2:初中@输入 3:高中@输入 4:本科@输入 5:硕士@输入 6:博士", "@", Chr(13)), "请指定代表您学历的数字",,,,,, 1)
    If Reault > 0 And Reault < 7 Then MsgBox WorksheetFunction.VLookup (Int(Reault), [{1,"小学";2,"初中";3,"高中";4,"本科";5,"硕士";6,"博士"}], 2, False)
End Sub
```

随书提供案例文件：10-9 使用 Replace 简化字符串连接.xlsm

10.3 借用参数简化程序调用

在过程中使用参数相当于给软件添加选项，从而使软件的功能更强，适应面更广。

带有参数的过程可以根据用户的实际需求决定代码的执行方式。

10.3.1 参数的概念与用途

参数是传递给一个过程的常数、变量或表达式，从而使过程按参数的值执行。换而言之，通过对参数赋值来控制过程的执行方式，同一个过程可以根据参数的赋值不同而产生不同的结果。

参数相当于软件中的选项，为用户提供自定义空间，从而提升其灵活性，同时简化代码。

例如在 Excel 选项中设置“默认文件位置”为常用文件夹“D:\生产表”，当单击 Excel 的“打开”按钮或者另存文件时总是自动进入“D:\生产表”，避免每次都手工切换路径。如果在 VBA 的过程中使用了参数，那么在调用该过程时就可以根据实际需求限定过程的参数值，从而让过程按需求执行。

在过程中使用参数的另一个优势在于简化代码。例如在 10 个 Sub 过程中都需要使用到某个功能，不过这 10 个过程的需求并非完全一致，在细节处稍有变化。假设实现这个功能需要使用 10 行代码，如果每个过程都不使用参数，那么只能在 10 个过程中都插入这 10 行代码，即需要 100 行代码才能满足需求。事实上更便捷的做法是将这 10 行代码单独提取出来加工成一个带参数的过程，然后在 10 个过程中各使用一句代码调用这个过程。换而言之，仅需 20 行代码可以实现原本 100 行代码才能实现的同等功能。

10.3.2　参数的语法结构

Sub 过程的语法如下：

```
[Private | Public | Friend] [Static] Sub name [(arglist)]
```

其中 arglist 代表 Sub 过程的参数。arglist 比较复杂，因为参数包含按值传递的参数、按地址传递的参数、必选参数、可选参数、指定数量的参数、不确定数量的参数。

arglist 的语法如下：

```
[Optional] [ByVal | ByRef] [ParamArray] varname[( )] [As type] [= defaultvalue]
```

其中 varname 代表参数的名称，可以是 1 到 255 个，“As type”部分表示为参数指定类型，它和声明变量的类型时采用相同的规则。

Optional、ParamArray、( ) 和 defaultvalue 四者比较复杂，现补充介绍如下。

（1）过程的参数由 7 个部分组成，只有 varname 部分是必须的。假设在编写 Sub 过程时只指定过程参数的 varname 部分，忽略其他的部分，那么这个过程的参数将是必选参数；如果在 varname 前面加上 Optional 关键字，那么参数将被转换成可选参数。

声明可选参数时应对参数指定默认值，格式如下：

```
Optional varname As type = defaultvalue
```

对于可选参数，调用过程时可以忽略参数的值，VBA 会自动取它的默认值参与运算。

（2）Optional 关键字可以将一个参数转换成可选参数，而 ParamArray 关键字可产生不确定数量的参数，其下限为 1、上限为 255。工作表函数 Sum 就有 1 到 255 个参数。

当过程有多个参数时，ParamArray 关键字只能用于限制最末尾的参数，而且它不能与 ByVal、ByRef 或 Optional 一起使用。 ParamArray 仅对数组参数有效。

（3）参数名称 varname 右边的括号代表当前参数是数组，如果不想使用数组参数则不需要在参数后面添加括号。

（4）“= defaultvalue”部分表示对可选参数赋予默认值，它只能与 Optional 关键字同时出现，但是并非使用了 Optional 关键字就必须指定默认值。

10.3.3　设计带有必选参数的过程

假设有很多过程中都需要“定位 A 列最后一个非空单元格”这个功能，那么根据本书前文的知识可以得到以下过程代码：

```
Sub 定位最后一个非空单元格()'随书案例文件中有每一句代码的含义注释
  If WorksheetFunction.CountA(Range("A:A")) > 0 Then
    Dim EndRng As Range
    Set EndRng = Cells(Rows.Count, "A")
    If Len(EndRng) = 0 Then
```

```
        EndRng.End(xlUp).Select
    Else
        EndRng.Select
    End If
  Else
    MsgBox "A 列不存在非空单元格"
  End If
End Sub
```

以上过程用于定位 A 列最后一个非空单元格，我们可以在其他任意过程中使用 Call 语句调用这个过程。

```
Sub test()
  Call 定位最后一个非空单元格
End Sub
```

当多个过程都需要定位 A 列最后一个非空单元格时，应编写一个单独的过程来定位，在其他过程中通过 Call 语句调用此过程才是上策，否则只能在每个过程中都插入过程“定位最后一个非空单元格”的代码，那么编程的效率会相当低下。

然而过程“定位最后一个非空单元格”包含了 11 句代码，却功能单一，只能定位 A 列最后一个非空单元格。假设在 100 个过程中需要定位 100 个不同列的最后一个非空单元格，那么需要编写 100 个 11 行代码来实现吗？答案是：如果不使用带有参数的过程，那么真的需要 100 个 11 行代码，若对过程“定位最后一个非空单元格”添加一个参数，那么只需要以下 11 行代码实现定位，在其他 100 个过程中各用一句代码调用过程即可。

```
'随书案例文件中有每一句代码的含义注释
Sub 定位最后一个非空单元格(Col As String)
  If WorksheetFunction.CountA(Range(Col & ":" & Col)) > 0 Then
    Dim EndRng As Range
    Set EndRng = Cells(Rows.Count, Col)
    If Len(EndRng) = 0 Then
      EndRng.End(xlUp).Select
    Else
      EndRng.Select
    End If
  Else
    MsgBox Col & "列不存在非空单元格"
  End If
End Sub
```

以上过程带有一个参数，参数代表列标，当调用过程时对参数赋值为字母 C 则定位到 C 列最后一个非空单元格，如果对参数赋值为字母 ZZ 则定位到 ZZ 列最后一个非空单元格。例如以下两个过程：

```
Sub test1()
  '...更多代码...
  Call 定位最后一个非空单元格("C")
End Sub
Sub test2()
  '...更多代码...
  Call 定位最后一个非空单元格("ZZ")
End Sub
```

通过以上 3 个过程可以证明在过程中使用参数后，过程瞬间变得灵活起来。

知识补充 调用过程时可以使用 Call 语句，也可以不使用 Call 语句。当过程有参数时，如果使用了 Call 语句，则参数前后必须添加括号；如果不使用 Call 语句，则添加前后不能添加括号。例如本例中"Call 定位最后一个非空单元格("C")"可以改为"定位最后一个非空单元格 "C""。

事实上，任何过程中都可以使用多个参数。例如前面的过程"定位最后一个非空单元格"只能定位活动工作表的单元格，如果不限工作表，那么可以再追加一个参数，代码如下。

```
'随书案例文件中有每一句代码的含义注释
Sub 定位最后一个非空单元格(ShtName As String, Col As String)
  On Error Resume Next
  Dim sht As Worksheet
  Set sht = Worksheets(ShtName)
  If Err.Number <> 0 Then
    MsgBox "你的 ShtName 参数赋值有误，不存在名为" & ShtName & "工作表", vbInformation
  Else
    sht.select
    If WorksheetFunction.CountA(sht.Range(Col & ":" & Col)) > 0 Then
      Dim EndRng As Range
      Set EndRng = sht.Cells(Rows.Count, Col)
      If Len(EndRng) = 0 Then
        EndRng.End(xlUp).Select
      Else
        EndRng.Select
      End If
    Else
      MsgBox ShtName & " 工作表的" & Col & "列不存在非空单元格"
    End If
  End If
End Sub
```

以上过程使用了 ShtName 和 Col 两个参数，分别代表工作表名称和列标，调用过程时只要对过程的两个参数正确赋值即可定位到目标工作表中指定列的最后一个非空单元格。

以下两个过程都调用了同一个过程"定位最后一个非空单元格"，但是由于对参数赋予了不同的值，因此定位的目标也不相同。

```
Sub test1()
  '...更多代码...
  Call 定位最后一个非空单元格("Sheet1", "C")
End Sub
Sub test2()
  '...更多代码...
  Call 定位最后一个非空单元格("Sheet2", "B")
End Sub
```

随书提供案例文件和演示视频：10-10 必选参数.xlsm 和 10-10 演示调用过程.mp4

10.3.4 设计带有可选参数的过程

可选参数的优点是简化代码。

任何可选参数的赋值范围都必然不止一个值，而在赋值范围中往往又有一个最常用的值。可选参数的价值就在于将参数的默认值设置为那个常用值。假设调用过程时刚好要用到最常用的这个值，那么可以忽略该可选参数，VBA 会直接调用默认值去参与运算。

例如工作表函数 Row 用于获取指定单元格的行号，而实际工作中用得最多的是通过 Row 函数获取公式所在单元格的行号，因此 Excel 将 Row 函数的参数的默认值设置为公式所在单元格，从而在使用公式时允许忽略，让公式更简短。

在 VBA 中编写 Sub 过程时，在参数前添加 Optional 关键字即可让参数变成可选参数，然后对该参数指定默认值。不过对参数指定默认值仅限于数据型参数，对象型参数只能在过程赋值，不能在声明函数时赋值。

以 10.3.3 节的过程“定位最后一个非空单元格”为例，假设将两个参数都修改为可选参数，当忽略两个参数时默认定位于活动工作表 A 列的最后一个非空单元格，那么完整代码如下。

```
'随书案例文件中有每一句代码的含义注释
Sub 定位最后一个非空单元格(Optional ShtName As String, Optional Col As String = "A")
  On Error Resume Next
  Dim sht As Worksheet
  If Len(ShtName) = 0 Then
    Set sht = ActiveSheet
  Else
    Set sht = Worksheets(ShtName)
    If Err.Number <> 0 Then
      MsgBox "你的 ShtName 参数赋值有误，不存在名为" & ShtName & "工作表", vbInformation
      Exit Sub
    Else
      sht.Select
    End If
  End If
  If WorksheetFunction.CountA(sht.Range(Col & ":" & Col)) > 0 Then
    Dim EndRng As Range
    Set EndRng = sht.Cells(Rows.Count, Col)
    If Len(EndRng) = 0 Then
      EndRng.End(xlUp).Select
    Else
      EndRng.Select
    End If
  Else
    MsgBox ShtName & " 工作表的" & Col & "列不存在非空单元格"
  End If
End Sub
```

按前面的分析，参数的默认值是数据时可在声明参数名称时直接赋值，参数的默认值涉及对象时则只能在过程中赋值，而上面的过程中参数 Col 的默认值是字母 A，不涉及对象，因此直接赋值；参数 ShtName 的默认值由活动工作表的名称决定，涉及对象，因此只能在过程中赋值。对 ShtName 指定默认值时，先使用 If Then 语句判断该参数的长度是否等于 0（String 类型的参数未赋值时其值为零长度的空文本），如果是 0 则使用活动工作表对象 Activesheet 去参与运算，否则以用户对变量 ShtName 所指定的值去参与运算。

假设要定位活动工作表的 A 列的最后一个非空单元格，那么调用过程时可以忽略两个参数，其代码如下。

```
Sub test1()
  '...更多代码...
```

```
    Call 定位最后一个非空单元格
End Sub
```

如果要定位 Sheet2 工作表的 B 列最后一个非空单元格，那么代码如下。

```
Sub test2()
    Call 定位最后一个非空单元格("Sheet2", "B")
End Sub
```

随书提供案例文件和演示视频：10-11 可选参数.xlsm 和 10-11 可选参数.mp4

10.3.5 设计带有不确定数量参数的过程

在过程的参数前面使用 ParamArray 关键字可以将参数转换为不确定数量的参数。不过 ParamArray 不能与 ByVal、ByRef 和 Optional 一同使用，而且必须将参数声明为数组参数。

假设要开发一个带有不确定数量的参数的用于加密工作表的过程，那么完整代码如下。

```
'随书案例文件中有每一句代码的含义注释
Sub 加密工作表(PassWord As String, ParamArray ShtName())
    On Error Resume Next
    Dim Item, sht As Worksheet, ErrName As String
    If UBound(ShtName) >= 0 Then
        For Each Item In ShtName
            Set sht = Sheets(Item)
            If Err.Number <> 0 Then
                ErrName = ErrName & Chr(10) & Item
                Err.Clear
            Else
                sht.Protect PassWord
            End If
        Next
        If Len(ErrName) > 0 Then MsgBox "以下工作表名称书写有误:" & ErrName
    End If
End Sub
```

以上过程拥有 0 到 255 个参数。假设只对活动工作表加密，那么可以按以下方式调用。

```
Sub test1()
    Call 加密工作表("andysky", ActiveSheet.Name)
End Sub
```

过程"加密工作表"的参数是工作表名称而非工作表对象，因此使用"ActiveSheet.Name"。

```
Sub test2()
    Call 加密工作表(123456, "Sheet1", "Sheet2", "Sheet3", "Sheet4",
"Sheets")
End Sub
```

以上过程使用了 5 个参数，表示对 5 个工作表加密。假设工作簿中只有 Sheet1、Sheet2、Sheet3 这三个工作表，那么执行过程后这三个工作表将被加密为 123456，然后弹出如图 10-24 所示的信息框。

图 10-24 提示赋值错误的参数值

随书提供案例文件和演示视频：10-12 不确定数量的参数.xlsm 和 10-12 不确定数量的参数.mp4

10.3.6 参数的赋值方式

参数包含按位置赋值和按名称赋值两种形式，下面介绍这两种形式的特点与差异。

1. 按位置赋值

当过程中有多个参数时，调用过程时可以按参数的位置对参数赋值也可以按参数的名称赋值。按位置赋值时可以忽略参数的名称，直接将值写在对应的位置即可；按参数名称赋值时则可以不在意参数的顺序，只要名称正确即可。

在前面的章节中，代码“Call 定位最后一个非空单元格("Sheet2", "B")”就是按位置对参数赋值。过程“定位最后一个非空单元格”的第一参数是 ShtName，第二参数是 Col，调用该过程时只要在对应的位置赋值即可，不用指定参数的名称。

如果某参数是可选参数，需要调用其默认值参与运算，那么可以仅使用逗号占位，忽略参数的值。例如定位活动工作表的 C 列最后一个非空单元格，可用以下三句代码之一。

```
Call 定位最后一个非空单元格(, "C")
Call 定位最后一个非空单元格(ActiveSheet.Name, "C")
定位最后一个非空单元格 , "C"
```

假设将字母 C 写在前面，然后忽略第二参数，VBA 会将 C 看作工作表的名称，从而定位名为 C 的工作表的 A 列最后一个非空单元格。

如果调用过程时采用按位置赋值，那么应该在输入左括号后一边书写代码一边查看参数提示，VBA 的提示中包含了参数的名称、位置、数据类型和可选参数的默认值，效果如图 10-25 所示。

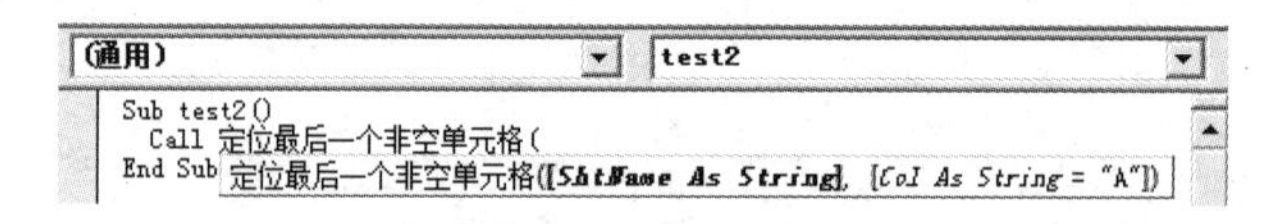

图 10-25　调用过程时提示参数的名称、位置等

2. 按名称赋值

如果调用带多个参数的过程时采用按名称赋值，那么书写代码时可以不注重参数的顺序，只要确保参数名称正确即可。按名称对参数赋值时须遵循以下格式：

```
参数 1 名称:=值, 参数 2 名称:=值……
```

仍以 10.3.3 节中的过程“定位最后一个非空单元格”为例，它有 ShtName 和 Col 两个参数，调用过程时若按名称对参数赋值可以有以下两种书写方式。

```
Call 定位最后一个非空单元格(ShtName:=ActiveSheet.Name, Col:="C")
Call 定位最后一个非空单元格(Col:="C", ShtName:=ActiveSheet.Name)
```

由于是按名称赋值，所以顺序随意打乱都没有问题，而且对于可选参数也不需要使用逗号占位。例如以上两句代码中“ShtName:=ActiveSheet.Name”是多余的，可以简化为：

```
Call 定位最后一个非空单元格(Col:="C")
```

需要注意的是，对参数赋值时等号前面必须有冒号。

3. 方法的参数

对象的方法大多有参数，其参数的赋值方式和对过程的参数赋值方式完全一致。

例如 Worksheets.Add 方法包含四个可选参数，其语法如下：

```
Worksheets.Add([Before],[After], [Count], [Type])
```

如果要求新建两个工作表，放在所有表的后面，采用按位置赋值应使用以下代码：

```
Sub  新建工作表()
Worksheets.Add , Sheets(Sheets.Count), 2, xlWorksheet
End Sub
```

由于 xlWorksheet 是默认值，因此可以忽略，代码可简化为：

```
Worksheets.Add , Sheets(Sheets.Count), 2
```

如果采用按参数名称赋值，那么新建两个工作表并且放在所有表的后面应采用以下代码：

```
Sub  新建工作表 2()
Worksheets.Add after:=Sheets(Sheets.Count), Count:=2
End Sub
```

由于按名称赋值时可以不在意参数顺序，因此以上代码也可以写为：

```
Worksheets.Add Count:=2,after:=Sheets(Sheets.Count)
```

第 11 章 高阶应用 1：数组

数组的存在价值就是让代码提速。

数组和非数组的差异只在于数据的保存方式与读取方式不同，而操作这些数据的方法并没有不同。但是保存方式与读取方式上的差异却给 VBA 代码在处理数据时带来了质的飞跃，在完成相同的工作时，使用数组比非数组的效率提升几倍乃至几十倍都完全可能，数组对于 VBA 而言有着举足轻重的作用。

在你掌握本章的知识后，可以利用数组的知识优化前面几章中的部分案例，你会发现很多程序都有提速的空间。

11.1 数组基础

对于程序效率而言，数组有着神奇的功效，关于数组的基础理论也有不少，明白了这些理论才可能在使用数组时得心应手。

11.1.1 何谓数组

数组就是连续可索引的具有相同内在数据类型的元素的集合，数组中的每个元素具有唯一索引号。简单而言，数组就是一组相同类型的数据集合。

我们可以通过索引号访问数组中的每个元素，也可以随时修改数组中的任意元素。

数组分为一维到六十维，不过常用的是一维数组和二维数组。

一维数组、二维数组和区域有太多的相似点，所以通常都借助区域来理解数组。数组存在于内存中，有虚无缥缈之感，而区域则比较形象。

事实上，数组和区域正是相互依存的关系，在实际工作中会时常将区域中的数据导出到数组中，当在数组中处理数据完毕后又需要将数据从数组导出到区域中。后文会有大量的关于区域与数组相互转换的应用。

11.1.2 数组的特点

数组有以下三个特点。

1. 包含多个元素

数组包含一组数据，单个数据无法构成数组，也没有必要使用数组。

事实上，由于数组的功能是提速，而数据越多，越能体现数组的优势，所以在实际工作中使用数组时往往涉及大量的数据运算。

2. 读取速度快

计算机在读取数据时，从软盘中读取数据的速度最慢，其次是光盘、U 盘、硬盘，最快的是内存。而读取 Excel 工作表的单元格中的数据时相当于硬盘级速度，读取数组中的数据则是内存级速度，所以数组的运算速度快于区域的运算速度。

在使用数组时，通常将区域中的值读取到内存中，然后针对数组执行各种运算，运算完毕后再根据需求将结果输入到相应的区域或者单元格。

换而言之，使用数组就是尽量减少读取单元格的次数，从而加快代码执行效率。

3. 不能常驻内存

内存中的数据的生命周期不长，不像工作表那样可以长期保留数据。

VBA 中的数组的载体其实是数组变量或者集合（Collection），它们都会在结束过程或者关闭工作簿后自动消失，所以数组仅用于临时保存数据，在内存中处理完后需要将数据导出到区域中。数据无法长期保留在数组中。

11.1.3　一维数组

VBA 中的数组包含一维、二维、三维……直到六十维，常用的是一维数组和二维数组。

在理解一维数组之前，先了解一下一维的区域。

1. 一维区域

一维区域是指单列多行或者单行多列的区域。如图 11-1 所示是一维纵向区域，包含 5 个单元格。如图 11-2 所示是一维横向区域，包含 3 个单元格。

我们可以利用转置函数 Transpose 将横向区域的值转换到纵向区域中，也可以将纵向区域的值转换到横向区域中，如图 11-3 所示为。

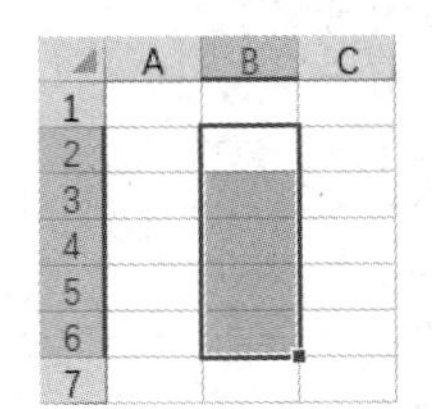

图 11-1　一维纵向区域

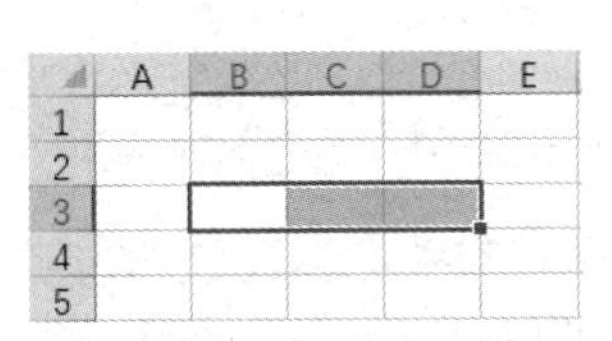

图 11-2　一维横向区域

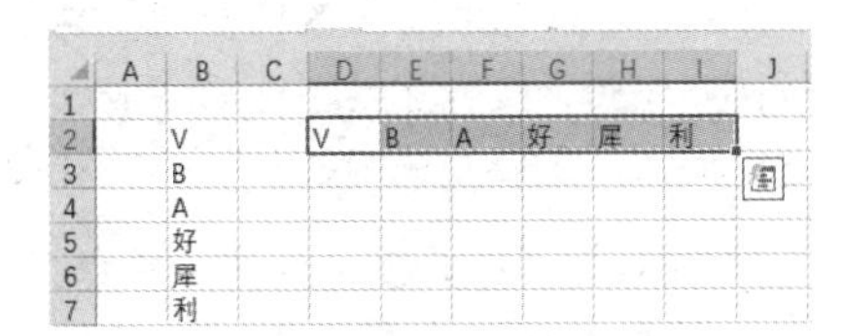

图 11-3　将纵向区域的值转换到横向区域中

如图 11-4 所示的表格中包含了一个可以产生一维横向数组的公式，输入该公式的方式是选择 B2:F2 区域，然后输入以下公式，最后按<Ctrl+Shift+Enter>组合键即可。

```
={1,3,5,7,10}
```

如图 11-5 所示的表格中包含了一个可以产生一维纵向数组的公式，公式如下：

```
={"语文";"数学";"地理";"化学"}
```

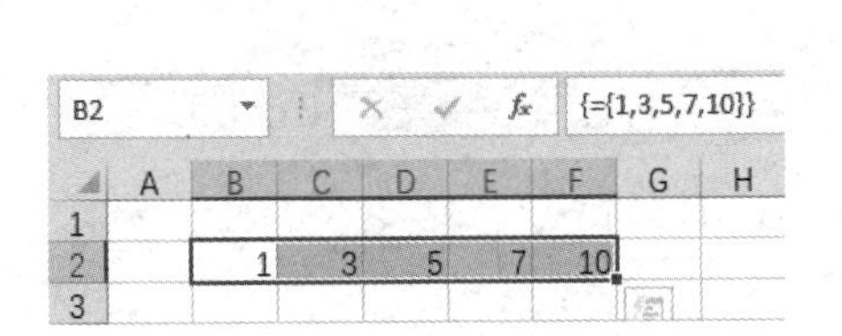

图 11-4　可以产生一维横向数组的公式

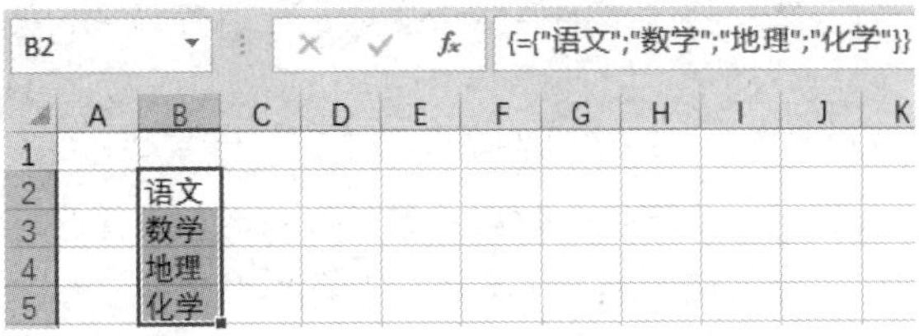

图 11-5　可以产生一维纵向数组的公式

一维数组公式的特点是公式同时产生多个结果，必须同时选择多行一列或者多列一行的区域再输入公式，并且按<Ctrl+Shift+Enter>组合键结束。其中，横向数组的元素与元素之间采用逗号作为分隔符，而纵向数组的元素与元素之间采用分号作为分隔符。

2. 一维数组

一维数组和一维区域具有类似的特性，不过数组中只有一维横向数组，没有一维纵向数组。VBA 将具有多行单列的数组定义为二维数组，不过使用 Transpose 函数将它转换成横向数组后就成了一维数组。

公式中通过花括号产生的一维常量数组可以应用在 VBA 中，VBA 利用方括号或者 Evaluate 函数将它转换成 VBA 的数组。

如果改用 VBA 实现如图 11-4 和图 11-5 所示的同等效果，可以分别采用以下代码：

```
Range("B2:F2") = [{1,3,5,7,10}]
Range("B2:B5") = [{"语文";"数学";"地理";"化学"}]
```

第一句代码使用的是一维横向数组，第二句代码使用的是二维纵向数组，只不过这个二维数组只有一列。

利用数组在区域中批量输入数据时有较大的优势，不需要逐个向单元格输入值，而是同时在区域中的每个单元格产生数据。

3. 产生数组的方式

产生数组的方式有很多，主要有以下 5 种方式。

◆ 手工指定数组元素

前面所讲的“[{"语文";"数学";"地理";"化学"}]”就是手工指定数组中的每个元素，从而生成常量数组。

也可以用 Evaluate 函数代替方括号生成数组，不过和方括号的写法稍有不同。

如果采用 Evaluate 函数代替方括号，由于其参数是文本，所以需要添加引号，代码如下：

```
Range("B2:F2") = Evaluate("{1,3,5,7,10}")
Range("B2:B5") = Evaluate("{""语文"";""数学"";""地理"";""化学""}")
```

使用 Evaluate 函数时要注意两点：其一是在花括号前后需要使用半角的双引号；其二是当花括号里面的数组元素是文本时，它原本自带的单个双引号要改写成两个双引号。例如数组中的“"语文"”改写成“""语文""”。

手工指定数组元素还可以使用 Array 函数，例如：

```
Range("B2:F2") = Array(1, 3, 5, 7, 10)
```

Array 函数只能创建一维横向数组，不能使用分号创建纵向数组，也不能生成二维数组。

◆ 引用区域

区域中包含多个数据，将区域的值读取到内存中就形成了数组。以下代码先声明一个变体型的变量，然后将区域的值赋予变量，此时变量 arr 就变成了数组。

```
Dim arr As Variant
arr = Range("A1:A10").Value
```

引用区域所产生的数组都是二维数组，不管区域是横向的还是纵向的，以及包含多少行、多少列，这和区域中的一维与二维概念稍有分别。

◆ 使用转置函数 Transpose

工作表函数 Transpose 可将区域转换成数组，不过 Transpose 不是 VBA 函数，调用 Transpose 时需要加上其父对象名称 WorksheetFunction。

以下过程可将一维纵向的区域 A1:A10 转换成一维横向的数组：

```
Dim arr As Variant
arr = WorksheetFunction.Transpose ( Range("A1:A10"))
```

在 11.2.4 节中有更多关于 Transpose 函数的详细说明。

◆ 使用字典（Dictionary）

Dictionary 对象提供了一个 Add 方法，它可以将多个数据逐个输入到 Dictionary 对象的关键字中或者条目中，从而形成数组，同时也提供了 Items 方法和 Keys 方法导出数组。

◆ 使用 Split 函数

Split 函数可以将字符串按指定的分隔符转换成下标为 0 的一维数组。例如：

Split("四川,重庆,朝天门", ",")——生成包括四川、重庆和朝天门三个元素的一维数组。

Split("12 元 88 元 0.55 元", "元")——生成包括 12、88、0.55 和空字符串四个元素的一维数组。

在 11.2 节和 11.3 节中会详细讲述 Split 函数的语法和应用案例。

同一个数组中每个元素的生成方式必须一致，不能部分元素是引用、部分元素是常量。例如以下代码只能产生错误值，因为数组加 4 个元素的生成方式不统一：

```
Range("a1:d1").value = [{1,2,range("a1"),"VBA"}]
```

11.1.4　二维数组

二维数组是指多行多列的数组，其行数和列数要大于 1，且没有上限。不过数组是为工作而服务的，而工作中的数据受工作表的区域大小限制，所以在实际工作中使用数组时，数组的行数与列数上限都小于工作表的最大行数与列数。

A1:B5 是一个二维的区域，以下公式是一个可以产生二维数组的公式：

```
={"序号","目录";1,"Sheet1";2,"Sheet2";3,"Sheet3";4,"Sheet4"}
```

选择 A1:B5 后输入以下公式，然后按<Ctrl+Shift+Enter>组合键能产生二维数组，如图 11-6 所示。

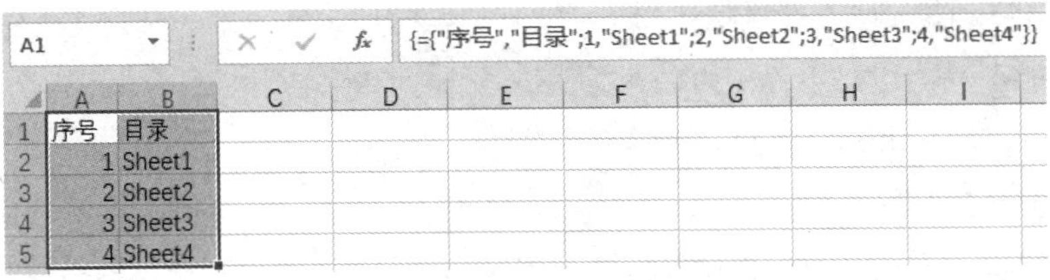

A1　{={"序号","目录";1,"Sheet1";2,"Sheet2";3,"Sheet3";4,"Sheet4"}}

	A	B	C	D	E	F	G	H	I
1	序号	目录							
2	1	Sheet1							
3	2	Sheet2							
4	3	Sheet3							
5	4	Sheet4							

图 11–6　能产生二维数组的公式

如果用 VBA 中的数组输入如图 11-6 中相同的数据，可使用以下代码：

```
Range("A1:B5").Value = [{"序号","目录";1,"Sheet1";2,"Sheet2";3, "Sheet3"; 4,"Sheet4"}]
```

对比二维数组和一维数组，可以发现二者的差异在于行列数的不同。

二维数组有以下特点：

其一是在同一行中元素与元素之间的分隔符是逗号，换行时则使用分号。

其二是每一行的元素个数必须一致，同一列中的元素个数也必须一致。如果某行或者某列缺少一个元素，那么整个数组中所有元素都会失效。例如，在前面的代码中删除“Sheet4”后，代码将只能产生如图 11-7 所示的错误值。

解决办法是对该元素赋值为空文本占位。执行以下代码后将产生如图 11-8 所示的效果。

Range("A1:B5") = [{"序号","目录";1,"Sheet1";2,"Sheet2";3,"Sheet3";4}]——错误代码

Range("A1:B5") = [{"序号","目录";1,"Sheet1";2,"Sheet2";3,"Sheet3";4,""}] ——正确代码

	A	B
1	#VALUE!	#VALUE!
2	#VALUE!	#VALUE!
3	#VALUE!	#VALUE!
4	#VALUE!	#VALUE!
5	#VALUE!	#VALUE!

图 11-7　缺少元素时产生错误值

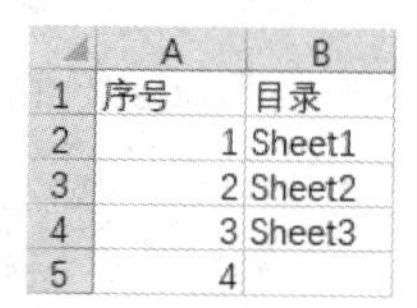

	A	B
1	序号	目录
2	1	Sheet1
3	2	Sheet2
4	3	Sheet3
5	4	

图 11-8　使用空文本占位

其三是可以借助 Transpose 函数将二维数组的行与列进行转置。例如，使用以下代码可以让 2 列 5 行的数组转换成 2 行 5 列，执行效果如图 11-9 所示。

```
Range("A1:E2").Value = WorksheetFunction.Transpose( _
[{"序号","目录";1,"Sheet1";2,"Sheet2";3,"Sheet3";4,"Sheet4"}])
```

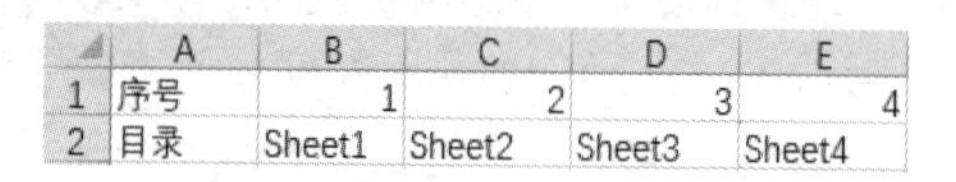

	A	B	C	D	E
1	序号	1	2	3	4
2	目录	Sheet1	Sheet2	Sheet3	Sheet4

图 11-9　转置二维数组

11.1.5　数组的参数

我们可以把一维数组和二维数组看作区域引用，这有助于理解数组和数组的参数。

Range ("B2:B5")是一个一维区域，使用索引号可以获取区域中单个单元格的值，例如，以下代码可以获取 Range ("B2:B5")区域中第二个值：

```
MsgBox Range("B2:B5")(2)
```

我们也可以采用双索引号引用一维区域中的第二个值，代码如下：

```
MsgBox Range("B2:B5")(2,1)
```

二维区域和一维区域一样，既可使用单索引号也可使用双索引号引用其中单个单元格的值。Range ("A1:C5")是一个二维区域，以下代码可以获取该区域中第 3 行第 2 列的值：

```
MsgBox Range("A1:C5")(3, 2)
```

以下代码可引用 Range ("A1:C5")中第 6 个单元格的值：

```
MsgBox Range("A1:C5")(6)
```

如果能理解以上从 Range 对象中获取单个值的思路，那么理解数组的参数就容易多了。

提取数组中的单个元素时也有单索引号和双索引号之分。不过相较区域引用的索引号，数组中的索引号数量有更严格的规定。

在 VBA 中引用一维数组中的单个元素时只能使用单索引号，例如：

```
Sub test()
'声明三个变体型变量，当给它们赋值数组后，变体型变量会自动变成数组变量
  Dim arr1, arr2, arr3
  arr1 = Evaluate("{1,2,5,8}")          '将 Evaluate 函数产生的一维数组赋值给变量
  arr2 = [{1,2,5,8}]                    '将方括号产生的数组赋予变量
  arr3 = Array(1, 2, 5, 8)              '将 Array 产生的数组赋予变量
  MsgBox arr1(1)                        '获取数组 arr1 中第 1 个值
  MsgBox arr2(1)                        '获取数组 arr2 中第 1 个值
'获取数组 arr2 中第 1 个值,不过 array 产生的数组下标为 0，所以第 1 个值是 2，第 0 个值为 1
```

```
  MsgBox arr3(1)
End Sub
```

引用二维数组中的单个元素时必须使用双索引号，例如：

```
Sub test2()
  Dim arr                              '声明变量
  arr = Range("A1:C5").Value           '将区域的值输入变体型变量，此后变量变成数组
  MsgBox arr(3, 2)                     '获取数组中第 3 行第 2 列的值
End Sub
```

以下代码是从 Evaluate 函数创建的二维数组中取值，也必须使用双索引号：

```
Sub test3()
  MsgBox Evaluate("{""序号"",""目录"";1,""Sheet1"";2,""Sheet2"";3, ""Sheet3"";4,""Sheet4""}")(2, 2)
End Sub
```

11.1.6　声明数组变量

数组变量的声明方式和其他任何变量的声明方式都有区别，其中涉及较多的规则。

由于数组总是包含多个元素，所以赋值时就有一次性赋值所有元素和分次逐个赋值两种方法，而这两种方法决定了数组的声明方式也不同。

如果是一次性对数组的所有元素赋值，那么声明变量只能使用变体型变量，而不能使用数组变量（指定了维数和上标、下标的数组变量），当将组数据赋值给变体型变量后，变量自然会转变成数组变量。

```
Sub test()
Dim Arr1, Arr2                         '声明两个变体型变量
  Arr1 = Evaluate("{1,2;3,4;5,6}")     '将函数产生的数组赋值给变量，从而转换成数组
  Arr2 = Range("a1:b10").Value         '将区域的值赋予变量，从而转换成数组
End Sub
```

以上过程中声明了两个变体型变量，当将数组赋值给两个变量后，变量都成了数组。

第一个变量的赋值方式是利用 Evaluate 函数产生一个二维数组，然后赋值给变量，此时变量将成为二维数组。

第二个变量的赋值方式是引用区域的值，然后生成数组。代码“arr = Range("a1:b10").Value”也可以简写为“arr = Range("a1:b10")”，含义一样，因为 Range 对象的默认属性是 Value，省略属性名称时仍然调用它的 Value 属性值。

如果需要对数组的元素逐个赋值，那么声明变量时应直接声明为指定维数和上标、下标的数组变量。

数组变量允许使用变体型以外的数据类型，例如声明带有 5 个元素的一维数组，那么应采用以下两种方式：

```
Dim arr1(1 To 5)
Dim arr2(4)
```

第一种声明方式指定了数组变量 arr1 是一个一维数组，其下标是 1、上标是 5。

第二种声明方式指定了数组变量 arr2 也是一个一维数组，其下标是默认值 0，上标是 4，同样包含 5 个元素。

也可以在声明数组变量时指定其数据类型：

```
Dim arr1(1 To 5) as String
Dim arr2(4) as Long
```

“arr1(1 To 5)”和“arr2(4)”两种方式声明的数组变量在本质上是没有分别的，仅仅调用数组中的元素时采用的索引号不同。

在默认设置下，变量 arr1(1 To 5)所代表的数组的下标为 1，而变量 arr2(4)所代表的数组的下标为 0。

调用下标为 1 的数组中第 1 个值时，其索引号用 1；而调用下标为 0 的数组中第 1 个值时，其索引号用 0。

以下过程包含对下标为 0 和 1 的两个数组的声明、赋值和取值过程，我们可以通过此过程了解不同下标的数组在赋值及取值时的差异。

```
Sub test()
    Dim arr1(4), arr2(1 To 5), i As Byte
    For i = 1 To 5
        arr1(i - 1) = i
        arr2(i) = i
    Next i
    MsgBox arr1(0)
    MsgBox arr2(1)
End Sub
```

在以上过程中，数组变量 arr1 和 arr2 的数组维数和数组的值完全一样，唯一区别在于引用数组时的索引号不同。

如果声明二维的数组变量，那么分别在括号中指定每一维的上标与下标即可。以下是声明二维数组变量的几种方式：

```
Dim arr1(4, 2)
```

以上代码声明了一个二维数组变量，第一维的下标为 0、上标为 4，第二维的下标为 0、上标为 2，数组中有 15 个元素。

```
Dim arr2(1 To 5, 1 To 3)
```

以上代码声明了一个二维数组变量，第一维的下标为 1、上标为 5，第二维的下标为 1、上标为 3，数组中也有 15 个元素。

```
Dim arr1(1 To 10, 6 To 10)
```

以上代码声明了一个二维数组变量，第一维的下标为 1、上标为 10，第二维的下标为 6、上标为 10，数组中有 50 个元素。不过在实际工作中极少有人会用这种方式声明变量，不利于理解。

下面提供一个数组的应用案例，你可以从中看到数组的价值，以及在不同需求下采取的数组声明方式与赋值方式。

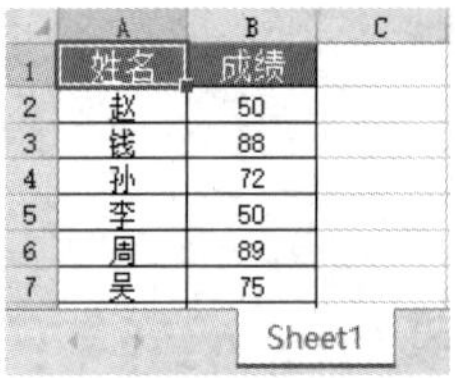

	A	B	C
1	姓名	成绩	
2	赵	50	
3	钱	88	
4	孙	72	
5	李	50	
6	周	89	
7	吴	75	

Sheet1

图 11–10　成绩表

案例要求：如图 11-10 所示的成绩表中包含了 3000 个学生的成绩，要求根据 B 列的成绩判断是否“及格”。如果不及格，则在“成绩”单元格的右侧单元格中返回“不及格”三个字。

知识要点：不同需求下的数组变量的声明方式。

程序代码：

为了展示数组应用对程序的裨益，下面采用两种方式实现案例需求，数组方法的代码如下：

```
Sub 对小于 60 的成绩进行注释()'随书案例文件中有每一句代码的含义注释
    Dim i As Integer, tim As Single
    Dim arr1, arr2(1 To 3000, 1 To 1)
    tim = Timer
    arr1 = Range("B2:B3001").Value
    For i = 1 To 3000
        If arr1(i, 1) < 60 Then arr2(i, 1) = "不及格"
    Next i
    Range("C2:C3001").Value = arr2
    MsgBox Format(Timer - tim, "0.00") & 秒
End Sub
```

思路分析：

（1）以上过程中使用了 arr1 和 arr2 两个数组变量，第一个变量是直接调用区域的值，数组的维数和每一维的上标、下标由区域决定，所以声明变量时不需要括号及指定上标与下标。

第二个数组变量需要根据成绩值来决定赋值方式，不可能一次性赋值完成，所以声明变量时指定数组的维数和上标、下标。

（2）本例中数组的应用主要体现在两个方面：其一是将成绩区域转换成数组，然后判断成绩是否小于 60 时改用读取数组中的值，而不是读取单元格中的值，因为读取数组远快于读取单元格；其二是将原本需要逐个输入到单元格中的数据输入到数组变量 arr2 中，最后再一次性将数组的值导出到单元格。换而言之，以前需要多次向单元格输入值的操作改为只输入一次，从而提升操作速度。

（3）本例中的数据变量 arr1 用于提升读取数据的速度，将读取单元格 3000 次修改为只读取一次，以后的读取操作都针对数组 arr，从而提升效率。数据变量 arr2 的作用则是提升输入的速度，将原本需要输入 900 多次的操作转换成只向单元格中输入一次。

为了方便比较，接下来提供不使用数组的过程代码：

```
Sub 对小于 60 的成绩进行注释 2()'随书案例文件中有每一句代码的含义注释
    Dim i As Integer, tim As Single
    tim = Timer
    For i = 2 To 3001
        If Cells(i, 2).Value < 60 Then Cells(i, 3).Value = "不及格"
    Next i
    MsgBox Format(Timer - tim, "0.00 秒")
End Sub
```

你可以反复执行以上两个过程，比较它们的执行时间差异。

随书提供案例文件和演示视频：11-1 数组与非数组效率比较.xlsm 和 11-1 数组与非数组效率比较.mp4

11.1.7　动态数组与静态数组的区别

在 11.1.6 节中提到声明其中一种数组变量时需要指定数组的维数和每一维的元素个数，其实那是理想状态下的用法，在实际工作中往往在声明变量时不确定每一维的元素个数，而是在声明变量之后使用代码计算而来，那么在声明变量时就无法指定其每一维的元素个数，这就引出另一个知识点——动态数组与静态数组的区别。

静态数组是指维数一定、每一维的元素个数一定的数组，其书面解释是“在代码执行期间不

能修改数组的上界（最后一个元素的索引号）的数组”。前一个案例中的数组 arr2（1 To 3000, 1 To 1）在声明时和使用时都固定了数组的维数和元素个数，所以它是一个静态数组。

动态数组在实际工作中的应用较频繁，例如，将前一个案例的要求修改为罗列出所有不及格人员的姓名和成绩，那么由于声明变量时无法获知不及格的人数，所以需要采用动态数组。

1. 声明动态数组变量的方法

声明动态数组比较特别，需要分多个步骤完成。先用 Dim 语句声明一个带空圆括号（没有维数和下标）的数组变量，然后采用 Redim 语句重置数组的维数和上标、下标（查询帮助的关键字：ReDim 语句）。

通常 Redim 语句都会配合变量使用，而变量的值通过计算得来，这正是动态数组的存在价值，即根据实际情况决定数组中最末维的上标，而不是预先固定上标。

以下代码是最典型的动态数组声明方法：

```
Dim arr(), i As Integer
i = Cells(Rows.Count, 1).End(xlUp).Row
ReDim arr(1 To i, 1 To 1)
```

第一句代码声明了一个没有维数和下标的数组变量；第二句代码对变量 *i* 赋值为 A 列最后一个非空行的行号；第三句代码利用 ReDim 语句重新指定数组变量的维数和每一维的下标、上标。

2. 重置数组时不保留原值

前文所讲的 Redim 语句重置数组变量时有一个特点——当数组变量已经赋值时会清除数组中的原有数据。

通过以下代码可以印证 Redim 的这个特性：

```
Sub test()                        '请对 A1:B5 区域输入数据后再测试代码
    Dim arr()                     '声明数组变量
    arr = Range("a1:b5").Value    '对数组变量赋值
    MsgBox arr(2, 2)              '获取变量中第 2 行第 2 列的值
    ReDim arr(1 To 3, 1 To 4)     '重新指定数组的维数和下标
    MsgBox arr(2, 2)              '再次获取数组中的第 2 行第 2 列的值
End Sub
```

代码中第一次获取数组中的值时可以得到对应于单元格中 B2 的值，当使用 Redim 语句重置变量后将清除数组中的一切数据，所以第二个 MsgBox 函数只能取得空值。

通过以下案例可以更深入地了解动态数组的应用。

案例要求：图 11-10 中包含了 3000 个学生的成绩，要求罗列出所有不及格的学生姓名、成绩，结果存放在以 D1 开始的区域。

知识要点：使用 ReDim 语句重置数组变量。

程序代码：

由于符合条件的人数需要通过计算得来，因此本例宜用动态数组，代码如下：

```
Sub 罗列不及格人员姓名与成绩()'随书案例文件中有每一句代码的含义注释
    Dim i As Integer, j As Integer, Rng As Range, arr1, arr2()
    Set Rng = Range([A2], Cells(Rows.Count, 2).End(xlUp))
    ReDim arr2(1 To WorksheetFunction.CountIf(Rng, "<60"), 1 To 2)
    arr1 = Rng.Value
    For i = 1 To UBound(arr1)
        If arr1(i, 2) < 60 Then
```

```
            j = j + 1
            arr2(j, 1) = arr1(i, 1)
            arr2(j, 2) = arr1(i, 2)
        End If
    Next i
    Range("D1:E" & j) = arr2
End Sub
```

思路分析：

（1）在以上过程中声明了两个数组变量，其中 arr1 用于保存成绩区域的值，一次性赋值即可，所以只需要“Dim arr1”语句。

数组变量 arr2 用于保存不及格的成绩信息，在声明变量时无法获知不及格人数，所以先用 Dim 语句声明一个不指定维数的上标、下标的数组，然后新起一行并利用 Redim 语句重新指定数组的维数、上标及下标。

也就是说，使用 Dim 语句声明数组变量时，上标和下标只能是数值，而使用 Redim 语句重置数组的上标和下标时，既可以使用数值也可以使用变量，还可以使用包含函数的表达式等。

（2）本例中 For Next 循环的初始值是 1，终止值使用了 UBound(arr1)，它表示数组 arr1 的第一维的元素个数，可以解理为二维数组的行数，也就是本例中的成绩个数。在 11.2 节中将会详细介绍 Ubound 函数的语法和应用。

（3）本过程中变量 *j* 的作用是计算符合条件的人数，即在循环语句中每找到一个不及格的成绩就对变量 *j* 累加一次，变量 *j* 的值代表当前需要处理的不及格的成绩的序号，它刚好对应于数组 arr2 中需要输入的值的顺序，所以赋值时分别采用“arr2(j, 1) = arr1(i, 1)”和“arr2(j, 2) = arr1(i, 2)”。

（4）Redim 语句可以反复地改变数组的元素以及维数的数目，但是不能使用 ReDim 语句修改数组的数据类型，除非是该数组变量声明为变体型，并且没有使用括号。

（5）将数组的值一次性输出到工作表中时，直接用 arr2 即可，不需要索引号。本例中代码“Range("D1:E" & j) = arr2”表示将 arr2 的值导出到 D1 开始，到 E 列变量 *j* 行结束的区域中。其中变量 *j* 的值等于数组 arr2 的行数。如图 11-11 所示的表格中 D 列和 E 列的值是程序的执行结果。

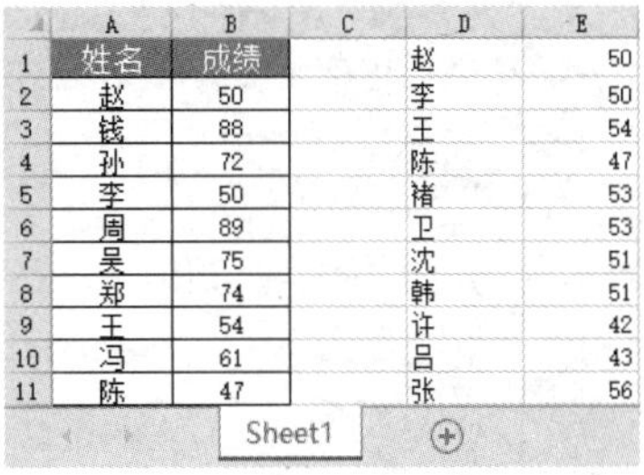

	A	B	C	D	E
1	姓名	成绩		赵	50
2	赵	50		李	50
3	钱	88		王	54
4	孙	72		陈	47
5	李	50		褚	53
6	周	89		卫	53
7	吴	75		沈	51
8	郑	74		韩	51
9	王	54		许	42
10	冯	61		吕	43
11	陈	47		张	56

Sheet1

图 11-11 罗列不及格学生的信息

随书提供案例文件：11-2 罗列不及格学生的信息.xlsm

3. 重置数组时保留原值

在前一个案例中，在循环语句之前使用了工作表函数 Countif 计算符合条件的成绩数量，所以可以通过 Redim 语句直接重置数组的上标。事实上，在有些情况下是无法用函数或者其他任何方法计算出最终符合条件的数据个数的，只能在循环过程中逐一判断，反复计算符合条件的数据个数，并同步更新数组的上标，以确保数组足以存放所有符合条件的值。这就引出 VBA 数组中的另一个概念——重置数组变量时保留原值。

在 VBA 中重置数组变量的上标并且能保留原值的语句是 ReDim Preserve。

◆ 当声明数组变量时使用了空括号

当声明数组变量时使用了空括号，例如“Dim arr()”，那么 ReDim Preserve 语句有以下特点：

（1）可以修改一次数组变量的维数。

（2）可以修改一次任意维数的下标。

（3）可以反复修改最末一维的上标。

◆ 当声明数组变量时指定了维数

当声明数组变量时指定了维数，例如“Dim arr(1 to 2,1 to 5)”或者“Dim arr2(5,6)”，那么 ReDim Preserve 语句有以下特点：

（1）不可以修改数组变量的维数。

（2）不可以修改任意维数的下标。

（3）可以反复修改最末一维的上标。

以上特点表明 ReDim Preserve 在使用中限制较多。

不过，尽管 ReDim Preserve 语句并不完美，但是在工作中仍然有很多需求依赖它，它能给工作带来较大的帮助。

先看一看 ReDim Preserve 的工作模式：

```
Sub test()
Dim arr()        '声明数组变量
'重新指定数组的维数和上标
'ReDim Preserve 能多次修改最后一维的上标，但只能改变一次数组的维数）
   ReDim Preserve arr(1 To 2, 1 To 2)
   arr(1, 1) = 1      '数组赋值，方便后面的测试
   arr(1, 2) = 2
   arr(2, 1) = 3
   arr(2, 2) = 4
'重新指定数组最末一维的上标（第一维的上标不可以修改）
ReDim Preserve arr(1 To 2, 1 To 3)
'获取数组中的第 2 行第 2 列的值（可以发现重置最末一维的上标后，原数据还在）
MsgBox arr(2, 2)
End Sub
```

以上过程中先利用 Dim 语句声明一个空的数组变量，然后利用 ReDim Preserve 语句重置数组的维数和上标、下标。ReDim Preserve 语句第一次重置数组变量时可以修改其维数和第一维的下标、上标，其后只能修改最末一维的上标。

在过程中第一次重置数组变量后，数组包含两维，每一维有两个元素，然后分别对数组的四个元素赋值。接着使用 ReDim Preserve 语句第二次重置数组，这一次只能修改最末一维的上标，如果采用代码“ReDim Preserve arr(1 To 3, 1 To 2)”重置数组，则会产生“下标越界”错误。

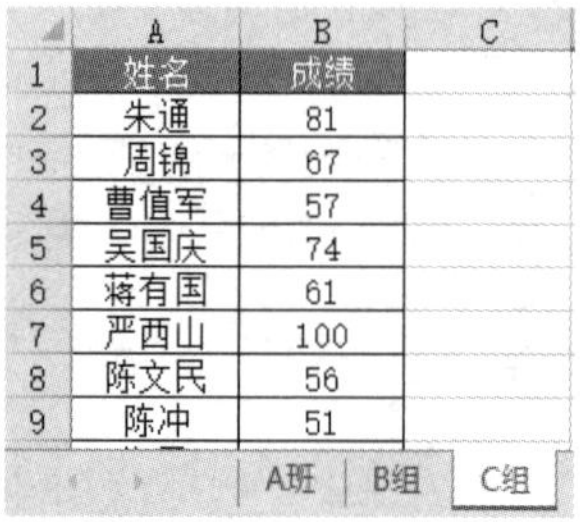

	A	B	C
1	姓名	成绩	
2	朱通	81	
3	周锦	67	
4	曹值军	57	
5	吴国庆	74	
6	蒋有国	61	
7	严西山	100	
8	陈文民	56	
9	陈冲	51	

A班 | B组 | C组

图 11–12　三个班级的成绩表

在过程的最后，使用 MsgBox 函数获取二维数组中第 2 行第 2 列的值，结果是 2，表示 ReDim Preserve 语句重置数组时会保留重置前的数据。

ReDim Preserve 语句的这个特性极其有用，下面的案例就借用了它的独特优势。

案例要求：如图 11-12 所示的成绩表中包含 3 个工作表（班级），每个班级的学生人数不确定，要求罗列出所有班级中不及格的学生信息，包括姓名和成绩，结果显示在“不及格”工作表中。

知识要点：使用 ReDim Preserve 重置数组、利用 Transpose 函数转置数组方向。

程序代码：

```
'随书案例文件中有每一句代码的含义注释
Sub 罗列多个班级的不及格人员姓名与成绩()
  Dim sht As Worksheet, Item As Integer, TargetCount As Integer, arr, arr2()
  For Each sht In Worksheets
    arr = sht.UsedRange.Value
    For Item = 2 To UBound(arr)
      If arr(Item, 2) < 60 Then
        TargetCount = TargetCount + 1
        ReDim Preserve arr2(1 To 2, 1 To TargetCount)
        arr2(1, TargetCount) = arr(Item, 1)
        arr2(2, TargetCount) = arr(Item, 2)
      End If
    Next Item
  Next
  On Error Resume Next
  If TargetCount > 0 Then
    Application.DisplayAlerts = False
    Worksheets("不及格").Delete
    Application.DisplayAlerts = True
    Worksheets.Add(after:=Worksheets(Worksheets.Count)).Name = "不及格"
    Worksheets("不及格").Range("a1:b1") = [{"姓名","成绩"}]
    Worksheets("不及格").Range("A2").Resize(TargetCount, 2)Value = WorksheetFunction.Transpose(arr2)
    Worksheets("不及格").UsedRange.Borders.LineStyle = xlContinuous
  End If
End Sub
```

执行以上代码后将得到不及格人员的信息，如图 11-13 所示。

	A	B	C	D
1	姓名	成绩		
2	计尚云	55		
3	罗至贵	56		
4	徐大鹏	50		
5	梁兴	54		
6	陈随机	59		
7	曲华国	57		
8	刘文喜	54		
9	魏邦	54		
10	柳星华	58		

A班 | B组 | C组 | 不及格

图 11-13　不及格人员的信息

思路分析：

（1）本例中使用了两个数组，一个用于提升读取数据的速度，一个用于提升输入数据的速度。其中，数组 arr 用于存放工作表中的人员信息，当区域中的值导入到数组中后，读取数组替代了读取单元格，从而大幅缩短读取时间。而数组 arr2 则用于保存所有符合条件的数据，借用此数组可以实现一次性将数据输入到新工作表“不及格”中，从而缩短输入数据的时间。

（2）由于在执行循环语句之前无法获得所有班级中不及格的人数，所以声明数组变量时无法指定其每一维的上标，而是首先声明一个不指定维数的数组变量，然后在循环语句中使用 ReDim Preserve 语句为数组变量重新分配维数和上标、下标。

在第一次使用 ReDim Preserve 语句时允许修改数组变量的维数和上标、下标，但是第二次使用 ReDim Preserve 语句时则只能修改数组最末维的上标。所以本例采用“ReDim Preserve arr2(1 To 2, 1 To TargetCount)”而不是“ReDim Preserve arr2(1 To TargetCount, 1 To 2)”。

（3）按照需求，动态数组变量 arr2 应该包含 2 列（第一列存放姓名，第二列存放成绩），行数则由不及格人数决定，即数组的第一维是动态的，第二维的上标固定为 2。但是鉴于 VBA 的规定，第一维不允许反复修改上标，所以本例采用了变通的方式，将数组变量声明为行数为 2、列数由不及格成绩的数量决定，当向数组中输入数据后将变成横向数组。

为了避免最后将数组的值导出到工作表时方向与要求不一致，所以本例采用了 Transpose 函数将其转置方向，然后导出到工作表中。

（4）本例中的“On Error Resume Next”和“Worksheets("不及格").Delete”语句都是为了防

错而存在的，虽然在图 11-12 所示的案例文件中并没有工作表“不及格”，但是编程时仍然有必要通过代码处理一些意外情况，先假设可能存在同名的表，然后通过代码来处理该表。在此思想指导下产生的代码才可能完善，你在编程过程中有必要养成这种习惯。

（5）过程中最后一个条件语句的作用同样是防错，避免表中没有不及格成绩时也创建一个名为“不及格”的工作表，并且执行了一些不必要的操作。在编程时要考虑所有的可能情况，不能一切按正常或者最常出现的情况处理，否则代码将留下太多漏洞，也浪费执行时间。

随书提供案例文件：11-3 罗列多个班级的不及格学生的信息.xlsm

11.1.8 释放动态数组的存储空间

数组变量中保存了大量的数据，当确定不再使用时需要释放变量的值。

数组变量和普通变量的生命周期一致。

过程级变量的生命周期最短，当过程结束时变量的值就自动释放，所以不需要手动释放变量的值。模块级变量和工程级变量属于公有变量，需要关闭 Excel 或者手动释放变量，变量所占用的空间才会释放出来。

手动释放数组变量的值有两种方法：其一是使用 Erase 语句，其二是使用 End 语句。

1. Erase 语句

Erase 语句的语法如下：

```
Erase arraylist
```

参数 arraylist 代表数组，即一次只能释放一个数组变量的值。假设模块中有三个公有数组变量 arr1、arr2 和 arr3，那么可采用以下三句代码释放所有数组变量的值。

```
Erase arr1
Erase arr2
Erase arr3
```

2. End 语句

当需要释放的数组变量太多时，End 语句可以一次性释放所有变量的值，所以 End 语句的便利性和高效性超过 Erase 语句。

不过 End 语句有可能误伤，因为它是释放所有变量的值，包括一切公有变量和私有变量，而且不仅仅是针对数组变量。所以在使用 End 语句前需要仔细斟酌。

11.2 数组函数

VBA 提供了诸多内置的数组函数，可以方便地操作数组。在实际工作中应用数组前有必要了解这些函数的功能和语法。

11.2.1 用函数创建数组

VBA 提供了专门创建数组的函数 Array 和 Evaluate，它们都能创建数组。

1. 使用 Array 函数创建一维横向常量数组

Array 函数只能创建一维常量数组，其语法如下：

```
Array(arglist)
```

参数 arglist 是一个用逗号隔开的数据表，这些值分别用于给数组的各个元素赋值。例如 Array(1,2,3)表示创建一个包含三个元素的一维数组，第一个元素的值为 1，第二个元素的值为 2，第三个元素的值为 3。

假设需要向工作表中 A1、B1、C1、D1 单元格输入标题"姓名""工号""产量"和"不良率"，那么不需要分四次赋值，而是利用 Array 函数产生一个包含四个元素的一维数组，然后将数组赋值给区域，代码如下。

```
Range("A1:D1") = Array("姓名", "工号", "产量", "不良率")
```

使用数组对区域进行赋值比逐个对单元格赋值的效率更高，不过 Array 函数的缺点是只能创建一维横向数组，如果需要创建纵向的数组，那么可以利用转置函数 Transpose 将 Array 函数产生的数组转换方向。例如在 A1:A4 区域产生"一月"、"二月"、"三月"和"四月"，那么可采用以下代码转换方向：

```
Range("A1:A4") = WorksheetFunction.Transpose(Array("一月", "二月", "三月", "四月"))
```

2. 使用 Evaluate 函数创建横向与纵向的常量数组

Evaluate 函数比 Array 函数强大得多，既可以创建一维常量数组，也可以创建二维常量数组，还可以通过引用区域的值创建内存数组。不过"Range("A1:A10").Value"这种模式也可以将区域的值转换成数组，所以在实际工作中，一般只用 Evaluate 函数创建常量数组。

使用 Evaluate 函数创建一维常量数组时，其参数是文本字符串，而文本字符串中需要使用花括号，在花括号中包含创建数组的数据列表。如果创建只有单行的一维横向常量数组，那么元素与元素之间采用逗号作为分隔符，如果创建单列的纵向常量数组，那么元素与元素之间采用分号作为分隔符。例如：

Evaluate("{1,3,5,7,9}")——创建包括 5 个元素的一维横向数组。

Evaluate("{2;4;6;8}")——创建包括 4 个元素的二维纵向数组（只有一列但仍是二维数组）。

如图 11-14 和图 11-15 所示，比较形象地展现了以上两个数组的区别。

	A	B	C	D	E
1	1	3	5	7	9
2					

图 11-14　一维横向数组

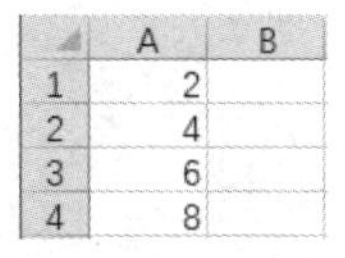

	A	B
1	2	
2	4	
3	6	
4	8	

图 11-15　二维纵向数组

如果数组中的元素是文本，那么需要对文本的左右添加双引号。但是由于花括号外面已经有双引号，所以数组元素的每个双引号都要改为两个双引号，VBA 才能正常识别。例如：

Evaluate("{2;""VBA"";6;8}")——表示创建一维纵向数组，其中，第二个元素是字符串"VBA"，其前后各采用了两个半角的双引号，如果采用单个双引号将会产生编译错误。

Evaluate 函数创建的一维横向常量数组和 Array 函数创建的一维横向常量数组稍有不同：Evaluate 函数创建的一维横向常量数组下标为 1，Array 函数创建的一维横向常量数组下标为 0。以下过程创建了两个值相同的一维横向常量数组，不过在访问其中的数据时需要采用不同的索引号，因为它们的下标不同。

```
Sub test()
    Dim arr, arr2
    arr = Array(1, 2, 3, 4, 5, 6)
    arr2 = Evaluate("{1,2,3,4,5,6}")
    MsgBox arr(2)             '取索引号为 2 的值，结果为 3(因为下标为 0)
```

```
    MsgBox arr2(2)        '取索引号为 2 的值，结果为 2(因为下标为 1)
End Sub
```

以上代码采用两个函数创建了具有相同元素的数组，不过由于下标不同，所以同样是访问索引号为 2 的元素，得到的答案并不相同。

Array 函数创建的数组下标总是 0，索引号为 0 的元素才是数组中的第一个值。

3. Evaluate 函数创建多行多列的二维常量数组

Evaluate 函数创建二维常量数组和一维常量数组的方式相似，只是在需要换行的地方添加分号即可，例如将一维常量数组 Evaluate ("{1,2,3,4,5,6}")修改为 2 行 3 列的二维数组，只要将代码修改为 “Evaluate ("{1,2,3;4,5,6}")” 即可，在 10.1.4 节也有关于二维常量数组的介绍。

需要特别强调的是，代码 “Evaluate("=Sheet2!A1:A5")” 创建的其实是 Range 对象，而不是数组， “Evaluate("=Sheet2!A1:A5").value” 才能创建数组。

11.2.2 获取数组元素

VBA 允许调用工作表函数 Index 从数组中获取单个值，其语法如下：

```
WorksheetFunction.Index(arraylist, Row_num,Column_num)
```

其中，参数 arraylist 表示数组，参数 Row_num 表示行数，Column_num 表示列数。此处的行数、列数和数组的索引号稍有不同。

行数与列数的最小值是 1，而数组的索引号（下标）可能是 0，可能是 1，也可能是 100 或者 555 等，这取决于声明数组变量的方式。

```
Sub test()      '区分不同数组的下标，以及了解 Index 函数从数组中取值的特性
    Dim arr, arr2, arr3(5 To 10)        '声明 3 个数组变量
    arr = Array(1, 2, 3, 4, 5, 6)       '使用 Array 函数对第一个数组赋值(其下标为 0)
    arr2 = Evaluate("{1,2,3,4,5,6}")    '使用 Evaluate 函数对第二个数组赋值(其下标为 1)
    arr3(5) = 1                         '对第 3 个数组的元素逐个赋值(其下标为 5)
    arr3(6) = 2
    arr3(7) = 3
    arr3(8) = 4
    arr3(9) = 5
    arr3(10) = 6
    MsgBox WorksheetFunction.Index(arr, 1, 3)      '获取第 1 行、第 3 列的值
    MsgBox WorksheetFunction.Index(arr2, 1, 3)     '获取第 1 行、第 3 列的值
    MsgBox WorksheetFunction.Index(arr3, 1, 3)     '获取第 1 行、第 3 列的值
End Sub
```

以上过程中采用 3 种方式创建了 3 个数组，它们的下标分别是 0、1、5，不过使用 Index 函数读取数组中的元素时全按行、列数计算，不理会上标与下标的值。

11.2.3 判断变量是否为数组

VBA 提供了判断变量是否为数组的函数——IsArray。

当 IsArray 函数的返值为 True 时，表示参数是数组，否则不是数组。

在实际工作中 IsArray 函数的价值极小，几乎不用。

11.2.4 转置数组

工作表函数 Transpose 在数组应用中有一个很有用的函数，不过它不是 VBA 内置的函数，而属于工作表函数，所以调用此函数需要指定父对象 WorksheetFunction。

转置函数 Transpose 主要有三方面功能：转换数组方向、将区域引用转换成数组、将任意的只有单行或者单列的二维数组转换成一维数组。

1. 转换数组方向

在 VBA 的数组应用中经常需要转置数组的方向，特别是动态数组的应用。

```
Sub test()
   Dim arr As Variant
   arr = Evaluate("{""V"", ""B"", ""A""; ""It"", ""Is"", ""Good""}")
   Range("a1:c2").Value = arr
   Range("E1:F3").Value = WorksheetFunction.Transpose(arr) '转置方向后输入另一个区域
End Sub
```

以上过程中利用 Evaluate 函数创建了一个二维常量数组，它的每个元素的排序方式如图 11-16 中 A1:C2 区域所示。当使用 Transpose 函数转置数组后则得到图中 E1:F3 区域所示的效果。

	A	B	C	D	E	F
1	V	B	A		V	It
2	It	Is	Good		B	Is
3					A	Good

图 11-16　转置数组前后效果比较

2. 将区域引用转换成数组

使用区域引用作为 Transpose 函数的参数时将会生成数组，不过数组的方向与区域本身的行列方向相反。

例如：Range("A1:E1")是横向的区域引用，其类型为“Range”，而 WorksheetFunction.Transpose(Range("A1:E1"))的类型则是“Variant()”，它此时是一个纵向的数组。

3. 将单行或者单列的二维数组转换成一维数组

Transpose 函数在处理只有单行或者单列的数组时比较特别，它在改变数组的方向时还可以改变数组的维数。

当一维的区域引用赋值给变体型变量后，此变量所代表的数组是一个二维数组，其第一维和第二维的下标都是 1，需要使用双索引号才能引用数组中的元素。使用 Transpose 函数能将它们转换成一维数组。

以下过程中使用了两个变体型变量，分别将一维横向区域和一维纵向区域赋值给两个变量，从而使两个变量变成二维数组，然后通过 Transpose 函数将它们都转换成一维数组。

```
Sub 将二维区域转置成横向的一维数组()
   Dim arr1, arr2                                  '声明变体型变量
   arr1 = Range("A1:A5").Value                     '此时 arr1 是 5 行 1 列的二维数组
   arr1 = WorksheetFunction.Transpose(arr1)        '此时 arr1 是一维数组
   arr2 = Range("A1:E1").Value                     '此时 arr2 是 1 行 5 列的二维数组
'此时 arr2 是一维数组
   arr2 = WorksheetFunction.Transpose(WorksheetFunction.Transpose(arr2))
End Sub
```

此外，Transpose 函数还有一个比较神奇的功能——将单行或者单列的区域生成的二维数组转换成一维数组。

在 VBA 中，引用区域的值可以生成数组，不过 VBA 与工作表函数对于数组维数的理解是不同的。在 VBA 中，不管是引用单行还是引用单列的值所生成的数组都是二维数组，而利用

Transpose 函数可以将它们转换成一维数组。

VBA 中的 Join 函数和 Filter 函数都只支持一维数组作为参数，因此要引用单行或者单列的值作为 Join 函数和 Filter 函数的参数去参与运算时应配合 Transpose 函数使用。

例如，将 A1:A5 区域的值合并到 B1 单元格中，以下代码无法执行：

```
Sub 合并区域的值()
   Range("b1") = Join(Range("a1:a5").Value, "")
End Sub
```

而使用 Transpose 函数后，可以将区域的值合并到单元格中，如图 11-17 所示。

```
Sub 合并区域的值 2()
   Range("b1").Value = Join(WorksheetFunction.Transpose(Range("a1:a5"). Value), "")
End Sub
```

在 13.2.6 节和 13.2.7 节中将会详细讲述 Join 和 Filter 函数的功能与语法。

	A	B
1	A	ABCDE
2	B	
3	C	
4	D	
5	E	

图 11–17　将区域的值合并到单元格中

Transpose 函数也有它的局限性——参数的元素个数不超过 65536 个才能转置，否则会产生“类型不匹配”错误。所以当确定数组中的元素个数超过 65536 时，应采用循环语句逐个赋值的方式转置方向。以下过程即为参考标准。

```
Sub 转置超过 65536 个元素的数组()
  Dim arr1, arr2(1 To 65537)          '声明两个变量，其中 arr2 是一维横向数组
  arr = Range("a1:a65537").Value      '对变量 arr 赋值，arr 变成二维数组(65537 行 1 列)
  For i = 1 To 65537                  '从 1 到 65537
    arr2(i) = arr(i, 1)               '将数组 arr1 中的值逐个输出到 arr2 中
  Next
End Sub
```

如果是小于或等于 65536 个元素，那么直接用 Transpose 函数进行转置即可：

```
Sub 转置不超过 65536 个元素的数组()
  Dim arr1, arr2
  Arr1 = Range("a1:a65536").Value
  arr2 = WorksheetFunction.Transpose(arr1)
End Sub
```

11.2.5　获取数组的上标与下标

获取数组的上标与下标可以知道数组中的元素个数。对数组执行循环时也需要调用数组的上标与下标。

VBA 提供了 Ubound 和 LBound 函数分别用于获取数组的上标与下标。

```
Sub test()
  Dim arr
  arr = Array(1, 2, 3, 4, 5, 6)                    '
  MsgBox "上标为： " & UBound(arr) & Chr(10) & "下标为： " & LBound(arr)
End Sub
```

此过程中使用 Array 函数创建了一个一维数组，如图 11-18 所示为通过 UBound 和 LBound 函数获得的该数组的上标与下标。

Array 函数创建的数组默认下标为 0，而 Evaluate 函数创建的数组默认下标为 1，这种差异

往往给初学者带来麻烦。VBA 提供了修改默认下标的方法——Option Base 语句。

Option Base 语句的语法如下：

```
Option Base {0 | 1}
```

即可选项包含“Option Base　0”和“Option Base　1”两项。

默认的数组下标是 0，所以在任何情况下都不需要使用“Option Base　0”，当需要统一所有数组的下标为 1 时，在模块顶部输入“Option Base　1”即可。

如图 11-19 所示的代码声明了一个变体型变量 arr1 和一个数组变量 arr2，当变体型变量 arr1 赋值为区域的值后就成为了真正的数组。

由于在模块顶部使用了“Option Base　1”，所以通过 Lbound 函数获取两个数组的下标时都能得到数值 1。

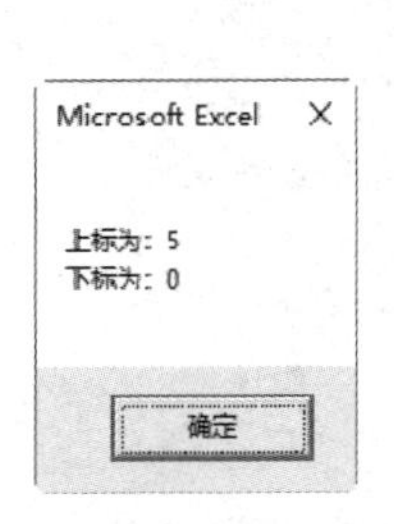

图 11-18　获取数组的上标与下标

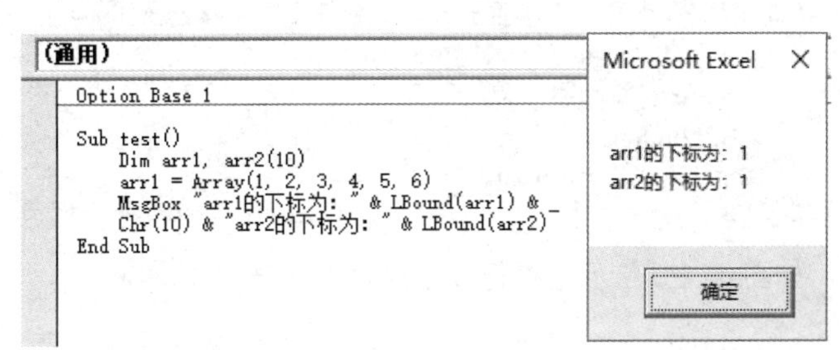

图 11-19　将数组的默认下标修改为 1

当然，Ubound 和 LBound 函数并非仅限于计算数组第一维的上标和下标，它们还可以通过第二参数指定维数从而计算任意维的上标与下标。

以下过程将分别得到一、二、三维的上标，值为 1、5 和 20。

```
Sub 分别计算一二三维的上标()
  Dim arr(1, 5, 20)
  MsgBox UBound(arr, 1) & Chr(10) & UBound(arr, 2) & Chr(10) & UBound(arr, 3)
End Sub
```

知识补充 Excel 帮助中关于 Ubound 函数的解释有错误，关于 Option Base 的解释也有错误。具体错在何处以及证明错误的存在请参阅随书文件中的“帮助纠错.txt”。

Option Base 语句可以修改 Array 函数所创建的数组的下标，但是对于 Split 函数创建的数组无效。

11.2.6　转换文本与数组

Split 函数可将字符串转换成数组，而 Join 函数可以将数组转换成字符串。

1. Split 函数

Split 函数可以将字符串按指定的分隔符转换成下标为 0 的一维数组。其语法如下：

```
Split(expression[, delimiter[, limit[, compare]]])
```

其参数详解如表 11-1 所示。

表 11-1　Split函数的参数说明

参数	是否必选	描述

expression	必选参数	包含子字符串和分隔符字符串表达式。如果是一个长度为零的字符串("")，Split返回一个空数组
delimiter	可选参数	用于标识子字符串边界的字符串字符。如果忽略，则使用空格字符(" ")作为分隔符
limit	可选参数	要返回的子字符串数量，使用 -1或者忽略参数时表示返回所有子字符串
compare	可选参数	数字值，表示判别子字符串时使用的比较方式。有四种比较方式，其中vbTextCompare表示执行文字比较，不区分大小写；vbBinaryCompare表示执行二进制比较，要区分大小写。忽略参数时表示采用vbBinaryCompare

通常在字符串中有明显的分隔符时才有必要使用 Split 函数，例如将“1，2，3”以逗号为分隔符转换成包含 3 个元素的数组，再例如将“湖南-张家界-天门山-天门洞”以“-”为分隔符转换成包含四个元素的数组并导出到区域中。

以下过程可以展示 Split 函数的工作模式，以及它生成的数组的特点。

```
Sub Split 函数的应用()'随书案例文件中有每一句代码的含义注释
    Dim i As Byte, arr As Variant
    arr = Split("湖南-张家界-天门山-天门洞", "-")
    i = UBound(arr)
    Range("A1").Resize(1, i + 1).Value = arr
End Sub
```

如图 11-20 所示为执行以上过程的结果。

	A	B	C	D	E
1	湖南	张家界	天门山	天门洞	
2					

图 11–20　将字符串转换成数组并导出到区域中

由于 Split 函数生成的数组总是下标为 0，不受 Option Base 语句的影响，所以它所生成的数组的元素个数一定等于数组的上标加 1。所以以上过程中 Range.Resize 属性的第 2 参数使用了“i+1”。

随书提供案例文件：11-4 Split 函数的应用.xlsm

其实，Split 函数最常见的应用是根据路径获取根目录或者文件名称。

例如，某文件的路径是“D:\5 月\生产表\总表.xlsx”，要求计算该文件名称和所在的根目录，采用数组函数 Split 和 UBound 可以处理此问题，代码如下：

```
'随书案例文件中有每一句代码的含义注释
Sub 从路径中获取文件名称与根目录()
    Dim Mystr As String
    Mystr = "D:\5 月\生产表\总表.xlsx"
    MsgBox "名称：" & Split(Mystr, "\")(UBound(Split(Mystr, "\"))) _
     & Chr(10) & "磁盘：" & Split(Mystr, "\")(0)
End Sub
```

过程中 Split 函数对路径以“\”为分隔符转换成一个一维数组，然后利用 UBound 函数计算该数组的上标，以上标作为数组的索引号可以提取数组中最后一个元素的值，即文件名称。而以 0 作为数组的索引号时则可以提取数组中第一个元素的值，即路径的根目录名称，如图 11-21 所示。

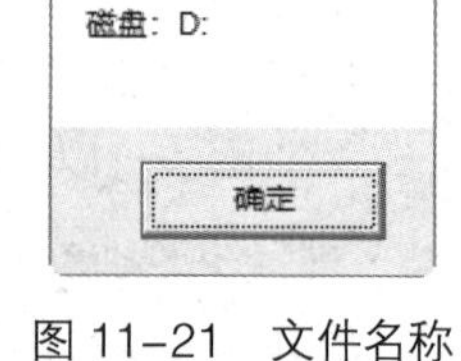

图 11–21　文件名称与根目录名称

随书提供案例文件：11-5 从路径中取文件名与根目录.xlsm

2. Join 函数

Join 函数可用于连接数组中的所有子字符串，从而创建一个新的字符串，可随意指定分隔符，其语法如下：

```
Join(sourcearray[, delimiter])
```

其中参数 sourcearray 代表数组，参数 delimiter 代表分隔符，如果忽略分隔符，则默认采用空格作为分隔符。

Join(Array("D:", "生产表", "5 月"), "\")——转换结果为“D:\生产表\5 月”。

Join(Array("2020", "09", "28"), "-")——转换结果为“2020-9-28”。

Join(Array("VBA", "果然", "神奇"), "")——转换结果为“VBA 果然神奇”。

可以将 Join 函数理解为合并数组的值，并在适当的位置添加分隔符。

事实上也可以使用 Join 函数合并区域的值，不过必须配合 Transpose 函数来实现，在 11.2.4 节中有此类案例应用。

11.2.7　筛选数组

Filter 函数用于返回一个下标从 0 开始的数组，该数组包含基于指定筛选条件的一个字符串数组的子集。通俗地讲，Filter 函数就是对一个一维数组执行筛选，产生一个新的数组。其语法如下：

```
Filter(sourcesrray, match[, include[, compare]])
```

其参数详解如表 11-2 所示。

表 11-2　Filter函数的参数

参数	含义
sourcearray	必需的。要执行搜索的一维字符串数组
match	必需的。要搜索的字符串
include	可选的。Boolean值，表示新数组是否包含match字符串。如果值为True，则返回包含match子字符串的数组子集，否则返回不包含match子字符串的数组子集
compare	可选的。数字值，表示所使用的字符串比较类型，通常用于控制是否区分大小写。

Filter 函数的第 3 参数比较重要，它决定了筛选时采用包含或者不包含的方式。

Filter 函数只能筛选一维数组，对二维、三维数组无效。

以下案例对数组执行了两种筛选方式，生成两个新数组，然后用 Join 函数合并数组中的每个元素，并显示在信息框中，如图 11-22 所示。

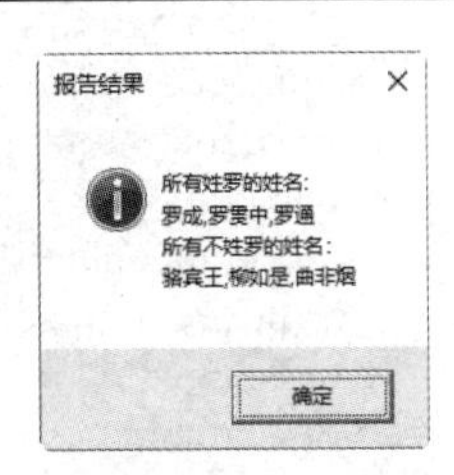

图 11-22　筛选结果

```
Sub 找出姓罗与不姓罗的所有姓名()'随书案例文件中有每一句代码含义注释
  Dim arr1, arr2, arr3
  arr1 = Array("罗成", "骆宾王", "柳如是", "曲非烟", "罗贯中", "罗通")
  arr2 = Filter(arr1, "罗", True)
  arr3 = Filter(arr1, "罗", False)
  MsgBox "所有姓罗的姓名:" & Chr(10) & Join(arr2, ",") & Chr(10) & _
    "所有不姓罗的姓名：" & Chr(10) & Join(arr3, ",") , 64, "报告结果"
```

```
End Sub
```

除了从数组中筛选出子集生成一个新数组，我们也常使用 Filter 函数判断一个数组中是否包含某个元素。例如判断数组中是否包含“曲非烟”，那么可用以下代码：

```
Sub 判断是否包含曲飞烟()'随书案例文件中有每一句代码的含义注释
  Dim arr1
arr1 = Array("罗成", "骆宾王", "柳如是", "曲非烟", "罗贯中", "罗通")
  MsgBox IIf(UBound(Filter(arr1, "曲非烟", True)) < 0, "不包含", "包含")
End Sub
```

过程的执行结果为“不包含”。过程的原理是：

Filter 函数的筛选结果是一维数组，并且下标为 0，上标大于或等于 0，如果上标小于 0，那么说明未成功生成数组，从而表示不包含筛选条件。所以本例使用 UBound 函数计算 Filter 函数生成的数组的上标，并配合 IIf 函数即可达成需求。

 随书提供案例文件：11-6 Filter 函数应用.xlsm

11.3 数组实战

VBA 在数组方面的理论不多，掌握数组的应用也较简单。

在实际工作中通常使用数组替代区域，从而提升数据的读/写速度。下面通过 7 个案例展示数组的应用，加深你对数组的理解。

11.3.1 将指定区域的单词统一为首字母大写

案例要求：将指定区域中的英文单词全部修改为首字母大写。

知识要点：Application.InputBox 方法、Intersect 方法、UBound 函数、StrConv 函数。

程序代码：

```
Sub 将单词转换成首字母大写()'随书案例文件中有每一句代码有含义注释
  Dim arr, Rng As Range
  Set Rng = Application.InputBox("请选择操作区域", "确定区域", , , , , , 8)
  If Rng Is Nothing Then Exit Sub
  arr = Intersect(ActiveSheet.UsedRange, Rng).Value
  Dim RowCount As Integer, ColumnCount As Integer
  For RowCount = 1 To UBound(arr)
    For ColumnCount = 1 To UBound(arr, 2)
      arr(RowCount, ColumnCount) = StrConv(arr(RowCount, ColumnCount), vbProperCase)
    Next ColumnCount
  Next RowCount
  Intersect(ActiveSheet.UsedRange, Rng) = arr
End Sub
```

执行以上过程时将弹出“确定区域”的输入框，此时使用鼠标选择 A1:C5 区域即可，在输入框中将自动产生选区的地址，如图 11-23 所示。当单击输入框中的“确定”按钮后，程序瞬间将选区中的所有单词转换成首字母大写，转换结果如图 11-24 所示。

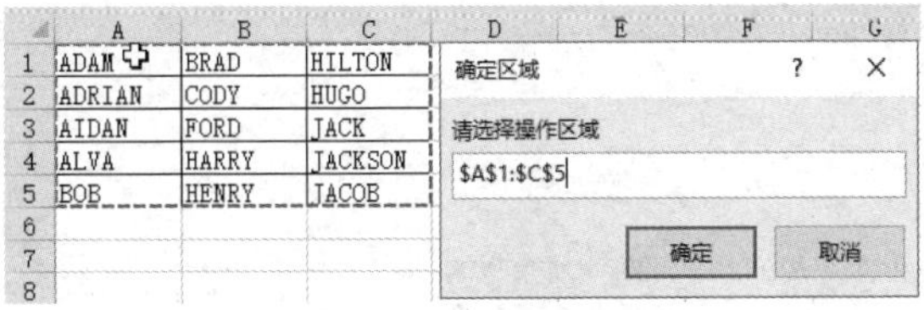

	A	B	C
1	ADAM	BRAD	HILTON
2	ADRIAN	CODY	HUGO
3	AIDAN	FORD	JACK
4	ALVA	HARRY	JACKSON
5	BOB	HENRY	JACOB

确定区域
请选择操作区域
$A$1:$C$5
确定　取消

图 11-23　选择区域

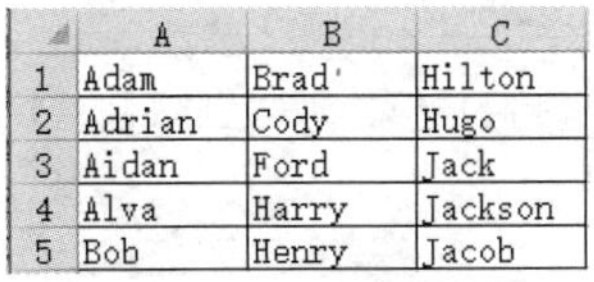

	A	B	C
1	Adam	Brad	Hilton
2	Adrian	Cody	Hugo
3	Aidan	Ford	Jack
4	Alva	Harry	Jackson
5	Bob	Henry	Jacob

图 11-24　转换结果

思路分析：

（1）Application.InputBox 的最后一个参数必须使用 8 才能实现单击区域时自动在输入框中产生地址并且返回 Range 对象。同时，由于 Application.InputBox 的返回值是 Range 对象，所以对 Rng 变量赋值时要采用 Set 语句。

（2）尽管工作表中需要转换的区域是 A1:C5，但由于程序中使用了 Intersect 方法获取变量 Rng 与活动工作表的已用区域的交集，所以选择区域时可以更自由一些，直接选择 A:C 区域即可，程序会自动忽略空白区域。

（3）本例中对变量 arr 一次性赋值，从而生成数组，所以定义变量时一定要采用变体型，不能在变量名称后面指定数组的维数，以及上标、下标。

（4）数组变量中的每一个元素都允许随意输入、读取或者修改，所以本例中先将区域的值赋予变量，然后在双循环语句中逐一修改数组中每个元素的值，将它们转换成首字母大写状态。待所有字符转换成功后一次性导出到区域中。

（5）StrConv 函数是一个功能强大的转换函数，其第 2 参数使用 vbUpperCase、vbLowerCase、vbProperCase 时可分别实现将英文单词转换成全部大写、全部小写和首字母大写形式。

（6）由于本例需要大量读取和输入单元格，所以极有必要使用数组。

随书提供案例文件：11-7 将指定区域的单词统一为首字母大写.xlsm

11.3.2　罗列不及格人员姓名、科目和成绩

案例要求：如图 11-25 所示的成绩表中包含了若干名学生的成绩，要求将所有不及格学生的姓名、科目与成绩罗列出来，并排为三列存放在 J 列到 L 列中。

知识要点：ReDim Preserve 语句、UBound 函数、Transpose 函数、Array 函数。

程序代码：

```
Sub 罗列不及格人员信息()'随书案例文件中有每一句代码的含义注释
  Dim arr, arr2(), i As Integer, j As Integer, TargetCount As Integer
  arr = ActiveSheet.UsedRange.Value
  For i = 2 To UBound(arr)
    For j = 2 To UBound(arr, 2)
      If arr(i, j) < 60 Then
        TargetCount = TargetCount + 1
        ReDim Preserve arr2(1 To 3, 1 To TargetCount)
        arr2(1, TargetCount) = arr(i, 1)
        arr2(2, TargetCount) = arr(1, j)
        arr2(3, TargetCount) = arr(i, j)
      End If
    Next j
  Next i
  Range("J1:L1") = Array("姓名", "科目", "成绩")
  Range("j2").Resize(TargetCount, 3) = WorksheetFunction.Transpose(arr2)
```

```
    Range("j1").CurrentRegion.Borders.LineStyle = xlContinuous
End Sub
```

当执行过程后将得到如图 11-26 所示结果。

	A	B	C	D	E	F	G	H
1	姓名	语文	数学	化学	政治	计算机	英语	法律
2	计尚云	76	89	52	80	73	65	81
3	赵国	83	63	64	92	92	80	100
4	罗至贵	96	61	85	99	62	77	55
5	徐大鹏	100	84	50	79	55	55	90
6	张志坚	64	52	65	69	65	98	99
7	朱千文	70	64	58	58	82	70	71
8	赵秀文	86	66	82	60	59	79	54
9	梁爱国	73	96	63	90	69	64	96
10	梁兴	82	82	71	54	78	85	96
11	陈随机	92	51	77	96	71	84	75

图 11–25　成绩表

	G	H	I	J	K	L
1	英语	法律		姓名	科目	成绩
2	65	81		计尚云	化学	52
3	80	100		罗至贵	法律	55
4	77	55		徐大鹏	化学	50
5	55	90		徐大鹏	计算机	55
6	98	99		徐大鹏	英语	55
7	70	71		张志坚	数学	52
8	79	54		朱千文	化学	58
9	64	96		朱千文	政治	58
10	85	96		赵秀文	计算机	59
11	84	75		赵秀文	法律	54

图 11–26　不及格学生的信息

思路分析：

（1）由于编写代码时无法获知符合条件的成绩个数，所以声明数组变量 arr2 时不指明数组的维数和每一维的下标、上标，而是在循环语句中通过 ReDim Preserve 语句为数组重置维数和上标。不过需要强调的是，ReDim Preserve 语句并非可以随意修改数组的维数和下标、上标，它只能修改一次数组的维数和每一维的下标，最末一维的上标才可以反复地修改。

（2）本例中所有符合条件的数据所形成的数组包含 3 列，即姓名、科目和成绩，其行数则由符合条件的成绩个数决定。换而言之，数组的第二维的下标和上标可以固定为 1 和 3，但第一维的下标不确定，而 VBA 规定 ReDim Preserve 语句只能反复修改最末一维的下标，所以指定变量的维数时不能使用“ReDim Preserve arr2(1 To TargetCount, 1 To 3)”，而是使用“ReDim Preserve arr2(1 To 3, 1 To TargetCount)”，当对数组赋值完成后再使用 Transpose 函数转置方向。

（3）本例中对变量 arr2 赋值的方式比较重要，源代码如下：

```
arr2(1, TargetCount) = arr(i, 1)
arr2(2, TargetCount) = arr(1, j)
arr2(3, TargetCount) = arr(i, j)
```

由于数组 arr2 包含 3 行，列数由变量 TargetCount 决定，即第 TargetCount 列是最后一列，所以将符合条件的姓名、科目和成绩追加到数组中时分别采用 arr2(1, TargetCount)、arr2(2, TargetCount)和 arr2(3, TargetCount)。

而 arr(i, 1)的来历是由于姓名处于数组 arr 的第 1 列第 i 行；科目处于数组 arr 的第 1 行第 j 列，所以引用科目时使用(1, j)；成绩处于第 i 行第 j 列，所以引用成绩时采用 arr(i, j)。

（4）将数组 arr2 导出到工作表中时，不能像 Range.Copy 那样只指定目标区域的左上角单元格，而是必须指定与数组相同高度与宽度的区域，所以本例对 Range("j2")单元格的 Resize 属性指定高度为 TargetCount，宽度为 3。其中，TargetCount 表示符合条件的成绩个数，3 代表姓名、科目和成绩三项标题所占用的列宽。

本例如果不使用数组，那么代码执行时间将延长到两倍以上。

随书提供案例文件：11-8 罗列不及格人员姓名、科目和成绩.xlsm

	A	B	C	D	E	F	G
1	姓名	班级	学号	成绩			
2	张松	一班	86613	69			
3	刘大年	一班	51957	94			
4	陈云	一班	93332	74			
5	张铁戈	一班	39138	66			
6	刘五	一班	88766	87			
7	李新	一班	03512	90			
8	王六	一班	83821	93			
9	周维同	一班	43243	83			
10	罗通	一班	80235	56			

一班成绩表　二班成绩表　三班成绩表　成绩查询

图 11–27　成绩表

11.3.3　跨表搜索学员信息

案例要求：如图 11-27 所示的工作簿中有若干个成绩表，每个成绩表中包含学生姓名、班级、学号与成绩。现要求利用 VBA 代码在所有成绩表中按姓名查询学员信息，找到后逐一罗列在“成绩查询”工作表中。程序必须支持糊模匹配，例如查询“黄”，则将所有姓名中包含“黄”字的学生信息罗列出来。

知识要点：Application.InputBox 方法、Range.Find 方法、ReDim Preserve 语句、Transpose 函数、Array 函数。

程序代码：

```
Sub 跨表搜索学员信息()'随书案例文件中有每一句代码的含义注释
  Dim Tim As Date, arr(), TargetCount As Long, 姓名 As String, firstAddress As String, Cell As Range
  Range("A:F").Clear
  姓名 = Application.InputBox("您想查找谁的成绩？可以输入一个或者多字","查找目标",,,,,,2)
  If 姓名 = "False" Then Exit Sub
  Tim = Timer
  For i = 1 To Worksheets.Count - 1
    Set Cell = Worksheets(i).Range("A:A").Find(what:=姓名, LookAt:=xlPart)
    If Not Cell Is Nothing Then
      firstAddress = Cell.Address(0, 0)
      Do
        TargetCount = TargetCount + 1
        ReDim Preserve arr(1 To 6, 1 To TargetCount)
        arr(1, TargetCount) = WorkSheets(i).Name
        arr(2, TargetCount) = Cell.Address(0, 0)
        arr(3, TargetCount) = Cell.Value
        arr(4, TargetCount) = Cell.Offset(0, 1).Text
        arr(5, TargetCount) = Cell.Offset(0, 2).Text
        arr(6, TargetCount) = Cell.Offset(0, 3).Text
        Set Cell = Sheets(i).Range("A:A").FindNext(Cell)
        If Cell.Address(0, 0) = firstAddress Then Exit Do
      Loop
    End If
  Next
  If TargetCount > 0 Then
  Worksheets("成绩查询").Range("A2:F" & TargetCount+1) = WorksheetFunction. Transpose(arr)
  Worksheets("成绩查询").Range("A1:F1") = Array("工作表", "地址", "姓名", "班级", "学号", "成绩")
  Worksheets("成绩查询").Range("A1:F" & TargetCount+1).Borders.LineStyle = xlContinuous
  End If
  MsgBox Format(Timer - Tim, "0.00 秒")
End Sub
```

执行以上过程后会弹出如图 11-28 所示的输入框，可以指定查询目标，在其中输入“刘”后单击“确定”按钮，程序会在所有成绩表的 A 列中搜索包含“刘”的姓名，然后将与该学生相关的一切信息罗列在“成绩查询”表中，同时将目标所在工作表和单元格地址一并罗列出来，结果如图 11-29 所示。

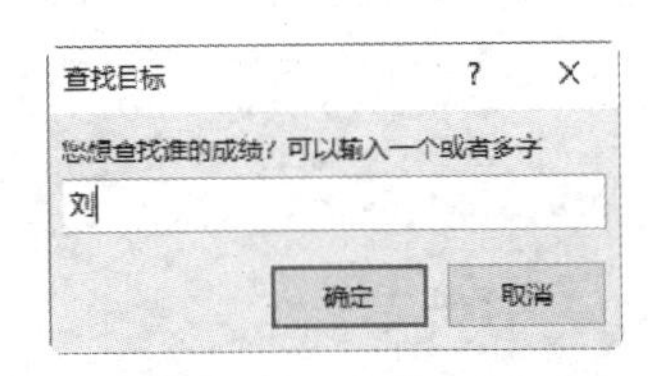

图 11-28　指定查询目标

	A	B	C	D	E	F
1	工作表	地址	姓名	班级	学号	成绩
2	一班成绩表	A3	刘大年	一班	51957	94
3	一班成绩表	A6	刘五	一班	88766	87
4	一班成绩表	A11	刘丽	一班	50118	62
5	二班成绩表	A4	刘林年	二班	3258	74
6	二班成绩表	A11	刘稳	二班	75822	85
7	三班成绩表	A3	刘重山	三班	69162	56
8	三班成绩表	A5	刘新政	三班	32145	51
9	三班成绩表	A8	刘家新	三班	69923	71

图 11-29　查询结果

思路分析：

（1）本例的 Sub 过程在执行搜索之前首先清除 Range("A:F")区域的值，其目的在于避免上一次的搜索结果影响本次搜索结果。例如上一次搜索时有 8 个符合条件的目标，本次只有 5 个符合条件的目标，由于本次搜索结果没有完全覆盖上一次的结果，因此会多出 3 行数据。

（2）由于在编写代码时无法确定符合搜索条件的目标的具体数量，因此声明数组变量 arr 时没有指定维数和下标、上标，而是在循环语句 Do Loop 配合 Range.Find 方法执行批量查找时累加计数器，然后以计数器的值为上标重置数组，从而确保数组的上标随目标个数相应变化。

（3）在查询时，由于允许单字查询，因此应该使用模糊匹配方式，将 Range.Find 方法的 LookAt 参数赋值为 xlPart。

（4）由于搜索条件由用户随意指定，那么就存在没有符合条件的目标的可能性，因此在将数组 arr 的值输出到工作表中之前应该判断是否存在符合条件的值，否则代码会赋值出错。

（5）数组 arr 是二维数组，第一维可以看作数组的行，第二维看作数组的列，由于 VBA 只允许反复修改最末一维的上标，而数组 arr 在 Do Loop 循环语句中第二维是保持不变的，只累加第一维的上标，因此在对变量 arr 赋值时只能将它当作横向数组处理，最后导出数组的值时再将数组 arr 转置为纵向的数组。

随书提供案例文件和演示视频：11-9 跨表搜索学员信息.xlsm 和 11-9 跨表搜索学员信息.mp4

11.3.4 将职员表按学历拆分成多个工作表

案例要求：将如图 11-30 所示的职工信息表按学历拆分成多个工作表，每个工作表的名字以学历命名。学历包含小学、初中、中专和大学四类。

知识要点：Array 函数、UBound 函数、ReDim Preserve 语句、Transpose 函数、Erase 语句、Range.CurrentRegion 属性。

	A	B	C	D
1	姓名	学历	年龄	性别
2	计尚云	大学	80	男
3	赵国	中专	100	男
4	罗至贵	中专	96	男
5	徐大鹏	中专	61	男
6	张志坚	大学	85	男
7	朱千文	大学	99	女
8	赵秀文	初中	62	女
9	梁爱国	大学	77	男
10	梁兴	中专	55	男

职工信息表

图 11-30 职工信息表

程序代码：

```
'随书案例文件中有每一句代码的含义注释
Sub 将职员表按学历拆分成多工作表()
  Dim 学历, data, arr()
  Dim i As Byte, RowCount As Integer, TargetCount As Integer
  On Error Resume Next
  学历 = Array("小学", "初中", "中专", "大学")
  data = Range("a1").CurrentRegion.Value
  Application.DisplayAlerts = False
  For i = 0 To UBound(学历)
    TargetCount = 0
    For RowCount = 2 To UBound(data)
      If data(RowCount, 2) = 学历(i) Then
        TargetCount = TargetCount + 1
        ReDim Preserve arr(1 To 4, 1 To TargetCount)
        arr(1, TargetCount) = data(RowCount, 1)
        arr(2, TargetCount) = data(RowCount, 2)
        arr(3, TargetCount) = data(RowCount, 3)
        arr(4, TargetCount) = data(RowCount, 4)
      End If
    Next RowCount
```

```
        If TargetCount > 0 Then
            Worksheets(学历(i)).Delete
            Worksheets.Add(after:=Worksheets(Worksheets.Count)).Name = 学历(i)
            With Worksheets(学历(i))
                .Range("a1:d1") = Array("姓名", "学历", "年龄", "性别")
                .Range("A2").Resize(TargetCount, 4) = WorksheetFunction.Transpose(arr)
                .UsedRange.Borders.LineStyle = xlContinuous
            End With
            Erase arr
        End If
    Next i
End Sub
```

执行以上过程后将会把职工信息表拆分成“小学”、“初中”、“中专”和“大学”4 个工作表，每个表中保存同一类学历的职工信息，拆分结果如图 11-31 所示。

	A	B	C	D	E
1	姓名	学历	年龄	性别	
2	计尚云	大学	80	男	
3	张志坚	大学	85	男	
4	朱千文	大学	99	女	
5	梁爱国	大学	77	男	
6	陈随机	大学	100	男	
7	刘子中	大学	84	男	
8	诸有光	大学	50	男	
9	李文新	大学	55	女	
10	梁今明	大学	65	男	

职工信息表　小学　初中　中专　大学

图 11–31　拆分结果

思路分析：

（1）本例中使用了两个数组变量，第一个用于一次性读取职工信息表中的数据，所以声明变量时采用变体型变量；第二个数组用于逐个输入符合条件的职工信息，所以声明变量时采用数组变量但不指定数组维数，当进入 For Next 循环语句后利用 ReDim Preserve 语句重置数组的维数和上标。不过由于 ReDim Preserve 只能更改数组最末维的上标，所以定义数组的维数时不能定义为列数等于 4、行数等于符合条件的数据个数，而是定义为行数等于 4、列数等于符合条件的数据个数，当循环完成后需要再利用 Transpose 函数将数组转置方向并导出到工作表中。

（2）数组 arr 需要多次使用，所以每一次使用完后都需要通过 Erase 语句释放变量的值，避免影响第二轮赋值。

（3）将数组 data 的值赋予数组 arr 时，由于两者的方向相反，所以索引号的顺序也相反：

```
arr(1, TargetCount) = data(RowCount, 1)
arr(2, TargetCount) = data(RowCount, 2)
arr(3, TargetCount) = data(RowCount, 3)
arr(4, TargetCount) = data(RowCount, 4)
```

（4）Erase 语句释放数组时会将数组的值全部清空，同时将数组的维数、上标等一切信息都清除，所以在下次引用该动态数组之前必须使用 ReDim 语句重新定义该数组变量的维数，否则无法对该数组输入新值。

（5）使用代码删除工作表时，不管工作表是否空白都会弹出一个提示框，从而影响操作，所以在使用 Worksheets.Delete 方法之前必须通过“Application.DisplayAlerts = False”语句关闭提示。不过 Worksheets.Delete 方法处于循环语句之中，而“Application.DisplayAlerts = False”语句则不适宜放在循环语句中，否则该语句将反复执行，浪费资源。

随书提供案例文件：11-10 将职员表整理为学历分类表.xlsm

11.3.5　将选区的数据在文本与数值间互换

案例要求：将选区的数据在文本与数值间互换，由用户选择转换方式和区域。

知识要点：UBound 函数、Intersect 方法、Range.NumberFormatLocal 属性、MsgBox 函数、

If Then 条件语句、For Next 循环语句。

程序代码：

```
Sub 文本与数值互换()'随书案例文件中有每一句代码的含义注释
  Dim 转换方式 As VbMsgBoxResult, arr(), row As Long, column As Long
  转换方式 = MsgBox("选择是：将文本转换成数字；" + Chr(10) + "选择否：将数字转换成文本。",
vbYesNo, "操作方式")
  With Intersect(Selection, ActiveSheet.UsedRange)
    If 转换方式 = vbYes Then
      .NumberFormatLocal = "G/通用格式"
      .Value = .Value
    Else
      arr = .Value
      For row = 1 To UBound(arr)
        For column = 1 To UBound(arr, 2)
          If Len(arr(row, column)) > 0 Then arr(row, column) = "'" & arr(row, column)
        Next
      Next
      .Value = arr
    End If
  End With
End Sub
```

如图 11-32 所示的表格中的成绩区域有部分单元格是数值格式，有部分单元格是文本格式，导致使用公式“=AVERAGE(B2:B11)”的计算结果不正确。对于这种情况有必要通过程序将它们统一格式。

选择 B2:C11 区域后，执行过程“文本与数值互换”后将弹出如图 11-33 所示的信息框，让用户选择转换方式。

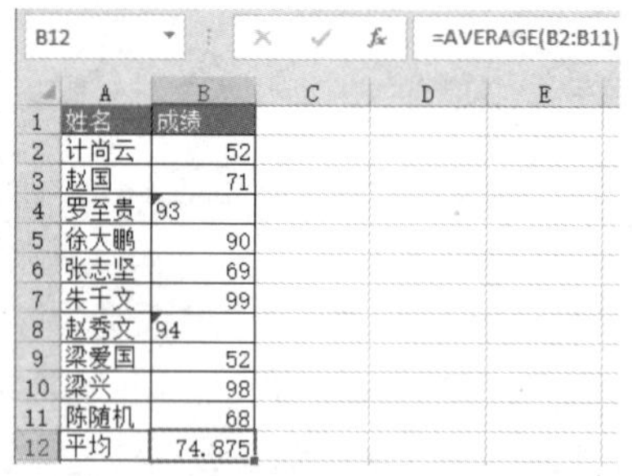

	A	B
1	姓名	成绩
2	计尚云	52
3	赵国	71
4	罗至贵	93
5	徐大鹏	90
6	张志坚	69
7	朱千文	99
8	赵秀文	94
9	梁爱国	52
10	梁兴	98
11	陈随机	68
12	平均	74.875

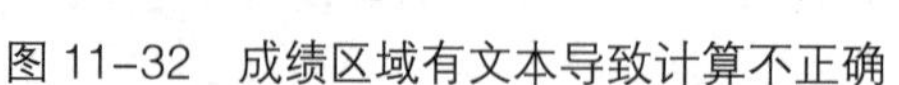
图 11–32　成绩区域有文本导致计算不正确

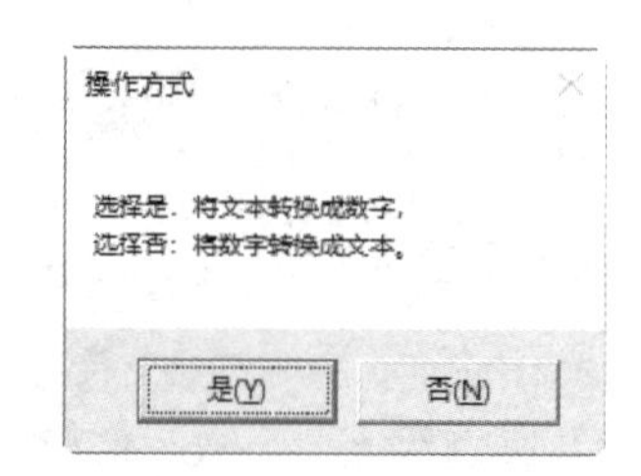

图 11–33　让用户选择转换方式

单击信息框中的“是”按钮，将把选区中的所有单元格统一为数值格式，使用公式“=AVERAGE (B2:B11)”才能获得正确结果，如图 11-34 所示。

如果需要将单元格批量修改为文本格式，执行本例的过程后，在图 11-33 所示的信息框中单击“否”按钮即可。

思路分析：

（1）让文本格式的数字显示为数值需要分两个步骤，先将单元格的数字格式修改为“G/通用格式”，然后重新对单元格赋值，这一步可以批量操作。

让数值显示为文本则在数字前添加半角状态的单引号即可，不过这一步无法批量操作，所以本例将选区的值导入到数组中，然后在数组中所有非空元素前添加“'”，最后一次性将数组的值导出到区域中。

（2）Range.NumberFormatLocal 属性表示单元格的数字格式，相当于“设置单元格格式”对话框中“数字”选项卡中的各项设置功能。我们可以通过该对话框获取各种数字格式，然后应用于 VBA 中。图 11-35 显示了 Excel 自带的数字格式代码，这些代码都可以直接用于 VBA 中对 Range. NumberFormatLocal 属性赋值，从而调整单元格的显示状态。

B12　=AVERAGE(B2:B11)

	A	B
1	姓名	成绩
2	计尚云	52
3	赵国	71
4	罗至贵	93
5	徐大鹏	90
6	张志坚	69
7	朱千文	99
8	赵秀文	94
9	梁爱国	52
10	梁兴	98
11	陈随机	68
12	平均	78.6

图 11–34　文本转数值后的公式计算结果

图 11–35　Excel 自带的数字格式代码

随书提供案例文件：11-11 将选区的数据在文本与数值间互换.xlsm

11.3.6　获取两列数据的相同项

案例要求：如图 11-36 所示，A、B 两列包含了两届参赛队员的信息，要求比较两列数据的异同，并分别罗列出来，保存在 D 列和 E 列。

知识要点：Transpose 函数、Filter 函数、UBound 函数、ReDim Preserve 语句、For Next 语句、Range.Resize 属性。

程序代码：

	A	B
1	2019届	2020届
2	计尚云	朱千文
3	赵国	诸有光
4	罗至贵	周华章
5	徐大鹏	曲华国
6	张志坚	李文新
7	朱千文	陈随机
8	赵秀文	陈强生
9	梁爱国	刘文喜
10	梁兴	赵国
11	陈随机	柳三秀

图 11–36　两届参赛队员的信息

```
Sub 获取两列的相同项与不同项()' 随书案例文件中有每一句
代码的含义注释
  Dim arr1, arr2, arr3(), arr4(), Item As Integer, Count1 As Integer, count2 As Integer
  arr1 = WorksheetFunction.Transpose(Range([A2], Cells(Rows.Count, 1).End(xlUp)).Value)
  arr2 = WorksheetFunction.Transpose(Range([B2], Cells(Rows.Count, 2).End(xlUp)).Value)
  For Item = 1 To UBound(arr1)
    If UBound(Filter(arr2, arr1(Item), True)) >= 0 Then
      Counter1 = Counter1 + 1
      ReDim Preserve arr3(1 To Counter1)
      arr3(Counter1) = arr1(Item)
    Else
```

```
            Counter2 = Counter2 + 1
            ReDim Preserve arr4(1 To Counter2)
            arr4(Counter2) = arr1(Item)
        End If
    Next Item
    Range("d1:e1") = Array("相同项", "不同项")
    Range("D2").Resize(Counter1, 1) = WorksheetFunction.Transpose(arr3)
    Range("E2").Resize(Counter2, 1) = WorksheetFunction.Transpose(arr4)
End Sub
```

执行以上过程后，程序会瞬间找出两届参赛队员的相同项与不同项，并将它们分别罗列在 D 列和 E 列中，如图 11-37 所示。

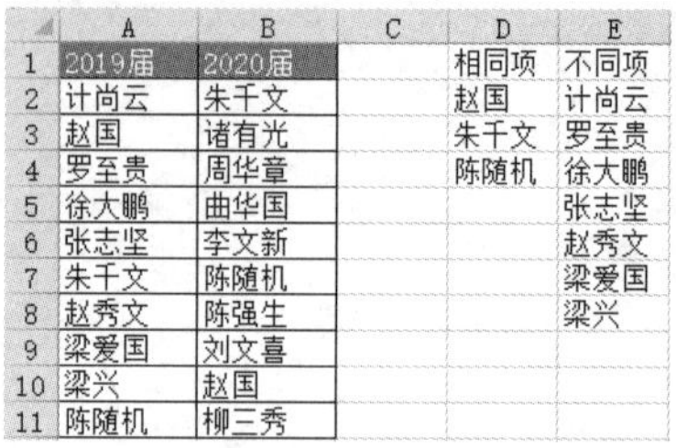

	A	B	C	D	E
1	2019届	2020届		相同项	不同项
2	计尚云	朱千文		赵国	计尚云
3	赵国	诸有光		朱千文	罗至贵
4	罗至贵	周华章		陈随机	徐大鹏
5	徐大鹏	曲华国			张志坚
6	张志坚	李文新			赵秀文
7	朱千文	陈随机			梁爱国
8	赵秀文	陈强生			梁兴
9	梁爱国	刘文喜			
10	梁兴	赵国			
11	陈随机	柳三秀			

图 11-37　找出两届参赛队员的相同项与不同项

思路分析：

（1）首先对两列数据通过 Transpose 函数转换成一维数组，并赋值给两个变体型变量，此时两个变量被转换成数组。由于区域引用通过 Transpose 函数转换后是横向的一维数组，所以可以作为 Filter 函数的参数参与运算。

如果要求比较的对象是两行数据，那么必须使用 Transpose 函数转置两次才能将区域引用转换成一维数组，否则不支持 Filter 函数。

例如，判断 A1:E1 区域是否包含"上海"二字，如果采用数组思路实现，那么应在 Range("A1:E1")对象外套两层 Transpose，从而使一维横向的区域引用转换成一维数组，然后通过 Filter 函数以"上海"作为筛选条件生成新数组，并根据数组的上标判断 A1:E1 区域中是否包含"上海"二字。完整代码如下：

```
Sub 判断 A1 到 E1 是否包含上海()
    Dim arr
    arr = WorksheetFunction.Transpose(WorksheetFunction.Transpose(Range ("A1:E1")))
    MsgBox IIf(UBound(Filter(arr, "上海", True)) <= 0, "不包含", "包含")
End Sub
```

如果直接将 Range("A1:E1") 赋值给变量 arr，或者将转置后的 WorksheetFunction.Transpose(Range("A1:E1"))赋值给数组 arr，数组 arr 都不能作为 Filter 函数的参数参与运算，因为这两种方式产生的数组都不是一维数组。

（2）判断一个数组中是否包含某个字符也可以采用 Instr+Join 组合实现。其中，Join 函数用于将数组转换成字符串，Instr 函数则用于计算查找的目标字符在此字符串中的首次出现位置，如果位置大于 0 则表示包含。本例代码若改用 Instr+Join 组合实现，那么代码如下：

```
Sub 判断 A1 到 E1 是否包含上海()
    Dim arr
    arr = WorksheetFunction.Transpose(WorksheetFunction.Transpose(Range("A1:E1")))
    MsgBox IIf(InStr("@" & Join(arr, "@") & "@", "@上海@") > 0, "包含", "不包含")
End Sub
```

以上代码中的"@"的功能可以理解为匹配方式，不使用"@"时表示模糊匹配，使用"@"时表示精确匹配。

例如，当 A1:E1 区域的值分别是北京、上海滩、香港、重庆、成都时，那么使用"@"后代码的执行结果是"不包含"。因为 Join 函数的合并结果是"@北京@上海滩@香港@重庆@成都@"，在其中查找"@上海@"时将返回 0，因为不存在"@上海@"。但是如果不使用"@"，那么 Join 函数的合并结果是“北京上海滩香港重庆成都”，在此字符串中查找“上海”，其结果为 3。

（3）本例为了代码的通用性，对变量 arr1 和变量 arr2 赋值时采用了 Range. End 属性来定位最后一个单元格，从而使 A、B 列的数据增减时代码可以自动识别数据区域。

随书提供案例文件：11-12 获取两列数据的相同项.xlsm

11.3.7　无人值守的多工作簿自动汇总

案例要求：在某文件夹中有若干个车间产量表，多个工作簿之间的工作表数量不同、多个工作表的数据行数也不同，但是所有工作表的格式一致，都包含姓名、产品、产量和不良品 4 项，如图 11-38 和图 11-39 所示分别为待汇总的文件夹和待汇总的产品信息。

图 11-38　待汇总的文件夹

	A	B	C	D
1	姓名	产品	产量	不良品
2	刘玲玲	异形螺帽	97	4
3	刘兴宏	钢轴	118	13
4	陈深渊	外六角螺丝	110	10
5	黄山贵	旋转螺丝	84	10
6	张秀文	十字盘头螺钉	116	3
7	陈星望	双头螺丝	118	6
8	黄明秀	钢轴	110	12
9	廖工庆	方螺帽	97	8
10	肖小月	扳手螺丝	119	5
11	赵月峨	钢轴	80	13

图 11-39　待汇总的产品信息

现要求设计一个用于汇总的工作簿，将工作簿放在待汇总的文件夹中，打开工作簿时能全自动汇总。

知识要点：Workbook_Open 事件、Workbooks.Open 方法、For Each Next 循环、ReDim Preserve 语句、Workbook.Close 方法、Range.Consolidate 方法、 Range.CurrentRegion 属性。

程序代码：

```
'①代码存放位置：ThisWorkbook。②随书案例文件中有每一句代码的含义注释
Private Sub Workbook_Open()
    Dim FilePath As String, FileName As String, sht As Worksheet, Item As Integer, arr()
    FilePath = ThisWorkbook.Path
    FilePath = FilePath & IIf(Right(FilePath, 1) = "\", "", "\")
    Application.ScreenUpdating = False
    FileName = Dir(FilePath & "*.xls*")
    Do
        If Len(FileName) = 0 Then Exit Do
        If FileName <> ThisWorkbook.Name Then
            With Workbooks.Open(FilePath & FileName)
                For Each sht In .Worksheets
                    Item = Item + 1
                    ReDim Preserve arr(1 To Item)
                    arr(Item) = "'" & FilePath & "[" & FileName & "]" & sht.Name & "'!R1C2:R" &
sht.UsedRange.Rows.Count & "C4"
                Next sht
            End With
            Workbooks(FileName).Close , False
        End If
        FileName = Dir
    Loop
    Range("a1").Consolidate Sources:=arr, Function:=xlSum, TopRow:=True, LeftColumn:=True,
```

```
CreateLinks:=False
   Range("a1") = "产品名称"
   Range("a1").CurrentRegion.EntireColumn.AutoFit
   Range("a1").CurrentRegion.Borders.LineStyle = xlContinuous
   Application.ScreenUpdating = True
End Sub
```

新建一个工作簿，将以上代码放在 ThisWorkbook 中，然后将工作簿保存在待汇总的文件夹中，再将其命名为“汇总表.xlsm”，最后关闭工作簿。

由于工作簿中的代码使用了 Workbook_Open 事件，它能在打开工作簿时自动汇总文件所在路径下的所有工作簿中的数据，因此尽管“汇总表.xlsm”是空白工作簿，但是当打开该工作簿后可以发现“汇总表.xlsm”的活动工作表中已经汇总了图 11-38 的文件夹中的所有数据，结果如图 11-40 所示。

	A	B	C
1	产品名称	产量	不良品
2	异形螺帽	416	22
3	扳手螺丝	1535	91
4	铝连杆	634	40
5	方螺帽	1497	72
6	连接螺丝	911	87
7	压花螺帽	516	31
8	方管连杆	1033	56
9	钢轴	1675	133
10	双头螺丝	1183	83
11	外六角螺丝	651	36

Sheet1

图 11-40　汇总结果

如果在图 11-38 所示的文件夹中放置更多的工作簿，或者在工作簿中加入更多的工作表，再或者在工作表中加入更多的数据，不需要修改“汇总表.xlsm”中的代码，直接打开工作簿就能刷新汇总结果。

如果将“汇总表.xlsm”复制到其他任意文件夹中再打开，工作簿会自动汇总该文件夹中的数据。不过由于代码中指定了汇总列是 B 列到 D 列，当格式与图 11-38 不同时需要修改区域范围。

思路分析：

（1）由于要求全自动汇总数据，因此 Sub 过程采用 Workbook_Open 事件，代码必须存放在 ThisWorkbook 窗口中。

（2）由于是汇总代码所在工作簿路径下的其他工作簿，因此文件路径设置为 ThisWorkbook.Path，不需要用户手工选择路径。

（3）Excel 文件的常用扩展名包含“*.xls”、“*.xlsx”和“*.xlsm”，为了让代码对这 3 种格式的工作簿都有效，使用 Dir 函数搜索文件时用“*.xls*”作为搜索条件，通配符“*”代表任意长度的任意字符。

（4）本例中 Do Loop 循环语句配合 Dir 函数从文件夹中搜索文件时，由于“汇总表.xlsm”本身也符合搜索条件，但是“汇总表.xlsm”不能参与汇总，因此在循环语句中需要使用条件语句排除“汇总表.xlsm”。

（5）Range.Consolidate 方法的功能对应于“数据”选项卡中的“合并计算”菜单，它可以跨工作表或者跨工作簿汇总数据，比数据透视表简单，不如数据透视表强大。

使用 Range.Consolidate 方法汇总其他工作簿中的数据时可以不用打开要汇总的工作簿，将工作簿的路径和要汇总的区域地址放在 Range.Consolidate 方法的参数中即可。不过由于本例中不同工作簿中的工作表数量不一致、工作表中的数据行数也不一致，在未打开工作簿的前提下无法获取工作表名称和已用区域的地址，因此本例仍然在 Do Loop 循环中使用了 Workbooks.Open 方法逐一打开工作簿，其目的不是汇总数据，而是为了获取所有工作表名称和已用区域地址。

（6）Range.Consolidate 方法的语法如下：

```
Range.Consolidate(Sources, Function, TopRow, LeftColumn, CreateLinks)
```

Range.Consolidate 方法拥有 5 个可选参数，其参数详解如表 11-3 所示。

表 11-3 Range.Consolidate方法的参数

参数名称	功能说明
Sources	以文本引用字符串数组的形式给出合并计算的数据源地址，该数组采用 R1C1样式表示法。这些引用必须包含将要合并计算的工作表的完整路径
Function	用于指定合并计算的类型，可选项包含xlAverage（平均）、xlCount（计数）、xlCountNums（数值个数）、xlMax（最大值）、xlMin（最小值）、xlProduct（乘）、xlStDev（基于样本的标准偏差）、xlStDevP（基于全体数据的标准偏差）、xlSum（总计）、xlUnknown（未指定任何分类汇总函数）、xlVar（基于样本的方差）、xlVarP（基于全体数据的方差）
TopRow	如果为True，则基于合并计算区域中首行内的列标题对数据进行合并。如果为 False，则按位置进行合并计算。默认值为 False
LeftColumn	如果为True，则基于合并计算区域中左列内的行标题对数据进行合并计算。如果为 False，则按位置进行合并计算。默认值为 False
CreateLinks	如果为True，则让合并计算使用工作表链接。如果为 False，则让合并计算复制数据。默认值为 False

（7）Range.Consolidate 方法在汇总数据方面不如数据透视表强大、灵活，如果要跨工作簿合并数据而且数据比较凌乱时，应该用多重合并计算数据区域的数据透视表。

本例中的代码限制了合并计算的列数，如果你的实际需求与本例不一致，仅需修改代码中的区域范围即可。代码中的“C2”和“C4”代表参与合并计算的区域限制在第 2 到第 4 列中，忽略其他数据。

随书提供案例文件和演示视频：合并工作簿\汇总表.xlsm 和自动汇总演示.mp4

第 12 章　高阶应用 2：正则表达式

正则表达式是一门极其强大的字符搜索技术，几乎所有的程序语言都可以调用正则表达式来处理字符串，从而强化程序自身的功能，VBA 亦不例外。在 VBA 中可以通过添加引用来获取正则表达式的方法与属性，实现比 VBA 自身更强大的字符处理功能。本章将阐述正则表达式的语法与属性、方法、匹配原则等知识，同时展示在 VBA 中调用正则表达式的方法与案例。

12.1　何谓正则表达式

使用正则表达式前，有必要了解正则表达式的起源、特点，以及 VBA 采用何种方式调用正则表达式的资源。

12.1.1　概念

正则表达式的英文名为 Regular Expression，通常缩写成“regex”。它是一种描述字符串结构模式的形式化表达方法，通常用于搜索和替换符合某个模式的文本内容。

正则表达式起源于 UNIX 系统中，微软于 2002 年推出.net 平台后才大量推广正则表达式，并开始在各主流平台中部署正则表达式的搜索引擎。虽然起步晚，但引进正则表达式后经过了一些改进，使它逐步完善。

在 VBA 中正则表达式主要用于处理文本字符串，通常应用于处理由某些 ERP 系统或者网页导入到 Excel 的杂乱语句。

从杂乱语句中取出符合某些规则的字符串，这正是正则表达式的强项。

12.1.2　特点

正则表达式和 VBA 一样不是独立存在的，不可以通过它开发程序。但它可以依附在某个应用程序中，强化该主体程序。

很多软件都支持正则表达式，例如 Microsoft Office、Microsoft Visual Basic 6、Microsoft VBScript、.NET Framework、PHP、C#、Java、C++、VB、Javascript、Ruby 等。各软件的开发者在引进正则表达式时大多对其进行了强化、改进，使目前的正则表达式趋于多元化发展，表现出不同的流派。

所以 VBA 所能应用的正则表达式与其他软件的正则表达式也大同小异，在细节处会有所不同，包括语法和所支持的元字符不同。

例如，正则表达式有一个反向预查，采用“?<=”实现，但 VBA 仅支持正向预查“?=”。

所以，如果你熟悉其他语言的正则表达式，仍然有必要了解 VBA 对正则表达式的驾驭方式。

正则表达式在 VBA 的应用是否必要？这要看用户的工作复杂度。正则表达式的特点是处理字符串，如果工作中出现的字符串简单，或者规律性很强，那么直接用 VBA 足以胜任工作。对于复杂的工作才有必要交给正则表达式来实现。

例如，对字符串“美元：123 元 人民币：44 元 英镑：100 元 美元：44 元 人民币：300.06 元 日元：55 元 人民币：-22.8 元 人民币：8 毛”中的人民币进行汇总，VBA 处理这事显然力不从心，而调用正则表达式的资源则得心应手，使用简单的几句代码就可以完成。

如果你对 DOS 还算了解的话，那么应该知道查找文件名时使用通配符“*”和“?”对提升效率带来多大的帮助。而正则表达式和 DOS 的通配符运算思路相近，但支持的通配符（在正则表达式中称之为元字符）更多，匹配方式也更灵活。学习本章后你会了解正则表达式搜索方式比 DOS 强大得多。

12.1.3 调用方式

正则表达式可以为 VBA 所用，但它并不集成在 Excel 内部，必须通过注册、引用才可以调用正则表达式的资源。

在 Windows 系统中，正则表达式的资源存在于名为“vbscript.dll”的动态链接库文件中。VBA 需要调用该资源则需要注册此文件，然后在 VBA 中引用。引用方式包括前期绑定和后期绑定。

注册动态链接库的方法是在“运行”对话框中执行以下语句：

```
regsvr32 vbscript.dll
```

如果注册成功，将会弹出如图 12-1 所示的信息。

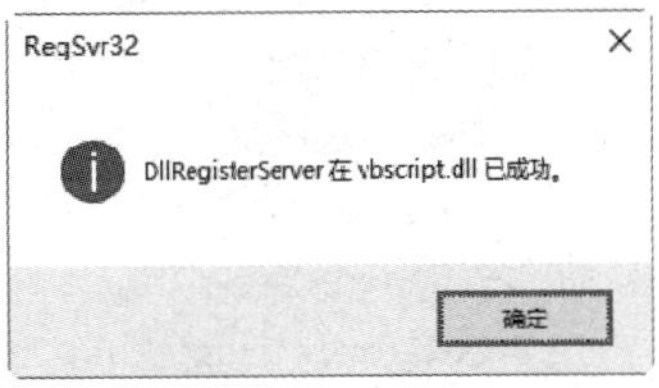

注册后就可在 VBA 中引用正则表达式的资源，对文本字符串进行处理。

图 12-1　注册成功

1. 前期绑定

前期绑定的操作步骤如下。

STEP 01 按<Alt+F11>组合键打开 VBE 窗口。

STEP 02 在菜单栏执行“工具”→“引用”命令，打开“引用—VBAProject”对话框。

STEP 03 在引用列表中查找“Microsoft VBScript Regular Expressions 5.5”，并将其勾选，如图 12-2 所示。

当返回 VBE 的代码窗口后，即可直接调用正则资源。因为已执行前期绑定，所以可以将变量声明为“New VBScript_RegExp_55.RegExp”类型，同时输入变量名称后会弹出属性与方法列表，如图 12-3 所示。

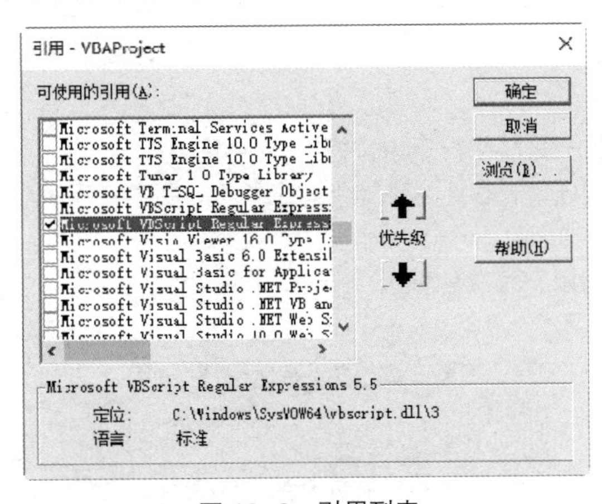

图 12-2　引用列表

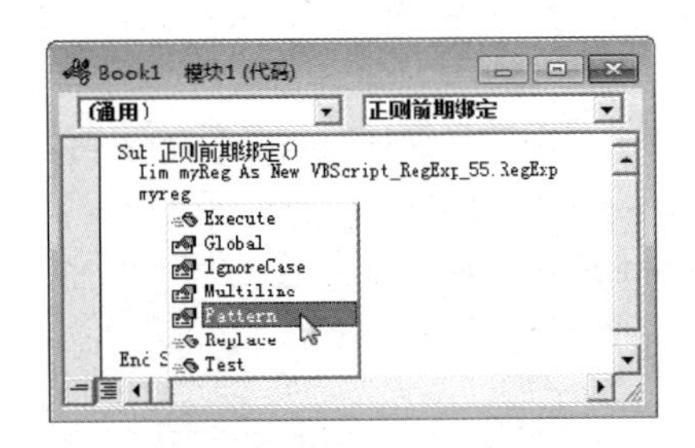

图 12-3　属性与方法列表

我们可以通过以下代码测试是否绑定成功：

```
'功能：从字符串中取出所有字母以外的字符。'结果是：我喜欢?！
Sub 正则前期绑定()
    Dim myReg As New VBScript_RegExp_55.RegExp              '声明变量
    With myReg                                              '引用 Dictionary 对象
        .Pattern = "[a-z]"                                  '指定匹配条件为所有字母
        .IgnoreCase = True                                  '忽略大小写
        .Global = True                                      '全局匹配
        MsgBox .Replace("我喜欢 VBA?Of course!", "")         '将字母替换掉，仅取剩下的字符
    End With
End Sub
```

前期绑定的优点是为编写代码提供便利，可以自动弹出成员列表，缺点是把代码发给客户后，需要客户手工添加引用，否则代码将拒绝执行。

2. 后期绑定

后期绑定是通过代码创建引用，不需要手工操作。即通过 CreateObject 函数创建引用。根据以下案例代码，你可以明白后期绑定的思路。后期绑定的优点是通用性好，缺点是写代码时没有提示，要求开发者熟悉正则表达式的所有属性与方法。

```
'功能：从字符串中取出所有字母以外的字符。'结果是：我喜欢?！
Sub 正则后期绑定()
    With CreateObject("VBSCRIPT.REGEXP")                    '创建正则对象并引用该对象
        .Pattern = "[a-z]"                                  '指定匹配条件为所有字母
        .IgnoreCase = True                                  '忽略大小写
        .Global = True                                      '全局匹配
        MsgBox .Replace("我喜欢 VBA?Of course!", "")         '将字母替换掉，仅取剩下的字符
    End With
End Sub
```

 随书提供案例文件与演示视频：12-1 前期绑定与后期绑定.xlsm 和 12-1 前期绑定与后期绑定.mp4

12.2 语法基础

正则表达式的语法比较复杂，本节将一一解析正则表达式的基本语法。

12.2.1 调用正则表达式的基本格式

调用正则表达式处理文本有两种方式：其一是从字符串中替换符合条件的字符，其二是从字符串中提取符合条件的字符。为了便于使用和理解，在此为你提供两个模板，后续使用时将代码套进去就行了。

从字符串中替换掉符合条件的字符，可用以下格式的模板：

```
Sub 正则表达式格式一()
    Dim MyStr As String                                     '声明字符变量，表示存储待替换的字符串
    Dim ResultStr As String                                 '声明字符变量，用于获取返回值
    MyStr=                                                  '指定待替换的字符串
    With CreateObject("VBSCRIPT.REGEXP")                    '创建并引用正则表达式对象
        .Pattern =                                          '指定匹配模式（即搜索条件）
```

```
    .IgnoreCase =                        '指定匹配时是否忽略大小写（默认为 False）
    .Global =                            '指定全局匹配对象，默认为 False
    If .Test(Mystr) Then                 '如果有符合条件的字符
     ResultStr = .Replace(MyStr, "")     '将符合条件的字符替换，将剩下的字符赋予变量
    End if
  End With
End Sub
```

从字符串中提取符合条件的字符，可用以下格式的模板：

```
Sub 取出 a 开头的单词()
  Dim MyStr As String, ResultStr As String, Item   '声明变量
  MyStr =                                          '指定待搜索的字符串
  With CreateObject("VBSCRIPT.REGEXP")             '创建并引用正则对象
    .Pattern =                                     '指定即搜索条件
    .IgnoreCase =                                  '指定匹配时是否忽略大小写（默认为 False）
    .Global =                       '指定匹配方式，默认为 False，表示只匹配第一个对象
    If .Test(MyStr) Then                           '如果有符合条件的字符
      For Each Item In .Execute(MyStr)             '遍历所有符合条件的对象
        ResultStr = ResultStr & Chr(10) & Item     '将所有符合条件的对象串联起来
      Next Item
      MsgBox ResultStr                             '报告结果
    End If
  End With
End Sub
```

当然，以上格式并非必需的，可以使用其他的书写方式，不过统一格式便于理解。

为了证明以上两个模板的正确性，随书案例文件中的“12-2 两个正则表达式模板.xlsm”工作簿中提供了两段完整的代码，你可以打开该文件测试代码。

以上两个模板中使用了正则表达式相关的对象、属性和方法，在 12.2.2 节中将详细阐述这些对象、属性和方法。

12.2.2 正则表达式的对象、属性和方法

正则表达式的对象、属性与方法的相关概念既少也简单，唯一复杂的是匹配规则，也称之为搜索条件。本节主要介绍正则表达式的对象、属性与方法。

1. 正则表达式的对象

正则表达式的对象用于保存有关正则表达式模式匹配信息的固有全局对象，VBA 通过该对象调用正则表达式的所有资源。

在后期绑定方式下，采用以下语句可以让 VBA 与正则表达式的动态链接库建立链接：

```
Set myReg = CreateObject("VBSCRIPT.REGEXP")
```

当然，变量 myReg 需要声明为 Object 或者 Variant。如果不用变量，则可以使用 With 语句直接引用对象。

正则表达式对象有三个属性，包括 Global、IgnoreCase 和 Pattern。其中，前两个分别代表是否匹配所有符合条件的目标，以及搜索时是否区分大小写。两者的默认值都是 False，因此，使用正则表达式时允许忽略这两个属性值。Pattern 属性代表搜索条件，尽管可以忽略，但是忽

略此属性值后代码将无法正常工作。

2. Global 属性

Global 属性用于指定全局匹配模式，如果值为 True，表示在被查找的字符串中搜索所有符合条件的字符串；如果值为 False，表示找到第一个目标后就停止搜索，默认值为 False。

也就是说，当在字符串“广州市，广州体育学院，广场，广州影剧院”中查找“广州”时，Global 属性可以控制匹配对象是 3 个还是 1 个。当 Global 属性赋值为 True 时，匹配对象有 3 个——“广州市,广州体育学院,广州影剧院；当 Global 赋值为 False 时匹配第一个。

3. IgnoreCase 属性

IgnoreCase 属性用于控制查找对象时是否区分大小写，值为 True 表示不区分大小写。

例如，在字符串“About an apple”中查找字母 a，如果 IgnoreCase 属性被赋值为 True，将会有 3 个符合条件的目标，若被赋值为 False，则只有 2 个。

4. Pattern 属性

Pattern 属性代表正则表达式模式，就是指定搜索条件。正则表达式的重点和难点都在于此属性，其余皆简单明了。

Pattern 属性的赋值决定了搜索结果，它的赋值方式千变万化，极其复杂。可以这么说，学习正则表达式，就是学习 Pattern 属性的用法。

5. Test 与 Replace 方法

Test 方法用于测试是否匹配成功，如果成功，则返回 True，否则返回 False。

Replace 方法用于替换符合条件的字符串，它和 VBA 内部的 Replace 函数的用法不同。Replace 方法的语法如下：

```
RegEx.Replace(待替换的字符串, 新字符串)
```

例如删除“诺基亚 8310 手机 桑塔纳 2000 汽车 步步高 KD009 影碟机”中的所有数字：

```
Sub 删除数字()'随书案例文件中有每一句代码的含义注释
  Dim Mystr As String
  Mystr = "诺基亚 8310 手机 桑塔纳 2000 汽车 步步高 KD009 影碟机"
  With CreateObject("VBSCRIPT.REGEXP")
    .Pattern = "[0-9]+"
    .Global = True
    If .Test(Mystr) Then MsgBox .Replace(Mystr, "") Else MsgBox "没有数字"
  End With
End Sub
```

执行以上代码可以得到字符串“诺基亚手机 桑塔纳汽车 步步高 KD 影碟机”。

当然，你也可以将找到的数字替换成任意文本，而不是空文本“""”。

代码中的搜索条件“[0-9]+”的含义将在 12.2.3 节中讲述。

随书提供案例文件：12-3 删除字符串的所有数字.xlsm

6. Execute 方法

假设前一案例的需求不是删除字符串中的数字，而是提取所有数字，那么需要使用 Execute 方法。Execute 方法用于执行搜索并返回一个对象集合，该集合中包含了所有符合条件的字符串，我们可以通过 For Each Next 循环逐一提取其中的每个元素。

例如，提取“赵大 500 元、钱二 250 元、孙三 580 元、李四 488 元”中的所有数字：

```
Sub 提取所有数字()'随书案例文件中有每一句代码的含义注释
  Dim MyStr As String, ResultStr As String, Item
  MyStr = "赵大 500 元、钱二 250 元、孙三 580 元、李四 488 元"
  With CreateObject("VBSCRIPT.REGEXP")
    .Pattern = "[0-9]+"
    .Global = True
    If .Test(MyStr) Then
      For Each Item In .Execute(MyStr)
        ResultStr = ResultStr & Chr(10) & Item
      Next Item
      MsgBox "字符串中的数字包含：" & ResultStr
    Else
      MsgBox "没有数字"
    End If
  End With
End Sub
```

执行以上过程可以提取所有数字，如图 12-4 所示。

事实上，能提取所有数字就可以对这些数字执行任何运算。以下过程就可以取得字符串“赵大 500 元、钱二 250 元、孙三 580 元、李四 488 元”的金额之和：

```
Sub 累加所有数字()
  Dim MyStr As String, ResultStr As Long, Item
  MyStr = "赵大 500 元、钱二 250 元、孙三 580 元、李四 488 元"
  With CreateObject("VBSCRIPT.REGEXP")
    .Pattern = "[0-9]+"
    .Global = True
    If .Test(MyStr) Then
      For Each Item In .Execute(MyStr)
        ResultStr = ResultStr + Item
      Next Item
      MsgBox "金额之和为：" & ResultStr
    Else
      MsgBox "没有数字"
    End If
  End With
End Sub
```

执行以上过程可以得到如图 12-5 所示的金额之和。

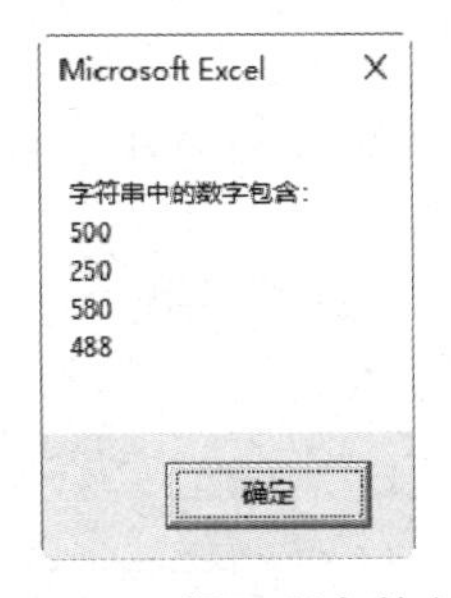

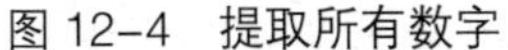

图 12-4　提取所有数字　　　　图 12-5　金额之和

随书提供案例文件：12-4 提取字符串的所有数字.xlsm

本例过程中的代码没有考虑小数点的问题，处理小数点稍微复杂一些，涉及的知识点比较多，在 12.2.4 节中会有详细说明。

12.2.3 匹配的优先顺序

正则表达式的匹配规则主要包括以下三个。

1. 从左到右

当指定匹配条件后，正则表达式会从字符串的左边开始搜索匹配对象。例如在“i mandy you andy”中搜索“andy”，第一个匹配结果为“i mandy you andy”，而不是“i mandy you andy”。

2. 贪婪匹配

正则表达式中有贪婪匹配与惰性匹配两种匹配规则，前者用加号（+）表示，后者用问号（?）表示。当采用贪婪匹配时，正则表达式会匹配尽可能多的字符，即已经搜索到符合条件的对象时仍然继续向右搜索，直到不符合条件时止。当然也可以理解为它以右边的整个字符串作为匹配对象，如果不成功就向左缩小范围，直到找到第一个完全匹配的对象为止。因此，贪婪匹配总是只有一个符合条件的结果。

我们可以通过下面的字符底纹变化过程展示贪婪匹配的匹配过程。

在字符串“走遍中国 中宣部 中国人民 中文 中”中搜索“中.+ ”，其中“中”代表第一搜索条件是“中”，后面的小圆点表示长度为 1 的任意字符（类似 DOS 命令中的通配符?），小圆点后面的加号表示贪婪匹配，最后有一个空格。整个条件“中.+ ”表示以“中”开头、空格结尾，中间有至少一个字符。它的匹配过程比较复杂，首先从第一个字“走”开始比较，并记录下比较结果，然后用“走遍”“走遍中”“走遍中国”“走遍中国 ”“走遍中国 中”……去比较，接着再用“遍”“遍中”“遍中国”“遍中国 ”……去比较，每次的比较结果都记录下来，最终用最长的那一个字符串作为结果。本例中有 4 个符合条件的结果：

走遍中国 中宣部 中国人民 中文 中
走遍中国 中宣部 中国人民 中文 中
走遍中国 中宣部 中国人民 中文 中
走遍中国 中宣部 中国人民 中文 中

以上四行中灰色底纹标示的字符串皆符合“中.+ ”条件，最终结果为最长的字符串。

搜索条件中的加号仅作用于小圆点，不作用于“中”，因此“.+”是一个整体。此处加号的作用是将“长度为 1 的任意字符”这个条件扩展为“长度不少于 1 的任意字符”，允许是无数位。当在字符串中发现多个符合条件的字符串时，取其中最长的那一个作为最终结果。

3. 惰性匹配

当采用惰性匹配时，正则表达式只要找到一个符合条件的对象时就停止本轮搜索，不管其他的字符是否也符合条件，这正是“惰性”的由来。

如果在字符串“走遍中国 中宣部 中国人民 中文 中”中搜索“中.+? ”，条件中的问号表示惰性匹配，即只要找到一个符合条件的字符串就停止本轮搜索。

在“走遍中国 中宣部 中国人民 中文 中”中搜索“中.+? ”时，仍然从“走”字开始，然后用“走遍”“走遍中”……逐一比较，这点和贪婪匹配是一样的，区别在于用第三个字“中”开始比较时，比较到第三次“中国 ”刚好符合条件，此时正则表达式会终止本轮比较，然后从第四个字“国”开始进入下一轮比较，而采用贪婪匹配方式的话，不会终止本轮比较，还会继续用“中国 中”“中国 中宣”“中国 中宣部”……去比较。

因此，在“走遍中国 中宣部 中国人民 中文 中”中搜索“中.+? ”时最终会有 4 个符合条件的目标字符串，结果如下：

走遍中国 中宣部 中国人民 中文 中

走遍中国 中宣部 中国人民 中文 中

走遍中国 中宣部 中国人民 中文 中

走遍中国 中宣部 中国人民 中文 中

以上标注的 4 个目标全都是匹配结果，不像贪婪匹配那样仅取其中最长的作为结果。

随书提供案例文件：12-5 贪婪匹配与惰性匹配.xlsm

在后文会有关于贪婪匹配与惰性匹配案例和分析。

12.2.4 借用元字符强化搜索功能

在 DOS 系统中，“*”和“?”是通配符，有特殊的含义。而正则表达式中将一些具有特殊意义的字符统称为元字符，元字符的数量有很多，本节将一一介绍，并列举其应用方法与思路。

1. 可选匹配

如果正则表达式的 Pattern 属性赋值为“AB”，那么搜索文本时就会以“AB”为条件进行查找，即 A 在前、B 在后时才符合条件。例如，在“ABS ABOUT FAIR BEER BASS”中搜索，结果为“ABS ABOUT FAIR BEER BASS”。其中，灰色底纹者表示匹配结果。

当字母 A 和 B 单独出现或者 B 在前、A 在后时皆无法匹配。那么如何才能让“A”和“B”在任意情况下皆可匹配呢?

正则表达式提供了三种方式：

- 方括号：[]
- 问号：?
- 分隔号：|

下面通过 5 个案例演示这三种匹配方式。

```
Sub 可选匹配() '替换所有 A 和 B
   Dim Mystr As String                          '声明变量
   Mystr = "ABS ABOUT FAIR BEER BASS"           '指定待搜索的文本
   With CreateObject("VBSCRIPT.REGEXP")         '创建正则表达式引用
      .Pattern = "[AB]"                         '匹配 A 或者 B，无先后顺序
      .Global = True                            '全局匹配
      '如果匹配成功，将找到的所有对象替换成空文本
     If .Test(Mystr) Then MsgBox .Replace(Mystr, "")
   End With
End Sub
```

以上代码中 Pattern 属性采用“[AB]”，表示 A 和 B 皆为可选的匹配对象，单独的 A 或者单独的 B 都可以匹配成功。以上过程结果为“S OUT FIR EER SS”。

条件“[AB]”的完整解释是：A 或者 B，但不匹配 AB。

如果不用方括号，改用元字符“?”能否实现同等结果呢?

将以上过程中 Pattern 属性的值修改为“A?B?”即可，表示匹配 A 或者匹配 B，两者都是可

选条件。

```
Sub 可选匹配 2()  '替换所有 A 和 B
  Dim Mystr As String                       '声明变量
  Mystr = "ABS ABOUT FAIR BEER BASS"        '待搜索的文本
  With CreateObject("VBSCRIPT.REGEXP")      '创建正则表达式引用
    .Pattern = "A?B?"                       '匹配 A 或者 B，无先后顺序
    .Global = True                          '全局匹配
    '如果匹配成功，将找到的所有对象替换成空文本
   If .Test(Mystr) Then MsgBox .Replace(Mystr, "")
  End With
End Sub
```

那是否表明“[]”和“?”的功能完全一致呢？其实不然，我们可以通过以下代码来改进，突显两者的差异：

```
Sub 可选匹配 3() '替换所有 AB,AB 是一个整体
  Dim Mystr As String                       '声明变量
  Mystr = "ABS ABOUT FAIR BEER BASS"        '待搜索的文本
  With CreateObject("VBSCRIPT.REGEXP")      '创建正则表达式引用
    .Pattern = "(AB)?"                      '匹配 AB，但 AB 组合是可选的
    .Global = True                          '全局匹配
    '如果匹配成功，将找到的所有对象替换成空文本
    If .Test(Mystr) Then MsgBox .Replace(Mystr, "")
  End With
End Sub
```

执行以上过程，结果为“S OUT FAIR BEER BASS”，这表明条件 A 和 B 是一个整体，它对于单独的 A 和 B 无法匹配成功，而且有顺序限制。元字符“?”可以使一个字符组成为可选的条件，而元字符“[]”无法实现。

或许以上三段代码仍不够直观，再看看以下过程：

```
Sub 可选匹配 4() '替换“中人”和“中国文人”
  Dim Mystr As String                                  '声明变量
  Mystr = "中国人 中间人 中国文人 中介人 中人"          '待搜索的文本
  With CreateObject("VBSCRIPT.REGEXP")                 '创建正则表达式引用
    .Pattern = "中(国文)?人"                           '本条件可以匹配“中人”“中国文人”
    '.Pattern = "中[国文]人"                           '本条件可以匹配“中国人”“中文人”
    .Global = True                                     '全局匹配
    '如果匹配成功，将找到的所有对象替换成空文本
    If .Test(Mystr) Then MsgBox .Replace(Mystr, "")
  End With
End Sub
```

以上过程中分别采用“[]”和“()?”指定了两个条件，分别执行两个条件并比较结果，你就会明白其中的奥秘。

本过程中的括号“()”也是正则表达式中的元字符，用于将多个字符转换成一个整体。

“[]”还有一个特殊的作用，用于确定字符区间。例如 0 到 9 的数字除了用“[0123456789]”表示，也可以用“[0-9]”这种简化形式表示。而 26 个英文字母也可以写作“[a-zA-Z]”，这个特性在处理数字与字母时极其有用，在后文有大量的相关案例。

元字符“|”的用法与“[]”和“?”大同小异，只要利用“|”将多个条件隔开即可。例如“A|B|C”表示三个条件中符合任意一个皆可。当然也可以是字符串，例如“Is|It's|It is|It”，表示“Is”“It's”“It is”“It”四个条件任选其一，它们是并列关系。

通过案例或许能更快了解可选匹配的用处，字符串“"WIN98:1555 WIN2000:2860 VISTA:1880 WIN95:1500 WIN7:2000 WIN2003:2800 WIN2008:3200”中包括多个系统的名称和价格，现需要提取其中属于服务器版本的系统名称与价格，即 WIN2000、WIN2003 和 WIN2008。代码如下：

```
Sub 可选匹配 5()
  Dim Mystr As String, ResultStr As String, Item      '声明变量
  Mystr = "WIN98:1555 WIN2000:2860 VISTA:1880 WIN95:1500 WIN7:2000 WIN2003:2800 
WIN2008:3200"                                           '待搜索的文本
  With CreateObject("VBSCRIPT.REGEXP")                 '创建正则表达式引用
'匹配 WIN2000 和 WIN2003、WIN 2008,后面的“[0-9]+”表示至少一位数字
    .Pattern = "WIN200(0|3|8):[0-9]+"
    .Global = True                                     '全局匹配
    For Each Item In .Execute(Mystr)                   '遍历搜索结果
      ResultStr = ResultStr & Chr(10) & Item           '将所有符合条件的目标串联起来
    Next
    MsgBox ResultStr                                   '报告结果
  End With
End Sub
```

条件“WIN200(0|3|8)”表示“WIN2000”“WIN2003”和“WIN2008”，当然，你也可以采用这种写法“(WIN2000|WIN2003|WIN2008)”，其含义相同。

随书提供案例文件：12-6 认识可选匹配.xlsm

2. 排除型匹配

工作中有时也会使用排除型条件搜索对象。例如，要在 10 个人中选定 8 个人，那么你一定是以“某两人以外的人”为条件，而不会逐一罗列 8 个符合条件的姓名，这其实就是排除法。在正则表达式中，使用元字符“^”配合“[]”来排除条件。

例如，要获取一句英语中的所有元音字母，那么可以将非元音字母替换，剩下的字符即为元音字母，匹搜索条件应使用“[^a^i^o^e^u]”，完整代码如下：

```
Sub 获取元音字母()
  Dim Mystr As String, ResultStr As String, Item     '声明变量
  Mystr = "I Love English"                            '指定待搜索的字符串
  With CreateObject("VBSCRIPT.REGEXP")                '创建正则表达式引用
    .Pattern = "[^a^i^o^e^u]"                         '匹配五个元音字母以外的字母
    .IgnoreCase = True                                '不区分大小写
    .Global = True                                    '全局匹配
    MsgBox .Replace(Mystr, "")                        '将符合条件的字母替换成空白，留下元音字母
  End With
End Sub
```

以上代码中“[^a^i^o^e^u]”条件表示排除五个元音字母，过程的执行结果是“IoeEi”。

当然，你也可以通过括号进一步简化代码，即采用“[^(aioeu)]”为条件，仅仅需要使用一次“^”即可。VBA 不会将“(aioeu)”看作一个整体，它们之间仍然是并列关系，因为它

们处于元字符“[]”之间。

知识补充 元字符“^”必须配合“[]”时才具有排除条件的功能，如果在“[]”之外，它有另外的含义，在后文会讲到。

3. 限量匹配

限量匹配是指对条件指定数量。例如，字母 A 重复三次时才符合条件，或者数字 12 重复 0 到 10 次皆符合条件。正则表达式中关于限制重复次数的方法有很多，包括以下四种方法：

- 星号：*
- 加号：+
- 问号：?
- 上下限：{下限,上限}

在以上四种方法中，前三种元字符称为元字符量词。它们都用于限制某字符或者字符串的出现次数。如表 12-1 所示为对元字符量词进行比较。

表 12-1　元字符量词比较

元字符	匹配下限	匹配上限	备注
?	无	1	单次可选
*	无	无	任意次数均可
+	1	无	至少一次

从表 12-1 看，元字符“?”表示字符重复 0 到 1 次，也就是条件是可选的。元字符“*”表示字符重复任意次，无上下限。由于“*”的这种特性，使得在任意情况下它都可以匹配成功，所以它总是和其他符号套用，否则单独使用没有任何意义。而“+”和“*”的功能大致相同，只不过它有下限，最少重复一次，否则不符合条件。通过以下案例可以比较三者的异同。

以下案例用于在字符串“黄黄 张明明 黄松林”中查找“黄”，并分别以“黄*”“黄+”和“黄?”作为条件，比较三者的结果。

```
Sub 元字符量词的区别()'随书案例文件中有每一句代码的含义注释
  Dim Mystr As String, ResultStr As String, Item
  Mystr = "黄黄 张明明 黄松林"
  With CreateObject("VBSCRIPT.REGEXP")
    '.Pattern = "黄*"
    '.Pattern = "黄+"
    '.Pattern = "黄?"
    .Global = True
    For Each Item In .Execute(Mystr)
      ResultStr = ResultStr & Chr(10) & Item
    Next
    MsgBox ResultStr
  End With
End Sub
```

由于代码中三个 Pattern 参数的赋值语句都已转换成注释，你需要分别取消其中一句注释，并分三次执行。我们可以看到，三次执行的结果如图 12-6 到图 12-8 所示。

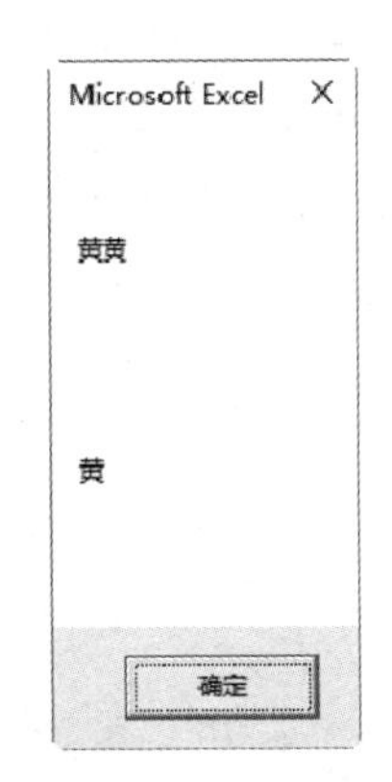

图 12-6　“*”匹配结果

图 12-7　“+”匹配结果

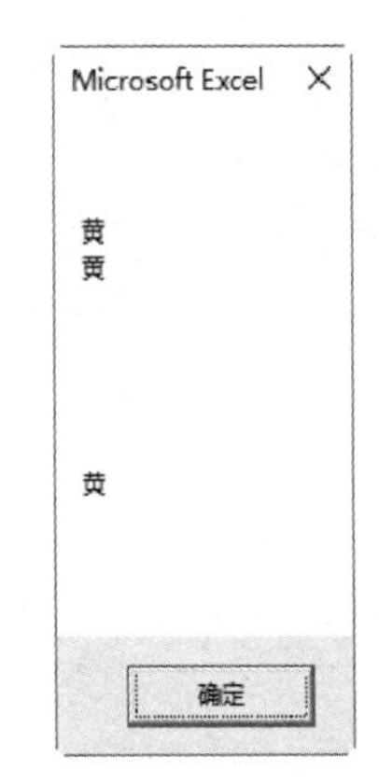

图 12-8　“? ”匹配结果

采用“黄*”作为匹配条件时表示“黄”字出现任意次（包含 0 次，即空文本），所以能匹配成功 10 次，不过其中 8 次是空文本。采用“黄+”作为匹配条件时，由于“+”限制至少有一个匹配，所以字符串“黄黄张明明黄松林”中只有两个符合条件，其中，“黄黄”由于并列出现，只算一次匹配。而“黄?”的匹配条件是 0 个或者 1 个“黄”，因此，匹配成功次数是 11 次，只不过有 8 次的匹配结果是空文本。“黄*”是贪婪匹配，“黄黄”只匹配一次；而“黄?”是惰性匹配，“黄黄”会匹配成功两次。

以上案例可以区分三者的差异，但仅从此案例似乎看不到它们在实际工作中的用途，其实三者极其有用，仅仅因为本案例所举的字符过于随意罢了。在后文的案例中，会有这三个元字符的大量应用。

随书提供案例文件：12-7 限量匹配.xlsm

“{下限,上限}”形式也可以指定字符的出现次数。例如：

“G{1,5}”——表示字母 G 连续出现 1 到 5 次。

“G{5}”——表示字母 G 连续出现 5 次。

“G{2,}”——表示字母 G 连续出现至少 2 次，没有上限。

“G{,5}”——这种写法无法匹配成功。

“G{0,5}”—— 表示字母 G 连续出现 0 到 5 次。

在实际工作中，“{下限,上限}”形式的应用相当普遍。

```
Sub 取出大于或等于 10000 的数字()'随书案例文件中有每一句代码的含义注释
  Dim Mystr As String, ResultStr As String, Item
  Mystr = "一月 5690 二月 5533 三月 67890 四月 12345 五月 4999 六月 18890..9"
  With CreateObject("VBSCRIPT.REGEXP")
    .Pattern = "[1-9][0-9.]{4,}"
    .Global = True
    For Each Item In .Execute(Mystr)
      ResultStr = ResultStr & Chr(10) & Item
    Next
  End With
  MsgBox "取出大于或等于 10000 的数值:" & ResultStr
End Sub
```

以上过程用于取出字符串中所有大于或等于 10000 的数字，条件“[1-9][0-9.]{4,}”的含义如下：

首先，条件“[1-9]”限制了第一个搜索字符为 1 到 9，因为如果等于 0，则会小于 10000。

其次，“[0-9.]”表示数字 0 到 9，以及小数点。在这 11 个字符中任取其一皆可。

最后，采用“{4,}”限制前面的条件“[0-9.]”，表示“[0-9.]”最少出现 4 次，上不封顶。

三个条件联合起来获取的数据即为大于或等于 10000 的数值，结果如图 12-9 所示。

图 12–9　取大于或等于 10000 的数值

当然，你可能会认为“[0-9.]{4,}”会导致“六月 18890..9”中的“18890..9”也匹配成功，它已不符合“数值”这个条件，无法参与数学运算。

不错，编写正则表达式的匹配条件时，总是需要在“全面”与“实用”两者之间做出选择。要么代码精简、速度快捷，但是可能代码只能在当前数据中使用，数据不规范时就会遗漏或者出错；要么代码完善，适用于所有数据，但是代码复杂、难懂，或者执行效率低。采用哪一种方式，完全由用户自行决定。如果你认为只要对当前数据完美解决即可，不需要考虑例外项目，那么可以采用实用型的思路，不需要尽善尽美。当然，如果代码是自用，可以确保数据都很规范，那无可厚非，如果开发商业插件，给其他用户使用，则建议尽量完善才好，当效率和正确性冲突时，宁愿放弃效率。

对于本例，如果希望代码完善，以便获取的数值可以参与后期的运算，可以按以下方式修改代码：

```
Sub 取出大于或等于 10000 的数字 2()'随书案例文件中有每一句代码含义注释
  Dim Mystr As String, ResultStr As String, Item
  Mystr = "一月 5690 二月 5533 三月 67890 四月 12345 五月 4999 六月 18890....4, 七月 888888.8"
  With CreateObject("VBSCRIPT.REGEXP")
    .Pattern = "[1-9][0-9]{4,}(\.[0-9]*)?"
    .Global = True
    For Each Item In .Execute(Mystr)
      ResultStr = ResultStr & Chr(10) & Item
    Next
  End With
  MsgBox "取出大于或等于 10000 的数值:" & ResultStr
End Sub
```

执行以上代码，将返回如图 12-10 所示的修改结果。条件“[1-9][0-9]{4,}(\.[0-9]*)?”将“18890...4”中的后三位排除在外，避免得到无法参与计算的数据。

其中，“\.”表示小数点，为什么要采用这种方式表示小数点，在后文会有说明。

图 12–10　取大于或等于 10000 的数值的修改结果

将改进后的条件“[1-9][0-9]{4,}(\.[0-9]*)?”与“[1-9][0-9.]{4,}”进行比较，可以发现它们的区别在于如何处理小数点。条件“[1-9][0-9.]{4,}”将小数点直接放进方括号中，当利用“{4,}”限制数据出现次数不少于 4 次时，产生了副作用，使小数点重复出现也可匹配成功。另一个条件“[1-9][0-9]{4,}(\.[0-9]*)?”将小数点从“[0-9]{4,}”中分离出来，使小数点前面只有不少于 4 位的数字，小数点后面也只有数字，数字的出现次数受元字符“*”限制，表示任意位。最后的“?”符号用于限制小数点和小数点后面的数字，表示它是可选的，有没有都不重要。

如果不使用“?”，那么必须含有小数的数值才会匹配成功。

为了加深你对“{下限,上限}”的印象，下面再举一例。将如图 12-11 所示的电话簿中的“（###）########”格式的电话号码替换为“###-########”格式，如果不用正则表达式很难处理这种数据，它的规律性不够强，需要加入很多判断条件，并多次循环才能实现。

	A
1	厂长：(办公室一)(202)82514769(办公室二)(020)82515869
2	经理：(办公室一)(769)83457924(办公室二)(769)88734567
3	主任：(办公室一)(020)86341122(手机)15912345678
4	董事：(760)22675432
5	

图 12-11　电话簿

```
Sub 取出电话号码并转换格式()'随书案例文件中有每一句代码的含义注释
    Dim Str As String, Rng As Range, Item
    For Each Rng In Range("a1:a4")
        Str = Rng.Text
        With CreateObject("VBSCRIPT.REGEXP")
            .Global = True
            .Pattern = "\(([0-9]{3})\)([0-9]{8})"
            For Each Item In .Execute(Str)
                Str = Replace(Str, Item, Replace(Replace(Item, "(", ""), ")", "-"))
            Next
            Rng.Value = Str
        End With
    Next Rng
End Sub
```

以上代码的执行结果如图 12-12 所示。

	A
1	厂长：(办公室一)202-82514769(办公室二)020-82515869
2	经理：(办公室一)769-83457924(办公室二)769-88734567
3	主任：(办公室一)020-86341122(手机)15912345678
4	董事：760-22675432

图 12-12　替换结果

代码中的条件“"\(([0-9]{3})\)([0-9]{8})"”可以分三段理解：

[0-9]{3}：表示连续出现的 3 位数值。

[0-9]{8}：表示连续出现的 8 位数值。

“\(”和“\)”：分别表示左括号和右括号，元字符“\”的功能是将元字符转换成文本，换而言之，就是消除特殊符号的特殊功能，还原为文本本身。

将以上三个条件组合后，表示在字符串中搜索以“(”开头，接着是 3 位数字，再接着是“)”，最后是 8 位数字的字符串。“()”虽然多次出现，但正则表达式的取值规则以“()”配合数字个数，从而避过了“(办公室一)”，不会错将其他括号也替换成“-”。

随书提供案例文件：12-8 转换电话簿格式.xlsm

4. 位置匹配

位置匹配包括行首与行尾，以及单词界限。VBA 提供了四种方法对应行首、行尾、单词界限和非单词界限，它们包括：

◆ 匹配行首：^

◆ 匹配行尾：$

◆ 匹配单词界限：\b

◆ 匹配非单词界限：\B

位置匹配分为文本的行首与行尾，以及英文单词的分界线。

确定起始位置有时对于搜索相当有用，例如某姓名多次出现时仅取位于该语句第一位的姓名，或者提取独立成为一个单词的字母组合（如 an），而不是包含在一个单词中的部分字母（如 banana）。

在正则表达式中，文本的行首与行尾分别用“^”和“$”来表示，但前提是位于元字符“[]”之外。如果在“[]”内，则没有匹配位置的功能。

例如：

“^Q”——表示匹配位于行首的字母 Q，如果在中间或者位于行尾则略过，例如“QQQ”。

“[^Q]Q[^Q]{1,}”——表示首字符不是 Q，第二字符是 Q，以非 Q 结尾。例如“QAAB BQDE QEQ”。

“[^^]Q”——表示首字符不是^，第二字符是 Q。第一个^表示排除，第二个表示^本身。

“[^Q]{1,}Q$”——表示不能以 Q 开头，但是以 Q 结束，最少有 3 个字符。例如“QABQDEQ”。

“.{2}$”——最后两位字符。其中，“.{2}”表示任意两位，“$”表示行尾。例如“ABCD”。

以上添加灰色底纹者表示匹配成功的对象。

匹配行首时，元字符“^”需要写在条件之首，不能放在“[]”中。在下面的案例中，获取以“江”开头，但不能以“江”结尾的字符串：

```
Sub 匹配行首()
  Dim Mystr As String                          '声明变量
  Mystr = "江南大江南北"                        '待搜索的文本
  With CreateObject("VBSCRIPT.REGEXP")         '创建正则表达式引用
      .Pattern = "^江.+(?=江)"                 '搜索“江”为行首但结尾不包含“江”的字符串
    .Global = False                            '仅匹配第一个
    MsgBox .Execute(Mystr)(0)                  '报告匹配结果
  End With
End Sub
```

执行以上代码后，结果为“江南大”。因为“江”位于行首，符合条件“^江”；而“大”字之后是“江”，所以取“大”，符合条件“(?=江)”，而中间有“南”字则符合条件“.+”。

关于元字符“.”和“?=”的功能将在稍后的教学内容中有详述。

在实际工作中，英文单词的界限匹配应用要广得多。例如从一句话或者一篇文章中提取符合条件的单词，可以根据单词与单词间有分隔符这个特点设置正则表达式的条件。

在通常情况下，以空格、段落首行、段落末尾、逗号、句号等符号作为单词的边界，当然，在特殊情况下书写单词会用到“-”，“-”也作为单词的界限。

例如，将一句话中的所有单词一一罗列出来，可以采用以下过程：

```
Sub 分别取出所有单词()'随书案例文件中有每一句代码的含义注释
  Dim Mystr As String, ResultStr As String, Item
  Mystr = "abs bus av-aya i love"
  With CreateObject("VBSCRIPT.REGEXP")
    .Pattern = "\b[a-zA-Z]+\b"
    .Global = True
    If .test(Mystr) Then
      For Each Item In .Execute(Mystr)
```

```
            ResultStr = ResultStr & Chr(10) & Item
        Next
        MsgBox "符合条件的对象有:" & ResultStr
      End If
    End With
End Sub
```

过程中用“b[a-zA-Z]+\b”作为条件，两个“\b”分别表示单词首尾界限，中间的[a-zA-Z]+表示不少于一个字母。如果要求只提取长度为 3 的单词，那么可以将搜索条件修改为“\b[a-zA-Z]{3}\b”。如图 12-13 所示为所有单词，如图 12-14 所示为所有长度为 3 的单词。

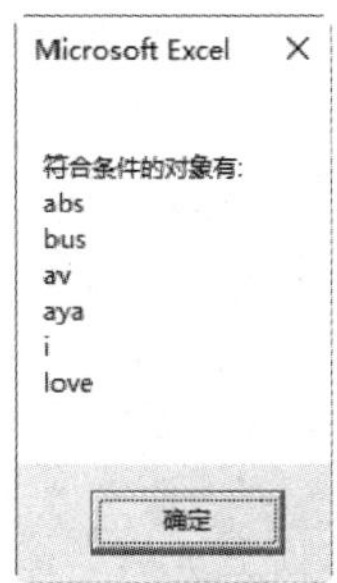

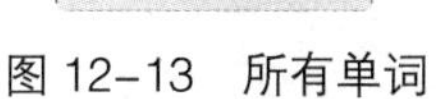
图 12-13　所有单词

图 12-14　所有长度为 3 的单词

随书提供案例文件：12-9 位置匹配.xlsm

以下过程中包括三个条件，你可以分别比较三者的差异：

```
Sub 匹配单词界限() '随书案例文件中有每一句代码的含义注释
  Dim Mystr As String, ResultStr As String, Item
  Mystr = "abs bus pass avaya about moon spar ada abandon a334"
  With CreateObject("VBSCRIPT.REGEXP")
    '.Pattern = "\ba.*?\b"
    '.Pattern = "\ba[a-z]*a\b"
    '.Pattern = "\ba[^a]{1,}?[b-z]{1}\b"
      .IgnoreCase = True
      .Global = True
      If .test(Mystr) Then
        For Each Item In .Execute(Mystr)
          ResultStr = ResultStr & Chr(10) & Item
        Next
        MsgBox "符合条件的对象有:" & ResultStr
      End If
  End With
End Sub
```

在以上过程中，“\ba.*?\b”条件表示首尾匹配单词的界限，中间以字母 a 开头的字符串，也就是匹配所有以 a 开头的单词。

“\ba[a-z]*a\b”条件表示匹配首尾皆为字母 a 的单词。

“\ba[^a]{1,}?[b-z]{1}\b"”条件表示匹配 a 开头，其他任何字符不等于 a 的单词。条件中的“[^a]{1,}?”表示不等于“a”的字符至少有一个，条件最后的“[b-z]{1}”表示单词的末尾是“a”以外的字母。为什么不用“[^a]”呢？因为它仅仅排除字母了“a”，却不能排除汉字或者数字。

5. 任意字符匹配

在 DOS 系统中，“*”可以匹配任意字符，并且数量不限；“?”可以匹配一个任意字符。而在正则表达式中，“*”和“?”都具有了不同的含义。差别在于当“*”和“?”不在最前面时，它用于指定前一个字符的出现次数。即“*”代表次数，而不是代表字符。例如“大*”表示“大”字出现任意次，而在 DOS 系统中，“大*”表示以“大”开头，任意字符结尾的字符串。“大?”在正则表达式中表示“大”出现次数为 0 或者 1 次，即长度为 0 或者 1；在 DOS 中表示在“大”字后跟随一个任意字符，长度为 2 位。

在正则表达式中，也有类似于 DOS 系统中通配符的符号，即元字符“.”。它代表任意单个字符，即“大.”表示在“大”字后跟随一个任意字符，长度为 2 位。如果配合另一个元字符“+”或者“?”，可以产生很多变化。

“大.+”——表示第一位为“大”，后接长度至少为 1 的任意字符。

“大.?”——表示第一位为“大”，后接长度为 0 或者 1 的任意字符，即“大”和“大小”两者都可以匹配成功。

“.?”——表示 0 位或者 1 位任意字符，那么不管什么字符都可以匹配成功。

“.*”——表示匹配任意位字符，不管什么字符都可以匹配成功。

“.?”和“.*”都是可以匹配任意字符，但两者差异很大。在后面介绍贪婪匹配和惰性匹配时将会进行详细比较。

在以下实例中，“紫竹一期 13光大二期 2014紫竹二期 2013宏远四期 2014松山紫竹 2014”表示建筑公司的工程记录。如果需要单独取出关于“紫竹”工程的信息，那么可以使用正则表达式中的元字符“.”作为搜索条件，迅速找出所有匹配对象：

```
Sub 提取所有紫竹工程()'随书案例文件中有每一句代码的含义注释
  Dim Mystr As String, ResultStr As String, Item
  Mystr = "紫竹一期 13 光大二期 2014 紫竹二期 2013 宏远四期 2014 松山紫竹 2014" & " "
  With CreateObject("VBSCRIPT.REGEXP")
    '.Pattern = "紫竹(....|......) "
    '.Pattern = "紫竹.{4,6} "
    .Global = True
     If .test(Mystr) Then
      For Each Item In .Execute(Mystr)
        ResultStr = ResultStr & Chr(10) & Item
      Next
    End if
  End With
  MsgBox "符合条件的对象有:" & ResultStr
End Sub
```

执行以上过程后可以得到如图 12-15 所示的搜索结果。

图 12-15　搜索结果

在以上过程中有五点需要注意：

（1）被查找对象为“紫竹一期 13 光大二期 2014 紫竹二期 2013 宏远四期 2014 松山紫竹 14”，为了让它更具有规律性，特意在后加一个辅助字符“ ”，即空格，从而使所有工程名称后面都有一个空格，便于匹配。

（2）过程分别采用“紫竹(....|......)”和“紫竹.{4,6}?”为条件，并且已将两者都转换成注释。你在使用代码时需要分别将其中一句还原为代

码，否则只会得到空文本。

（3）两个条件的末尾都各有一个空格，表示匹配对象必须以空格结尾。

（4）两个条件可以得到相同结果。其中，“紫竹(....|......) ”表示以“紫竹”开头，后跟四个或者六个字符，每一个元字符“.”代表一个任意字符。

（5）如果不使用辅助字符创造条件是否可以完成呢？也就是说，各期工程的结尾有所不同。答案是肯定的，元字符“|”提供了多项选择功能，可以解决此问题，改用以下条件即可：

“紫竹(....|......)(|$)”——重点在于“(|$)”部分，它表示空格结尾和行尾皆符合条件。

随书提供案例文件：12-10 按指定长度匹配任意字符.xlsm

6. 转义字符

“[]”“.”“|”“{}”“()”“?”“^”“$”等都属于正则表达式的元字符，它们有着特殊作用。如果需要使用这些元字符自身时该如何表达呢？例如，在字符串中查找“(”或者“?”，使用前面的知识点将无法操作成功。

在正则表达式中提供了一个转义字符“\”用于将元字符还原为普通文本。只要将转义字符置于元字符之前即可，例如“*”表示文本“*”，而不是“\”和“*”。“\”也是一个元字符。

如果要匹配“\”自身呢？可采用“\\”。第一个“\”是转义字符，它可将第二个元字符还原为文本“\”。

例如，将“电话：(020)87654321”的区号提取出来，那么可以采用以下过程：

```
Sub 取区号()
    Dim Mystr As String                                  '声明变量
    Mystr = "电话：(020)87654321"                        '待搜索的文本
    With CreateObject("VBSCRIPT.REGEXP")                 '创建正则表达式引用
        .Pattern = "\(.+\)"                              '以括号作为首尾条件
        .Global = False                                  '仅匹配第一个
        If .Test(Mystr) Then MsgBox .Execute(Mystr)(0)   '报告第一个匹配结果
    End With
End Sub
```

以上过程中条件的“"\(.+\)”可以分三段理解：

（1）“\(”表示第一个字符是“(”，“\”是元字符，不参与匹配，它的功能是还原“(”。

（2）“.+”表示不少于一位的任意字符。本例中也可以采用“...”替代，表示三个字符。

（3）“\)”表示最后一个字符是“)”。

以上代码执行后的结果为“(020)”。

以上代码对于字符串有一个括号时有效，如果字符串是“电话：(020)87654321(769) 12345678”则无法按需求提取字符了，它会将“(020)87654321(769)”一并提取出来，而不是只提取“(020)”。如果将搜索条件“"\(.+\)"”修改为“"\(.+?\)"”就可以，这就是贪婪匹配与惰性匹配的区别。

7. 非获取匹配

非获取匹配是正则表达式中的一种新概念，为搜索工作提供了一个全新的搜索模式，它可使某些字符参与搜索，但不参与匹配。

非获取匹配本身包括正向预查、负正向预查、反向预查和负反向预查。然而 Excel 2019 的 VBA 仅仅支持正向预查和负正向预查。下面就正向预查和负正向预查进行语法与案例讲述。

先看一个案例：要求将如图 12-16 所示的成绩表中成绩为 100 分的科目标示为红色。

	A
1	语文68高等数学100政治89化学实验76英语44物理100体育70音乐89几何100
2	

图 12-16　成绩表

根据前面的知识可以得到以下代码：

```
Sub 提取成绩为 100 分的科目()'随书案例文件中有每一句代码的含义注释
  Dim Mystr As String, ResultStr As String, Item
  With CreateObject("VBSCRIPT.REGEXP")
    .Pattern = "([^0-9])+100"
    .Global = True
    If .test(Range("a1")) Then
      For Each Item In .Execute(Range("a1"))
        Range("a1").Characters(Start:=InStr(Range("a1"), Item), Length:= Len(Item)).Font.ColorIndex = 3
      Next
    End If
  End With
End Sub
```

以上代码中的搜索条件为“([^0-9])+100”，表示以非数字任意位数开始，以数字 100 结尾，其搜索结果如图 12-17 所示，在计算机中是显示 100 及其科目均被标示为红色。

	A
1	语文68高等数学100政治89化学实验76英语44物理100体育70音乐89几何100
2	

图 12-17　标示 100 分成绩及其科目

如图 12-17 所示的结果显然不符合要求，它虽然正确地找出了所有 100 分成绩对应的科目，然而标示颜色时将 100 本身也当作了目标。为了杜绝这种“意外”，必须采用正则表达式中的正向预查，即搜索时将 100 作为搜索条件，但实际取值时将它排除在外。

正向预查的格式为“(?=条件)”。本例中要求 100 可以参与搜索，但不参与颜色标示，那么将代码中的条件“([^0-9])+100”修改为“([^0-9])+(?=100)”即可，搜索结果如图 12-18 所示。

	A
1	语文68高等数学100政治89化学实验76英语44物理100体育70音乐89几何100
2	

图 12-18　搜索结果

随书提供案例文件：12-11 正向预查.xlsm

正向预查还可以实现更强大的功能，例如与其他元字符组合，产生多项可选匹配。以下案例是正向预查的又一应用。

如图 12-19 所示为迟到学生统计表，表中 B 列是学校门卫对每日迟到学生的记录。该表是按迟到学生的入校时间顺序记录的，现需要将其转换成初中学生在前，高中学生在后，并用“|”将他们区分开，方便查看。

	A	B
1	时间	迟到人员
2	2021/4/3	初一王宏伟 高二李宽 初三张兰 初三彭大年 高一吴伟
3	2021/4/4	高一吴文政 初三张霞 高三李文高 初二高民高
4	2021/4/5	高二张光明 高三欧阳文文 初三李孟华

图 12-19　迟到学生统计表

观察图 12-19 可以发现它的规律——每一个学生的记录是以“初”或者“高”开始的，以空格结束，末尾者例外。根据这个规律可以采用以下代码实现：

```
Sub 整理出勤表()'随书案例文件中有每一句代码的含义注释
  Dim ResultStr As String, Item, Rng As Range, Mystr As String
  For Each Rng In Range("B2:B4")
    Mystr = " " & Rng.Text & " "
    With CreateObject("VBSCRIPT.REGEXP")
      .Pattern = "(^| )初.*?(?=( |$))"
      .Global = True
      If .Test(Mystr) Then
        For Each Item In .Execute(Mystr)
          ResultStr = ResultStr & Item
        Next
      End If
      '前面处理好了初中的学员信息，现在开始处理高中的学员信息
      .Pattern = "(^| )高.*?(?=( |$))"
      .Global = True
      If .Test(Mystr) Then
        ResultStr = ResultStr & " | "
        For Each Item In .Execute(Mystr)
          ResultStr = ResultStr & Item
        Next
      End If
    End With
    rng = ResultStr
    ResultStr = ""
  Next rng
End Sub
```

执行过程后按初中、高中排序的结果如图 12-20 所示。

	A	B
1	时间	迟到人员
2	2021/4/3	初一王宏伟 初三张兰 初三彭大年 | 高二李宽 高一吴伟
3	2021/4/4	初三张霞 初二高民高 | 高一吴文政 高三李文高
4	2021/4/5	初三李孟华 | 高二张光明 高三欧阳文文

图 12-20　按初中、高中排序

本例中使用“(^|)初.*?(?=(|$))”为条件，可以分三段来理解：

（1）“(^|)初”：表示以行首或者空格作为第一条件，然后是字符“初”。

（2）“.*?”：代表任意长度的任意字符，采用的是惰性匹配。

（3）“(?=(|$))”：表示最后一个搜索条件为空格或者行尾，它参与搜索，但不参与取值。

本例中将“高”字作为搜索条件的第一位，却并不总出现在第一位，例如“高三李文高”。对于这些特例，需要适量添加搜索条件，避免取值时错位。

随书提供案例文件：\12-12 正向预查应用 2.xlsm

负正向预查表示正向预查的相反效果，它表示将某条件以外的字符参与搜索，但实际取值时将它排除在外，其格式为“(?!条件)”。

例如“A(?!B)”，表示搜索条件是“A”开头，“B”以外的字符结尾，而“B”以外的字符仅参与搜索，不参与取值。以下是关于负正向匹配的应用案例。

如图 12-21 所示的收支盈亏统计表，用“盈”“亏”“平”来表示财务收支状况，现要求将

其中未亏损的月份用红色标示出来，但不能将“盈”“亏”“平”三个字本身进行标示。

根据图 12-21 中字符的规律，可用以下代码实现：

```
Sub 红色标注不亏的月份()'随书案例文件中有每一句代码的含义注释
  Dim Item
  With CreateObject("VBSCRIPT.REGEXP")
    .Pattern = "([一二三四五六七八九]|[十][一二]?)月(?!亏)"
    .Global = True
    If .Test(Range("a1")) Then
      For Each Item In .Execute(Range("a1"))
        Range("a1").Characters(Start:=InStr(Range("a1"), Item), Length:=Len (Item)).Font.ColorIndex = 3
      Next
    End If
  End With
End Sub
```

执行以上过程后，结果如图 12-22 所示。

	A
1	一月盈二月亏三月盈四月盈五月亏六月平七月平八月亏九月平十月亏十一月盈十二月盈
2	

图 12-21　收支盈亏统计表

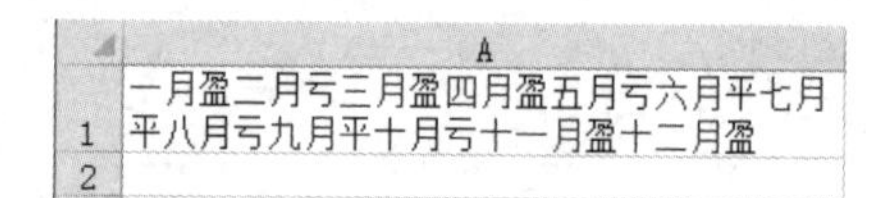

图 12-22　标示未亏损的月份

以上过程采用“([一二三四五六七八九]|[十][一二]?)月(?!亏)”作为条件，可以分三段理解：

（1）“[一二三四五六七八九]”——用于匹配一月到九月。因为只有一月到九月是单字符。

（2）“[十][一二]?”——表示十月或者十一月、十二月。后面的“?”让一和二变成可选匹配。

（3）“(?!亏)”——表示将“亏”以外的字符作为最后一位搜索条件，但是它不参与匹配。

随书提供案例文件：12-13 负正向预查.xlsm

8. 贪婪匹配与惰性匹配

贪婪匹配与惰性匹配其实在前文已经有案例展示过。

贪婪匹配表示尽可能匹配多的字符。例如，2 个、3 个、4 个字符都符合条件时，它会匹配 4 个字符。

惰性匹配与贪婪匹配刚好相反，它匹配尽可能少的字符。例如，2 个、3 个、4 个字符皆符合条件时，它会匹配 2 个字符。

从字面理解，两者岂非背道而驰？事实上正因为存在这种区别，才给工作带来了极大的便利，在不同需求下可以选择不同的匹配方式。

例如，从“电话一(020)87654321、电话二(0769)88654328”字符串中提取区号，只需要匹配括号即可。先看一看以下过程的匹配结果：

```
Sub 取区号()'随书案例文件中有每一句代码的含义注释
  Dim Mystr As String
  Mystr = "电话一(020)87654321、电话二(0769)88654328"
  With CreateObject("VBSCRIPT.REGEXP")
    .Pattern = "\(.+\)"
    .Global = False
    If .Test(Mystr) Then MsgBox .Execute(Mystr)(0)
  End With
End Sub
```

以上过程中“\(.+\)”表示获取首尾分别为“(”和“)”的字符串。在“电话一(020)87654321、电话二(0769)88654328”中，“(020)”符合条件，“(020)87654321、电话二(0769)”也符合条件，而贪婪匹配的规则是匹配尽可能多的字符，所以它取后者，结果如图 12-23 所示。

再看下面的代码：

```
Sub 取区号 2()'随书案例文件中有每一句代码的含义注释
  Dim Mystr As String
  Mystr = "电话一(020)87654321、电话二(0769)88654328"
  With CreateObject("VBSCRIPT.REGEXP")
    .Pattern = "\(.+?\)"
    .Global = True
     If .Test(Mystr) Then MsgBox .Execute(Mystr)(0)
'    如果执行以下代码可以得到所有区号
'    Dim Item, ResultStr As String
'    For Each Item In .Execute(Mystr)
'       ResultStr = ResultStr & Chr(10) & Item     ' 将所有符合条件的对象串联起来
'    Next
'    MsgBox "区号为：" & ResultStr
  End With
End Sub
```

执行以上代码的结果为“(020)”，这就是惰性匹配的特点——当多个字符串皆符合要求时，仅取最少的字符作为最终结果。

如果将代码中被注释的几句代码解除注释，那么可以分别提取所有符合条件的区号，效果如图 12-24 所示。

图 12-23　贪婪匹配

图 12-24　惰性匹配

在以上两个案例中，我们可以看出贪婪匹配和惰性匹配的代码编写差异和匹配结果差异。

再看一个案例——在如图 12-25 所示的个人资料表中，B 列的人个资料显示在一个单元格中，不利于查看，要求利用 VBA 将这些资料分别显示在 4 列中。

	A	B
1	姓名	个人资料
2	赵国	出生1990-5-3小学入学1996-9-1参加工作2010-11-2结婚2011-5-14
3	刘昂扬	出生1985-7-7小学入学1982-9-1参加工作2005-10-28结婚2010-7-9
4	赵云秀	出生1992-5-19小学入学1994-9-1参加工作2012-11-28结婚2014-6-7
5	李范文	出生1988-4-23小学入学1985-9-1参加工作2007-10-1结婚2010-4-12

图 12-25　个人资料表

根据前文所介绍的知识，解决本例问题应用以下代码如下：

```
Sub 分列()'随书案例文件中有每一句代码的含义注释
  Dim I As Byte, Mystr As String, arr(0, 3), Rng As Range
  With CreateObject("VBSCRIPT.REGEXP")
    For Each Rng In Range("b2:b5")
      Mystr = Rng
```

```
        .Pattern = "[^0-9].+?[0-9]{4}(\-[0-9]{1,2}){2}"
        .Global = True
        For I = 0 To .Execute(Mystr).Count - 1
          arr(0, I) = .Execute(Mystr)(I)
        Next
        rng.Resize(1, 4) = arr
      Next Rng
    End With
    Range("a1").CurrentRegion.EntireColumn.AutoFit
    Range("a1").CurrentRegion.Borders.LineStyle = 1
End Sub
```

执行以上过程的结果如图 12-26 所示。

	A	B	C	D	E
1	姓名	个人资料			
2	赵国	出生1990-5-3	小学入学1996-9-1	参加工作2010-11-2	结婚2011-5-14
3	刘昴扬	出生1985-7-7	小学入学1982-9-1	参加工作2005-10-28	结婚2010-7-9
4	赵云秀	出生1992-5-19	小学入学1994-9-1	参加工作2012-11-28	结婚2014-6-7
5	李范文	出生1988-4-23	小学入学1985-9-1	参加工作2007-10-1	结婚2010-4-12

图 12-26　分列结果

```
"[^0-9\-].+?[0-9]{4}(\-[0-9]{1,2}){2}"
```

在以上过程中，搜索条件为“[^0-9].+?[0-9]{4}(\-[0-9]{1,2}){2}”，其中“[^0-9].+?”表示以不少于 1 位数字的字符采用惰性匹配。如果删除问号则是贪婪匹配，无法分列。

“[0-9]{4}”则表示 4 位数字，匹配字符串中的年份。

“(\-[0-9]{1,2}){2}”则表示以“-”开头、1 到 2 位数字结尾，并且重复出现两次，此条件刚好匹配月和日。

值得注意的是，惰性匹配是由字符“+”“*”搭配“?”使用而产生的，而“{2}”或者“..”这类固定字符长度的元字符在任意情况下都无法产生惰性匹配。例如在“ABCDEFG”中搜索“[A-Z]+”为贪婪匹配，可以匹配“ABCDEFG”；条件为“[A-Z]+?”时表示惰性匹配，它只能匹配一个字母“A”；而“[A-Z]{3}”和“[A-Z]{3}?”都匹配同样的字符串“ABC”，在此元字符“?”对“{3}”无效。

随书提供案例文件：12-14 贪婪匹配与惰性匹配.xlsm

9. 一些特殊的元字符

当条件复杂时，正则表达式的匹配条件可能会很长，不利于理解和记忆，为此正则表达式提供了一种简单的元字符替代过长的字符组合。

（1）匹配所有单个数字：\d

也就是说，“[0-9]”可以简写为“\d”。有了这个组合，前面的很多案例代码都可以改写，例如“[^0-9].+?[0-9]{4}(\-[0-9]{2}){2}”可以简化成“[^\d].+?\d{4}(\-\d{2}){2}”，你可以将此组合替换后再进行测试。

（2）匹配单个数字以外的字符：\D

也就是说，“[^0-9]”可以简写为“\D”，表示匹配数字以外的单字符。

（3）匹配单个字母或数字或下画线:\w

即“\w”组合相当于“[a-zA-Z_0-9]”，例如邮件地址就采用数字、字母和下画线，所以从字符串获取邮件地址时通常采用“\w”组合。

（4）匹配任意非单个字母，非单个数字或下画线:\W

（5）匹配空白字符，包括空格、制表符、换页符：\s
相当于“[\f\n\r\t\v]”组合的功能。
（6）匹配非空白字符，包括空格、制表符、换页符以外的字符：\S

10. 一些常见的组合

^\d{5}：匹配 5 个数值，例如美国邮政编码。
^[+-]?\d+(\.\d+)?$：匹配任意有可选符号的实数。
^[+-]?\d*\.?\d*$：匹配任意有可选符号的实数，但同时匹配空字符串。
^(20|21|22|23|[01]\d):[0-5]\d$：匹配 24 小时制时间值，可用它判断时间值格式是否规范。
/*.**/：匹配 C 语言风格的注释“/* ... */”。
[\u4e00-\u9fa5]：匹配所有单个中文字符。
\n\s*\r：匹配空行。
<(\S*?)[^>]*>.*?</\1>|<.*? />：匹配 HTML 网页标记。
\w+([-+.]\w+)*@\w+([-.]\w+)*\.\w+([-.]\w+)*：匹配电子邮箱地址。
[a-zA-Z]+://[^\s]*：匹配网址 URL。
d{3}-\d{8}|\d{4}-\d{7}：匹配国内电话号码。
[1-9][0-9]{4,}：匹配腾讯 QQ 号。
^(\d{15}|(\d{17}(\d|X)))$：匹配身份证。
\d+\.\d+\.\d+\.\d+：匹配 IP 地址。
^[A-Za-z]+$：匹配整行皆为字母的字符串，而“[A-Za-z]+”用于匹配一行中的第一次出现的字母组成的字符串，该行允许有其他字符。

通用以上组合，可以实现很多工作中常用的搜索。当然，你也可以自己将这些字符任意组合，产生更多妙用无穷的匹配条件。

12.3　正则表达式应用

12.3.1　乱序字符串取值并汇总

案例要求：在如图 12-27 所示的采购记录表中，B 列为采购记录，由于前期输入数据不规范，金额无法汇总。现要求用 VBA 从中取出所有金额并汇总。

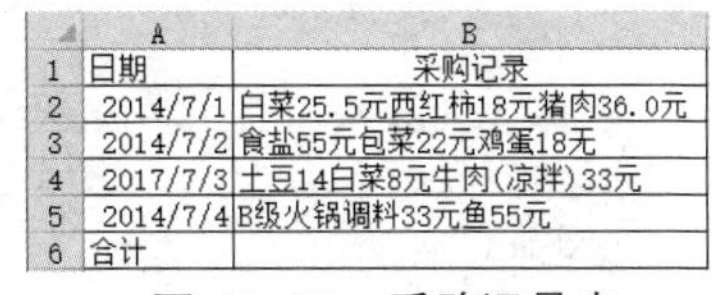

	A	B
1	日期	采购记录
2	2014/7/1	白菜25.5元西红柿18元猪肉36.0元
3	2014/7/2	食盐55元包菜22元鸡蛋18无
4	2017/7/3	土豆14白菜8元牛肉(凉拌)33元
5	2014/7/4	B级火锅调料33元鱼55元
6	合计	

图 12-27　采购记录表

过程代码：

```
Sub 金额汇总()'随书案例文件中有每一句代码的含义注释
  Dim Mystr As String, Item, Result As Double, rng As Range
  With CreateObject("VBSCRIPT.REGEXP")
    For Each rng In Range("B2:B5")
      Mystr = rng.Text
      .Pattern = "[0-9]+(\.[0-9]*)?"
      .Global = True
      If .test(Mystr) Then
        For Each Item In .Execute(Mystr)
          Result = Result + Item
        Next
      End If
```

```
      Next rng
    End With
    Range("b6").Value = Result
End Sub
```

思路分析：

本例中使用了两个循环，里层循环用于获取每个单元格中的所有数值，并逐个汇总。外层循环用于遍历 B2:B5 区域的每个单元格。

真正的重点在于正则表达式的 Pattern 参数，本例中采用“[0-9]+(\.[0-9]*)?”作为搜索条件，可以分三段理解其含义：

（1）“[0-9]+”表示至少一位数字，元字符“+”的作用是强调数字的重复次数。

（2）“\.[0-9]*”表示小数点后面跟任意位数字。元字符“*”表示小数点和数字的位数不限；可以是 0 位、1 位，也可以是 100 位。

（3）最后的“?”用于将表达式转换为惰性匹配，促使正则表达式在搜索时可以将多段数字一起提取出来，否则只能提取第一个值。

由于“[0-9]”等同于“\d”，因此搜索条件也可以使用“\d+(\.\d*)?”。

随书提供案例文件：12-15 汇总采购金额.xlsm

12.3.2 计算建筑面积

案例要求：计算字符串“长 4.2 宽 3.8[2 号大厅]长 4.5 宽 1.2[阳台]长 3.8 宽 1[左侧楼梯]”中所指定的区域的建筑面积。注意“[]”中的数字不参与计算。

过程代码：

```
Sub 计算面积 1()   '随书案例文件中有每一句代码的含义注释
    Dim ResultStr As String, Item
    With CreateObject("VBSCRIPT.REGEXP")
        .Pattern = "长.*?(?=\[)"
        .Global = True
        For Each Item In .Execute("长 4.2 宽 3.8[2 号大厅]长 4.5 宽 1.2[阳台]长 3.8 宽 1[左侧楼梯]")
            ResultStr = ResultStr & Item
        Next
        MsgBox Evaluate(Replace(Replace(ResultStr, "长", "+"), "宽", "*"))
    End With
End Sub
```

执行以上过程后计算结果为 25.16。

思路分析：

观察字符串可以发现字符分为三段，每一段的规律为以“长”开头，以“]”结尾。由于“[]”中间的字符需要忽略，那么在搜索时以“[”结尾即可，但需要确保取值时忽略“[”本身。所以本例过程采用“长.*?(?=\[)”作为匹配条件。可以分以下三段理解这个匹配条件：

（1）“长”表示搜索条件以“长”开头。

（2）“.*?”表示任意长度的任意字符，采用惰性匹配。

（3）“(?=\[)”表示以符号“[”结尾，但符号本身不参与匹配。由于“[”是元字符，因此要在它前面添加转义符“\”。

本例中正则表达式匹配的结果为“长 4.2 宽 3.8 长 4.5 宽 1.2 长 3.8 宽 1”，由于需要计算面积，需将数字两两相乘，所以采用 Replacc 函数将“长”替换成运算符“+”，将“宽”替换成运算符“*”，替换结果为“+4.2*3.8+4.5*1.2+3.8*1”。最后用 Evaluate 方法将它转换成值即可。

需要注意的是，此处的 Replace 是 VBA 内置的函数，而不是正则表达式中的 Replace 方法，所以不需要前面加“.”。

当然，鉴于本例的特殊性，即字符顺序比较规范，也可以将条件简化。

```
Sub 计算面积 2()'随书案例文件中有每一句代码的含义注释
  With CreateObject("VBSCRIPT.REGEXP")
    .Pattern = "\[.+?\]"
    .Global = True
    MsgBox Evaluate(Replace(Replace(.Replace("长 4.2 宽 3.8[2 号大厅]长 4.5 宽 1.2[阳台]长 3.8 宽 1[左侧楼梯]", ""), "长", "+"), "宽", "*"))
  End With
End Sub
```

本过程和前一个过程的思路刚刚相反。前一个过程是取出长与宽的记录，然后将字符串替换成可以计算的表达式，本过程以“[”和“]”为搜索的起止条件，然后将匹配成功的字符串替换，从而一步实现前一段代码中多步循环的结果。

另外，需要注意一个问题，Evaluate 方法虽然可以将表达式转换成值，但它有长度限制，参数超过 255 之后就无法再执行计算，所以当本例中待计算的字符不多时，可以采用 Evaluate 方法，如果字符串过长，必须改用以下思路实现：

```
Sub 计算面积 3()'随书案例文件中有每一句代码的含义注释
  Dim item, Result As Double
  With CreateObject("VBSCRIPT.REGEXP")
    .Pattern = "长.*?(?=\[)"
    .Global = True
      For Each item In .Execute("长 4.2 宽 3.8[2 号大厅]长 4.5 宽 1.2[阳台]长 3.8 宽 1[左侧楼梯]")
        Result = Result + Evaluate(Replace(Replace(item, "长", "+"), "宽", "*"))
      Next
    MsgBox Result
  End With
End Sub
```

随书提供案例文件：12-16 计算建筑面积.xlsm

12.3.3 计算括号中的数字合计

案例要求：如图 12-28 所示为某 ERP 系统导出的记录表，现需要计算括号中的数字合计。

	A	B
1	产品代号(数量)	合计
2	A43(58)、A32(13)、C1(100)、DE220(500)	
3	A22(77)、D22(130)、C11(500)、DE220(204)	
4	A43(8)、A12(33)、C1(100)	
5	DE43(33)、D33(33)、A05(70)、D12(34)	

图 12–28　某 ERP 系统导出的记录表

过程代码：

```
Sub 汇总括号中的数字()'随书案例文件中有每一句代码的含义注释
  Dim Item, Result As String, Rng As Range
  With CreateObject("VBSCRIPT.REGEXP")
    For Each Rng In Range("a2:a5")
      .Pattern = "\(.+?(?=\))"
      .Global = True
      For Each Item In .Execute(Rng)
        Result = Result & Item
      Next
```

```
        Rng.Offset(, 1) = Evaluate(Replace(Result, "(", "+"))
      Next Rng
    End With
End Sub
```

执行以上过程后，计算结果如图 12-29 所示。

	A	B
1	产品代号(数量)	合计
2	A43(58)、A32(13)、C1(100)、DE220(500)	671
3	A22(77)、D22(130)、C11(500)、DE220(204)	911
4	A43(8)、A12(33)、C1(100)	141
5	DE43(33)、D33(33)、A05(70)、D12(34)	170

图 12-29　计算结果

思路分析：

本例中“\(.+?(?=\))"”条件表示以左括号“(”开头、以右括号“)”结尾，中间为任意字符，其中“)”参与搜索，但不参与匹配。

本例也和上一个案例一样，会面临 Evaluate 的参数长度限制问题，你可以根据前面的思路修改本例代码，使其可以适应 A 列字符任意增减的变化。

随书提供案例文件和演示视频：..\第 12 章\ 12-17 汇总括号中的数值.xlsm 和 12-17 汇总括号中的数值.mp4

12.3.4 删除字符串首尾的空白字符

案例要求：删除字符串首尾空白字符，对中间出现的空白字符则忽略。空白字符包括空格、换行符和制表符。

过程代码：

```
Sub 去除首尾空白符()'随书案例文件中有每一句代码的含义注释
  Dim MyStr As String
  MyStr =vbCrLf & " 你好  我也好      " & Chr(10)
  With CreateObject("VBSCRIPT.REGEXP")
    .Global = True
    .Pattern = "^\s*|\s*$"
    MsgBox "替换前:" & Chr(10) & "|" & MyStr & "|" & Chr(10) & "替换后：" & Chr(10) & "|"
& .Replace(MyStr, "") & "|"
  End With
End Sub
```

执行以上过程后可以得到如图 12-30 所示的结果。

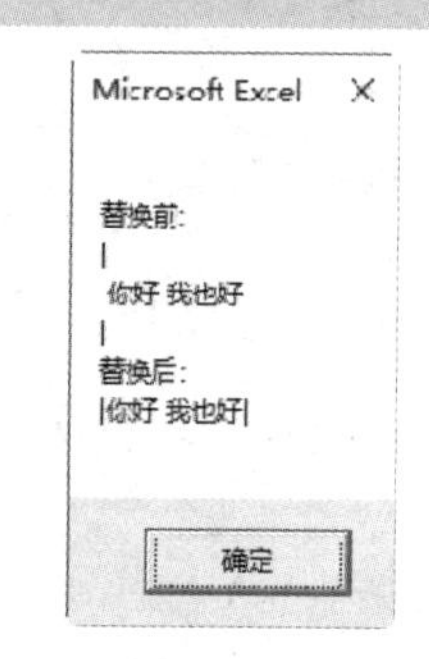

图 12-30　删除字符串首尾空白字符

思路分析：

空白字符包括空格、换行符、制表符等，通常在通过网页导出数据时容易产生。单元格数据首尾存在空白字符时不利于后期计算。例如使用 Vlookup 函数引用数据时，会查找不到匹配对象。

本例为了让你清晰地看到替换后的效果，特在字符串前后加上“|”，可以看到空白字符是否保存下来，也可以方便对替换前后的数据进行比较。

本例的搜索条件“^\s*|\s*$”使用了“|”，表示符合两个条件之一就能匹配成功。由于采用了“^”和“$”两个元字符，所以替换时会略过字符串中间出现的空白字符。

随书提供案例文件：12-18 删除字符串首尾空白字符.xlsm

12.3.5　将字符串中的多段数字分列

案例要求：如图 12-31 所示的明细表中的字符包含多段数字，因需要后期计算，要求将它们分别提取出来，并逐一罗列在右边的单元格中。

过程代码：

```
Sub 数字分列()'随书案例文件中有每一句代码的含义注释
  Dim Item, Result As String, Rng As Range, i As Byte
  With CreateObject("VBSCRIPT.REGEXP")
    For Each Rng In Range("a1:a3")
      Mystr = Rng.Text
      .Pattern = "[0-9]+(\.[0-9]*)?"
      .Global = True
      For Each Item In .Execute(Mystr)
        i = i + 1
        Rng.Offset(0, i) = Item
      Next
      i = 0
    Next Rng
  End With
End Sub
```

执行以上代码后，分列结果如图 12-32 所示：

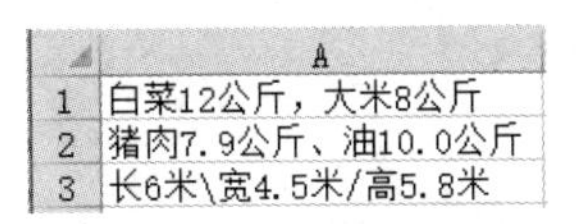

	A
1	白菜12公斤，大米8公斤
2	猪肉7.9公斤、油10.0公斤
3	长6米\宽4.5米/高5.8米

图 12-31　明细表

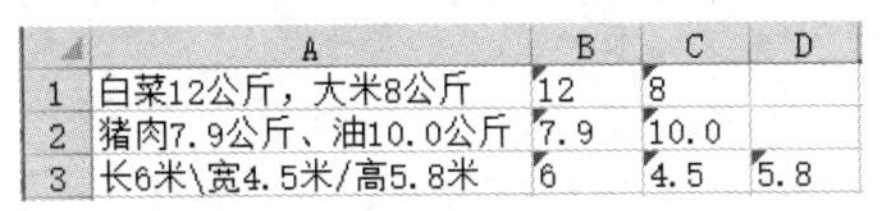

	A	B	C	D
1	白菜12公斤，大米8公斤	12	8	
2	猪肉7.9公斤、油10.0公斤	7.9	10.0	
3	长6米\宽4.5米/高5.8米	6	4.5	5.8

图 12-32　分列结果

思路分析：

本例的搜索条件“[0-9]+(\.[0-9]*)?”表示提取带小数的正整，小数部分为可选项。由于小数点和小数是一个整体，因此必须添加括号，然后使用问号转换成可选项。

变量 i 是计数器，用于计算 A 列字符串中匹配成功的次数。在对单元格赋值时，用它确定单元格的位置。里层的循环结束时需要将计数器归零，否则只有第一个单元格的分列结果存放正确，后面的会错位。

随书提供案例文件：12-19 数字分列.xlsm

12.3.6　提取 E-mail 地址

案例要求：当从 ERP 系统中导出个人信息时会包括很多项信息，如姓名、个人主页、年龄、E-mail 地址、爱好、身高和体重，如图 12-33 所示。现要求从中提取每个人的 E-mail 地址并将其置于右边的单元格中。如果不存在 E-mail 地址，则显示“资料不完整”。

	A
1	张文男http://zhannwen.com25岁ZW@163.com游泳1.7米55公斤
2	李高梅女http://hanShen.cn33岁Gaomei.Li@126.cn音乐1.55米43公斤
3	杨子江男44岁棒球69公斤
4	朱仝男http://ShuiHu.cn33岁Shuihu_168@yahoo.com电子游戏59公斤

图 12-33　个人信息表

过程代码：

```
Sub 获取 E-mail 地址()'随书案例文件中有每一句代码的含义注释
  Dim Rng As Range
  With CreateObject("VBSCRIPT.REGEXP")
    For Each Rng In Range("a1:a4")
      .Pattern = "\w+([-+.]\w+)*@\w+([-.]\w+)*\.\w+([-.]\w+)*"
      .IgnoreCase = True
      If .test(rng.Text) Then
        Rng.Offset(0, 1) = .Execute(rng.Text)(0)
      Else
        Rng.Offset(0, 1) = "资料不完整"
      End If
    Next Rng
  End With
End Sub
```

执行以上代码后，提取 E-mail 地址的结果如图 12-34 所示。

	A	B
1	张文男http://zhannwen.com25岁ZW@163.com游泳1.7米55公斤	ZW@163.com
2	李高梅女http://hanShen.cn33岁Gaomei.Li@126.cn音乐1.55米43公斤	Gaomei.Li@126.cn
3	杨子江男44岁棒球69公斤	资料不完整
4	朱仝男http://ShuiHu.cn33岁Shuihu_168@yahoo.com电子游戏59公斤	Shuihu_168@yahoo.com

图 12–34　提取 E–mail 地址

思路分析：

E-mail 地址的格式为“用户名@域名”，其中，用户名包括字母、数字、正负号、小数点和下画线，域名包括字母、数字、负号、小数点和下画线。基于此特点，采用“\w”加“[-+.]”组合可以完整匹配用户名部分，而域名部分则采用用户名部分的条件稍加变化即可。其中，“\w”等于“[a-zA-Z_0-9]”。

由于 E-mail 地址只有一个，所以本例不需要循环，直接用“.Execute(Rng.Text)(0)”获取目标即可。其中，参数 0 表示数组的下限，数组在默认状态下的下限为 0。

随书提供案例文件：12-20 提取 E-mail 地址.xlsm

12.3.7 提取文件的路径和名称

案例要求：从文件名称中分别提取文件的路径和名称。

过程代码：

```
'随书案例文件中有每一句代码的含义注释
Sub 分别从全名中提取文件的路径和名称()
  Dim Mystr As String, FileName As String
  With Application.FileDialog(msoFileDialogOpen)
    If .Show = -1 Then FileName = .SelectedItems(1) Else Exit Sub
  End With
  With CreateObject("VBSCRIPT.REGEXP")
    .Pattern = "[^\\]*$"
    Mystr = .Replace(FileName, "")
    .Pattern = ".*\\"
    Mystr = Mystr & Chr(10) & .Replace(FileName, "")
    MsgBox Mystr
```

```
  End With
End Sub
```

执行以上过程，在弹出的对话框中任意选择一个文件，在单击“打开”按钮后，程序会在弹出信息框中显示指定文件的路径和名称，效果如图 12-35 所示。

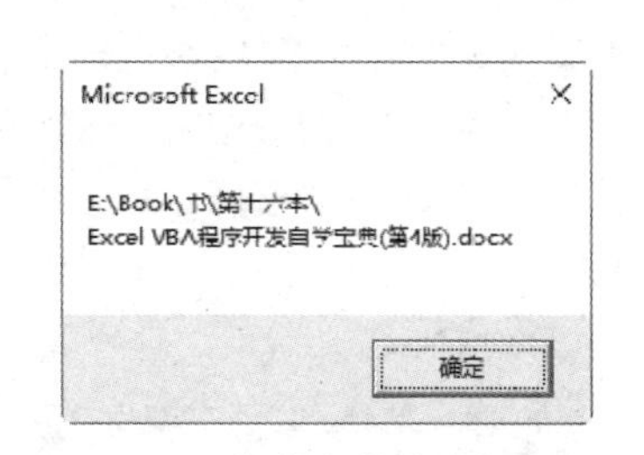

图 12-35　指定文件的路径和名称

思路分析：

文件完整名称是“E:\文件夹\文件名.后缀名”这种格式，文件名称是最后一个“\”右边的字符串，而文件名以外的所有字符即为路径名称。基于此特点，设置搜索条件时找出最后一个“\”的位置即可。

搜索条件“.*\\”表示以任意字符开头，长度为任意位，并且以字符“\”结尾。这正是文件路径的特点；搜索条件“[^\\]*$”表示以“\”以外的任意字符开头、以任意长度的任意字符结尾，而且必须位于行尾。其中，元字符“^”用于排除“\”符号。

随书提供案例文件：12-21 返回文件名与路径.xlsm

12.3.8　汇总人民币

案例要求：“美元:123 元 人民币:44 元 英镑:100 元 美元:44 元 人民币:300.06 元。”字符串中包括多种货币，现要求仅对其中人民币求和。

过程代码：

```
Sub 汇总人民币()'随书案例文件中有每一句代码的含义注释
  Dim Mystr As String, Result As Double, Item
  Mystr = "美元:123 元  人民币:44 元 英镑:100 元 美元:44 元 人民币:300.06 元"
  With CreateObject("VBSCRIPT.REGEXP")
    .Global = True
    .Pattern = "人民币:(\d+.(\d+)?)(?=元)"
    For Each Item In .Execute(Mystr)
      Result = Result + Replace(Item, "人民币:", "")
    Next
    MsgBox Result
  End With
End Sub
```

执行以上过程后，将得到结果 344.06。

过程思路：

从字符串中找规律，我们可以发现待汇总的对象总是以“人民币：”开头、以“元”字结束。利用此特点可以设置匹配条件——“人民币:(\d+.(\d+)?)(?=元)”，它表示获取“人民币：”和“元”中间的数字，可以包括小数点，而“元”字本身不参与匹配。

由于 Excel 不支持反向预查，所以“人民币：”四个字会显示在匹配结果中，需要使用 VBA 的 Replace 函数将它替换。

随书提供案例文件：12-22 仅汇总人民币.xlsm

12.3.9 分列的高级应用

案例要求：如图 12-36 所示为待分列的购物记录表，由于多种物品的购买记录都放在同一个单元格中不利于查看和统计，因此要求使用 VBA 对它们分列，产品、数量和单位分别放在不同的单元格中。

	A
1	花生15公斤，黄豆234斤，大米20袋
2	白菜2公斤，黄花菜45.1KG
3	土豆2袋，米3公斤，豆234.45公斤
4	珍珠米88.3公斤
5	食盐12袋，味精8包

图 12-36　待分列的购物记录表

过程代码：

```
Sub 增强型分列()'随书案例文件中有每一句代码的含义注释
   Dim Mystr As String, i As Byte, arr, LenRng As Byte
   With CreateObject("VBSCRIPT.REGEXP")
      Application.ScreenUpdating = False
      For Each Rng In Range("a1:a5")
         If Len(Rng) > 0 Then
            LenRng = (Len(Rng) - Len(Replace(Rng, ",", "")) + 1) * 3
            arr = Array("[\u4E00-\u9FA5]+|[a-zA-Z]+", "\d+(\.\d*)?", "[\u4E00-\u9FA5]+|[a-zA-Z]+")
            Mystr = Rng.Text
            For i = 1 To LenRng
               .Pattern = arr(((i - 1) Mod 3))
               Rng.Offset(0, i) = .Execute(Mystr)(0)
               Mystr = Mid(Mystr, Len(.Execute(Mystr)(0)) + 1, 99)
               If Left(Mystr, 1) = "," Then Mystr = Mid(Mystr, 2, 99)
            Next i
         End If
      Next Rng
      Application.ScreenUpdating = True
       Range("a1").CurrentRegion.Borders.LineStyle = 1
   End With
End Sub
```

执行以上过程后可得到如图 12-37 所示的结果。

	A	B	C	D	E	F	G	H	I	J
1	花生15公斤，黄豆234斤，大米20袋	花生	15	公斤	黄豆	234	斤	大米	20	袋
2	白菜2公斤，黄花菜45.1KG	白菜	2	公斤	黄花菜	45.1	KG			
3	土豆2袋，米3公斤，豆234.45公斤	土豆	2	袋	米	3	公斤	豆	234.45	公斤
4	珍珠米88.3公斤	珍珠米	88.3	公斤						
5	食盐12袋，味精8包	食盐	12	袋	味精	8	包			

图 12-37　分列效果

思路分析：

本例待分列的字符串包含品名、数量和单位，由于三段字符串的位置都有明显的规律，因此可以通过正则表达式将它们逐一分离出来。

本例的数组变量 arr 中存放了三个字符串，它们分别用于提取品名、数量和单位。

由于在循环语句中正则表达式的匹配条件是逐一使用变量 arr 中第 1 个、第 2 个、第 3 个、第 1 个、第 2 个、第 3 个……元素，因此本例采用 MOD 运算符从变量 arr 中按顺序获取对应的值并赋值为 Pattern 属性。MOD 运算符配合循环语句刚好可以得到 1、2、3、1、2、3……这类有规律的序列。

数据源中的逗号不参与匹配，但是要搜索单位和品名时需要以它作为分界点，因此在使用正则表达式取值之前不能将它替换，而是在逗号左边的值已经完成匹配后再替换。

搜索条件“[\u4E00-\u9FA5]+|[a-zA-Z]+”中的“[\u4E00-\u9FA5]”部分代表任意汉字，“[a-zA-Z]”部分代表任意字母，两者是并列关系，因此中间使用“|”分隔开。在条件中添加

“[a-zA-Z]”的目的在于可以匹配字母组成的品名，但是实际上本例中的品名全是汉字，因此也可以删除这一段代码。不过为了程序的通用性最好保留。

随书提供案例文件：12-23 分列的高级应用.xlsm

12.3.10　删除重复字词

案例要求：在写文章时，在绝大多数情况下，单字或者词组不会连续多次出现，如果连续出现则有可能是错误的。本例要求用正则表达式检查单元格中的文章是否出现重复的单字与词组。

过程代码：

```
Sub 标示重复出现的单字符()'随书案例文件中有每一句代码的含义注释
  Dim Item, Rng As Range
  With CreateObject("VBSCRIPT.REGEXP")
    .Pattern = "(.)\1+"
    .Global = True
      For Each Rng In Range("a1:a2")
      If .Test(Rng) Then
        For Each Item In .Execute(Rng)
          Rng.Characters(Start:=InStr(Rng, Item), Length:=Len(Item)). Font.ColorIndex = 3
        Next
      End If
    Next Rng
  End With
End Sub
```

以上代码适用于在单个字符重复出现时添加标示，如图 12-38 所示为添加标示后的效果。当然重复出现的字符有可能有错，也可能无错，这需要人工判断。而程序代码只需要做到标示重复字符的功能，对于工作的帮助就已不容小觑了。

	A
1	城上风光莺语乱，城下烟波春拍拍。绿杨芳草几时休？泪眼愁肠先已断。
2	情怀渐渐成衰晚，鸾镜朱颜惊暗换换。昔年多病厌芳尊，今日芳尊惟恐浅。
3	

图 12-38　标示重复出现的单字符

以下代码用于检查重复出现的词组，即至少两个字重复出现才标示。例如“一大一小”“高高兴兴”都不算重复，“中国中国”和“ExcelExcel”才算重复。

```
Sub 标示重复出现的词组()'随书案例文件中有每一句代码的含义注释
  Dim Item, Rng As Range
  With CreateObject("VBSCRIPT.REGEXP")
    .Pattern = "(.{2,})\1+"
    .Global = True
      For Each Rng In Range("a1:a2")
      If .Test(Rng) Then
        For Each Item In .Execute(Rng)
          Rng.Characters(Start:=InStr(Rng, Item), Length:=Len(Item)). Font.ColorIndex = 3
        Next
      End If
    Next Rng
  End With
End Sub
```

假设工作表中有如图 12-39 所示的文章——《荷塘月色》，当执行以上过程后，如果文章中出现了重复词组，则会全部标示出来。然后人工核对这些重复词组是否需要修改。

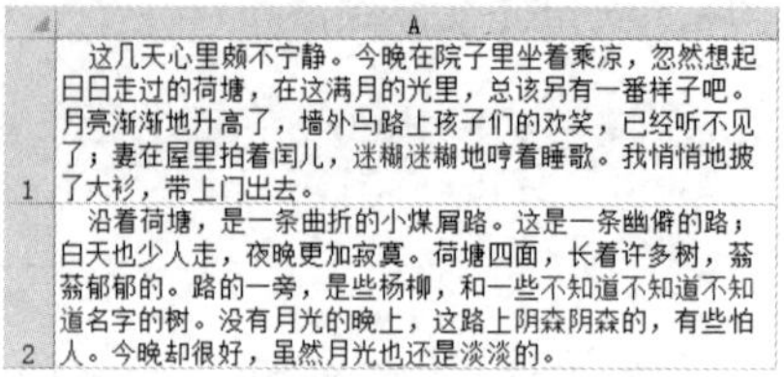

	A
1	这几天心里颇不宁静。今晚在院子里坐着乘凉，忽然想起日日走过的荷塘，在这满月的光里，总该另有一番样子吧。月亮渐渐地升高了，墙外马路上孩子们的欢笑，已经听不见了；妻在屋里拍着闰儿，迷糊迷糊地哼着睡歌。我悄悄地披了大衫，带上门出去。
2	沿着荷塘，是一条曲折的小煤屑路。这是一条幽僻的路；白天也少人走，夜晚更加寂寞。荷塘四面，长着许多树，蓊蓊郁郁的。路的一旁，是些杨柳，和一些不知道不知道名字的树。没有月光的晚上，这路上阴森阴森的，有些怕人。今晚却很好，虽然月光也还是淡淡的。

图 12-39　标示重复出现的词组

过程思路：

第一个过程“(.)\1+”条件可以分三段理解：

（1）“(.)”表示任意一个单字符，为了便于配合后面的“\1”引用，才使用括号。

（2）“\1”组合不是代表数字 1，而是向后引用的匹配模式。数字表示匹配前面的第 1 个子模式。例如“(A)(B)\2”等价于“ABB”，即“\2”表示引用第 2 个子模式；“(A)(B)\1{1,3}”等价于“ABA{1,3}”。

（3）元字符“+”表示重复出现至少一次。本例中的匹配条件对标点符号也有用。

“(.)\1+”所匹配的对象是单个字符至少重复一次的字符串，例如“高高”。

“(.{2,})\1+”所匹配的对象是至少两个字符重复不少于一次的字符串。例如“高兴高兴”或者“狼来了狼来了”。“(.{2,})”表示至少两个字符，“\1+”表示将前面的子模式重复至少一次，将两者组合起来表示重复出现的词组。

如果只需要标示出现三次的词组，可以修改条件为“(.{2,})\1{2}”。后者“{2}”表示重复两次，加上前面的一次则为出现三次的词组。

随书提供案例文件和演示视频：12-24 标示重复字词.xlsm 和 12-24 标示重复字词.mp4

学习正则表达式可以在 VBA 中逐步调试，当然网上也有便利的工具可用。

第 13 章　高阶应用 3：字典

字典的学名是 Dictionary，与 Collection 集合的功能相近，但比它更强大，在实际工作中可以发挥极大的效用。

熟用字典可以提升代码执行效率，也可以促进对数组的掌控能力，因为字典的条目对是以数组形式存在的。本章就字典的语法、属性、方法与应用进行详解。

13.1 Dictionary 对象基础

Dictionary 对象有它独有的方法和属性，而且 Dictionary 对象不是 Excel 内部集成的功能，需要从外部引用，因此在学习字典的应用前有必要了解 Dictionary 对象的基础知识。

13.1.1 Dictionary 对象的调用

Dictionary 对象集成在动态链接库文件 scrrun.dll 中，非 Excel 自带功能，注册 scrrun.dll 文件后才可以调用 Dictionary 对象的属性与方法。

注册 scrrun.dll 的方法是从 Windows 系统的"开始"→"运行"菜单运行以下代码：

```
Regsvr32 scrrun.dll
```

当运行代码后，如果提示成功，那么可以在模块中通过代码调用 Dictionary 对象的资源，否则表明缺少文件，应在其他计算机中将 scrrun.dll 文件复制过来，然后再次运行以上代码。

注册 scrrun.dll 文件后，使用 VBA 代码调用 Dictionary 对象还区分前期绑定和后期绑定，两种绑定方式各有优缺点。

1. 前期绑定

前期绑定是指在"引用"对话框中引用动态链接库文件，前期绑定的优点是输入代码时可以调用 Dictionary 对象的属性与方法列表，从而提升输入代码的速度，同时也避免拼写错误。

添加引用的步骤如下：

STEP 01 在 VBE 窗口中在菜单栏执行"工具"→"引用"命令，打开"引用"对话框。

STEP 02 在引用列表中找到"Microsoft Scripting Runtime"，将其勾选，并单击"确定"按钮，引用 scrrun.dll 文件，如图 13-1 所示。

Windows 系统分为 32 位和 64 位两种版本，在 32 位的 Windows 系统中 scrrun.dll 文件的路径是 C:\Windows\system32\scrrun.dll，而在 64 位的 Windows 系统中 scrrun.dll 文件的路径是 C:\Windows\sysWOW64\scrrun.dll。

添加引用后，可以声明一个名为"New Dictionary"的对象变量，然后通过该变量可调用 Dictionary 对象的一切资源，包括属性与方法。如图 13-2 所示为声明 Dictionary 对象的变量，并在输入变量后自动弹出属性与方法列表。

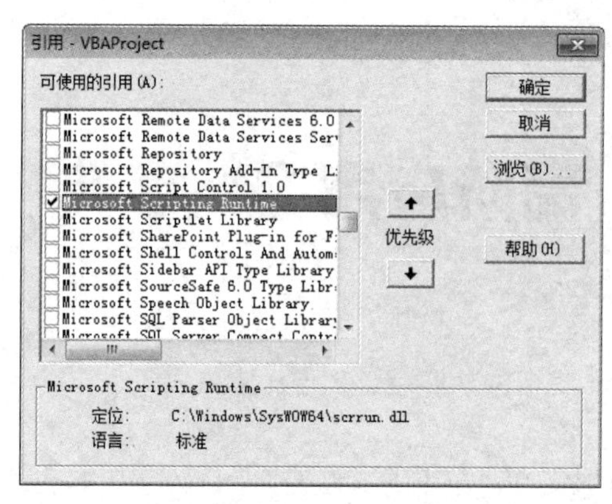

图 13-1　引用 scrrun.dll 文件

图 13-2　属性与方法列表

2. 后期绑定

前期绑定方式有利于程序开发者，可以调用属性与方法列表，但是不利于使用者。当把代码复制给他人后，他人的 Excel 工作簿中没有手工添加引用就无法执行代码。基于此，VBA 允许用户使用后期绑定。

所谓后期绑定，是指定通过代码创建对象引用，它的优点是给用户复制代码后可以直接使用，不管"引用"对话框中是否已经引用"Microsoft Scripting Runtime"。

后期绑定 Dictionary 对象的代码是：

```
CreateObject("scripting.dictionary")
```

当通过 CreateObject 函数创建引用后，就可以调用字典的所有资源了。

后期绑定的缺点是输入代码时不弹出属性与方法列表，用户必须记得 Dictionary 对象的属性和方法名称。你可以做好笔记，需要时复制笔记中的代码来使用，而不用通过记忆来输入代码。

3. 用代码实现全自动绑定

既然动态链接库文件的存放路径总是固定的，我们可以通过手工添加引用实现前期绑定，那么理论上也可以利用代码自动添加引用。

为了实现这个目标，先来了解一些相关知识。

为了预防宏病毒，微软禁止在默认状态设置下用代码去操作 VBE 窗口中的任何对象，不过可以将"信任中心"对话框的"信任对 VBA 工程对象模型的访问"复选框勾选来突破这道防线。

如图 13-3 所示为"信任中心"对话框，按此方法设置后就可以利用代码实现前期绑定 Dictionary 对象。

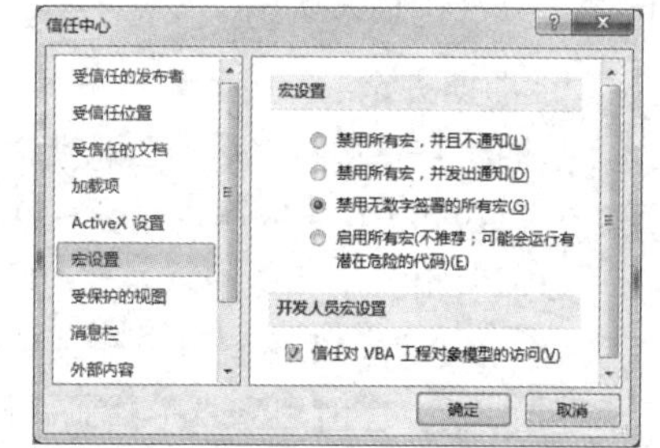

图 13-3　信任中心

利用代码引用 Dictionary 对象，其实就是将 scrrun.dll 文件添加到引用列表。前文已经说过 32 位和 64 位的 Windows 的系统文件的路径是不同的，不过微软特意设置了纠错功能，假设用户使用的是 64 位的 Windows 系统，引用"C:\Windows\system32"路径下的文件时会自动跳转到"C:\Windows\sysWOW64"中去，因此书写代码时可以不用考虑版本问题，直接使用以下代码：

```
Sub 添加字典引用()
 Application.VBE.ActiveVBProject.References.AddFromFile "C:\Windows\system32\scrrun.dll"
```

```
End Sub
```

如果需要删除已引用的 Dictionary 对象，那么可以采用以下代码：

```
Sub 删除 Dictionary 对象的引用()'随书案例文件中有每一句代码的含义注释
  For Each 引用 In ThisWorkbook.VBProject.References
    If 引用.Description = "Microsoft Scripting Runtime" Then
      Application.VBE.ActiveVBProject.References.Remove 引用
      Exit For '终止循环
    End If
  Next 引用
End Sub
```

随书提供案例文件和演示视频：13-1 引用 Dictionary 对象及删除.xlsm 和 13-1 引用 Dictionary 对象及删除.mp4

13.1.2 Dictionary 对象的特点

Dictionary 对象用于存储两个相关联的一维数组，包括条目和关键字，所以也可以将 Dictionary 看作特殊的数组。当对数组知识有足够的了解后，学习 Dictionary 对象会相当轻松。

Dictionary 对象用于存放关键字与条目组成的条目对，如图 13-4 所示，展示了 Dictionary 对象的内部情况。其中，第一行不允许有重复的关键字，第二行允许有重复的条目，每个关键字与每个条目之间一一对应。

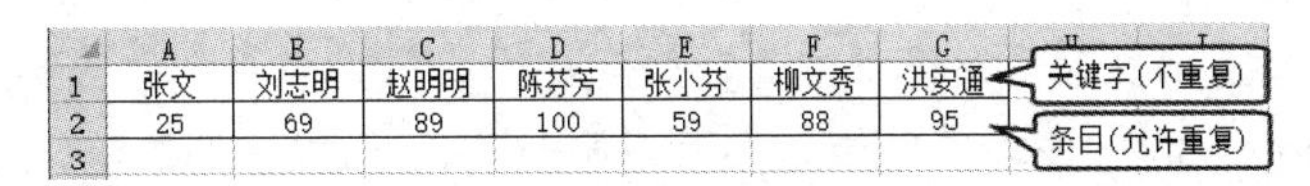

	A	B	C	D	E	F	G
1	张文	刘志明	赵明明	陈芬芳	张小芬	柳文秀	洪安通
2	25	69	89	100	59	88	95
3							

图 13-4　关键字与条目

由于 Dictionary 对象的关键字 Key 具有唯一性，因此可以通过它提取一组数据的唯一值。

前文已经提到过集合对象 Collection 也可以提取一组数据的唯一值，不过提取成功后要将这些唯一值输出到工作表中时只能一个一个地输出，而使用 Dictionary 对象可以借用 Keys 方法一次性输出。

13.1.3 Dictionary 对象的属性与方法

Dictionary 对象有 Add、Items、Keys、Remove、RemoveAll 和 Exists 六种方法和 Item、Key、Count 和 CompareMode 四个属性。

1. Add 方法

功能：添加一对相对应的关键字和条目到 Dictionary 对象，其语法如下：

```
object.Add Key, Item
```

其中，Key 代表关键字，在同一个 Dictionary 对象中不允许出现重复的关键字。关键字宜采用文本形式，所以通常书写代码时通过 CStr 函数将参数转换成 String 型，类似于集合对象 Collection 中 Add 方法的第 2 参数。

Item 参数代表条目，多个条目之间允许重复。条目的数据类型不限。

Key 和 Item 两个参数都是必选参数，所以使用 Add 方法向 Dictionary 对象添加的关键字和条目总是成对的，可通过 Item 方法来访问这一对条目。

以下过程可向 Dictionary 对象中添加一个条目对，关键字是“及时雨”，条目是“宋江”。

```
Sub 添加条目对()
  With CreateObject("scripting.dictionary")    '创建 Dictionary 对象并引用
    .Add "及时雨", "宋江"                     '添加一个条目对，关键字是"及时雨"，条目是"宋江"
  End With
End Sub
```

当然有时只需要关键字，不需要条目，那么可以采用以下两种方法处理：

Object.Add "B", Nothing——向条目中添加空对象。

Object.Add "B", ""——向条目中添加空文本。

由于 Key 关键字具有唯一性，所以不能多次添加相同值到 Key 参数中，否则会出现如图 13-5 所示的错误提示。

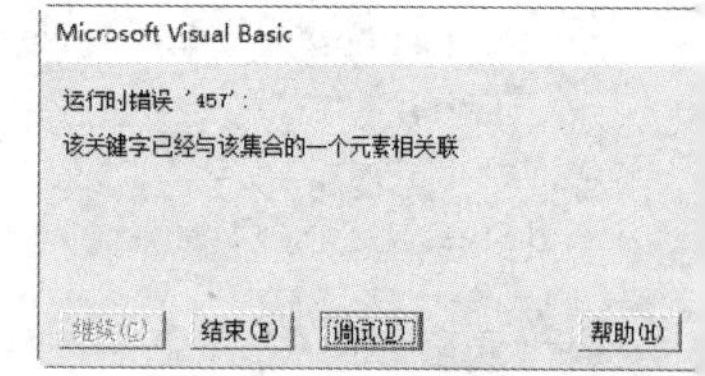

图 13-5　错误提示

随书提供案例文件：13-2 字典的方法和属性.xlsm

2. Key 属性与 Item 属性

Key 属性的功能是设置 Dictionary 对象的关键字，可写不可读。其语法如下：

```
object.Key(key) = newkey
```

Item 属性的功能是返回或者设置 Dictionary 对象的条目，可写亦可读。其语法如下：

```
object.Item(key) [= newitem]
```

其中，“[= newitem]”部分是可选的，如果忽略该部分则表示读取关键字对应的条目。

在集合对象 Collection 中添加的成员是不可以修改的，而通过 Dictionary 对象的 Key 属性与 Item 属性可修改关键字与条目，所以 Dictionary 比集合有着更多的优越性。

以下过程包括使用 Add 方法创建条目对、使用 Item 属性修改与获取关键字所对应的条目、利用 Key 属性修改关键字。我们可以选择过程后按<F8>键逐步运行代码，观察每句代码的执行结果，从而理解 Item 属性与 Key 属性的关系与区别。

```
'使用 Item 属性返回关键字对应的条目，或者设置条目，使用 Key 属性修改关键字名称
Sub Item 属性与 Key 属性()
  With CreateObject("scripting.dictionary")   '创建 Dictionary 对象
    '添加一个条目对，关键字是“及时雨”，条目是“宋江”
    .Add "及时雨", "宋江"
    '使用 Item 属性获取关键字所对应的条目，验证刚才添加的条目对
    MsgBox "关键字：及时雨" & Chr(10) & "条　　目：" & .Item("及时雨"), vbOKOnly, ".Add ""及时雨"", ""
宋江"""
    '使用 Item 属性修改关键字所对应的条目
    .Item("及时雨") = "呼保义"
    '使用 Item 属性获取关键字所对应的条目，验证刚才修改后的条目对
    MsgBox "关键字：及时雨" & Chr(10) & "条　　目：" & .Item("及时雨"), vbOKOnly, " .Item(""及时雨"")
= ""呼保义"""
    '使用 Key 属性修改关键字，Key 属性只有设置作用，没有读取作用，即不能通过 Key 获取关键字
的名称，所以其对应的条目是空的
    .Key("及时雨") = "宋公明"
    '使用 Item 属性获取关键字所对应的条目，验证刚才修改后的条目对
```

```
        MsgBox "关键字：及时雨" & Chr(10) & "条        目：" & .Item("及时雨"), vbOKOnly, "Key(""及时雨"")
= ""宋公明"""
    End With
End Sub
```

执行过程后将分别弹出三个信息框，每个信息框的标题是代码，信息框的内容是该代码对应的执行结果，如图 13-6 至图 13-8 所示。

图 13-6　创建条目对的结果

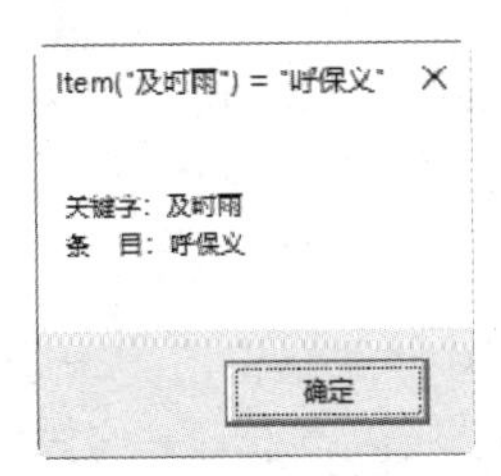

图 13-7　修改条目的结果

图 13-8　修改关键字的结果

假设通过 Item 属性修改关键字对应的条目时没有发现参数所指定的关键字，那么代码将会创建一个新的条目对。

例如，通过 Add 方法创建了一个关键字是“及时雨”、条目是“宋江”的条目对，然后通过 Item 属性修改关键字“呼保义”对应的条目，由于 Dictionary 对象中本不存在名为“呼保义”的关键字，那么它会创建一个新的条目对。代码如下：

```
'使用 Item 属性添加条目对，和 Add 方法功能相近，用法不同
'Add 方法只能添加新的关键字与条目，而 Item 属性既可以新建也可以修改原有关键字所对应的条目
Sub 利用 Item 属性创建条目对()
    With CreateObject("scripting.dictionary") '创建 Dictionary 对象
        .Add "及时雨", "宋江"              '添加一个条目对，关键字是“及时雨”，条目是“宋江”
        .Item("呼保义") = "宋江"          '添加一个条目对，关键字是“呼保义”，条目是“宋江”
        '分别验证关键字“及时雨”和“呼保义”及其对应的条目
        MsgBox "关键字：及时雨" & Chr(10) & "条目：" & .Item("及时雨")
        MsgBox "关键字：呼保义" & Chr(10) & "条目：" & .Item("呼保义")
    End With
End Sub
```

执行以上代码后，在 Dictionary 对象中将存在两个条目对，分别为关键字“及时雨”对应条目“宋江”，关键字“呼保义”对应条目“宋江”。

基于此特性，也可以采用 Item 属性创建 Dictionary 的条目对，不再局限于 Add 方法，而且还可以将 Item 属性配合循环语句使用，反复修改（累加或者递减）关键字对应的条目的值。

```
'利用 Item 属性累加关键字对应的条目，可用此技术对数据分类汇总，实现数据透视表相近的功能
Sub Item 方法创建条目对和累加条目()
    With CreateObject("scripting.dictionary")  '创建 Dictionary 对象
        .Item("一车间") = 80                  '添加一个条目对，关键字是"一车间"，条目是 80
        .Item("二车间") = 90                  '添加一个条目对，关键字是"二车间"，条目是 90
        .Item("一车间") = .Item("一车间") + 100 '累加关键字“一车间”的值
        .Item("二车间") = .Item("二车间") + 120 '累加关键字“二车间”的值
        '分别验证关键字“一车间”和“二车间”及其对应的条目
        MsgBox "关键字：一车间" & Chr(10) & "条目：" & .Item("一车间")
        MsgBox "关键字：二车间" & Chr(10) & "条目：" & .Item("二车间")
```

```
    End With
End Sub
```

以上过程通过 Item 属性创建了两个条目对，然后通过 Item 属性累加条目的值，最后的结果是关键字“一车间”对应的值为 180，关键字“二车间”对应的值为 210。

使用此思路可以对数据分类汇总，在后面的案例中将有详细展示。

3. Keys 方法与 Items 方法

Keys 方法可返回一个没有重复值的一组数据，该数组包含一个 Dictionary 对象中的全部关键字，即从 Dictionary 中获取第一行数据。其语法如下：

```
object.Keys
```

Keys 方法的返回值可导出到区域中，可赋值给列表框，也可以直接赋值给数组变量，或者通过 Join 函数将它合并为一个字符串。所以在取唯一值方面，Dictionary 对象比高级筛选、删除重复项、数据透视表和集合对象都更强大。

Items 方法也能返回一个一维数组，该数组包含一个 Dictionary 对象中的全部条目，即从 Dictionary 中获取第二行数据。其语法如下：

```
object.Items
```

以下过程先用 Add 方法向 Dictionary 中创建 4 个条目对，然后分别通过 Keys 方法和 Items 方法将两个一维数组输入到 A、B 列中：

```
'利用 keys 方法和 Items 方法输出所有关键字和所有条目
Sub Keys 与 Items 方法输入数组()
  With CreateObject("scripting.dictionary")     '创建 Dictionary 对象
    .Add "及时雨", "宋江"                        '添加第一个条目对
    .Add "黑旋风", "李逵"                        '添加第二个条目对
    .Add "拼命三郎", "石秀"                      '添加第三个条目对
    .Add "呼保义", "宋江"                        '添加第四个条目对
    Range("A1:A4") = WorksheetFunction.Transpose(.Keys) '将 4 个关键字导出到 A1:A4 区域中
    Range("B1:B4") = WorksheetFunction.Transpose(.Items) '将 4 个条目导出到 B1:B4 区域中
  End With
End Sub
```

由于 Keys 和 Items 的返回值都是一维数组，横向排列，所以导出到 A1:A4 和 B1:B4 区域前需要利用工作表函数 Transpose 转置方向。输出关键字与条目到工作表中的结果如图 13-9 所示。

事实上，也可以通过 Join 函数将关键字与条目显示在信息框中，将过程中最后两句修改为以下语句即可，输入结果如图 13-10 所示。

	A	B
1	及时雨	宋江
2	黑旋风	李逵
3	拼命三郎	石秀
4	呼保义	宋江
5		

图 13-9　输出关键字与条目到工作表中

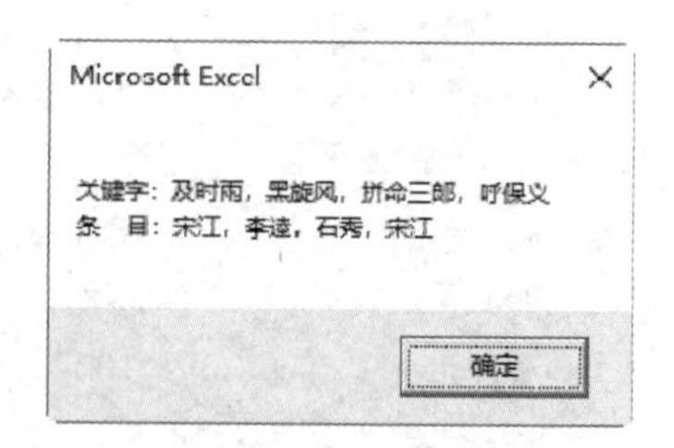

图 13-10　将关键字与条目显示在信息框中

```
MsgBox "关键字：" & Join(.Keys, "，") & Chr(10) & "条目：" & Join(.Items, "，")
```

Items 和 Keys 都是 Dictionary 对象的方法而不是属性，不能通过索引号引用其中单个元素。

如果一定要获取单个元素，应借助数组变量实现。

例如，获取索引号为 2 的关键字和条目，可在过程中插入以下代码：

```
'将关键字和条目输出到数组中，再通过数组的索引号获取其中单个元素的值
Sub 获取索引号为 2 的关键字与条目()
  With CreateObject("scripting.dictionary")        '创建 Dictionary 对象
    .Add "及时雨", "宋江"                           '添加第一个条目对
    .Add "黑旋风", "李逵"                           '添加第二个条目对
    .Add "拼命三郎", "石秀"                         '添加第三个条目对
    .Add "呼保义", "宋江"                           '添加第四个条目对
    Dim arr1, arr2                                  '声明两个变体量变量
    arr1 = .Keys                                    '将关键字赋予 arr1
    arr2 = .Items                                   '将条目赋予 arr2
    '将数组中的索引号为 2 的值显示在信息框中
    MsgBox "关键字：" & arr1(2) & Chr(10) & "条目：" & arr2(2)
  End With
End Sub
```

4. Remove 方法 RemoveAll 方法

Remove 方法用于从一个 Dictionary 对象中删除一个关键字和条目对。其语法如下：

```
object.Remove(key)
```

Remove 方法一次只能删除一个关键字和条目，而 RemoveAll 方法可以删除所有条目对。其语法如下：

```
object.RemoveAll
```

5. Exists 方法

Exists 方法用于判断 Dictionary 对象中是否包含某个关键字，如果返回值为 True，表示该关键字存在，否则不存在。其语法如下：

```
object.Exists(key)
```

6. Count 属性

Count 属性可返回 Dictionary 对象中的条目数量。语法如下：

```
object.Count
```

通常在导出 Dictionary 对象的关键字或者条目之前需要计算条目数量，然后根据此数量重置区域的高度或者宽度，最后将关键字或者条目导出到区域中。

前面的 Sub 过程“Keys 与 Items 方法输入数组”中的代码“ Range("A1:A4") = WorksheetFunction.Transpose(.Keys)”就有必要修改区域地址 A1:A4，从而提升代码的通用性。修改的思路是先计算关键字的数量，然后根据此数量重置 Range("A1")的高度产生一个新的区域，此区域的单元格个数对应 Dictionary 中关键字的个数。完整代码如下：

```
Range("A1").Resize(.count,1) = WorksheetFunction.Transpose(.Keys)
```

7. CompareMode 属性

CompareMode 属性用于设置或返回某个 Dictionary 对象中的比较字符串的比较模式。简单而言，是指比较关键字时是否需要区分大小写，默认值为 0，表示区分大小写。

修改或者返回 CompareMode 属性的语法如下：

```
object.CompareMode[ = compare]
```

对参数 compare 赋值为 vbBinaryCompare 时表示区分大小写，赋值为 vbTextCompare 时表示不区分大小写。

13.2 Dictionary 对象的应用技巧

由于 Dictionary 的 Key 关键字具有唯一性，无法添加多个同名的 Key，所以在实际工作中常用它获取唯一值。同时由于 Dictionary 属于内存数组，可以在内存中执行数据处理，通常使用 Dictionary 对象来对代码提速。下面从取唯一值和提速方面展示 Dictionary 的五个应用案例。

13.2.1 利用 Dictionary 创建三级选单

案例要求：如图 13-11 所示的数据源中包含了省份、市、县名称，现要求在“三级选单”工作表的 A 列、B 列和 C 列中创建相关联的三级选单。例如，在 A 列的选单列表中只出现省份名称，在 B 列的选单列表中只出现隶属于 A 列指定省份的市名，而在 C 列的选单列表中则只出现隶属于 A 列、B 列指定的省市的县名。

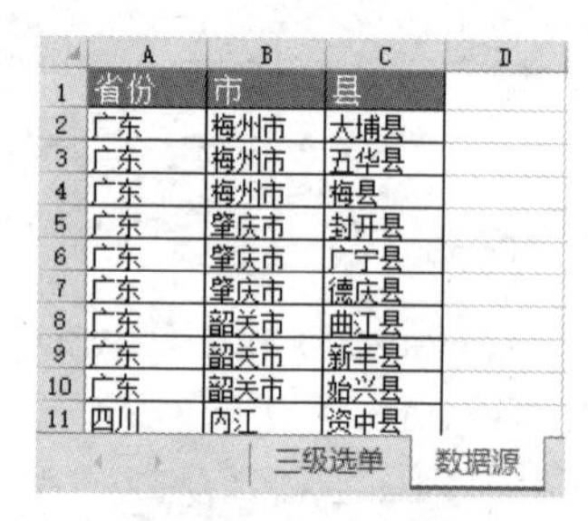

	A	B	C	D
1	省份	市	县	
2	广东	梅州市	大埔县	
3	广东	梅州市	五华县	
4	广东	梅州市	梅县	
5	广东	肇庆市	封开县	
6	广东	肇庆市	广宁县	
7	广东	肇庆市	德庆县	
8	广东	韶关市	曲江县	
9	广东	韶关市	新丰县	
10	广东	韶关市	始兴县	
11	四川	内江	资中县	

图 13-11　数据源

过程代码：

```
'①代码存放位置：Sheet1 的代码窗口中。②随书案例文件中有每一句代码的含义注释
Private Sub Worksheet_Change(ByVal Target As Range)
    If Target.Column = 1 Then Target(1).Offset(0, 1).Resize(1, 2).ClearContents
    If Target.Column = 2 Then Target(1).Offset(0, 1).ClearContents
End Sub

Private Sub Worksheet_SelectionChange(ByVal Target As Range)
    If Target.Column > 3 Then Exit Sub
    Dim i As Integer, arr(), Mystr As String
    On Error Resume Next
    With CreateObject("Scripting.Dictionary")
        arr = Worksheets("数据源").Range("A2").Resize(Worksheets("数据源").UsedRange.Rows.Count - 1,
3).Value
        Select Case Target.Column
        Case 1
          For i = 1 To UBound(arr, 1)
          .Add CStr(arr(i, 1)), ""
          Next
          Mystr = Join(.keys, ",")
          With Target(1).Validation
          .Delete
          .Add Type:=xlValidateList, AlertStyle:=xlValidAlertStop, Formula1:=Mystr
          End With
        Case 2
          For i = 1 To UBound(arr, 1)
            If Target(1).Offset(0, -1) = arr(i, 1) Then
            .Add CStr(arr(i, 2)), ""
            End If
```

```
            Next
            Mystr = Join(.keys, ",")
            With Target(1).Validation
            .Delete
            .Add Type:=xlValidateList, AlertStyle:=xlValidAlertStop, Formula1:=Mystr
            End With
          Case 3
            For i = 1 To UBound(arr, 1)
              If Target(1).Offset(0, -2) = arr(i, 1) And Target(1).Offset(0, -1) = arr(i, 2) Then
              .Add CStr(arr(i, 3)), ""
              End If
            Next
            Mystr = Join(.keys, ",")
            With Target(1).Validation
            .Delete
            .Add Type:=xlValidateList, AlertStyle:=xlValidAlertStop, Formula1:=Mystr
            End With
          End Select
        .RemoveAll
    End With
End Sub
```

将以下代码存放在“三级选单”工作表的代码窗口中，然后返回工作表界面，进入“三级选单”的 A 列，单击 A 列的任意单元格后会弹出如图 13-12 所示的一级选单，其列表中包含了“数据源”工作中的所有省份名称。

当从列表中选择“四川”后，再选择它右边的单元格，单元格中会产生如图 13-13 所示的二级选单，其列表中包含了“数据源”工作表中的对应于四川省的所有市名。

当从列表中选择“成都”后，再选择它右边的单元格，单元格中会产生如图 13-14 所示的三级选单，其列表中包含了“数据源”工作表中的对应于四川省、成都市的所有县名。

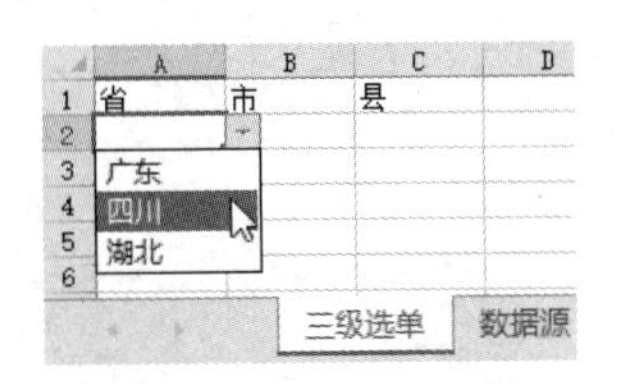

图 13–12　一级选单

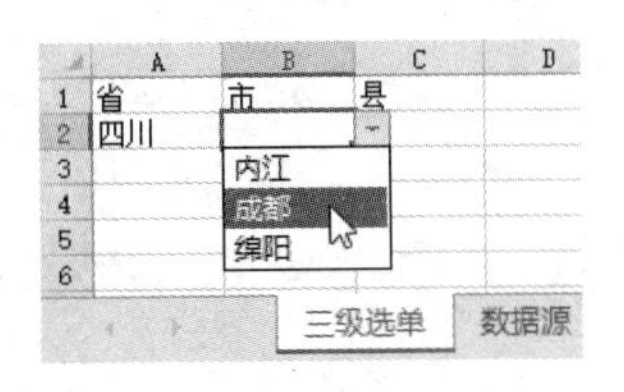

图 13–13　二级选单

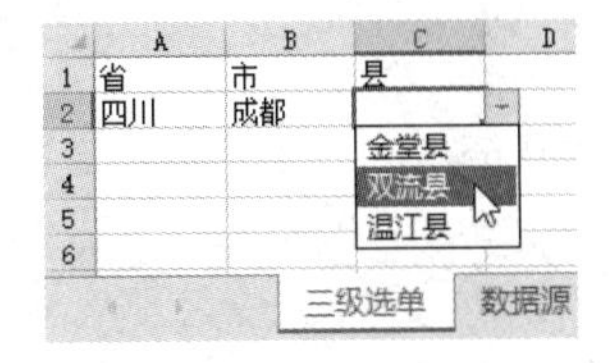

图 13–14　三级选单

思路分析：

三级选单是在选择单元格时产生的，因此创建三级选单的代码应放在 Worksheet_SelectionChange 事件过程中。同时由于三个选单只出现在 A 列、B 列和 C 列，因此在过程中首先使用条件语句判断 Target 的列号是否大于 3，大于 3 时直接结束过程。

接下来的工作是根据活动单元格的列号创建对应的选单。首先将“数据源”工作表中的省、市、县名称导入到数组 arr 中，后续的数据读取操作都基于数组，而非单元格，从而提升代码的执行速度。

然后使用 Select Case 语句判断当前选区的列号是几，如果是 1，那么使用 For Next 循环语句遍历数组 arr 的第一列，使用 Dictionary 的 Add 方法将所有省份添加到 Dictionary 的关键字中，从而取出不重复的省份名称，然后通过 Join 函数将 Dictionary 的关键字转换成字符串输入数据有效性的序列来源中，从而让单元格产生下拉选单，选单中包含不重复的省份名称。

如果 Select Case 语句的判断结果是 2，那么仍然遍历数组的第一列中的省份名称，使用它与当前选区左边的单元格进行比较，如果相同，那么将数组中的这些省份名称右边的市名导入 Dictionary 对象的关键字中，从而提取不重复的市名。最后用 Join 函数将 Dictionary 的关键字转换成字符串输入到数据有效性的序列来源中，从而让单元格产生第二级下拉选单，选单中包含不重复的市名。

如果 Select Case 语句的判断结果为 3，那么参照结果为 2 的相同思路处理，仅仅是比较时多一个条件，需要同时满足省、市名称一致才将数组 arr 中第 3 列的值导入到 Dictionary 对象的关键字中。

本例的 Worksheet_Change 事件过程的功能是：修改 A 列的值时清除右边两个单元格，修改 B 列的值时清空右边一个单元格。清空单元格的目的是避免右边的市或者县与当前选择的省或者市名没有隶属关系，从而强制用户重新选择正确的市名或者县名。

随书提供案例文件和演示视频：13-3 创建三级选单.xlsm 和 13-3 创建三级选单.mp4

13.2.2 分类汇总

案例要求：如图 13-15 所示，A1:C12 为产品出库表，要求对各产品进行分类汇总，将结果存放在 E 列、F 列中。

	A	B	C	D	E	F
1	日期	产品	出库数		产品	出库合计
2	2014/7/2	梅花刀	54		梅花刀	91
3	2014/7/2	一字刀	20		一字刀	62
4	2014/7/2	六角螺丝	28		六角螺丝	28
5	2014/7/3	钳子	23		钳子	23
6	2014/7/4	一字刀	13		2号钉	80
7	2014/7/4	梅花刀	14		改锥	35
8	2014/7/4	2号钉	38			
9	2014/7/5	梅花刀	23			
10	2014/7/6	2号钉	42			
11	2014/7/6	改锥	35			
12	2014/7/6	一字刀	29			

图 13–15　对产品出库表分类汇总

过程代码：

```
Sub 分类汇总()'随书案例文件中有每一句代码的含义注释
  On Error Resume Next
  With CreateObject("scripting.dictionary")
    For Item = 2 To Cells(Rows.Count, 2).End(xlUp).Row
      .Item(CStr(Cells(Item, 2))) = .Item(CStr(Cells(Item, 2))) + Cells(Item, 3).Value
    Next
    Range("E1:F1") = Array("产品", "出库合计")
    Range("e2").Resize(.Count, 1) = WorksheetFunction.Transpose(.keys)
    Range("F2").Resize(.Count, 1) = WorksheetFunction.Transpose(.items)
    Range("e1").CurrentRegion.Borders.LineStyle = 1
  End With
End Sub
```

执行以上代码后可以实现分类汇总效果，类似于数据透视表的汇总功能。

思路分析：

对数据分类汇总主要包含两项内容，其一是提取产品名称的唯一值，而 Dictionary 对象的关键字刚好具备唯一性，因此宜用 Dictionary 对象实现本例需求。

其二是逐一累加每个产品名称所对应于 C 列的出库数，由于 Dictionary 对象的条目可以随意修改，因此在循环语句中修改 Dictionary 对象的 Item 属性即可实现累加产品的出库数量。

由于 Dictionary 对象的 Keys 方法和 Items 方法只能输出一维的横向数组，本例需要将结果纵向存放，所以需要使用工作表函数 Transpose 将它转置方向后再输出到单元格中。

事实上，本例也可以使用数据透视表实现分类汇总，完整代码如下：

```
Sub 生成透视表()
  '创建透视表，使用 R1C1 样式，其中“R1C2:R12C3”即 B1:C12 区域，表示数据源
'而“R1C5”即 E1 单元格，表示存放透视表单元格（仅指定目标区域左上角的单元格）
  With ActiveWorkbook.PivotCaches.Create(xlDatabase, "R1C2:R12C3"). CreatePivotTable("R1C5")
  '将“产品”字段的位置设置为“行标签”
  ActiveSheet.PivotTables(1).PivotFields("产品").Orientation = xlRowField
  With ActiveSheet.PivotTables(1).PivotFields("出库数") '引用“出库数”字段
    .Orientation = xlDataField   '将该字段的位置设置为“数值”字段，即汇总对象
    .Function = xlSum '将“数值”字段的汇总方式设置为求和，如果改用 xlAverage 则是求平均值
    End With
  End With
End Sub
```

透视表的汇总功能很强大，只不过结果只能存放在区域中。Dictionary 对象产生的汇总结果在数组中，其优点是可以在内存中执行下一步运算，运算完后再输出到单元格中。

 随书提供案例文件：13-4 分类汇总.xlsm

13.2.3 对多列数据相同者应用背景色

案例要求：当工作簿中数据太多时，对整个数据区域添加条件格式将造成工作簿占用空间偏大，开启速度降低的问题。现要求使用 Dictionary 对象的技术对如图 13-16 所示的姓名、班级、学号与性别皆相同者添加背景色，不允许使用条件格式实现。

过程代码：

```
Sub 对四列皆相同者添加背景色()'随书案例文件中有每一句代码的含义注释
  Dim Rng As Range, i As Integer
  On Error Resume Next
  With CreateObject("scripting.dictionary")
    For Item = 2 To Cells(Rows.Count, 1).End(xlUp).Row
      .Add Cells(Item, 1).Value & "@" & Cells(Item, 2).Value & "@" & Cells(Item, 4).Value & "@" &
Cells(Item, 5).Value, ""
      If Err.Number <> 0 Then
        If Rng Is Nothing Then
          Set Rng = Cells(Item, 1).Resize(1, 5)
        Else
          Set Rng = Union(Rng, Cells(Item, 1).Resize(1, 5))
        End If
      End If
      Err.Clear
    Next
  End With
  If Not Rng Is Nothing Then Rng.Interior.ColorIndex = 3
End Sub
```

执行以上过程，当工作表中 A、B、D、E 四列的值完全相同时将会自动添加红色背景。如图 13-16 和图 13-17 所示分别为着色前后的成绩表。

	A	B	C	D	E
1	姓名	班级	成绩	学号	性别
2	钱	一班	75	101	男
3	孙	一班	68	471	女
4	李	二班	73	308	男
5	周	一班	75	120	男
6	吴	一班	77	395	男
7	郑	一班	61	696	女
8	王	二班	99	201	女
9	李	二班	74	308	男
10	陈	三班	82	676	男
11	褚	三班	68	492	男

图 13-16　着色前的成绩表

	A	B	C	D	E
1	姓名	班级	成绩	学号	性别
6	吴	一班	77	395	男
7	郑	一班	61	696	女
8	王	二班	99	201	女
9	李	二班	74	308	男
10	陈	三班	82	676	男
11	褚	三班	68	492	男
12	卫	一班	72	329	男
13	蒋	二班	66	522	男
14	沈	二班	99	381	男
15	吴	一班	83	395	男
16	杨	一班	62	431	女

图 13-17　着色后的成绩表

思路分析：

本例中要求四列数据都完全相同才算重复，因此将四列的值串联起来输入 Dictionary 对象的关键字中，然后根据 Add 方法在执行期间是否出错判断数据是否重复，当数据重复时 Err.Number 属性的值必定不等于 0。因此本例的重点在于 Dictionary 对象的 Add 方法以及计算 Err.Number。

在串联四列数据时，为了提升代码的通用性，在其中加入了间隔符“@”。例如第二行 B 列的值是 1，C 列的值是 23，两者串联后结果为 123，假设第三行 B 列的值为 12，C 列的值是 3，两者串联后的结果仍然是 123。当代码中加入了分隔符“@”后不会判断失误。

本例代码中使用了 Union 方法将多个符合条件的区域合并为一个 Range 对象，待循环完成后再一次性对 Rng 变量所代表的区域进行着色，此举可以大大提升工作效率。

随书提供案例文件：13-5 标示重复值.xlsm

13.2.4　按姓名计数与求产量平均值

案例要求：如图 13-18 所示为月产量冠军信息表，B 列和 C 列包含了月产量冠军的姓名和该月的产量，现要求在 E 列到 G 列中罗列出不重复的产量冠军、每人夺冠次数和平均产量。

	A	B	C	D	E	F	G
1	月份	产量冠军	产量		产量冠军	夺冠次数	平均产量
2	一月	朱华青	998		朱华青	3	906.667
3	二月	陈真亮	977		陈真亮	4	972
4	三月	朱华青	905		黄花秀	3	900.333
5	四月	黄花秀	956		陈秀敏	1	985
6	五月	陈秀敏	985				
7	六月	黄花秀	895				
8	七月	陈真亮	960				
9	八月	朱华青	817				
10	九月	陈真亮	974				
11	十月	黄花秀	850				
12	十一月	陈真亮	977				

图 13-18　月产量冠军信息表

过程代码：

```
Sub 分类计数与求平均()'随书案例文件中有每一句代码的含义注释
    Dim i As Integer, Dic1 As Object, Dic2 As Object, NameArr(), CountArr()
    On Error Resume Next
    Set Dic1 = CreateObject("scripting.dictionary")
    Set Dic2 = CreateObject("scripting.dictionary")
    For i = 2 To Cells(Rows.Count, 2).End(xlUp).Row
        Dic1.Item(CStr(Cells(i, 2))) = Dic1.Item(CStr(Cells(i, 2))) + 1
        Dic2.Item(CStr(Cells(i, 2))) = Dic2.Item(CStr(Cells(i, 2))) + Cells(i, 3).Value
    Next
    NameArr = Dic1.keys
```

```
    CountArr = Dic1.items
    For i = 0 To UBound(CountArr)
        Dic2.Item(NameArr(i)) = Dic2.Item(NameArr(i)) / CountArr(i)
    Next i
    Range("E1:G1") = Array("产量冠军", "夺冠次数", "平均产量")
    Range("E2").Resize(Dic1.Count, 1) = WorksheetFunction.Transpose(NameArr)
    Range("F2").Resize(Dic1.Count, 1) = WorksheetFunction.Transpose(CountArr)
    Range("G2").Resize(Dic2.Count, 1) = WorksheetFunction.Transpose(Dic2.items)
    Range("E1").CurrentRegion.Borders.LineStyle = 1
End Sub
```

执行以上代码，将返回图 13-18 中 E1:G5 所示结果。

思路分析：

Dictionary 对象包含两个一维数组，本例中要产生三个一维数组，因此需要创建两个 Dictionary 对象。其中，第一个 Dictionary 对象 Dic1 用于存放不重复的产量冠军和对应的夺冠次数；第二个 Dictionary 对象用于存放不重复的产量冠军和对应的产量总和——在循环语句执行期间无法取得产量的平均值，只能取得累加值，因此采用先累加后转换成平均值的思路。

当通过循环取得每个产量冠军的夺冠次数和对应的产量合计后，再一次通过循环语句将产量合计除以夺冠次数得到平均产量，最后将它们输出到工作表的 E 列、F 列和 G 列中。

当过程中需要使用多个 Dictionary 对象时，不宜使用 With 语句引用 CreateObject ("scripting.dictionary")，而是将 CreateObject("scripting.dictionary")创建的对象赋予变量，然后通过变量去调用 Dictionary 对象的属性与方法。

本例和前一例一样可以使用数据透视表来完成同等需求，随书案例文件中提供了透视表代码。

随书提供案例文件：13-6 计算产量冠军的夺冠次数和平均产量.xlsm

13.2.5 按品名统计半年的产量合计

案例要求：如图 13-19 所示，A 列到 H 列包含了公司半年的产量明细，现要求按品名统计半年的产量合计，将结果放在 J1:K5 区域。

	A	B	C	D	E	F	G	H	I	J	K
1	车间	产品	一月	二月	三月	四月	五月	六月		品名	合计
2	一车间	镙丝	10822	10134	10318	9158	9208	11099		镙丝	121746
3	一车间	扳手	8056	11043	11258	10836	8181	9656		扳手	117351
4	一车间	梅花刀	11451	11162	9494	11848	11486	8225		梅花刀	186214
5	二车间	镙丝	11799	9456	10099	11069	8214	10370		老虎钳	119265
6	二车间	扳手	9875	9192	10491	10591	9055	9117			
7	二车间	梅花刀	11320	11299	10357	11945	11644	8907			
8	二车间	老虎钳	10781	11920	8975	10136	8425	11998			
9	三车间	梅花刀	10705	8062	10301	8400	8412	11196			
10	三车间	老虎钳	9138	8182	9183	9528	9204	11795			

图 13-19　按品名统计半年的产量合计

过程代码：

```
Sub 使用 Dictionary 对产品的产量汇总()'随书案例文件中有每一句代码的含义注释
    Dim i As Integer
    On Error Resume Next
    With CreateObject("scripting.dictionary")
        For i = 2 To ActiveSheet.UsedRange.Rows.Count
            .Item(CStr(Cells(i, 2))) = .Item(CStr(Cells(i, 2))) + WorksheetFunction. Sum(Range("C" & i & ":H" & i))
        Next i
```

```
        Range("j1:k1") = Array("品名", "合计")
        Range("j2").Resize(.Count, 1) = WorksheetFunction.Transpose(.keys)
        Range("k2").Resize(.Count, 1) = WorksheetFunction.Transpose(.items)
        Range("j1").CurrentRegion.Borders.LineStyle = 1
    End With
End Sub
```

思路分析：

本例的数据源分布在 6 列中，使用数据透视表和 Dicrionary 对象都无法直接汇总。

本例的思路是利用工作表函数 Sum 合计每一行的产量，从而将 6 列数据转换成单列数据，然后把它们输入到 Dicrionary 对象的条目中去。

本例通过循环语句将产品名称输入 Dicrionary 对象的关键字中，从而去除重复值，在输入关键字的同时将每一个关键字所代表的产品的产量累计到条目中。当循环完成后，Dicrionary 对象的关键字将会包含所有不重复的产品名称，而条目中则包含了每一个产品名称的累计产量。

最后将 Dicrionary 对象的关键字和条目转置方向，并通过 Keys 方法和 Items 方法导出到工作表中。

 随书提供案例文件：13-7 按品名统计半年内的产量合计.xlsm

第 14 章　高阶应用 4：设计窗体

窗体可以实现与表格的交互，也可以通过窗体设计出精美的操作界面。

善用窗体和窗体中的控件可以使自己的程序更具个性化，并增强 Excel 的功能。

14.1 UserForm 简介

UserForm 即用户窗体，通过窗体可以操作工作簿、工作表、单元格、批注、图形对象等，也可利用窗体设计一个单独的操作界面，完全脱离单元格、工作表等数据载体而工作。

14.1.1 窗体与控件的用途

VBA 中的窗体与控件主要用于以下几个方面：

◆ 设计登录窗口

◆ 制作数据输入界面

◆ 制作数据查询界面

◆ 设计选项设置窗口

◆ 制作程序帮助

本章将对以上各类用途做案例演示。

14.1.2 插入窗体与添加控件的方法

设计窗体的两个基本步骤是插入用户窗体和在窗体中添加控件。

1. 插入用户窗体

插入用户窗体的方法是打开 VBE 窗口，在菜单栏执行“插入”→“用户窗体”命令，然后在当前工程中将会出现一个名为“UserForm1”的窗体，效果如图 14-1 所示。

插入用户窗体需要注意以下三点：

（1）必须在有工作簿的前提下才能插入窗体，没有工作簿时菜单将呈禁用状态。

（2）当工程受密码保护时，必须先解除保护，然后才能插入窗体。

（3）当打开多个工作簿时，只能在当前选中的工程中插入窗体，而当前选中的工程不一定隶属于活动工作簿。

2. 在窗体中添加控件

控件位于工具箱中，而工具箱中的控件只能在窗体中才能发挥作用。

在默认状态下，工具箱处于隐藏状态，只有插入用户窗体后才会显示出来。

在窗体中添加控件必须先选中工具箱中的控件，然后按下鼠标左键并将其拖动到窗体中。如图 14-2 所示为将命令按钮添加到窗体中的过程。

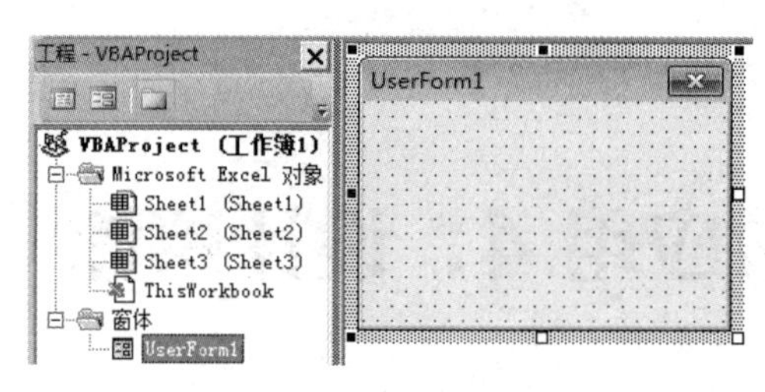

图 14-1 插入用户窗体

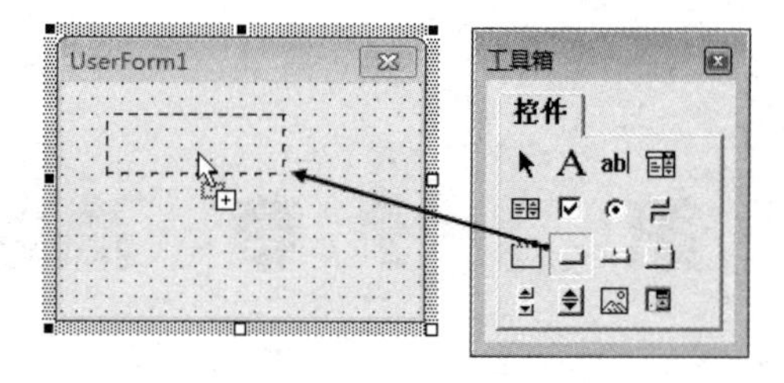

图 14-2 将命令按钮添加到窗体中

要了解工具箱中每个控件的名称，可以将鼠标指针移动到控件之上，Excel 会产生一个提示框，在提示框中标注控件的名称。

14.2 窗体控件一览

没有控件的窗体是没有存在价值的。下面介绍可以用于窗体中的常用控件的名称、功能，以及外观。

14.2.1 标签

标签的代码名称是 Label，它在工具箱中的图标为 A。

在窗体中添加标签控件后，标签的默认名称和默认的标题由控件名称加编号组成，第一个标签控件的名称和标题是“Label1”，第二个标签的默认名称和默认标题是“Label2”。

标签控件的功能是在窗体中显示说明性的文本。如图 14-3 所示的窗体中使用了两个标签控件，选中的那个标签的名称是“Label1”，其 Caption 属性值已经由“Label1”被修改为“请选择学历：”。

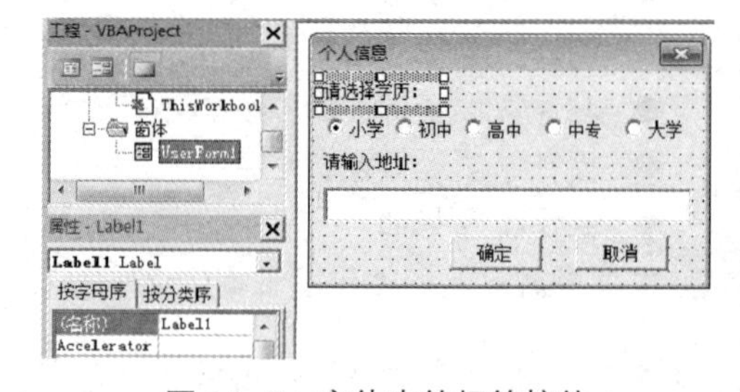

图 14-3 窗体中的标签控件

标签控件显示出来的字符在窗体执行阶段是不可修改的，只能在设计窗体时才能做修改。

随书提供演示视频：14-1 窗体设计演示.mp4

14.2.2 文本框

文本框的代码名称是 TextBox，它在工具箱中的图标为 abl。

在窗体中添加文本框控件后，文本框的默认名称将由“TextBox”和编号组成。例如，添加第二个文本框后，它的默认名称是“TextBox2”。

文本框的用途是运行窗体时让用户输入文字或者数值，如图 14-3 所示的“请输入地址：”下方的控件就是文本框。

文本框有名称、没有标题（即 Caption 属性）。

14.2.3 命令按钮

命令按钮的代码名称是 CommandButton，它在工具箱中的图标为 。

命令按钮的功能是用于执行一个或者多个任务。它的默认名称和标题皆由

“CommandButton”与编号组成。与标签控件一样，命令按钮的名称和标题都无法在运行窗体过程中修改。

图 14-3 中的“确定”和“取消”控件就是命令按钮控件。

14.2.4 复合框

复合框（也称组合框）的代码名称是 ComboBox，它在工具箱中的图标为 。

复合框可以理解为列表框与文本框的组合，用户可以从复合框的列表中选出一个项目，也可以在复合框的文本框中输入任意字符串。

14.2.5 列表框

列表框的代码名称是 ListBox，它在工具箱中的图标为 。

列表框用来显示可供用户选择的项目列表。如果不能显示全部项目，可以拖动其滚动条来显示其他项目，也可以通过代码修改列表框的高度来适应列表项目的数量。

列表框和复合框的区别有两点：其一是列表框可以显示多项内容，复合框只显示一项内容；其二是复合框允许从列表中选择一个项目也可以手工输入字符，而列表框没有输入功能。

14.2.6 复选框

复选框的代码名称是 CheckBox，它在工具箱中的图标为 。

复选框用于创建一个方框，单击后可以在其中产生一个钩，再次单击时则清除钩。

复选框的功能是用于标示某个对象的状态，或者让用户在两个选项中二选一。

14.2.7 选项按钮

选项按钮的代码名称是 OptionButton，它在工具箱中的图标为 。

选项按钮的功能是让用户从多个选项中选择一个项目，它和复选框的区别是选项按钮只能单选，复选框可以多选。

14.2.8 分组框

分组框（也称框架）的代码名称是 Frame，它在工具箱中的图标为 。

分组框的功能是创建控件的功能组，将窗体中的若干个控件分组，从而让窗体的设计更美观，同时也可以避免多个选项按钮之间相互干扰。

14.2.9 切换按钮

切换按钮的代码名称是 ToggleButton，它在工具箱中的图标为 。

切换按钮的功能是创建一个切换开关，可以在按下和弹起开关时分别实现不同的功能。

14.2.10 多页控件

多页控件的代码名称是 MultiPage，它在工具箱中的图标为 。

多页控件类似于分组框，可以将有某种内在联系的若干个控件单独作为一组并显示。它与分组框控件的区别在于，多个分组框可以在同一个页面中显示，而多页控件一次只能显示一页。它的功能与 TabStrip 控件相近。

14.2.11 滚动条

滚动条的代码名称是 ScrollBar，它在工具箱中的图标为▤。

滚动条提供在长列表项目或大量信息中快速预览的图形工具，以比例方式指示出当前位置，或者作为一个输入设备，成为速度或者数量的指示器，通常用它替代数字输入。

滚动条的功能与旋转按钮相近。旋转按钮的图标为▤。

14.2.12 图像

图像的代码名称是 Image，它在工具箱中的图标为▤。

图像控件用于在窗体上显示位图、图标，不能显示动画。

通常用图像控件装饰窗体，当然也可以通过它调用硬盘中的任意图片。

14.2.13 RefEdit

RefEdit 也称单元格选择器，它在工具箱中的图标为▤。

RefEdit 运行时将弹出对话框让用户选择单元格，并返回该单元格对象。

Application.Inputnox 方法的最后一个参数为 8 时也可以返回用户选择的区域对象，它和 RefEdit 控件的功能一致。

14.2.14 附加控件

除默认控件外，用户还可以调用附加控件以强化窗体的功能。事实上，很多有用的控件都没有在工具箱中罗列出来，需要用户手工调用。添加附加控件的步骤如下。

STEP 01 在显示窗体的前提下，在菜单栏执行“视图”→“工具箱”命令。

STEP 02 在工具箱右上角空白区右击，在弹出的右键菜单中选择“新建页”命令。

STEP 03 在空白区右击，在弹出的右键菜单中选择“附加控件”命令，在“附加控件”对话框中将需要的控件勾选，单击“确定”按钮，在工具箱的“新建页”中将产生新添加的控件。

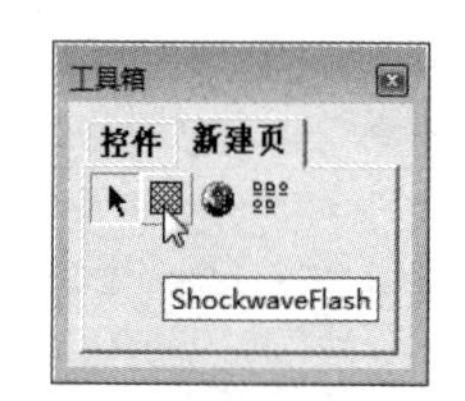

图 14-4 在新页中添加附加控件

如图 14-4 所示的“新建页”中包含 Flash 动画控件、网页控件和 ListView 三个控件，它们都是通过执行“附加控件”命令添加的。

Flash 动画在 Windows 10 系统中已经被淘汰了，因此在实际工作中请不要再使用 Flash 动画控件。

14.3 设置控件属性

添加到窗体中的控件如果都保持默认状态，将不利于使用，所以控件都需要对其部分或者所有属性进行设置，然后投入工作中使用。

设置控件属性的主要目的有两个：其一是显示或者引用指定的字符，其二是美化窗体。

14.3.1　调整窗体控件位置与大小

将控件拖动到窗体中后，通常会根据需求调整其大小与位置。

调整控件大小的方法是先选择控件，然后在其四周的九个控制点之一上按住鼠标左键并向任意方向拖动，直到使控件大小合适为止。

对于按钮和标签这类控件，还可以通过在菜单栏执行“格式”→“正好容纳”命令使其自动调整大小，以适应控件的字符宽度与高度，类似于批注框的 AutoSize 属性。

调整控件的位置和调整控件的大小一样包括手工和菜单两种调整方式。手工调整位置的方法是选择控件后将其拖动到目标位置，而菜单调整方式没有手工调整的随意性，但可以使控件按一定的方式对齐。例如菜单“格式”中的子菜单“水平间距”“垂直间距”“窗体内居中”“排列按钮”等，你可以逐个测试其对齐效果。

14.3.2　设置控件的顺序

当多个控件重叠时，可以调整其顺序。例如窗体中有一个按钮和一个图像控件，如果先插入命令按钮后插入图像控件，当两者重叠时，图像控件必定会覆盖命令按钮。如果需要将命令按钮移动到图像控件之上，可以采用以下步骤：

STEP 01 选择图像控件。

STEP 02 在菜单栏执行“格式”→“顺序”→“移至底层”命令。

当有超过两个控件重叠时，也可以对某个控件进行“上移一层”或者“下移一层”操作，菜单中有相应的功能按钮。

14.3.3　共同属性与非共同属性

当窗体中有多个控件时，它们总有部分“共同属性”。对于共同的属性，可以一次性设置完成。例如，窗体中有一个标签和一个按钮控件，那么背景色就是它们的共同属性，可在同时选择两个控件后按<F4>键调出“属性”窗口，然后在“属性”窗口中将“BackColor”属性设置为绿色，此时选中的两个控件都会同时显示为绿色。

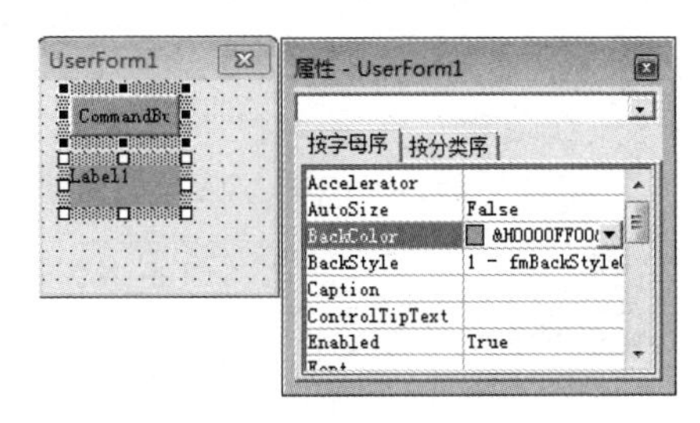

图 14–5　设置共同属性

如图 14-5 所示包含一个命令按钮和一个标签，由于是选中两个控件后再设置“BackColor”属性，因此两个控件的背景色会同时修改成功。

对于非共同属性，只能逐个设置——选择单个控件，然后在属性窗口中对属性赋值。

14.3.4　设置颜色属性

很多控件都有颜色属性，包括背景颜色和字体颜色，而这两种属性的设置方式一致。

下面以设置 ForeColor（字体颜色）为例演示命令按钮的属性设置过程：

（1）选择窗体中的命令按钮，按<F4>键显示“属性”对话框。

（2）在“ForeColor”右边的方框中单击，从而调出颜色设置选项，其默认选项卡为“系统”。

（3）切换到“调色板”选项卡，在该选项卡中罗列了 48 种颜色，通过调色板设置字体颜色，如图 14-6 所示。

（4）单击颜色块中的红色方块，按钮的字体立即显示为红色，修改字体后的按钮效果如图 14-7 所示。

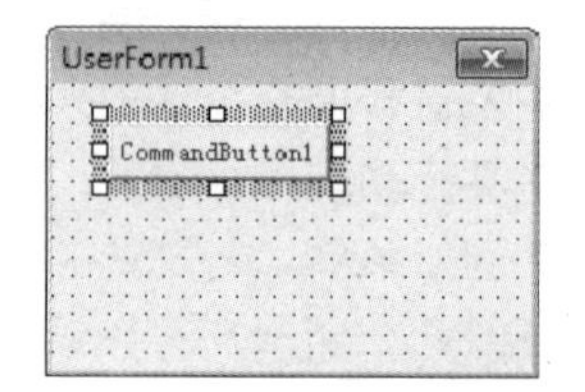

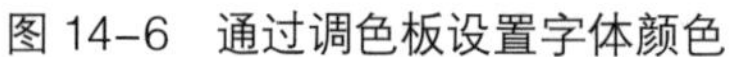

图 14-6 通过调色板设置字体颜色　　图 14-7 修改字体色之后的按钮

假设要通过代码设置命令按钮的字体颜色，最好的办法是先手工设置一次，将调色板中产生的颜色代码复制到 Sub 过程中。

例如，本例中红色的颜色代码为“&H000000FF&”，假设窗体上有一个名为 CommandButton1 的命令按钮，将该控件的字体颜色调整为红色的操作步骤如下。

STEP 01 双击窗体进入代码窗口。

STEP 02 将自动产生的代码删除，然后输入以下代码：

```
'窗体的 Activate 事件，显示窗体时执行
Private Sub UserForm_Activate()                 '代码存放位置：窗体代码窗口中
    CommandButton1.ForeColor = &HFF&            '将命令按钮 CommandButton1 的字体颜色设置为红色
End Sub
```

STEP 03 按<F5>键执行代码，窗体中的命令按钮的字体将显示为红色。

对于以上代码要注意两点：其一是代码中的“&HFF&”是“&H000000FF&”的缩写，将“&H000000FF&”输入到代码中窗口后会自动显示为“&HFF&”；其二是 UserForm_Activate 是一个事件过程，我们可以通过单击对象列表和过程列表产生代码，尽量不要手工输入事件过程的程序外壳。

随书提供案例文件：14-1 通过代码修改窗体中的命令按钮字体颜色.xlsm

14.3.5 设置控件的宽度与高度

所有控件都有高度和宽度两个属性，属性名称分别为 Height 和 Width。

尽管高度与宽度可以利用鼠标调整，但要精确调整时只有修改属性值才是上策。

设置高度与宽度属性比修改颜色属性更简单，直接在输入框中输入数字即可，例如 100 或者 25，按回车键后可立即生效。

假设要利用代码来设置命令按钮的高度，那么可在 UserForm_Activate 事件中加入以下语句，表示激活窗体时自动将命令按钮的高度设置为 50：

```
CommandButton1.Height = 50
```

14.3.6 设置 Picture 属性

命令按钮、复选框、切换按钮、框架、多页控件、图像控件都可以设置背景图片。

以命令按钮为例，设置背景图片的步骤如下。

STEP 01 选择命令按钮，按<F4>键打开属性对话框。

STEP 02 命令按钮的 Picture 属性默认显示为“（None）”，单击“（None）”会弹出一个浏览按钮，单击浏览按钮会再弹出“加载图片”对话框，然后从“加载图片”对话框中选择一张提前准备好的图片，例如“1.jpg”，最后单击“打开”按钮返回 VBE 界面，窗体中的命令按钮将会是显示出该图片内容。

对命令按钮加载图片后，默认状态是图片在按钮文字的上面，当按钮的高度不够时只能看到图片内容而看不到文字，此时可以将按钮拉高使其显示完整内容，如图 14-8 所示为同时显示图片和文字的命令按钮效果。

STEP 03 在属性窗口中将命令按钮的 PicturePosition 属性修改为 fmPicturePosition LeftCenter，表示图片显示在按钮的左方、文字显示在按钮的右边居中的位置，然后根据图片大小修改按钮的高度，最终效果如图 14-9 所示。

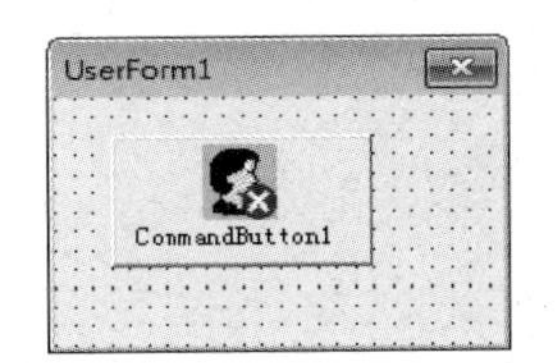

图 14-8　图片在上、文字在下

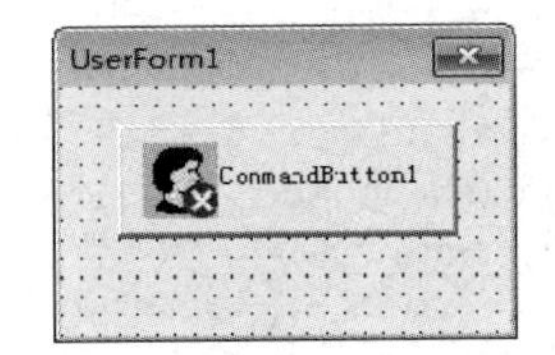

图 14–9　图片在左、文字在右边居中

如果要用代码实现以上效果，应使用以下代码：

```
'①代码存放位置：窗体代码窗口中。②随书案例文件中有每一句代码的含义注释
Private Sub UserForm_Activate()
CommandButton1.Picture = LoadPicture(ThisWorkbook.Path & "\1.jpg")
   CommandButton1.PicturePosition = fmPicturePositionLeftCenter
   CommandButton1.Height = 35
End Sub
```

随书提供案例文件：14-3 使用代码为命令按钮指定 Picture 属性.xlsm

14.3.7　设置 RowSource 属性

RowSource 属性的功能是为列表框或者复合框指定数据来源，这也是极为常见的属性。

RowSource 属性总是和 BoundColumn、ColumnWidths、ColumnHeads、ListStyle 等属性同时使用，从而使复合框或者列表框能将数据更完整、更美观地呈现出来。

在如图 14-10 所示的数据源中，假设工作表的 A1:B5 区域中有各部门的名称和人数，要将该区域的值显示在复合框中可按以下步骤操作。

STEP 01 在窗体中插入一个复合框。

STEP 02 在属性窗口中将 RowSource 属性的值设置为“A2:B5”，表示复选框的数据源来自此区域。

STEP 03 将 ColumnCount 属性设置为 2，表示复合框同时显示 2 列。

STEP 04 将 ColumnWidths 属性设置为“40,40”，表示每一列的宽度都是 40。

STEP 05 将 ColumnHeads 属性设置为 True，表示让复合框显示表头（也称标题行）。

STEP 06 将 ListStyle 属性设置为 1–fmListStyleOption，表示让复合框显示为单选样式，即每一行的左方都显示一个选项按钮那样的图案。

STEP 07 单击窗体的空白区域，按<F5>键运行窗体，单击复合框的下拉箭头，在复合框的列表中会显示工作表中 A2:B5 区域的值，而 A1:B1 区域中的值会显示在列表行中，效果如图 14-11 所示。

	A	B
1	部门	人数
2	企划	1
3	生管	2
4	财务	1
5	生产	30

图 14-10　数据源

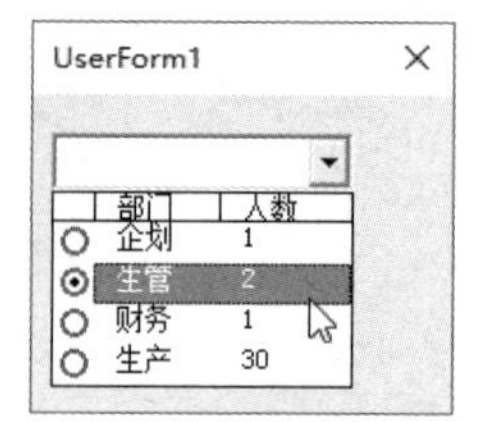

图 14-11　利用复合框引用工作表中的数据

当然，也可以用代码实现以上几个设置步骤的相同功能，代码如下：

```
'①代码存放位置：窗体代码窗口中。②随书案例文件中有每一句代码的含义注释
Private Sub UserForm_Activate()
  ComboBox1.RowSource = "a2:b5"
  ComboBox1.ColumnHeads = True
  ComboBox1.ColumnCount = 2
  ComboBox1.ColumnWidths = "40;40"
  ComboBox1.ListStyle = fmListStyleOption
End Sub
```

随书提供案例文件：14-4 将工作表中的数据显示在复合框中.xlsm

14.3.8　设置 List 属性

前文讲了将单元格的地址赋值给 RowSource 属性即可让复合框显示区域中的所有值。如果数据是通过计算得来的，那么通过 RowSource 属性就无法实现需求，要改用 List 属性。

假设有如图 14-12 所示的成绩表，要将其中成绩大于 80 分的姓名、成绩显示在列表框中。

	A	B
1	姓名	成绩
2	吴鑫	98
3	赵秀文	67
4	朱明	84
5	陈冲	93
6	朱贵	96
7	陈丽丽	98
8	黄花秀	93
9	刘子中	68
10	张明东	87
11	刘文喜	77

图 14-12　成绩表

要实现以上需求，操作步骤如下：

STEP 01 在窗体中插入一个列表框。

STEP 02 双击列表框进入代码窗口，删除自动生成的代码，然后输入以下代码：

```
'①代码存放位置：窗体代码窗口中。②随书案例文件中有每一句代码的含义注释
Private Sub UserForm_Activate()
    Dim Arr1, arr2(), Item As Integer, Item2 As Integer
    Arr1 = Range("a2:b11").Value
    For Item = LBound(Arr1, 1) To UBound(Arr1, 1)
        If Arr1(Item, 2) > 80 Then
            Item2 = Item2 + 1
            ReDim Preserve arr2(1 To 2, 1 To Item2)
            arr2(1, Item2) = Arr1(Item, 1)
            arr2(2, Item2) = Arr1(Item, 2)
        End If
    Next
    ListBox1.List = WorksheetFunction.Transpose(arr2)
    ListBox1.ColumnCount = 2
    ListBox1.ColumnWidths = "35,35"
    ListBox1.ListStyle = fmListStyleOption
```

```
End Sub
```

STEP 03　按<F5>键执行代码，在窗体列表框中会列出成绩大于 80 分的所有姓名和成绩，效果如图 14-13 所示。

List 属性不能在属性对话框中设置，要用代码完成。

随书提供案例文件：14-5 将工作表中的数据显示在复合框中.xlsm

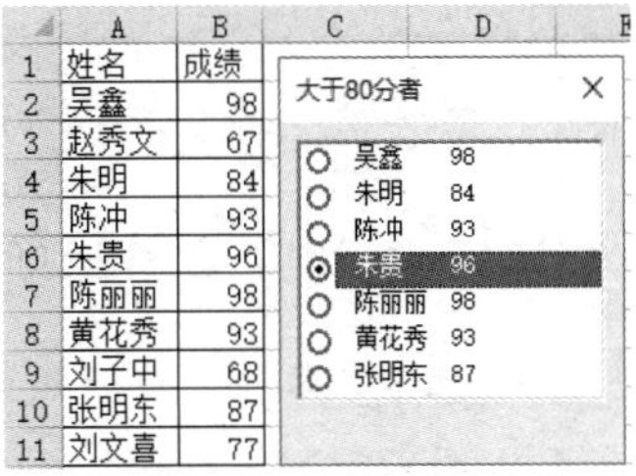

图 14-13　大于 80 分的姓名和成绩

14.4　窗体与控件的事件

窗体中的 UserForm 对象和所有控件都拥有多个事件，脱离事件后 UserForm 对象和所有控件都不再具有存在的价值。下面重点介绍 UserForm 对象和常用控件的事件。

14.4.1　UserForm 对象的事件

UserForm 对象的事件是指 UserForm 对象在满足内部设定的条件时所触发的事件。例如，关闭窗体前触发 UserForm 对象的 QueryClose 事件，激活窗体后触发 UserForm 对象的 Activate 事件。

UserForm 对象有 22 个事件，事件名称与触发条件如表 14-1 所示。

表 14-1　UserForm对象的事件

事件名称	触发条件（在何时执行这个事件）
AddControl	当将控件插入到窗体时
Activate	激活窗体时
BeforeDragOver	当窗体中执行拖放操作时
BeforeDropOrPaste	即将在一个对象上放置或粘贴数据时
Click	在窗体中用鼠标单击控件时
DblClick	在窗体中双击鼠标时
Deactivate	窗体失去焦点时
Error	当控件检测到一个错误，并且不能将该错误信息返回调用程序时
Initialize	加载窗体之后、显示这个窗体之前
KeyDown	按下任意键时
KeyUp	当某键弹起时
KeyPress	当用户按下一个ANSI键时（即按下后能产生某字符时）
Layout	修改窗体的位置时
MouseDown	按下任意鼠标键时
MouseUp	释放鼠标按键时
MouseMove	移动鼠标时
QueryClose	关闭窗体之前
RemoveControl	从窗体中删除一个控件时
Resize	更改窗体的大小时
Scroll	按下滚动条时
Terminate	关闭窗体之后
Zoom	修改窗体的Zoom 属性时（即修改窗体的缩放比例时）

以上 22 个事件中常用的事件是 Activate 事件，它通常用于激活窗体时对窗体中的某些控件的属性赋值。例如，指定复合框、列表框的宽度与边距，或者设置复选框的默认值、设置 Flash 动画的路径等，在前文中已经有这方面的应用。下面会演示几个关于窗体事件的应用。

14.4.2 激活窗体时将所有工作表名称导入到列表框

案例要求：在窗体中添加一个列表框控件，激活窗体时将活动工作簿中的所有工作表名称导入到列表框中，而且根据工作表的数量调整窗体与列表框的高度。

操作步骤：

STEP 01 在菜单栏执行“插入”→“用户窗体”命令。

STEP 02 将工具箱中的列表框控件拖动到窗体中。

STEP 03 双击窗体，进入窗体的代码窗口，单击过程列表，从列表中选择 Activate，如图 14-14 所示。单击后将会在窗体的代码窗口中产生 UserForm_Activate 事件的程序外壳。

STEP 04 在 UserForm_Activate 事件中插入设置窗体属性和列表框属性的代码，如下所示：

```
'①代码存放位置：窗体代码窗口中。②随书案例文件中有每一句代码的含义注释
Private Sub UserForm_Activate()
  Me.Caption = "工作表目录"
  ListBox1.Width = 80
  Dim sht As Worksheet
  For Each sht In Sheets
    Me.ListBox1.AddItem sht.Name
  Next
  Me.Height = ListBox1.ListCount * ListBox1.Font.Size + 50
  ListBox1.Height = ListBox1.ListCount * ListBox1.Font.Size + 5
End Sub
```

STEP 05 在菜单栏执行“插入”→“模块”命令，然后在模块中输入以下代码：

```
Sub 显示窗体()'代码存放位置：模块中
  UserForm1.Show
End Sub
```

STEP 06 运行过程“显示窗体”，在列表框将会显示所有工作表的名称，效果如图 14-15 所示。

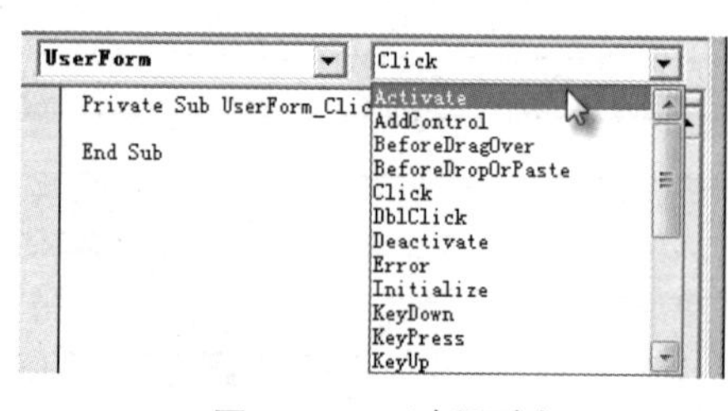

图 14-14　过程列表

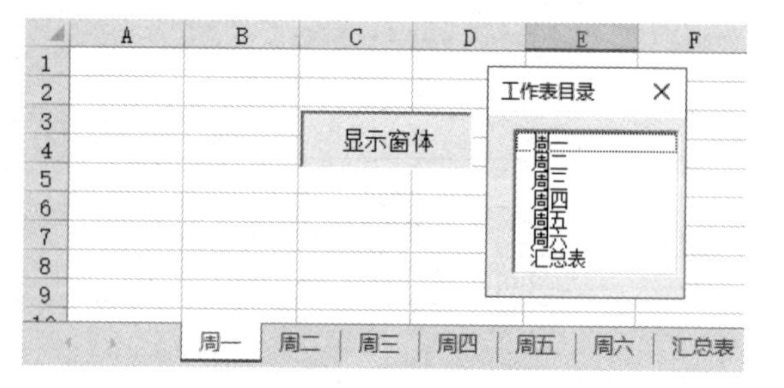

图 14-15　在列表框中显示所有工作表的名称

思路分析：

预先设置窗体和窗体中的控件的某些属性应该在 UserForm_Initialize 事件或者 UserForm_Activate 中完成，前者是加载窗体时触发的事件，后者是显示窗体时触发的事件。

在本例中，UserForm_Activate 事件过程设置了窗体的标题文字、高度和列表框的宽度与高

度。其中有两个重点：其一是使用 AddItem 方法配合循环语句将数据逐一添加到列表框中，AddItem 方法仅对列表框和复合框有效；其二是计算列表框的高度。ListBox1.ListCount 属性代表列表框的行数，但是列表框没有行高这个属性，无法以行数乘以行高得到列表框的高度，所幸列表框的 Height 属性是以磅为单位的，而字体也是以磅为单位的，因此用行数乘以字号再加上、下边界的高度即可得到列表框的高度。

语法补充：

（1）AddItem 方法用于向列表框或复合框中添加数据，通常配合循环语句使用，其语法如下：

```
object.AddItem [ item [, varIndex]]
```

其中，参数 item 代表要添加的文本，参数 varIndex 代表存放位置，忽略该参数时表示默认添加到末尾。

（2）UserForm.Show 方法用于运行或者显示一个指定名称的窗体，其语法如下：

```
object.Show [modal]
```

可选参数 modal 代表运行窗体时是否允许编辑工作表，当赋值为 1 时表示窗体是模态的，运行窗体期间不能编辑工作表；当赋值为 0 时表示窗体是无模式的，运行窗体时可以编辑工作表，默认值是 1。你可以分别测试该参数为 0 和 1 时对操作单元格的影响。

随书提供案例文件和演示视频：14-6 列表框和窗体自动适应.xlsm 和 14-6 列表框和窗体自动适应.mp4

14.4.3　双击或者按<Esc>键关闭窗体

案例要求：双击窗体的空白区域或者按<Esc>键关闭窗体。

操作步骤：

STEP 01 在菜单栏执行“插入”→“用户窗体”命令，从而生成一个空白窗体。

STEP 02 在窗体中随意添加几个控件，其中包含两个命令按钮：一个是“确定”按钮，一个是“取消”按钮，设计好的窗体如图 14-16 所示。

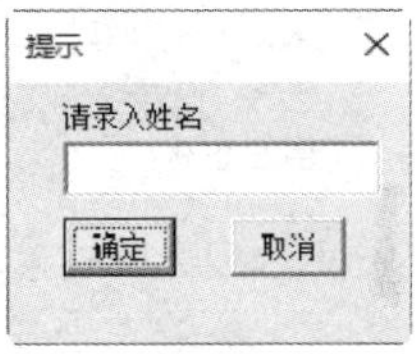

图 14-16　设计好的窗体

STEP 03 双击窗体，进入窗体代码窗口，删除自动产生的代码，然后输入以下代码：

```
'代码存放位置：窗体代码窗口中
Private Sub UserForm_Activate()
   CommandButton2.Cancel = True
End Sub
Private Sub UserForm_DblClick(ByVal Cancel As MSForms.ReturnBoolean)
   Unload Me
End Sub
Private Sub CommandButton2_Click()
Unload Me
End Sub
```

STEP 04 按<F5>键运行窗体，然后双击窗体的空白区域可以关闭窗体。

STEP 05 再次按<F5>键运行窗体，然后按<Esc>键，窗体也会关闭。

思路分析：

UserForm_DblClick 事件是窗体的双击事件，双击窗体的空白区域时触发此事件，双击标题区域不触发事件，双击窗体中的控件则只触发该控件的事件，与窗体无关。

Unload 方法用于关闭指定名称的窗体，在 UserForm_DblClick 事件中使用 Unload 方法即可关闭当前窗体。

语法补充：

（1）Unload 方法用于关闭指定名称的窗体，例如，“Unload Userform1”表示关闭名为“Userform1”的窗体，对于当前窗体，可以简写为 Me，不用窗体名称。

（2）如果要实现单击关闭窗体，那么应该改用 UserForm_Click 事件。

（3）CommandButton2.Cancel = True 表示在窗体激活时按<Esc>键。

随书提供案例文件和演示视频：14-7 双击或者按<Esc>键关闭窗体.xlsm 和 14-7 双击或者按<Esc>键关闭窗体.mp4

14.4.4 窗体永远显示在上左角

案例要求：让窗体永远显示在屏幕左上角，无法移动其位置。

操作步骤：

STEP 01 在菜单栏执行“插入”→“用户窗体”命令，从而生成一个空白窗体。

STEP 02 双击窗体，进入窗体代码窗口，删除自动产生的代码，然后输入以下代码：

```
'①代码存放位置：窗体代码窗口中。②随书案例文件中有每一句代码的含义注释
Private Sub UserForm_Terminate()
  Me.Left = 0
  Me.Top = 0
End Sub
Private Sub UserForm_Layout()
  Me.Left = 0
  Me.Top = 0
End Sub
```

STEP 03 按<F5>键运行窗体，窗体将显示在屏幕左上角，拖动窗体到其他位置后，窗体总会返回屏幕的左上角。

思路分析：

让窗体永远显示在屏幕的左上角包含两个步骤：其一是在显示窗体前调整它的 Left 和 Top 属性，其二是拖动窗体时修改它的 Left 和 Top 属性。UserForm_Terminate 事件和 UserForm_Layout 刚好对应这两个动作，因此将修改窗体边距的代码插入到这两个事件中。

语法补充：

（1）UserForm_Terminate 事件在加载窗体之后且显示窗体之前触发，而 UserForm_Activate 事件是显示窗体时触发，因此本例宜用前者，使用后者会闪屏——显示窗体后才调整边距。

（2）UserForm_Layout 事件在修改窗体位置时触发，没有参数。

随书提供案例文件：14-8 让窗体只能显示在左上角.xlsm

14.4.5 按下鼠标左键移动窗体，按下鼠标右键移动控件

案例要求：在窗体中按下鼠标左键并且移动鼠标时窗体会相应地移动，而按下鼠标右键并且移动鼠标时窗体中的所有控件都会跟着移动。

操作步骤：

假设已有一个名为 Userform1 的窗体，在窗体中有名为 Image1、CommandButton1 和

CommandButton2 的三个控件，要实现按下鼠标左键移动窗体、按下鼠标右键移动控件，可按以下步骤操作：

STEP 01 双击窗体，进入窗体代码窗口，删除自动产生的代码，然后输入以下代码：

```
'①代码存放位置：窗体代码窗口中。②随书案例文件中有每一句代码的含义注释
Dim MouseX As Double, MouseY As Double, ImageX As Double, ImageY As Double
Dim CommandButton1X As Double, CommandButton1Y As Double, CommandButton2X As Double,
CommandButton2Y As Double
Private Sub UserForm_MouseDown(ByVal Button As Integer, ByVal Shift As Integer, ByVal X As Single, ByVal
Y As Single)
    MouseX = X
    MouseY = Y
    ImageX = Image1.Left
    ImageY = Image1.Top
    CommandButton1X = CommandButton1.Left
    CommandButton1Y = CommandButton1.Top
    CommandButton2X = CommandButton2.Left
    CommandButton2Y = CommandButton2.Top
End Sub
Private Sub UserForm_MouseMove(ByVal Button As Integer, ByVal Shift As Integer, ByVal X As Single, ByVal
Y As Single)
    If Button = 1 Then
        Me.Left = Me.Left + (X - MouseX)
        Me.Top = Me.Top + (Y - MouseY)
    ElseIf Button = 2 Then
        Image1.Left = ImageX + (X - MouseX)
        Image1.Top = ImageY + (Y - MouseY)
        CommandButton1.Left = CommandButton1X + (X - MouseX)
        CommandButton1.Top = CommandButton1Y + (Y - MouseY)
        CommandButton2.Left = CommandButton2X + (X - MouseX)
        CommandButton2.Top = CommandButton2Y + (Y - MouseY)
    End If
End Sub
```

以上代码包含了公共变量和 UserForm_MouseDown、UserForm_MouseMove 两个事件。

STEP 02 按<F5>键运行窗体，然后在窗体中的任意空白区域按下鼠标左键并拖动，窗体会相应地移动，和拖动窗体的标题栏一样。

STEP 03 在窗体的任意空白区域按下鼠标右键并拖动，窗体中的三个控件会随鼠标指针的移动而相应移动。换而言之，使用窗体事件可以在窗体运行状态下修改控件的位置。如图 14-17 和图 14-18 所示分别是按下鼠标右键与按下鼠标右键并拖动的控件状态对比。

图 14-17　按下鼠标右键的控件状态

图 14-18　按下鼠标右键并拖动的控件状态

思路分析：

按下鼠标左键并拖动时可移动窗体，主要分以下三步完成：

其一，刚按下鼠标左键时在 UserForm_MouseDown 事件中将鼠标的横坐标记录在公共变量 MouseX 中，将鼠标的纵坐标记录在公共变量 MouseY 中。

其二，在 UserForm_MouseMove 事件中判断是否按下了鼠标左键，在表 14-2 中罗列了 Button 参数的每一个返回值所对应的功能说明。

其三，用户按下鼠标左键并且拖动时，将窗体的左边距设置为窗体的当前左边距加上当前鼠标横坐标与 MouseX 之差，将窗体的上边距设置为当前上边距加上当前鼠标纵坐标与 MouseY 之差。

按下鼠标右键并拖动窗体中的控件与按下鼠标左键并拖动窗体的思路相近，不过由于多个控件的位置并不相同，不能对每个控件都采用相同数据去设置它们的边距，因此需要在 UserForm_MouseDown 事件中分别记录每个控件的当前左边距与上边距，然后在 UserForm_MouseMove 事件中根据鼠标移动的距离，将该距离累加到控件原来的边距上即可。

语法补充：

（1）UserForm_MouseDown 事件是按下鼠标按键时触发的事件，UserForm_MouseMove 是按下鼠标按键并拖动时触发的事件，两者都有 Button、Shift、X 和 Y 四个参数。其中，Button 参数用于识别用户按下了哪些鼠标键，如表 14-2 所示，罗列了该参数的返回值及其说明。

表 14-2　Button参数

值	说明	值	说明
0	鼠标按键未被按下	4	按下鼠标中键
1	按下鼠标左键	5	同时按下鼠标左键和中键
2	按下鼠标右键	6	同时按下鼠标中键和右键
3	同时按下鼠标左键和右键	7	鼠标三个按键全都被按下

（2）UserForm_MouseDown 事件和 UserForm_MouseMove 的 Shift 参数用于识别用户是否按下了<Alt>、<Ctrl>或者<Shift>键。如表 14-3 所示，罗列了该参数的返回值及其含义说明。

表 14-3　Shift参数

值	说明	值	说明
1	按下<Shift>键	5	同时按下<Alt>和<Shift>键
2	按下<Ctrl>键	6	同时按下<Alt>和<Ctrl>键
3	同时按下<Shift>和<Ctrl>键	7	同时按下<Alt>、<Shift>和<Ctrl>键
4	按下<Alt>键		

（3）UserForm_MouseDown 事件和 UserForm_MouseMove 的 X 和 Y 参数分别代表鼠标指针的横坐标和纵坐标。

随书提供案例文件和演示视频：14-9 随心所欲拖动窗体控件.xlsm 和 14-9 随心所欲拖动窗体控件.mp4

14.4.6 控件事件介绍

窗体中的任何控件都有其专用事件，但大部分事件与窗体的事件在语法上是一致的。

由于本书篇幅所限，这里不再一一罗列各种控件所支持的事件，你可以在帮助中查询所有控件的事件。例如，复选框控件的事件，可以在帮助窗口输入“复选框控件”，然后选择“复选框控件”的帮助说明，再单击“事件”即可看到它所支持的所有事件，从列表中单击事件名称可以查看详细解释与实例。

如图 14-19 所示是命令按钮控件的事件列表，你可以用相同办法调用其他控件的事件列表。

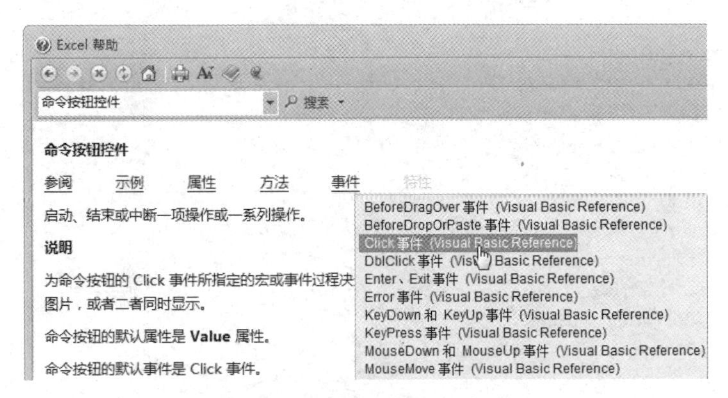

图 14-19　命令按钮控件的事件列表

建议要用 Excel 2010 版本的查询帮助，高版本的 Excel 的查询帮助做得太差。

14.4.7　在窗体中建立超链接

案例要求：在窗体中建立三个网址的链接，当鼠标指针移过后显示为蓝色，同时显示下画线，并在窗体的标题栏中显示网址，单击网址可以打开该网页。

操作步骤：

STEP 01 在窗体中添加三个标签控件，并且分别将它们的 Caption 属性赋值为“Excel VBA 与 VSTO 基础实战指南”“Excel 2016 实用技巧自学宝典”“Excel VBA 程序开发自学宝典（第 3 版）”。

STEP 02 双击窗体，进入窗体的代码窗口，删除自动产生的代码，然后输入以下代码：

```
'①代码存放位置：窗体代码窗口中。②随书案例文件中有每一句代码的含义注释
'Label1_MouseMove 事件，鼠标在 Label1 控件上移过时触发的事件
Private Sub Label1_MouseMove(ByVal Button As Integer, ByVal Shift As Integer, ByVal X As Single, ByVal Y As Single)
    Label1.Font.Underline = True
    Label1.ForeColor = &HFF0000
    Me.Caption = " http://www.broadview.com.cn/book/4934"
End Sub
'Label1_Click 事件：单击 Label1 时触发的事件
Private Sub Label1_Click()
    Shell "explorer.exe    http://www.broadview.com.cn/book/4934", vbMaximizedFocus
End Sub
Private Sub Label2_MouseMove(ByVal Button As Integer, ByVal Shift As Integer, ByVal X As Single, ByVal Y As Single)
    Label2.Font.Underline = True
    Label2.ForeColor = &HFF0000
    Me.Caption = " http://www.broadview.com.cn/book/2623"
End Sub
Private Sub Label2_Click()
```

```
    Shell "explorer.exe    http://www.broadview.com.cn/book/2623", vbMaximizedFocus
End Sub
Private Sub Label3_MouseMove(ByVal Button As Integer, ByVal Shift As Integer, ByVal X As Single, ByVal Y
As Single)
    Label3.Font.Underline = True
    Label3.ForeColor = &HFF0000
    Me.Caption = " http://www.broadview.com.cn/book/808"
End Sub
Private Sub Label3_Click()
    Shell "explorer.exe    http://www.broadview.com.cn/book/808", vbMaximizedFocus
End Sub
Private Sub UserForm_MouseMove(ByVal Button As Integer, ByVal Shift As Integer, ByVal X As Single, ByVal
Y As Single)
    Label1.Font.Underline = False
    Label1.ForeColor = &H0&
    Label2.Font.Underline = False
    Label2.ForeColor = &H0&
    Label3.Font.Underline = False
    Label3.ForeColor = &H0&
    Me.Caption = "请选择网址"
End Sub
```

STEP 03 按<F5>键运行窗体，将鼠标指针移动到第一个标签上，标签的文字会显示为蓝色，并且添加下画线，效果如图 14-20 所示。

STEP 04 将鼠标指针移动到第二个标签上，第二个标签的文字会显示为蓝色，并且添加下画线，第一个标题则恢复原状。

STEP 05 将鼠标指针移动到标签以外的空白区域，标签都恢复原状，效果如图 14-21 所示。

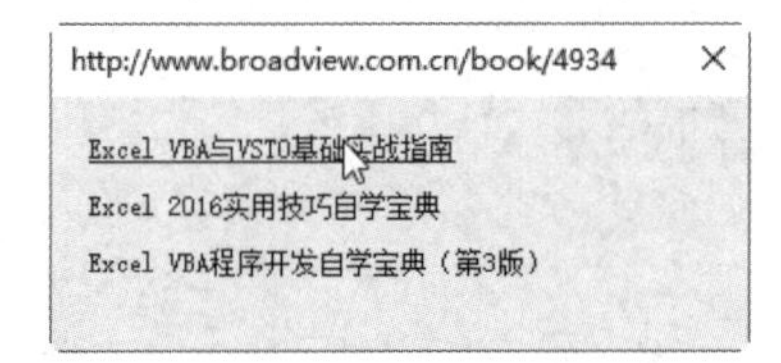

图 14−20 将鼠标指针移动到标签时的效果

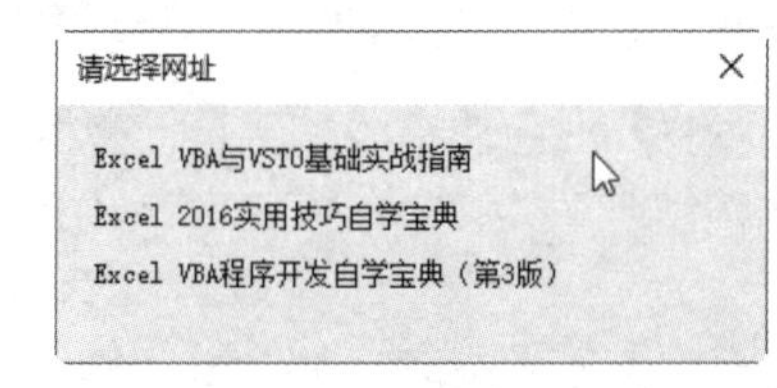

图 14−21 将鼠标指针离开标签时的效果

思路分析：

实现网页链接的效果主要包含三个步骤，其一是通过标签控件的 MouseMove 事件让标签显示为蓝色，同时添加下画线。其中蓝色的代码可以从属性窗口中取得，添加下画线的代码则可以通过录制宏取得。

其二是当鼠标指针离开标签控件时让控件恢复原状。当任何控件都没有鼠标指针离开控件时触发事件，由于鼠标指针离开控件时会触发窗体对象的 UserForm_MouseMove 事件，因此本例将还原所有控件的下画线和颜色代码置于 UserForm_MouseMove 事件中。

其三是单击标签时打开对应的网站，本例采用的是 Shell 函数，使用“Explorer.exe 网址”作为它的参数即可。要注意“Explorer.exe”与网址之间必须有一个空格。

语法补充：

（1）Label1_Click 事件是单击名为 Label1 的控件时触发的事件，没有参数。若要使用双击事件则应改用 Label1_DblClick。窗体和控件都没有右击事件，不过可以通过 MouseDown 事件变相实现右击事件，完整代码如下：

```
Private Sub Label1_MouseDown(ByVal Button As Integer, ByVal Shift As Integer, ByVal X As Single, ByVal Y
```

```
As Single)
  If Button = 2 Then MsgBox "已触发右击事件"
End Sub
```

（2）Shell 函数的功能是打开一个可执行程序，本例中的可执行程序是“Explorer.exe”，网址是“Explorer.exe”的参数，因此“Explorer.exe”与网址之间需要有一个空格。Shell 函数的语法如下：

```
Shell(pathname[,windowstyle])
```

其中，第一参数是需要被执行的文本形式的程序名称，第二参数代表打开该程序后是否放大窗口以及是否让窗口获得焦点。如表 14-4 所示罗列了第二参数的取值范围及其功能描述。

表 14-4　第二参数的取值范围与功能描述

常量	值	功能描述
vbHide	0	窗口被隐藏，并且焦点会移到隐式窗口
VbNormalFocus	1	窗口具有焦点，并且会还原到它原来的大小和位置
VbMinimizedFocus	2	窗口会以一个具有焦点的图标来显示
VbMaximizedFocus	3	窗口是一个具有焦点的最大化窗口
VbNormalNoFocus	4	窗口会被还原到最近使用的大小和位置，而当前活动的窗口仍然保持活动
VbMinimizedNoFocus	6	窗口会以一个图标来显示而当前活动的窗口仍然保持活动

随书提供案例文件：14-10 设计超链接.xlsm

14.4.8　将鼠标指针移过时切换列表框数据

案例要求：在如图 14-22 所示的数据源中，包含一班、二班、三班的学生信息。现需要在窗体中将鼠标指针移动到单选按钮时自动切换列表框中的数据。

操作步骤：

STEP 01　在菜单栏执行“插入”→“用户窗体”命令，从而创建一个空白窗体。

STEP 02　在窗体中添加三个选项按钮和一个列表框控件，按如图 14-23 所示的方式布局。

	A	B	C
1	一班	二班	三班
2	赵	王	韩
3	钱	冯	杨
4	孙	陈	朱
5	李	褚	秦
6	周	卫	尤
7	吴	蒋	许
8	郑		何
9			

图 14-22　数据源

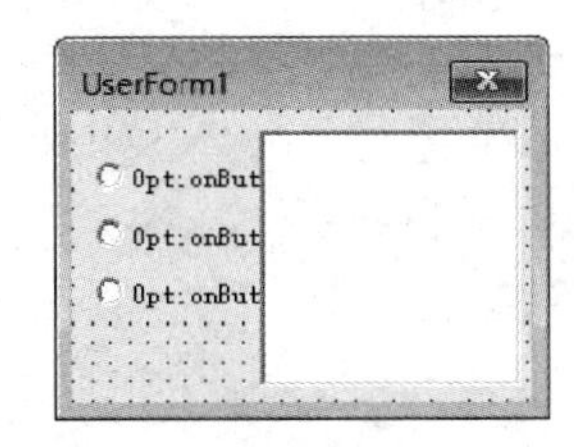

图 14-23　窗体控件布局

STEP 03　双击窗体进入代码窗口，删除自动产生代码，然后输入以下代码：

```
'①代码存放位置：窗体代码窗口中。②随书案例文件中有每一句代码的含义注释
Private Sub UserForm_Activate()
   OptionButton1.Caption = Range("A1")
   OptionButton2.Caption = Range("B1")
   OptionButton3.Caption = Range("C1")
   Me.Caption = "请选择班级"
End Sub
```

```
Private Sub OptionButton1_ MouseMove (ByVal Button As Integer, ByVal Shift As Integer, ByVal X As Single, ByVal Y As Single)
    OptionButton1.Value = True
    ListBox1.RowSource = "A1:A" & Cells(Rows.Count, 1).End(xlUp).Row
End Sub
Private Sub OptionButton2_MouseMove(ByVal Button As Integer, ByVal Shift As Integer, ByVal X As Single, ByVal Y As Single)
    OptionButton2.Value = True
    ListBox1.RowSource = "B1:B" & Cells(Rows.Count, 2).End(xlUp).Row
End Sub
Private Sub OptionButton3_MouseMove(ByVal Button As Integer, ByVal Shift As Integer, ByVal X As Single, ByVal Y As Single)
    OptionButton3.Value = True
    ListBox1.RowSource = "C1:C" & Cells(Rows.Count, 3).End(xlUp).Row
End Sub
```

STEP 04 按<F5>键运行窗体，窗体中的三个选项按钮将分别显示为一班、二班、三班，将鼠标指针移向第一个选项按钮“一班”，列表框中会显示工作表的 A 列中与一班相关的数据，效果如图 14-24 所示。将鼠标指针移动到第二个选项按钮“二班”之上时，第二个选项按钮将呈现选中状态，同时列表框的内容更新为工作表的 B 列中与二班相关的数据，效果如图 14-25 所示。

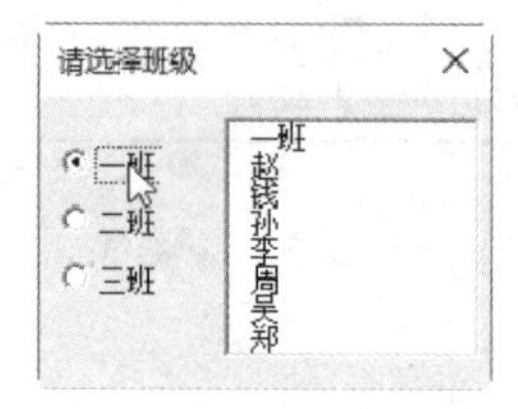

图 14-24　显示一班的数据

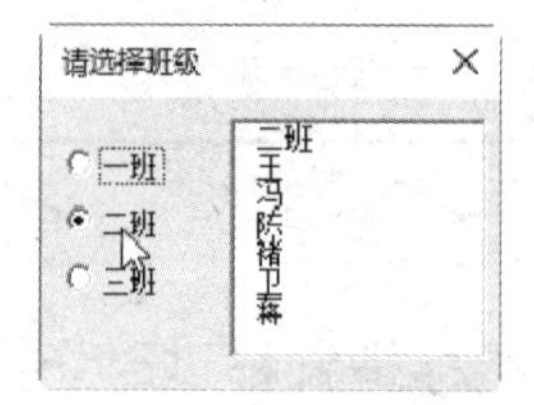

图 14-25　显示二班的数据

思路分析：

将区域中的数据导入到列表框有三种办法：一是将区域地址赋值给列表框中的 RowSource 属性，二是通过 AddItem 方法逐一添加数据到列表框中，三是将区域的值转换成数组，再将数组赋值给列表框的 List 属性。本例采用的第一种办法，因此当将鼠标指针移过选项按钮时，在选项按钮的 MouseMove 事件中修改列表框的 RowSource 属性值即可更新列表框的数据。

使用选项按钮的单击事件也可以实现本例的同等功能，不过从效率上讲，MouseMove 事件会更高一些。

语法补充：

RowSource 属性代表数据源地址，它是文本形式的，因此不能将对象赋值给 RowSource。

RowSource 属性的语法如下：

```
object.RowSource = String
```

随书提供案例文件：14-11 让列表框随鼠标移动而更新数据.xlsm

14.4.9 让输入学号的文本框仅能输入 6 位数字

案例要求：为了规范学号，要求从窗体中输入学号并导入到单元格中。必须输入数字，而且数字必须是 6 位才能导入到单元格。

操作步骤：

STEP 01 在菜单栏执行“插入”→“用户窗体”命令，从而创建一个空白窗体。

STEP 02 在窗体中插入一个标签，将 Caption 属性设置为“请输入学号：”，然后添加一个文本框、两个按钮，将按钮的 Caption 属性分别设置为“确定”和“关闭”。窗体控件的布局方式如图 14-26 所示。

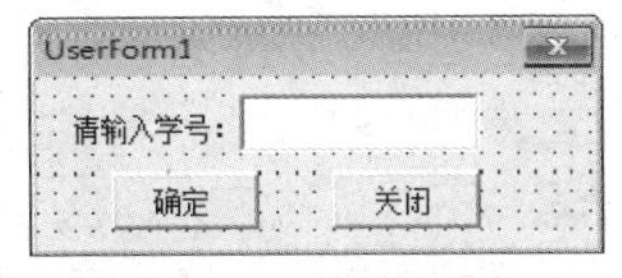

图 14-26　窗体控件布局

STEP 03 双击窗体，进入代码窗口，删除自动产生代码，然后输入以下代码：

```
'①代码存放位置：窗体代码窗口中。②随书案例文件中有每一句代码的含义注释
Private Sub UserForm_Activate()
  Me.Caption = "请输入 6 位的学号"
  CommandButton2.Cancel = True
End Sub
Private Sub TextBox1_Change()
  If Len(TextBox1.Value) > 0 Then
    If Not IsNumeric(Me.TextBox1.Value) Then
      TextBox1 = Replace(Left(Me.TextBox1, Len(Me.TextBox1) - 1), " ", "")
    Else
      TextBox1 = Left(TextBox1, 6)
    End If
  End If
End Sub
Private Sub CommandButton1_Click()
  If Len(TextBox1.Value) = 6 Then
    Cells(Rows.Count, 2).End(xlUp).Offset(1, 0) = TextBox1.text
    ActiveCell.Offset(1, 0).Activate
    TextBox1 = ""
  End If
  Me.TextBox1.SetFocus
End Sub
Private Sub CommandButton2_Click()
  Unload Me
End Sub
```

STEP 04 按<F5>键运行窗体，在文本框中输入字母或者汉字，我们可以发现输入字母和汉字后都会被自动清除，只有输入数字后才能保留下来。不过当数字超过 6 位时仅保留前 6 位。

STEP 05 输入 6 位数字 386245，然后按回车键，焦点会自动转到“确定”按钮上，再次按回车键则会将文本框中的学号输入到 B 列第一个空白单元格中，同时清空文本框，并且将焦点转移到文本框中等待输入下一个学号，效果如图 14-27 所示。

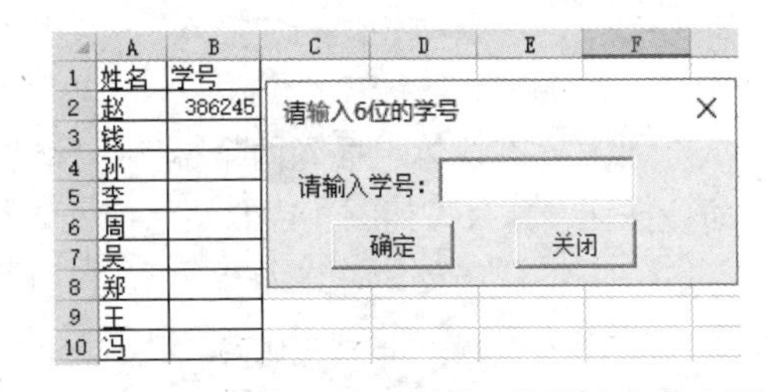

图 14-27　将学号输入到单元格后清空文本框

STEP 06 在任意时候按<Esc>键就可关闭窗体，和单击“关闭”按钮的功能一致。

思路分析：

让文本框只能输入 6 位数字主要包含以下两个步骤：

其一是用户每输入一个字符就在 TextBox1_Change 事件中判断一次用户输入的字符是否为数值，如果不是则删除最后输入的那个字符，如果是则删除第 6 位以后的字符。

其二是在 CommandButton1_Click 事件中计算文本框中的字符是否为 6 位，如果不是六位则

将焦点返回文本框中等待用户输入新的字符，直到文本框中的字符有 6 位。

步骤一的目的是排除字母、汉字、标点符号，以及第 6 位以后的字符。步骤二的目的是排除学号少于 6 位的情况。套用两个步骤才能确保输入的学号一定是 6 位数字。

尽管通过单元格的有效性设置也可以限制用户只能输入 6 位数字，但是它有两个缺点：其一是不能每输入一个字符就判断一次，其二有效性设置容易被破坏，在单元格中粘贴数据时会清除有效性设置。

本例代码“CommandButton2.Cancel = True”的功能是将名为 CommandButton2 的命令按钮设置为本窗体中的 Cancel 按钮。Cancel 按钮是指用户按<Esc>键时可以调用的按钮。通常将该按钮设置为关闭窗体的按钮，从而在任何时候按<Esc>键都可以关闭窗体。

本例的窗体事件代码仅仅设置了限制输入 6 位数字，事实上还可以限制数字不能重复，你可以试着练一下在过程中添加判断数字是否重复的语句。

语法补充：

（1）TextBox1_Change 事件是在文本框中输入字符时触发的事件，每输入一个字符触发一次，每删除一个字符也会触发一次。本事件没有参数。

（2）SetFocus 方法的功能是设置焦点，它可将焦点转移到指定的按钮之上。其语法如下：

```
object.SetFocus
```

其中 object 代表控件名称，不过并非所有控件都有获得焦点的能力，标签就不可以。

随书提供案例文件：14-12 让文本框仅能输入 6 位数字.xlsm

14.4.10 运行窗体期间用鼠标调整文本框大小

案例要求：设计一个带有两个文本框的窗体，用于输入个人简历和求职意向。由于不同用户的简历长短不同，因此要求运行窗体期间也可以随意修改文本框的宽度。

操作步骤：

STEP 01 在菜单栏执行“插入”→“用户窗体”命令，从而创建一个空白窗体。

STEP 02 在窗体中插入两个标签、两个文本框和两个命令按钮，并且按如图 14-28 所示方式进行布局。

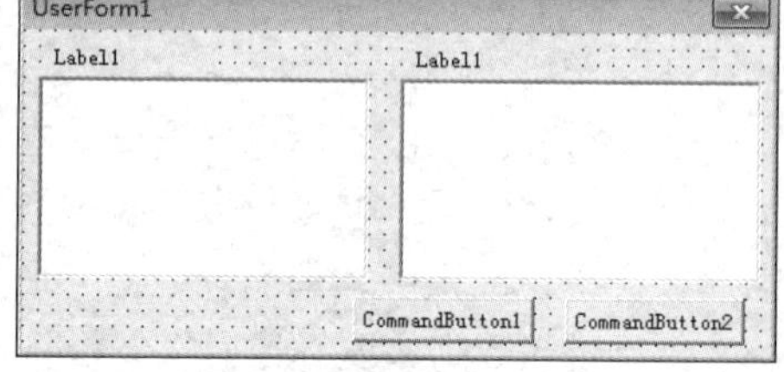

图 14-28 窗体控件布局

STEP 03 双击窗体，进入代码窗口，删除自动产生的代码，然后输入以下代码：

```
'①代码存放位置：窗体代码窗口中。②随书案例文件中有每一句代码的含义注释
Private Sub UserForm_Activate()
    Label1.Caption = "自我介绍"
    Label2.Caption = "求职意向"
    CommandButton1.Caption = "导入到工作表"
    CommandButton2.Caption = "关闭窗体"
    Me.Caption = "应聘书"
End Sub
Private Sub UserForm_MouseMove(ByVal Button As Integer, ByVal Shift As Integer, ByVal x As Single, ByVal Y As Single)
    On Error Resume Next
    Dim b As Long
    If Button = 1 Then
```

```
        With TextBox1
            b = .Width
            If x > Me.Width - 40 Or x < 40 Then Exit Sub
            TextBox1.Move .Left, , x - .Left
            TextBox2.Move x + TextBox2.Left - (.Left + b), , TextBox2.Width - (.Width - b)
            Me.Label2.Left = Me.TextBox2.Left
        End With
    End If
End Sub
```

STEP 04　按<F5>键运行窗体，然后在窗体的空白区域按下鼠标左键并移动，窗体中的两个文本框会随鼠标的移动而相应地改变宽度，效果如图 14-29 所示。

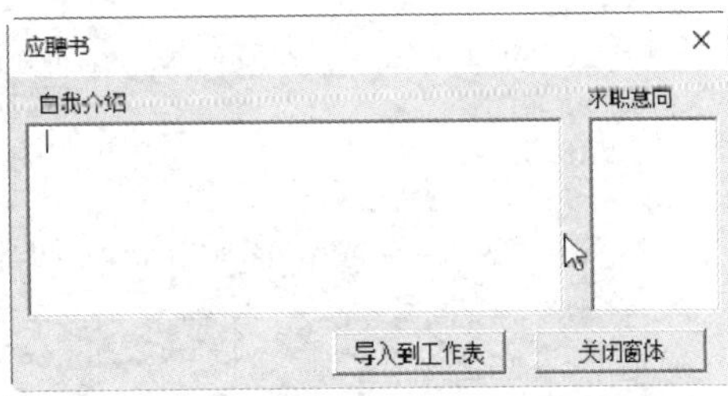

图 14-29　改变两个文本框的宽度

思路分析：

文本框控件在窗体运行状态下不可以用鼠标修改其高度、宽度等属性，不过由于窗体的 UserForm_MouseMove 事件可以记录鼠标指针的位置变化，从而获得鼠标指针的移动距离，因此在 UserForm_MouseMove 事件中以鼠标的横坐标 X 去调整两个文本框控件的宽度或者左边距，即可实现本例需求。

本例中代码“TextBox1.Move .Left, , x - .Left”的作用是修改第一个文本框的宽度，代码“TextBox2.Move x + TextBox2.Left - (.Left + b), , TextBox2.Width - (.Width - b)”则是既修改第二个文本框的左边距又同步修改文本框的宽度。

语法补充：

控件的 Move 方法用于调整控件的大小和位置，它能同时修改控件的左边距、上边距、宽度与高度，具体语法如下：

```
object.Move( [Left [, Top [, Width [, Height [, Layout]]]]])
```

其中，前 4 个参数根据参数名称即可明白其含义，第 5 个参数的功能为用于控制 Move 方法是否会触发 Layout 事件，赋值为 True 时可以触发 Layout 事件，默认值为 False。

随书提供案例文件：14-13 鼠标调整文本框宽度.xlsm

14.4.11　为窗体中所有控件设置帮助

案例要求：在窗体中设计一个标签控件，用于显示所有控件的帮助信息，标明每个控件的用途。而且该帮助信息会随鼠标移动而产生相应的变化。

操作步骤：

STEP 01　设计一个窗体，在窗体中有三个选项按钮、两个复选框、一个列表框和一个标签控件，并且将其按如图 14-30 所示的方式布局。

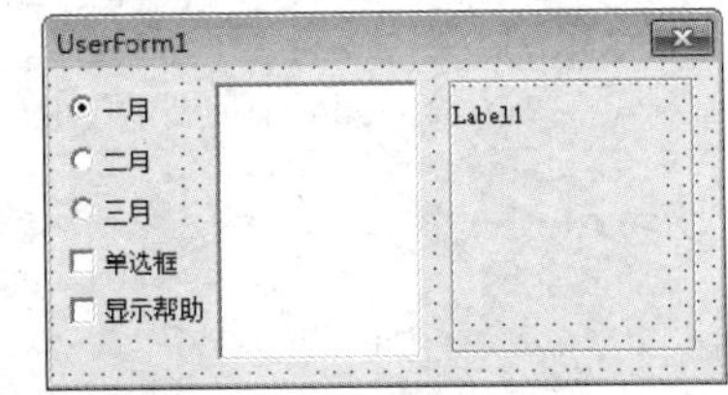

图 14-30　窗体控件布局

STEP 02　双击窗体，进入窗体的代码窗口，删除自动产生的代码，然后输入以下新代码：

```
'①代码存放位置：窗体代码窗口中。②随书案例文件中有每一句代码的含义注释
Private Sub UserForm_Activate()
```

```
    Me.Width = 150
    Me.Caption = "按需显示学员表"
    ListBox1.RowSource = "A1:A" & Cells(Rows.Count, 1).End(xlUp).Row
End Sub
Private Sub CheckBox2_MouseMove(ByVal Button As Integer, ByVal Shift As Integer, ByVal X As Single, 
ByVal Y As Single)
    If CheckBox2.Value Then Label1.Caption = "控制是否显示帮助，勾选时显示帮助，否则不显示"
End Sub
Private Sub CheckBox1_MouseMove(ByVal Button As Integer, ByVal Shift As Integer, ByVal X As Single, 
ByVal Y As Single)
    If CheckBox2.Value Then Label1.Caption = "勾选时列表框将显示单选框，否则不显示单选框。"
End Sub
Private Sub ListBox1_MouseMove(ByVal Button As Integer, ByVal Shift As Integer, ByVal X As Single, ByVal Y 
As Single)
    If CheckBox2.Value Then Label1.Caption = "用于显示学员资料，单选框会随时产生相应地变化。"
End Sub
Private Sub OptionButton1_MouseMove(ByVal Button As Integer, ByVal Shift As Integer, ByVal X As Single, 
ByVal Y As Single)
    If CheckBox2.Value Then Label1.Caption = "单击时显示一班的学员资料。"
End Sub
Private Sub OptionButton2_MouseMove(ByVal Button As Integer, ByVal Shift As Integer, ByVal X As Single, 
ByVal Y As Single)
    If CheckBox2.Value Then Label1.Caption = "单击时显示二班的学员资料。"
End Sub
Private Sub OptionButton3_MouseMove(ByVal Button As Integer, ByVal Shift As Integer, ByVal X As Single, 
ByVal Y As Single)
    If CheckBox2.Value Then Label1.Caption = "单击时显示三班的学员资料。"
End Sub
Private Sub UserForm_MouseMove(ByVal Button As Integer, ByVal Shift As Integer, ByVal X As Single, ByVal 
Y As Single)
    Label1.Caption = ""
End Sub
Private Sub OptionButton1_Click()
    Me.ListBox1.RowSource = "A1:A" & Cells(Rows.Count, 1).End(xlUp).Row
End Sub
Private Sub OptionButton2_Click()
    Me.ListBox1.RowSource = "B1:B" & Cells(Rows.Count, 1).End(xlUp).Row
End Sub
Private Sub OptionButton3_Click()
    Me.ListBox1.RowSource = "C1:C" & Cells(Rows.Count, 1).End(xlUp).Row
End Sub
Private Sub CheckBox1_Click()
    If CheckBox1.Value Then
        ListBox1.ListStyle = fmListStyleOption
    Else
        ListBox1.ListStyle = fmListStylePlain
    End If
    Me.ListBox1.Height = 105
End Sub
Private Sub CheckBox2_Click()
    If Me.Width = 150 Then Me.Width = 260 Else Me.Width = 150
End Sub
```

STEP 03 按<F5>键运行窗体，窗会显示如图 14-31 所示的默认状态。

STEP 04 单击“二月”选项按钮以及“单选框”“显示帮助”两个复选框，然后将鼠标指针移动到“二月”之上，此时在右边的标签控件中会显示“二月”控件相关的帮助信息，效果如图 14-32 所示。

STEP 05 将鼠标指针指向“单选框”，标签控件会显示如图 14-33 所示的帮助。

图 14-31　默认状态

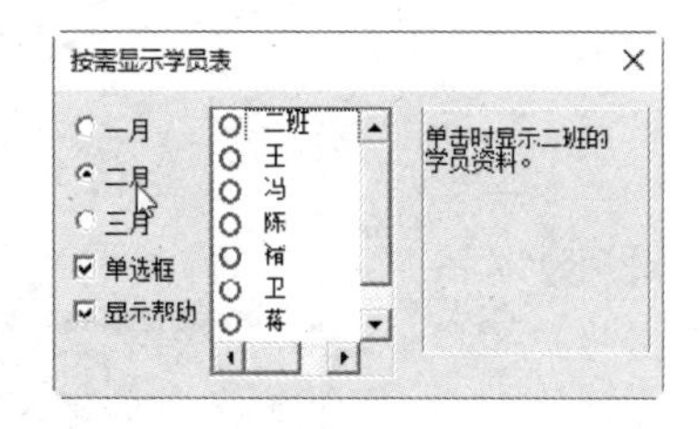

图 14-32　显示“二月”的帮助

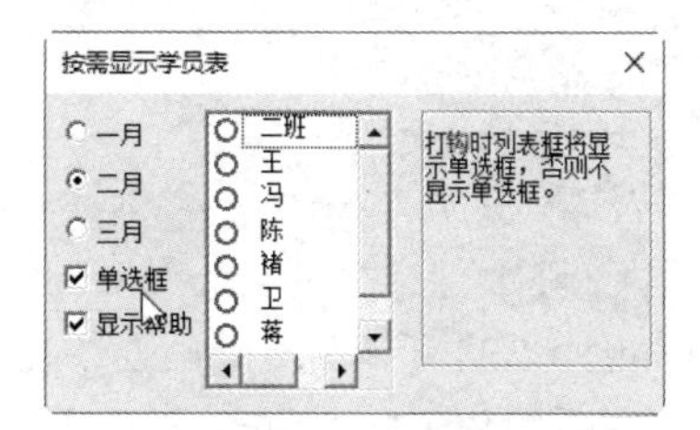

图 14-33　显示“单选框”的帮助

思路分析：

为控件指定帮助信息的重点在于在窗体中添加一个存放帮助信息的标签，然后为每个控件添加 MouseMove 事件，通过该事件将当前控件的帮助信息赋值给标签控件的 Caption 属性即可。为了避免鼠标指针离开控件后仍然显示该控件的帮助信息，还需要在窗体的 MouseMove 事件中清空标签的 Caption 属性值。

语法补充：

CheckBox1.Value 表示复选框的勾选状态，当复选框处于勾选状态时则该值为 True，否则该值为 False。在判断复选框的值是否为 True 时不用完整地书写为“If CheckBox1.Value = True Then”，代码“If CheckBox1.Value Then”可以实现与其完全相同的功能。

随书提供案例文件：14-14 为控件设置帮助信息.xlsm

14.5　窗体的综合应用案例

14.4 节中展示了诸多窗体事件与控件事件的应用，案例比较简单，本例会通过以下几个案例演示更复杂的窗体应用。

14.5.1　设计登录界面

案例要求：为工作簿设计一个启动 LOGO，打开工作簿时不显示 Excel 应用程序窗口，只显示该 LOGO。5 秒钟后关闭 LOGO，当然也允许在 5 秒之内按<Esc>键关闭 LOGO。

实现步骤：

STEP 01 在菜单栏执行“插入”→“窗体”命令，并将窗体的 Caption 属性设置为空文本，将名称属性设置为 LOGO。

STEP 02 根据实际需求设计一张与公司相关的背景图片，通常包括公司名称、外景、地址、电话、传真等信息，然后将窗体的 Picture 属性设置为该图片的地址。

STEP 03 双击窗体进入代码窗口，删除自动产生的代码，然后输入以下新的代码：

```
Private Sub CommandButton1_Click()'代码存放位置：窗体代码窗口中
  Call 关闭
End Sub
```

STEP 04 在菜单栏执行“插入”→“模块”命令，然后在模块中输入以下代码：

```
Sub Auto_Open()'随书案例文件中有每一句代码的含义注释
    Application.Visible = False
    Logo.Show 0
    Application.OnTime Now + TimeValue("00:00:05"), "关闭"
End Sub
Sub 关闭()
    Application.Visible = True
    Unload Logo
End Sub
```

STEP 05 保存并重启工作簿，工作簿启动时将出现如图 14-34 所示的启动画面，在关闭此 LOGO 之前看不到 Excel 的主窗口。

STEP 06 按<Esc>键关闭 LOGO，Excel 的主窗口立即呈现出来。如果用户不按<Esc>键，那么 5 秒后将自动关闭窗体，进入工作表界面。

图 14-34　自定义启动画面

案例补充：

本例中的登录窗口是模仿 Excel 的 LOGO 设计的，但不可能做到与 Excel 自带的 LOGO 一致。首先是无法屏蔽 Excel 内置的 LOGO，从而单独显示当前自定义 LOGO。其次是自定义窗体无法在 Excel 工作簿开启之前运行，而是在 Excel 的主窗口显示之后（不到 1 秒钟）再运行 VBA 代码，从而隐藏 Excel 的主窗口，接着显示自定义的 LOGO。

随书提供案例文件：14-15 设计启动 LOGO.xlsm

14.5.2　权限认证窗口

案例要求：为工作簿设计权限验证，设置三个用户名和三个密码，只有用户名与密码完全正确才能打开工作簿。如果错误输入用户名或者密码三次，则自动关闭工作簿。

实现步骤：

STEP 01 插入一个窗体，将其 Caption 属性修改为“权限验证”。

STEP 02 为了让窗体更美观，在属性窗口中为窗体的 Picture 属性设置一个背景图案。

STEP 03 在窗体上插入两个标签、两个文本框和一个命令按钮，并且按如图 14-35 所示的方式布局。

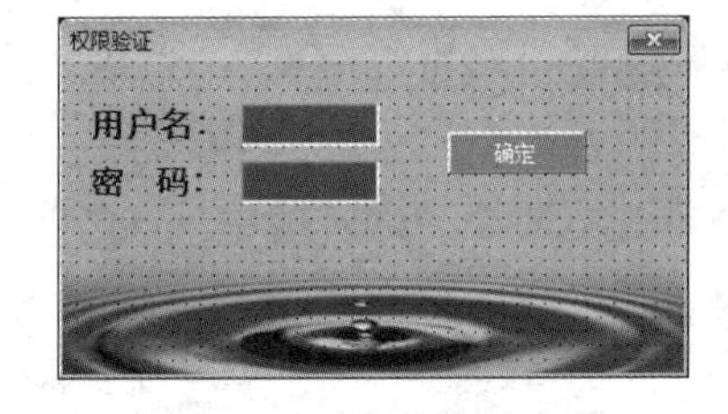

图 14-35　窗体控件布局

STEP 04 双击窗体，进入窗体的代码窗口，删除自动产生的代码，然后输入以下新代码：

```
'①代码存放位置：窗体代码窗口中。②随书案例文件中有每一句代码的含义注释
Private Sub CommandButton1_Click()
    Static i
    If Len(TextBox1) = 0 Then MsgBox "用户名不能为空！", vbInformation, "警告": Exit Sub
    If Len(TextBox2) = 0 Then MsgBox "密码不能为空！", vbInformation, "警告": Exit Sub
    If TextBox1 = "andy" And TextBox2 = 123 Or TextBox1 = "sky" And TextBox2 = 456 Or TextBox1 =
"andysky" And TextBox2 = 789 Then
```

```
        Unload Me
        Application.Visible = True
        Sheets(1).Activate
        Application.EnableCancelKey = xlInterrupt
    Else
        MsgBox "密码与用户名不匹配，请重新输入!", vbInformation
        i = i + 1
        If i >= 3 Then
            MsgBox "你已尝试三次错误，程序即将关闭！"
            Unload Me
            Application.Visible = True
            ThisWorkbook.Close False
        End If
    End If
End Sub
Private Sub UserForm_QueryClose(Cancel As Integer, CloseMode As Integer)
    If CloseMode <> 1 Then Cancel = True
End Sub
```

其中，第一段代码用于验证用户是否正确输入了用户名与密码，如果未输入或者输入不正确则产生相应的提示。如果错误三次则自动关闭工作簿，如果用户和密码正确，则关闭窗体进入第一个工作表中。

其中静态变量 i 用于记录用户输入错误的次数，当错误输入三次后工作簿会自动关闭。

第二个过程用于禁用窗体的“关闭”按钮，防止用户手工关闭验证窗口。

STEP 05 在菜单栏执行“插入”→“模块”命令，然后在模块中输入以下代码：

```
Sub auto_Open()    '随书案例文件中有每一句代码的含义注释
    Application.EnableCancelKey = xlDisabled
    Application.Visible = False
    Userform1.Show
End Sub
```

以上过程表示启动工作簿时禁止用户按<Ctrl+Break>组合键中断验证程序，然后隐藏 Excel 程序的主窗口，显示验证窗口。

STEP 06 保存并重新启动工作簿，VBA 代码会隐藏 Excel 工作簿窗口，只显示“权限验证”窗口。如果单击右上角的“关闭”按钮不会产生任何反应，如果直接单击“确定”按钮会提示“用户名不能为空”，如果将用户名设置为 sky，将密码设置为 456，然后单击“确定”按钮则可以正常打开工作簿。

案例补充：

权限验证是极其简单的，仅仅使用 If Then 语句即可完成。

如果用户输入密码错误三次则关闭窗体、关闭工作簿，其重点在于静态变量 i，静态变量的特性是过程结束后不会清除变量的值，因此每输入一次用户名和密码就会累加一次变量的值，从而记录用户的错误次数。

随书提供案例文件：14-16 权限验证（用户 andy 密码 123）.xlsm

14.5.3 设计计划任务向导

案例要求：设计一个关于计划任务的向导。

在窗体中设计一个多页控件，每页进行一个方面的设置，最后根据窗体中的设置来完成一个任务。本例中的计划任务是在指定时间内注销计算机或者关闭、重启计算机。

实现步骤：

STEP 01 插入一个模块，并在模块中输入以下代码，表示声明三个公共变量：

```
Public 时间类型 As Byte, 任务类型 As Byte, 时间 As String
```

STEP 02 插入一个窗体，并将 Caption 属性设为“计划任务”。

STEP 03 在窗体中插入多页控件，并在其标题栏通过右击新建四个空白页，然后将这四页更名为“说明”“时间”“任务种类”“执行”，效果如图 14-36 所示。

STEP 04 返回多页控件的第一页，在其中插入一下标签，输入一些说明性的文字，表示本工具的用途。然后插入一个命令按钮，将其 Caption 属性设置为“开始→”，效果如图 14-37 所示。

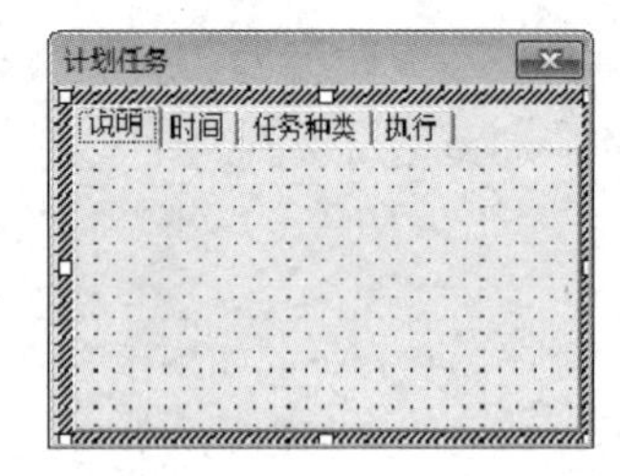

图 14-36　多页控件

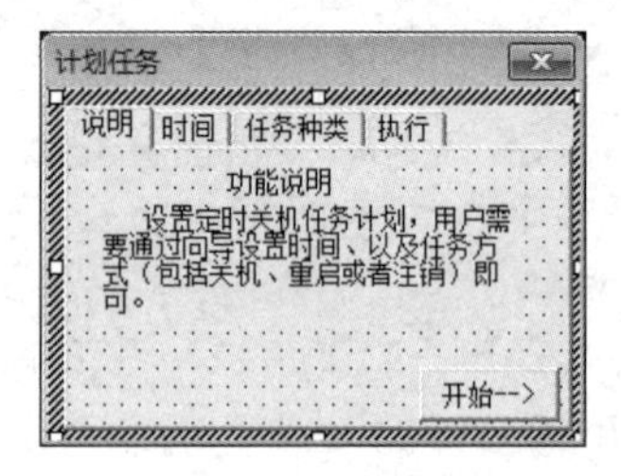

图 14-37　第一页控件布局

STEP 05 双击“开始→”按钮，输入以下代码，表示单击此按钮可以进入下一页。

```
Private Sub CommandButton1_Click()' 代码存放位置：窗体代码窗口中
  Me.MultiPage1.Value = 1
End Sub
```

STEP 06 在第二页顶部插入标签、选项按钮、文本框和命令按钮，并按如图 14-38 所示的方式布局。

STEP 07 双击“下一步”按钮，输入以下代码，

```
'①代码存放位置：窗体代码窗口中。②随书案例文件中有每一句代码的含义注释
Private Sub CommandButton2_Click()
  If isDate(TextBox1.Text) Then
    时间 = TextBox1.Text
    MultiPage1.Value = 2
  End If
End Sub
Private Sub OptionButto1_Click()
  时间类型 = 1
End Sub
Private Sub OptionButton2_Click()
  时间类型 = 2
End Sub
```

第一段代码表示单击命令按钮时将用户输入的时间值赋予变量“时间”，并进入下一页；第二、三段代码表示单击选项按钮 OptionButto1 时将变量“时间类型”赋值 1，否则赋值 2。

STEP 08 进入第三页，在其中添加标签、分组框、选项按钮和命令按钮，并按如图 14-39 所示的方式布局。

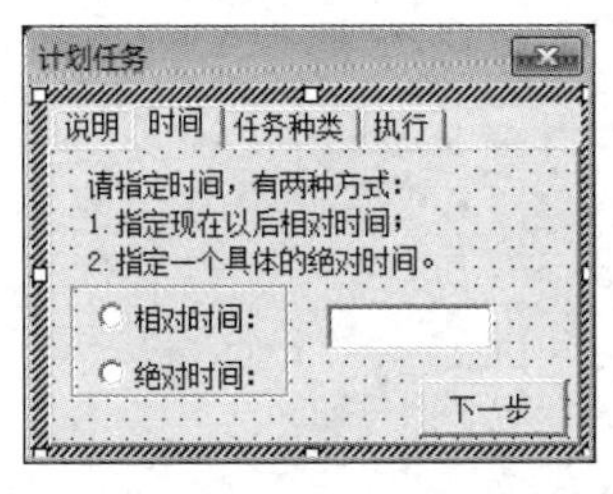

图 14-38　第二页控件布局

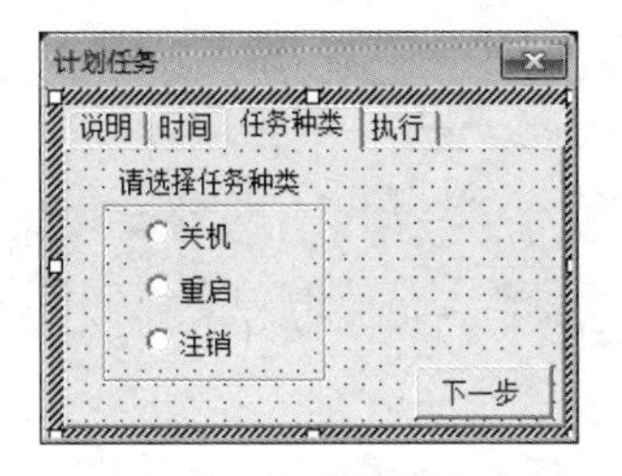

图 14-39　第三页控件布局

STEP 09　双击“下一步”按钮，然后输入以下代码：

```
'①代码存放位置：窗体代码窗口中。②随书案例文件中有每一句代码的含义注释
Private Sub CommandButton3_Click()
  Me.MultiPage1.Value = 3
  Label7.Caption = "　你指定的任务是：" & IIf(时间类型　= 1, 时间　& "之后", "在" & 时间　& "时间") & IIf(任务类型　= 1, "关机", IIf(任务类型　= 2, "重启", "注销")) & Chr(13) & Label7.Caption
End Sub
Private Sub OptionButton3_Click()
  任务类型　= 1
End Sub
Private Sub OptionButton4_Click()
  任务类型　= 2
End Sub
Private Sub OptionButton5_Click()
  任务类型　= 3
End Sub
```

STEP 10　进入第四页，在其中添加一个标签和一个命令按钮，按如图 14-40 所示的方式布局。然后双击“启动任务”按钮进入代码窗口，并录下以下代码：

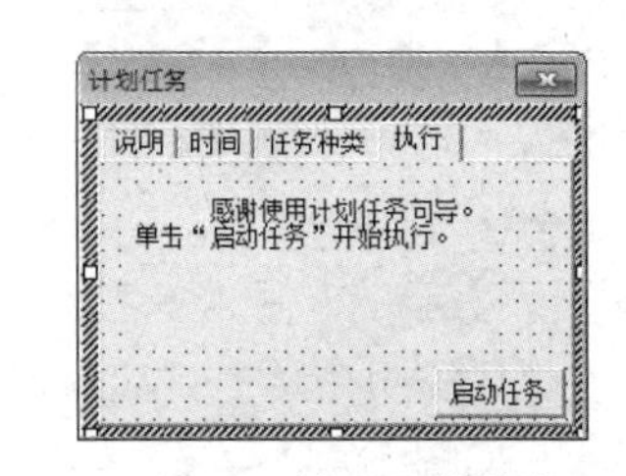

图 14-40　第四页控件布局

```
'①代码存放位置：窗体代码窗口中。②随书案例文件中有每一句代码的含义注释
Private Sub CommandButton4_Click()
  启动任务
  Unload Me
End Sub
```

STEP 11　为了对窗体中的四个选项和两个公共变量设置默认值，还需要在窗体事件代码窗口输入以下代码：

```
'①代码存放位置：窗体代码窗口中。②随书案例文件中有每一句代码的含义注释
Private Sub UserForm_Activate()
  Me.MultiPage1.Value = 0
  Me.MultiPage1.Style = fmTabStyleNone
  OptionButton1.Value = True
  OptionButton3.Value = True
  时间类型　= 1
  任务类型　= 1
End Sub
```

其中，代码“MultiPage1.Style = fmTabStyleNone”表示不显示多页控件的按钮，避免没有设置选项就可以直接进入最后一页。

STEP 12　在模块中继续输入以下两段代码，用于指定与任务向导相关联的任务过程：

```
Sub 启动任务()'随书案例文件中有每一句代码的含义注释
  If 时间类型 = 1 Then
    Application.OnTime Now + TimeValue(时间), "任务"
  Else
    Application.OnTime TimeValue(时间), "任务"
  End If
End Sub
Sub 任务()
  Select Case 任务类型
  Case 1
    Shell "shutdown -s -t 1"
  Case 2
    Shell "shutdown -r -t 1"
  Case 3
    Shell "shutdown -l -t 1"
  End Select
End Sub
```

“启动任务”过程用于设置启动任务的时间，根据变量“时间类型”的值决定采用相对时间还是绝对时间；“任务”过程则用于指定任务的具体内容，包括关机、重启和注销，执行哪一类任务由变量“任务类型”的值所决定。

STEP 13 按<F5>键启动窗体，默认将显示第一页。单击“开始→”按钮进入第二页，保持默认选项为“相对时间”，然后在时间框中输入“00:00:05”，表示 5 秒之后执行任务，设置界面如图 14-41 所示。

STEP 14 进入第三页，单击“重启”选项按钮，然后单击“下一步”按钮进入最后一页，在最后一页中单击“启动任务”按钮，那么在 5 秒后计算机会重启。

如图 14-41 至图 14-43 所示是计划任务在运行期间的第二、第三、第四页的操作界面。

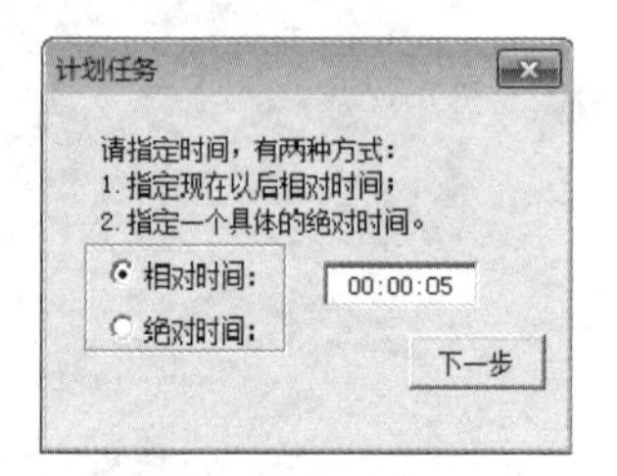

图 14-41 指定时间

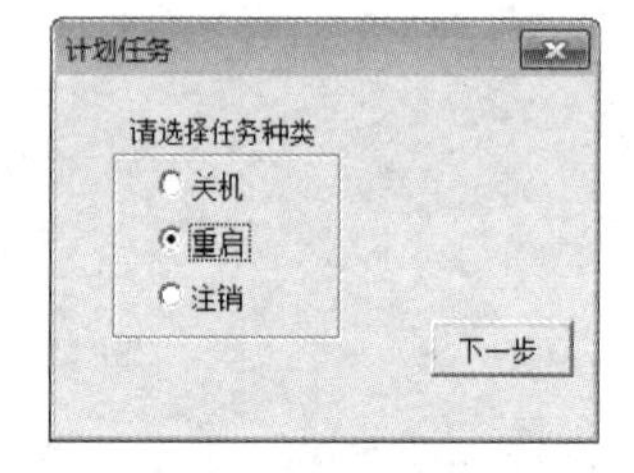

图 14-42 选择任务种类

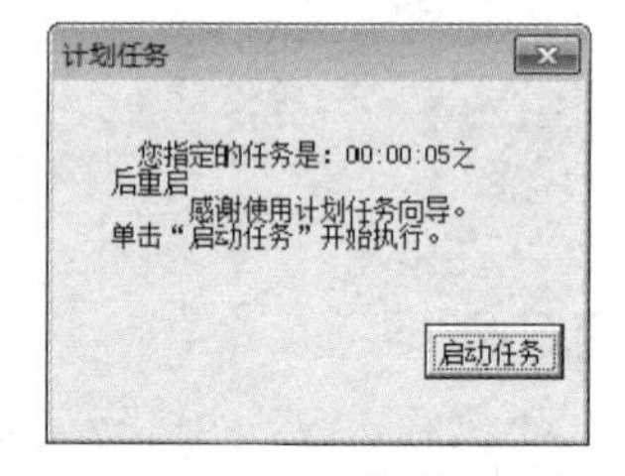

图 14-43 启动任务

案例补充：

创建计划任务的技术要求比较简单，只要掌握了 Application.OnTime 方法的语法即可，而真正的重点在于如何设计一个简单明了的操作向导，让用户不需要专业的知识，也不需要太多的思考就可能完成任务。

本案例的需求比较简单，不过向导的设计思路值得借鉴。

随书提供案例文件：14-17 设计计划任务向导.xlsm

14.5.4 设计文字滚动的动态帮助信息，并且可单击停止

案例要求：在窗体中显示滚动文字，为软件提供帮助信息。单击可以停止滚动，下次单击可以继续滚动。

实现步骤：

STEP 01 插入一个窗体，将其 Caption 属性修改为“关于”。

STEP 02 在窗体中添加一个标签控件，将高度设置为 80，宽度设置为 170，左边距设置为 10，上边距设置为 5。

STEP 03 双击 Web Browser 控件，打开代码窗口，并输入以下代码：

```
'①代码存放位置：窗体代码窗口中。②随书案例文件中有每一句代码的含义注释
Dim Bl As Boolean
Private Sub UserForm_Activate()
    Dim Str As String, Item As Integer, j As Integer, arr '声明变量
      Str = "本工具的功能如下：" & Chr(10) & "①：......" & Chr(10) & "②：......" & Chr(10) & "③：......" &
Chr(10) & "④：......" & Chr(10) & " 有建议请发送邮件到：" & Chr(10) & Chr(10) & "888@excelbbx.com"
    Bl = False
    Me.Label1.Caption = Str
    Do
        Me.Label1.Top = Me.Label1.Top - 1
        If Me.Label1.Top = -Me.Label1.Height Then
            Me.Label1.Top = Me.Label1.Height
        End If
        For j = 1 To 1000
            DoEvents
        Next
        If Bl Then Exit Do
    Loop
End Sub
Private Sub Label1_Click()
    If Bl = False Then
        Bl = True
    Else
        Bl = False
        Do
            Me.Label1.Top = Me.Label1.Top - 1
            If Me.Label1.Top = -Me.Label1.Height Then
                Me.Label1.Top = Me.Label1.Height
            End If
            For j = 1 To 1000
                DoEvents
            Next
            If Bl Then Exit Do
        Loop
    End If
End Sub
Private Sub UserForm_QueryClose(Cancel As Integer, CloseMode As Integer)
Bl = True
End Sub
```

STEP 04 按<F5>键启动窗体，窗体中的文字会从下向上滚动。如果单击窗体中的文字，那么文字会停止滚动，如果再次单击文字则会继续滚动。

案例补充：

文字放在标签控件中，标签控件中的文字不具备滚动功能。本例代码的思路是修改标签控件的上边距，从而实现滚动效果。例如上边距为 10、9、8、7、6、5、4、3、2、1、−1、−2 等，从而就形成了动画效果。

由于 VBA 代码的执行速度相当得快，如果没有 DoEvents，会看不到动画效果。因此必须加入 DoEvents 来拖慢运行速度，让标签控件移动更慢，从而让人眼能看清楚文字。

每执行一次 DoEvents 只能拖慢一点点，因此本例中让 DoEvents 执行 1000 次。

每执行一次 DoEvents 需要的时间是由计算机的硬件能力决定的，在不同的计算机中效率是不同的，因此你可以根据自己的计算机情况调整循环次数，可能需要将 1000 次改 800 次，也可能需要 2000 次，视计算机的硬件算力而定。

Do Loop 循环语句中采用 If Bl Then Exit Do 作为结束条件，因此在 Label1 的单击事件中将变量 Bl 赋值为 True 即可，Do Loop 语句在发现该变量的值为 True 时就会马上停止循环，文字不再滚动。

变量 Bl 需要在不同的事件过程中都能访问，因此声明时必须放在顶部，声明为模块级的公共变量才行。

随书提供案例文件和演示视频：14-18 设计动画帮助.xlsm 和 14-18 设计动画帮助.mp4

14.5.5 用窗体预览图片

案例要求：通过窗体任意文件夹中的图片。

实现步骤：

STEP 01 在菜单栏执行“插入”→“用户窗体”命令，然后将 Caption 属性设置为“图片预览”。

STEP 02 在窗体左侧添加一个列表框控件，在右侧添加一个图像控件，并且按如图 14-44 所示的方式布局。

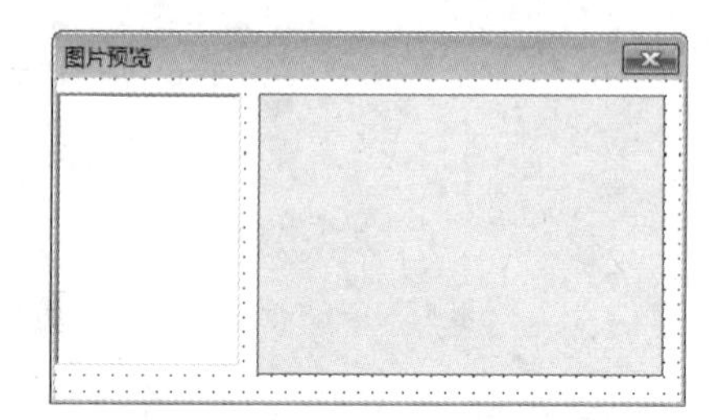

图 14-44 窗体控件布局

STEP 03 双击窗体进入代码窗口，并且输入以下代码：

```
'①代码存放位置：窗体代码窗口中。②随书案例文件中有每一句代码的含义注释
Private Sub UserForm_Initialize()
  Dim FileName As String, n As Long
  ListBox1.BackColor = &HFFFF80
  Me.BackColor = 16761024
  FileName = Dir(PathStr & "*.jpg")
  Do
    If Len(FileName) = 0 Then Exit Do
    ListBox1.AddItem FileName
    n = n + 1
    FileName = Dir()
  Loop
  If n > 0 Then
    Image1.Picture = LoadPicture(PathStr & Dir(PathStr & "*.jpg"))
    Image1.PictureSizeMode = fmPictureSizeModeStretch
  Else
    MsgBox "选定的目录下不存在 jpg 图片。"
    End
  End If
End Sub
Private Sub ListBox1_Click()
  Image1.Picture = LoadPicture(PathStr & ListBox1.Text)
End Sub
```

第一个过程的功能是利用 Do Loop 循环加 Dir 函数获取 PathStr 路径下的所有 jpg 图片名称，将它们逐一导入列表框中，然后在窗体的图像控件中显示出第一张图片内容。如果在该路径下没有图片则关闭窗体。

第二个过程的功能是将列表框中选中的图片导入图像控件中。

STEP 04 为了让用户可以随意选择图片路径，在菜单栏执行“插入”→“模块”命令，并输入以下代码：

```
Public PathStr As String
Sub 图片预览()'随书案例文件中有每一句代码的含义注释
  With Application.FileDialog(msoFileDialogFolderPicker)
    If .Show = -1 Then PathStr = .SelectedItems(1) Else Exit Sub
    PathStr = PathStr & IIf(Right(PathStr, 1) = "\", "", "\")
    UserForm1.Show
  End With
End Sub
```

以上过程中 PathStr 是公共变量，模块和窗体中都可以调用。过程“图片预览”的功能是弹出对话框让用户指定图片路径，将路径赋值给变量 PathStr。同时，由于变量 PathStr 是公共变量，因此窗体的事件过程可以调用此变量的值。

STEP 05 执行过程“图片预览”，程序将弹出一个“浏览”对话框，当用户选择了保存图片的文件夹后（在随书文件中准备了一个“图片”目录，里面有大量的 jpg 图片）会弹出“图片预览”窗体，默认显示用户选择的文件夹中第一张图片。当用户单击左侧列表框中的任意图片名称时，右侧图像控件会显示相应的图片，效果如图 14-45 所示。

图 14-45　“图片预览”窗体

案例补充：

用窗体预览图片时，由于图片的大小和长宽比例不尽相同，因此应将图像控件的 PictureSizeMode 调整为 fmPictureSizeModeZoom 或者 fmPictureSizeModeStretch，默认状态是 fmPictureSizeModeClip。其中，fmPictureSizeModeStretch 代表将图片缩放到图像控件的大小，但图片可能变形，fmPictureSizeModeZoom 表示将图片缩放到图像控件的大小，图片的长宽比例保持一致，不会变形。

随书提供案例文件和演示视频：14-19 利用窗体预览图片.xlsm 和 14-19 利用窗体预览图片.mp4

14.5.6　设计多表输入面板

案例要求：当需要向多个工作表输入值并且需要不停切换时，直接在工作表中输入是很不现实的，效率太低。例如，在图 14-46 所示的收费表中需要输入五个班的学员缴费数据，由于收费时并非按班级统一执行，而是按学员到场的时间先后顺序输入，因此可能每输入一次就切换一次工作表。现要求利用 VBA 设计一个输入面板，让程序自动查找工作表并将数据输入到其中。

本例中假设收费标准为 800 元，在输入学生缴来的学费后，自动将资料导出到相应的班级工作表中。同时查看缴费是否完整，如果其缴费低于 800 元，则在欠费工作表中一一罗列出来，方便后续统计。

实现步骤：

STEP 01 在菜单栏执行“插入”→“用户窗体”命令，并将 Caption 属性修改为“资料输入面板”。

STEP 02 在窗体中插入 5 个标签、1 个复合框、1 个命令按钮和 4 个文本框，并且按如图 14-47 所示的方式布局。

	A	B	C	D	E	F	G
1	姓名	性别	收到学费	欠费			
2							
3							
4							

一班 | 二班 | 三班 | 四班 | 五班 | 欠费人员列表

图 14–46　收费表

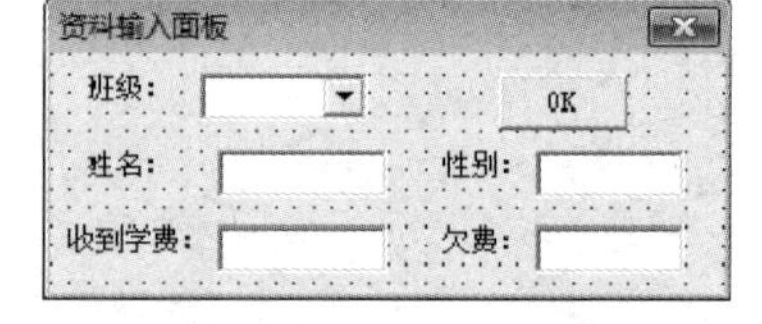

图 14–47　窗体控件布局

STEP 03 双击进入窗体的代码窗口，删除自动产生的代码，并输入以下新代码：

```
'①代码存放位置：窗体代码窗口中。②随书案例文件中有每一句代码的含义注释
Private Sub UserForm_Activate()
  ComboBox1.List = Array("一班", "二班", "三班", "四班", "五班")
  ComboBox1.Value = "一班"
End Sub
```

以上代码用于预设复合框的值和列表内容，它等于需要输入数据的所有工作表名称。

```
Private Sub TextBox3_Change()
  If Len(TextBox3) > 0 Then
    If Not IsNumeric(TextBox3) Then TextBox3 = ""
    If TextBox3.Value > 800 Or TextBox3.Value < 0 Then
      MsgBox "请检查后再输入"
      TextBox3 = ""
    Else
      TextBox4 = 800 - TextBox3.Value
    End If
  End If
End Sub
Private Sub TextBox3_Exit(ByVal Cancel As MSForms.ReturnBoolean)
  CommandButton1.SetFocus
End Sub
```

以上的 TextBox3_Change 事件过程表示在 Textbox3 中输入数据时检测用户输入的数值是否大于 0 且小于或等于 800，如果不是则提示用户，如果是则在 Textbox4 中显示欠费金额。

TextBox3_Exit 事件过程用于转移焦点，因为在 Textbox4 中不需要输入数值。

```
'①代码存放位置：窗体代码窗口中。②随书案例文件中有每一句代码的含义注释
Private Sub CommandButton1_Click()
  If TextBox1 <> "" And TextBox2 <> "" And TextBox3 <> "" Then
    With Worksheets(ComboBox1.Value).Cells(Rows.Count, 1).End(xlUp)
      .Offset(1, 0) = TextBox1
      .Offset(1, 1) = TextBox2
      .Offset(1, 2) = TextBox3
      .Offset(1, 3) = TextBox4
      .Range("A1").CurrentRegion.Borders.LineStyle = xlContinuous
      Worksheets(ComboBox1.Value).Select
    End With
    If TextBox4.Value > 0 Then Worksheets(ComboBox1.Value).Cells(Rows.Count, 1).End(xlUp).Resize(1,
4).Copy Worksheets("欠费人员列表").Cells(Rows.Count, 1).End(xlUp).Offset(1, 0)
```

```
  Else
    MsgBox "所有文本框不能为空！", vbOKOnly + vbInformation, "提示"
  End If
  TextBox1 = ""
  TextBox2 = ""
  TextBox3 = 0
  TextBox4 = 0
  ComboBox1.SetFocus
End Sub
```

以上事件过程表示单击命令按钮时将 4 个文本框中的值输入到复合框所指定的工作表中。然后计算欠费，如果欠费大于 0 则将这个单元格的值复制到“欠费人员列表”中。

STEP 04 按<F5>键运行窗体，在窗体的复合框中默认显示为“一班”，在 4 个文本框显示为空值。

STEP 05 按三次<↓>键从而将复框值的修改为“四班”，然后按回车键将焦点转移到姓名文本框中，接着分别在姓名、性别、收到学费文本框中输入“刘新年”“男”“500”，而在欠费文本框中会自动产生数值 300，效果如图 14-48 所示。

STEP 06 当在第 3 个文本框中完成输入数据后按两次回车键，姓名、性别、收到学费和欠费 4 个数据会自动输入到工作表“四班”中，同时打开“四班”工作表，效果如图 14-49 所示。

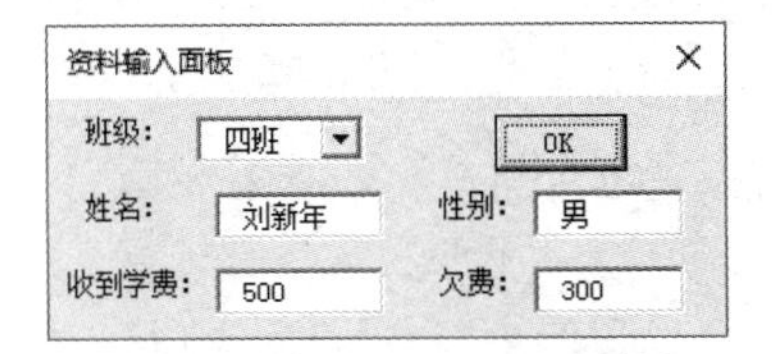

图 14-48　输入姓名、性别与收到学费

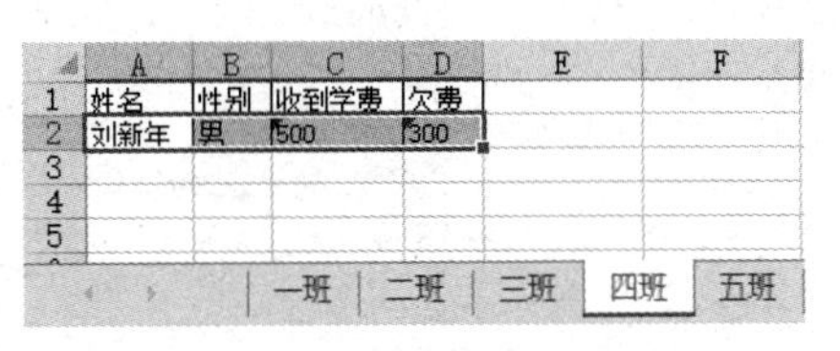

图 14-49　将窗体的数据输入工作表

由于第一笔收费没有达到 800 元，因此在“欠费人员列表”工作表中会同步记录刘新年的缴费情况。

案例补充：

在一个固定的工作表中输入数据比较方便，但是在多个工作表中输入数据则比较烦琐，利用窗体输入数据可以有效解决此类问题。

在窗体中输入数据还可以对数据执行正确性校检、判断是否重复、判断是否为数值等。一个完善的窗体设计可以让输入数据更快捷、更准确。

随书提供案例文件和演示视频：14-20 多工作表输入.xlsm 和 14-20 多工作表输入.mp4

14.5.7　多条件高级查询

案例要求：成绩表中有多个工作表，每个工作表中都有学生的姓名、成绩与学号，如图 14-50 所示。现要求设计一个窗体，在窗体中对姓名、成绩与学号中任意一个执行模糊查询，将查询结果罗列在列表框中。

实现步骤：

STEP 01 在菜单栏执行“插入”→“用户窗体”命令，并将其 Caption 属性修改为“成绩查询”。

STEP 02 在窗体中添加一个复合框，在复合框右边添加一个文本框，用于输入查询条件，再在其下方添加一个列表框，用于存放查询到的目标数据，按如图 14-51 所示的方式布局。

姓名	成绩	学号
张世后	94	022
潘大旺	77	027
刘玲玲	66	019
张大中	80	016
陈中国	53	010
陈越	62	014
周联光	78	026
刘五强	52	005
周光辉	77	015
刘越堂	79	020

一班 二班 三班

图 14-50　成绩表

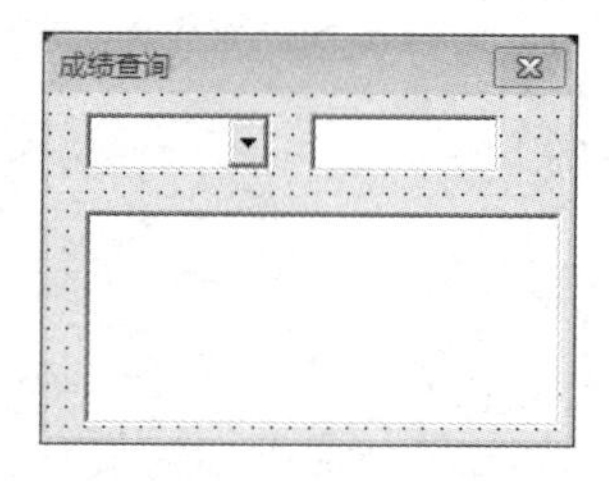

图 14-51　窗体控件布局

STEP 03 双击窗体，进入窗体的代码窗口，删除自动产生的代码，并输入以下新代码：

```
'①代码存放位置：窗体代码窗口中。②随书案例文件中有每一句代码的含义注释
Private Sub UserForm_Activate()
  ComboBox1.List = Array("姓名", "成绩", "学号")
  ComboBox1.Value = "姓名"
End Sub
Private Sub TextBox1_Change()
  ListBox1.Clear
End Sub
Private Sub TextBox1_Exit(ByVal Cancel As MSForms.ReturnBoolean)
  Dim arr(), sht As Worksheet, RowCount As Integer, Item As Integer, FindText As String
  Item = 1
  For Each sht In Worksheets
    For RowCount = 2 To sht.Cells(Rows.Count, 1).End(xlUp).Row
      Select Case ComboBox1.Value
      Case "姓名"
        FindText = sht.Cells(RowCount, 1)
      Case "成绩"
        FindText = sht.Cells(RowCount, 2)
      Case "学号"
        FindText = sht.Cells(RowCount, 3)
      End Select
      If FindText Like "*" & TextBox1.Text & "*" Then
        Item = Item + 1
        ReDim Preserve arr(1 To 4, 1 To Item)
        arr(1, Item) = sht.Name
        arr(2, Item) = sht.Cells(RowCount, 1)
        arr(3, Item) = sht.Cells(RowCount, 2)
        arr(4, Item) = sht.Cells(RowCount, 3)
      End If
    Next RowCount
  Next sht
  If Item > 1 Then
    arr(1, 1) = "班级": arr(2, 1) = "姓名": arr(3, 1) = "成绩": arr(4, 1) = "学号"
    ListBox1.ColumnCount = 4
    ListBox1.ColumnWidths = "30,40,30,40"
    ListBox1.List = WorksheetFunction.Transpose(arr)
  End If
  ComboBox1.SetFocus
End Sub
```

UserForm_Activate 事件用于设置复选框的列表内容和显示内容；TextBox1_Change 事件表示在文本框中输入数据时清空列表框中上一次的查询结果；TextBox1_Exit 事件在 TextBox1 控件

失去焦点时触发，也就是输入查询结果后按回车键时触发，该事件的功能是在活动工作簿的所有工作表中查询目标，然后到找到的所有数据保存在数组中，查询完成后将数组转置方向再赋予列表框。最后，为了节省使用鼠标单击复合框的时间，利用代码将焦点转移到复合框中，等待执行下一轮查询。

STEP 04 按<F5>键运行窗体，将查询类型设置为“姓名”，将查询对象设置为“张”，当按回车键后可以得到如图 14-52 所示的查询结果。

STEP 05 将查询类型设置为“成绩”，将查询对象设置为 79，当按回车键后可以得到如图 14-53 所示的查询结果。

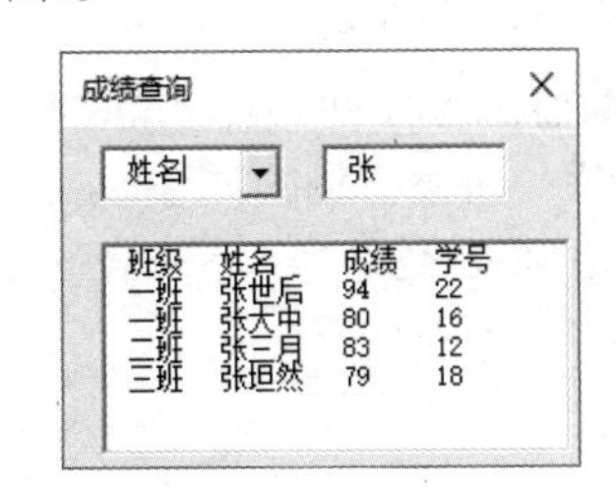

图 14-52 以姓名为查询条件

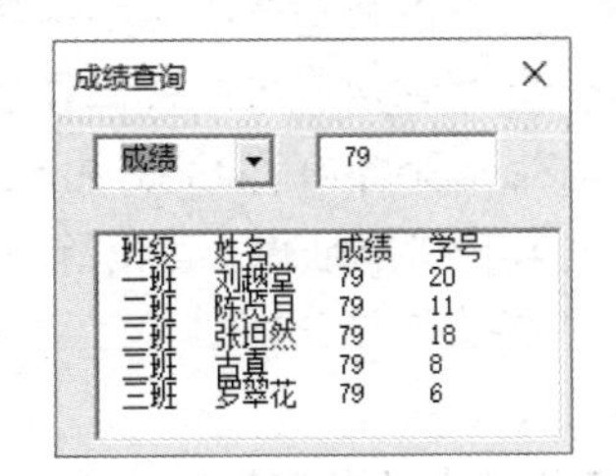

图 14-53 以成绩为查询条件

案例补充：

跨工作表查询对于 VBA 而言比较简单，在循环语句中使用 Like 运算符执行比较，然后将符合条件者输入到数组中，循环完成后将数组的值显示在列表框中即可。

本例的重点和难点在于事件名称的判断过程。由于本例中未使用“确定”按钮，需要通过文本框的事件来执行命令，文本框有 13 个事件，各有不同功能，熟悉每种事件的功能才能在需要时正确地判断该使用何种事件。

对于文本框的事件，在帮助中搜索“文本框事件”，然后单击“事件”菜单可以弹出与文本框相关的 13 个事件名称，单击事件名称可以查看详细的解释。

随书提供案例文件和演示视频：14-20 跨工作表查询.xlsm 和 14-20 跨工作表查询.mp4

第 15 章　高阶应用 5：VBA 与注册表

注册表是 Windows 系统的核心，计算机中大部分重要的设置都记录在注册表中。使用 VBA 编写 Sub 过程时也可以将与过程相关的某些数据保存在注册表中。

VBA 中用于读/写注册表中的代码是 DeleteSetting、SaveSetting、GetSetting 和 GetAllSettings。其中，常用的是 SaveSetting 和 GetSetting，本章会逐一讲解它们的语法与应用。不过 SaveSetting 和 GetSetting 有其自身的缺点，因此除 SaveSetting 和 GetSetting 外，本章还会介绍更强大的注册表读/写工具——脚本语言。

15.1　VBA 对注册表的控制方式

VBA 对注册表具有读/写权限，所以在实际工作中的常用代码将某些设置信息保存在注册表中供其他过程调用，或者在下一次执行当前过程时调用，从而让过程对某些设置具有记忆功能，提升程序的易用性。

15.1.1　什么是注册表

注册表的英文名称是 Registry，它的编辑器是 Regedit，它是一个记录系统信息的数据库。程序员通常会使用注册表来保存软件的安装信息、用户名、版本号、日期和序列号等。

注册表是一个很重要的数据库，如果对注册表设置得不规范，可能导致软件无法使用或者无法启动 Windows 系统，如果对注册表的各键值不熟悉，不宜随意编辑注册表。

手工打开注册表的方法是按<Win+R>组合键打开“运行”对话框，然后输入注册表名称 Regedit 并按回车键，然后 Windows 系统会打开名为“注册表编辑器”的程序界面。

在注册表中有一个专门供 VBA 读/写数据的注册表项“VB and VBA Program Settings”，VBA 自带的注册表函数只能读/写该项下的数据。图 15-1 展示了 VBA 可以读/写的注册表项。

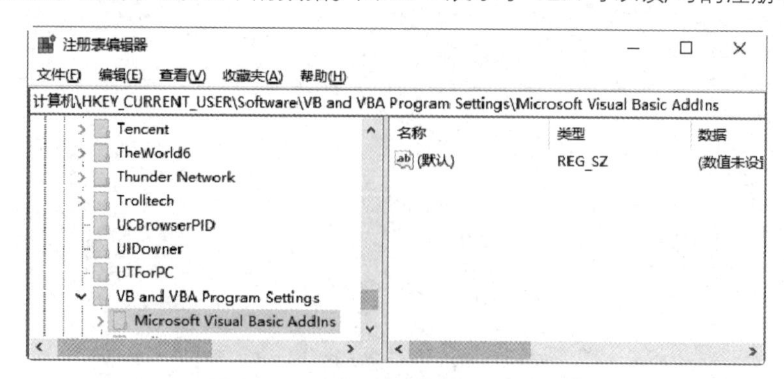

图 15-1　VBA 可以读/写的注册表项

15.1.2　VBA 操作注册表的方法

VBA 提供了四个与注册表相关的语句/函数，如表 15-1 所示。

表 15-1　可读/写注册表的语句/函数

语句/函数	功能描述
DeleteSetting	删除程序设置
GetSetting、GetAllSettings	读入程序设置
SaveSetting	保存程序设置

其中，GetSetting、GetAllSettings 两个函数用于读取注册表数据，而 SaveSetting 和 DeleteSetting 语句分别用于输入和删除注册表的值，它们都只能操作注册表的以下位置：

```
[HKEY_CURRENT_USER\Software\VB and VBA Program Settings\]
```

1. 保存数据到注册表

SaveSetting 语句可以将数据保存到注册表中，其语法如下：

```
SaveSetting appname, section, key, setting
```

其四个参数都是必要参数，缺一不可，如表 15-2 所示。

表 15-2　SaveSetting语句的参数

参数名称	含义描述
appname	应用程序或工程的名称。可以理解为主目录
section	区域名称，在该区域保存注册表项设置。可以理解为子目录
Key	要保存的注册表项设置的名称，可以理解为要保存在注册中的键名
setting	对应于Key的值。可以理解为键值

用代码和图示可以更好地展示参数与注册表的位置对应关系。

以下代码可以向注册表中输入当前时间，并保存在“Excel”→“时间”→“值”中：

```
SaveSetting appname:="Excel", section:="时间", Key:="值", setting:=Now
```

使用以上四个参数输入的键值会显示在注册表中如图 15-2 所示的位置。

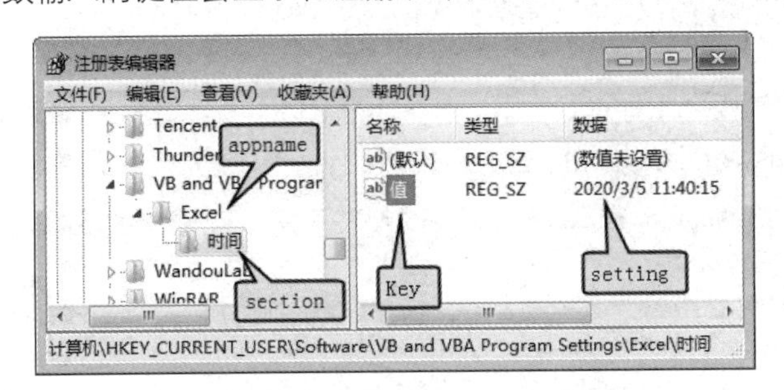

图 15-2　键值在注册表中的位置

一个注册表的项下可以创建多个键，因此可以只修改 SaveSetting 的第 3 参数和第 4 参数，从而继续向注册表的同一个项中创建多个键与键值。

2. 读取注册表设置

GetSetting、GetAllSettings 两个函数用于读取注册表中的设置信息。其中，前者读取某个注册表项的值，它有 4 个参数，需要指定 SaveSetting 语句所设置的每个项目名称；后者用于读取某个程序项目的所有注册表项设置及其相应值，前者的应用范围更广。

GetSetting 函数的具体语法如下：

```
GetSetting(appname, section, key[, default])
```

它的 4 个参数和 SaveSetting 的 4 个参数刚好对应。其中，第 4 参数是可选参数，当注册表中不存在要读取的键值时，GetSetting 函数将返回第 4 参数的值，如果注册表中存在要读取的键值则返回该键的实际值。第 4 参数的默认值是空文本。

以下代码可以从注册表中读取用 SaveSetting 语法输入到注册表中的时间值。

```
MsgBox GetSetting("excel", "时间", "值")
```

3. 删除注册表信息

DeleteSetting 语句用于删除某个注册表设置，它的语法如下：

```
DeleteSetting appname, section[, key]
```

如果参数所指定的键值不存在，那么删除语句会产生错误，所以使用该语句前要防错。

DeleteSetting 的第 3 参数是可选参数，如果忽略该参数则可删除注册表中指定名称的项，如果指定该参数则只删除项下的一个键。

15.2 注册表的应用

善用注册表可以让程序更具人性化——自动应用上次的设置。例如，Excel 的查找对话框就具有记忆功能，第二次打开该对话框时会自动调用上一次的设置。

本节通过 4 个案例展示注册表在程序中的应用思路。

15.2.1 记录最后一次打开工作簿的时间

案例要求：通过工作簿的 BuiltinDocumentProperties 属性可以记录每个工作簿最后一次保存的时间，但最后一次打开工作簿的时间却无法获取。本例通过工作簿事件配合注册表技术记录本机中最后一次打开工作簿的时间。

知识要点：GetSetting 函数、SaveSetting 语句、Workbook_Open 事件。

操作步骤：

STEP 01 打开需要记录时间的工作簿，按<Alt+F11>组合键打开 VBE 窗口。

STEP 02 双击 Thisworkbook 从而进入工作簿事件代码窗口，然后输入以下代码：

```
'①代码存放位置：ThisWorkbook。②随书案例文件中有每一句代码含义注释
Private Sub Workbook_Open()
    Application.StatusBar = "上次打开时间：" & GetSetting("Excel", "上次打开时间", ActiveWorkbook.Name,
"")
    SaveSetting "Excel", "上次打开时间", ActiveWorkbook.Name, Now
End Sub
```

STEP 03 保存工作簿，然后反复打开，我们可以发现在状态栏中记录了本工作簿的上次打开时间。

如图 15-3 所示是工作簿的上次打开时间在状态栏的显示效果，如图 15-4 所示是“上次打开时间”在注册表中的存放位置。

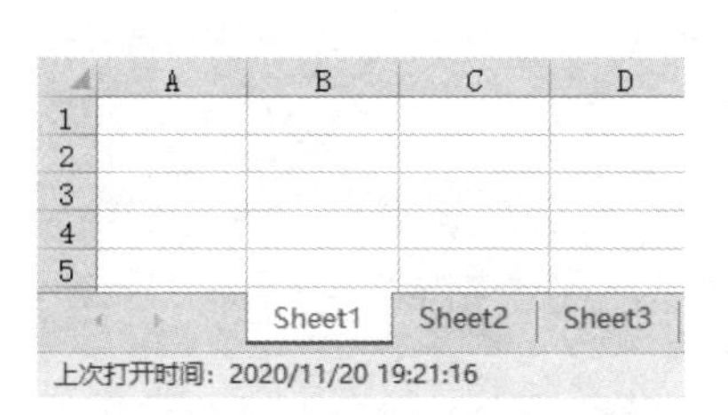

图 15-3　记录“上次打开时间”

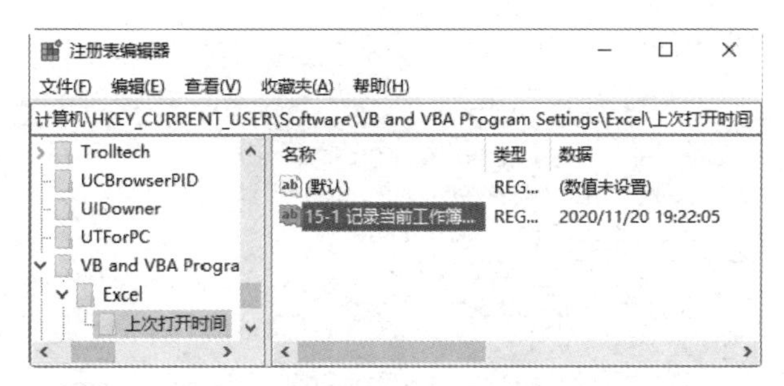

图 15-4　“上次打开时间”在注册表中的存放位置

代码分析：

（1）本例的重点在于通过工作簿的 Open 事件调用 SaveSetting 语句，用 Now 函数产生当前时间并作为 SaveSetting 语句的 setting 参数。Open 事件负责在正确的时间产生记录，SaveSetting 语句则负责将时间保存在正确的位置。

（2）读取注册表的值使用 GetSetting 函数，由于第一次打开工作簿时注册表中并没有时间记录，因此会在状态栏显示空白，第二次打开工作簿时才会产生如图 15-3 所示的结果。

（3）注册表保存在本机中的数据库，只能在本机才可以读取它的数据，因此本例的代码是记录工作簿在本机中的打开时间，当把工作簿发送给其他用户后，其他用户不能读取本机中最后一次打开工作簿的时间。

随书提供案例文件：15-1 记录最后一次打开工作簿的时间.xlsm

15.2.2　在窗体中预览图片，自动记忆上次的路径

案例要求：设计一个窗体，用于逐张预览文件夹中的图片。首次使用时要求用户自行指定存放图片的路径，以后再用时则直接调用该路径中的所有图片。

知识要点：GetSetting 函数、SaveSetting 语句、FileDialog 对象、ListBox.AddItem 方法、LoadPicture 函数、Image.PictureSizeMode 函数。

实现步骤：

STEP 01　打开 VBE 窗口，在菜单栏执行“插入”→“模块”命令。

STEP 02　在模块中输入以下过程代码：

```
'①代码存放位置：模块中。②随书案例文件中有每一句代码含义注释
Public PathStr As String
Sub 图片预览()
    PathStr = GetSetting("预览图片", "预览图片", "路径", "")
    If Len(PathStr) = 0 Then
        With Application.FileDialog(msoFileDialogFolderPicker)
            If .Show = -1 Then PathStr = .SelectedItems(1) Else Exit Sub
            PathStr = PathStr & IIf(Right(PathStr, 1) = "\", "", "\")
            SaveSetting "预览图片", "预览图片", "路径", PathStr
        End With
    End If
    UserForm1.Show
End Sub
```

STEP 03　在菜单栏执行“插入”→“窗体”命令，将窗体的 Caption 设置为“图片预览”。

STEP 04　在窗体中加入一个列表框和一个图像控件，窗体控件布局如图 15-5 所示。

STEP 05 双击窗体进入窗体的代码界面，然后删除自动产生的代码，输入以下代码：

```
'①代码存放位置：窗体代码窗口。②随书案例文件中有每一句代码含义注释
Private Sub UserForm_Initialize()
  Dim FileName As String, n As Long
  ListBox1.BackColor = &HFFFF80
  Me.BackColor = 16761024
  FileName = Dir(PathStr & "*.jpg")
  Do
    If Len(FileName) = 0 Then Exit Do
    ListBox1.AddItem FileName
    n = n + 1
    FileName = Dir()
  Loop
  If n > 0 Then
    Image1.Picture = LoadPicture(PathStr & Dir(PathStr & "*.jpg"))
    Image1.PictureSizeMode = fmPictureSizeModeStretch
  Else
    MsgBox "选定的目录下不存在 jpg 图片。"
   End
  End If
End Sub
Private Sub ListBox1_Click()
 Image1.Picture = LoadPicture(PathStr & ListBox1.Text)
End Sub
```

STEP 06 返回模块，执行过程“图片预览”，程序会弹出一个“浏览”对话框。从对话框中选择存放图片的文件夹，单击“确定”按钮后窗体中会出现图片目录，以及首张图片的内容，图片预览效果如图 15-6 所示。

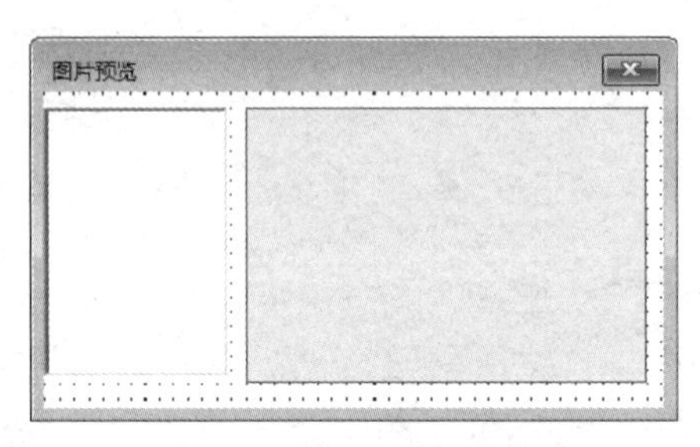

图 15-5　窗体控件布局

图 15-6　图片预览效果

STEP 07 关闭窗体，重新执行过程“图片预览”，这次不会再弹出“浏览”对话框，而是直接显示如图 15-6 所示的效果，表明窗体已经记住了上次的路径。

代码分析：

（1）代表路径的变量 PathStr 需要在模块中和窗体中调用，因此必须声明为公共变量。

（2）GetSetting 函数第一次从注册表中取值时必定只能取到空文本，而不是上一次所选择的路径，因此在过程中需要使用 Len 函数进行判断，不能直接将 GetSetting 函数的返回值作为最终的路径，否则首次执行代码时会出错。

（3）程序的整体思路是：从注册表中读取保存的图片路径，如果读取成功就用读取的值作为最终的图片路径，将该路径下的图片都加载到窗体中去；如果从注册表中读取的值是空值，那么弹出对话框让用户选择一个新的图片路径。

（4）当选择好新的图片路径后，需要用 SaveSetting 保存路径，便于下次调用。

随书提供案例文件和演示视频：15-2 预览图片时可记忆路径.xlsm 和 15-2 预览图片时可记忆路径.mp4

15.2.3 调整所有表的零值显示状态

案例要求：Excel 对于是否显示零值的设置仅仅对活动工作表有效，切换工作表后你会发现 Excel 并没有调用相同的设置去控制新表。现要求设计一个快捷工具来设置零值的显示方式，而且一旦设置好后一切工作簿中的所有工作表都能应用该设置。

知识要点：GetSetting 函数、SaveSetting 语句、Window.DisplayZeros 属性、应用程序级别的 SheetActivate 事件和 WindowActivate 事件。

实现步骤：

STEP 01 打开 VBE 窗口，在菜单栏执行“插入”→“模块”命令。

STEP 02 在模块中输入以下代码：

```
Sub 零值()'随书案例文件中有每一句代码的含义注释
    Dim msg As VbMsgBoxResult
    msg = MsgBox("显示零值吗？ ", vbYesNo, "设置零值显示方式")
    ActiveWindow.DisplayZeros = (msg = vbYes)
    SaveSetting "Excel", "零值", "显示状态", msg = vbYes
End Sub
```

过程“零值”用于弹出一个信息框，让用户选择零值的显示方式，然后将用户的选择应用到活动工作表中，同时保存到注册表中。

STEP 03 双击 Thisworkbook，然后输入以下代码：

```
'①代码存放位置：类模块中。②随书案例文件中有每一句代码的含义注释
Public WithEvents app1 As Excel.Application
Private Sub Workbook_Open()
Set app1 = Excel.Application
End Sub

Private Sub app1_SheetActivate(ByVal Sh As Object)
    ActiveWindow.DisplayZeros = GetSetting("Excel", "零值", "显示状态", ActiveWindow.DisplayZeros)
End Sub

Private Sub app1_WindowActivate(ByVal Wb As Workbook, ByVal Wn As Window)
    ActiveWindow.DisplayZeros = GetSetting("Excel", "零值", "显示状态", ActiveWindow.DisplayZeros)
End Sub
```

STEP 04 保存工作簿，然后重启工作簿。

STEP 05 执行过程“零值”，打开如图 15-7 所示的“设置零值显示方式”对话框，单击对话框中的“否”按钮。此时你会发现零值的单元格会自动隐藏起来，效果如图 15-8 所示。

STEP 06 新建工作簿或者切换到其他工作簿中，然后在单元格中输入 0，单元格中的零值会同样被隐藏起来。

STEP 07 再次执行过程“零值”，在对话框中单击“是”按钮，此时所有工作表中的零值都会显示出来。

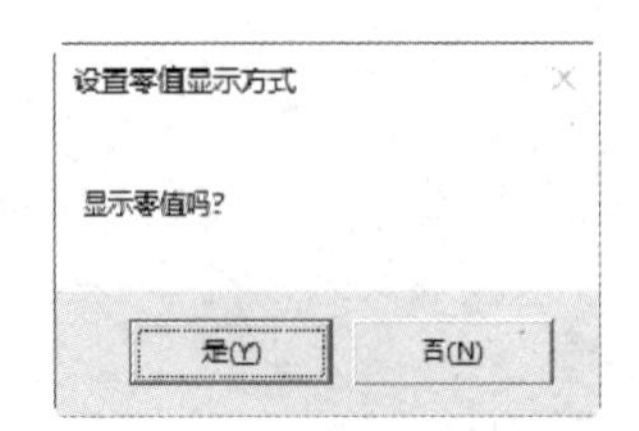

图 15-7　设置零值显示方式

C5 | 0

	A	B	C
1	姓名	工号	捐款
2	李湖云	T071	30
3	罗至贵	T054	135
4	孔贵生	T058	105
5	郑丽	T029	
6	仇有千	T031	120
7	赵万	T078	225
8	朱华华	T002	150
9	陈年文	T077	45
10	罗新华	T082	
11	周联光	T005	15
12	魏郑	T042	

图 15-8　隐藏零值的单元格

代码分析：

（1）本例中主要涉及三方面技术：一是控制零值的显示与否，对 DisplayZeros 属性赋值即可，它控制当前窗口的零值显示方式；二是使用注册表读/写技术将该值应用于所活动工作簿的其他工作表；三是使用类产生应用程序级别的事件。如果不使用类，那么代码仅对活动工作簿中的工作表生效。

（2）写完代码以后，单独执行“零值”过程是不够的，还要执行一次过程“Workbook_Open”才行，否则应用程序级的事件都不生效。

（3）由于过程“零值”中设置的数据放在注册表中，而不是公共变量，因此其生命周期是永久的，重新打开文件后代码会自动执行，并调用注册表中的值去处理零值的状态。

随书提供案例文件和演示视频：15-3 是否显示零值.xlsm 和 15-3 是否显示零值.mp4

15.2.4　插入签名图片到活动单元格

案例要求：将 Gif 格式的签名图片快速插入到活动单元格中，要求首次使用时让用户指定路径，以后使用时直接插入图片即可，不再弹出“浏览”对话框，从而简化操作。

知识要点：GetSetting 函数、SaveSetting 语句、Application.GetOpenFilename 方法、Shapes.AddPicture 方法。

实现步骤：

STEP 01　打开 VBE 窗口，在菜单栏执行“插入”→“模块”命令。

STEP 02　在模块中输入以下代码：

```
'随书案例文件中有每一句代码的含义注释
Sub 插入签名到活动单元格()
  Dim MyPic As String        '声明
  MyPic = GetSetting("签名", "签名", "路径", "")
  If Len(MyPic) = 0 Then
      MyPic = Application.GetOpenFilename("Gif 图片 (*.gif), *.gif", , "请选择 Gif 图片", , False)
    Else
      If Len(Dir(MyPic, vbNormal)) = 0 Then
        MyPic = Application.GetOpenFilename("Gif 图片 (*.gif), *.gif", , "请选择 Gif 图片", , False)
      End If
    End If
    ActiveSheet.Shapes.AddPicture MyPic, False, True, ActiveCell.Left, ActiveCell.Top, -1, -1
    SaveSetting "签名", "签名", "路径", MyPic
End Sub
```

STEP 03 执行代码，程序会弹出浏览 Gif 图片的对话框，选中图片后单击“确定”按钮，程序会将选中的签名图片插入到活动单元格中，效果如图 15-9 所示。

STEP 04 进入注册表中，可看到刚才所选择的图片的路径，效果如图 15-10 所示。

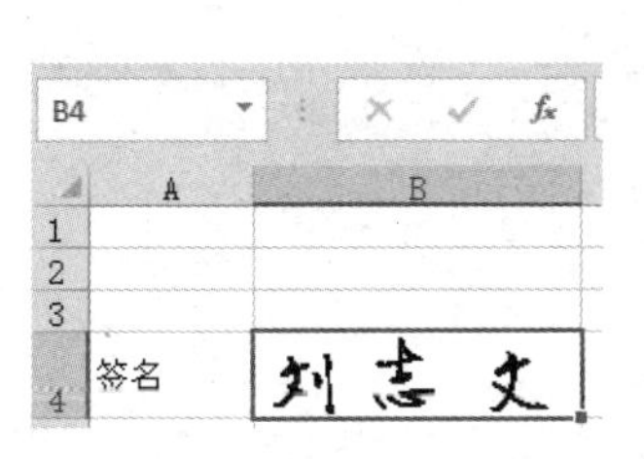

图 15–9　将签名图片插入到活动单元格中

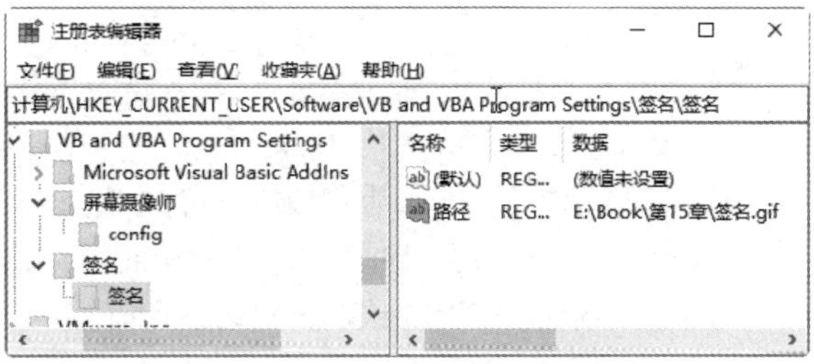

图 15–10　注册表中的图片的路径

代码分析：

（1）本例的程序首先通过 GetSetting 读取注册表键值，如果读取失败就返回空值，然后利用 Len 函数判断提取的值是否为空值。如果为空，则通过 Application.GetOpenFilename 方法弹出对话框让用户指定新的图片路径；如果非空，则要通过 Dir 函数判断该路径所对应的图片是否存在。如果不存在，再次通过 Application.GetOpenFilename 方法指定新的图片路径。

本例的重点在于两次判断，一次判断注册表中是否记录图片路径；二是找到注册表中的值后还需要判断图片是否存在。如果图片不存在，插入图片时会出错。

（2）Application.GetOpenFilename 方法的最后一个参数用于控制单选还是多选，由于只需要插入单个签名，因此该参数必须赋值为 False。

（3）Shapes.AddPicture 的最后两个参数–1 表示插入图片时不改变图片的大小。如果要改变片大小，可以直接输入参数，指定高度和宽度值即可，例如 50 和 30。

随书提供案例文件和演示视频：15-4 插入签名到活动单元格.xlsm 和 15-4 插入签名到活动单元格.mp4

15.3 注册表函数的缺点与改善方法

VBA 内置的 GetSetting 函数与 SaveSetting 语句分别用于读/写注册表，它们的语法简单、功能强大，不过也有明显的缺点。 本节主要介绍它们的缺点和改善办法。

15.3.1 VBA 操作注册表的缺点

VBA 提供的 DeleteSetting、GetSetting、GetAllSettings 和 SaveSetting 可以读/写注册表，通过在注册表中保存当前设置信息，然后在下一次执行过程时读取这些信息，从而让程序更人性化。不过它有明显的缺点，主要表现在以下两个方面。

1. 位置固定

默认的注册表操作方式仅仅限于操作以下位置：

```
HKEY_CURRENT_USER\Software\VB and VBA Program Settings
```

如果想在注册表的其他位置输入信息则无法实现。

2. 类型单一

SaveSetting 语句无法在注册表中创建二进制（REG_BINARY）的值。

15.3.2 借用脚本自由控制注册表

使用脚本语言读/写注册表远比 VBA 自带的语句更灵活，所幸 VBA 可以随意调用脚本语言，所以 VBA 也可以借助脚本代码随心所欲地控制注册表。

使用脚本读/写注册表可用以下三个方法完成：

CreateObject("WScript.Shell").RegWrite——输入数据。

CreateObject("WScript.Shell").RegRead——读取数据。

CreateObject("WScript.Shell").RegDelete——删除数据。

其中，RegWrite 的语法如下：

```
CreateObject("WScript.Shell").RegWrite strName, anyValue, [strType]
```

RegWrite 有 3 个参数，第 1 参数表示注册表的主键位置，或者称之为路径，例如“HKEY_CURRENT_USER\Software\VB and VBA Program Settings\Excel”。其中，最后一段的“Excel”是键名，而不是项名，相当于 SaveSetting 语句的第 3 参数。

RegWrite 方法的第 2 参数是键值，相当于 SaveSetting 语句的第 4 参数。

RegWrite 方法的第 3 参数代表键值的类型，支持 REG_SZ、REG_EXPAND_SZ、REG_DWORD 和 REG_BINARY 四种类型。

使用 RegWrite 方法向注册表中输入数据时，如果第 1 参数指定的键名不存在，那么脚本语言会自动在注册表中创建这个键。

以下代码可以在注册表中的“HKEY_CLASSES_USER\任意目录”位置处创建名为“你喜欢 VBA 吗”的键，其键值是“当然”，值的类型是 REG_SZ，如图 15-11 所示。

```
Sub 向注册表输入数据()
  CreateObject("WScript.Shell").RegWrite "HKEY_CURRENT_USER\任意目录\你喜欢 VBA 吗", "当然", "REG_SZ"
End Sub
```

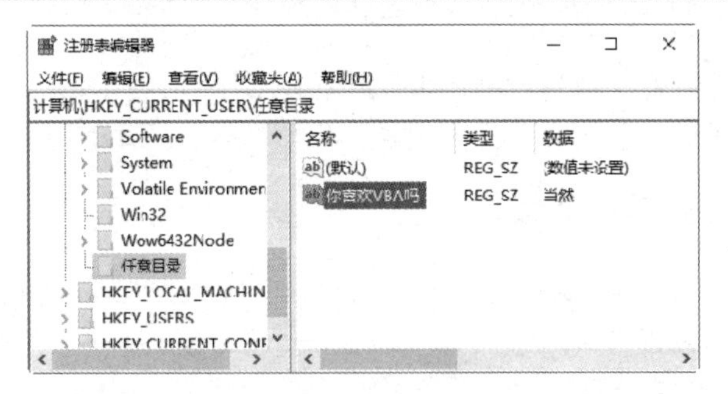

图 15-11 脚本代码向注册表中输入的值

15.3.3 修改注册表禁用 QQ 和记事本

案例要求：通过修改注册表从而禁用 QQ 和 Windows 系统内置的记事本软件。

知识要点：脚本语言、注册表、If Then 语句。

实现步骤：

STEP 01 在菜单栏执行“插入”→“模块”命令，然后在模块中输入以下代码：

```
Sub 禁用 QQ 和记事本()'随书案例文件中有每一句代码的含义注释
  Dim msg As VbMsgBoxResult, RegPath1 As String, RegPath2 As String , RegPath3 As String
  msg = MsgBox("选是：允用" & Chr(10) & "选否：禁用", vbYesNo + vbQuestion, "选择任务")
  If msg = vbNo Then
    RegPath1 = "HKCU\Software\Microsoft\Windows\CurrentVersion\Policies \Explorer\DisallowRun"
    CreateObject("WScript.Shell").RegWrite RegPath1, "1", "REG_DWORD"
    RegPath2 = "HKCU \Software\Microsoft\Windows\Current Version\Policies\Explorer\DisallowRun\1"
    CreateObject("WScript.Shell").RegWrite RegPath2, "Notepad.exe", "REG_SZ"
    RegPath3 = "HKCU\Software\Microsoft\Windows\Current Version\Policies\Explorer\DisallowRun\2"
    CreateObject("WScript.Shell").RegWrite RegPath3, "QQScLauncher.exe", "REG_SZ"
  Else
    RegPath1 = "HKCU\Software\Microsoft\Windows\CurrentVersion\Policies \Explorer\DisallowRun"
    RegPath2 = "HKCU\Software\Microsoft\Windows\CurrentVersion\Policies \Explorer\DisallowRun\1"
    RegPath3 = "HKCU\Software\Microsoft\Windows\CurrentVersion\Policies \Explorer\DisallowRun\2"
    CreateObject("WScript.Shell").RegDelete RegPath1
    CreateObject("WScript.Shell").RegDelete RegPath2
    CreateObject("WScript.Shell").RegDelete RegPath3
  End If
End Sub
```

STEP 02 保存文件，然后关闭 Excel。

STEP 03 打开 Word 软件，按<Alt+F11>组合键进入工程资源管理器中，然后在菜单栏执行“插入”→模块命令。

STEP 04 在模块中输入以下代码：

```
Private Declare Function ShellExecute Lib "shell32.dll" Alias "ShellExecuteA" _
    (ByVal hwnd As Long, ByVal lpOperation As String, ByVal lpFile As String, _
    ByVal lpParameters As String, ByVal lpDirectory As String, ByVal nShowCmd As Long) As Long
Sub 以管理员身份打开工作簿()
     ShellExecute 0, "runas", "excel.exe", """E:\Book\Excel VBA 程序开发自学宝典(第 4 版)\第 15 章\15-5
禁用 QQ 和记事本.xlsm""", 0, 1
End Sub
```

STEP 05 执行以上代码，会以管理员身份打开“15-5 禁用 QQ 和记事本.xlsm”工作簿。

STEP 06 执行工作簿中的过程“禁用 QQ 和记事本”，会弹出如图 15-12 所示的“选择任务”对话框，单击其中的“否”按钮，程序就会禁用 QQ 和记事本软件。

STEP 07 单击 QQ 或者记事本软件，会弹出如图 15-13 所示的提示，表明该软件已禁用。

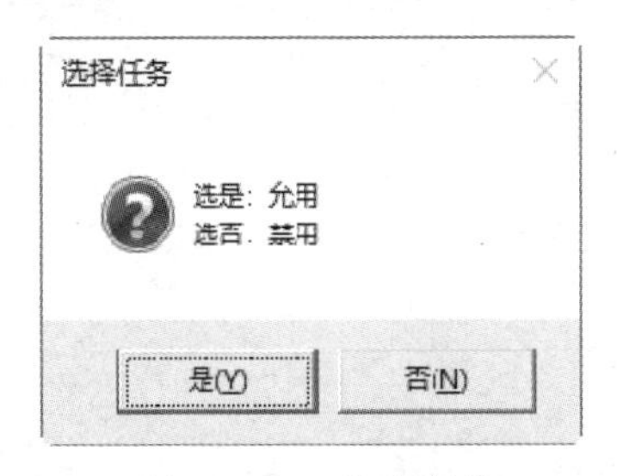

图 15-12　选择任务

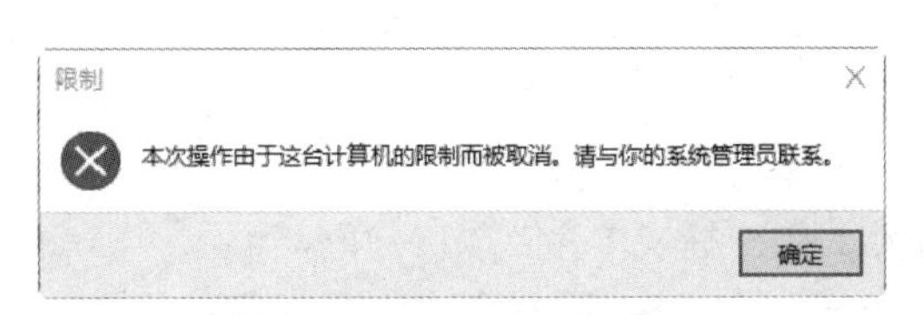

图 15-13　禁用软件后的提示

STEP 08 重启执行过程“禁用 QQ 和记事本”，当弹出“选择任务”对话框时单击“是”按钮，那么 QQ 和记事本软件马上就会解除限制，允许使用。

代码分析：

（1）禁止一个软件主要分两个步骤：其一是在注册表的“HKCU\Software\Microsoft\Windows\CurrentVersion\Policies\Explorer”下面创建一个名为“DisallowRun”的键，将键值设置为 1；其二是在“HKCU\Software\Microsoft\Windows\CurrentVersion\Policies\Explorer\”下面创建一个名为“DisallowRun”的项，并在其下创建一个名为“1”的键，键值为软件名称，例如记本事的全称是“Notepad.exe”，Windows 10 系统的 Edge 浏览器的名称是“msedge.exe”,Word 软件的全称是“WinWord.exe”。

（2）注册表主键“HKEY_CURRENT_USER”一般缩写为“HKCU”。

（3）不管用哪一个账户登录 Windows 系统，打开 Excel 工作簿时都没有管理员权限，因此对于注册表中某些需要管理员权限才能修改的地方就不能通过双击打开工作簿然后执行代码。要提升工作簿中的代码的执行权限有两种方法：其一是以管理员身份运行“Excel.exe”，然后在 Excel 中单击“打开”按钮，打开工作簿，此后再执行工作簿中的代码即可；其二是通过 Word VBA 代码调用“runas”命令去提升 Excel 软件的权限，此方式打开的工作簿默认就有管理员权限。

（4）代码中的路径“"E:\Book\Excel VBA 程序开发自学宝典(第 4 版)\第 15 章\15-5 禁用 QQ 和记事本.xlsm”请根据自己的实际情况进行修改。

（5）在 Windows 7 系统中有可能修改代码后要重启 Explorer.exe，然后注册表的修改才生效。在 Windows 10 系统中不用重启，代码马上生效。

随书提供案例文件和演示视频：15-5 禁用 QQ 和记事本.xlsm 和 15-5 禁用 QQ 和记事本.mp4

15.3.4 禁止使用 U 盘

案例要求：U 盘可以传播计算机病毒，而且计算机中的资料也可以被他人利用 U 盘盗走，基于此目的可以禁用 U 盘。由于注册表可以控制 U 盘是否允许使用，因此要求利用 VBA 调用脚本语言修改注册表，从而实现禁止与允许使用 U 盘。

知识要点：脚本语言、注册表。

实现步骤：

STEP 01 在菜单栏执行“插入”→“模块”命令，然后在模块中输入以下代码：

```
Sub 控制 U 盘是否可用()'随书案例文件中有每一句代码的含义注释
    Dim msg As VbMsgBoxResult, RegPath As String
    msg = MsgBox("允许使用 U 盘吗？", vbYesNo, "设置 U 盘状态")
    RegPath = "HKEY_LOCAL_MACHINE\SYSTEM\CurrentControlSet\Services\USBSTOR \Start"
    CreateObject("WScript.Shell").RegWrite RegPath, 4 + (msg = vbYes), "REG_DWORD"
End Sub
```

STEP 02 保存文件，然后关闭 Excel。

STEP 03 打开 Word 软件，按<Alt+F11>组合键进入工程资源管理器中，然后在菜单栏执行“插入”→“模块”命令。

STEP 04 在模块中输入以下代码：

```
Private Declare Function ShellExecute Lib "shell32.dll" Alias "ShellExecuteA" _
        (ByVal hwnd As Long, ByVal lpOperation As String, ByVal lpFile As String, _
        ByVal lpParameters As String, ByVal lpDirectory As String, ByVal nShowCmd As Long) As Long
Sub 以管理员身份打开工作簿()
```

```
    ShellExecute 0, "runas", "excel.exe", """E:\Book\Excel VBA 程序开发自学宝典(第 4 版)\第 15 章\15-6
控制 U 盘是否可用.xlsm""", 0, 1
End Sub
```

STEP 05 执行以上代码，程序会打开“15-6 控制 U 盘是否可用.xlsm”工作簿。

STEP 06 运行过程“控制 U 盘是否可用”，程序会弹出如图 15.14 所示的“设置 U 盘状态”信息框，单击“否”按钮后将 U 盘插入到计算机，此时可以发现从“我的电脑”中无法看到 U 盘。

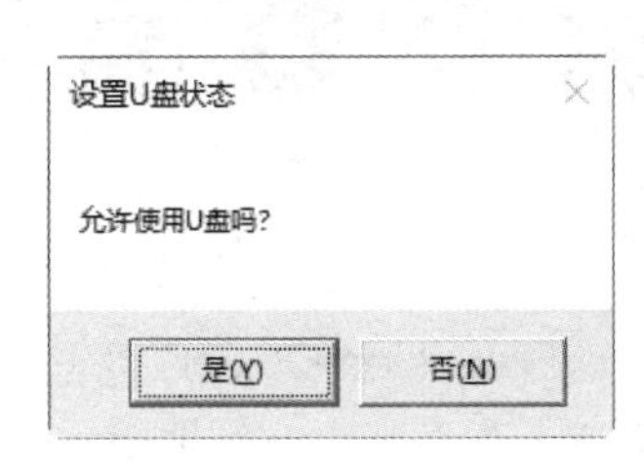

图 15-14　设置 U 盘状态

STEP 07 重新执行过程，弹出对话框时单击“否”按钮，然后 U 盘就恢复正常使用。

代码分析：

（1）注册表中以下键值为 3 时表示允许使用 U 盘，值为 4 时表示禁用 U 盘：

```
“HKEY_LOCAL_MACHINE\SYSTEM\CurrentControlSet\Services\USBSTOR\Start”
```

因此本例使用脚本语言向以上路径输入 3 或者 4，足以控制 U 盘是否可用。

（2）本例中 MsgBox 函数的返回值是 VbYes 或者 VbNo，那么代码“msg = vbYes”的计算结果则是 True 或者 False。逻辑值在参与加法算法时将 True 当作-1 处理，将 False 当作 0 处理，因此当用户在对话框中选择“是”时，代码“4 + (msg = vbYes)”的结果是 3，当用户选择“否”时，代码“4 + (msg = vbYes)”的结果是 4。

（3）非管理员用户无法修改注册表中的以下键值，因此需要配合“runas”命令提升权限。

```
HKEY_LOCAL_MACHINE\SYSTEM\CurrentControlSet\Services\USBSTOR\Start
```

随书提供案例文件：15-6 控制 U 盘是否可用.xlsm

注册表的应用范围相当广泛，由于本书篇幅有限，本章不再一一列举。你可以将前文所讲的 Sub 过程拿来练习，通过注册表技术让过程更人性化。

第 16 章 高阶应用 6：处理文件与文件夹

FileSystemObject 简称 FSO，中文叫作文件系统对象，该对象有着强大的文件与文件夹管理能力。本章将全方位地展示 FileSystemObject 在文件与文件夹管理方面的应用。

16.1 认识 FSO 对象、属性与方法

FSO 对象有着强大的文件与文件夹管理能力，在 VBA 中调用 FSO 对象的资源可以删除文件、复制文件、重命名文件、移动文件、获取文件的一切属性，也可通过 FSO 对象删除文件夹、创建文件夹以及获取文件夹的体积、创建日期等信息。

对于日常工作中处理文件或者文件夹较多的用户，应该深入学习 FSO 对象的相关技术。

16.1.1 FSO 对象的调用方式

FSO 对象包含在 Microsoft Scripting Runtime 类型库中，文件名为 Scrrun.Dll。

要调用 FSO 对象的资源首先要绑定对象的类型库。绑定类型库包含前期绑定和后期绑定两种方式，前期绑定的优点是书写代码时可以弹出属性与方法列表，缺点是将代码分享给他人使用时不够方便，需要对方手工添加；后期绑定的优点是代码分享给他人使用时可以直接使用，不需要其他操作，缺点是书写代码时没有属性与方法列表，不过可以通过做笔记的方法克服这个缺点——将编写好的代码当作模板存放在笔记中，需要使用时将其复制出来即可，由于不需要手工编写代码，因此是否弹出属性与方法列表并不重要。

笔者推荐你在初学 VBA 时采用前期绑定方式，稍微熟练后采用后期绑定方式。

1. 前期绑定

前期绑定 FSO 对象的操作步骤如下：

STEP 01 打开 VBE 窗口，在菜单栏执行“工具”→“引用”命令。

STEP 02 在“引用”对话框中将“Microsoft Scripting Runtime”勾选，操作界面如图 16-1 所示。

STEP 03 在菜单栏执行“插入”→“模块”命令，然后在模块中输入 FSO 相关的代码，将会发现 VBA 会弹出 FSO 对象的属性与方法列表，效果如图 16-2 所示。

2. 后期绑定

后期绑定是指利用 CreateObject 函数创建 FSO 对象并返回该对象的引用。FSO 对象的名称是“Scripting.FileSystemObject”，因此调用 FSO 对象的具体办法是通过 CreateObject("Scripting.FileSystemObject")语句引用 FSO 对象，然后通过小圆点调用它的属性或者方法。例如，FSO 对象中的 FolderExists 方法用于判断文件夹是否存在，因此以下过程可以判断 D 盘中是否存在“生产日报表”这个文件夹：

```
Sub 判断文件夹是否存在()
```

```
    If CreateObject("Scripting.FileSystemObject").FolderExists("D:\生产日报表") Then MsgBox "存在" Else
MsgBox "不存在"
End Sub
```

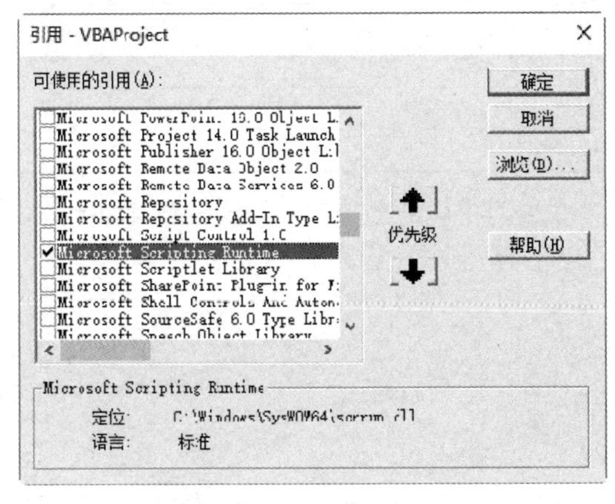

图 16-1　操作界面

图 16-2　属性与方法列表

16.1.2　FSO 的对象

FSO 提供了 5 个对象，VBA 调用 FSO 可以访问这 5 个对象，如表 16-1 所示。

表 16-1　FSO的对象

对象名称	功能描述
FileSystemObject对象	操作计算机系统
Drive对象	操作驱动器
Folder对象	操作文件夹
File对象	操作文件
TextStream对象	操作文件的内容

虽然 FSO 包括 5 个对象，但 FileSystemObject 对象其实包含其他对象的所有属性与方法，仅仅熟练使用 FileSystemObject 对象也可以完成其他 4 个对象的所有功能。因此，我们可以将学习重心放在 FileSystemObject 对象上。

16.1.3　FSO 常用对象的方法与属性

Drive 对象包含了磁盘的所有信息，它具有 12 个属性，如表 16-2 所示。

表 16-2　Drive对象的属性

属性名称	含义解释
AvailableSpace	返回在驱动器或网络共享上的用户可用的空间容量
DriveLetter	返回本地驱动器或网络驱动器的字母
DriveType	返回驱动器的磁盘类型
FileSystem	返回驱动器使用的文件系统类型
FreeSpace	返回驱动器上或共享驱动器可用的磁盘空间
IsReady	确定驱动器是否准备好
Path	返回文件、文件夹或驱动器的路径

续表

属性名称	含义解释
RootFolder	返回一个Folder对象，该对象表示一个驱动器的根文件夹的只读属性
SerialNumber	返回用于唯一标识磁盘卷标的十进制序列号
ShareName	返回驱动器的网络共享名
TotalSize	以字节为单位，返回驱动器或网络共享的总空间大小
VolumeName	设置或返回驱动器的卷标名

Drives 对象包含磁盘对象集合，要获取单个磁盘的信息应该使用 For Each Next 循环语句遍历 Drives 对象，然后通过上述属性调用单个磁盘对象的若干信息。

例如，获取所有磁盘的盘符与剩余空间，使用以下代码可以实现（代码采用了后期绑定）：

```
'随书案例文件中有每一句代码的含义注释
Sub 获取所有磁盘的盘符与剩余空间()
  On Error Resume Next
  Dim Drv As Object, Msg As String
  For Each Drv In CreateObject("Scripting.FileSystemObject").Drives
    Msg = Msg & Drv.DriveLetter & vbTab & Format(Drv.FreeSpace / 1024 ^ 3, "0.0G") & Chr(13)
  Next
  MsgBox Msg, vbInformation, "本机磁盘信息"
End Sub
```

由于前面讲过 FileSystemObject 对象本身也具有获取磁盘信息的功能，那么不用 Drive 对象也足以完成同等功能。

假设要求使用 FileSystemObject 的方法与属性获得 D 盘的总空间与剩余空间，仍然采用后期绑定方式，那么可用以下代码实现：

```
Sub 获取 D 盘的总空间与剩余空间() '①代码存放位置：模块中。②随书案例文件中有每一句代码含义注释
 With CreateObject("Scripting.FileSystemObject").GetDrive("D:")
  MsgBox "总空间：" & .TotalSize & Chr(13) & "剩余空间：" & .FreeSpace, vbInformation, "D 盘"
  End With
End Sub
```

代码中的 GetDrive 属于 FileSystemObject 对象的方法。

随书提供案例文件：16-1 获得所有磁盘的信息.xlsm

如表 16-3 所示，罗列了 FileSystemObject 对象关于磁盘应用的三种方法。

表 16-3 FileSystemObject对象关于磁盘应用的三种方法

方法名称（包含参数）	功能描述
DriveExists(drivespec)	判断磁盘是否存在，返回值为True时表示磁盘存在
GetDrive(drivespec)	返回指定磁盘的Drive对象的引用，GetDrive("D:")即引用D盘这个对象
GetDriveName(drivespec)	返回指定路径所在的磁盘的名称。参数必须是文件或文件夹的绝对路径

如表 16-4 所示，罗列了 FileSystemObject 对象关于文件夹操作的方法。

表 16-4　FileSystemObject对象关于文件夹操作的方法

方法名称（包含参数）	功能描述
CreateFolder foldername	创建一个文件夹
DeleteFolder folderspec[, force]	删除一个文件夹
MoveFolder source, destination	移动一个文件夹
CopyFolder source, destination[, overwrite]	复制一个文件夹
FolderExists(folderspec)	判断文件夹是否存在，返回值为逻辑值
GetFolder(folderspec)	根据路径获得文件夹对象，返回值为对象
GetParentFolderName(path)	找出一个文件夹的父文件夹的名称，返回值为文本
GetSpecialFolder(folderspec)	找出系统文件夹的路径，返回值为文本

表 16-4 中的几种方法都比较简单，看一句代码即可明白各方法的功能。

以下 4 个过程包含了 FolderExists、CreateFolder、DeleteFolder 和 CopyFolder 方法的应用：

```
Sub 判断文件是否存在()
MsgBox IIf(CreateObject("Scripting.FileSystemObject").FolderExists("D:\生产表"), "存在", "不存在")
End Sub
Sub 创建文件夹()
  CreateObject("Scripting.FileSystemObject").CreateFolder ("D:\生产表")
End Sub
Sub 删除文件夹()
  CreateObject("Scripting.FileSystemObject").DeleteFolder ("D:\生产表")
End Sub
Sub 将 D 盘的文件夹复制到 E 盘()
  CreateObject("Scripting.FileSystemObject").CopyFolder "D:\生产表", "E:\" , True
End Sub
```

随书提供案例文件：16-2 操作文件夹.xlsm

如表 16-5 所示，罗列了 FileSystemObject 对象关于文件夹的属性。

表 16-5　FileSystemObject对象文件夹的属性

属性名称	功能描述
ShortPath	返回8.3文件命名约定的短路径
Attributes	设置或者返回文件或文件夹的属性
Size	返回的文件或者文件夹大小，以字节为单位
Path	返回指定文件、文件夹或驱动器的路径
Drive	返回指定文件或文件夹所在的驱动器符号
IsRootFolder	判断目录是否为根目录
Name	设置或返回指定文件或文件夹名
DateLastAccessed	返回最后一次访问文件或文件夹的日期和时间
Files	返回Files集合，包括指定的文件夹中所有文件
DateLastModified	返回最后一次修改的日期和时间
DateCreated	返回创建日期和时间
ShortName	返回8.3 命名约定的程序所使用的短名字

续表

属性名称	功能描述
Type	返回关于某个文件或文件夹类型的信息
SubFolders	返回Folders集合，包括所有文件夹
ParentFolder	返回指定文件或文件夹的父文件夹对象

其中，比较常用的属性包含 Attributes、Size、DateLastAccessed、Files、SubFolders，在 16.2 节中会有相关的应用。

如表 16-6 所示，罗列了 FileSystemObject 对象关于文件操作的方法。

表 16-6 FileSystemObject对象关于文件操作的方法

方法名称（包含参数）	功能说明
CopyFile（source,destination,overwrite）	将指定的一个或多个文件复制到新的文件夹中，destination参数代表是否覆盖目标文件
CreateTextFile（filename,overwrite,unicode）	用指定的文件名filename在磁盘上创建一个新的文本文件，并返回与其对应的TextStream对象
DeleFile（filespec,force）	删除由filespec指定的一个或多个文件（可以包含通配符）
FileExists（filespec）	判断文件是否存在，返回值为逻辑值
GetBaseName（filespec）	获取文件名称，不包含文件的扩展名
GetExtensionName（filespec）	获取文件的扩展名，返回值为文本
GetFile（filespec）	获取文件对象，返回值为对象
GetFileName（pathspec）	获取文件的路径或名称，不检查文件是否存在
GetTempName（ ）	返回一个随机产生的文件名
MoveFile（source,destination）	将一个或多个源文件移动到指定的目的文件夹，可以包含通配符
OpenTextFile（filename,iomode,create,format）	创建或者打开一个名叫作filename的文件

表 16-6 中的 CopyFile、DeleFile、FileExists、GetBaseName、GetFile、MoveFile 等方法比较常用，你可以在 VBA 自带的帮助中查询更详细的语法说明，以及查看其案例应用。

16.2 用 FSO 处理文件与文件夹

文件与文件夹的管理比较简单，涉及的技术比较单一。

本章通过 4 个案例演示 FSO 技术的综合应用。

16.2.1 将 D 盘中所有隐藏的文件夹显示出来

案例要求：D 盘中有部分文件夹处于隐藏状态，要求利用 VBA 将它们显示出来。

过程代码：

```
Sub 取消隐藏文件夹的隐藏属性()'随书案例文件中有每一句代码的含义注释
  On Error Resume Next
  Dim FolderObj As Object
  With CreateObject("Scripting.FileSystemObject")
    For Each FolderObj In .GetFolder("D:\").SubFolders
      FolderObj.Attributes = Normal
    Next FolderObj
```

```
    End With
End Sub
```

D 盘中假设存在隐藏的文件夹，执行以上过程后将会全部显示出来。

思路分析：

本例要操作的对象是 D 盘的子文件夹，因此先使用 FSO 对象的 GetFolder 方法生成一个文件夹对象，然后通过 SubFolders 属性获取该文件夹的所有子文件夹对象，接着使用 For Each Next 循环语句遍历每一个文件夹。

文件夹对象的 Attributes 属性代表文件夹是隐藏的、只读的还是常规的文件夹，此属性可读亦可写。本例的需求是将隐藏文件夹取消隐藏，因此将文件夹的属性设置为 Normal，如果需要将非隐藏文件夹隐藏起来，则应将文件夹对象的 Attributes 属性赋值为 Hidden。

语法补充：

（1）GetFolder 方法可以根据路径生成对应的 Folder 对象，类似于 Evaluate 方法将文本“a1”转换成 Range 对象的原理，其具体语法如下：

```
object.GetFolder(folderspec)
```

其中，object 代表 FSO 对象，参数 folderspec 代表文本形式的文件夹路径。

（2）SubFolders 对象代表文件夹对象的所有子文件夹，是一个对象集合。使用循环语句遍历这个集合时，变量 FolderObj 应使用 Object 型，不能用 String 或者 Integer 型。

随书提供案例文件：16-3 让 D 盘中所有隐藏文件夹显示出来.xlsm

16.2.2 遍历子文件夹创建文件目录

案例要求：对用户随意指定的文件夹创建文件目录，包含子文件夹中的文件。

过程代码：

```
Dim arr(), i As Long
Sub 创建文件目录()'随书案例文件中有每一句代码的含义注释
    Dim PathSht As String, Item As Integer
    With Application.FileDialog(msoFileDialogFolderPicker)
        If .Show Then PathSht = .SelectedItems(1) Else Exit Sub
    End With
    PathSht = PathSht & IIf(Right(PathSht, 1) = "\", "", "\")
    i = 0
    Call Contents(PathSht)
    Range("A1").Resize(i, 1) = WorksheetFunction.Transpose(arr)
    If MsgBox("是否创建链接?", vbYesNo, "链接") = vbYes Then
        Application.ScreenUpdating = False
        For Item = 1 To i
            ActiveSheet.Hyperlinks.Add Anchor:=Cells(Item, 1), Address:=arr(Item),
TextToDisplay:=Dir(arr(Item), vbNormal)
        Next
        Application.ScreenUpdating = True
    End If
End Sub
Sub Contents(Folder As String)
    On Error Resume Next
    Dim FolderObj As Object
    With CreateObject("Scripting.FileSystemObject")
        For Each FolderObj In .GetFolder(Folder).Files
```

```
        i = i + 1
        ReDim Preserve arr(1 to i)
        arr(i) = FolderObj.Path
      Next FolderObj
      For Each FolderObj In .GetFolder(Folder).SubFolders
        Call Contents(FolderObj.Path)
      Next FolderObj
    End With
End Sub
```

执行以上过程会弹出一个浏览文件夹的对话框，当选择一个文件夹并单击“确定”按钮后，程序会将该文件夹中的所有文件和子文件夹中的文件的名称存放在活动工作表的 A 列中。然后弹出一个“是否创建链接”的询问信息框，如果用户单击了“是”按钮，程序会对在 A 列的文件目录添加超级链接。

思路分析：

创建文件目录比较简单，使用 FileDialog 对象让用户指定一个路径，然后使用 GetFolder 方法加 Files 属性即可获取该路径下的所有文件对象集合。接着使用循环语句遍历文件对象集合，从而提取所有文件的名称。

本例的难点在于获取指定路径下的所有文件名称时要兼顾其子文件夹中的文件，因此本例在“创建文件目录”过程之外编写了一个带参数的过程，该过程的参数代表文件夹路径，在过程中首先使用循环语句提取所有子文件的名称到数组 arr 中，然后使用循环语句遍历所有子文件夹，并且通过递归方式调用过程自身继续执行下去，从而将所有子目录中的文件名称一并提取到数组 arr 中。

公共变量 i 必须在过程“创建文件目录”中强制初始化为 0。尽管第一次执行过程时该变量的默认值就是 0，但是如果不强制赋值为 0，在第二次执行过程“创建文件目录”时，由于公共变量会在过程结束后保留其值，因此在第二次或者第三次执行过程时变量的默认值不再是 0，它会影响后面的执行结果。

语法补充：

（1）Files 属性代表文件夹中的文件对象集合，其返回值是对象，因此遍历 Files 时的循环语句中使用的变量必须声明为 Object，当然也可以采用变体型变量。

（2）FSO 中的 Path 属性代表文件的全名，包括路径，相当于 Workbook.FullName 属性。

随书提供案例文件和演示视频：16-4 创建文件目录.xlsm 和 16-4 创建文件目录.mp4

16.2.3 删除 D 盘中大小为 0 的文件夹

案例要求：在 D 盘中有若干个大小为 0 的文件夹，要求利用 VBA 删除这些文件夹。

过程代码：

```
Sub 删除D盘中大小为0的文件夹()'随书案例文件中有每一句代码含义注释
  Dim Folder As Object
  With CreateObject("Scripting.FileSystemObject")
    On Error Resume Next
    For Each Folder In .getfolder("D:\").SubFolders
      If Folder.Size = 0 Then .DeleteFolder (Folder)
    Next Folder
  End With
End Sub
```

执行以上过程后，D 盘中大小为 0 的文件夹会被全部删除。

思路分析：

SubFolders 代表文件夹对象集合，不能使用索引号来访问其子集，必须使用 For Each Next 循环语句遍历这个对象集合，然后逐一判断其中每一个元素是否符合“体积为 0”这个条件，如果符合条件，则使用 DeleteFolder 方法删除。

语法补充：

（1）Size 属性代表文件夹的体积，单位为字节，假设要换算成 GB，则应将它除以 1024^3。

（2）DeleteFolder 方法用于删除文件夹，其语法如下：

```
object.DeleteFolder folderspec[, force]
```

其中，folderspec 代表要删除的文件夹名称，force 参数代表是否删除只读的文件夹，赋值为 True 时表示要删除，赋值为 False 时表示不删除。

 随书提供案例文件：16-5 删除 D 盘中大小为 0 的文件夹.xlsm

16.2.4 罗列最近三天修改过的所有文件的名称

案例要求：磁盘中有数千个文件，要求罗列出最近三天修改过的所有文件的名称，同时列出修改时间。

过程代码：

```
'随书案例文件中有每一句代码含义注释
Dim arr(), i As Long
Sub 罗列最近三天修改过的所有文件的名称()
  Dim PathSht As String
  With Application.FileDialog(msoFileDialogFolderPicker)
    If .Show Then PathSht = .SelectedItems(1) Else Exit Sub
  End With
  PathSht = PathSht & IIf(Right(PathSht, 1) = "\", "", "\")
  i = 0
  Call Contents(PathSht)
  Range("A1").Resize(i, 2) = WorksheetFunction.Transpose(arr)
  Columns("a:b").EntireColumn.AutoFit
End Sub
Sub Contents(Folder As String)
  On Error Resume Next
  Dim FolderObj
  With CreateObject("Scripting.FileSystemObject")
    For Each FolderObj In .GetFolder(Folder).Files
      If Now - FolderObj.DateLastModified <= 3 Then
        i = i + 1
        ReDim Preserve arr(1 To 2, 1 To i)
        arr(1, i) = FolderObj.Path
        arr(2, i) = FolderObj.DateLastModified
      End If
    Next FolderObj
    For Each FolderObj In .GetFolder(Folder).SubFolders
      Call Contents(FolderObj.Path)
    Next FolderObj
  End With
End Sub
```

执行以上过程会弹出一个浏览文件夹的对话框，当选择一个文件夹并单击“确定”按钮后，程序会将该文件夹中所有的最近三天修改过的文件名称和修改时间罗列出来。如图 16-3 所示是笔者以 E 盘为路径的执行结果，由于执行时间是 2020 年 11 月 24 日，因此会将最后三天（2020 年 11 月 22 日、23 日和 24 日）修改过的文件名称都罗列出来。

	A	B
1	E:\第十六本\第15章\15-4 插入签名到活动单元格.mp4	2020/11/22 11:50
2	E:\第十六本\第15章\15-4 插入签名到活动单元格.xlsm	2020/11/23 11:40
3	E:\第十六本\第15章\15-5 禁用QQ和记事本.mp4	2020/11/24 13:57
4	E:\第十六本\第15章\15-5 禁用QQ和记事本.xlsm	2020/11/24 11:40
5	E:\第十六本\第15章\15-6 控制U盘是否可用.xlsm	2020/11/24 15:56
6	E:\第十六本\第16章\16-1 获得所有磁盘的信息.xlsm	2020/11/24 17:04
7	E:\第十六本\第16章\16-2 操作文件夹.xlsm	2020/11/24 17:05
8	E:\第十六本\第16章\16-3 让D盘中所有隐藏文件夹显示出来.xlsm	2020/11/24 17:07
9	E:\第十六本\第16章\16-4 创建文件目录.mp4	2020/11/24 18:32

图 16-3　最近三天修改过的文件列表

思路分析：

本例代码是基于 16.2.2 节的代码修改而来的，与该例不同之处在于，将文件名称输入数组之前使用了条件语句判断当前时间 Now 与文件的最后修改时间 DateLastModified 之间的差值是否小于或等于 3，只有符合条件者才输入到数组中。

由于本例需要将文件名称和最后一次的修改时间一并输入到数组中，因此需要将数组变量重置为二维数组。

语法补充：

（1）DateLastModified 属性代表文件或者文件夹的最后一次修改时间。

（2）DateLastAccessed 属性代表文件或者文件夹的最后一次访问时间，DateCreated 属性代表文件的创建时间。

随书提供案例文件：16-6 罗列最近三天修改过的所有文件的名称.xlsm

16.3 读/写文本文件

文本文件的后缀是 txt，VBA 中提供了 CreateTextFile 方法创建文本文件，用 OpenAsTextStream 方法打开已有的文本文件，用 ReadLine 和 Readall 读取文本文件，用 WriteLine 输入文本文件。

文本文件通常用于保存参数，类似于注册表的作用，但是用文本文件保存参数比注册表更灵活，可以用多个文本文件保存多份不同的参数，因此当参数复杂且多变时采用文本文件保存参数好于在注册表中保存参数。

16.3.1 创建文本文件并输入内容

打开文本文件并输入内容主要采用 CreateTextFile 和 WriteLine 方法。

CreateTextFile 的语法如下：

```
CreateObject("Scripting.FileSystemObject").CreateTextFile(filename[, overwrite [, unicode]])
```

第一参数代表文件名称，需要提供完整路径；第二参数表示如果已经存在同名文件时是否覆盖该文件。如果参数赋值为 True 则覆盖，赋值为 False 则弹出提示“文件已存在”；第三参数表示文件是作为一个 Unicode 文件创建的还是作为一个 ASCII 文件创建的，如果是作为一个 Unicode 文件创建的，其值为 True。

WriteLine 方法用于向 CreateTextFile 方法创建的文本文件中输入一行字符。例如：

```
Sub 创建文本且输入内容()
    '创建一个文本文件，位于“D:\测试一下.txt”
    With CreateObject("Scripting.FileSystemObject").CreateTextFile("D:\测试一下.txt", True)
        .WriteLine ("第一行")    '输入第一行
        .WriteLine (Line)        '输入第二行，空白行
        .WriteLine ("第三行")    '输入第三行
        .Close                   '保存且关闭文件
    End With
End Sub
```

执行以上过程后，双击打开 D 盘的“测试一下.txt”，可看到如图 16-4 所示的内容。

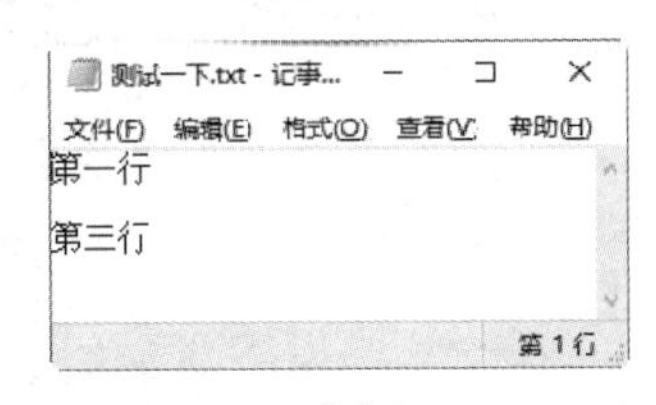

图 16-4　测试一下.txt

16.3.2　读取文本文件

VBA 中采用 OpenAsTextStream 方法打开一个指定的文件，其语法如下：

```
CreateObject("Scripting.FileSystemObject").OpenAsTextStream([iomode, [format]])
```

第一参数用于控制打开文件后能否输入新内容，赋值为 1 表示只能读取不能输入；赋值为 2 和 8 则是需要输入文件内容时才用；第二参数可选值是−2、−1 和 0，一般采用默认−2 即可。

ReadLine 和 ReadAll 分别代表读取文本文件中的一行或者所有行。其中，ReadLine 每用一次读取一行，第二次使用时只能读取第二行。

以下代码可以打开“D:\测试一下.txt”，并读取其所有内容：

```
Sub 读取文本文件内容()
  Dim MyFile As Object        '声明变量
  '打开文本文件 “D:\测试一下.txt”
  Set MyFile = CreateObject("Scripting.FileSystemObject").GetFile("D:\测试一下.txt")
  With MyFile.OpenAsTextStream(1, -2)          '引用该文件对象
        MsgBox .Readall                        '读取文件内容，有多少行就读取多少行
        .Close                                 '关闭文件对象
  End With
End Sub
```

16.3.3　开发拆分工作簿工具，可加载参数

案例要求：开发一个拆分工作簿的工具，执行后可将工作簿中每一个工作表另存为新的文件。拆分前需要提供是否添加页眉的选项，能指定页面设置的上边距、下边距、左边距和右边距，同时还要提供拆分后的文件格式选项，例如*.xlsx、*.xlsm 和*.PDF。

由于参数较多，还要求可以保存参数、加载参数，从而提升操作效率，避免每次都手工指定这些参数。

操作步骤：

STEP 01 在菜单栏执行“插入”→“窗体”命令，然后在窗体中加入文本框、组合框、按钮、标签等控件，并按如图 16-5 所示进行布局。

STEP 02 双击窗体进入代码界面，然后输入以下代码，表示激活窗体时为两个组合框添加子项目，以及设置默认值：

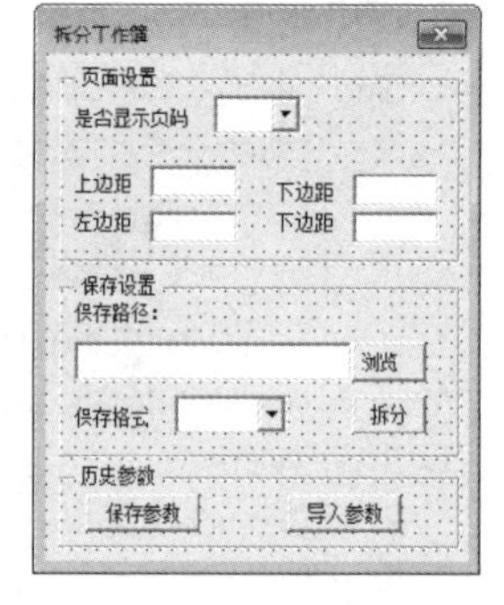

图 16-5　窗体控件布局

```
随书案例文件中有每一句代码的含义注释
Private Sub UserForm_Activate()
  ComboBox1.AddItem "是"
  ComboBox1.AddItem "否"
  ComboBox2.AddItem "PDF"
  ComboBox2.AddItem "xlsx"
  ComboBox2.AddItem "xlsm"
  ComboBox1.Value = "是"
  ComboBox2.Value = "xlsx"
End Sub
```

然后继续输入以下代码，将代码放在最上方，表示它是公共变量：

```
Dim PathStr As String
```

该变量配合以下过程使用，代码表示单击 CommandButton1 时弹出一个对话框让用户选择保存文件的路径：

```
Private Sub CommandButton1_Click()
  With Application.FileDialog(msoFileDialogFolderPicker)
        If .Show Then PathStr = .SelectedItems(1) Else Exit Sub
  End With
  PathStr = PathStr & IIf(Right(PathStr, 1) = "\", "", "\")
  TextBox5.Text = PathStr
End Sub
```

继续输入以下代码，代码用于保存所有参数：

```
Private Sub CommandButton3_Click()
  If  Len(TextBox1.Text)  +  Len(TextBox2.Text)  +  Len(TextBox3.Text)  +  Len(TextBox4.Text)  +
Len(TextBox5.Text) = 0 Then
 MsgBox "请选填好所有参数，然后执行本工具", vbOKOnly + vbInformation, "友情提示": Exit Sub
  End If
  Dim objFile As Object, Filename As String, FileObj
  Filename = Application.GetSaveAsFilename("", "文本文件 (*.txt), *.txt")
  If Filename = "False" Then Exit Sub
  With CreateObject("Scripting.FileSystemObject")
        If .FileExists(Filename) Then
            Set FileObj = .GetFile(Filename)
            Set objFile = FileObj.OpenAsTextStream(2, -2)
        Else
            Set objFile = .CreateTextFile(Filename)
        End If
        objFile.WriteLine ComboBox1.Text
        objFile.WriteLine TextBox1.Text
        objFile.WriteLine TextBox2.Text
        objFile.WriteLine TextBox3.Text
        objFile.WriteLine TextBox4.Text
        objFile.WriteLine TextBox5.Text
        objFile.WriteLine ComboBox2.Text
        objFile.Close
  End With
End Sub
```

继续输入以下代码，表示导入以前保存的参数：

```
Private Sub CommandButton4_Click()
  On Error Resume Next
  Dim fileToOpen As String
  fileToOpen = Application.GetOpenFilename("文本文件  (*.txt), *.txt", , "请选择文本文件", , False)
  If Err.Number > 0 Then Exit Sub
  Dim FileVal, Arr
  FileVal = CreateObject("Scripting.FileSystemObject").GetFile(fileToOpen). OpenAsTextStream(1, -2).Readall
  Arr = Split(FileVal, VBA.vbCrLf)
  ComboBox1.Text = Arr(0)
  TextBox1.Text = Arr(1)
  TextBox2.Text = Arr(2)
  TextBox3.Text = Arr(3)
  TextBox4.Text = Arr(4)
  TextBox5.Text = Arr(5)
  ComboBox2.Text = Arr(6)
End Sub
```

最后还有一个过程，单击 CommandButton5 时执行，根据前面的设置执行拆分工作：

```
Private Sub CommandButton5_Click()
  Dim Item As Integer, FilePath As String
  FilePath = TextBox5.Text
  For Item = 1 To Worksheets.Count
        Worksheets(Item).Copy
        With ActiveSheet.PageSetup
            If ComboBox1.Text = "是" Then .RightHeader = "第&P 页  共&N 页"
            .TopMargin = Application.InchesToPoints(TextBox1.Text * 0.3937007874)
            .BottomMargin = Application.InchesToPoints(TextBox1.Text * 0.3937007874)
            .LeftMargin = Application.InchesToPoints(TextBox3.Text * 0.3937007874)
            .RightMargin = Application.InchesToPoints(TextBox4.Text * 0.3937007874)
        End With
        Select Case Me.ComboBox2.Text
        Case "xlsx"
            ActiveWorkbook.SaveAs Filename:=FilePath & ActiveSheet.Name & ".xlsx", FileFormat:=
xlOpenXMLWorkbook, CreateBackup:=False
        Case "xlsm"
            ActiveWorkbook.SaveAs Filename:=FilePath & ActiveSheet.Name & ".xlsm", FileFormat:=
xlOpenXMLWorkbookMacroEnabled, CreateBackup:=False
        Case "PDF"
            ActiveSheet.ExportAsFixedFormat Type:=xlTypePDF, Filename:= FilePath & ActiveSheet.
Name & ".pdf", Quality:=xlQualityStandard, IncludeDocProperties:=True, IgnorePrintAreas:=False,
OpenAfterPublish:= False
        End Select
        ActiveWorkbook.Close False
  Next
End Sub
```

STEP 03 在菜单栏执行“插入”→“模块”命令，然后输入以下代码：

```
Sub 拆分工作簿()
  UserForm1.Show 0
End Sub
```

STEP 04 执行以上过程开始拆分工作簿。假设工作簿中有如图 16-6 所示的 7 个工作表，需要拆分成 7 个独立的文件，打开“拆分工作簿”窗口以后，需要手工指定参数，包含是否显示页码、上下左右页边距、保存路径和保存格式。

	A	B	C	D	E	F	G	H	I	J
1	明月三中期中考试成绩表									
2	序号	姓名	语文	数学	化学	地理	政治	化学	体育	外语
3	1	陈兰兰	73	85	76	80	89	84	82	85
4	2	范亚桥	88	59	89	43	63	66	56	70
5	3	洪小璐	77	64	87	70	43	90	89	53
6	4	冯本英	83	76	44	79	53	51	56	71
7	5	刘鹏	64	75	75	57	62	47	49	62
8	6	刘江华	67	46	40	83	60	68	96	69
9	7	钱光明	100	90	47	67	53	40	82	63

一年级一班 | 一年级二班 | 一年级三班 | 二年级一班 | 二年级二班 | 二年级三班 | 艺术班

图 16-6　工作簿

STEP 05 按如图 16-7 所示设置好所有参数以后，如果当前参数具有代表性，以后还可能需要用到，那么单击“保存参数”按钮，在弹出的对话框中选择保存路径，将名称命名为“xlsx 格式无页码 1 厘米页边距.txt”，最后单击“拆分”按钮，拆分结果如图 16-8 所示。

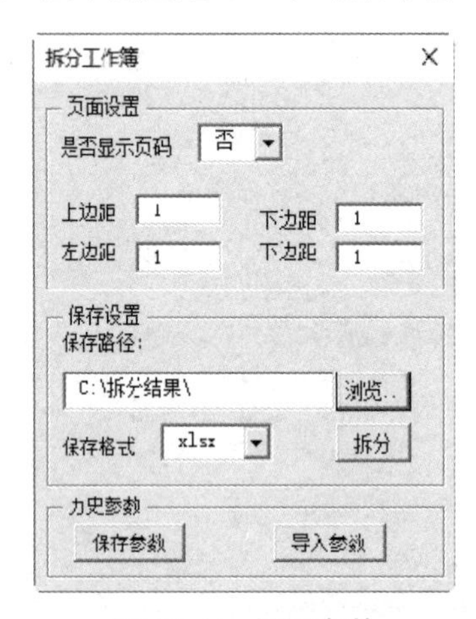

图 16-7　设置参数

图 16-8　拆分结果

STEP 06 假设需要拆分成 PDF 文件，在页眉里显示页码，边距为 2 厘米，那么可按如图 16-9 所示的方式设置参数，然后单击“保存参数”按钮，将文件命名为“PDF 格式有页码 2 厘米边框.txt”，最后单击“拆分”按钮，拆分结果如图 16-10 所示。

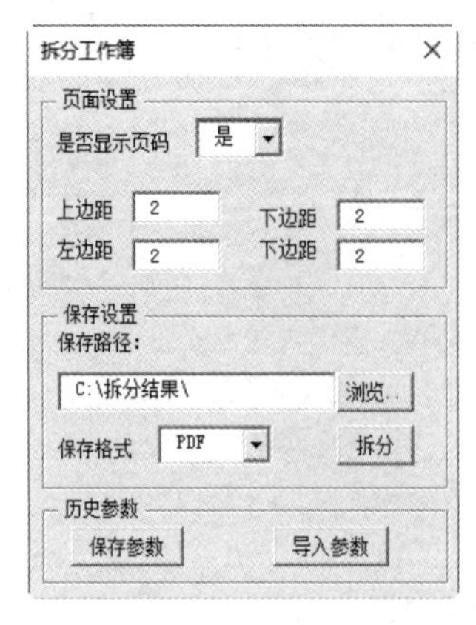

图 16-9　设置参数

图 16-10　拆分结果

STEP 07 重新打开工作簿，执行过程“拆分工作簿”，窗体中的参数区域都是空白的。假设此时需要调用文件“xlsx 格式无页码 1 厘米页边距.txt”中的参数，那么单击“导入参数”按钮，在弹出的“选择文本文件”对话框中找到“xlsx 格式无页码 1 厘米页边距.txt”，然后单击“打开”按钮，在窗体的文本框、复合框中会加载该文件中的参数，最后单击“拆分”按钮即可完成工作。

思路分析：

本例的程序代码主要分为两部分，一是拆分工作簿，二是创建与读取文本文件。

其中，拆分工作簿的整体思路如下：

使用 For Next 循环语句遍历所有工作表，然后通过 worksheet.Copy 方法将工作表转换成工作簿，最后通过 workbook.Saveas 方法保存文件。保存文件时要根据用户的设置来决定文件格式，如果是 xlsx 和 xlsm 格式，用 Workbook.SaveAs 方法保存，文件格式为 xlOpenXMLWorkbook 和 xlOpenXMLWorkbookMacroEnabled；如果用户选择的是 PDF 文件，那么采用 WorkSheet.ExportAsFixedFormat 方法保存文件。其中，OpenAfterPublish 参数比较重要，如果将该值赋值为 True，则生成文件以后会打开 PDF 文件，影响代码的执行效率，因此必须设置为 False。

创建文本文件和读取文本文件的思路很简单，前者通过 GetSaveAsFilename 方法获得文件名称，然后通过 CreateTextFile 创建文件，利用 WriteLine 方法输入内容；后者通过 GetOpenFilename 方法获得文件名称，再用 OpenAsTextStream 打开文件，利用 Readall 方法读取文本内容。

你只要将 16.3.1 节和 16.3.2 节中的代码弄明白，本例的代码就都可以读懂。

语法补充：

（1）Worksheet.copy 方法表示复制工作表并将其粘贴到工作簿的另一位置。如果使用第一参数，表示复制工作表并将其粘贴到指定工作表之前；如果使用第二参数，表示复制工作表并将其粘贴到指定工作表之后；如果不使用第一、第二参数，表示复制工作表并将其粘贴到新工作簿中。

（2）保存工作簿为 xlsx 格式时，文件格式 FileFormat 必须赋值为 xlOpenXMLWorkbook，而保存为 xlsm 格式时，文件格式 FileFormat 必须赋值为 xlOpenXMLWorkbookMacroEnabled。

（3）将文件保存 PDF 格式使用 ExportAsFixedFormat 方法，其语法如下：

```
Object.ExportAsFixedFormat(Type, Filename, Quality, IncludeDocProperties, IgnorePrintAreas, From, To, OpenAfterPublish, FixedFormatExtClassPtr)
```

其中，Object 可以是工作簿对象，可以是工作表对象，还可以是单元格对象。简而言之，.ExportAsFixedFormat 的前置对象决定了保存范围是整个工作簿还是当前工作表，或者是选中的单元格区域。

另外，有三个比较重要的参数，From 和 To 参数决定页码的起止范围，OpenAfterPublish 参数决定生成 PDF 后是否打开文件，便于预览生成效果，尽量赋值为 False。

随书提供案例文件和演示视频：16-7 拆分工作簿.xlsm 和 16-7 拆分工作簿.mp4

第 17 章 高阶应用 7：开发自定义函数

Excel 2019 提供了 400 多种函数，不过与每个用户工作相关的函数并不多。对于报表数据量大或者需求比较高的用户而言，内置的函数不足以满足日常需求。

VBA 可以开发函数，而且新开发的函数和内置的函数具有同等的易用性。

本章首先介绍自定义函数的语法，然后会提供 10 多个自定义函数的源代码和思路说明，从而帮助你掌握开发函数的基本技巧，以及了解 Function 过程与 Sub 过程的区别。

17.1 自定义函数的功能和语法

Function 过程即自定义函数，它和 Sub 过程有着比较显著的区别，包括功能上的区别和开发过程的区别。

Function 过程的功能偏重于运算，执行函数过程的目的是获取函数的运算结果。

如果需要将运算结果直接显示在单元格，而且该结果需要实时更新，或者需要将运算结果传递给另一个过程，那么宜用 Function 过程，在其他情况下宜用 Sub 过程。

17.1.1 Function 过程与 Sub 过程的区别

Function 过程与 Sub 过程的差异比较大，主要体现在以下三个方面。

1. 调用方式

Function 过程可以通过代码调用，也可以在单元格中输入函数名称来调用，就和使用内置的工作表函数一样。但是 Function 过程不能使用按钮或者菜单调用，也不会出现在“宏”对话框中（按<Alt+F8>组合键打开）。

2. 是否返回值

Function 过程有返回值，不管在单元格中调用 Function 过程还是使用 VBA 调用 Function 过程都可直接获得其返回值，因此可以利用等号去获取 Function 过程的值。

Sub 过程没有返回值。

3. 放置位置

Sub 过程可以放在模块中，也可以放在工作表事件代码窗口中和 ThisWorkbook 中，但是 Function 过程只能放在模块中，否则无法在单元格中调用该过程。

如果在另一个过程中调用 Function 过程，那么 Function 过程的代码可以不放在模块中。

绝大多数 Function 过程都有参数，而绝大多数 Sub 过程都不带参数。

17.1.2 Function 过程的语法

Function 过程的语法如下：

```
[Public | Private | Friend] [Static] Function name [(arglist)] [As type]
```

仅从语法上讲，Function 过程仅比 Sub 过程的语法多一个“[As type]”。

“[As type]”的功能是为函数的返回值指定数据类型或者对象类型。

Sub 过程没有返回值，因此不需要指定其类型。

Function 过程的语法中比较重要的部分是 arglist，即自定义函数的参数。

arglist 部分的具体语法如下：

```
[Optional] [ByVal | ByRef] [ParamArray] varname[( )] [As type] [= defaultvalue]
```

在第 10 章已经讲述过如何在 Sub 过程中编写 arglist，与 Function 过程中关于 arglist 的用法完全一致，因此本节不再详细介绍 arglist 的规则和注意事项，仅通过一个简单的案例展示 Function 过程，以及 Function 过程的 arglist 参数的设计思路。

某公司规定业务员的业绩计算规则如下：

如果业绩大于或等于 20 万元，那么奖金为 2000 元；如果业绩在 15 万元到 20 万元之间，则奖金为 1800 元；如果业绩在 10 万元到 15 万元之间，则奖金为 1500 元；如果业绩在 8 元万到 10 万元之间，则奖金为 1000 元；如果业绩在 5 万元到 8 万元之间，则奖金为 500 元；如果业绩小于 5 万元，则没有奖金。现要求开发一个函数来计算业务员的奖金。

根据前文的知识，以及本章的 Function 过程语法表可以得到以下代码：

```
'函数名称:Bonus,有一个必选参数 Rng，函数的返回值为 Integer 型数值
'参数 Rng 采用 long 型而不用 Range 型是为了避免只能使用单元格作参数
'用 Long 型表示可以直接作为数字参数
Function Bonus(Rng As Long) As Integer
'假设参数 Rng 的值大于或等于 200000，那么函数返回值为 2000，如果参数 Rng 的值大于或等于 150000，那么函数返回值为 1800……
Bonus = IIf(Rng >= 200000, 2000, IIf(Rng >= 150000, 1800, IIf(Rng >= 100000, 1500, IIf(Rng >= 80000, 1000, IIf(Rng >= 50000, 500, 0)))))
End Function
```

将以上代码放置在模块中，然后返回工作表界面。假设工作表中有如图 17-1 所示的 B 列的业绩数据，要计算每个业绩对应的奖金，仅需在 C2 单元格中输入以下公式并填充即可：

```
=Bonus(B2)
```

C2　=Bonus(B2)

	A	B	C	D	E
1	姓名	业绩	奖金		
2	范亚桥	97923	1000		
3	陈强生	204309	2000		
4	姚达开	108735	1500		
5	钟正国	73458	500		
6	张珍华	99032	1000		
7	游有之	161826	1800		
8	曲华国	218649	2000		
9	陈越	201320	2000		
10	柳红英	187643	1800		
11	严西山	144418	1500		

图 17-1　根据业绩计算奖金

以上过程中函数名称是 Bonus，其返回值为 Integer 型。假设奖金包含小数，那么应改用 Currency 型。

如果使用内置函数，那么公式如下：

=If(B2>= 200000,2000,If(B2>=150000,1800,
If(B2>=100000,1500,If(B2>=80000,1000,If(B2>=50000,500,0)))))

很显然，公式“=Bonus(B2)”更简单，而且因为简单所以书写时能降低失误的可能性。

事实上，Function 过程并非只能在单元格中调用，还可在其他 Sub 过程中调用。例如

```
Sub 计算奖金()'随书案例文件中有每一句代码的含义注释
  Dim Rng As Range
  For Each Rng In Range("B2:B" & Cells(Rows.Count, 2).End(xlUp).Row)
    Rng.Offset(0, 1) = Bonus(Rng.Value)
```

```
    Next Rng
End Sub
```

随书提供案例文件和演示视频：17-1 根据业绩计算奖金.xlsm 和 17-1 根据业绩计算奖金.mp4

17.1.3 自定义函数的命名规则

自定义函数的名称和变量名称一样，需要遵循诸多规则，否则可能出错，也可能和其他过程产生冲突。定义函数的命名规则如下：

（1）不能以数字开头。

（2）不能包含标点符号。

（3）长度不能大于 255。

（4）多个函数不能同名，不管函数过程是否保存在同一模块内。

（5）不能与函数的参数同名。

（6）不能与同一模块内的变量和常量同名。

（7）不能使用 VBA 内部的保留字，例如 Function、Sub、Dim 等。

（8）不宜与工作表函数重名，也不宜与模块同名。

知识补充 工作表函数只能返回值，不能实现返回值以外的任何功能。例如，修改单元格的值、关闭工作簿等。自定义函数也可以实现少数几个返回值以外的功能，但是与返回值无关的功能更适合使用 Sub 过程。

17.2 开发不带参数的 Function 过程

内置的 Now、Today、Pi 等工作表函数都没有参数，利用 VBA 也可以开发没有参数的自定义函数。下面展示 2 个没有参数的自定义函数的开发与使用过程。

17.2.1 判断活动工作簿是否存在图形对象

案例要求：工作表中的图形对象可以隐藏起来，因此要人工判断活动工作簿的所有工作表中是否有图形对象是比较困难的。现要求利用自定义函数判断活动工作簿是否存在图形对象。

函数代码：

```
Function HasShapes() As Boolean '随书案例文件中有每一句代码的含义注释
    Dim sht As Worksheet
    For Each sht In Worksheets
        HasShapes = sht.Shapes.Count
        If HasShapes Then Exit For
    Next sht
End Function
```

函数测试：

在任意单元格中输入公式：

```
=HasShapes ()
```

公式的返回值是 True，表示工作簿中存在图形对象，反之则表示不存在图形对象，如图 17-2 所示。

思路分析：

本例的需求是判断有没有图形对象，因此返回值应该用布尔值，不宜用“有”和“没有”。

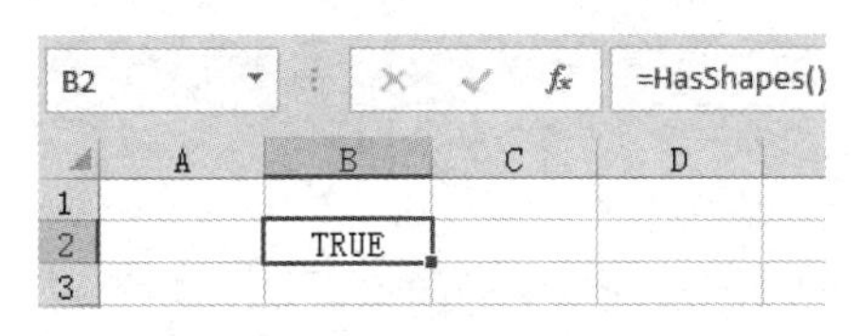

图 17-2　判断工作簿中是否存在图形对像

由于工作簿中可能有多个工作表，因此本例采用循环语句逐一将工作表中的图形对象数量赋值给函数 HasShapes，如果图形对象的数量大于 0，布尔型函数的返回值为 True，而不是具体的数值。同时又由于只要有一个工作表中存在图形对象就代表活动工作簿中有图形对象，所以对函数每赋值一次就要判断一次函数的值是否等于 True。如果等于 True，则直接结束循环，不需要再计算其他工作表的图形对象数量，从而节约程序的执行时间。

点评：

工作簿中的图形对象过多时会影响工作簿的开启速度以及会增大文件大小，有时很难察觉到隐藏的图形对象的存在，使用 VBA 代码计算图形对象数量时不会忽略隐藏的图形对象，因此本例的自定义函数是有存在价值的。

思考：请你修改本例代码，使其可以计算活动工作簿中的所有图形对象数量。

随书提供案例文件：17-2 判断活动工作簿中是否有图形对象.xlsm

17.2.2　计算公式所在单元格的页数

案例要求：在页眉与页脚中可以生成“第 X 页”的字样，现要求开发一个自定义函数，从而在任意单元格中都能计算当前页的页数。

函数代码：

```
Function Page() As Integer '随书案例文件中有每一句代码的含义注释
  Dim 水平分页符 As Integer, 垂直分页符 As Integer, 当前页 As Integer, m As Integer, n As Integer
  水平分页符 = ActiveSheet.HPageBreaks.Count
  垂直分页符 = ActiveSheet.VPageBreaks.Count
  For n = 1 To 水平分页符
    If ActiveSheet.HPageBreaks(n).Location.Row > Application.ThisCell.Row Then Exit For
  Next
  For m = 1 To 垂直分页符
    If ActiveSheet.VPageBreaks(m).Location.Column > Application.ThisCell. Column Then Exit For
  Next
  If ActiveSheet.PageSetup.Order = xlOverThenDown Then
    当前页 = (n - 1) * (垂直分页符 + 1) + m
  Else
    当前页 = (m - 1) * (水平分页符 + 1) + n
  End If
  Page = 当前页
End Function
```

函数测试：

在工作表的任意单元格输入以下公式：

```
=Page()
```

公式的结果是公式所在单元格的页数，即打印工作表时该单元格出现在第几页中。

如图 17-3 所示利用公式计算页数，由于 4 个单元格处在不同的页面中，因此计算结果为 4 个不同的值。

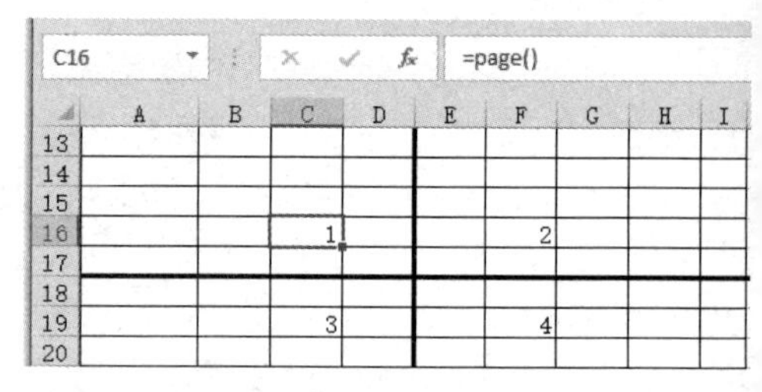

图 17-3　利用公式计算页数

思路分析：

HPageBreaks.Count 代表水平分页符的数量，HPageBreak.Location.Row 代表水平分页符的行号，Application.ThisCell.Row 代表公式在单元格的行号，根据这三个已知条件足以计算公式所在单元格处于纵向第几页中。计算思路是使用循环语句遍历所有纵向分页符，然后逐一判断每个分页符的行号是否大于 ThisCell 单元格的行号。如果是，则表示 ThisCell 刚好处于该页中。例如，纵向第 4 个分页符的行号大于 ThisCell 的行号，那么说明 ThisCell 处于纵向第 4 页中。

利用相同的原理，由于 VPageBreaks.Count 代表垂直分页符的数量， PageBreak.Location.Column 代表垂直分页符的列号，Application.ThisCell.Column 代表公式所在单元格的列号，因此利用它们的关系可以判断公式所在单元格处于横向第几页中。

当横向、纵向的位置都计算出来后，公式所在单元格处于工作表中的第几页就可以顺理成章地获取到。不过需要注意一点，打印时有先行后列和先列后行之分，两种顺序对于页数的计算方式不同，因此需要在过程中加以判断。

知识补充 ThisCell 对象代表公式所在单元格，只能用于 Function 过程中，而且只能在单元格中调用这个函数时才能正常工作。如果在 Sub 过程中利用代码调用该函数，将会在执行过程中出错。

点评：

尽管进入分页预览模式后 Excel 会用灰色字体标示每一页的页数，但是不能将它打印出来。使用自定义函数的优势在于灵活性好，公式放在哪个单元格就会在哪个单元格产生页数。

思考：

修改函数，使其可以计算公式所在工作表的总页数。

随书提供案例文件：17-3 计算当前页数.xlsm

17.3 开发带有一个参数的 Function 过程

没有参数的函数功能相当单一，灵活性也极差。函数的参数越多，则意味着函数的功能越强大，下面展示带有一个参数的函数开发思路。

17.3.1 在不规则的合并单元格中执行合计

案例需求：如图 17-4 所示的工作表是职工的销量统计表，由于不同销售人员之间销售的产品数量是不同的，因此存放销售额的合并单元格也不规则，从而无法填充公式。现要求开发自定义函数突破这个限制，一次性将每个售货员的销售额统计出来。

函数代码：

```
'随书案例文件中有代码含义注释
Function gather(Rng As Range) As Double
```

```
    gather = WorksheetFunction.Sum(Rng.Resize(Application.ThisCell.MergeArea. Rows.Count, 1))
End Function
```

函数测试：

选择 D2:D12 区域，然后输入以下公式，并按<Ctrl+Enter>组合键，公式会瞬间将所有售货员的销售额统计出来，统计结果如图 17-5 所示。

```
=gather(C2)
```

	A	B	C	D
1	姓名	产品	销售额	合计
2	罗生荣	镙丝	4884	
3		扳手	3774	
4		梅花刀	5550	
5	胡华	梅花刀	9324	
6		扳手	4440	
7	钟小月	镙丝	14652	
8	梁爱国	扳手	7548	
9		改锥	8658	
10	周长传	电笔	4662	
11		老虎钳	1998	
12		一字刀	888	

图 17-4 销量统计表

D2 =gather(C2)

	A	B	C	D
1	姓名	产品	销售额	合计
2	罗生荣	镙丝	4884	14208
3		扳手	3774	
4		梅花刀	5550	
5	胡华	梅花刀	9324	13764
6		扳手	4440	
7	钟小月	镙丝	14652	14652
8	梁爱国	扳手	7548	16206
9		改锥	8658	
10	周长传	电笔	4662	7548
11		老虎钳	1998	
12		一字刀	888	

图 17-5 统计结果

思路分析：

公式所在单元格处于合并状态，它的行数决定了左边被合计的区域的行数，因此代码中使用 Range.Resize 属性将参数 Rng 重置为与公式所在区域的相同行数，然后使用工作表函数 Sum 对它求和。

由于计算结果有小数，因此将函数声明为 Double 类型。

点评：

如果不使用自定义函数，仅使用 Excel 的内置函数很难完成本例需求，其难点有两个：一是不能填充公式，二是待求和的区域的单元格数量不同。本例代码的突破方式是只引用单个待求和的单元格，然后在代码中使用 Range.Resize 属性重置区域的高度。

Application.ThisCell 代表写公式的那个单元格。Application.ThisCell.MergeArea 则代表该单元格的合并区域。

合并单元格中的公式不能向下填充，必须选中所有单元格后再输入公式，最后按<Ctrl+Enrer>组合键结束。

思考：如图 17-6 所示，将本例的求和区域由单列改为两列，而且必须先将它们求积再汇总，那么该如何修改代码呢？

E2 =gather(C2,D2)

	A	B	C	D	E
1	姓名	产品	销售额	单价	合计
2	罗生荣	镙丝	4884	0.7	106426.8
3		扳手	3774	17	
4		梅花刀	5550	7	
5	胡华	梅花刀	9324	7	140748
6		扳手	4440	17	
7	钟小月	镙丝	14652	0.7	10256.4
8	梁爱国	扳手	7548	17	232212
9		改锥	8658	12	
10	周长传	电笔	4662	8	73260
11		老虎钳	1998	14	
12		一字刀	888	9	

图 17-6 两列求和

随书提供案例文件和演示视频：17-4 根据合并单元格求和.xlsm 和 17-4 根据合并单元格求和.mp4

17.3.2 计算单元格中“元”前方的数值之和

案例要求：计算单元格中“元”前方的数值之和，忽略其他数值。例如，“花生 2.5 公斤 42.5 元+啤酒两瓶 14 元”，计算结果为 56.5，即 42.5+14，忽略其他两个数值。

函数代码：

```
'随书案例文件中有代码含义注释
```

```
Function money(Rng As Excel.Range) As Double
   Dim Matches, Match, MyVal As Double
   With CreateObject("VBSCRIPT.REGEXP")
           .Global = True
           .Pattern = "(\d+(\.\d+)?)(?=元)"
           Set Matches = .Execute(Rng.Value)
           For Each Match In Matches
                  MyVal = MyVal + Match.Value
           Next
           money = MyVal
   End With
End Function
```

函数测试：

该函数仅有一个参数，比较简单。假设数据源在 A2 单元格，那么在 B2 单元格输入以下公式即可：

```
=money(A2)
```

B2 =money(A2)

	A	B
1	本月购物记录	金额
2	苹果12一套7888元，note20 ultra 8999元+充电宝58.5元	16945.5
3	耐克AIR MAX 90两双1398元，七匹狼袜子49.8元	1447.8
4	七匹狼钱包139元+金利来皮带239元	378

图 17-7　计算“元”前的数值之和

思路分析：

数据源中有多个数值，部分数值右方有“元”，部分数值右方无“元”，要求仅取“元”之前的数值，因此采用“(\d+(\.\d+)?)(?=元)”作为匹配条件。前面的“(\d+(\.\d+)?)”表示取数值，包含小数；后面的“(?=元)”表示匹配时包含“元”，但取值时不取“元”。

代码“Set Matches = .Execute(rng.Value)”表示取出所有符合条件的目标，并赋值给变量。然后通过循环从变量 Matches 中取值，逐个累加。最后用累加后的合计值作为函数的结果。

整个函数的思路相当简单，唯一的重点是“(\d+(\.\d+)?)(?=元)”，只要掌握好正则表达式的知识，就可以顺利开发本例的函数。

点评：

从复杂字符串中提取数值有多种方法，最简单的是正则表达式。善用正则表达式可以从复杂字符串中分离出任意有规则的目标字符。

不过还有更简单的方法，那就是在前期制表时将表格规范化，一个单元格中不要存放不同类型的字符。例如，“花生 12 公斤”不能放在一个单元格中，而是“花生”“12”和“公斤”分别放在三个单元格中，便于表格的后期处理。

思考：

修改本例代码，使其能计算冒号“：”右方的金额之和。例如“花生：12 元+苹果 2 公斤：12 元”，统计结果是 24，不能将数值 2 计算进去。

随书提供案例文件：17-5 统计“元”前金额.xlsm

17.4　开发带有两个参数的 Function 过程

带有两个参数的函数通常是一个用于引用区域，另一个用于指定操作方式。下面通过三个案例演示有两个参数的函数的开发过程，以及思路分析。

17.4.1　提取所有数值与汇总

案例需求：如图 17-8 所示为销量统计表，由于 B 列的多个数值在同一个单元格中无法进行合计，因此要求利用自定义函数将所有数字分段提取出来。同时，要让函数在需要时对所有数值求和。

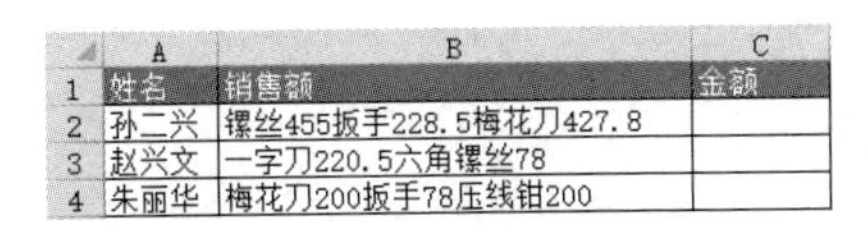

	A	B	C
1	姓名	销售额	金额
2	孙二兴	镙丝455扳手228.5梅花刀427.8	
3	赵兴文	一字刀220.5六角镙丝78	
4	朱丽华	梅花刀200扳手78压线钳200	

图 17-8　销量统计表

函数代码：

```
'随书案例文件中有代码含义注释
Function Separate(rng As Range, Optional Count As Byte = 0)
   Dim Matches, Match, MyVal As Double
   If Rng.Count > 1 Then Separate = "": Exit Function
   With CreateObject("VBSCRIPT.REGEXP")
         .Global = True
         .Pattern = "\d+(\.\d+?)?"
          Set Matches = .Execute(Rng.Value)
         If Count < 0 Or Count > Matches.Count Then
             Separate = ""
         Else
              If Count = 0 Then
                   For Each Match In Matches
                        MyVal = MyVal + Match.Value
                   Next
                   Separate = MyVal
              Else
                   Separate = .Execute(Rng)(Count - 1)
              End If
         End If
   End With
End Function
```

函数测试：

在 C2 单元格输入以下公式，然后将公式向下填充，公式将汇总每一个单元格中的数值，效果如图 17-9 所示。

```
=Separate(B2)
```

C2　=Separate($B2)

	A	B	C
1	姓名	销售额	金额
2	孙二兴	镙丝455扳手228.5梅花刀427.8	1111.3
3	赵兴文	一字刀220.5六角镙丝78	298.5
4	朱丽华	梅花刀200扳手78压线钳200	478

图 17-9　汇总每一个单元格中的数值

删除 C2 单元格中的公式，然后输入如图 17-10 所示的公式，并将公式向右填充到 F 列，再向下填充到第 4 行，可以罗列每个单元格中的所有数值。

```
=Separate($B2,COLUMN(A1))
```

C2　=Separate($B2,COLUMN(A1))

	A	B	C	D	E	F
1	姓名	销售额	金额			
2	孙二兴	镙丝455扳手228.5梅花刀427.8	455	228.5	427.8	
3	赵兴文	一字刀220.5六角镙丝78	220.5	78		
4	朱丽华	梅花刀200扳手78压线钳200	200	78	200	

图 17–10　罗列每个单元格中的所有数值

思路分析：

从杂乱的字符串中识别所有数字，这是正则表达式所擅长的工作。

本例中正则表达式的搜索条件是“"\d+(\.\d+?)?"”，其中“\d”代表单个数字，而“\d+”则代表至少一位数字。“\.\d+?”表示小数点和小数，小数是可选项。整段代码表示支持 1 位或者多位整数，也支持小数，整体上属于惰性匹配。

函数的 Count 参数表示从所有匹配结果中提取第几个值作为函数的最终结果，它的值不能小于 0 或者大于匹配结果的总数量，否则计算结果将返回空值。

对于自定义函数的防错不再使用“On Error Resume Next”，而是使用条件语句 If Then。

关于正则表达式的更多规则请参考第 12 章。

点评：

Excel 最擅长的是数值运算，最不擅长的是处理复杂的字符串，不过由于 VBA 可以调用正则表达式的资源，因此 VBA 开发的自定义函数就可以完成很多 Excel 原本无法完成的工作。

本例函数既可以计算所有数值之和，也可以逐一罗列所有数值，通过第二参数来区分函数的功能，这种设计相当巧妙。如果第二参数是 0，那么对所有数值求和，否则罗列数值。同时又由于第二参数使用了 Optional 关键字，因此当忽略第二参数时等同于对第二参数赋值为 0。

思考：

本例代码可在多个单元格中罗列出所有数值，请修改代码，让结果显示在一个单元格中，使用逗号作为分隔符。

随书提供案例文件和演示视频：17-6 累加数值与罗列数值.xlsm 和 17-6 累加数值与罗列数值.mp4

17.4.2 获取最大值、最小值或众数的地址

案例需求：Excel 内置函数可以计算出一个区域的最大值、最小值和众数，但是不能计算出它们的地址，并且不能单击定位这些单元格。现要求通过自定义函数找出指定区域中的最大值、最小值和众数的地址，而且配合 HYPERLINK 函数定位单元格。

函数代码：

```
'随书案例文件中有代码含义注释
Function 极值(rngg As Range, Optional Style As String = "大") As String
  Dim i As Integer, Rng As Range, TargetRng As Range, FirstAdd As String, TargetVal As Double
  If Style = "大" Then
    TargetVal = WorksheetFunction.Max(rngg)
  ElseIf Style = "小" Then
    TargetVal = WorksheetFunction.Min(rngg)
```

```
    ElseIf Style = "众" Then
        TargetVal = WorksheetFunction.Mode(rngg)
    Else
        极值 = ""
        Exit Function
    End If
    Set Rng = rngg.Find(TargetVal, , , xlWhole)
    If Not Rng Is Nothing Then
        FirstAdd = Rng.Address
        Do
            i = i + 1
            Set Rng = rngg.Find(TargetVal, Rng, , xlWhole)
            If i = 1 Then Set TargetRng = Rng Else Set TargetRng = Union(TargetRng, Rng)
            If Rng.Address = FirstAdd Then 极值 = TargetRng.Address(0, 0): Exit Function
        Loop
    Else
        极值 = ""
    End If
End Function
```

函数测试：

在 B2 单元格中输入以下公式，将获取 B2:C10 区域的所有最大值地址，效果如图 17-11 所示。此公式省略了第二参数，表示提取所有最大值的地址。

```
=极值(B2:C10)
```

继续在 E5 单元格中输入以下公式，公式会在单元格中显示“定位众数”，而单击该公式则可以定位 B2:C10 区域中所有众数所在单元格，效果如图 17-12 所示。

```
=HYPERLINK("#"&极值(B2:C10,"众"),"定位众数")
```

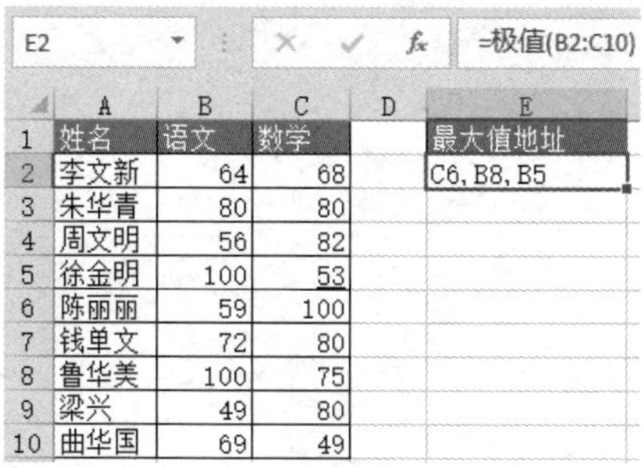

E2　=极值(B2:C10)

	A	B	C	D	E
1	姓名	语文	数学		最大值地址
2	李文新	64	68		C6, B8, B5
3	朱华青	80	80		
4	周文明	56	82		
5	徐金明	100	53		
6	陈丽丽	59	100		
7	钱单文	72	80		
8	鲁华美	100	75		
9	梁兴	49	80		
10	曲华国	69	49		

图 17-11　获取最大值地址

	A	B	C	D	E
1	姓名	语文	数学		最大值地址
2	李文新	64	68		C6, B8, B5
3	朱华青	80	80		
4	周文明	56	82		定位极值
5	徐金明	100	53		定位众数
6	陈丽丽	59	100		
7	钱单文	72	80		
8	鲁华美	100	75		
9	梁兴	49	80		
10	曲华国	69	49		

图 17-12　单击公式定位所有众数

知识补充 所谓众数，是指出现次数最多的数。在 B2:C10 区域中数值 80 出现了 4 次，它的出现次数最多，因此单击第二个公式所在单元格可以定位所有值为 80 的单元格。

思路分析：

本例的函数有两个参数，第一参数用于指定区域，第二参数用于指定取值标准，它的可选项包含“大”“中”和“众”三个值。在实际工作中计算最大值的需求偏多，因此通过 Optional 语句将第二参数转换成可选参数，默认值为“大”。

获取某个值的地址重点在于 Do Loop 循环和 Range.Find 方法的搭配使用，找到目标后使用 Range.Address 属性获取单元格的地址，前文有许多类似的案例，与本例的差异仅仅在于少了一个可选参数而已。

本例的函数只能取得目标单元格的地址，无法生成该地址对应的单元格的链接，因此在使用函数“极值”时还需要配合 HYPERLINK 函数。

点评：

通过 Excel 的查找与定位工具可以选中符合某些条件的单元格，这些条件中不包含最大值、最小值和众数，利用 VBA 可以弥补这个缺陷。

思考：

修改本例代码，使函数“极值”可以获取所有等于区域内的平均值的单元格地址，如果没有任意单元格等于平均值，那么取最接近的那一个值所在单元格地址。

随书提供案例文件和演示视频：17-7 获取极值的地址.xlsm 和 17-7 获取极值的地址.mp4

17.4.3 去除括号后计算表达式

案例需求：如图 17-13 所示的出勤异常统计表中 B 列的数据是一个表达式，但是单元格中包含说明性的文字，存放在括号中。现要求将表达式换成值，计算时自动忽略包含说明性的文字与括号。

	A	B	C
1	姓名	出勤异常扣款说明	合计扣款
2	刘丽	45(迟到3次)+20(早退一次)+180(请假2次)	
3	张朝阳	15(早退15次)	
4	朱真真	8(早退2分钟)+300(事假2天)+25(迟到2次)	
5	罗秀华	300(旷工一天)	

图 17-13　出勤异常统计表

函数代码：

```
'随书案例文件中有代码含义注释
Function QZ(Rng As Excel.Range, Optional KuoHao As String = "()") As Double
   If Len(KuoHao) <> 2 Then QZ = 0: Exit Function
   Dim Mystr As String, Matches, Match
   Mystr = Rng.Value
   With CreateObject("VBSCRIPT.REGEXP")
           .Global = True
           .Pattern = "\" & Left(KuoHao, 1) & ".+?\" & Right(KuoHao, 1)
           Set Matches = .Execute(Mystr)
           For Each Match In Matches
                 Mystr = Replace(Mystr, Match.Value, "")
           Next
           QZ = Evaluate(Mystr)
   End With
End Function
```

函数测试：

想要计算因出勤异常产生的扣款，在 C2 单元格输入以下公式，然后将公式向下填充即可，如图 17-14 所示：

```
=qz(B2)
```

C2　=qz(B2)

	A	B	C
1	姓名	出勤异常扣款说明	合计扣款
2	刘丽	45(迟到3次)+20(早退一次)+180(请假2次)	245
3	张朝阳	15(早退15次)	15
4	朱真真	8(早退2分钟)+300(事假2天)+25(迟到2次)	333
5	罗秀华	300(旷工一天)	300

图 17-14　计算因出勤异常产生的扣款

如果括号的类型是“【 】”，那么应采用公式“ =qz(A1,"【 】")”，去除【 】后计算表达式，如图 17-15 所示。

思路分析：

将表达式转换成值相当简单，直接将表达式作为 Evaluate 函数的参数进行转换即可。

不过本例中的数据包含括号，要求括号和括号中的值不参与运算，因此只能采用正则表达式搜索括号，找到括号后将括号和括号中的值一并替换成空。

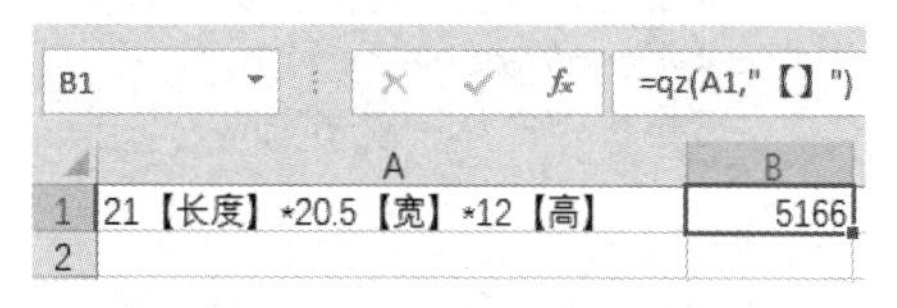

图 17-15 去除【 】后计算表达式

代码“"\" & Left(KuoHao, 1) & ".+?\" & Right(KuoHao, 1)”表示左括号、任意字符和右括号。由于括号在正则表达式中有特殊作用，因此需要在前面添加转义字符“\”。

当找到目标后，使用正则表达式的 Replace 方法将目标替换成空，最后将剩下的表达式配合 Evaluate 函数转换成值。

需要注意两点：其一是 Evaluate 函数不支持长度大于 255 的字符串，其二是表达式中的括号必须成对出现才行，只有左括号或者右括号会影响计算结果。

点评：

单元格中有多个括号，括号中的字符没有规律，要计算表达式的值是很困难的事。不过只要抓住“杂乱字符都在括号中”这一个规则后，以上问题就可以迎刃而解了，正则表达式可以处理所有有规律的字符串。

本例也可以不用正则表达式来完成同样的需求，代码如下：

```
Function QZ2(Mystr As String, Optional KuoHao As String = "()") As Double
   If Len(KuoHao) <> 2 Then QZ2 = 0: Exit Function
   Mystr = Replace(Replace(Mystr, Left(KuoHao, 1), "*istext("""), Right(KuoHao, 1), """)")
   QZ2 = Evaluate(Mystr)
End Function
```

以上代码的重点在于在括号外套上“*istext()”，从而将括号和括号中的值转换成“*1”。任意值*1 后都保持原值不变，此举既去除了括号和括号中的值，又不影响表达式的计算结果。

思考：

括号分为全角括号和半角括号，两者外形很相似，但却属于不同的字符。如果如图 17-14 所示的左括号是全角的而右括号是半角的，也可能左括号是半角的而右括号是全角的，要如何修改代码才能取得正确的计算结果？

随书提供案例文件：17-8 按括号取值并汇总.xlsm

17.5 开发复杂的 Function 过程

开发自定义函数的重点在于如何设计参数，参数越多，则函数过程的设计越复杂。

下面展示 4 个复杂函数的开发过程。

17.5.1 按条件串连字符

案例要求：Excel 内置了条件求和、条件计数，但没有按条件合并数据。现要求开发一个条件求和的变体，将符合条件的目标数据合并起来，中间用逗号作为分隔符。

函数代码：

```
'随书案例文件中有代码含义注释
Function MergeIf(Rng As Range, Criteria As String, Rng2 As Range) As String
  Set Rng = Rng.Columns(1)
  Set Rng = Intersect(Rng, Rng.Parent.UsedRange)
  Dim arr(), arr2()
  arr = Rng.Value
  arr2 = Rng2.Resize(Rng.Rows.Count, 1).Value
  For i = 1 To UBound(arr)
    If arr(i, 1) = Criteria Then MergeIf = MergeIf & arr2(i, 1) & ","
  Next i
  If Len(MergeIf) > 0 Then MergeIf = Left(MergeIf, Len(Mergeif) - 1)
End Function
```

函数测试：

假设 A 列的值是姓名，B 列的值是参赛项目，包含跳高、马拉松、跳远、游泳等，要获得参加“跳高”项目的运动员名单可用以下公式：

```
=MergeIf(B2:B11,"跳高",A2)
```

按条件合并跳高运动员姓名，第一参数代表参赛项目（条件区域），第二参数代表条件，第三参数代表计算区域。当第一参数中的值等于第二参数时，返回它和第三参数对应位置的值。当有多个值符合条件时将它们一一罗列出来，用逗号隔开，最终效果如图 17-16 所示。

公式中第三参数可以用 A2，也可以用 A2:A11。

图 17–16　按条件合并跳高运动员姓名

思路分析：

本例代码中的“Set Rng = Rng.Columns(1)”表示不管第一参数有多少列，只取第一列参与运算，忽略其他列。

代码“Set Rng = Intersect(Rng, Rng.Parent.UsedRange)”表示不管第一参数用了多大的区域，只取该区域与已用区域的交集部分。此举的目的是防止用户使用整列作为参数，从而导致运算量过大，浪费计算时间。

把 Rng 整理好以后，程序将 Rng 的值和 Rng2 的值都保存到数组变量中去，从而提升执行效率。接着利用循环语句遍历数组 arr，搜索与第二参数 Criteria 相等的所有目标，每找到一个就记录它在 arr2 中对应位置的值。最后将记录的字符串赋值给函数，作为最终结果。

在循环语句中产生的分隔符的数量等于符合条件的数据个数。实际上，最后的那个分隔符是多余的，例如，“张三，李四，”应改为“张三，李四”，因此在函数过程的最后阶段通过 Left 函数排除最右方的逗号。

点评：

本例代码有两点可取之处：其一是第一参数 Rng 的处理方式，用户采用整列作为参数时函数会自动排除下方的空白区域，从而提升代码执行效率；其二是第三参数的处理方式，第三参数既可以使用单个单元格也可以使用与第一参数数量相同的区域。代码“Rng2.Resize(Rng.Rows.Count, 1)”表示将 Rng2 重置为 Rng1 的高度和宽度。

思考：

本例函数将分隔符固定为逗号，请修改函数，使其用于一切符号。

随书提供案例文件 17-9 按条件串联字符.xlsm

17.5.2　按单元格背景颜色进行条件求和

案例需求：SumIF 函数可以按指定的值或者按范围进行条件求和，现要求以参照单元格的颜色对区域进行条件求和。

函数代码：

```
'随书案例文件中有代码含义注释
Function SumIFColor(条件区 As Range, 颜色单元格 As Range, Optional 统计区)
  Dim arr(), Item, i As Long
  If IsMissing(统计区) Then
    arr = Intersect(条件区, 条件区.Parent.UsedRange).Value
  Else
    arr = 统计区(1).Resize(条件区.Rows.Count, 条件区.Columns.Count).Value
  End If
  For Each Item In arr
    i = i + 1
    If 条件区.Cells(i).Interior.Color = 颜色单元格(1).Interior.Color Then
      SumIFColor = SumIFColor + Item
    End If
  Next
End Function
```

函数测试：

如图 17-17 所示的工作表的 A 列是姓名、B 列是产量，B 列的部分单元格有颜色标示，如果要对其中黄色单元格的数值求和，那么可用以下公式：

```
=SumIFColor(B2:B10,E1)
```

由于条件区和统计区是重叠的，因此以上公式忽略了第三参数。

如果条件区与统计区不重叠，如图 17-18 所示，那么对黄色姓名对应的产量求和应该用以下公式：

```
=SumIFColor(A2:A10,E1,B2:B10)
```

E2　=SumIFColor(B2:B10,E1)

	A	B	C	D	E
1	姓名	产量		颜色	
2	柳龙云	85		求和	345
3	朱华青	77			
4	赵光文	79			
5	张居正	64			
6	朱未来	65			
7	计尚云	89			
8	张开来	50			
9	古至龙	88			
10	曹值军	91			

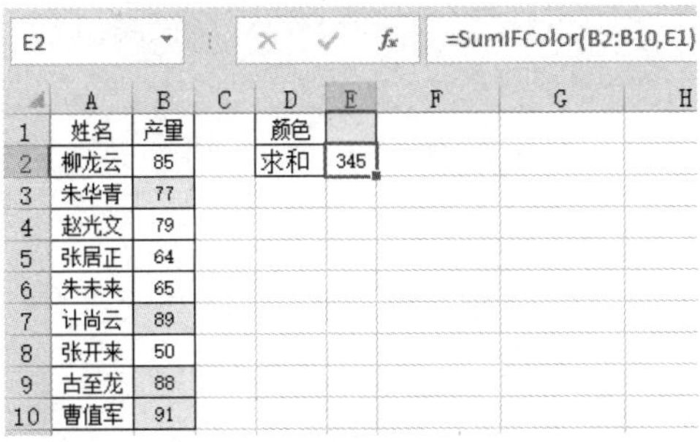

图 17-17　对黄色标示的产量求和

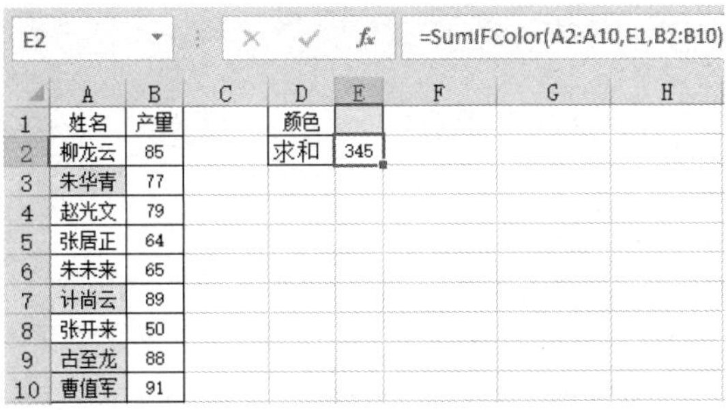

E2　=SumIFColor(A2:A10,E1,B2:B10)

	A	B	C	D	E
1	姓名	产量		颜色	
2	柳龙云	85		求和	345
3	朱华青	77			
4	赵光文	79			
5	张居正	64			
6	朱未来	65			
7	计尚云	89			
8	张开来	50			
9	古至龙	88			
10	曹值军	91			

图 17-18　对黄色姓名对应的产量求和

思路分析：

本例代码的目的是以第二参数的单元格的背景色作为参照颜色，然后与第一参数所指定的区域中的值一一比较，如果相同则将第 3 参数中对应的单元格的值累加起来，整个过程相当简单，难点在于将第 3 参数设计成 SumIF 那样的可选参数。

SumIF 函数的第 3 参数有两个特点，一是忽略参数时会对第一参求和，二是第三参数允许只引用单个单元格，函数自动将它扩展为第 1 参数的高度和宽度后再参与计算。本例的函数完全仿照了 SumIF 函数的这个特点。

实现第一个特点的步骤有两个：其一是声明函数的参数时使用 Optional 语句将它转换成可选参数，其二是利用 IsMissing 函数判断用户是否已对参数赋值，如果没有赋值，则将第 1 参数“条件区”当作第 3 参数“统计区”去参与运算。

实现第二特点的方法是利用 Range.Resize 方法重置参数“统计区”的高度和宽度，使其与参数“条件区”一致。

点评：

Excel 的 400 多个内置函数都无法实现按颜色求和，本例的 SumIFColor 函数不仅可以对区域按颜色求和，还可以使作为颜色参考的条件区与实际参与求和的统计区脱离，从而使函数的应用面更广，统计方式更灵活。

思考：

修改本例的代码，使函数可以按字体颜色求和。

随书提供案例文件：17-10 按颜色对区域进行条件求和.xlsm

17.5.3 按颜色查找并返回数组

案例需求：在区域的最左列中查找指定的颜色，然后返回其右边若干列的所有数据，公式的结果必须是数组。

函数代码：

```
'随书案例文件中有代码含义注释
Function VlookupCol(查找值 As Range, 查找区域 As Range, Optional 列数 As Byte = 2)
   Dim Col As Long, Cell As Range, arr(), i As Byte
   Col = 查找值.Interior.Color
   For Each Cell In Intersect(查找区域.Columns(1), 查找区域.Parent.UsedRange)
      If Cell.Interior.Color = Col Then
         i = i + 1
         ReDim Preserve arr(1 To i)
         arr(i) = Cell.Offset(0, 列数 - 1)
      End If
   Next Cell
   VlookupCol = WorksheetFunction.Transpose(arr)
End Function
```

函数测试：

在如图 17-19 所示的工作表中，A 列的姓名以不同背景颜色进行区分，在 E1 单元格有参考颜色，在 E2 单元格输入以下公式可以按颜色获得第 2 个目标值 79。

```
=INDEX(VlookupCol(E1,A2:B11),2)
```

由于 VlookupCol 函数的第三参数默认值是 2，因此以上公式中忽略了第三参数的值。

如果成绩在第三列，而且要求按颜色获取所有目标值，那么应该选择 B2:B11 区域后再在 F2 单元格输入以下数组公式，接着按<Ctrl+Shift+Enter>组合键结束，公式计算结果如图 17-20 所示。

```
=VlookupCol(F1,A2:C11,3)
```

E2　=INDEX(VlookupCol(E1,A2:B11),2)

	A	B	C	D	E	F	G	H
1	姓名	成绩		参照颜色				
2	管语明	91		查找结果	79			
3	柳洪文	41						
4	刘佩佩	79						
5	黄淑宝	60						
6	周少强	48						
7	周美仁	52						
8	朱贵	59						
9	罗生荣	43						
10	黄真真	100						
11	柳龙云	96						

图 17-19　按颜色获取第 2 个目标值

F2　{=VlookupCol(F1,A2:C11,3)}

	A	B	C	D	E	F	G
1	姓名	学号	成绩		参照颜色		
2	管语明	012	91		查找结果(全部)	91	
3	柳洪文	014	41			79	
4	刘佩佩	024	79			60	
5	黄淑宝	030	60			48	
6	周少强	007	48			59	
7	周美仁	009	52			43	
8	朱贵	015	59			#N/A	
9	罗生荣	017	43			#N/A	
10	黄真真	023	100			#N/A	
11	柳龙云	024	96			#N/A	

图 17-20　按颜色获取所有目标值

事实上，本例还可以有很多延伸用法，例如按颜色查找并求和、按颜色查找并求平均值或者按颜色查找并计数等。

利用以下公式可以找到所有符合颜色条件的数据，然后计算其平均值，结果如图 17-21 所示。

```
=AVERAGE(VlookupCol(E1,A1:C11,3))
```

E2　=AVERAGE(VlookupCol(E1,A1:C11,3))

	A	B	C	D	E	F	G
1	姓名	学号	成绩	参照颜色			
2	管语明	012	91	查找并求平均	63.3333		
3	柳洪文	014	41				
4	刘佩佩	024	79				
5	黄淑宝	030	60				
6	周少强	007	48				
7	周美仁	009	52				
8	朱贵	015	59				
9	罗生荣	017	43				
10	黄真真	023	100				
11	柳龙云	024	96				

图 17-21　计算结果

以下公式可以找到所有符合颜色条件的数据，然后对它们求和：

```
=SUM(VlookupCol(F1,A1:C11,3))
```

以下公式表示在 A1:A11 区域中符合指定颜色的单元格数量：

```
=COUNTA(VlookupCol(F1,A1:C11,3))
```

思路分析：

工作表函数 Vlookup 可以在单元格左边一列查找，返回第一个符合条件的右边某列中的值，它的查找条件是数值，只能返回第一个符合条件的值。VBA 的功能极其强大，利用 VBA 开发函数时可以不再受这些功能限制，因此本例将查找条件设置为单元格的背景颜色，从而弥补内置函数的不足之处，同时将返回结果设置为数组，将所有符合条件的结果都罗列出来。

要让自定义函数的结果是一个数组需要两个步骤：其一是声明函数时将它声明为变体，由于函数的默认类型就是变体型，因此不声明类型即可；其二是在函数过程中声明一个数组变量，然后通过循环语句将所有目标值输入到数组变量中，最后将这个变量赋值给函数即可。

点评：

本函数能实现按颜色查找，是 Vlookup 函数的补充。另外，Vlookup 只能返回一个符合条件的目标值，尽管采用其他函数多层嵌套可以查找出所有目标值，但公式较长，不利于理解和学习。

本例的函数可以弥补 Vlookup 函数的不足，同时告诉我们一个道理：在开发函数时应尽量考虑全面，为函数提供更多的可选项，使函数更灵活，适应更多的需求。

思考：

修改函数过程的代码，使其可以在最上面一列中查找，返回查找结果对应的下方某一列的值（本例的函数是在单元格左边一列中查找，返回查找结果对应右方单元格的某一列的值）。

随书提供案例文件：17-11 按颜色从左向向右查找所有数据.xlsm

17.5.4 计算两列的相同项与不同项

案例需求：利用函数计算两列数据的相同项和不同项。

函数代码：

```
'随书案例文件中有代码含义注释
Function Same(Rng As Range, Rng2 As Range, Index As Integer, Optional Style As Boolean = True) As String
Dim Item As Integer, Item2 As Integer, MyStr As String
Set Rng = Intersect(Rng, Rng.Parent.UsedRange)
Set Rng2 = Intersect(Rng2, Rng2.Parent.UsedRange)
    If Style Then
        For Item = 1 To Rng.Count
            MyStr = Rng.Cells(Item).Value
            If WorksheetFunction.CountIf(Rng2, MyStr) > 0 Then
                Item2 = Item2 + 1
                If Item2 = Index Then Same = MyStr: Exit Function
            End If
        Next
        Same = ""
    Else
        For Item = 1 To Rng.Count
            MyStr = Rng.Cells(Item).Value
            If WorksheetFunction.CountIf(Rng2, MyStr) = 0 Then
                Item2 = Item2 + 1
                If Item2 = Index Then Same = MyStr: Exit Function
            End If
        Next
        For Item = 1 To Rng2.Count
            MyStr = Rng2.Cells(Item).Value
            If WorksheetFunction.CountIf(Rng, MyStr) = 0 Then
                Item2 = Item2 + 1
                If Item2 = Index Then Same = MyStr: Exit Function
            End If
        Next
        Same = ""
    End If
End Function
```

函数测试：

如图 17-22 所示的 A1:B11 区域是去年和今年的参赛人员名单，若要罗列两年都参赛的人员名单（计算两列的相同项）可用以下公式，并且向下填充：

```
=Same($A$2:$A$11,$B$2:$B$11,ROW(A1))
```

函数计算结果包含 4 人姓名，可以手工验证图 17-22 中 A 列、B 列的相同姓名是否和函数计算结果相同。

D2 =Same($A$2:$A$11,$B$2:$B$11,ROW(A1))

	A	B	C	D	E	F	G
1	去年	前年		相同项	不同项		
2	蒋文明	郑中云		蒋文明			
3	黄未东	陈英		陈英			
4	张朝明	蒋文明		罗翠花			
5	胡东来	黄兴明		张秀文			
6	赵云秀	罗翠花					
7	陈英	陈英					
8	黄淑宝	柳龙云					
9	罗翠花	张秀文					
10	朱真光	陈秀梦					
11	张秀文	周至梦					

参赛人员名单

图 17-22　计算两列的相同项

如果要计算只参赛一次的人员名单，可用以下公式，并且向下填充，计算两列的不同项如图 17-23 所示。

```
=Same($A$2:$A$11,$B$2:$B$11,ROW(A1),FALSE)
```

E2 =Same($A$2:$A$11,$B$2:$B$11,ROW(A1),FALSE)

	A	B	C	D	E	F	G	H
1	去年	前年		相同项	不同项			
2	蒋文明	郑中云		蒋文明	黄未东			
3	黄未东	陈英		陈英	张朝明			
4	张朝明	蒋文明		罗翠花	胡东来			
5	胡东来	黄兴明		张秀文	赵云秀			
6	赵云秀	罗翠花			黄淑宝			
7	陈英	陈英			朱真光			
8	黄淑宝	柳龙云			郑中云			
9	罗翠花	张秀文			黄兴明			
10	朱真光	陈秀梦			柳龙云			
11	张秀文	周至梦			陈秀梦			
12					周至梦			

参赛人员名单

图 17-23　计算两列的不同项

思路分析：

由于要求同时实现计算相同项和不同项两个功能，因此第四参数 Style 通过赋值为 True 或者 False 来切换。若赋值为 True 则表示计算相同项，若赋值为 False 则表示计算不同项。

计算一个区域中是否包含另一个单元格的值，最简单的方法是采用工作表函数 CountIf，第一参数为区域，第二参数为条件。如果计算结果大于 0，则表示存在包含关系，否则不存在包含关系。这是本函数的核心部分。

本函数另外有一个重点，尽管要求是计算两列的所有相同项或者所有不同项，但是一个单元格只能存放单个值，其他值需要通过填充公式来完成，因此代码中使用了“If Item2 = Index Then Same = MyStr: Exit Function”，代码表示只要发现一个值符合条件就结束程序，不继续执行其他值的比较过程。

此外，当两列的数据个数一致时，两列的相同项个数一定小于或等于其中一列的数据个数，但是两列的不同项则有可能大于其中一列的数据个数，因此向下填充公式时需要多填充几行，直到出现空白单元格为止。

点评：

通常一个函数就一个功能，但是自己开发函数时可以灵活变通，一个函数可以同时具备多个功能。如果要求函数具备四个功能，那么参数的值使用 Byte 型即可，对参数赋值 1、2、3、4 对应四个功能，以此类推。如果需要一个函数具备两个功能，那么将参数声明为布尔型即可，赋值为 True 和 False 时分别对应两个功能。

思考：

不采用 CountIf 函数，用其他方法实现本例的同等功能。

随书提供案例文件：17-12 计算相同项与不同项.xlsm

17.6 编写函数帮助

不管自己使用自定义函数还是给其他用户使用，都有必要对函数的功能和参数添加说明，从而提升使用的便捷性。不仅如此，还有必要对函数进行分类，例如，小写转大写函数应该划入财务函数类，按颜色求和函数应该划入统计函数类……

17.6.1 MacroOptions 方法的语法

当工作簿中有自定义函数时，打开“插入函数”向导后我们可以发现，所有自定义函数的类别都是“用户定义”，而且没有函数的功能介绍，也没有参数说明，这无疑增大了学习成本。Excel 2019 的 MacroOptions 方法可以解决这个问题，其语法如下：

```
Application.expression.MacroOptions(Macro,Description,HasMenu,MenuText,HasShortcutKey, ShortcutKey, Category, StatusBar, HelpContextID, HelpFile, ArgumentDescriptions)
```

其参数详解如表 17-1 所示。

表 17-1　MacroOptions方法的参数

参数名称	功能说明
Macro	函数的名称
Description	对函数添加的功能描述
HasMenu	忽略该参数
MenuText	忽略该参数
HasShortcutKey	赋值为 True 时，表示为宏指定一个快捷键，默认值为 False。为函数添加说明时请用默认值 False
ShortcutKey	如果 HasShortcutKey 为 True，则本参数为必选参数，否则本参数为可选参数。参数的功能是指定快捷键。为函数添加说明时请用默认值 False
Category	为自定义函数分配函数类别
StatusBar	宏的状态栏文本。为函数添加说明时请用默认值 False
HelpContextID	指定宏的帮助主题的 ID，是一个整数。为函数添加说明时请用默认值 False
HelpFile	包含 HelpContextId 参数定义的帮助主题的帮助文件名称。为函数添加说明时请用默认值 False
ArgumentDescriptions	指定函数的参数的功能说明，可以同时为多个参数添加说明。此参数是一个一维的数组

Application.MacroOptions 方法的所有参数都是可选参数，它的 11 个参数中只有 4 个参数比较重要，包括 Macro、Description、Category 和 ArgumentDescriptions。其中，Macro 代表函数名称，Description 代表函数的功能描述，Category 用于指定函数的类别，ArgumentDescriptions 用于为函数的参数添加说明。

17.6.2　为函数分类及添加说明

每一个自定义函数都应该分类、添加功能说明，以及添加参数说明，从而提升函数的易用性，以及节约学习成本。

以 17.5 节的自定义函数 SumIFColor 为例，将它分配在“数学与三角函数”类别中，而且指定函数的功能与参数说明，完整代码如下：

```
Sub Auto_Open()
  Application.MacroOptions Macro:="SumIFColor", Description:="在第一参数指定的区域中查找第二参数的背景颜色，找到后将对应于第三参数相同位置的数值汇总。" + Chr(10) + "如果忽略了第三参数，则用第一参数参与汇总。", Category:="数学与三角函数", ArgumentDescriptions:=Array("在此区域中查找，查找条件是单元格的背景颜色", "要查找的颜色来自此函数所指定的单元格", "要统计数值的区域，如果忽略此参数，则用第一参数参与统计")
End Sub
```

将以上过程与函数 SumIFColor 的代码放在同一个模块中，然后执行过程“Auto_Open”，并打开“插入函数”对话框，在“数学与三角函数”类别中可以找到自定义函数 SumIFColor，效果如图 17-24 所示。

打开“函数参数”对话框后可以看到函数的功能描述以及每个参数的功能描述。如图 17-25 所示的光标定位于第一个参数“条件区”中，因此在参数下方显示了参数“条件区”的描述信息。

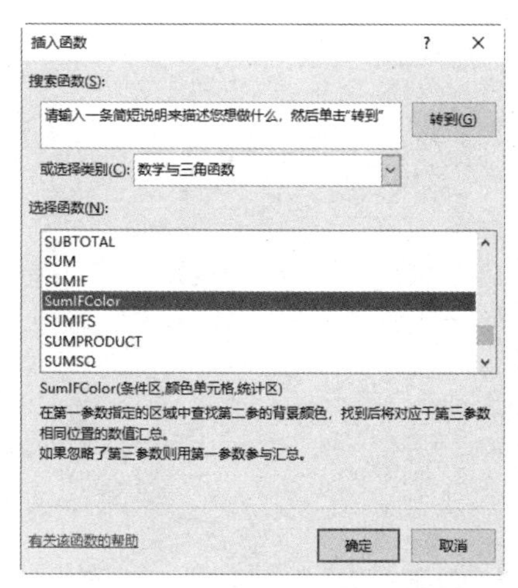

图 17-24　“插入函数”对话框

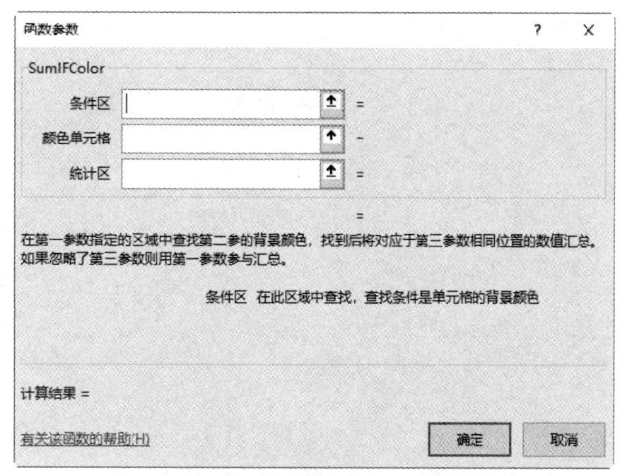

图 17-25　“函数参数”对话框

以上过程中有两点需要特别说明，其一是为 Category 参数赋值时可以使用内置函数的类别名称也可以使用类别编号，如表 17-2 所示。

表 17-2　内置函数的类别名称与类别编号

编号	类别名称	编号	类别名称
1	财务	8	逻辑
2	日期与时间	9	信息
3	数学与三角函数	10	命令
4	统计	11	自定义

续表

编号	类别名称	编号	类别名称
5	查找与引用	12	宏控件
6	数据库	13	DDE/外部
7	文本	14	用户定义

其二是用于指定参数描述的 ArgumentDescriptions 参数，它是在 Excel 2010 之后才加入的功能，可以对所有参数添加说明，因此如果你使用的是 Excel 2003 或者 Excel 2007，则不能使用此参数。

随提供案例文件和演示视频：17-13 为函数分类及添加说明.xlsm 和 17-13 为函数分类及添加说明.mp4

第 18 章 高阶应用 8：ribbon 功能区设计

微软从 Excel 2007 版开始使用功能区替代传统的工具栏和菜单。

从功能区第一次出现到现在已经过了许多年，实践证明，功能区远比传统菜单更实用，既美观又操作方便，而且可以同时在相同的空间中放置更多的按钮，节约查找命令按钮的时间。对于 VBA 开发者而言，定制属于自己的专用选项卡可提升调用过程的便捷性，同时也使自己的程序可以更好地融入 Excel 中。

本章详细阐述功能区选项卡中各部件的开发思路，同时介绍制作功能区模板的方法，从而提升你的开发效率。

18.1 功能区开发基础

开发功能区选项卡之前先做一些准备工作，包括了解功能区的特性与结构、定制功能区的方法和安装代码编辑器。

18.1.1 ribbon 的特点

功能区的英文名称是 ribbon，它的外形就像一条飘浮在工作表顶端的带子。

功能区将 Excel 的常用功能按用户需求分布在九个选项卡中，分别为“文件”“开始”“插入”“页面布局”“公式”“数据”“审阅”“视图”和“开发工具”。“开始”选项卡中包含最常用的功能命令，打开 Excel 后默认显示“开始”选项卡界面；“开发工具”选项卡属于高级用户专用，所以默认处于隐藏状态，需要在“Excel 选项”对话框中手工调整其显示状态。

功能区中的任何一个命令按钮都支持快捷键操作，例如<Alt+H+M+C>组合键表示调用“开始”选项卡中的“合并后居中”命令，<Alt+R+P+S>组合键表示调用“审阅”选项卡中的“保护工作表”命令……当利用代码创建新的选项卡和命令按钮后，同样支持快捷键操作。

功能区虽然是 Excel 的功能之一，但是不能用 VBA 开发功能区的选项卡和命令按钮。

18.1.2 功能区的组件图示

功能区包含选项卡、组、命令按钮、切换按钮、标签、复选框、文本框、弹出式菜单、拆分按钮、下拉列表控件、分隔线和对话框启动器等组件。不过这些组件不会同时显示在一个界面中，如图 18-1 所示包含了功能区中的常见组件，你可以从此图中了解各组件的外观。

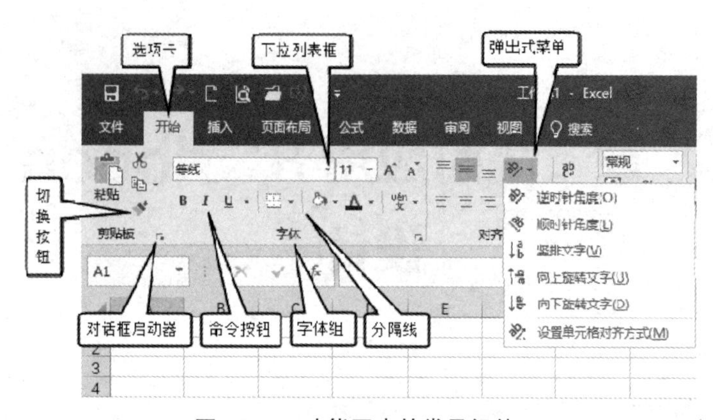

图 18–1　功能区中的常见组件

18.1.3　手工定制功能区

Excel 从 Excel 2007 开始使用功能区，但从 Excel 2010 才支持手工定制功能区。

使用<Alt+T+O>组合键打开“Excel 选项”对话框，单击左方的“自定义功能区”即可看到手工定制功能区选项卡的界面。在此界面中可以新建选项卡、新建组，以及新建命令按钮。

不过手工定制的功能区远远不能满足需求，因为手工定制所产生的功能区组件并没有集成到文件中，所以当把 Excel 文件发送出去后，使用其他计算机打开文件无法看到定制的组件，仍然只能使用<Alt+F8>组合键调用过程。

所以，尽管 Excel 允许手工定制功能区，但在实际工作中采用 xml 代码定制。

18.1.4　认识 ribbon 代码编辑器

功能区代码是 xml 语言，无法通过 VBA 代码创建功能区选项卡和选项卡中的各种组件。

下面主要介绍通过外置软件来定制功能区，软件全名叫“Custom UI Editor for Microsoft Office 2010”，即 Excel 2010 专用的功能区界面编辑器，简称为 Custom UI Editor。

当安装好该软件后，将在开始菜单中显示“Custom UI Editor for Microsoft Office 2010”，单击即可打开软件。如图 18-2 所示是 Custom UI Editor 软件的操作界面。

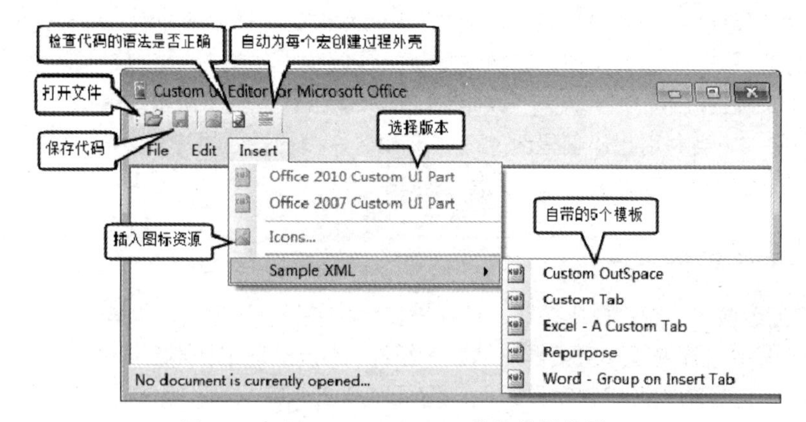

图 18–2　Custom UI Editor 软件的操作界面

安装 Custom UI Editor 软件前还需要先安装.net framework 3.0 软件。请在网上搜索.net framework 3.0，安装该软件后再安装 Custom UI Editor 软件。

Custom UI Editor 界面是英文的，好在只有 5 个按钮，即使不懂英文也足以正常操作。

第一个按钮（图标：）用于打开文件。必须打开一个 xlsx 或者 xlsm 格式的 Excel 文件，然后输入定制功能区的代码，最后单击第二个按钮保存代码，才可以在 Excel 文件中创建功能区相关的组件。

第三个按钮（图标：）用于插入图片，当需要对命令按钮分配自定义图标时使用。不过建议调用 Excel 的内部图标资源，一是为了减小文件体积，二是为了提升开启文件的速度。

第四个按钮（图标：）用于检查用户输入的代码是否存在语法问题。如果语法有错误，则提示错误原因以及在第几行的第几个位置。引号不配对或者名称中含有非法字符等都属于语法错误。

第五个按钮（图标：）用于产生代码中每个回调过程的程序外壳。由于回调过程都有若干个参数，而这些参数名称很难记忆，所以软件提供此功能对开发者而言帮助较大。

“Insert”菜单中的前两个菜单分别代表生成 Excel 2010 格式的 xml 文件和 Excel 2007 格式的 xml 文件。如果单击第一个菜单后输入定制功能区的代码，那么此文件只能在 Excel 2010 中才会正常显示自定义的功能区组件，如果单击第二个菜单后输入定制功能区的代码，那么此文件用 Excel 2007 和 Excel 2010 打开都会正常显示自定义的功能区组件。所以如果考虑兼容性，编写代码应采用 Excel 2007 格式的.xml 文件。

当打开一个 xlsx 或者一个 xlsm 格式的文件后，单击第二个子菜单“Office 2007 Custom UI Part”，将会在该文件中插入一个存放功能区代码的文件，名为“customUI.xml”，如图 18-3 所示。如果单击第一个子菜单“Office 2010 Custom UI Part”，将插入一个名为“customUI14.xml”的文件，如图 18-4 所示，此文件中的代码所创建的功能区不能在 Excel 2007 中正常显示。

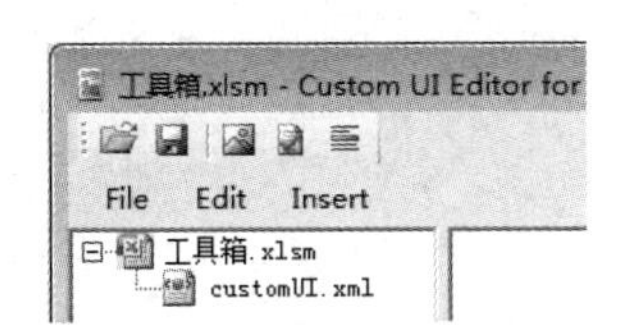

图 18-3　customUI.xml 格式的文件

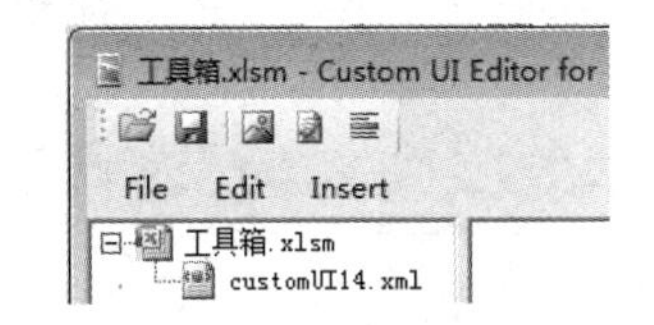

图 18-4　customUI14.xml 格式的文件

Excel 2007 格式的功能区代码和更高版的功能区代码的第一句并不相同，前者代码如下：

```
<customUI xmlns="http://schemas.microsoft.com/office/2006/01/customui">
```

后者代码如下：

```
<customUI xmlns="http://schemas.microsoft.com/office/2009/07/customui">
```

Custom UI Editor 软件自带的 5 个模板中的代码是 Excel 高版本专用的格式。

18.1.5　获取内置按钮图标

在开发传统菜单和工具栏按钮时，对 FaceId 赋值为内置图标的序号即可为自定义菜单或者工具栏按钮指定图标。例如，3 代表保存文件的图标，4 代表打印文件的图标……

定制功能区的按钮和菜单时必须使用内部图标的英文名称。在学习 18.2 节之前，有必要先认识一下 Excel 的内置图标，在后面的教学过程中会大量调用内置图标。

Excel 提供了一个比较笨拙的方法获取所有内置图标的名称——在“Excel 选项”对话框的“自定义功能区”右方的窗口中，鼠标指针指向任意内置命令，屏幕中将出现该命令的名称和图标名称，图标名称显示在括号中，如图 18-5 所示。

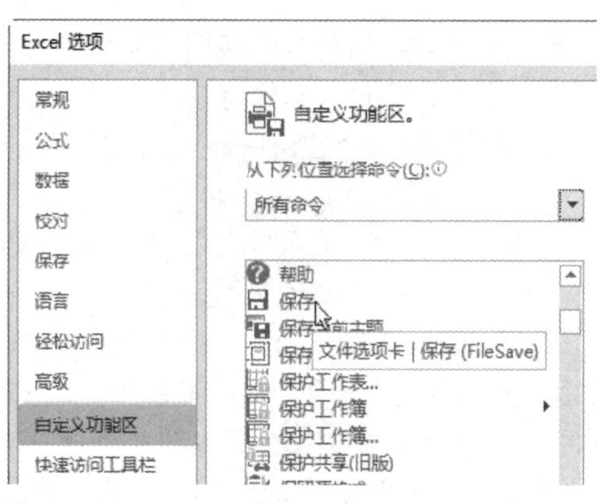

图 18–5　“Excel 选项”对话框

为了方便调用图标名称，笔者制作了一个 Excel 内置图标浏览器，如图 18-6 所示。打开此工作簿后将自动生成一个新的选项卡“图标浏览”，该选项卡中每页显示 20 个内置图标，单击图标时会在活动单元格中产生该图标的名称。单击左侧的“前一页”和“下一页”按钮可以查看更多的图标。

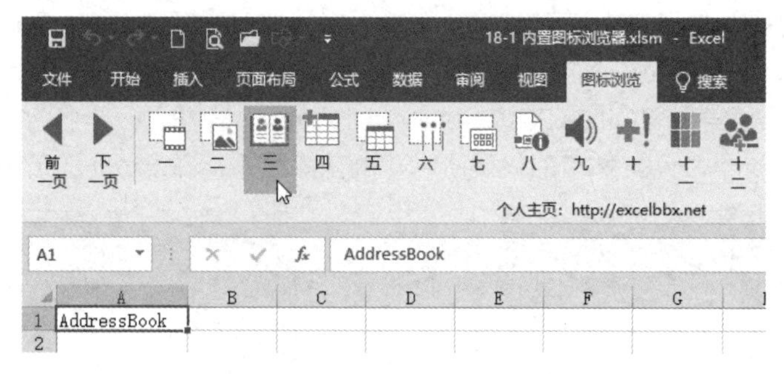

图 18–6　内置图标浏览器

随书提供案例文件：18-1 内置图标浏览器.xlsm

18.2　ribbon 定制之语法分析

功能区中的控件种类较多，修改不同类型的控件有不同的语法。

下面对功能区中的各类控件逐一分析语法，并提供效果图示。学习本节前请安装 Custom UI Editor 软件。

18.2.1　功能区代码的结构

功能区代码的结构相当严谨，每句代码的顺序都有严格的规定，而且所有代码都必须配对，严格区分大小写。

功能区代码的结构比较复杂，通过一段具体的代码来理解则相对容易一些。

```
<customUI xmlns="http://schemas.microsoft.com/office/2006/01/customui">
 <ribbon>
  <tabs>
   <tab id=   label=   >
    <group id=   label=   >
```

```
        <button id=   label=   screentip=   supertip=   onAction=   image=   />
        <menu id=   label=   screentip=   supertip=   size=   image=   >
          <button id=   label=   screentip=   supertip=   onAction=   image=   />
        </menu>
<dialogBoxLauncher>
<button id=   label=   screentip=   supertip=   onAction=   image=   />
</dialogBoxLauncher>
      </group>
     </tab>
   </tabs>
  </ribbon>
</customUI>
```

以上代码用于在功能区中创建新的选项卡，在新选项卡中创建弹出式菜单，在弹出式菜单中创建一个按钮。可以按以下方式理解这段代码的结构。

第一句和最后一句是配对的，它是功能区代码的根或者称之为壳，类似于 VBA 中 Sub 与 End Sub 的关系。首尾两句都包含“customUI”，表示这是一个自定义功能区的容器。首句代码使用了括号“<>”，末句代码使用配对的“</>”表示结束。缺少“<>”开头或者缺少“</>”结尾都会产生错误。其他任何表示容器的语句均遵循此规则。不过命令按钮、标签、分隔条等底层的组件不属于容器，它们不需要遵循此原则。

代码中的“2006/01”是通用于 Excel 2007 和所有高版本 Excel 的，如果需要编写 Excel 2007 以上版本专用的功能区代码，应改用“2009/07”。

第二句与倒数第二句是配对的，“<ribbon>”代表后面的代码用于定制功能区，“</ribbon>”代表功能区定制过程结束。如果将“ribbon”修改为“backstage”，则表示后面的代码用于定制 backstage 视图对象，而非 ribbon 对象。如果将“ribbon”修改为“officeMenu”，则表示后面的代码用于定制 Excel 2007 专用的 Office 按钮（Excel 2010 中改成 backstage 视图了）。

第三句与倒数第三句是配对的，“<tabs>”表示它后面的代码作用于选项卡，“</tabs>”则表示定制选项卡的代码结束。如果将此处的“tabs”修改为“qat”，则表示定制快速启动工具栏，而非选项卡。选项卡 tabs 与快速启动工具栏 qat 是同级别的对象。

第四句与倒数第四句是配对的，“<tab>”表示此代码用于添加新选项卡或者修改内置选项卡，后面的 id 参数代表选项卡的 id，而 label 参数表示选项卡显示在屏幕上的名称，可以随意自定义。在此模板中，等号后面故意留空是为了方便理解，表示此处可以根据实际需求赋值。模板中的 id 是指创建一个新的选项卡并为其指定一个 id，如果要引用内置的选项卡，那么需要将模板中的 id 修改为 idMso。例如，“idMso="TabHome"”表示引用内部的“开始”选项卡。

第五句与倒数第五句是配对的，“<group>”表示此代码用于创建一个组，后面的 label 用于指定组的名称。当出现“</group>”时表示定制组的代码结束。

第六句代码“<button/>”用于创建一个命令按钮，由于按钮是底层的元素，所以只需要一行代码，行首为“<”，行尾为“/>”。此处也可以添加其他控件，包括命令按钮、切换按钮、标签、复选框、文本框、弹出式菜单、拆分按钮、下拉列表控件、分隔线等。

第七句与倒数第九句是配对的，“<menu>”表示添加一个弹出式菜单，label、screentip、supertip、size、image 分别代表此弹出式菜单的菜单名称、提示信息、详细提示、大小和图标。当出现“</menu>”时表示定制弹出式菜单的代码结束。

第八句又是创建一个命令按钮，所以只需要一行代码。由于此按钮放置在“<menu>”与“</menu>”之间，说明它是弹出式菜单中的一个子菜单，而前面的“<button/>”放在“<group>”之后，表示它位于组中而不是弹出式菜单中。

第九句与倒数第六句是配对的，“<dialogBoxLauncher>”代表创建一个对话框启动器。对话框启动器是组 group 的子元素，与弹出式菜单 menu 是同级别的对象。

第十句又是创建一个命令按钮，此按钮处于对话框启动器 dialogBoxLauncher 中。一个对话框启动器中只能放置一个命令按钮，但是一个组 group 和一个弹出式菜单 menu 中可以放置多个命令按钮。

可以使用如图 18-7 所示的功能区部件的结构来展示以上功能区部件的结构，从而有助于理解部件与部件间的关系与顺序。

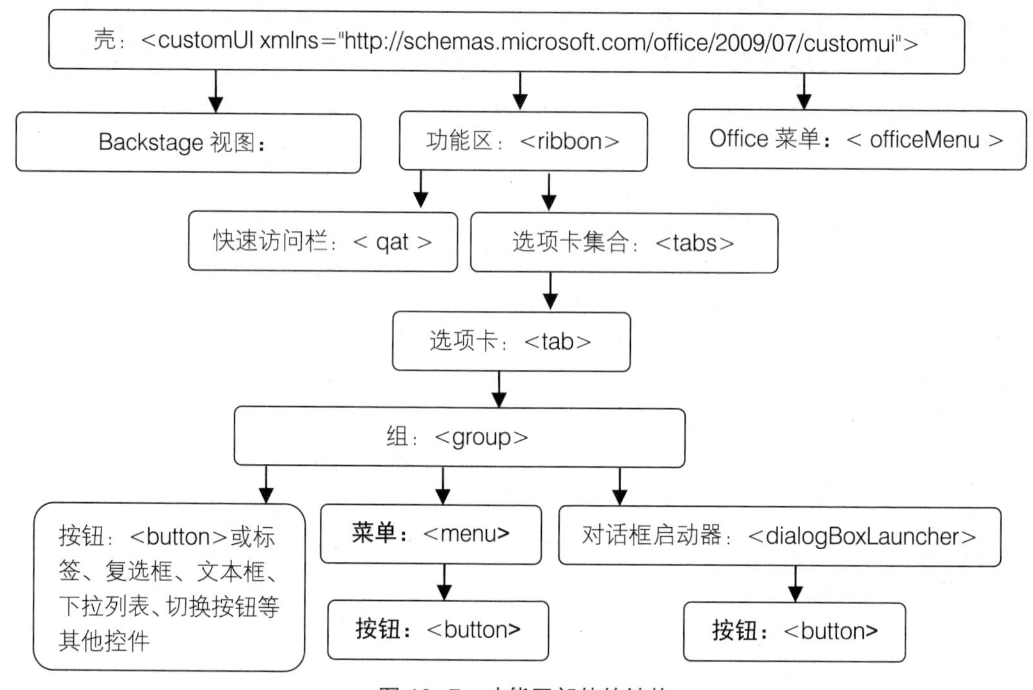

图 18-7　功能区部件的结构

18.2.2　显示与隐藏功能区：ribbon

功能区的代码是 ribbon，控制功能区显示与隐藏的语法如下：

```
<ribbon startFromScratch="AA">
</ribbon>
```

其中，“"AA"”属于占位符，为方便叙述而存在。此处若赋值为“true”则表示隐藏功能区，赋值为“false”或者直接忽略 startFromScratch 参数则表示显示功能区。

要注意定制功能区的代码是严格区分大小写的，“true”和“false”每一个字母都要小写。

实现隐藏功能区的具体操作如下（后续实现其他功能仅讲解定制功能区的代码，不再详述操作步骤，可以参照此处的步骤操作，替换代码即可）：

（1）新建一个 Excel 文件，并将它保存为“隐藏功能区.xlsm”。

（2）打开 Custom UI Editor 软件，从 Custom UI Editor 软件中打开刚才保存的 Excel 文件。

（3）在菜单栏执行“Insert”→“Office 2010 Custom UI Part”命令，从而插入一个 customUI14.xml 文件。

（4）在右侧的代码窗口中输入以下代码：

```
<customUI xmlns="http://schemas.microsoft.com/office/2009/07/customui">
 <ribbon startFromScratch="true">
 </ribbon>
</customUI>
```

（5）单击“保存”按钮，然后关闭 Custom UI Editor 软件。

（6）双击打开刚才保存的 Excel 文件，此时的 Excel 功能区将处于隐藏状态。

如图 18-8 所示是向 xlsm 文件输入功能区代码，如图 18-9 所示是隐藏功能区的效果。

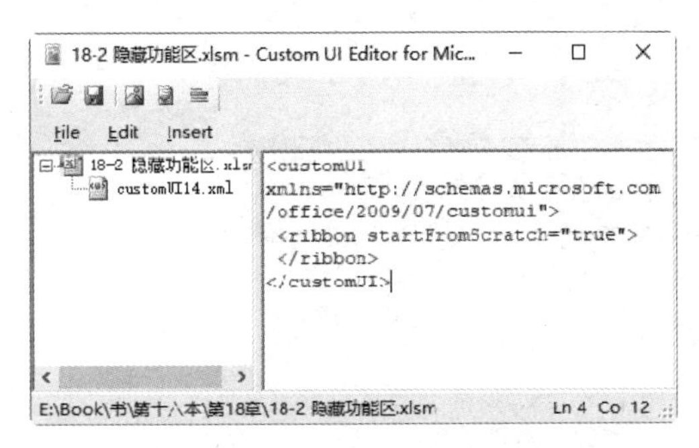

图 18-8 向 xlsm 文件输入功能区代码

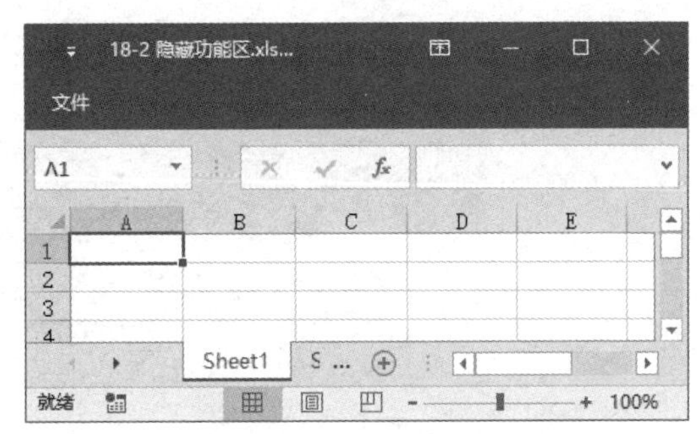

图 18-9 隐藏功能区的效果

创建功能区代码的语言不是 VBA 语言，而是 xml 语句。xlsm 和 xlsx 格式的工作簿中都可以存放 xml 代码，从而对工作簿定制功能区。但是 xlsx 格式的工作簿不能保存 VBA 代码，而定制功能区的代码总是与 VBA 代码搭配应用才能体现其价值，所以在实际工作中请将文件保存为 xlsm 格式。

随书提供案例文件和演示视频：18-2 隐藏功能区.xlsm 和 18-2 隐藏功能区.mp4

18.2.3 隐藏选项卡：tab

语法：

```
<tab idMso="AA" visible="BB">
</tab>
```

其中，idMso 表示调用内置选项卡的 id 号，如果改用 id 则是创建一个新的选项卡。

语法表中的 AA 代表选项卡的名称，如表 18-1 所示罗列了 Excel 2010 的内置选项卡名称。

表 18-1 内置选项卡名称

idMso	选项卡名称	idMso	选项卡名称
TabHome	开始	TabReview	审阅
TabInsert	插入	TabView	视图
TabPageLayoutExcel	页面布局	TabDeveloper	开发工具
TabFormulas	公式	TabAddIns	加载项
TabData	数据	TabPrintPreview	打印预览

语法表中的 BB 代表可见性，当赋值为“true”时表示隐藏内置选项卡。

案例：隐藏“开始”选项卡。

代码：

```
<customUI xmlns="http://schemas.microsoft.com/office/2009/07/customui">
```

```
<ribbon startFromScratch="false">
 <tabs>
  <tab idMso="TabHome" visible="false">
  </tab>
 </tabs>
</ribbon>
</customUI>
```

代码中 TabHome 代表“开始”选项卡，对 visible 参数赋值为“false”表示隐藏此选项卡。要注意代码中每个字符的大小写形式，不能有任何一个错误。

效果：隐藏“开始”选项卡的效果，如图 18-10 所示。

图 18-10　隐藏“开始”选项卡的效果

随书提供案例文件：18-3 隐藏开始选项卡.xlsm

18.2.4　创建新选项卡：tab

语法：

```
<tab id="AA" visible ="BB" label="CC" insertAfterMso="DD" insertBeforeMso="EE"    keytip="FF">
</tab>
```

其中，参数 id 表示新选项卡的 id，必须为选项卡指定唯一的 id 名称，不能与其他选项卡同名；visible 代表选项卡的可见状态；label 表示选项卡显示在屏幕上的名称，允许重名；insertAfterMso 表示将新选项卡放置在此参数所指定的选项卡之后；insertBeforeMso 表示将新选项卡放置在此参数所指定的选项卡之前，不能与 insertAfterMso 同时出现，当同时忽略这两个参数时表示新选项卡放置在最后位置；keytip 表示选项卡的加速键，也称快捷键。

语法表中的 AA、BB、CC、DD、EE 等都是占位符，在编写代码时可根据需求修改其值。

对 id、Label 和 keytip 参数赋值时不区分大小写，对其他参数赋值时，由于皆采用内部常量，所以必须区分大小写。

visible、label、insertAfterMso、insertBeforeMso 和 keytip 等为可选参数。

所有参数之间没有顺序要求，将任何一个写在前面都可以。不过有三点值得注意：其一是参数与参数之间需要至少一个空格，其二是在对参数赋值时必须使用半角的引号，其三是逻辑值必须全部小写。

案例：创建名为“E 灵”的空选项卡，显示在“开始”选项卡之后，加速键为 B。

代码：

```
<customUI xmlns="http://schemas.microsoft.com/office/2009/07/customui">
 <ribbon startFromScratch="false">
  <tabs>
   <tab id="NewTab" visible="true" label="E 灵" insertAfterMso="TabHome" keytip="B">
   </tab>
  </tabs>
```

```
  </ribbon>
</customUI>
```

效果：在“开始”选项卡之后创建新选项卡的效果如图 18-11 所示。

图 18-11　在“开始”选项卡之后创建新选项卡的效果

随书提供案例文件：18-4 创建新选项卡.xlsm

18.2.5 创建新组：group

语法：

```
<group id="AA" visible="BB" label="CC" insertAfterMso="DD" insertBeforeMso="EE">
</group>
```

语法表中 id、visible、label 参数与创建选项卡时的参数规则一致，不同的是 insertAfterMso 和 insertBeforeMso 两个参数。只有新组位于内置选项卡中时才需要使用这两个参数之一来表示新组的位置，否则直接忽略参数即可。

案例：在“E 灵”选项卡中创建一个名为“财务工具”的新组，在“开始”选项卡的“字体”组之后也创建一个为“财务工具”的新组。

代码：

```
<customUI xmlns="http://schemas.microsoft.com/office/2009/07/customui">
 <ribbon startFromScratch="false">
  <tabs>
   <tab id="NewTab" visible="true" label="E 灵" insertAfterMso="TabHome" keytip="B">
    <group id="Group1" visible="true" label="财务工具">
    </group>
   </tab>
   <tab idMso="TabHome" visible="true">
    <group id="Group2" visible="true" label="财务工具" insertBeforeMso= "GroupFont">
    </group>
   </tab>
  </tabs>
 </ribbon>
</customUI>
```

由于第一个新组处于自定义的选项卡中，所以不需要指定位置。第二个新组放在“开始”选项卡的“字体”组之后，所以指定 tab 的 id 时改用“idMso”，同时对 insertBeforeMso 参数赋值为“GroupFont”，即“字体”组。

效果：

由于 Excel 2019 不会显示空白的组，因此以上代码生成的组是看不到的。如果在组中添加一个命令按钮、标签按钮或者对话框启动器，才能看到代码生成的组。

表 18-2 罗列了 Excel 中绝大部分内置组的名称，你在编写代码时可以调用这些组名称。

表 18-2　内置组的名称

组名	说明	组名	说明
GroupClipboard	剪贴板	GroupCalculation	计算
GroupFont	字体	GroupGetExternalData	获取外部数据
GroupAlignmentExcel	对齐方式	GroupConnections	连接
GroupNumber	数字	GroupSortFilter	排序和筛选
GroupStyles	样式	GroupDataTools	数据工具
GroupCells	单元格	GroupOutline	分级显示
GroupEditingExcel	编辑	GroupProofing	校对
GroupInsertTablesExcel	表格	GroupComments	批注
GroupInsertIllustrations	插图	GroupChangesExcel	更改
GroupInsertChartsExcel	图表	GroupWorkbookViews	工作簿视图
GroupInsertLinks	链接	GroupViewShowHide	显示
GroupInsertText	文本	GroupZoom	显示比例
GroupInsertBarcode	符号	GroupWindow	窗口
GroupThemesExcel	主题	GroupMacros	宏
GroupPageSetup	页面设置	GroupCode	代码
GroupPageLayoutScaleToFit	调整为合适大小	GroupControls	控件
GroupPageLayoutSheetOptions	工作表选项	GroupXml	XML
GroupArrange	排列	GroupPictureTools	调整
GroupFunctionLibrary	函数库	GroupPictureStyles	图片样式
GroupNamedCells	定义的名称	GroupArrange	排列
GroupFormulaAuditing	公式审核	GroupPictureSize	大小

随书提供案例文件：18-5 创建新组.xlsm

18.2.6 创建对话框启动器：dialogBoxLauncher

语法：

```
<dialogBoxLauncher>
 <button id="AA" label="BB" screentip="CC" supertip="DD" onAction="EE" keytip="FF"/>
</dialogBoxLauncher>
```

dialogBoxLauncher 代表对话框启动器，它总是和“<button/>”一起使用，因为对话框启动器只是一个容器，需要在其中放置一个按钮才能发挥作用。

位于对话框启动器中的按钮的 screentip 参数表示屏幕提示；supertip 参数表示更详细的提示内容；onAction 参数则表示单击对话框启动器时需要执行的子过程。

案例：在“E 灵”选项卡的新组中创建一个对话框启动器，单击此启动器时可执行名为“工资条设计”的宏，同时需要对对话框启动器指定屏幕提示信息。

代码：

```
<customUI xmlns="http://schemas.microsoft.com/office/2009/07/customui">
 <ribbon startFromScratch="false">
```

```
  <tabs>
    <tab id="NewTab" visible="true" label="E 灵" insertAfterMso="TabHome" keytip="B">
      <group id="Group1" visible="true" label="财务工具">
        <dialogBoxLauncher>
          <button id="dialogOne" screentip="工资条工具" supertip="单击可将工资明细表转换成工资条"
onAction="wage" keytip="G"/>
        </dialogBoxLauncher>
      </group>
    </tab>
  </tabs>
 </ribbon>
</customUI>
```

位于对话框启动器中的命令按钮所关联的子过程为“工资条设计”，加速键为<G>，即用<Alt+B+G>组合键可以执行此过程。

如图 18-12 所示是对话框启动器的外观，如图 18-13 所示是按下<Alt>键后产生的选项卡的快捷键提示，如图 18-14 所示是继续按下<B>键后产生的对话框启动器的快捷键提示。

效果：

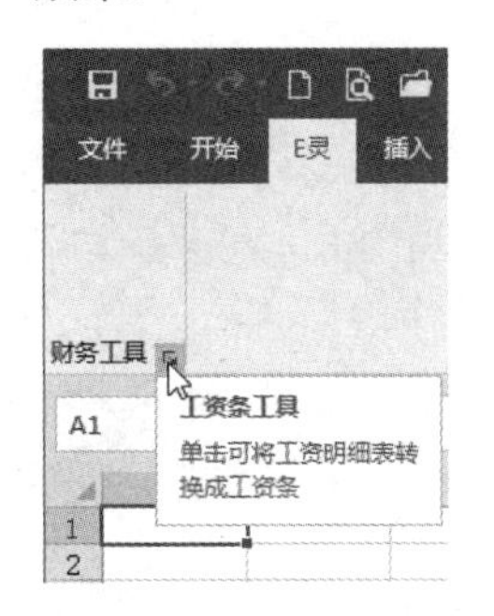

图 18–12　对话框启动器

图 18–13　选项卡的快捷键提示

图 18–14　对话框启动器的快捷键提示

回调：

将 Sub 过程关联到功能区中的按钮和将 Sub 过程关联到传统菜单的方法不同。前者需要使用回调参数，否则模块中的 Sub 过程无法被功能区代码所识别。

功能区的各种控件都有其独特的回调参数，同时由于功能区中的控件种类繁多，很难记忆这些参数。好在 Custom UI Editor 软件支持自动生成 Sub 过程的外壳，其中包含所有参数。

对于本案例，当在 Custom UI Editor 软件中编辑好创建对话框启动器的代码后，单击工具栏的“Generate Callbacks”按钮即可看到以下包含参数的回调过程外壳：

```
'Callback for dialogOne onAction
Sub wage(control As IRibbonControl)
End Sub
```

此过程外壳对应于对话框启动器的命令按钮 button，当单击对话框启动器时会执行此 Sub 过程。

不过此代码并非存放在 Custom UI Editor 软件中，而是保存并关闭 Custom UI Editor 软件后进入工作簿的 VBE 窗口，将以上代码复制到 VBE 窗口的模块中。

由于 Custom UI Editor 软件只能产生程序外壳，所以需要根据实际需求手工补充代码。

为了简单地展示操作结果，本例采用以下代码：

```
Sub wage(control As IRibbonControl)
```

```
    MsgBox "创建工资条.....请补充代码！", vbOKOnly, "友情提示"
End Sub
```

在模块中输入以上代码后，进入工作表界面单击刚创建的对话框启动器即可得到如图 18-15 所示的效果，表示 Sub 过程与对话框已成功关联。

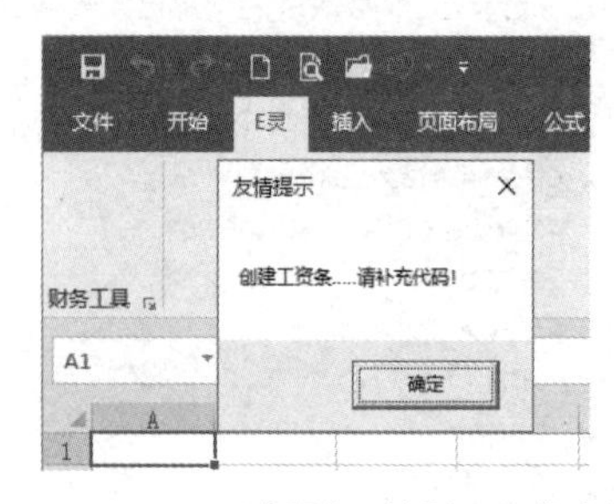

图 18-15　Sub 过程与对话框已成功关联

随书提供案例文件：18-6 创建对话框启动器.xlsm

Sub 过程的过程名称带参数时不能使用<F8>键逐步运行，所以在编写代码时尽量不要使用参数，调试完成后再补充参数。另外，Custom UI Editor 软件在生成回调参数时不支持汉字，所以对 onAction 参数赋值时尽量采用字母。

18.2.7　在组中添加命令按钮：button

语法：

```
<button id="AA" label="BB" visible="CC" enabled="DD" imageMso="EE" size="FF" onAction="GG" screentip="HH" supertip="II" keytip="JJ"/>
```

语法列表中的 enabled 参数用于控制按钮是否处于可用状态，赋值为“true”或者忽略此参数时表示可用，赋值为“false”时表示不可用；imageMso 参数表示为按钮指定一个内置的图标，如果需要采用外置的图标，则将参数名称替换为“image”，然后赋值为外置图标的名称；size 参数用于控制按钮图标的大小，赋值为“large”时表示此按钮显示为大图标，赋值为“normal”或者忽略此参数时将显示为小图标。

命令按钮的 label、visible、enabled、imageMso、size、onAction、keytip、screentip、supertip 都是可选参数。在实际工作中，label 和 onAction 都需要赋值，否则无法使用此命令按钮。

命令按钮放在不同的地方有不同的语法，本语法仅适用于放在组中的命令按钮。

案例：在“E 灵”选项卡中创建一个名为“创建工资条”的命令按钮，其图标为内置的大图标“ControlLayoutStacked”，加速键为<C>键；再创建一个名为“个人所得税”的命令按钮，用外置图标作为按钮的图标。

代码：

（1）先准备一个 ico 格式的图标文件，例如图 18-16 所示的图标文件。

（2）在 Custom UI Editor 软件中打开需要添加功能区按钮的 xlsm 文件。

（3）在菜单栏执行“Insert”→“Office 2010 Custom UI Part”命令，从而插入一个 customUI14.xml 文件。

（4）单击工具栏第 3 个按钮，将图标插入到 customUI14.xml 文件中，如图 18-17 所示。

图 18-16　图标文件

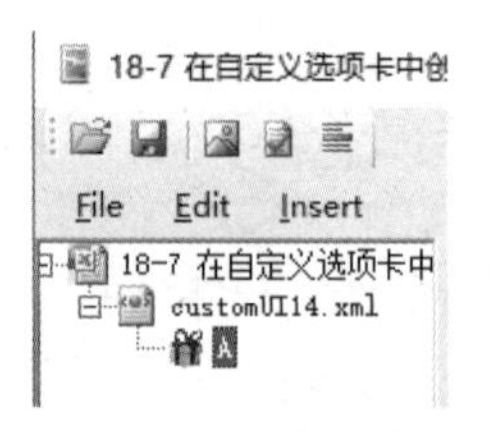

图 18-17　将图标插入到 customUI14.xml 文件中

（5）在右边的代码窗口中输入以下代码：

```
<customUI xmlns="http://schemas.microsoft.com/office/2009/07/customui">
  <ribbon startFromScratch="false">
    <tabs>
      <tab id="NewTab" visible="true" label="E 灵" insertAfterMso="TabHome" keytip="B">
        <group id="Group1" visible="true" label="财务工具">
            <button id="button1" label="创建工资条" visible="true" enabled="true" imageMso="ControlLayoutStacked" size="large" onAction="wage" keytip="C"/>
            <button id="button2" label="个人所得税" visible="true" enabled="true" image="A" size="large" onAction="tax" keytip="G"/>
        </group>
      </tab>
    </tabs>
  </ribbon>
</customUI>
```

以上代码可以创建一个选项卡、一个组和两个命令按钮。命令按钮的 size 参数赋值为“large”，所以将其显示为大图标，一行只能显示一个按钮。如果将其赋值为 normal 或者忽略此参数时将显示为小图标，每列可以显示 3 个按钮。

由于命令按钮的 label、visible、enabled、imageMso、size、onAction、keytip、screentip、supertip 等属性都是可选参数，所以第一个按钮也可以简化为：

```
<button id="button1" label="创建工资条" imageMso="ControlLayoutStacked" size="large" onAction="wage "/>
```

但是在实际工作中，尽量将所有可选参数书写完整，方便维护代码。例如，以后需要修改某个参数时直接修改值即可，而不用去查找参数名称，同时也避免添加参数时录错字母造成代码无法运行。

命令按钮不可以直接放在选项卡中，它需要一个比选项卡低一级的容器，此容器可以是对话框启动器、组或者弹出式菜单。

效果：

如图 18-18 和图 18-19 所示分别是在“E 灵”选项卡中插入大命令按钮和小命令按钮的效果。

图 18−18　在“E 灵”选项卡中插入大命令按钮

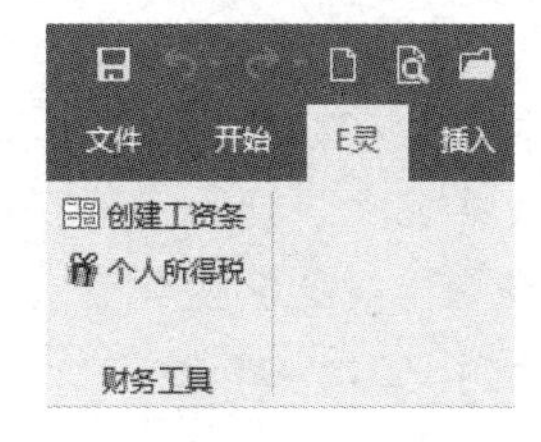

图 18−19　在“E 灵”选项卡中插入小命令按钮

回调：

单击 Custom UI Editor 软件的“Generate Callbacks”按钮将看到以下代码，你可以将它复制到工作簿的模块中，然后根据需要在过程中添加代码。本章仅为展示功能区中各种按钮、菜单、复选框、下拉列表等控件的生成方法，对于 Sub 过程皆从略，你可以将自己的 Sub 过程代码复制进去，从而将过程与功能区菜单关联起来。

```
'Callback for button1 onAction
Sub wage(control As IRibbonControl)
End Sub
```

```
'Callback for button2 onAction
Sub tax(control As IRibbonControl)
End Sub
```

随书提供案例文件和演示视频：18-7 调用图片创建命令按钮.xlsm 和 18-7 调用图片创建命令按钮.mp4

18.2.8 创建切换按钮：toggleButton

语法：

```
<toggleButton id="AA" label="BB" visible="CC" enabled="DD" imageMso="EE" size="FF"  onAction="GG" screentip="HH" supertip="II" keytip="JJ"/>
```

切换按钮 toggleButton 只能放在组 group 中，它与同样放在组中的命令按钮的语法完全一样。

案例：在“E 灵”选项卡中创建一个切换按钮，将标题文本改为“显示零值”，表示按下按钮时可显示零值，否则隐藏零值。

代码：

```
<customUI xmlns="http://schemas.microsoft.com/office/2009/07/customui">
 <ribbon startFromScratch="false">
  <tabs>
   <tab id="NewTab" visible="true" label="E 灵" insertAfterMso="TabHome" keytip="B">
    <group id="Group1" visible="true" label="视图">
       <toggleButton  id="toggleButton1"  label="显示零值"  visible="true"  enabled="true" onAction="zero"  imageMso="ChartTypeOtherInsertGallery" size="large" screentip="零值切换" supertip="按下时显示零值，弹起时不显示零值" keytip="L"/>
    </group>
   </tab>
  </tabs>
 </ribbon>
</customUI>
```

如果需要添加两个切换按钮，那么两个按钮的 id 绝对不能相同，其他参数允许相同，但是为了使用方便，有必要加以区分。包括 label 、imageMso、onAction、screentip 和 supertip 等参数皆赋予不同的值。

切换按钮和命令按钮的区别在于切换按钮相当于两个命令按钮，单击时执行一个命令，再次单击时执行另一个命令，显示的外观样式也不一样。

切换按钮适用于视图切换类需求，可以通过切换按钮展示某类对象的显示状态。

效果：如图 18-20 和图 18-21 所示，分别是按下与弹起时的切换按钮。

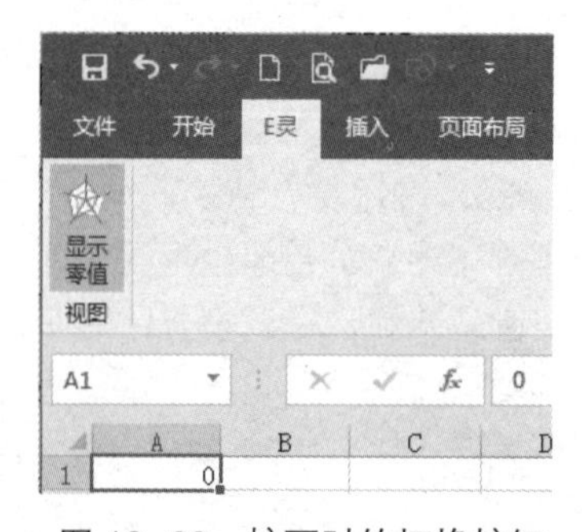

图 18-20　按下时的切换按钮

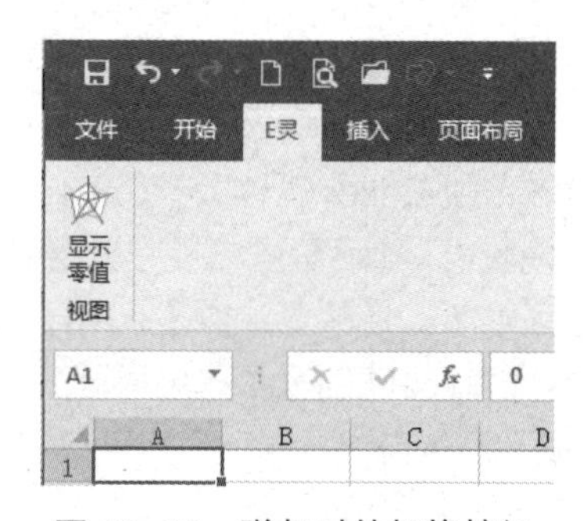

图 18-21　弹起时的切换按钮

回调：

单击 Custom UI Editor 软件的“Generate Callbacks”按钮将看到以下代码：

```
'Callback for toggleButton1 onAction
Sub zero(control As IRibbonControl, pressed As Boolean)
End Sub
```

参数中的 control 代表切换按钮，pressed 代表按钮的状态，当按下按钮时该值为 True，按钮弹起时该值为 False。所以可以根据该参数的值来编写对应的 Sub 过程代码。例如：

```
Sub zero(control As IRibbonControl, pressed As Boolean)
    '如果切换按钮处于按下状态,那么显示零值，否则不显示零值
    If pressed = True Then    ActiveWindow.DisplayZeros = True Else ActiveWindow.DisplayZeros = False
End Sub
```

事实上，以上代码也可以简写为如下形式：

```
Sub zero(control As IRibbonControl, pressed As Boolean) '简写形式
    '零值的显示状态由切换按钮的状态决定
    ActiveWindow.DisplayZeros = pressed
End Sub
```

随书提供案例文件：18-8 创建切换按钮.xlsm

18.2.9 标签与复选框：labelControl/ checkBox

语法：

创建标签的语法如下：

```
<labelControl id="AA" label="BB" visible="CC"/>
```

Label 参数表示标签显示在屏幕上的文字，visible 参数表示可见性，赋值为“false”时可隐藏标签，赋值为“true”或者忽略此参数时可显示标签。

创建复选框的语法如下：

```
<checkBox id="AA" label="BB" visible="CC" enabled="DD"    onAction="EE" screentip="FF" supertip="GG"
keytip="HH" />
```

复选框 checkBox 没有图标，所以没有 image、imageMso 和 size 等参数。除此之外，命令按钮有的其他参数复选框都有。

案例：在“E 灵”选项卡中添加一个标签和两个复选框。

代码：

```
<customUI xmlns="http://schemas.microsoft.com/office/2009/07/customui">
 <ribbon startFromScratch="false">
  <tabs>
   <tab id="NewTab" visible="true" label="E 灵" insertAfterMso="TabHome" keytip="B">
    <group id="Group1" visible="true" label="视图工具">
       <labelControl id="label1" label="单击时切换"/>
       <checkBox    id="check1"    label="  隐  藏  错  误  值  "    visible="true"    enabled="true"
onAction="ErrorConversion" screentip="错误值" supertip="切换错误值的显示状态" keytip="C"/>
       <checkBox id="check2" label="隐藏零值" visible="true" enabled="true" onAction="ZeroConversion"
screentip="零值" supertip="切换零值的显示状态" keytip="L"/>
    </group>
```

```
    </tab>
   </tabs>
  </ribbon>
</customUI>
```

以上代码可以创建一个名为“单击时切换”的文字标签和两个复选框，分别对应于“隐藏错误值”和“隐藏零值”。标签与复选框都没有图标。

效果：标签与复选框的效果如图 18-22 所示。

图 18-22 标签与复选框的效果

回调：

单击 Custom UI Editor 软件的“Generate Callbacks”按钮将看到以下代码，你可将它复制到模块中，然后根据需求对过程添加代码，本节重点在于创建功能区中的各类组件。

```
'Callback for check1 onAction
Sub ErrorConversion(control As IRibbonControl, pressed As Boolean)
End Sub
'Callback for check2 onAction
Sub ZeroConversion(control As IRibbonControl, pressed As Boolean)
End Sub
```

参数中 control 代表复选框，pressed 代表复选框的状态，如果复选框已勾选，该参数的值为 true，否则为 false。在随书案例文件中有关于获取 control 的 id 号以及根据参数的值来编写不同操作命令的源代码和思路分析，书中不再具体介绍。

随书提供案例文件：18-9 创建标签与复选框.xlsm

18.2.10 在按钮之间添加分隔条：separator

语法：

```
<separator id="AA"/>
```

分隔条只需要一个 id 参数。将代码插入到两个命令按钮或者复选框、弹出式菜单之间就可以产生一个分隔条。

案例：创建两个复选框和两个命令按钮，在复选框与命令按钮之间添加分隔条，而且复选框和命令按钮分别采用 A、B、C、D 四个加速键。

代码：

```
<customUI xmlns="http://schemas.microsoft.com/office/2009/07/customui">
 <ribbon startFromScratch="false">
  <tabs>
   <tab id="NewTab" visible="true" label="E 灵" insertAfterMso="TabHome" keytip="B">
    <group id="Group1" visible="true" label="Excel 界之精灵">
      <labelControl id="label1" label="单击时切换"/>
      <checkBox id="check1" label="隐藏错误值" visible="true" enabled="true" onAction="错误值" screentip="错误值" supertip="切换错误值的显示状态" keytip= "A"/>
      <checkBox id="check2" label="隐藏零值" visible="true" enabled="true" onAction="零值" screentip="零值" supertip="切换零值的显示状态" keytip="B"/>
      <separator id="separator1"/>
      <button id="button1" label="创建工资条" visible="true" enabled="true"
```

```
imageMso="ControlLayoutStacked" size="large" onAction="工资条设计" keytip= "C"/>
        <button id="button2" label="个人所得税" visible="true" enabled="true" image="A" size="large"
onAction="个人所得税" keytip="D"/>
      </group>
    </tab>
  </tabs>
 </ribbon>
</customUI>
```

本例的代码直接借用了前面两个案例所产生的标签、复选框和命令按钮，中间插入代码"<separator id="separator1"/>"即可。

分隔条与标签、命令按钮等控件 id 不能相同，否则代码会产生错误。

效果：在复选框与命令按钮之间添加分隔条，以及四个组件的快捷键提示，如图 18-23 和图 18-24 所示。

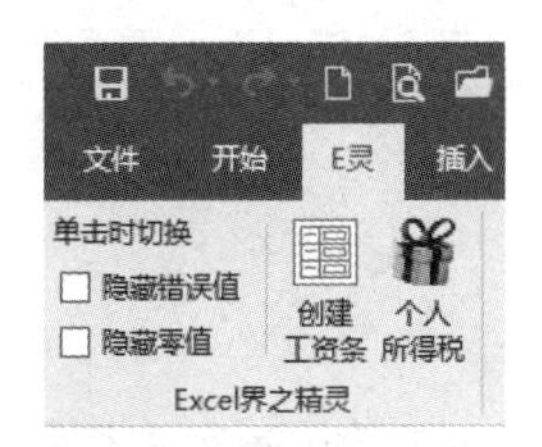

图 18–23　在复选框与命令按钮之间添加分隔条

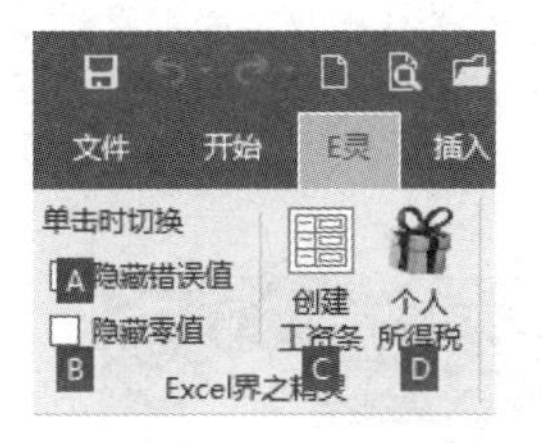

图 18–24　四个组件的快捷键提示

随书提供案例文件：18-10 在复选框与命令按钮之间添加分隔条.xlsm

18.2.11　创建弹出式菜单：menu

语法：

```
<menu id="AA" label="BB" imageMso="CC"  size="DD"  itemSize="EE" visible="FF" screentip="GG"
supertip="HH" keytip="II">
<button id="AA2" label="BB" visible="CC" enabled="DD" imageMso="EE"   onAction="FF" screentip="GG"
supertip="HH" keytip="II"/>
</menu>
```

弹出式菜单 menu 可通过 size 参数控制图标的显示大小，还可以指定其子菜单的大小，所以既有 size 参数又有 itemSize 参数。后者赋值为"true"表示所有子菜单都显示为大图标，忽略参数或者赋值为"false"时表示子菜单显示为小图标。

弹出式菜单 menu 没有 onAction 参数，如果使用了此参数，代码将产生错误。

弹出式菜单的子菜单没有 size 参数，统一通过弹出式菜单的 itemSize 参数控制大小。

弹出式菜单 menu 和子菜单 button 都可以通过 keytip 参数指定加速键。

弹出式菜单可以有多个子菜单，所以在"<menu>"与"<menu/>"之间可以复制多份"<button/>"产生多个命令按钮，不过要注意 id 不允许重复。

案例：在"E 灵"选项卡中创建一个弹出式菜单和两个子菜单。

代码：

```
<customUI xmlns="http://schemas.microsoft.com/office/2009/07/customui">
 <ribbon startFromScratch="false">
  <tabs>
   <tab id="NewTab" visible="true" label="E 灵" insertAfterMso="TabHome" keytip="B">
```

```
      <group id="Group1" visible="true" label="Excel 界之精灵">
       <menu id="menu" label="统计工具" imageMso="AutoSum"  size="large"  itemSize="large">
        <button id="button1" label="多表数据汇总" imageMso="QueryAppend" onAction="SheetsQather" />
        <button id="button2" label="按颜色汇总" imageMso="AppointmentColorDialog" onAction="ColorQather" />
      </menu>
     </group>
     </tab>
    </tabs>
  </ribbon>
</customUI>
```

要注意按钮“<button/>”必须放在“<menu>”与“</menu>”之间，并且不能使用 size 参数，否则代码会出错。

效果：本例中弹出式菜单对 size 和 itemSize 参数都赋值为“large”，所以弹出式菜单和子菜单都显示为大图标，效果如图 18-25 所示。如果删除这两个参数，将得到图 18-26 所示的小图标效果。

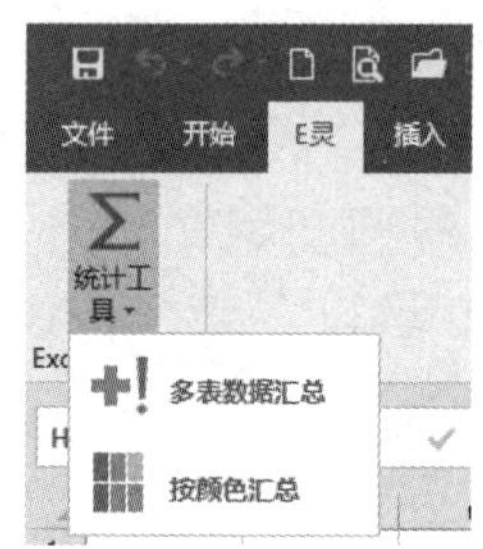

图 18–25　弹出式菜单和子菜单　　　图 18–26　将弹出式菜单和子菜单都显示为小图标

回调：

单击 Custom UI Editor 软件的“Generate Callbacks”按钮，将看到以下代码，你可以将它复制到模块中，然后根据需求对过程添加代码，本节重点在于创建功能区中的各类控件。

```
'Callback for button1 onAction
Sub SheetsQather(control As IRibbonControl)
End Sub
'Callback for button2 onAction
Sub ColorQather(control As IRibbonControl)
End Sub
```

随书提供案例文件：18-11 创建弹出式菜单.xlsm

18.2.12　创建拆分按钮：SplitButton

语法：

```
<splitButton id="AA" size="BB" visible="CC" >
  <button id="AA2" label="BB"  imageMso="CC"  enabled="DD"  onAction="EE" />
  <menu id="AA3"   itemSize="BB" visible="CC" enabled="DD" keytip="EE" >
    <button id="A44" label="BB"  imageMso="CC"   onAction="DD" />
    <button id="AA5" label="BB"  imageMso="CC"   onAction="DD" />
  </menu>
</splitButton>
```

拆分按钮 splitButton 是一个容器，包括一个命令按钮 button 和一个弹出式菜单 menu，在弹出式菜单中有若干个子菜单 button。

使用拆分按钮时必须在“<splitButton>”之后通过“<button/>”语句添加一个命令按钮，然后使用“<menu>”和“</menu>”创建弹出式菜单，在弹出式菜单中放置若干子菜单。

拆分按钮的图标大小由“<splitButton>”语句中的 size 参数控制，所以使用“<button/>”创建按钮时没有 size 属性。后面的“<menu>”也没有 size 参数，一并由“<splitButton>”语句中的 size 参数控制，不过它拥有 itemSize 参数，可以控制子菜单的显示大小。

案例：在“E 灵”选项卡中创建一个拆分按钮，其弹出式菜单中包含两个子菜单。

代码：

```
<customUI xmlns="http://schemas.microsoft.com/office/2009/07/customui">
 <ribbon startFromScratch="false">
  <tabs>
   <tab id="NewTab" visible="true" label="E 灵" insertAfterMso="TabHome" keytip="B">
    <group id="Group1" visible="true" label="Excel 界之精灵">
    <splitButton id="splitButton1" size="large" visible="true" >
      <button  id="button1"  label=" 多表数据汇总 "   imageMso="QueryAppend"   enabled="true"
onAction="SheetsQather " />
      <menu id="menu1"    itemSize="large" visible="true" enabled="true" keytip="D" >
        <button   id="button2"   label="  多  表  数  据  汇  总  "      imageMso="QueryAppend"
onAction="SheetsQather" />
        <button  id="button3"  label=" 按 颜 色 汇 总 "  imageMso="AppointmentColorDialog"  onAction="
ColorQather " />
      </menu>
      </splitButton>
   </group>
   </tab>
  </tabs>
 </ribbon>
</customUI>
```

拆分按钮 splitButton 的 size 参数赋值为“large”，所以按钮将显示为大图标。拆分按钮是一个容器，它的 size 参数决定了其子元素的大小；弹出式菜单 menu 也是一个容器，它的 itemSize 参数决定了其子菜单的大小，所以在拆分按钮中，作为子元素的命令按钮和弹出式菜单本身都没有 size 参数，其大小由父对象控制。

总体而言，拆分按钮包括三个元素：命令按钮、弹出式菜单和子菜单。通常是弹出式菜单中包含了多个具有相似功能的工具，将其中常用的那一个工具提取出来作为默认的命令按钮。例如，“开始”选项卡中的“合并后居中”就是一个拆分按钮，其弹出式菜单中包含了与合并相关的多个工具，但是“合并后居中”较常用，所以将它设为默认按钮。

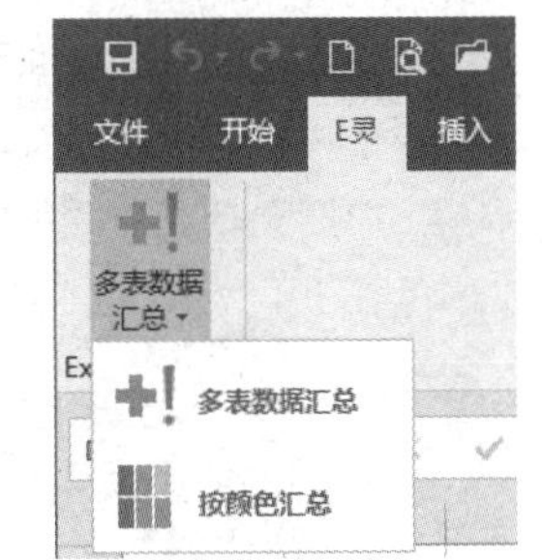

图 18–27　拆分按钮的外观

本例代码创建的弹出式菜单包含两个子菜单，将第一个子菜单作为默认的命令按钮，所以执行“多表数据汇总”既可以从弹出式菜单中执行也可以单击拆分按钮上端的命令按钮。

效果：拆分按钮的外观如图 18-27 所示。

回调：

单击 Custom UI Editor 软件的“Generate Callbacks”按钮将看到以下代码，你可将它复制到模块中，然后根据需求对过程添加代码，本节重点在于创建功能区中的各类组件。

```
'Callback for button1 onAction
Sub SheetsQather(control As IRibbonControl)
End Sub
'Callback for button3 onAction
Sub ColorQather(control As IRibbonControl)
End Sub
```

由于拆分按钮的默认命令和弹出式菜单的第一个命令按钮共用一个 Sub 过程，所以 Custom UI Editor 软件只生成两个过程外壳。

随书提供案例文件：18-12 创建拆分按钮.xlsm

18.2.13 创建下拉列表：DropDown

语法：

```
<dropDown id="AA"  showLabel="BB"  label="CC"  onAction="DD"  enabled="EE">
  <item id="AA2" label="BB"  imageMso="CC" />
  <item id="AA3" label="BB"  imageMso="CC" />
</dropDown>
```

语法表中的 dropDown 表示创建下拉列表，其 label 参数表示下拉列表旁边显示的文字，showLabel 参数用于控制是否显示该文字，赋值为“false”时可隐藏文字。onAction 参数决定下拉列表关联的宏，它和弹出式菜单完全不同，弹出式菜单是每个子菜单都关联一个宏，而下拉列表组件只有一个宏，关联到 dropDown 自身，其列表中的子元素没有 onAction 参数。

“<item>”语句用于创建列表项目，可对列表项目设置显示的文字标签以及图标。若需调用内置图标，就改用 imageMso 参数，若调用自定义的图片文件，就用 image 参数。

案例：在“开始”选项卡中创建一个名为“定位”的下拉列表，在该列表中包含“错误值”“空单元格”“公式”“负数”和“可见单元格”。

代码：

```
<customUI xmlns="http://schemas.microsoft.com/office/2009/07/customui">
 <ribbon startFromScratch="false">
  <tabs>
     <tab idMso="TabHome">
     <group id="Group1" visible="true" label="E 灵">
       <dropDown id="dropDown1" showLabel="true" label="定位"  onAction="locate"  enabled="true">
     <item id="错误值" label="错误值" imageMso="FunctionsDateTimeInsertGallery" />
     <item id="空单元格" label="空单元格" imageMso="FunctionsFinancialInsertGallery" />
     <item id="公式" label="公式"  imageMso="FunctionsLogicalInsertGallery" />
     <item id="负数" label="负数" imageMso="FunctionsLookupReference InsertGallery" />
     <item id="可见单元格" label="可见单元格" imageMso="FunctionsTextInsertGallery" />
       </dropDown>
     </group>
    </tab>
  </tabs>
 </ribbon>
</customUI>
```

代码中“<tab idMso="TabHome">”表示“开始”选项卡，所以它后面的“<group>”命令所创建的组将显示在“开始”选项卡中。同时，由于未指定新组的位置，所以将自动放在“开始”选项卡的最右端。

效果：下拉列表的效果如图 18-28 所示。

回调：

单击 Custom UI Editor 软件的“Generate Callbacks”按钮将看到以下代码：

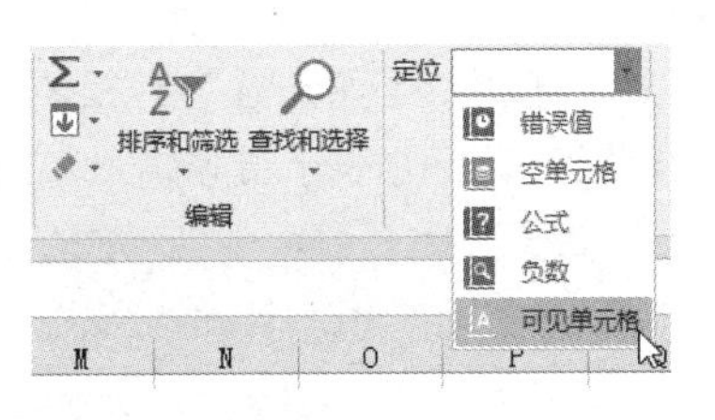

图 18–28　下拉列表

```
'Callback for dropDown1 onAction
Sub locate(control As IRibbonControl, id As String, index As Integer)
End Sub
```

其中，参数 control 代表下拉列表控件；参数 id 代表用户从列表中选择的项目的 id，例如选择第二项时返回“空单元格”；参数 index 代表用户选择的下拉列表项目的索引号，从 0 开始，所以用户选择列表中第一项时该参数返回值为 0。

通过以下 Sub 过程可以更深入地了解各参数的含义：

```
Sub locate(control As IRibbonControl, id As String, index As Integer)
  MsgBox "你已选择了列表框控件 " & control.id & " 的第" & index + 1 & "个子元素：" & id
End Sub
```

随书提供案例文件：18-13 创建下拉列表.xlsm

18.2.14　创建编辑框：editBox

语法：

```
<editBox  id="AA"  label="BB"  imageMso="CC"  sizeString="DD"  maxLength="EE"  visible="FF"
showLabel="GG"  onChange="HH" keytip="II" />
```

其中，label 参数表示显示在编辑框旁边的文字；imageMso 参数表示调用内置图标，改用 image 则可以调用自定义的图片文件作图标，它将显示在编辑框的最左端；sizeString 参数用于控制编辑框的宽度，这个宽度是由赋值的字符串所占的宽度决定的，而非赋值的内容决定的，例如，赋值为“999”表示编辑框的宽度等于这三个字所占的宽度；maxLength 参数用于控制编辑框中输入的字符的数量，赋值为 2 则表示在编辑框中输入字符时不能超过 2 位；showLabel 参数用于控制编辑框旁边的标签的显示状态；onChange 参数表示在编辑框中输入值后按回车键时需要执行的 Sub 过程名称，类似于命令按钮的 onAction 参数。

案例：创建一个“E 灵”选项卡，位于“开始”选项卡之前，在其中创建一个名为“查找”的编辑框。

代码：

```
<customUI xmlns="http://schemas.microsoft.com/office/2009/07/customui">
  <ribbon startFromScratch="false">
  <tabs>
    <tab id="rxtabCustom" label="E 灵" insertBeforeMso="TabHome">
     <group id="NewCustom" label="http://excelbbx.net">
       <editBox id="FindTxt" label="查找" imageMso="ZoomPrintPreviewExcel" sizeString="9999999999"
maxLength="10" visible="true" showLabel="true"    onChange="Click" keytip="R" />
     </group>
     </tab>
    </tabs>
  </ribbon>
</customUI>
```

代码中 sizeString 参数赋值为 10 个 9，表示编辑框的宽度等于 10 个 9 的宽度；maxLength 参数赋值为 10 表示最多输入 10 位数，虽然此值是数值，但也需要在前后添加半角的双引号。

效果：编辑框组件包含图标、标签和编辑框，其外观如图 18-29 所示。当在编辑框中输入的字符超过 10 个时将会产生如图 18-30 所示的提示。

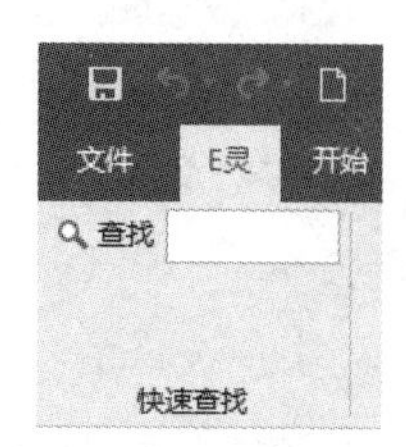

图 18-29　图标、标签与编辑框

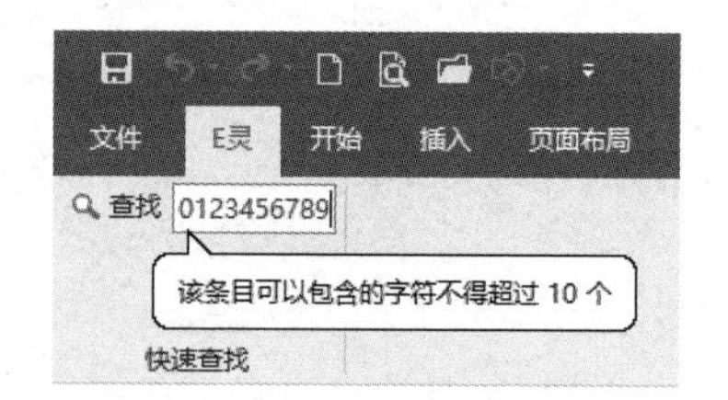

图 18-30　输入的字符超过 10 个时产生的提示

回调：

单击 Custom UI Editor 软件的"Generate Callbacks"按钮将看到以下代码：

```
'Callback for FindTxt onChange
Sub Click(control As IRibbonControl, text As String)
End Sub
```

其中，参数 control 代表下拉列表控件，text 代表在编辑框中输入的文本。

随书提供案例文件：18-14 创建编辑框.xlsm

18.2.15　锁定或隐藏内置命令

语法：

功能区中所有内置的命令都可以锁定，即禁止使用，锁定内置命令的语法如下：

```
<commands>
 <command idMso="AA" enabled = "BB" />
</commands>
```

其中，"<commands>"与"<ribbon>"是同级别的对象，所以不能放在"<ribbon>"与"<ribbon/>"之间。

"<command />"代表调用内置命令，通过 idMso 参数指定内置命令的 id 即可。当 enabled 参数赋值为"false"时表示禁用此内置命令。

案例：禁用内置的"合并后居中""复制"和"剪切"命令。

代码：

```
<customUI xmlns="http://schemas.microsoft.com/office/2009/07/customui">
<commands>
<command idMso="MergeCenterMenu" enabled = "false"    />
 <command idMso="Copy" enabled = "false" />
 <command idMso="Cut" enabled = "false" />
</commands>
</customUI>
```

禁用内置命令直接将"<commands>"与"</commands>"放置在"<customUI>"与"</customUI>"壳中。并且将 enabled 赋值为"false"即可。

内置命令可以禁用，但是不能隐藏，command 对象是没有 visible 参数的。

不过内置的选项卡 tab 和组 group 支持 visible 参数，可以隐藏任意内置组或选项卡。

效果：禁用“合并后居中”命令，以及禁用“复制”和“剪切”命令的效果如图 18-31 和图 18-32 所示。

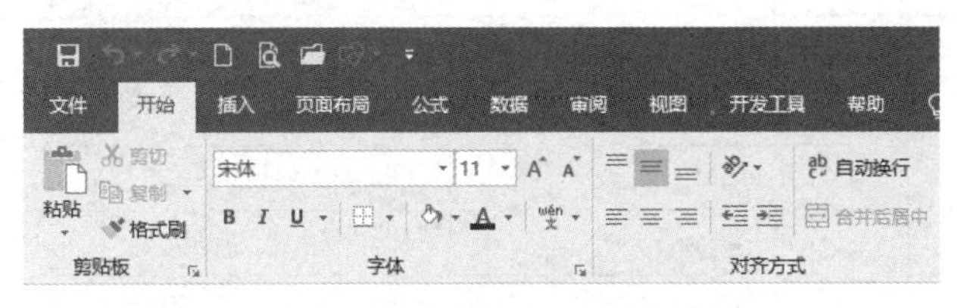

图 18–31　禁用“合并后居中”命令

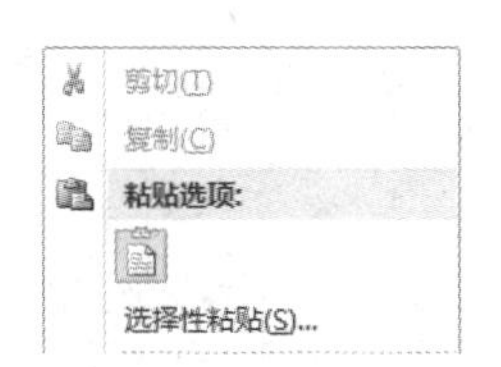

图 18–32　禁用“复制”和“剪切”命令

随书提供案例文件：18-15 禁用内置功能.xlsm

18.3 使用回调函数强化功能区

回调函数专用于功能区组件，对自定义的功能区组件使用回调函数能强化组件的功能，实现动态获取数据，并根据获取的值调整组件的某种状态。

熟用回调函数后，在开发功能区组件领域将呈现出另一片天地。

18.3.1 为什么需要使用回调函数

使用回调函数后，定义功能区组件的代码可以获取单元格中的值或者 Sub 过程中的变量的值，从而使自定义的功能区控件更灵活，能满足更多的需求。

例如，“18-8 创建切换按钮.xlsm”文件中的 VBA 代码可以读取切换按钮的显示状态，然后根据其状态去调整工作表中的零值的状态。但是这只是单向的控制，不够完美，若切换按钮也能根据当前工作表的零值的显示状态调整自己的状态则更人性化。

简而言之，使用回调函数就是为了方便在 VBA 中控制功能区中某个组件的某个属性。

18.3.2 回调函数详解

回调函数绝大多数是以 get 开头的，例如 getLabel、getText、getImage 等，表示组件对象的某个参数在后期通过 VBA 的 Sub 过程赋值，而非在前期编写功能区代码时赋值。

当然 onChange 和 onAction 也是一种回调。

表 18-3 提供了所有回调函数的名称及其功能描述。

表 18-3　回调函数的名称及其功能描述

函数	功能	函数	功能
getDescription	获取控件描述	getSelectedItemID	获取选中的子项目的 ID
getEnabled	确定按钮是否可用	getSelectedItemIndex	获取选中的子项目的序号
getImage	获取图像	getText	获取文本
getKeytip	获取控件的加速键	getItemHeight	获取子项高度
getLabel	获取控件的标签	getItemWidth	获取子项宽度
getScreentip	获取控件的提示	getTitle	获取标题
getSupertip	获取控件的详细提示	getContent	获取 XML 代码内容

续表

函数	功能	函数	功能
getShowImage	判断控件是否显示图标	GetEnabledMso	获取内置控件的可用性
getShowLabel	判断控件是否显示标签	GetImageMso	获取内置控件的图像
getSize	获取控件的大小	GetLabelMso	获取内置控件的标签
getVisible	获取控件的可见性	GetPressdMso	判断内置控件是否按下
getItemCount	获取子项的数量	GetScreenTipMso	获取内置控件的提示
getItemID	获取子项的 ID	GetSuperTipMso	获取内置控件的详细提示
getItemImage	获取子项的图像	GetVisibleMso	获取内置控件的可见性
getItemLabel	获取子项的标签	onChange	指定文本改变时执行的宏名称
getItemScreentip	获取子项的提示	onAction	指定单击按钮时执行的宏名称
getItemSupertip	获取子项的详细提示		

其中，应用最频繁的是以下几个回调函数：getEnabled、getImage、getItemImage 、getLabel、getVisible、onAction。

1. getEnabled

getEnabled 函数表示从 VBA 代码中取值，并根据该值决定控件是否可用。getEnabled 函数其实就是动态的 enabled 参数。换而言之，一个控件是否处于禁用状态，可以通过回调函数 getEnabled 来决定，它的返回值决定控件是否可用，而非编写功能区代码时直接赋值为“true”或者“false”来决定。

例如，功能区中的自定义命令按钮的功能是合并单元格的值，那么使用 getEnabled 后可以在 VBA 代码中判断活动表是否为图表以及 Selection 是图片还是区域，如果活动表是图表或者 Selection 是图片，那么传递一个逻辑值 false 给 getEnabled 函数，该函数再将 false 传递给命令按钮 button，那么命令按钮将自动显示为禁用状态，从而避免执行命令出错。

以上思路可以用于所有支持回调函数的组件中。

再如某自定义的命令按钮用于初汇总上月的生产数据，领导要求每月 4 日之前汇总完毕。在此前提下，可以通过 getEnabled 函数获取当前日期，假设日期是 1 日、2 日、3 日，则按钮处于可用状态，在这三天可以单击按钮实现汇总上月的数据；如果日期大于 3 日则按钮自动呈现禁用状态。此思路可以让按钮具有智能，根据需求自动调节。

getEnabled 函数的用法如下：

（1）在编写功能区控件的代码时，将 getEnabled 替换原来的 enabled 参数，然后对参数指定一个 Sub 过程名称，而不是使用逻辑值“true”或“false”。

（2）在 Custom UI Editor 软件中单击工具栏的“Generate Callbacks”按钮即可看到 getEnabled 的回调过程外壳。假设对 getEnabled 函数赋值为“ABC”，那么将产生以下代码：

```
Sub ABC(control As IRibbonControl, ByRef returnedVal)
End Sub
```

其中，参数 control 代表当前控件，参数 returnedVal 代表传递给 getEnabled 函数的值，所以在 Sub 过程中根据需求对变量 returnedVal 赋值即可，该值会在显示控件时由 getEnabled 函数传递给控件。

（3）将回调过程的程序外壳复制到 VBE 界面的模块中，然后在该过程中对参数 returnedVal

赋值，该值将在显示控件时自动传递给控件，从而改变控件的显示状态。

18.3.3 节将展示此功能的具体操作步骤。

所有具有 enabled 参数的组件都支持 getEnabled 函数。

2. getImage

getImage 函数表示从 VBA 代码中取值，并根据该值决定控件的图标名称。getImage 函数其实相当于动态的 image 参数。

和获取 getEnabled 的回调参数的方法一样，当在开发功能区组件的代码中使用了 getImage 函数时，在 Custom UI Editor 软件中单击工具栏的“Generate Callbacks”按钮即可看到 getImage 函数的回调过程外壳。假设对 getImage 函数赋值为“ABC”，那么 getImage 函数对应的回调过程外壳如下：

```
Sub ABC(control As IRibbonControl, ByRef returnedVal)
End Sub
```

参数 control 代表当前组件，参数 returnedVal 代表传递给 getImage 函数的值，所以在 Sub 过程中根据需求对变量 returnedVal 赋值即可，该值会在显示组件时由 getImage 函数传递给组件。

所有具有 Image 参数的组件都支持 getImage 函数。

3. getItemImage

getItemImage 函数表示从 VBA 代码中取值，并根据该值决定组件的图标名称。getImage 函数其实就是动态的 itemImage 参数。

假设对 getItemImage 函数赋值为“ABC”，那么 getItemImage 函数对应的回调过程外壳如下：

```
Sub ABC(control As IRibbonControl, index As Integer, ByRef returnedVal)
End Sub
```

参数 control 代表当前组件，参数 index 代表组件的子元素的索引号，参数 returnedVal 代表传递给 getItemImage 函数的值。

getItemImage 函数仅用于 comboBox、dropdown、gallery 三种带有下拉框的组件。

4. getLabel

getLabel 函数表示从 VBA 代码中取值，并根据该值决定控件显示在功能区中的字符。getLabel 函数其实就是动态的 label 参数。

假设对 getLabel 函数赋值为“ABC”，那么 getLabel 函数对应的回调过程外壳如下：

```
Sub ABC(control As IRibbonControl, ByRef returnedVal)
End Sub
```

参数 control 代表当前组件，参数 returnedVal 代表传递给 getLabel 函数的值。

所有具有 label 参数的组件都支持 getLabel 函数。

5. getVisible

getVisible 函数表示从 VBA 代码中取值，并根据该值决定组件是否可见。getVisible 函数其实就是动态的 visible 参数。

假设对 getVisible 函数赋值为“ABC”，那么 getVisible 函数对应的回调过程外壳如下：

```
Sub ABC(control As IRibbonControl, ByRef returnedVal)
End Sub
```

参数 control 代表当前组件，参数 returnedVal 代表传递给 getVisible 函数的值。

所有具有 visible 参数的组件都支持 getVisible 函数。

18.3.3 创建在每月的 1 日到 3 日才能使用的按钮

案例要求：在“开始”选项卡创建一个名为“汇总上月资料”的按钮，在每月的 1 日到 3 日打开工作簿时该按钮呈可用状态，其他时间打开工作簿时呈禁用状态。

知识要点：getEnabled

操作步骤：

STEP 01 新建一个空白工作簿，然后保存为 xlsm 格式的文件。

STEP 02 打开 Custom UI Editor 软件，并从软件中打开刚才所保存的工作簿。

STEP 03 在菜单栏执行“Insert”→“Office 2010 Custom UI Part”命令，从而插入一个 customUI14.xml 文件，然后在代码窗口中输入以下代码，用于在“开始”选项卡创建新组及命令按钮：

```
<customUI xmlns="http://schemas.microsoft.com/office/2009/07/customui">
  <ribbon startFromScratch="false">
    <tabs>
    <tab idMso="TabHome">
       <group id="Group1" visible="true" label="汇总">
          <button id="button1" label="汇总上月资料" visible="true" getEnabled ="ABC" imageMso="ControlLayoutStacked" size="large" onAction="Qather" />
       </group>
     </tab>
    </tabs>
  </ribbon>
</customUI>
```

STEP 04 单击“Generate Callbacks”按钮，产生 getEnabled 与 onAction 两个回调函数所对应的过程外壳，将其复制，然后保存并关闭 Custom UI Editor 软件。

STEP 05 使用 Excel 打开前面创建的工作簿文件，按<Alt+F11>组合键打开 VBE 窗口。

STEP 06 在菜单栏执行“插入”→“模块”命令，将刚才所复制的两段代码粘贴到模块中。

STEP 07 对名为 ABC 的过程添加赋值语句，最终代码如下（过程 Qather 的代码从略，本例主要展示回调函数 getEnabled 的应用思路）：

```
Sub ABC(control As IRibbonControl, ByRef returnedVal)
   If Day(Date) >= 1 And Day(Date) <= 3 Then  '如果打开文件的日期大于或等于 1 而且小于或等于 3
       returnedVal = True                     '将变量赋值为 True
   Else                                       '否则
       returnedVal = False                    '将变量赋值为 False
   End If
End Sub
```

STEP 08 保存工作簿并重启，如果当前日期不属于 1 日、2 日或者 3 日，那么命令按钮将呈禁用状态，如图 18-33 所示。

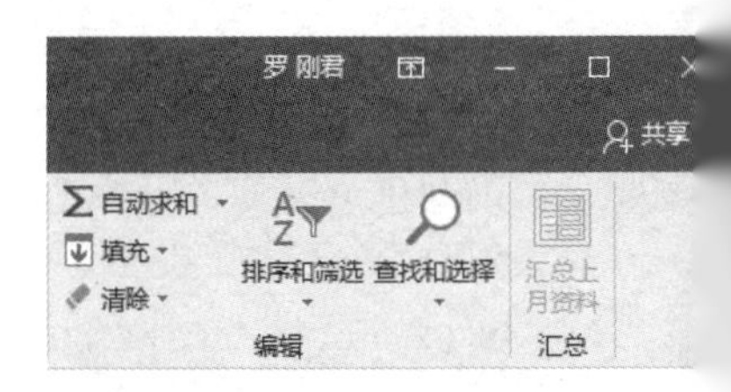

图 18-33 禁用状态的命令按钮

案例补充：

（1）在“ABC”过程中，首先利用代码“Day(Date)”计算打开工作簿的日期，如果处于 1 日到 3 日，那么对 returnedVal 变量赋值为“True”，否则赋值为“False”，此值将传递给 getEnabled 函数，getEnabled 函数再根据此值决定命令按钮的可用状态。

（2）在定制功能区的代码中对 enabled 参数赋值时采用"false"或者"true"，它是一个所有字符都小写的文本字符串，但是回调过程对 getEnabled 函数赋值时需要采用逻辑值 False 或者 True，不能添加双引号，也不区分大小写。

随书提供案例文件：18-16 1 到 3 号能使用的命令按钮.xlsm

18.3.4 创建按下与弹起时自动切换图标的按钮

案例要求：在“视图”选项卡中创建一个“显示零值”的命令按钮，按钮被按下时可显示零值，按钮的图标显示为“√”；按钮弹起时隐藏零值，图标显示为“×”。

知识要点：getImage、onLoad

操作步骤：

STEP 01 新建一个空白工作簿，然后保存为 xlsm 格式的文件。

STEP 02 打开 Custom UI Editor 软件，并从软件中打开刚才所保存的工作簿。

STEP 03 在菜单栏执行“Insert”→“Office 2010 Custom UI Part”命令，从而插入一个 customUI14.xml 文件，然后在代码窗口中输入以下代码，用于在“视图”选项卡创建新组及切换按钮：

```
<customUI xmlns="http://schemas.microsoft.com/office/2009/07/customui" onLoad= "Intialize">
 <ribbon startFromScratch="false">
  <tabs>
   <tab idMso="TabView">
    <group id="Group1"  label="零值控制"  insertAfterMso="GroupViewShowHide">
      <toggleButton  id="toggleButton1"  label=" 显 示 零 值 "  visible="true"  enabled="true" onAction="zero" getImage="getImage" size="large" screentip="零值切换" supertip="按下时显示零值，弹起时不显示零值" keytip="L"/>
    </group>
   </tab>
  </tabs>
 </ribbon>
</customUI>
```

要注意第一句代码的末尾加了“onLoad="Intialize"”，表示调用此代码时先执行名为“Intialize”的 Sub 过程。

另外，在“<tab>”语句使用了“idMso="TabView"”，表示当前对象是“视图”选项卡。

对切换按钮 toggleButton 指定图标时使用了“getImage="getImage"”，表示按钮的图标通过名为“getImage”的 Sub 过程来指定。

STEP 04 单击“Generate Callbacks”按钮产生 Intialize、zero 与 getImage 三个回调过程所对应的过程外壳，将它们复制出来，然后保存并关闭 Custom UI Editor 软件。

STEP 05 用 Excel 打开前面创建的工作簿文件，按<Alt+F11>组合键打开 VBE 窗口。

STEP 06 在菜单栏执行“插入”→“模块”命令，将刚才所复制的三段代码粘贴到模块中。

STEP 07 对三个过程添加代码，使其能正常工作，最终代码如下：

```
Dim bl As Boolean
Dim rib As IRibbonUI
Sub Intialize(ribbon As IRibbonUI)'随书案例文件中有每一句代码的含义注释
   Set rib = ribbon
End Sub
```

以上过程将在启动工作簿时执行，作用是将功能区对象 ribbon 赋予变量 rib，即载入缓存中，供其他代码随时调用。

```
'随书案例文件中有每一句代码的含义注释
Sub zero(control As IRibbonControl, pressed As Boolean)
     ActiveWindow.DisplayZeros = pressed
     bl = pressed
  rib.Invalidate
End Sub
```

此过程对应于切换按钮的 onAction 参数，即单击切换按钮时可执行此过程。过程中的 pressed 参数代表按钮的状态，单击按钮时 VBA 会将按钮的状态传递给变量 pressed，而过程中的代码又将此变量的值传递给公共变量 bl，从而使后面的过程“getImage”可以接收此变量的值，然后根据变量的值决定为按钮指定何种图标。公共变量 bl 的作用是作为过程“zero”与“getImage”的中转站，没有这个公共变量过程“getImage”就无法识别切换按钮的当前状态，从而也无法正确地对切换按钮的图标属性赋值。

```
'随书案例文件中有每一句代码的含义注释
Sub getImage(control As IRibbonControl, ByRef returnedVal)
    If bl = False Then
       returnedVal = "DeclineInvitation"
    Else
       returnedVal = "AcceptInvitation"
    End If
    End Sub
```

此过程表示接收到公共变量 bl 的值后，根据变量的值决定参数 returnedVal 的值。而 returnedVal 参数的值会传递给切换按钮，从而决定切换按钮的图标。

STEP 08 保存并重启工作簿，然后进入“视图”选项卡，单击“显示零值”按钮，按钮将呈按下状态，同时按钮的图标显示为“√”，如图 18-34 所示。再次单击该按钮时，工作表中的所有零值都会被隐藏起来，同时按钮的图标更新为“×”，如图 18-35 所示。

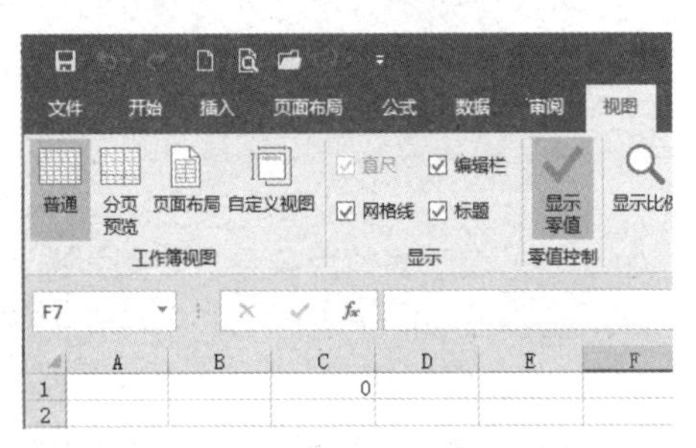

图 18-34　单击“显示零值”按钮时显示的图标

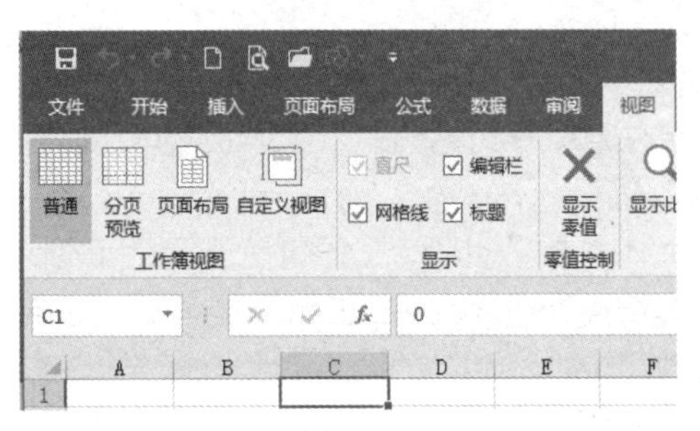

图 18-35　再次单击“显示零值”按钮时显示的图标

案例补充：

（1）当单击切换按钮时，切换按钮的状态会传递给“zero”过程的 pressed 参数，但是不会传递给“getImage”过程，所以需要使用一个公共变量 bl 来做中转站，在过程“zero”中赋值，再在过程“getImage”中接收值。

（2）过程“Intialize”的作用是将功能区 IRibbonUI 赋予变量 rib，从而载入缓存供“rib.Invalidate”语句调用，没有过程“Intialize”就不能更新功能区，过程“getImage”中的 returnedVal 的值就不能传递给切换按钮了。

（3）本例重点在于根据按钮的状态修改按钮的图标，VBA 中的 Sub 过程并不完善。例如，当打开工作簿时，不管工作表中是否显示零值，按钮都默认为弹起状态，图标为“×”。也就是说，切换按钮的图标与状态并没有与零值的状态同步，只有按下按钮后才同步。请你思考应该如何修改代码。

随书提供案例文件：18-17 创建按下与弹起时自动切换图标的按钮.xlsm

18.3.5 创建一个能显示图形对象数量的标签

案例要求：当工作表中存在大量图形对象时，开启或者编辑工作簿都会变慢。而且工作表中有时可能存在隐藏的图形对象，无法了解工作表中真实的图形对象数量。现要求在“开始”选项卡中创建一个标签，显示活动工作表的图形对象数量，包括隐藏的图形对象。

知识要点：getLabel、onLoad

操作步骤：

STEP 01 新建一个空白工作簿，然后保存为 xlsm 格式的文件。

STEP 02 打开 Custom UI Editor 软件，并从软件中打开刚才所保存的工作簿。

STEP 03 在菜单栏执行“Insert”→“Office 2010 Custom UI Part”命令，从而插入一个 customUI14.xml 文件，然后在代码窗口中输入以下代码，用于在“开始”选项卡创建新组及标签控件。

```
<customUI xmlns="http://schemas.microsoft.com/office/2006/01/customui" onLoad= "Intialize">
 <ribbon startFromScratch="false">
  <tabs>
   <tab idMso="TabHome">
    <group id="Group1"   label="图形对象数量">
        <labelControl id="Label1" getLabel="getLabel"/>
    </group>
   </tab>
  </tabs>
 </ribbon>
</customUI>
```

以上代码中使用了回调函数 getLabel，表示通过 VBA 后期赋值。

STEP 04 单击“Generate Callbacks”按钮，生成 Intialize 与 getLabel 两个回调过程所对应的过程外壳，将它复制出来，然后保存并关闭 Custom UI Editor 软件。

STEP 05 用 Excel 打开前面创建的工作簿文件，按<Alt+F11>组合键打开 VBE 窗口。

STEP 06 在菜单栏执行“插入”→“模块”命令，将刚才所复制的两段代码粘贴到模块中。

STEP 07 对两个过程添加代码，使其能正常工作，最终代码如下：

```
Public rib As IRibbonUI
Sub Intialize(ribbon As IRibbonUI) '随书案例文件中有每一句代码的含义注释
   Set rib = ribbon
End Sub
Sub getLabel(control As IRibbonControl, ByRef returnedVal)
returnedVal = ActiveSheet.Shapes.Count
End Sub
```

STEP 08 双击 Thisworkbook 对象，进入工作簿事件代码窗口，然后输入以下代码：

```
'①代码存放位置：ThisWorkbook。②随书案例文件中有每一句代码的含义注释
```

```
Private Sub Workbook_SheetActivate(ByVal Sh As Object)
   On Error Resume Next
   rib.Invalidate
End Sub
```

以上过程表示切换工作表时更新标签中显示的值。

STEP 09 保存并重启工作簿，在“开始”选项卡中新建的标签将显示活动工作表中的图形对象数量，如图 18-35 所示。当激活其他工作表时，该标签的显示数值会自动更新。

图 18–35 显示图形对象数量

案例补充：

（1）回调函数 getLabel 可用于所有支持 label 参数的功能区组件，用于替换 label 参数，从而实现 VBA 代码控制组件所显示的文字。本例中通过 Sub 过程“getLabel”获取活动工作表中的图形对象数量，并将值传递给参数 returnedVal，回调函数 getLabel 再将此值传递给标签。

（2）由于需要实时显示不同工作表中的图形对象，所以需要配合工作簿事件 SheetActivate 更新标签的值，从而确保切换工作表后标签的显示文字准确无误。

随书提供案例文件：18-18 创建一个能显示图形对象数量的标签.xlsm

18.3.6 在功能区中快速查找

案例要求：在“开始”选项卡中创建一个下拉列表和一个编辑框，下拉列表决定查找方式，编辑框决定查找内容，两者结合实现快速定位目标单元格。

知识要点：onChange

操作步骤：

STEP 01 新建一个空白工作簿，然后保存为 xlsm 格式的文件。

STEP 02 打开 Custom UI Editor 软件，并从软件中打开刚才所保存的工作簿。

STEP 03 在菜单栏执行“Insert”→“Office 2010 Custom UI Part”命令，从而插入一个 customUI14.xml 文件，然后在代码窗口中输入以下代码，用于在“开始”选项卡创建新组及下拉列表、编辑框。

```
<customUI xmlns="http://schemas.microsoft.com/office/2006/01/customui">
  <ribbon startFromScratch="false">
  <tabs>
    <tab idMso="TabHome">
     <group id="group1" label="快速查找" insertBeforeMso="GroupFont">
        <dropDown id="Style" showLabel="true" label="匹配方式" onAction="dropDownChange" >
         <item id="xlWhole" label="xlWhole" imageMso="WatchWindow" />
         <item id="xlPart" label="xlPart" imageMso="ZoomPrintPreviewExcel" />
       </dropDown>
       <editBox id="FindTxt" label="查找内容" imageMso="ZoomPrintPreviewExcel" sizeString="999999999999" maxLength="30" visible="true" showLabel="true" onChange="editBoxChange" keytip="R" />
     </group>
     </tab>
    </tabs>
  </ribbon>
```

```
</customUI>
```

STEP 04 单击“Generate Callbacks”按钮，生成 dropDownChange 与 editBoxChange 两个回调过程所对应的过程外壳，将它复制，然后保存并关闭 Custom UI Editor 软件。

STEP 05 用 Excel 打开前面创建的工作簿文件，按<Alt+F11>组合键打开 VBE 窗口。

STEP 06 在菜单栏执行“插入”→“模块”命令，将刚才所复制的两段代码粘贴到模块中。

STEP 07 对两个过程添加代码，使其能正常工作，最终代码如下：

```
'随书案例文件中有每一句代码的含义注释
Public Str As String
Sub dropDownChange(control As IRibbonControl, id As String, index As Integer)
    Str = id
End Sub
Sub editBoxChange(control As IRibbonControl, text As String)
    If Len(text) = 0 Then Exit Sub
    If Str = "" Then MsgBox "请设置 lookat 参数": Exit Sub
    Dim FirstCell As Range, Rng As Range
    With Cells
        Set FirstCell = .Find(text, LookIn:=xlValues, lookat:=IIf(Str = "xlWhole", xlWhole, xlPart))
        If Not FirstCell Is Nothing Then
            firstAddress = FirstCell.Address
            Do
                If Rng Is Nothing Then Set Rng = FirstCell Else Set Rng =Union(Rng, FirstCell)
                Set FirstCell = .FindNext(FirstCell)
            Loop While FirstCell.Address <> firstAddress
        End If
    End With
    If Not Rng Is Nothing Then
        Rng.Select
    Else
        MsgBox "Sorry,未找到 “" & text & "” "
    End If
End Sub
```

在以上代码中先声明了一个公共变量 Str，它作为两个 Sub 过程的中转站传递下拉列表组件的值给编辑框，编辑框接收到值后根据该值决定搜索方式。至于搜索的内容，则由编辑框的 text 参数决定。

STEP 08 保存并重启工作簿，在“开始”选项卡中将看到如图 18-37 所示的组件外观。

STEP 09 在编辑框中输入字母 T 并按<Enter>键，此时 Excel 将弹出如图 18-38 所示的信息示框，表示未设置查找方式。

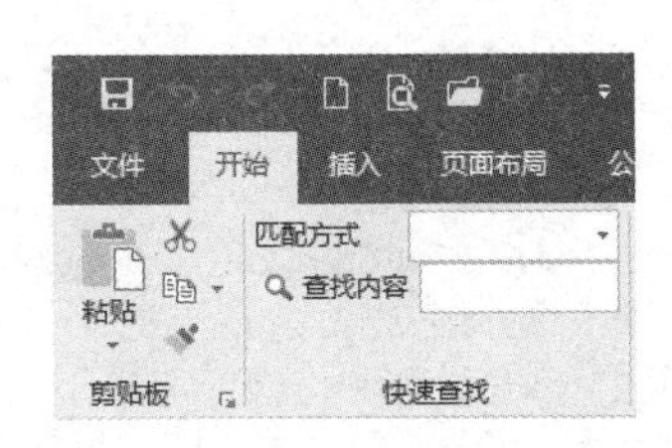

图 18-37　组件外观

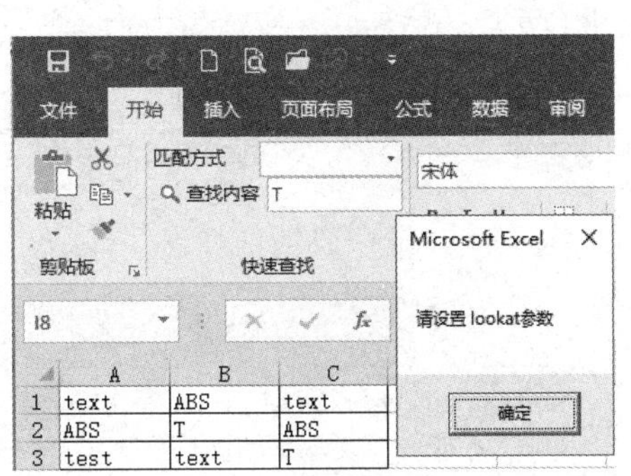

图 18-38　未设置查找方式

STEP 10 按模糊匹配方式查找 te，将匹配方式设置为 xlPart，然后在编辑框中输入字符“te”并按<Enter>键，程序会瞬间定位所有包括“te”的单元格，如图 18-39 所示。

STEP 11 将匹配方式设置为 xlWhole，并在编辑框中输入字符“tex”，然后按<Enter>键，程序会弹出图 18-40 所示的提示框，表示按精确匹配方式查找 tex 时未找到目标。

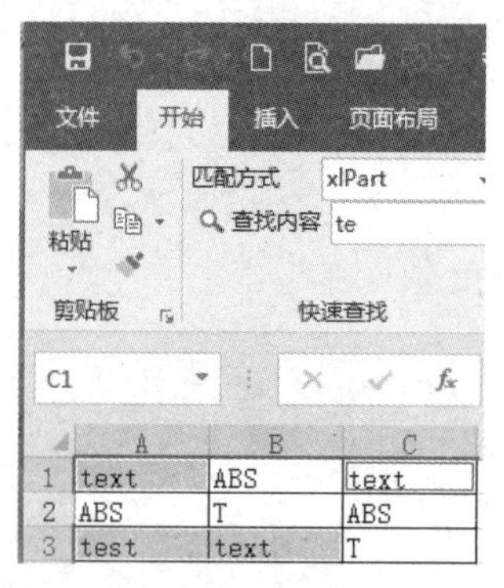

图 18-39　按模糊匹配方式查找 te

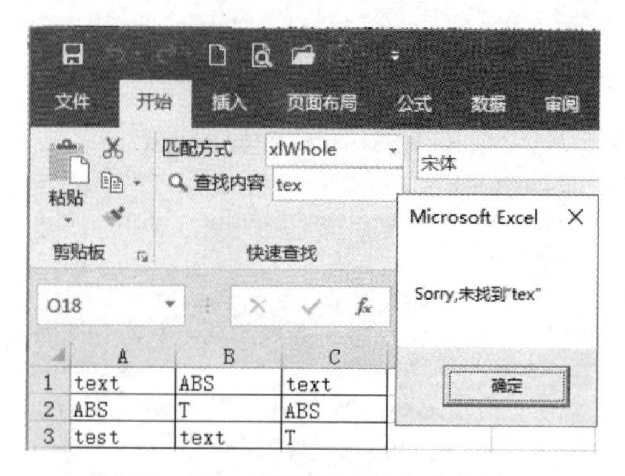

图 18-40　按精确匹配方式查找 tex

案例补充：

（1）本例中执行查找任务时需要使用下拉列表的值和编辑框的值，由于编辑框无法获得下拉列表的值，所以先声明一个公共变量，在下拉列表中的“dropDownChange”过程中将值传递给变量，然后在编辑框中读取该变量的值。

（2）下拉列表的两个项目使用了 xlWhole 和 xlPart，也可以修改为汉字，例如“精确匹配”和“糊模匹配”，修改功能区代码后 Sub 过程也需要同步修改。

随书提供案例文件：18-19 通过编辑框执行精确查找.xlsm

18.3.7　在组的标签处显示问候语

案例要求：修改前一案例的功能区代码，使“快速查找”组的文字（label 属性）显示为“你好”及当前日期。

知识要点：getLabel

操作步骤：

STEP 01 新建一个空白工作簿，然后保存为 xlsm 格式的文件。

STEP 02 打开 Custom UI Editor 软件，并从软件中打开刚才所保存的工作簿。

STEP 03 在菜单栏执行“Insert”→“Office 2010 Custom UI Part”命令，从而插入一个 customUI14.xml 文件，然后在代码窗口中输入以下代码，用于在“开始”选项卡创建新组及命令按钮：

```
<customUI xmlns="http://schemas.microsoft.com/office/2009/07/customui">
  <ribbon startFromScratch="false">
  <tabs>
    <tab idMso="TabHome">
     <group id="group1" getLabel="getLabel" insertBeforeMso="GroupFont">
        <dropDown id="Style" showLabel="true" label="匹配方式" onAction="dropDown Change" >
         <item id="xlWhole" label="xlWhole" imageMso="WatchWindow" />
         <item id="xlPart" label="xlPart" imageMso="ZoomPrintPreviewExcel" />
       </dropDown>
```

```
        <editBox id="FindTxt" label=" 查 找 内 容 " imageMso="ZoomPrintPreviewExcel" sizeString="999999999999" maxLength="30" visible="true" showLabel="true" onChange="editBoxChange" keytip="R" />
      </group>
      </tab>
    </tabs>
  </ribbon>
</customUI>
```

代码中组 group 使用了回调函数 getLabel，表示通过 VBA 代码后期指定组的文字。

STEP 04 单击“Generate Callbacks”按钮，生成 getLabel、dropDownChange 和 editBox Change 三个回调过程所对应的过程外壳，将 getLabel 的回调过程复制，然后保存并关闭 Custom UI Editor 软件。

STEP 05 用 Excel 打开前面创建的工作簿文件，按<Alt+F11>组合键打开 VBE 窗口。

STEP 06 在菜单栏执行“插入”→“模块”命令，然后将刚才所复制的代码粘贴到模块中。

STEP 07 对过程添加代码，使其能正常工作，最终代码如下：

```
'随书案例文件中有每一句代码的含义注释
Sub getLabel(control As IRibbonControl, ByRef returnedVal)
  returnedVal = "您好  " & Format(Date, "yyyy-mm-dd AAAA")
End Sub
```

STEP 08 保存并重启工作簿，在“开始”选项卡中的新组将显示包含日期、星期的问候语，如图 18-41 所示。

案例补充：

（1）本例是回调函数 getLabel 的又一应用，借助回调函数使功能区中自定义的控件更人性化，满足更多需求。

（2）本例只要求显示日期，所以过程较简单，不需要更新内容。如果要求时、分、秒，并且每秒钟变化，那么除了修改 Format 函数的第二参数，还要使用 Application.OnTime 方法创建计划任务。

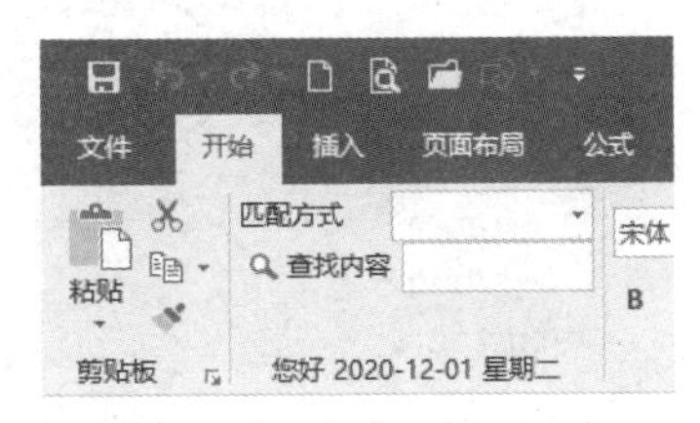

图 18-41　问候语

随书提供案例文件：18-20 在组的标签处显示问候语.xlsm

18.3.8 调用大图片创建下拉菜单

图片库是功能区独有的新功能，它可以实现实时预览，大大提升工作效率，专用名词称之为 gallery。

gallery 也是功能区的基本组件之一，不过由于它的应用比较复杂，必须配合回调函数才能使用，所以放在本章末尾介绍。

gallery 的语法如下：

```
<gallery id="AA" label="BB" size="CC" showLabel="DD" image="EE" columns="FF" rows="GG" itemHeight="HH" itemWidth="II" supertip="JJ" getItemCount="KK" getItemID="LL" getItemImage="MM" getItemSupertip="NN" getItemLabel="OO" onAction="PP"/>
```

库的参数有近 20 个，相对于其他组件要复杂得多，不过大多是可选参数，实际使用时不需要每个参数都赋值。

参数中的 showLabel 用于控制是否显示标签，有 true 和 false 两个选项；columns 和 rows

分别代表库的显示方式，表示由几行、几列组成；itemHeight 和 itemWidth 参数分别代表子项目的显示高度和宽度；getItemCount、getItemID、getItemImage、getItemSupertip 和 getItemLabel 分别用于指定子项目的数量、id、图标、提示和标签。

接下来通过案例展示 gallery 的制作过程。

案例要求：在“开始”选项卡中添加一个库 gallery，库的子菜单包含“合并居中”和“取消合并”，分别采用两张大照片作图标，实现从菜单图标预览菜单功能。

知识要点：gallery、getItemCount、getItemID、getItemImage、getItemSupertip、getItemLabel

操作步骤：

STEP 01 新建一个空白工作簿，然后保存为 xlsm 格式的文件。

STEP 02 打开 Custom UI Editor 软件，并从软件中打开刚才所保存的工作簿。

STEP 03 在菜单栏执行“Insert”→“Office 2010 Custom UI Part”命令，从而插入一个 customUI14.xml 文件，然后在代码窗口中输入以下代码，用于在“开始”选项卡创建新组及库：

```
<customUI xmlns="http://schemas.microsoft.com/office/2009/07/customui">
 <ribbon>
  <tabs>
   <tab idMso="TabHome">
    <group id="group1" label="合并单元格" insertAfterMso="GroupClipboard">
      <gallery id="gallery1" label="合并单元格" size="large" showLabel="true"
imageMso="TableStyleClear"    columns="1" rows="2" itemHeight="157" itemWidth="142" supertip="合并单元格且保留所有数据" getItemCount="getItemCount" getItemID="getItemID"
getItemImage="getItemImage" getItemSupertip="getItemSupertip" getItemLabel="getItemLabel"
onAction="Action"/>
    </group>
   </tab>
  </tabs>
 </ribbon>
</customUI>
```

以上代码可在“开始”选项卡中创建一个新组，组中包含一个图片库 gallery，库的行数为 2，列数为 1，每行的高度为 157，宽度为 142。

其中，最重要的是使用了 getItemCount、getItemID、getItemImage、getItemSupertip、getItemLabel 五个回调函数，可以后期指定图片的路径、ID、数量提示和显示字符等属性。

STEP 04 单击“Generate Callbacks”按钮，生成 getItemCount、getItemImage、getItemLabel 和 Action 四个回调过程所对应的过程外壳。事实上应该有六个才对，还包括 getItemSupertip 和 getItemID，由于未知原因并未一并罗列出来，笔者在此将其补充完整：

```
'Callback for gallery1 getItemCount
Sub getItemCount(control As IRibbonControl, ByRef returnedVal)
End Sub
'Callback for gallery1 getItemImage
Sub getItemImage(control As IRibbonControl, index As Integer, ByRef returnedVal)
End Sub
'Callback for gallery1 getItemLabel
Sub getItemLabel(control As IRibbonControl, index As Integer, ByRef returnedVal)
End Sub
'Callback for gallery1 onAction
Sub Action(control As IRibbonControl, id As String, index As Integer)
End Sub
'Callback for gallery1 getItemID
```

```
Sub getItemID(control As IRibbonControl, index As Integer, ByRef id)
End Sub
'Callback for gallery1 getItemSupertip
Sub getItemSupertip(control As IRibbonControl, index As Integer, ByRef supertip)
End Sub
```

保存并关闭 Custom UI Editor 软件。

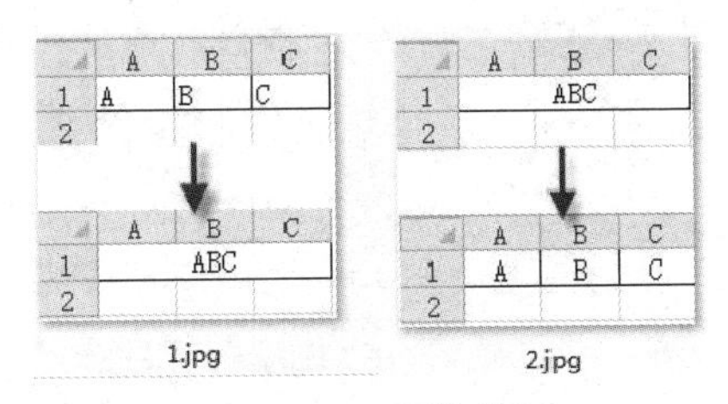

图 18-42 预览效果

STEP 05 准备两张图片，分别作为“合并居中”与“取消合并”两个功能按钮的图标，从而使用户可以在执行代码之前预览效果，如图 18-42 所示。

尽量将两张图片的宽度调整为 142，高度调整为 157，与代码中指定的高度与宽度一致，然后将图片存放在与当前工作簿相同的路径中。

STEP 06 用 Excel 打开前面创建的工作簿文件，按<Alt+F11>组合键打开 VBE 窗口。

STEP 07 在菜单栏执行“插入”→“模块”命令，将上述 6 段代码复制到模块中。

STEP 08 对 6 个过程添加代码，使其能正常工作，最终代码如下：

```
'随书案例文件中有每一句代码的含义注释
Sub getItemImage(control As IRibbonControl, Index As Integer, ByRef returnedVal)
    Set returnedVal = LoadPicture(ThisWorkbook.Path & "\" & Index + 1 & ".jpg")
End Sub
Sub getItemCount(control As IRibbonControl, ByRef returnedVal)
    returnedVal = 2
End Sub
Sub getItemID(control As IRibbonControl, Index As Integer, ByRef Id)
    Id = Index + 1
End Sub
Sub getItemSupertip(control As IRibbonControl, Index As Integer, ByRef supertip)
    supertip = Array("将数组合并居中，但是保留所有合并前的数据", "取消合并居中，还原合并前的
状态，不丢失数据")(Index)
End Sub
Sub getItemLabel(control As IRibbonControl, Index As Integer, ByRef returnedVal)
    returnedVal = Array("合并居中", "取消合并")(Index)
End Sub
Sub Action(control As IRibbonControl, Id As String, Index As Integer)
Call 合并居中(Index)
End Sub
```

事实上，过程“Action”调用了另一个名为“合并居中”的过程，从而完成合并与取消两个功能。本例重点展示库的应用，而且由于过程“合并居中”的代码较长，请你从随书案例文件中获取该过程源代码。

STEP 09 保存并重启工作簿，在“开始”选项卡中将看到创建的新组，组中包含一个名为“合并单元格”的库 gallery。选择“合并单元格”命令，将弹出库的两个子项目，分别为“合并居中”和“取消合并”。从功能上讲，库 gallery 与弹出式菜单 menu 极为相似，不过库 gallery 更人性化，可以预览效果。可预览功能的图片库菜单如图 18-43 所示。

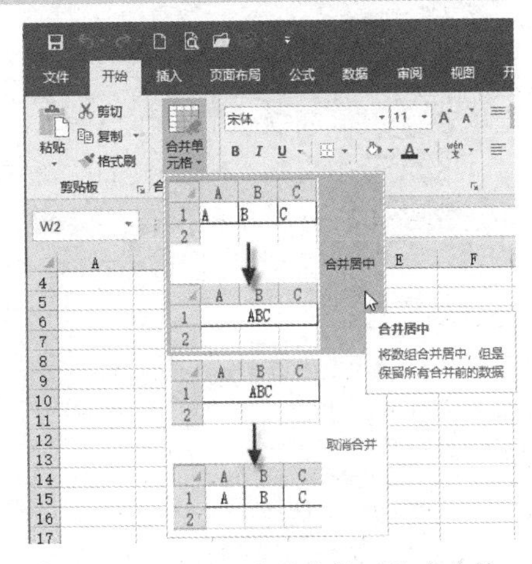

图 18-43 可预览功能的图片库菜单

STEP 10 假设 A1:C1 区域分别有“中国”“湖南”“长沙”三个字符串，选择 A1:C1 区域后在菜单栏执行“开始”→“合并单元格”→“合并居中”命令，程序将弹出如图 18-44 所示的“确定分隔符”对话框。

STEP 11 在“确定分隔符”对话框中可以随意定义分隔符，也可用默认的“-”作为分隔符。假设选择“-”作为分隔符，单击“确定”按钮后 A1:C1 区域将合并为如图 18-45 所示的效果。

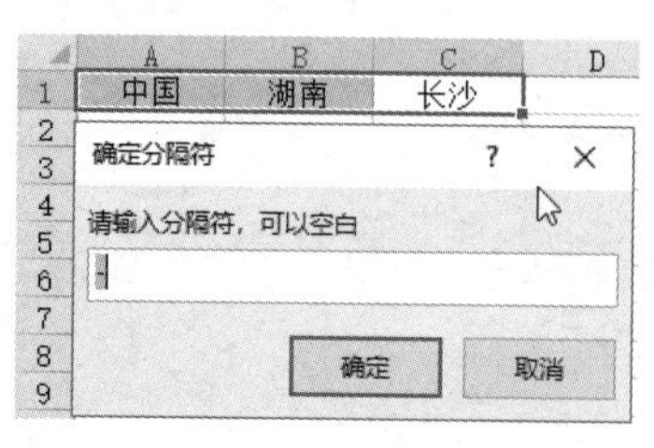

图 18-44 确定分隔符

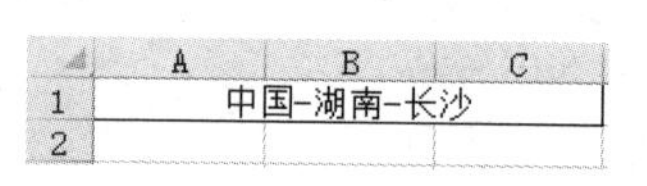

图 18-45 合并效果

STEP 12 选择合并后的 A1 单元格，在菜单栏执行“开始”→“合并单元格”→“取消合并”命令，在弹出的“确定分隔符”对话框中保持默认的“-”作为分隔符，然后单击“确定”按钮，合并后的 A1:C1 区域会转换为合并前的状态，即 A1、B1 和 C1 三个单元格分别存放“中国”“湖南”“长沙”三个字符串。

案例补充：

（1）库是 Excel 2007 开始应用在功能区中的一项新的技术，通过它可以实现需要执行的功能的效果预览，让用户执行过程之前就能看到最终效果，从一定程度上实现了菜单的智能化。

（2）如果修改代码，还可以实现让库显示多行多列，并且任意调整每行每列的显示高度与宽度，也可以随意指定图片的路径。

（3）将硬盘中的图片绑定到库时，不能直接将路径赋值给参数，而是需要使用 LoadPicture 将图片路径转换成图片对象，否则库无法识别。

随书提供案例文件：18-21 创建图片库.xlsm

18.3.9 通过复选框控制错误标识的显示状态

案例要求：在“视图”选项卡中创建一个名为“隐藏错误标识”的复选框，当对复选框进行勾选时，隐藏工作表中所有错误标识；如果取消勾选，则显示所有错误标识。

知识要点：onChange

操作步骤：

STEP 01 新建一个空白工作簿，然后保存为 xlsm 格式的文件。

STEP 02 打开 Custom UI Editor 软件，并从软件中打开刚才所保存的工作簿。

STEP 03 在菜单栏执行“Insert”→“Office 2010 Custom UI Part”命令，从而插入一个 customUI14.xml 文件，然后在代码窗口中输入以下代码，用于在“视图”选项卡创建新组及标签、复选框：

```
<customUI xmlns="http://schemas.microsoft.com/office/2009/07/customui">
 <ribbon startFromScratch="false">
  <tabs>
   <tab idMso="TabView">
    <group id="Group1" visible="true" label="视图工具" insertBeforeMso= "GroupViewShowHide">
      <labelControl id="label1" label="单击时切换"/>
```

```
        <checkBox id="check1" label=" 隐 藏 错 误 标 识 " visible="true" enabled="true"
onAction="ErrorConversion" screentip="错误值" supertip="切换错误标识的显示状态" keytip="C"/>
      </group>
    </tab>
  </tabs>
 </ribbon>
</customUI>
```

STEP 04 单击”Generate Callbacks”按钮，生成 ErrorConversion 回调过程所对应的过程外壳，将其复制，然后保存并关闭 Custom UI Editor 软件。

STEP 05 打开前面创建的工作簿文件，按<Alt+F11>组合键打开 VBE 窗口。

STEP 06 在菜单栏执行“插入”→“模块”命令，然后将刚才所复制的代码粘贴到模块中。

STEP 07 对过程添加代码，使其能正常工作，最终代码如下：

```
'随书案例文件中有每一句代码的含义注释
Sub ErrorConversion(control As IRibbonControl, pressed As Boolean)
  On Error Resume Next
  Dim Rng As Range, Cell As Range
  Set Rng = Cells.SpecialCells(xlCellTypeFormulas, 23)
  If Rng Is Nothing Then Exit Sub
  For Each Cell In Rng
    Cell.Errors.Item(1).Ignore = pressed
  Next
End Sub
```

以上代码表示遍历所有公式结果为错误值的单元格，并根据复选框的状态设置错误标识的状态，如果复选框为勾选状态，那么隐藏活动工作表中所有错误标识。

STEP 08 保存并重启工作簿，在“视图”选项卡中将看到如图 18-46 所示的复选框外观。

STEP 09 在任意单元格输入公式“=0/0”，由于公式使用 0 作除数，所以公式的计算结果为错误值，在单元格的左上角将出现绿色小三角标识。

STEP 10 依次单击“视图”→“隐藏错误标识”复选框，此时复选框将呈选中状态，单元格中的错误标识同时被隐藏起来，效果如图 18-47 所示。

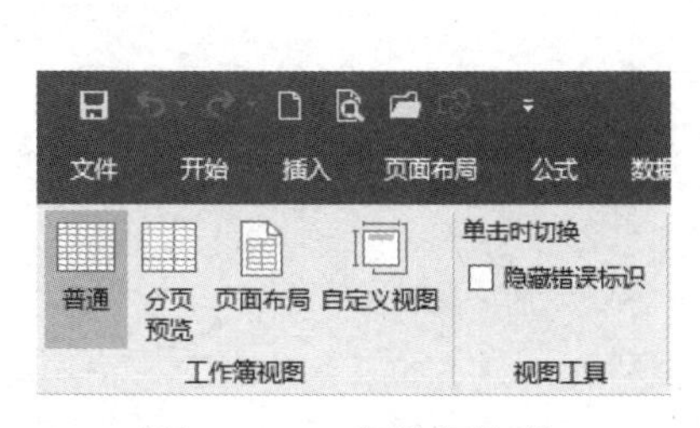

图 18-46　复选框外观

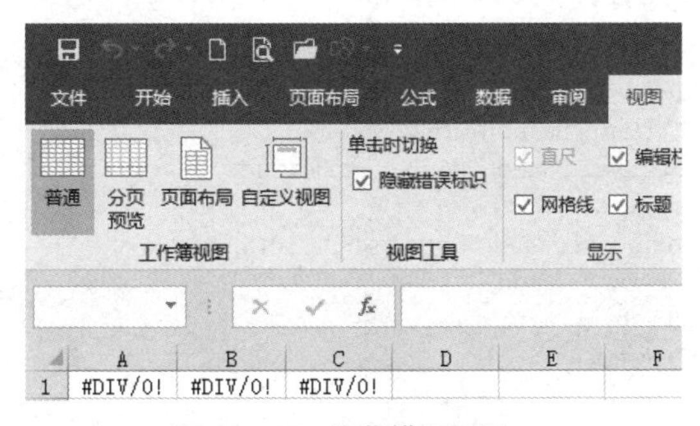

图 18-47　隐藏错误标识

案例补充：

（1）cell.Errors.Item(1)代表单元格第一项错误检查选项，Ignore 属性表示忽略，对此属性赋值为 True 可忽略错误标识，赋值为 False 可显示错误标识。而复选框的状态刚好也是 True 和 False，所以在 Sub 过程中直接将代表复选框状态的参数 pressed 赋值给 Ignore 属性。

（2）复选框与切换按钮各有所长，不过总体而言功能相近，你可以根据需求或者个人习惯选择使用何种组件。

 随书提供案例文件：18-22 通过复选框控制错误标识的显示状态.xlsm

18.3.10 在功能区创建工作表目录

案例要求：在“页面布局”选项卡中创建工作表目录。即把所有工作表名称罗列在下拉列表组件中，单击列表中的工作表名称时可以打开对应的工作表。

知识要点：getItemCount、getItemLabel

操作步骤：

STEP 01 新建一个空白工作簿，然后保存为 xlsm 格式的文件。

STEP 02 打开 Custom UI Editor 软件，并从软件中打开刚才所保存的工作簿。

STEP 03 在菜单栏执行“Insert”→“Office 2010 Custom UI Part”命令，从而插入一个 customUI14.xml 文件，然后在代码窗口中输入以下代码，用于在“页面设置”选项卡创建新组及下拉列表组件：

```
<customUI onLoad="ribbonLoaded" xmlns="http://schemas.microsoft.com/ office/2009/07/customui">
  <ribbon startFromScratch="false">
    <tabs>
      <tab idMso="TabPageLayoutExcel">
          <group id="List" label="工作表目录" insertBeforeMso="GroupPageSetup">
            <dropDown id="Sheets" label="单击切换" getItemCount="ItemCount" getItemLabel="ListItem"
onAction="Action" />
          </group>
      </tab>
    </tabs>
  </ribbon>
</customUI>
```

以上代码表示在“页面设置”选项卡中创建一个名为“工作表目录”的组，组中显示一个下拉框，下拉框的子项和子项数量由两个回调函数 getItemCount 和 getItemLabel 来决定。

STEP 04 保存代码，关闭 Custom UI Editor 软件。

STEP 05 双击打开工作簿，进入 VBE 窗口后插入一个模块，然后在模块中输入以下代码：

```
Dim rib As IRibbonUI, xlApplication As MyEvent
Sub auto_Open()'随书案例文件中有每一句代码的含义注释
  Set xlApplication = New MyEvent
  Set xlApplication.xlApp = Application
End Sub
Sub ribbonLoaded(ribbon As IRibbonUI)
  Set rib = ribbon
End Sub
Sub Refresh ()
  On Error Resume Next
  rib.Invalidate
End Sub
Sub ItemCount(control As IRibbonControl, ByRef returnedVal)
  returnedVal = Worksheets.Count
End Sub
Sub ListItem(control As IRibbonControl, index As Integer, ByRef returnedVal)
  returnedVal = Worksheets(index + 1).Name
End Sub
Sub Action(control As IRibbonControl, ID As String, index As Integer)
```

```
    On Error Resume Next
    Worksheets(index + 1).Select
End Sub
```

为了让目录随工作表增减而自动更新，需要创建一个类模块，从而通过应用程序级别的事件更新工作表目录。

STEP 06 在菜单栏执行“插入”→“类模块”命令，在属性对话框中将类模块重命名为“MyEvent”。

STEP 07 在类模块中输入以下代码：

```
'①代码存放位置：类模块中。②随书案例文件中有每一句代码的含义注释
Public WithEvents xlApp As Application
Private Sub xlApp_NewWorkbook(ByVal Wb As Workbook)
    Refresh
End Sub
Private Sub Workbook_SheetActivate(ByVal Sh As Object)
    Refresh
End Sub
Private Sub xlApp_SheetActivate(ByVal Sh As Object)
    Refresh
End Sub
Private Sub xlApp_WindowActivate(ByVal Wb As Workbook, ByVal Wn As Window)
    Refresh
End Sub
Private Sub xlApp_WorkbookNewChart(ByVal Wb As Workbook, ByVal Ch As Chart)
    Refresh
End Sub
```

STEP 08 保存并且关闭工作簿，然后重启工作簿，单击在“页面布局”选项卡中的下拉列表组件可以看到如图 18-48 所示的工作表目录。

STEP 09 按<Shift+F11>组合键新建一个工作表，然后单击工作表目录列表，可以发现该目录已经自动更新，将新工作表的名称也显示在下拉列表中，单击可以进入该工作表。

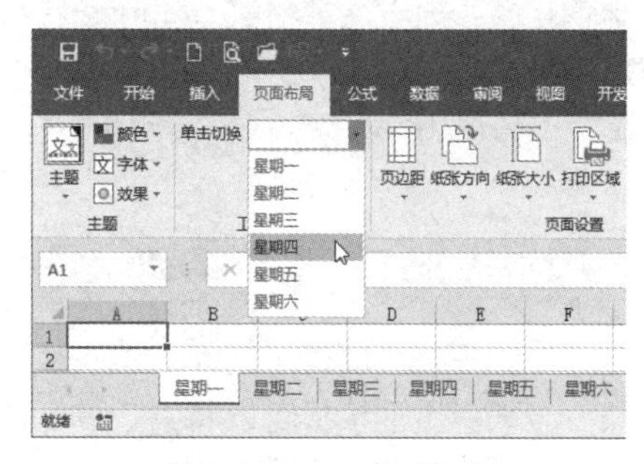

图 18-48　工作表目录

随书提供案例文件：18-23 工作表目录.xlsm

功能区的应用和工作表菜单一样，同样是调用一个 Sub 过程，重点在于 Sub 过程本身，菜单是次要的，所以你需要在 Sub 过程方面多下功夫。

18.4 使用模板

功能区的设计比传统的菜单与工具栏的设计更强大，同时也更复杂，在编写代码时会有不小的困难，所以最好的办法是设计一个或者多个模板来简化工作。

本节将详述模板的重要性和设计方法。

18.4.1 模板的重要性

模板就是预先做好的样本，可以重复使用，提供参考作用，简化工作量。

功能区设计是不可以录制的，所以对用户的要求较高，必须懂得各种控件的语法，而事实上大多数 VBA 用户并非专业程序员，没有精力也没有必要去记忆这么多的语法表。在此前提下，模板的存在就显得格外重要。

功能区模板是指预先做好的包含各种功能区组件的 xml 文件，后续设计功能区时直接调用此模板中的代码并稍加修改即可。

事实上，Custom UI Editor 软件就自带 5 个模板。

18.4.2 模板的使用方法

Custom UI Editor 软件自带 5 个模板，分别保存在以下路径：

64 位系统：

C:\Program Files (x86)\CustomUIEditor\Samples

32 位系统：

C:\Program Files\CustomUIEditor\Samples

你可以根据自己的实际情况打开文件路径，查看软件自带的模板。

在以上路径下的 5 个文件都是 xml 格式，用记事本打开即可看到其中的源代码。

模板文件默认采用 Excel 2010 的格式，即包含“<customUI>”的根元素中使用了“2009/07”，所以代码不能在 Excel 2007 中正常使用，你将其修改为“2006/01”即可通用。

当然，以上仅说明模板文件的保存路径，实际调用模板时依次单击菜单“Insert”→“Sample XML”下的文件名称即可，不用理会文件存放在何处。如图 18-49 所示为调用模板文件中的代码。

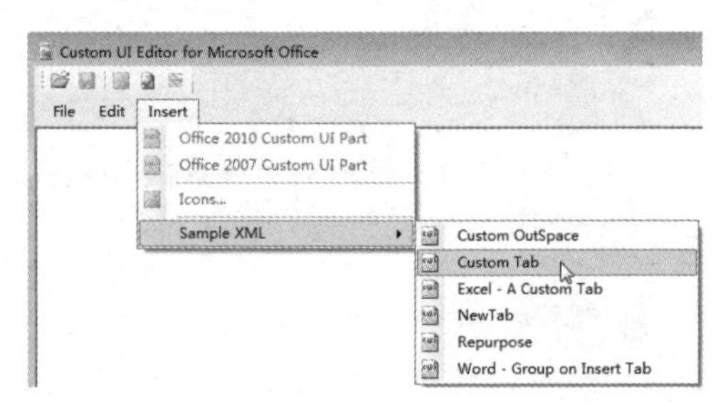

图 18–49　调用模板文件中的代码

18.5 制作两个模板

制作模板可以是全功能型的模板，也可以是有针对性的单一型模板。

全功能型的模板可以将常用的功能区组件都放进去，使用时调出此代码后删除不需要的部分即可。其优势是一个模板可解决绝大部分问题。

单一型模板是根据需求制作多个模板，每一个模板对应一种需求。例如，弹出式菜单类、复选框类、对话框启动器类、切换按钮类、图片库类……其优势是调用时速度快，特别是无法读懂代码的新手。

接下来展示制作两个模板的过程，从而加深你对模板的理解。

1. 全功能型模板

模板要求：模板需包含组、标签、命令按钮、切换按钮、弹出式菜单、复选框、对话框启动器、下拉列表和编辑框等常用组件。

操作步骤：

STEP 01 在 Windows 系统的开始菜单中打开“记事本”软件，创建一个空白的 txt 文件。

STEP 02 在文件中输入以下代码，代码用于创建含组、标签、命令按钮、切换按钮、弹出式菜单、复选框、对话框启动器、下拉列表和编辑框等常用组件：

```
<customUI xmlns="http://schemas.microsoft.com/office/2006/01/customui">
  <ribbon>
    <tabs>
      <tab id="新选项卡" label="新选项卡" insertAfterMso="TabHome">
        <group id="group1" label="One">
         <labelControl id="label1" label="标签"/>
         <button id="customButton1" label="命令按钮 1" screentip="提示" supertip ="详细提示" onAction="Macro1" imageMso="Club" />
         <toggleButton id="toggleButton1" label=" 切 换 按 钮 " visible="true" enabled="true" onAction="zero" imageMso="AnimationAudio" size="normal" screentip="零值切换" supertip="按下时显示零值，弹起时不显示零值" keytip="L"/>
         <separator id="分隔条 1" />
         <menu id="One" label="弹出式菜单" screentip="Excelbbx" supertip ="http://excelbbx.net" size="large" imageMso="AppointmentColorDialog" >
           <button id="customButton2" label="命令按钮 2" screentip="提示" supertip="详细提示" onAction="Macro3" imageMso="AccessListCustom" />
           <menuSeparator id="菜单分隔条" />
           <button id="customButton3" label="命令按钮 3" screentip="提示" supertip ="详细提示" onAction="Macro4" imageMso="AddressBook" />
         </menu>
         <labelControl id="label2" label="单击时切换"/>
           <checkBox id="checkBox1" label="复选框 1" onAction="Macro5"/>
           <checkBox id="checkBox2" label="复选框 2" onAction="Macro6"/>
           <separator id="分隔条 2" />
          <button id="customButton4" label="命令按钮 4" screentip="提示" supertip ="详细提示" onAction="Macro7" size="large" imageMso="AccessListEvents" />
         <dialogBoxLauncher><button id="dialogBox1" label="对话框启动器" screentip ="提示" supertip="详细提示" onAction="Macro8" /> </dialogBoxLauncher>
         </group>
        <group id="group2" label="Two" >
         <dropDown id="Style" showLabel="true" label="匹配方式" onAction= "dropDownChange" >
          <item id="xlWhole" label="xlWhole" imageMso="WatchWindow" />
          <item id="xlPart" label="xlPart" imageMso="ZoomPrintPreviewExcel" />
        </dropDown>
        <editBox id="FindTxt" label=" 查 找 内 容 " imageMso="ZoomPrintPreviewExcel" sizeString="999999999999" maxLength="30" visible="true" showLabel="true" onChange="editBoxChange" keytip="R" />
      </group>
      </tab>
    </tabs>
  </ribbon>
</customUI>
```

以上代码中分别采用“标签”“分隔条 1”“命令按钮 1”“命令按钮 2”等对组件的 label 参数赋值，从而便于识别当前代码所创建的组件的名称。

STEP 03 按<Ctrl+S>组合键保存文件，在“另存为”对话框中将文件名称设置为“多功能样本.xml”，同时从“编码”列表中选择“Unicode”，如图 18-50 所示。

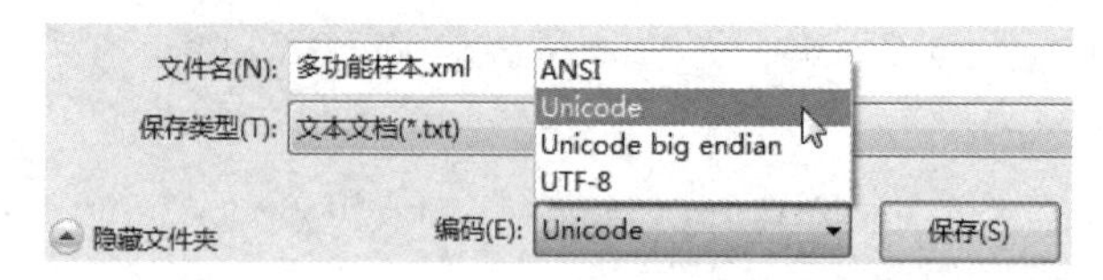

图 18-50　选择“Unicode”

STEP 04 选择保存文件的路径，64 位系统：C:\Program Files (x86)\CustomUIEditor\Samples 或 32 位系统：C:\Program Files\CustomUIEditor\Samples。然后单击“保存”按钮。

STEP 05 打开 Custom UI Editor 软件，在菜单”Insert”\”Sample XML”下将看到新的模板名称“多功能样本”，单击模板名称可以将代码插入到当前窗口中。

在实际使用时，可以在导入模板中的代码后根据需要删除多余的控件代码，并对剩下的代码稍做修改即可。如图 18-51 所示是本例模板文件的最终效果。

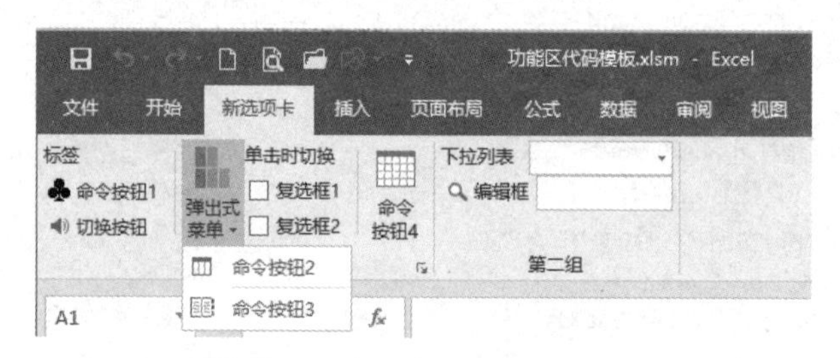

图 18-51　模板文件的最终效果

随书提供案例文件：第 18 章\多功能样本.xml

2. 单一型模板

模板要求：模板主要展示组的编写方式，例如，在“开始”选项卡中的组，包括“插入到中间”和“放在末端”的组，在新选项卡中的组和在“视图”选项卡中的组。通过此模板可以对以后创建组提供便利。

操作步骤：

STEP 01 在 Windows 系统的开始菜单中打开“记事本”软件，创建一个空白的 txt 文件。

STEP 02 在文件中输入以下代码，代码用于创建位于不同位置的四个组：

```
<customUI xmlns="http://schemas.microsoft.com/office/2006/01/customui">
 <ribbon startFromScratch="false">
  <tabs>
     <!-- 以下代码表示在开始选项卡中创建两个组，首尾各一个-->
    <tab idMso="TabHome" >
     <group id="Group1" label="第一组" insertBeforeMso="GroupFont">
     </group>
     <group id="Group2" label="第二组" >
     </group>
    </tab>
     <!-- 以下代码表示在新建选项卡中创建一个组-->
   <tab id="CustomTab" label="新选项卡" insertAfterMso="TabHome">
     <group id="Group3" label="第三组">
     </group>
   </tab>
     <!-- 以下代码表示在视图选项卡的最前面创建一个组-->
   <tab idMso="TabView" >
```

```
        <group id="Group4" label="第四组" insertBeforeMso= "GroupWorkbookViews">
        </group>
      </tab>
    </tabs>
  </ribbon>
</customUI>
```

代码中以“<!—”开头、“--> ”结尾的注释，执行代码时会自动跳过，不会产生语法问题。使用注释后更有利于提高后续的编写工作速度与代码维护水平。

STEP 03 按“Ctrl+S”组合键保存文件，在“另存为”对话框中将文件名称设置为“组模板.xml”，同时从“编码”列表中选择“Unicode”。

STEP 04 选择保存文件的路径为 Custom UI Editor 软件的模板目录 Samples，然后单击“保存”按钮。

STEP 05 打开 Custom UI Editor 软件，在菜单栏中执行“Insert”→“Sample XML”命令，将看到新的模板名称“组模板”，单击模板名称可以将代码插入到当前窗口中。

如图 18-52 至图 18-55 所示是以上模板文件的最终效果。

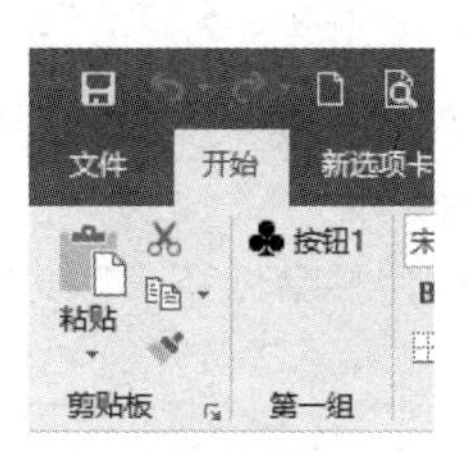

图 18–52　第一组

图 18–53　第二组

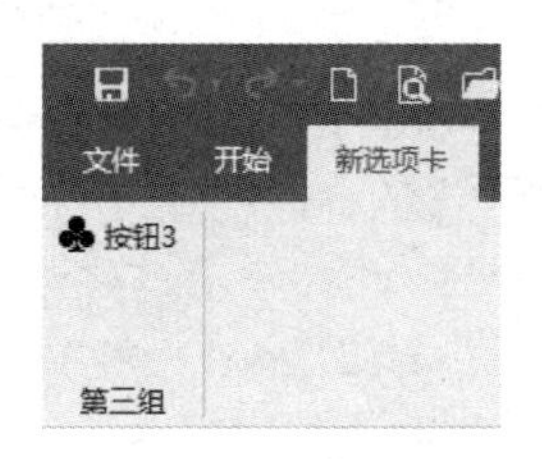

图 18–54　第三组

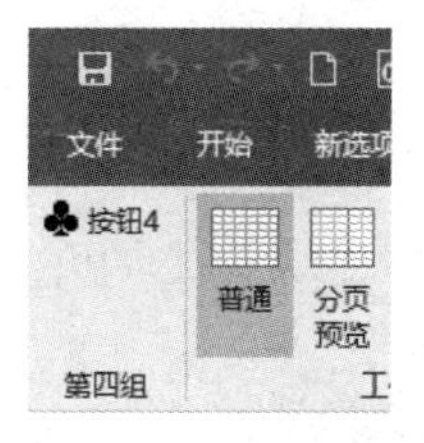

图 18–55　第四组

本例模板中的代码仅对组 group 提供样本，你可以借助此思路再分别对切换按钮、下拉列表等组件制作模板。

由于在 Excel 2009 中不能显示空白的组，因此在组模板中加上了命令按钮。

随书提供案例文件和演示视频：第 18 章\组模板.xml 和组模板应用.mp4

第 19 章 高阶应用 9：与 Word/PPT 协同办公

VBA 不仅可以操作表格，还可以和其他软件协同办公，包含 Word、PPT、AutoCAD、Outlook 等。下面介绍使用 Excel VBA 操作 Word 和 PPT 文件的基本思路，并列举 6 个案例，展示其中的思路与技巧。

19.1 操作 Word 和 PPT 文件的基本思路

使用 Excel VBA 操作 Word 和 PPT 文件，有基本的思路可循，只要掌握思路即可快速开发多软件协同工作的程序。不过核心的问题在于你需要同时掌握 Excel、Word 和 PPT 的对象、属性和方法。本书主要介绍 Excel VBA 知识，对于 Word 和 PPT 的 VBA 知识会顺带介绍一些，如果你想深入学习，还请阅读 PPT 和 Word 相关的书籍。

19.1.1 引用对象

要在 Excel 中操作 Word 或者 PPT 的对象，必须在 Excel VBA 中引用 Word 和 PPT 的对象。引用对象以后可以直接调用该对象中的所有下层对象、属性和方法。

以引用 Word 为例，操作步骤如下：

STEP 01 打开 VBE 窗口，在菜单栏执行“工具”→“引用”命令，从而打开“引用”对话框。

STEP 02 在对话框中搜索“Microsoft Word 16.0 Object Library”的项目，找到后将其勾选，实现引用 Word 对象，如图 19-1 所示。

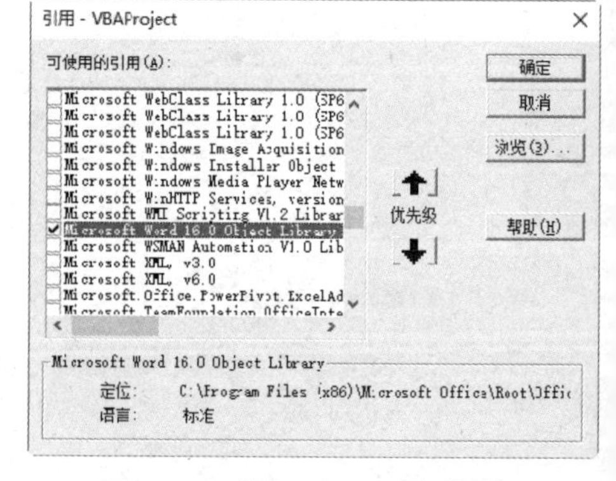

图 19-1　关于 Word 对象的提示

Word Object Library 项目来自 MSWord.olb 文件，如果计算机中缺少该文件，则无法引用成功。如果你安装的 Office 版本不是 2019，则该文件的版本号可能会是 12.0、14.0 或者 15.0。

当引用好 Word 对象以后，声明变量时可以有与 Word 相关的对象名称提示，也可以在代码中直接操作 Word 对象。例如，声明一个 Word 对象，当输入代码“Dim WordApp As New Word”后就可以看到关于 Word 对象的提示，效果如图 19-2 所示。

声明 Word 对象变量的完整代码如下：

```
Dim WordApp As New Word.Application
```

如果要继续输入代码来调用 Word 的子对象或引用其属性，例如，计算当前文档的段落数量，那么输入“WordApp.”后可以从提示列表中看到“ActiveDocument”，它代表当前打开的 Word 文档。继续输入“WordApp.ActiveDocument.p”后可以从提示列表中看到“Paragraphs”，它表示 Word 文档的所有段落对象，如图 19-3 所示。

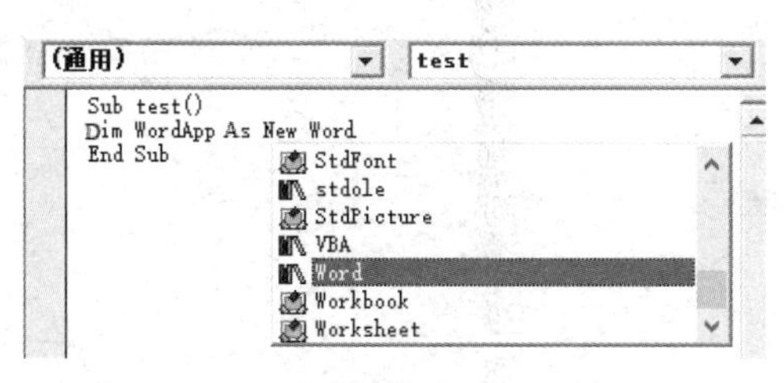

图 19-2 关于 Word 对象的提示

图 19-3 调用 Word 的子对象或引用其属性

只要书写代码时能看到 Word 相关的对象、属性和方法，那么就表示引用成功。

如果想完成以上代码的测试工作，可以先打开一个 Word 文档，在文件中随意生成几段字符，然后在 Excel 中执行过程“计算当前文件的段落数量”，程序会提示用户当前 Word 文档中有几个段落。具体操作过程请看随书演示视频：19-1 引用 Word.mp4。

19.1.2 代码模板

通过 VBA 操作 Word 对象，总会有数行代码是固定的，没有必要每次都手工输入这些代码。本书提供一个现成的模板，你可以将代码保存下来，当需要开发使用 Excel VBA 操作与 Word 相关的程序时，可将此段代码复制出来并少量修改即可使用，既提升了书写速度，又避免了输入失误。

使用 Excel VBA 操作 Word 对象的代码模板如下：

```
'随书案例文件中有每一句代码的含义注释
'使用以下代码前请先引用“Microsoft Word 16.0 Object Library”
Sub 操作 Word 的代码模板()
    Dim WordApp As New Word.Application
    Dim CLoseBl As Boolean, NewDoc As Word.Document
    On Error Resume Next
    Set WordApp = GetObject(, "Word.Application")
    If Err.Number <> 0 Then
        Set WordApp = CreateObject("Word.Application")
        CLoseBl = True
    End If
      Set NewDoc = WordApp.Documents.Add
'____________将你的代码替换以下几句即可______________
    WordApp.Selection.TypeText Text:="向文档中输入字符"
    WordApp.Selection.TypeParagraph
    WordApp.Selection.TypeText Text:="再输入一行字符"
    NewDoc.SaveAs2 "d:\我的测试文档.docx", 12
'____________将你的代码替换以上几句即可______________
    NewDoc.Close False
    If CLoseBl Then WordApp.Quit
End Sub
```

代码前后各有一部分是固定的，只需要替换中间的几行代码即可。

使用 Excel VBA 操作 PPT 对象的代码模板如下：

```
'随书案例文件中有每一句代码的含义注释
'使用以下代码前请先引用“Microsoft PowerPoint 16.0 Object Library”
Sub 操作 PPT 的代码模板()
    Dim PPTApp As New PowerPoint.Application
    Dim CLoseBl As Boolean, NewPre As PowerPoint.Presentation
    On Error Resume Next
    Set PPTApp = GetObject(, "PowerPoint.application")
    If Err.Number <> 0 Then
        Set PPTApp = CreateObject("PowerPoint.application")
        CLoseBl = True
    End If
Set NewPre = PPTApp.Presentations.Add(-1)
'__________将你的代码替换以下几句即可__________
    PPTApp.ActiveWindow.View.GotoSlide Index:=PPTApp.ActivePresentation.Slides.Add(Index:=1,
Layout:=1).SlideIndex
    With PPTApp.ActivePresentation.Slides(1)
        .Shapes(1).TextFrame.TextRange.Text = "PPT 大标题"
        .Shapes(2).TextFrame.TextRange.Text = "演讲人：赵钱孙"
    End With
      PPTApp.ActiveWindow.View.GotoSlide
Index:=PPTApp.ActivePresentation.Slides.Add(Index:=PPTApp.ActivePresentation.Slides.Count + 1,
Layout:=2).SlideIndex
    With PPTApp.ActivePresentation.Slides(2)
        .Shapes(1).TextFrame.TextRange.Text = "标题：ABC"
        .Shapes(2).TextFrame.TextRange.Text = "正文：DEF"
    End With
       PPTApp.ActiveWindow.View.GotoSlide
Index:=PPTApp.ActivePresentation.Slides.Add(Index:=PPTApp.ActivePresentation.Slides.Count + 1,
Layout:=11).SlideIndex
    With PPTApp.ActivePresentation.Slides(3).Shapes(1)
        .TextFrame.TextRange.Text = "多谢观看"
        .Top = PPTApp.ActivePresentation.PageSetup.SlideHeight / 2 - .Height / 2
End With
NewPre.SaveAs ThisWorkbook.Path & "\我的测试文档.pptx"
'__________将你的代码替换以上几句即可__________
    NewPre.Close
    If CLoseBl Then PPTApp.Quit
End Sub
```

使用 Excel VBA 操作 Word 文档主要有两种方式：一是新建文档并输入数据，二是打开文档并提取其中的数据。使用这两种方式输入的代码只是中间部分有区别，首尾都是固定的，因此每次输入代码都可以复制以上代码模板，修改其中间部分即可。

善用模板可以简化操作过程，提高开发效率。

随书提供案例文件和演示视频：19-2 协同工作的代码模板.xlsm 和 19-2 协同工作的代码模板.mp4

19.1.3 改造代码

对于平时使用 Excel VBA 操作 Word 或者 PPT 文件的代码，如果你对它们相当了解，已经达到中上水平，可以直接在 Excel VBA 中直接输入代码，简单且快捷。如果你是初学者，最好先在 PPT、Word 中输入代码，测试通过后再将其复制到 Excel VBA 中来改造，使代码可以在 Exce

中正常运行。

以 Word 代码为例，修改代码时有以下四大原则：

（1）套用代码模板中的首尾部分，只需要修改中间部分的代码。

（2）声明变量时，在变量的类型前面要加“Word.”。例如，原本的 Word 代码：

```
Dim ABC As Document, DEF As Range
```

在 Excel VBA 中输入以上代码时，需要按以下方式修改：

```
Dim ABC As Word.Document, DEF As Word.Range
```

（3）引用 Word 中的对象时，全都添加前置对象 WordApp，例如原本的 Word 代码：

```
ActiveDocument.Range(1, 3).Text = "任意值"
Documents.Open "D:\我的文档.docx"
```

在 Excel VBA 中调用以上代码时，需要按以下方式修改：

```
WordApp.ActiveDocument.Range(1, 3).Text = "任意值"
WordApp.Documents.Open "D:\我的文档.docx"
```

（4）当代码中需要用到 Word 的内置常量时，必须将常量改写成数值。例如，原本的 Word 代码：

```
ActiveDocument.SaveAs2 "D:\第五章.docx", wdFormatXMLDocument
```

在 Excel VBA 中调用以上代码时，需要按以下方式修改：

```
WordApp.ActiveDocument.SaveAs2 "D:\第五章.docx", 12
```

其中，常量 wdFormatXMLDocument 表示保存文件格式时采用“.docx”格式，它对应的数值是 12。想要知道常量 wdFormatXMLDocument 的值，在 Word 中执行以下代码即可：

```
MsgBox wdFormatXMLDocument
```

一切常量都可以通过以上方法取得它对应的数值。

下面是一段 Word VBA 代码，用于向活动文档中插入一张图片与其名称，并且将它们居中显示：

```
Sub 插入图片与名称并且居中显示()
    Dim PicPath As String                              '声明一个变量
    '弹出一个对话框，让用户选择图片
    With Application.FileDialog(msoFileDialogFilePicker)
        .Filters.Clear                                 '添加筛选器
        .Filters.Add "jpg 图片", "*.jpg"               '添加一个新的筛选器，jpg 格式
        .AllowMultiSelect = False                      '禁止多选
        If .Show Then                                  '如果选择了图片
            PicPath = .SelectedItems(1)                '记录图片的路径
        Else                                           '否则
            Exit Sub                                   '结束过程
        End If
    End With
      '插入图片到当前位置,并且引用此图片
    With Selection.InlineShapes.AddPicture(PicPath)
        .LockAspectRatio = msoCTrue                    '调整图片大小时，保持原比例不变
        .Height = 200                                  '将图片的高度调为 200
    End With
     '让当前段落居中显示（插入图片后图片处于选中状态，因此代表可让图片居中）
```

```
  Selection.ParagraphFormat.Alignment = wdAlignParagraphCenter
  Selection.Paragraphs.Add                      '插入一个新的段落
  Selection.MoveRight wdCharacter, 1            '将光标向右移一个单元格(也就是进入下一段落)
  Selection.TypeText Text:=Dir(PicPath, vbNormal) '将图片的名字插入到当前位置
  '让当前段落居中显示(也就是图片名字所在段落)
  Selection.ParagraphFormat.Alignment = wdAlignParagraphCenter
End Sub
```

按前面 4 个原则修改代码，修改结果如下：

```
Sub 插入图片与名称并且居中显示()
  Dim WordApp As New Word.Application
  Dim CLoseBl As Boolean, NewDoc As Word.Document
  On Error Resume Next
  Set WordApp = GetObject(, "Word.Application")
  If Err.Number <> 0 Then
        Set WordApp = CreateObject("Word.Application")
        CLoseBl = True
  End If
  Dim PicPath As String
  With Application.FileDialog(msoFileDialogFilePicker)
        .Filters.Clear
        .Filters.Add "jpg 图片", "*.jpg"
        .AllowMultiSelect = False
        If .Show Then
            PicPath = .SelectedItems(1)
        Else
            If CLoseBl Then WordApp.Quit
            Exit Sub
        End If
  End With
  Set NewDoc = WordApp.Documents.Add
  With WordApp.Selection.InlineShapes.AddPicture(PicPath)
        .LockAspectRatio = 1
        .Height = 200
  End With
  WordApp.Selection.ParagraphFormat.Alignment = 1
  WordApp.Selection.Paragraphs.Add
  WordApp.Selection.MoveRight 1, 1
  WordApp.Selection.TypeText Text:=Dir(PicPath, vbNormal)
  WordApp.Selection.ParagraphFormat.Alignment = 1
  NewDoc.SaveAs2 "d:\我的测试文档.docx", 12
  NewDoc.Close False
  If CLoseBl Then WordApp.Quit
End Sub
```

在 Excel 中执行以上代码，可以获得和前一段 Word 代码的相同结果。请仔细观察修改过的地方。

如果向当前打开的 Word 中插入图片与名称，不需要保存和关闭，那么最后三句代码可以删除。前文的新建 Word 代码“Set NewDoc = WordApp.Documents.Add”可修改为：

```
Set NewDoc = WordApp.ActiveDocument
```

随书提供案例文件和演示视频：19-3 修改 Word 代码.xlsm 和 19-3 修改 Word 代码.mp4

19.2 使用 VBA 操作 Word

如果你不会使用 VBA，那么 Excel 和 Word 不能协同工作，工作效率会降低很多。借助 VBA 可以打通 Excel 和 Word 的所有“关节”，使二者能相互通信，相互调用需要的数据，大幅度提高工作效率。下面通过 4 个案例展示 Excel 和 Word 的协同工作技巧，你可以举一反三，将其应用到更多的领域中去。

19.2.1 批量替换 Word 文档

案例要求：Word 内置的查找与替换工具一次只能替换一对数据，针对单个文档。现要求根据如图 19-4 所示的内容批量替换 12 组数据，对如图 19-5 所示的文件夹中的 Word 文档完成一次性替换。

	A	B
1	旧值	新值
2	马铃薯	土豆
3	洋芋	土豆
4	鹤顶红	砒霜
5	洋马儿	自行车
6	座标	坐标
7	其他	其他
8	广洲	广州
9	凑和	凑合
10	报筹	报酬
11	恶耗	噩耗
12	肖象	肖像
13	膺品	赝品

图 19-4　要替换的内容

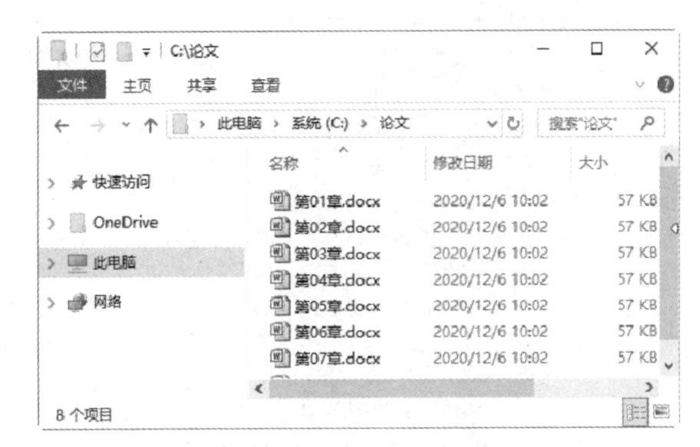

图 19-5　文件夹中的 Word 文档

实现步骤：

STEP 01 在 Word 中录制宏，将 1 替换成 2，可以获得以下代码：

```
Sub 批量替换 Word 中的错别字()
   Selection.Find.ClearFormatting
   Selection.Find.Replacement.ClearFormatting
   With Selection.Find
         .Text = "1"
         .Replacement.Text = "2"
         .Forward = True
         .Wrap = wdFindContinue
         .Format = False
         .MatchCase = False
         .MatchWholeWord = False
         .MatchByte = False
         .MatchWildcards = False
         .MatchSoundsLike = False
         .MatchAllWordForms = False
   End With
   Selection.Find.Execute Replace:=wdReplaceAll
End Sub
```

STEP 02 在 Excel 中按<Alt+F1>组合键打开 VBE 窗口，在菜单栏执行“工具”→“引用”命令，然后在“引用”对话框中将 Microsoft Word16.0 Object library 勾选（如果 Office 不是 2019 版本，则可能是其他版本号）。

STEP 03 在菜单栏执行“插入”→“模块”命令，将 Word 中录制宏得到的代码复制到 Excel 的代码窗口中，套用前文的知识对以上代码进行改造，包含添加首尾代码、添加选择文件的对话框、添加循环语句，以及在 Word 对象前添加“WordApp.”，最后得到以下代码：

```
Sub 批量替换 Word 中的错别字() '随书案例文件中有每一句代码的含义注释
    Dim Item As Integer, Item2 As Integer, EndRow As Integer
    EndRow = Cells(Rows.Count, 1).End(xlUp).Row
    Dim WordApp As New Word.Application, CLoseBl As Boolean, NewDoc As Word.Document
    With Application.FileDialog(msoFileDialogFilePicker)
        .Filters.Clear
        .Filters.Add "Word 文档", "*.doc*"
        .ButtonName = "选好了"
        .Title = "请选择所有 Word 文档，可按<Ctrl+A>组合键全选"
        If .Show Then
            On Error Resume Next
            Set WordApp = GetObject(, "Word.Application")
            If Err.Number <> 0 Then
                Set WordApp = CreateObject("Word.Application")
                CLoseBl = True
            End If
            For Item = 1 To .SelectedItems.Count
                Set NewDoc = WordApp.Documents.Open(.SelectedItems(Item))
                WordApp.Selection.Find.ClearFormatting
                WordApp.Selection.Find.Replacement.ClearFormatting
                For Item2 = 2 To EndRow
                    With WordApp.Selection.Find
                        .Text = ActiveSheet.Cells(Item2, "A").Value
                        .Replacement.Text = ActiveSheet.Cells(Item2, "B").Value
                        .Forward = True
                        .Wrap = wdFindContinue
                        .Format = False
                        .MatchCase = False
                        .MatchWholeWord = False
                        .MatchByte = False
                        .MatchWildcards = False
                        .MatchSoundsLike = False
                        .MatchAllWordForms = False
                    End With
                    WordApp.Selection.Find.Execute Replace:=wdReplaceAll
                Next Item2
                NewDoc.Save
                NewDoc.Close False
                MsgBox "替换完成，请核对", vbOKOnly + vbInformation, "友情提示"
            Next Item
            If CLoseBl Then WordApp.Quit
        Else
            Exit Sub
        End If
    End With
End Sub
```

STEP 04 确保当前工作表是如图 19-4 所示的工作表，然后执行以上过程“批量替换 Word 中的错别字”，程序会弹出一个选择 Word 文档的对话框。

STEP 05 选中所有需要替换字符的 Word 文档，然后单击“选好了”按钮，程序会逐个打开所有选中的 Word 文档并执行批量替换命令，替换完成后自动保存。

思路分析：

从本质上讲，只要掌握了单个文档单次替换的方法，那么就会对多个文档执行批量替换，后者只是多执行几次循环罢了。在前文中有关于循环语句、文件“浏览”对话框的相关知识。

本程序首先弹出对话框让用户选择需要替换的所有 Word 文档，然后引过 Word 应用程序对象，并且将其赋值给变量 WordApp，在 For Next 循环语句中使用 WordApp.Documents.Open 语句逐个打开选中的 Word 文档。

最后将 Word 中录制宏产生的代码套用进来，执行批量替换。替换完成后保存、关闭文件。

程序的整体思路相当简单，懂得录制宏和套用 19.1 节中的代码模板即可。

另外需要分清楚过程中哪些对象是 Excel 的，哪些对象是 Word 的。对于 Word 的对象，除 WordApp 外全都需要添加前置的“WordApp.”以示区分，没有加就会默认当成 Excel 的对象处理，从而导致程序执行出错。

随书提供案例文件：19-4 批量替换 Word 中的错别字.xlsm

19.2.2　根据 Excel 成绩表批量生成 Word 通知单

案例要求：利用如图 19-6 所示的成绩表和如图 19-7 所示的成绩通知单模板批量生成学生成绩通知单，每个学生对应一个成绩通知单，即 Excel 表中的数据有多少行就生成多少个 Word 文档。

	A	B	C	D	E	F	G	H	I
1	学号	姓名	性别	班级	语文	数学	体育	计算机	平均分
2	SG036	魏秀芬	女	一班	61	59	97	94	77.75
3	SG027	徐大鹏	男	一班	96	51	53	46	61.50
4	SG029	曾少华	女	一班	73	81	97	51	75.50
5	SG015	查耀文	男	一班	81	59	60	51	62.75
6	SG016	郑中云	男	三班	47	51	58	75	57.75
7	SG039	罗传志	男	三班	87	81	83	68	79.75
8	SG001	黄真真	女	一班	62	76	62	93	73.25
9	SG041	刘文喜	男	三班	49	88	73	68	69.50

2020届成绩表

图 19-6　成绩表

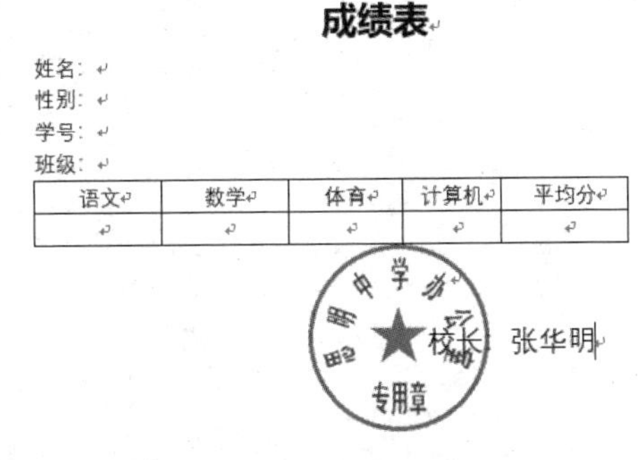

图 19-7　成绩通知单模板

要求在 Word 文档中的标题“成绩表”前面显示学生姓名，然后在下方的标题右方填入对应的信息，并且在表格中引用每科成绩。最后将文档保存为“姓名(学号.docx)”格式。

实现步骤：

STEP 01 从 Word VBA 中的帮助中可以找到关于“Find.Execute”方法的语法说明和每一个参数的含义。根据帮助中的说明可以得到以下代码：

```
FindBl = Selection.Find.Execute("ABC", False, False, False, False, False, True, 1, False, , , False, False, False, False)
```

代码的含义是在当前文档中搜索“ABC”，如果找到了目标，那么变量 FindBl 的值为 True，否则为 False。如果当前文档存在查找的目标，程序会将第一个目标选中。

以上代码配合循环语句就可以实现多文档操作。

STEP 02 在 Excel 中按<Alt+F1>组合键打开 VBE 窗口，在菜单栏执行“工具”→“引用”命令，然后在“引用”对话框中将 Microsoft Word16.0 Object library 勾选（如果 Office 不是 2019 版本，则可能是其他版本号）。

STEP 03 在菜单栏执行“插入”→“模块”命令，然后利用 19.1 节的代码模板，配合前面第 1 步的代码以及循环语句，从而生成以下代码：

```
Sub 根据成绩表批量生成 Word 通知单() '随书案例文件中有每一句代码的含义注释
  Dim WordApp As New Word.Application
  Dim CLoseBl As Boolean, NewDoc As Word.Document
  On Error Resume Next
  Set WordApp = GetObject(, "Word.Application")
  If Err.Number <> 0 Then
    Set WordApp = CreateObject("Word.Application")
    CLoseBl = True
  End If
  Dim WordMoBan As String, EndRow As Integer, Item As Integer, NewName As String, Arr
  With Application.FileDialog(msoFileDialogFilePicker)
    .Filters.Clear
    .Filters.Add "成绩通知单模板", "*.doc*"
    .ButtonName = "选好了"
    .Title = "请选择成绩通知单模板"
    .AllowMultiSelect = False
    If .Show Then
      WordMoBan = .SelectedItems(1)
    Else
      Exit Sub
    End If
  End With
  EndRow = Cells(Rows.Count, "A").End(xlUp).Row
  Arr = Range("a2:i" & EndRow).Value
  Dim FindBl As Boolean
  WordApp.ScreenUpdating = False
  For Item = 1 To EndRow - 1
    With WordApp.Documents.Open(WordMoBan)
      .Range(0,0).Text = Arr(Item, 2) & " "
      FindBl = WordApp.Selection.Find.Execute("姓名：", False, False, False, False, False, True, 1, False, , ,
False, False, False, False)
      If FindBl Then
        .Range(WordApp.Selection.end, WordApp.Selection. end).Text = Arr(Item, 2)
      End If
      FindBl = WordApp.Selection.Find.Execute("性别：", False, False, False, False, False, True, 1, False, , ,
False, False, False, False)
      If FindBl Then
        .Range(WordApp.Selection. end, WordApp.Selection. end).Text = Arr(Item, 3)
      End If
      FindBl = WordApp.Selection.Find.Execute("学号：", False, False, False, False, False, True, 1, False, , ,
False, False, False, False)
      If FindBl Then
        .Range(WordApp.Selection. end, WordApp.Selection. end).Text = Arr(Item, 1)
      End If
      FindBl = WordApp.Selection.Find.Execute("班级：", False, False, False, False, False, True, 1, False, , ,
False, False, False, False)
      If FindBl Then
        .Range(WordApp.Selection.end, WordApp.Selection.end).Text = Arr(Item, 4)
      End If
      With .Tables(1)
        .Rows(2).Cells(1).Range.Text = Arr(Item, 5)
```

```
                .Rows(2).Cells(2).Range.Text = Arr(Item, 6)
                .Rows(2).Cells(3).Range.Text = Arr(Item, 7)
                .Rows(2).Cells(4).Range.Text = Arr(Item, 8)
                .Rows(2).Cells(5).Range.Text = Arr(Item, 9)
            End With
            .SaveAs2 Replace(WordMoBan, Split(WordMoBan, "\")(UBound(Split(WordMoBan, "\"))), Arr(Item, 2) &
"(" & Arr(Item, 1) & ").docx"), 12
            .Close False
        End With
    Next
    WordApp.ScreenUpdating = True
    If CLoseBl Then WordApp.Quit
     MsgBox "生成完毕，请打开验证", 64, "友情提示"           '提示用户
     Shell  "explorer.exe  "  &  Mid(WordMoBan,  1,  Len(WordMoBan)  -  Len(Dir(WordMoBan,  vbNormal))),
vbNormalFocus
End Sub
```

STEP 04 按<F5>键执行以上代码，程序会弹出一个选择成绩通知单模板的对话框。在对话框中选择“C:\成绩表\模板.docx”（也可以是任意路径，根据自己的情况修改），然后单击“选好了”按钮。几秒后程序就会生成 Word 成绩通知单。本例的 Excel 表中有 50 行数据，因此会生成 50 个成绩通知单，加上模板文件，在文件夹中有 51 个文件，生成结果如图 19-8 所示。

图 19–8　成绩通知单生成结果

STEP 05 为了验证生成结果是否正确，打开文件“魏秀芬(SG036).docx”，其内容如图 19-9 所示，将其与图 19-6 的成绩表数据一一对应后，证明代码正确。

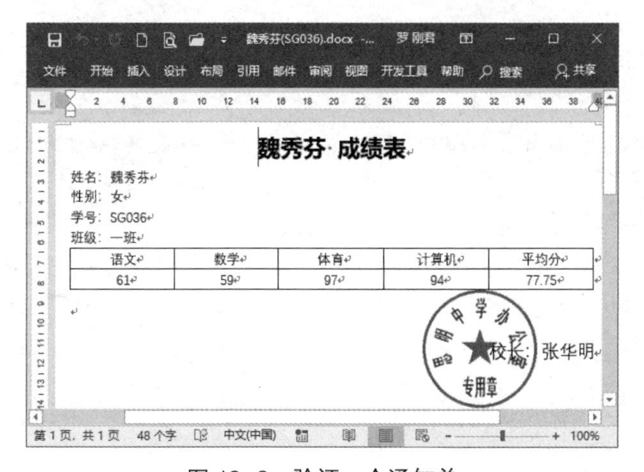

图 19–9　验证一个通知单

STEP 06 根据个人需求或者喜好，你也可以为以上代码设计一个功能区菜单，设计步骤请

参考第 18 章的内容。

如果你在执行代码时发现代码不成功，可以先手工打开 Word 软件后执行代码试试。

思路分析：

本例的代码从大的框架讲，其思路如下：

首先，引用 Word 对象。

其次，通过 Application.FileDialog 弹出对话框让用户选择 Word 成绩通知单模板。

然后，通过循环语句遍历 Excel 表的每一行，在循环语句中打开模板文件，把 Excel 表的值引入到 Word 中对应的位置。

最后，保存并且关闭文件。

循环语句完成以后，根据变量 CloseBl 的值决定是否关闭 Word 软件。

过程中循环语句以外的部分在前文已经讲过，比较好理解。循环语句之间的代码是本例的重点，它包含三项内容，详细分析如下：

第一项是在标题左方输入姓名与空格，代码是“.Range(0, 0).Text = Arr(Item, 2) & " "”。其中，Range(0, 0)表示文档的最前方，它有两个参数，分别代表起、止位置。两个参数都赋值为 0 表示将字符插入到文章内容的最前面，如果改用 Range(3,3)，表示将姓名放在“成绩表”三字的右方，即插入到第三个字之后的位置。

第二项是将姓名、性别、学号和班级四项信息从 Excel 表引入到 Word 模板中对应的位置。位置通过查找得来，代码是“WordApp.Selection.Find.Execute("姓名：", False, False, False, False, False, True, 1, False, , , False, False, False, False)”，第一参数可以随意修改。如果找到了目标，返回值为 True，反之为 False。

当查找成功后，“姓名：”处于选中状态，要将字符插入到其右方，使用代码“.Range(WordApp.Selection.end, WordApp.Selection.end).Text = Arr(Item, 2)”。其中，WordApp.Selection.end 表示“姓名：”的末尾，即右方。

第三项是引用 Excel 表中的成绩到 Word 文档的表格中。Word 文档中只有一个表格，成绩放在第二行，因此使用代码“Tables(1).Rows(2).Cells(1).Range.Text = Arr(Item, 5)”。其中，Tables(1)表示第一个表格，Rows(2).Cells(1)表示第 2 行的第 1 个单元格，其他的以此类推。

以上三项是在 Word 中输入数据的最典型代表，熟用此三项即可应付与 Word 相关的绝大多数工作需求。

程序中保存文件时要把原来的文件名称改为“姓名(学号)”形式，因此采用替换方式，将变量 WordMoBan 替换成新的文件名称，代码如下：

```
Replace(WordMoBan, Split(WordMoBan, "\")(UBound(Split(WordMoBan, "\"))), Arr(Item, 2) & "(" & Arr(Item, 1) & ").docx")
```

假设变量的值是“C:\成绩\模板.docx”，要替换成“C:\成绩\曾少华(SG029).docx”，本例的思路是利用 Split 函数将变量 WordMoBan 转换成数组 array("C:","成绩","模板.docx")，然后将最后一个元素替换成“Arr(Item, 2) & "(" & Arr(Item, 1) & ").docx")”，即姓名、括号和学号。

用此方式将整句代码拆分开来，有利于快速理解代码的含义与设计思路。

随书提供案例文件和演示视频：19-5 批量生成 Word 通知单.xlsm 和 19-5 批量生成 Word 通知单.mp4

19.2.3　将 Word 版的简历提取到 Excel 表

案例要求：文件夹中有若干简历，格式完全一致，现要求从简历中提取所有信息到 Excel 表中。如图 19-10 和图 19-11 所示分别是存放文件的文件夹和简历表格式。

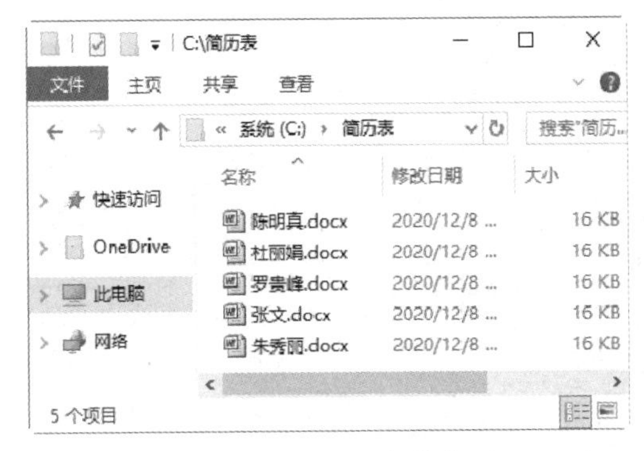

图 19-10　文件夹

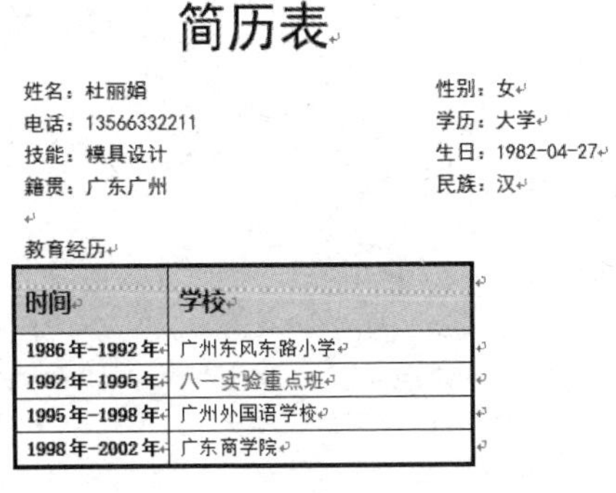

简历表

姓名：杜丽娟　　性别：女
电话：13566332211　　学历：大学
技能：模具设计　　生日：1982-04-27
籍贯：广东广州　　民族：汉

教育经历

时间	学校
1986 年-1992 年	广州东风东路小学
1992 年-1995 年	八一实验重点班
1995 年-1998 年	广州外国语学校
1998 年-2002 年	广东商学院

图 19-11　简历表格式

实现步骤：

STEP 01 在 Excel 中按<Alt+F1>组合键打开 VBE 窗口，在菜单栏执行“工具”→“引用”命令，然后在“引用”对话框中将 Microsoft Word16.0 Object library 勾选（如果 Office 不是 2019 版本，则可能是其他版本号）。

STEP 02 在菜单栏执行“插入”→“模块”命令，在模块中输入以下代码：

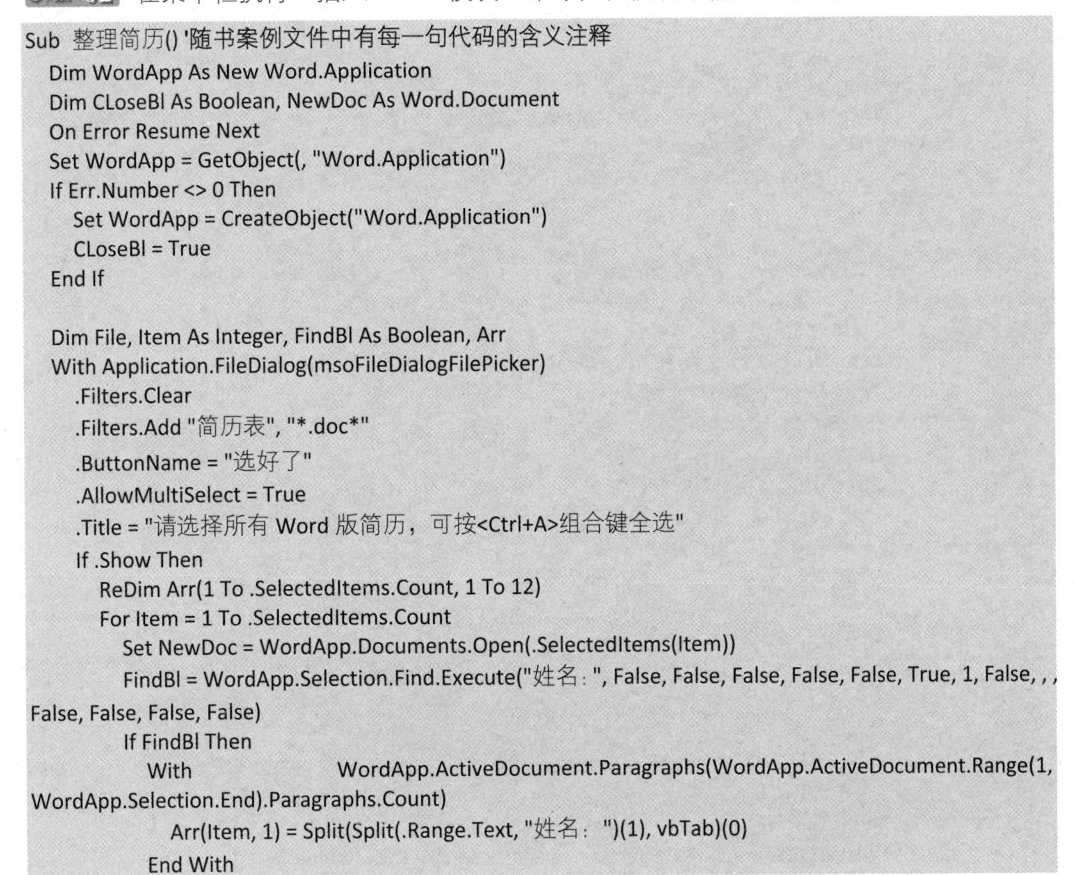

```
Sub 整理简历() '随书案例文件中有每一句代码的含义注释
    Dim WordApp As New Word.Application
    Dim CLoseBl As Boolean, NewDoc As Word.Document
    On Error Resume Next
    Set WordApp = GetObject(, "Word.Application")
    If Err.Number <> 0 Then
        Set WordApp = CreateObject("Word.Application")
        CLoseBl = True
    End If

    Dim File, Item As Integer, FindBl As Boolean, Arr
    With Application.FileDialog(msoFileDialogFilePicker)
        .Filters.Clear
        .Filters.Add "简历表", "*.doc*"
        .ButtonName = "选好了"
        .AllowMultiSelect = True
        .Title = "请选择所有 Word 版简历，可按<Ctrl+A>组合键全选"
        If .Show Then
            ReDim Arr(1 To .SelectedItems.Count, 1 To 12)
            For Item = 1 To .SelectedItems.Count
                Set NewDoc = WordApp.Documents.Open(.SelectedItems(Item))
                FindBl = WordApp.Selection.Find.Execute("姓名：", False, False, False, False, False, True, 1, False, , , False, False, False, False)
                If FindBl Then
                    With WordApp.ActiveDocument.Paragraphs(WordApp.ActiveDocument.Range(1, WordApp.Selection.End).Paragraphs.Count)
                        Arr(Item, 1) = Split(Split(.Range.Text, "姓名：")(1), vbTab)(0)
                    End With
```

```
            End If
            FindBl = WordApp.Selection.Find.Execute("性别：", False, False, False, False, False, True, 1, False, , , False, False, False, False)
            If FindBl Then
              With WordApp.ActiveDocument.Paragraphs(WordApp.ActiveDocument.Range(1, WordApp.Selection.End).Paragraphs.Count)
                Arr(Item, 2) = Split(Split(.Range.Text, "性别：")(1), vbCr)(0)
              End With
            End If
            FindBl = WordApp.Selection.Find.Execute("电话：", False, False, False, False, False, True, 1, False, , , False, False, False, False)
            If FindBl Then
              With WordApp.ActiveDocument.Paragraphs(WordApp.ActiveDocument.Range(1, WordApp.Selection.End).Paragraphs.Count)
                Arr(Item, 3) = Split(Split(.Range.Text, "电话：")(1), vbTab)(0)
              End With
            End If
            FindBl = WordApp.Selection.Find.Execute("学历：", False, False, False, False, False, True, 1, False, , , False, False, False, False)
            If FindBl Then
              With WordApp.ActiveDocument.Paragraphs(WordApp.ActiveDocument.Range(1, WordApp.Selection.End).Paragraphs.Count)
                Arr(Item, 4) = Split(Split(.Range.Text, "学历：")(1), VBA.vbCr)(0)
              End With
            End If
            FindBl = WordApp.Selection.Find.Execute("技能：", False, False, False, False, False, True, 1, False, , , False, False, False, False)
            If FindBl Then
              With WordApp.ActiveDocument.Paragraphs(WordApp.ActiveDocument.Range(1, WordApp.Selection.End).Paragraphs.Count)
                Arr(Item, 5) = Split(Split(.Range.Text, "技能：")(1), vbTab)(0)
              End With
            End If
            FindBl = WordApp.Selection.Find.Execute("生日：", False, False, False, False, False, True, 1, False, , , False, False, False, False)
            If FindBl Then
              With WordApp.ActiveDocument.Paragraphs(WordApp.ActiveDocument.Range(1, WordApp.Selection.End).Paragraphs.Count)
                Arr(Item, 6) = Split(Split(.Range.Text, "生日：")(1), VBA.vbCr)(0)
              End With
            End If
            FindBl = WordApp.Selection.Find.Execute("籍贯：", False, False, False, False, False, True, 1, False, , , False, False, False, False)
            If FindBl Then
              With WordApp.ActiveDocument.Paragraphs(WordApp.ActiveDocument.Range(1, WordApp.Selection.End).Paragraphs.Count)
                Arr(Item, 7) = Split(Split(.Range.Text, "籍贯：")(1), vbTab)(0)
              End With
            End If
            FindBl = WordApp.Selection.Find.Execute("民族：", False, False, False, False, False, True, 1, False, , , False, False, False, False)
            If FindBl Then
              With WordApp.ActiveDocument.Paragraphs(WordApp. ActiveDocument.Range(1,
```

```
WordApp.Selection.End).Paragraphs.Count)
            Arr(Item, 8) = Split(Split(.Range.Text, "民族：")(1), vbCr)(0)
          End With
        End If
        With WordApp.ActiveDocument.Tables(1)
            Arr(Item, 9) = Replace(.Rows(2).Cells(2).Range.Text, Chr(7), "")
            Arr(Item, 10) = Replace(.Rows(3).Cells(2).Range.Text, Chr(7), "")
            Arr(Item, 11) = Replace(.Rows(4).Cells(2).Range.Text, Chr(7), "")
            Arr(Item, 12) = Replace(.Rows(5).Cells(2).Range.Text, Chr(7), "")
        End With
        NewDoc.Close False
      Next Item
      Range("a1:l1").Value = Array("姓名", "性别", "电话", "学历", "技能", "生日", "籍贯", "民族", "小学",
"初中", "高中", "大学")
      Range("a1:l1").Style = "着色  1"
      Range("a2").Resize(.SelectedItems.Count, 12) = Arr
      Range("a1").CurrentRegion.Borders.LineStyle = 1
      Range("a1").CurrentRegion.EntireColumn.AutoFit
      MsgBox "整理完毕", 64, "友情提示"
    Else
      Exit Sub
    End If
  End With
  If CLoseBl Then WordApp.Quit
End Sub
```

STEP 03 执行以上代码，程序会弹出一个对话框要求选择简历表。从对话框中选中所有简历表后单击“选好了”按钮，程序会瞬间生成如图 19-12 所示的结果，包含了从简历表中提取出来的所有个人信息。

	A	B	C	D	E	F	G	H	I
1	姓名	性别	电话	学历	技能	生日	籍贯	民族	小学
2	陈明真	女	13833114422	初中	播音	1985/4/2	湖南长沙	土家族	长沙实验小学
3	杜丽娟	女	13566332211	大学	模具设计	1982/4/27	广东广州	汉	广州东风东路小学
4	罗贵峰	男	13911334422	中专	Caredraw	1990/11/20	贵州贵阳	彝族	金阳新区第一小学
5	张文	男	13811223344	大学	CAD绘图	1978/12/25	河南洛阳	汉	洛阳市涧西区涧河路小学
6	朱秀丽	女	13844332211	高中	演讲	1990/4/30	四川成都	汉	成都市龙江路小学
7									

图 19-12　从简历表中提取出来的所有个人信息

STEP 04 根据个人需求或者喜好，你也可以为以上代码设计一个功能区菜单，设计步骤请参考第 18 章的内容。

思路分析：

本例的代码和本节第一个、第二个案例的前后部分采用了相同的思路，此处不再说明。

代码的中间部分是程序的核心，它包含以下三项技术：

其一，查找目标，并获得该目标所在段落的值。

查找目标采用 Selection.Find 即可。

由于找到目标后会选中目标，因此又产生一个新的 Selection 对象。

找到目标以后，需要提取目标字符所在段落的全部文字，那么就需要计算出当前选中的目标处于第几个段落，然后获得该段落的全部字符，代码如下：

```
WordApp.ActiveDocument.Paragraphs(WordApp.ActiveDocument.Range(1,                    WordApp.
Selection.End).Paragraphs.Count)
```

其中，WordApp.ActiveDocument.Range(1, WordApp.Selection.End).Paragraphs.Count 用于计算文档第一个字符到当前选中的最后一个字符这整个区域包含了多少个段落，用它作为 ActiveDocument.Paragraphs 的参数即可获得目标段落对象。例如，计算出来有 5 个段落，那么用 5 作为参数就表示取第 5 段。

其二，从一个段落中根据段落的特点提取目标字符，其重点在于分析目标特点。

如图 19-13 所示已经分析了目标特点，其中，姓名在“姓名：”与 Tab 之间，性别在“性别：”和换行符之间，其他以此类推。

找到了特点就可以利用该特点取值。提取两个符号之间的值有一个固定的套路，使用两次 Split 函数即可，使用第一个 Split 生成的数组的第一个元素作为第二个 Split 的参数，然后从它生成的数组中选取第零个元素作为最终结果。

例如要取“张三丰（张无忌）张飞”中的“张无忌”，那么代码如下：

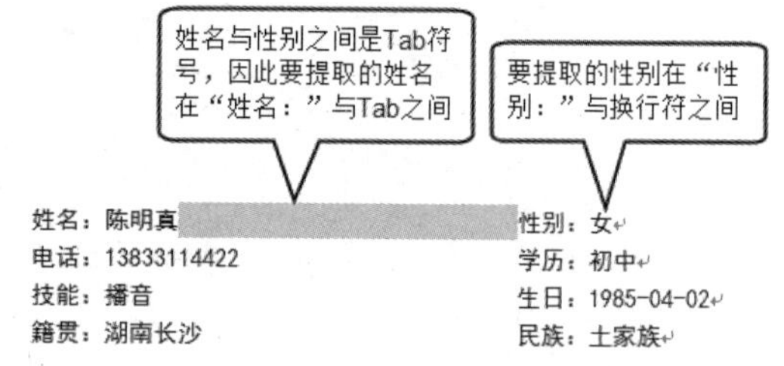

图 19-13　分析目标特点

```
MsgBox Split(Split("张三丰(张无忌)张飞", "(")(1),
")")(0)
```

第一个 Split 用左括号“(”作为参数，第二个 Split 用右括号“)”作为参数，代码可以提取两者之间的值。

其三，提取 Word 表格中的值。观察 Word 表格的特点，可发现要提取的目标分别在表格的第二行第二个单元格、第三行第二个单元格、第四行第二个单元格，以及第五行第二个单元格。第一个表格采用 Tables(1)表示，第二行采用 Rows(2)表示，第二个单元格则采用 Cells(2)表示，最后，要提取该单元格的值可用以下代码：

```
WordApp.ActiveDocument.Tables(1).Rows(2).Cells(2).Range.Text
```

由于 Word 表格中的值总以 Chr(7)结尾，将该值复制到 Excel 的单元格中后会显示为一个方框，因此在取值时还需要将 Chr(7)替换成空。最终代码如下：

```
Arr(Item, 9)=Replace(WordApp.ActiveDocument.Tables(1).Rows(2).Cells(2). Range.Text, Chr(7), "")
```

随书提供案例文件和演示视频：19-6 从 Word 取值到 Excel.xlsm 和 19-6 从 Word 取值到 Excel.mp4

19.2.4 批量插入图片到 Word 并创建目录

案例要求：在文件夹中有若干图片，现要求将所有图片与名称插入到 Word 文档中，每张图片单独占一页。插入完成后还需要对图片创建目录，单击可以跳转到图片所在页。

实现步骤：

STEP 01 在 Excel 中按<Alt+F1>组合键打开 VBE 窗口，在菜单栏执行“工具”→“引用”命令，然后在“引用”对话框中将 Microsoft Word16.0 Object library 勾选（如果 Office 不是 2019 版本，则可能是其他版本号）。

STEP 02 在菜单栏执行“插入”→“模块”命令，在模块中输入以下代码：

```
Sub 批量插入图片并且生成目录()'随书案例文件中有每一句代码的含义注释
    Dim WordApp As New Word.Application
    Dim CLoseBl As Boolean, NewDoc As Word.Document, Item
    On Error Resume Next
```

```
    Set WordApp = GetObject(, "Word.Application")
    If Err.Number <> 0 Then
      Set WordApp = CreateObject("Word.Application")
      CLoseBl = True
    End If
    Set NewDoc = WordApp.Documents.Add
    With Application.FileDialog(msoFileDialogFilePicker)
    .AllowMultiSelect = True
    .ButtonName = "选好了"
    .Filters.Clear
    .Filters.Add "图片文件", "*.jpg;*.png;*.bmp;*.gif"
    .Title = "请选择所有图片"
    If .Show Then
        For Each Item In .SelectedItems
        WordApp.Selection.InsertBreak Type:=wdSectionBreakNextPage
        WordApp.Selection.TypeText Text:=Left(Dir(Item, vbNormal), Len(Dir (Item, vbNormal)) - 4)
        WordApp.Selection.Style = ActiveDocument.Styles("标题 3")
        WordApp.Selection.TypeParagraph
        WordApp.Selection.InlineShapes.AddPicture Item, False, True
      Next
      Else
      Exit Sub
      End If
    End With
    WordApp.Selection.HomeKey Unit:=wdStory
    WordApp.ActiveDocument.TablesOfContents.Add WordApp.Selection.Range, True, 1, 3, , , True, True,
"", True, True, True
    NewDoc.Windows(1).Visible = True
    MsgBox "生成完毕", 64, "友情提示"
End Sub
```

STEP 03 执行以上代码，程序会弹出一个选择图片的对话框，在对话框中选择所有图片，然后单击“选好了”按钮，程序会生成一个新的 Word 文档，并将所选中的图片和图片名称插入到 Word 文档中，同时创建目录。生成的图片目录效果如图 19-14 所示。

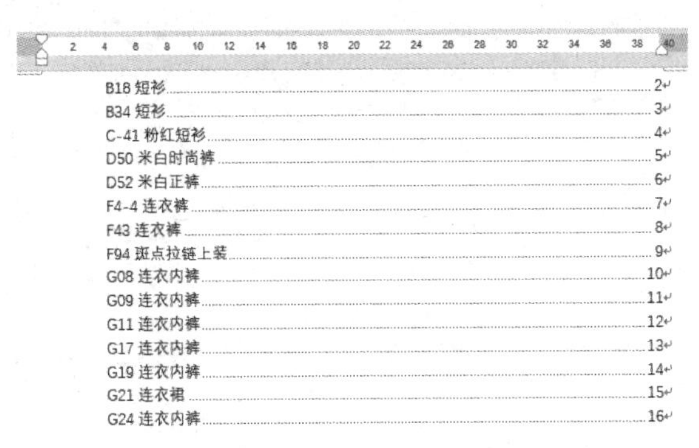
B18 短衫 2
B34 短衫 3
C-41 粉红短衫 4
D50 米白时尚裤 5
D52 米白正裤 6
F4-4 连衣裤 7
F43 连衣裤 8
F94 斑点拉链上装 9
G08 连衣内裤 10
G09 连衣内裤 11
G11 连衣内裤 12
G17 连衣内裤 13
G19 连衣内裤 14
G21 连衣裙 15
G24 连衣内裤 16

图 19-14　图片目录

STEP 04 单击目录中的“C-41 粉红短衫”，会跳转到 Word 文档的第 4 页。

STEP 05 根据个人需求或者喜好，你也可以为以上代码设计一个功能区菜单，设计步骤请参考第 18 章的内容。

思路分析：

向 Word 文档中插入文字、设置样式、插入空行、插入图片、插入分页符等都可通过录制宏产生代码。在获得代码以后，配合循环语句就可以批量操作了。

```
Sub 宏 1()
    Selection.TypeText Text:="123"
    Selection.Style = ActiveDocument.Styles("标题 3")
    Selection.TypeParagraph
    Selection.InlineShapes.AddPicture FileName:="C:\服装图片\B18 短衫.jpg", LinkToFile:=False,
SaveWithDocument:=True
    Selection.InsertNewPage
End Sub
```

在 Word 中录制宏产生的代码套在循环语句中即可实现本例的功能。

此外，在 Word 文档中生成目录也可以通过录制宏产生代码。

按如图 19-15 所示的方式设置好生成目录的参数，然后将整个过程录下来，即可得到目录相关的代码。

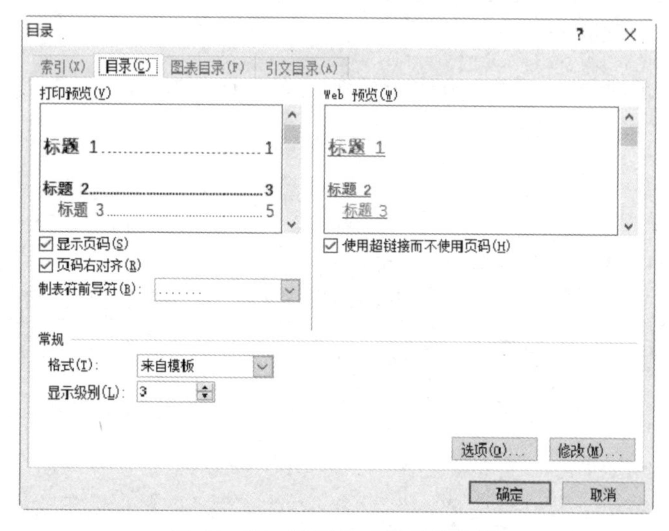

图 19–15　设置生成目录的参数

```
ActiveDocument.TablesOfContents.Add Range:=Selection.Range, RightAlignPageNumbers:=True,
UseHeadingStyles:=True, UpperHeadingLevel:=1, LowerHeadingLevel:=3, IncludePageNumbers:=True,
AddedStyles:="", UseHyperlinks:=True, HidePageNumbersInWeb:=True, UseOutlineLevels:=True
```

以上是录制宏生成的代码，比较冗长，可以修改为以下形式：

```
ActiveDocument.TablesOfContents.Add Selection.Range, True, 1, 3, , , True, True, "", True, True, True
```

学会录制宏，以及掌握 19.1 节的改造代码 4 条原则，就可以应付实际工作中的大部分需求了。

随书提供案例文件和演示视频：19-7 Word 中生成图片目录.xlsm 和 19-7 Word 中生成图片目录.mp4

19.3 使用 VBA 操作 PPT

使用 VBA 可以操作 Word，也可以操作 PPT，其开发思路相近。唯一不同的是，Word 可以通过录制宏获得代码，然后对代码进行少量修改即可成为最终所需效果，而 PPT 从 2007 版后就取消了录制宏的功能，为编写代码提供了难度。你可以安装 PPT 2003 版来录制宏，将其移植到高版本的 PPT 中使用，套用本章的一些简单手法来修改即可。

19.3.1　根据明细表和图片自动生成 PPT

案例要求：在如图 19-16 所示的产品信息表中，B 列、E 列和 H 列的值分别代表上装、裤子和模特图（套装）的图片名称。如图 19-17 所示的三张图片即为其中一套服装，分别对应上装、裤子和模特图。

	A	B	C	D	E	F	G	H	I
1	编号	上装名称	单价	促销价	裤子名称	单价	促销价	模特图	促销量长
2	001	1194008518	350	9折	1194K22581	288	9折	MT01	3天
3	002	1194010740	320	8.8折	1194P17737	269	8.8折	MT02	3天
4	003	1194Y05712	119	9折	1194P06722	199	9折	MT03	2天
5	004	1194D01704	540	7.8折	1194K02543	388	8折	MT04	3天
6	005	1194D54562	600	8折	1194P20484	488	8折	MT05	1天
7									

图 19-16　产品信息表

图 19-17　上装、裤子和模特图

如图 19-18 所示的文件夹“服装图”中包含了所有图片，对应图 19-16 中的产品信息。

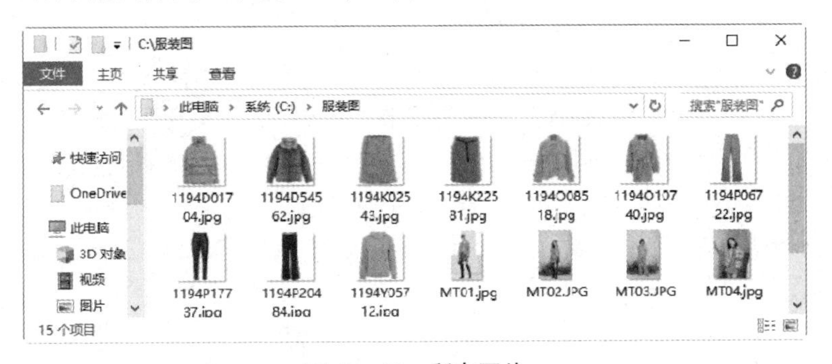

图 19-18　所有图片

现要求根据图 19-16 中的图片名称和图 19-18 中的图片生成一个 PPT 文件，该 PPT 文件中每一页存放一套服装图，上装放在左上角、裤子放在左下角，模特图（套装）放在右方，同时还需要在上装和裤子的右方显示产品的编号、原价和促销折扣。所有数据和图片皆按如图 19-19 所示的样本摆放。

图 19-19　PPT 文件

实现步骤：

STEP 01　由于本例中需要用到新建幻灯片、插入图片、插入文本框等知识，因此先通过 PPT 2003 版录制宏，获得基本的代码后进行少量修改，配合循环语句、条件语句等完成工作。

新建一个标题页，录制宏可以获得以下代码：

```
ActiveWindow.View.GotoSlide Index:=ActivePresentation.Slides.Add(Index:=1, Layout:=ppLayoutTitle).SlideIndex
```

新建一个正文页（即包含一个标题和正文文本框的版式），录制宏可以获得以下代码：

```
ActiveWindow.View.GotoSlide Index:=ActivePresentation.Slides.Add(Index:=2,
Layout:=ppLayoutText).SlideIndex
```

插入文本框并且输入内容“123”可以得到以下代码：

```
ActiveWindow.Selection.SlideRange.Shapes.AddTextbox(msoTextOrientationHorizontal, 42.5, 43.25, 158.75,
28.875).Select
With ActiveWindow.Selection.TextRange
    .Text = "123"
     With .Font
        .NameFarEast = "宋体"
        .Size = 18
     End With
End With
```

在 PPT 文件插入一张图片，录制宏可以得到以下代码：

```
ActiveWindow.Selection.SlideRange.Shapes.AddPicture(FileName:="C:\0001.png", LinkToFile:=msoFalse,
SaveWithDocument:=msoTrue, Left:=267, Top:=177, Width:=185, Height:=185).Select
```

只要善用以上代码，将它们与条件语句、循环语句、防错语句等搭配即可实现工作需求。

STEP 02 在 Excel 中按<Alt+F1>组合键打开 VBE 窗口，在菜单栏执行“工具”→“引用”命令，然后在“引用”对话框中将 Microsoft PowerPoint 16.0 Object Library 勾选（如果 Office 不是 2019 版本，则可能是其他版本号）。

STEP 03 在菜单栏执行“插入”→“模块”命令，根据前面的宏代码加以修改得到以下代码：

```
Sub 创建服装展示 PPT() '随书案例文件中有每一句代码的含义注释
    Dim PPTAPP As New PowerPoint.Application
    On Error Resume Next
    Set PPTAPP = GetObject(, "PowerPoint.Application")
    If Err.Number <> 0 Then Set PPTAPP = CreateObject("PowerPoint.Application")
    Dim Openpres As PowerPoint.Presentation, Item As Integer, Endrow As Integer
Dim PicPath As String, PicName As String, BiLi As Double
    Endrow = Cells.Find("*", Cells(1, 1), xlValues, xlWhole, xlByRows, xlPrevious).Row
    PicPath = ThisWorkbook.Path
  If Right(PicPath, 1) <> "\" Then PicPath = PicPath & "\服装图\" Else PicPath = PicPath & "服装图\"
    Set Openpres = PPTAPP.Presentations.Add(-1)
    PPTAPP.ActivePresentation.Slides.Add 1, 1
    With PPTAPP.ActivePresentation.Slides(1)
        .Shapes(1).TextFrame.TextRange.Text = "海内燕服  产品展示"
        .Shapes(2).TextFrame.TextRange.Text = "演讲人：张海燕"
    End With
    For Item = 2 To Endrow
        PPTAPP.ActivePresentation.Slides.Add Item, 2
        With PPTAPP.ActivePresentation.Slides(Item)
            .Shapes(2).Delete
            .Shapes(1).Delete
            '______________上装______________
            PicName = PicPath & Cells(Item, "B").Value & ".jpg"
            If Len(Dir(PicName, vbNormal)) > 0 Then
            With .Shapes.AddPicture(PicName, 0, -1, 0, 0)
                    BiLi = .Width / .Height
                    .Height = 250
                    .Width = BiLi * .Height
```

```
                .Top = 0
                .Left = 0
            End With
        End If
        With .Shapes.AddTextbox(1, 250, 100, 150, 60)
            .TextFrame.TextRange.Font.Color = vbBlue
            .TextFrame.TextRange.Font.Size = 14
            .TextFrame.TextRange.Text = "编号：" & Cells(Item, "B").Value & vbCrLf & "原价：" & Cells(Item,
"C").Value & vbCrLf & "促销：" & Cells(Item, "D").Value
        End With
        '_____________裤子_____________
        PicName = PicPath & Cells(Item, "E").Value & ".jpg"
        If Len(Dir(PicName, vbNormal)) > 0 Then
            With ..Shapes.AddPicture(PicName, 0, -1, 0, 0)
                BiLi = .Width / .Height
                .Height = 250
                .Width = BiLi * .Height
                .Top = PPTAPP.ActivePresentation.PageSetup.SlideHeight - .Width
                .Left = 0
            End With
        End If
        With .Shapes.AddTextbox(1, 250, 400, 150, 60)
            .TextFrame.TextRange.Font.Color = vbBlue
            .TextFrame.TextRange.Font.Size = 14
            .TextFrame.TextRange.Text = "编号：" & Cells(Item, "E").Value & vbCrLf & "原价：" & Cells(Item,
"F").Value & vbCrLf & "促销：" & Cells(Item, "G").Value
        End With
        '_____________模特图_____________
        PicName = PicPath & Cells(Item, "H").Value & ".jpg"
        If Len(Dir(PicName, vbNormal)) > 0 Then
      With .Shapes.AddPicture(PicName, 0, -1, 0, 0)
                BiLi = .Width / .Height
                .Height = 540
                .Width = BiLi * .Height
                .Top = 0
                .Left = PPTAPP.ActivePresentation.PageSetup.SlideWidth - .Width
            End With
        End If
    End With
  Next
  MsgBox "生成完毕", 64, "友情提示"
End Sub
```

STEP 04 将当前文件存放在“服装图”的相同路径下，例如，“服装图”的完整路径是“D:\PPT 演示\服装图\”，那么当前 Excel 文件的完整路径就是“D:\PPT 演示\服装图\ 19-8 Excel 转 PPT.xlsm”。

STEP 05 运行上面的代码，程序在几秒钟后会自动生成如图 19-20 所示的 PPT 文件。其中，第一页是标题页，其大标题是“海内燕服 产品展示”，副标题是“演讲人：张海燕”，可以随意修改；其他页的内容为上装、裤子和模特图的图片，以及产品的编号、原价、促销折扣。

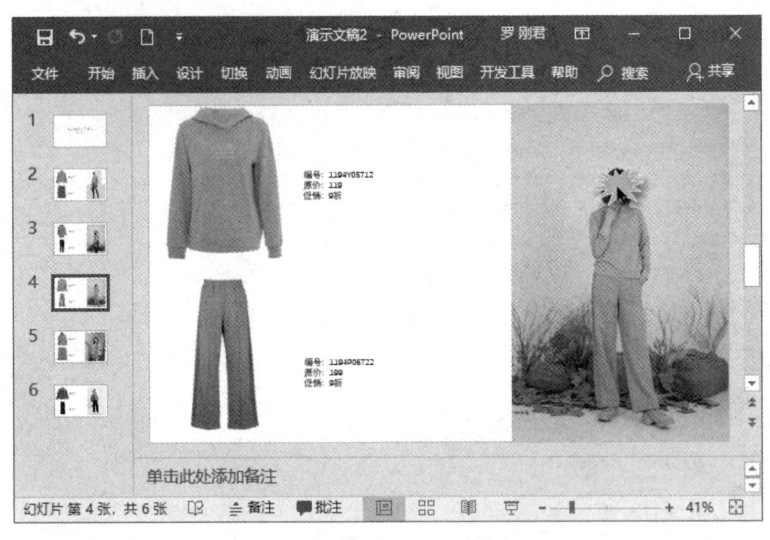

图 19-20　代码生成的 PPT 文件

思路分析：

本例过程用 Excel 的值和文件夹中的图片生成 PPT 主要包含以下三个步骤：

一、引用 PPT 对象

对变量 PPTAPP 赋值时要视当时的环境而定，如果 PPT 处于打开状态，那么通过 GetObject(, "PowerPoint.Application") 取得 PPT 对象；如果当前未打开 PPT，那么只能用 CreateObject("PowerPoint.Application")创建一个新的 PPT 对象，然后赋值给变量 PPTAPP。因此，在对变量 PPTAPP 赋值时需要做判断。

赋值成功以后，可以通过变量 PPTAPP 去引用 PPT 的一切子对象和属性、方法。

二、新建一个 PPT 文件并创建标题页

代码“PPTAPP.Presentations.Add(–1)”表示创建一个空白的 PPT 文件，参数–1 相当于 True，表示让 PPT 文件处于可见状态。如果赋值为 False，则表示让 PPT 文件处于隐藏状态。

创建空白 PPT 文件后，再通过代码“PPTAPP.ActivePresentation.Slides.Add 1, 1”新建一个空白的标题页，第一个参数表示当前页的序号，1 表示新建标题页放在最前面；第二个参数代表新建标题页的版式或者称为样式，1 代表标题页，该标题页包含一个大标题和一个副标题。如果改用 2，则代表该版式包含一个页标题和一个正文文本框。

在 PPT 中新建一页后，新页不会自动变成活动页，而在 Excel 中新建的工作表总会自动变成活动表。如果新建一页后要激活该页，还需要加一句代码“ActiveWindow.View.GotoSlide 新的页码”，变量“新的页码”的值是几，就会激活第几页。

三、引用单元格的值和图片到每一页中

生成正文时，采用代码“PPTAPP.ActivePresentation.Slides.Add Item, 2”，其第一参数表示序号，第二参数代表版式，该版式包含一个标题文本框和一个正文文本框。由于不需要标题和正文，因此通过代码“.Shapes(2).Delete”和“.Shapes(1).Delete”删除。

接着向 PPT 文件中插入三张图片，第一张图片是上装，图片名称的路径是 ThisWorkbook.Path，已经将它赋值给变量 PicPath；图片的名称在 B 列，代码“Cells(Item, "B").value & ".jpg"”即为图片名称。因此上装图片的完整路径是“PicPath & Cells(Item, "B").Value & ".jpg"”。

裤子和模特图的图片名称在 E 列和 H 列，因此插入裤子与模特图的代码与插入上装的代码仅差一个字，修改 Cells 的第二参数即可。

由于三张图片的位置不一致，所以在代码中通过 Top 属性和 Left 属性来控制。上装的 Top 和 Left 都为 0，表示放在左上方；裤子的 Left 为 0 表示左对齐，Top 的值采用“PPTAPP.ActivePresentation.PageSetup.SlideHeight - .Width”，代码含义为总高度减去图片的高度，表示下对齐，即图片放在左下方；模特图（套装）的 Top 为 0，Left 属性为“PPTAPP.ActivePresentation.PageSetup.SlideWidth - .Width”，代码含义为总宽度减去图片的宽度，也就是右对齐。

最后，还需要插入文本框，并且在文本框中存放编号、原价和促销价。

插入文本框的语法如下：

```
Shapes.AddTextbox(方向, 左边距,上边距, 宽度, 高度)
```

其中，第一参数赋值为 1 表示横向，改用 5 则表示纵向，可从帮助中找到这些信息。

其他 4 个参数控制文本框的大小和位置。那么在输入代码时如何才能知道这 4 个参数的值是多少呢？我们可以逆向操作，先手工画一个文本框，把大小和位置都确定好，然后用代码计算其左边距、上边距、宽度和高度，并将数值复制到代码中去。

插入文本框以后，可以为文本框指定字体名称、字号、字体颜色、文本内容等，这些都可以通过录制宏得到代码（请在 PPT 2003 版中录制）。

最后补充一个知识点：

PPT 2010 的页面分辨率是 720 像素×540 像素，PPT 2019 的页面默认分辨率为 960 像素×540 像素，即宽屏。本例代码是针对 PPT 2019 开发的，若要适用于 PPT 2010，那么套装（模特图）的 Top 和 Height 两个参数请分别修改为 30 和 460。

随书提供案例文件和演示视频：19-8 Excel 转 PPT.xlsm 和 19-8 Excel 转 PPT.mp4

19.3.2 批量从 PPT 中取值到 Excel

案例要求：文件夹中有若干个 PPT 文件，每个 PPT 文件的内容格式完全一致，首页标题为文件名，说明当前文件属于哪一年；正文页则包含产品名称和产品图片。如图 19-21 所示是存放 PPT 文件的文件夹，如图 19-22 和图 19-23 所示是第一个 PPT 文件的首页和第二页样式。

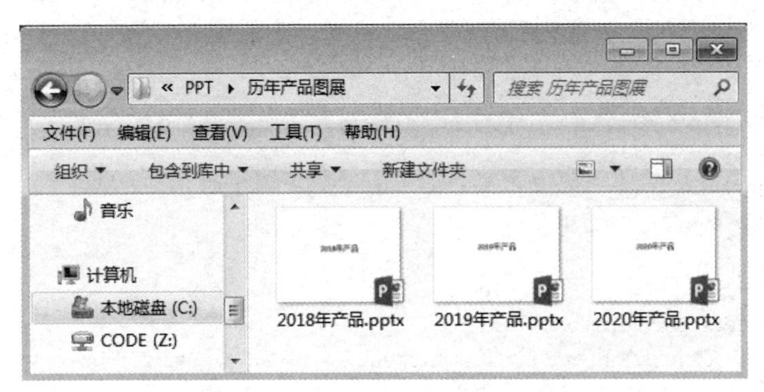

图 19-21　存放 PPT 文件的文件夹

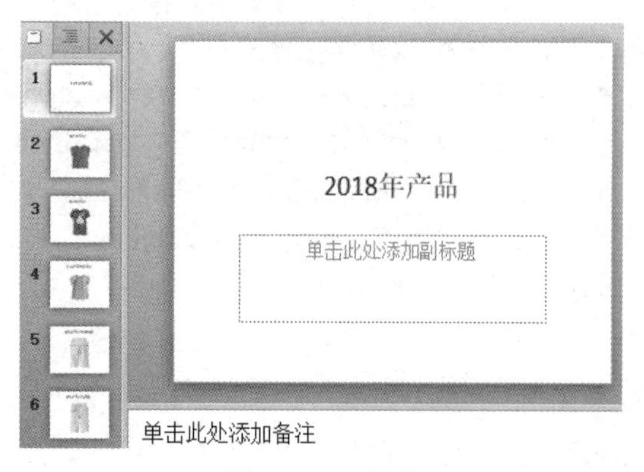

图 19-22　首页

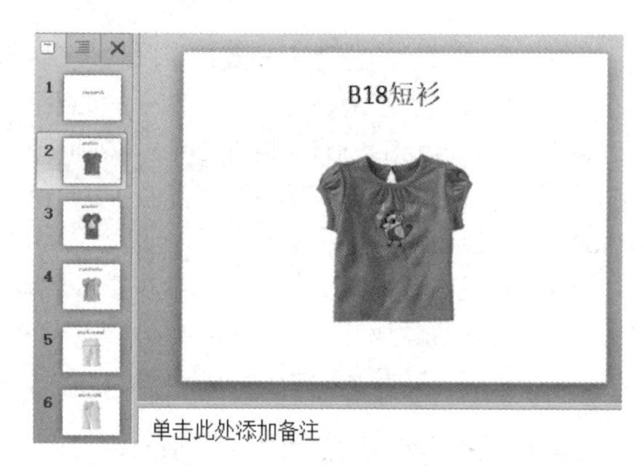

图 19-23　第二页

现要求将所有 PPT 文件的标题、产品名称和产品图片一一导出到 Excel，并整理成表格。

实现步骤：

本例用到的关于 PPT 的知识相当得少，仅仅是打开文件、复制内容、关闭文件而已，因此连录制宏的工作都可以省了，直接写代码即可。

STEP 01 在 Excel 中按<Alt+F1>组合键打开 VBE 窗口，在菜单栏执行"工具"→"引用"命令，然后在"引用"对话框中将 Microsoft PowerPoint 16.0 Object Library 勾选（如果 Office 不是 2019 版本，则可能是其他版本号）。

STEP 02 在菜单栏执行"插入"→"模块"命令，然后输入以下代码：

```
Sub 整理 PPT()'随书案例文件中有每一句代码的含义注释
  Dim PPTAPP As New PowerPoint.Application, CloseBl As Boolean
  On Error Resume Next
  Set PPTAPP = GetObject(, "PowerPoint.Application")
  If Err.Number <> 0 Then
    CloseBl = True
    Set PPTAPP = CreateObject("PowerPoint.Application")
  End If
  Dim OpenPres As PowerPoint.Presentation, Item As Integer, FileName As String
  Dim PPTItem As Integer, Cell As Excel.Range
  With Application.FileDialog(msoFileDialogFilePicker)
    .Filters.Clear
    .Filters.Add "PPT 文件", "*.ppt*", 1
    .ButtonName = "选好了"
    .AllowMultiSelect = True
    .Title = "请选择所有 PPT 文件，可按<Ctrl+A>组合键全选"
 If .Show Then
 ThisWorkbook.ActiveSheet.UsedRange.Clear
      ActiveSheet.DrawingObjects.Delete
      ThisWorkbook.ActiveSheet.Range("a1:k1").Value = Array("文件名称", "产品 1", "产品图片", "产品
2", "产品图片", "产品 3", "产品图片", "产品 4", "产品图片", "产品 5", "产品图片")
      For Item = 1 To .SelectedItems.Count
        FileName = .SelectedItems(Item)
        Set OpenPres = PPTAPP.Presentations.Open(FileName)
        ThisWorkbook.ActiveSheet.Cells(Item + 1, "A").Value = OpenPres.Slides(1).
Shapes(1).TextFrame2.TextRange.Text
        For PPTItem = 2 To OpenPres.Slides.Count
          ThisWorkbook.ActiveSheet.Cells(Item + 1, (PPTItem - 1) * 2).Value =
OpenPres.Slides(PPTItem).Shapes(1).TextFrame2.TextRange.Text
```

```
                OpenPres.Slides(PPTItem).Shapes(2).Copy
                ThisWorkbook.ActiveSheet.Paste
                Set Cell = ThisWorkbook.ActiveSheet.Cells(Item + 1, (PPTItem - 1) * 2 + 1)
                With Selection
                    .ShapeRange.LockAspectRatio = msoFalse
                    .Placement = xlMoveAndSize
                    .Left = Cell.Left
                    .Top = Cell.Top
                    .Width = Cell.Width
                    .Height = Cell.Height
                End With
            Next
            OpenPres.Close
        Next Item
        ThisWorkbook.ActiveSheet.Range("2:" & Item).RowHeight = 50
        ThisWorkbook.ActiveSheet.UsedRange.EntireColumn.AutoFit
        ThisWorkbook.ActiveSheet.UsedRange.Borders.LineStyle = 1
        ThisWorkbook.ActiveSheet.Range("A1:K1").Style = "着色  1"
    End If
  End With
  If CloseBl Then PPTAPP.Quit
End Sub
```

STEP 03 执行以上代码，程序会弹出一个选择 PPT 文件的对话框。选中所有文件后单击“选好了”按钮，程序会逐一打开所选的 PPT 文件，然后取值并关闭文件，最后整理 PPT 数据到 Excel 的结果如图 19-24 所示。

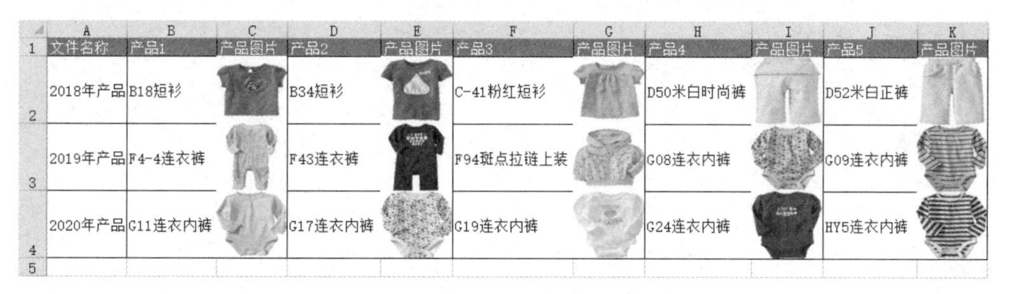

文件名称	产品1	产品图片	产品2	产品图片	产品3	产品图片	产品4	产品图片	产品5	产品图片
2018年产品	B18短衫		B34短衫		C-41粉红短衫		D50米白时尚裤		D52米白正裤	
2019年产品	F4-4连衣裤		F43连衣裤		F94斑点拉链上装		G08连衣内裤		G09连衣内裤	
2020年产品	G11连衣内裤		G17连衣内裤		G19连衣内裤		G24连衣内裤		HY5连衣内裤	

图 19-24　整理 PPT 数据到 Excel 的结果

思路分析：

本例的思路相当简单，打开 PPT 文件并取值、复制图片，最后关闭文件。

从 PPT 中取值的重点在于找到每一页的引用方式以及文本框数据的引用方式，其他都很简单。引用第几页采用 Slides（序号）的方式实现，而该页的第一个图形对象则用“Slides（序号）.Shapes（1）”表示，如果要取该图形对象中的字符，则用以下代码：

```
Slides(序号).Shapes(1).TextFrame2.TextRange.Text
```

其中，TextFrame2 代表图形对象中的文本框，TextRange 代表文本框中的文本对象。

TextRange.Text 属性代表文框中的字符，可读也可写。TextRange.Font 则是文本的字体对象了，可以通过它修改文本框中的字体名称、字体颜色以及字号等。

想从 PPT 中获取图片的话，使用 Shape.Copy 方法即可。在 PPT 中，文本框和图片都属于 Shape 对象，因此 Slides（序号）.Shapes（1）可能是图片也可能是文本框，参数由先后顺序决定。如果不是手工插入的文本框，而是页面自带的文本框，那么 Slides（序号）.Shapes（1）一定是文本框。

如果你不清楚页面中和文本框和图片的序号，可用以下用代码测试：

```
MsgBox ActivePresentation.Slides(2).Shapes(1).HasTextFrame
MsgBox ActivePresentation.Slides(2).Shapes(2).HasTextFrame
```

如果返回值为 0（也就是 False），则表示它是图片；如果返回值为–1（也就是 True），则表示它是文本框。

当确定页面中第几个 Shape 对象是图片以后，就可以直接对该对象进行复制，然后到 Excel 中粘贴，粘贴后调整其位置和尺寸即可。粘贴图片的代码如下：

```
ThisWorkbook.ActiveSheet.Paste
```

另外需要强调，代码“Range("A1:K1").Style = "着色 1""仅适用于 Excel 2016 和 Excel 2019，在 Excel 2010 中要用“Range("A1:K1").Style = "强调文字颜色 1""。

随书提供案例文件和演示视频：19-9 从 PPT 中取值到 Excel.xlsm 和 19-9 从 PPT 中取值到 Excel.mp4

第 20 章　高阶应用 10：开发通用插件

Excel 插件包含加载项和加载宏，它们都类似于游戏中的“外挂”程序。Excel 插件可用于强化 Excel 的功能、提升工作效率。

DLL 格式的插件是加载项，xla 格式和 xlam 格式的插件是加载宏，本章只讲开发加载宏。

将普通的 VBA 代码转换成加载宏通常不需要超过 3 分钟，操作方法相当简单。本章会演示 2 个加载宏的设计过程，用户可以使用相同思路将前文的各种代码都改成加载宏。

20.1　认识加载宏

加载宏是从 Excel 97 开始推广的一类工作簿格式，扩展名为 xla，升级到 Excel 2007 时新增了一种功能更强大的加载宏，其扩展名为 xlam。

下面介绍的插件都采用 xlam 作为扩展名。

20.1.1　加载宏的特点

加载宏也是一个工作簿，但它是一个特殊的工作簿。加载宏与其他工作簿的区别是它拥有普通工作簿所没有的一些特性，主要体现在以下 6 个方面：

- ◆ 加载宏的 IsAddin 属性为 True，代表它是加载宏工作簿。
- ◆ 使用 Workbooks.Count 统计工作簿数量时会自动忽略加载宏工作簿。
- ◆ 加载宏的窗口是隐藏的，并且无法通过功能区中任何功能按钮操作加载宏工作簿。
- ◆ 安装加载宏后，在任意工作簿中都可以调用存放在加载宏中的代码，打开任意工作簿时都会自动打开加载宏工作簿。
- ◆ 无法通过按<Alt+F8>组合键调用加载宏中的任何代码，但能通过菜单或者快捷键调用。
- ◆ 加载宏的工作簿结构无法手工修改，如增减工作表、拆分窗口、设置工作表背景、删除工作表中的数据等，此特性可保护加载宏工作簿的数据及确保程序的正常运行。

将带有宏的普通工作簿另存为加载宏有以下 3 个好处：

- ◆ 加载宏的所有程序可以应用于当前打开的所有工作簿，而不仅限于代码所在工作簿。
- ◆ 加载宏工作簿不管存放在任何文件夹下都可以通过简单地安装就能一直自动运行下去，直到手工删除文件或者卸载加载宏。
- ◆ 加载宏中的代码不受宏的安全性限制，即禁用宏也一样可以调用加载宏中的代码。

将普通工作簿转换成加载宏的方法是另存文件，在“保存类型”对话框中选择扩展名为“xla”或者“xlam”格式即可，操作界面如图 20-1 所示。

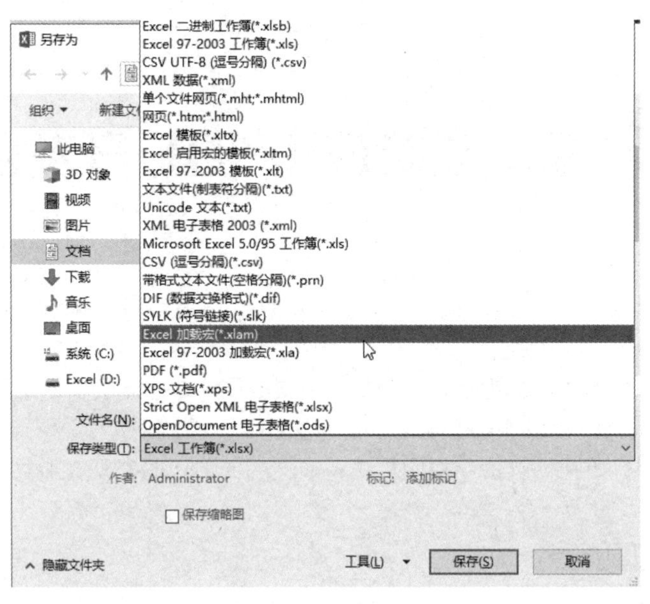

图 20-1　操作界面

20.1.2　为什么使用加载宏

加载宏就是一个插件，用于弥补 Excel 自身功能的不足。

通常在以下情况下需要使用插件来完成工作：

◆ 使用 Excel 自身的功能可以达成需求，但操作步骤过多，效率偏低。

例如，根据工资明细表生成工资条，虽然插入空行、复制标题行、粘贴标题行，然后循环以上步操作可以完成工作，但是在效率上与插件相比有天壤之别，利用加载宏可以瞬间完成，而手工操作可能不少于 10 分钟。

◆ Excel 自身的函数可以完成，但需要诸多函数嵌套，对新手的教学成本偏高。

例如，要利用公式计算"华为 Mate40 手机购入 1 台 7888.50 元、三星 Note 20 手机购入 2 台 18000 元"中的金额合计可以使用以下公式完成：

```
=SUMPRODUCT(--TEXT(MID(TEXT(MID(SUBSTITUTE("★"&A1,"元",REPT(" ",15)), ROW($1:$999),15),),2,15),
"0.00;-0;0;!0"))
```

显然以上公式过于复杂，要向新手解释公式的功能和运算过程，以及教会对方根据实际需求修改以上公式可能需要 10 天以上的时间，而采用 16.5.4 节的自定义函数完成相同统计仅需使用以下简短的公式，即使是函数的初学者也仅需 1 分钟便足以学会使用：

```
=合计(A1,"元")
```

◆ Excel 自身的功能无法完成的一些工作，需要借助 VBA 开发的插件来实现。

查询股票或者天气信息、按字体颜色汇总、分页小计、底端标题等都是 Excel 本身不具备的功能，借助加载宏却可以实现。

在扩展名为 xlsm 的工作簿中添加了生成功能区选项卡的 xml 代码后，只有打开该工作簿才能看到新建的功能区选项卡或者菜单，而将工作簿另存为扩展名为 xlam 的加载宏文件，然后加载这个工作簿，那么打开任意工作簿都可以看到新建的功能区选项卡和菜单，可以随意调用其功能。如果要求工作簿中的代码应用于所有工作簿，应该将工作簿保存为加载宏。

20.1.3　加载项管理器

Excel 提供了一个加载项管理器，在其中显示了当前的加载项和加载宏，并通过是否勾选来标示每个加载项和加载宏的可用状态。

打开加载项管理器的快捷键是<Alt+T+I>组合键，按<Alt>键后松开，再按<T>键，松开后再按<I>键。

在默认状态下，在加载项管理器中有若干个内置的加载宏，例如“分析工具库”“规划求解加载项”等，如图 20-2 所示。

你可以单击加载项管理器中的“浏览”按钮添加新的加载宏文件，或者通过单击“自动化”按钮添加新的加载项文件。

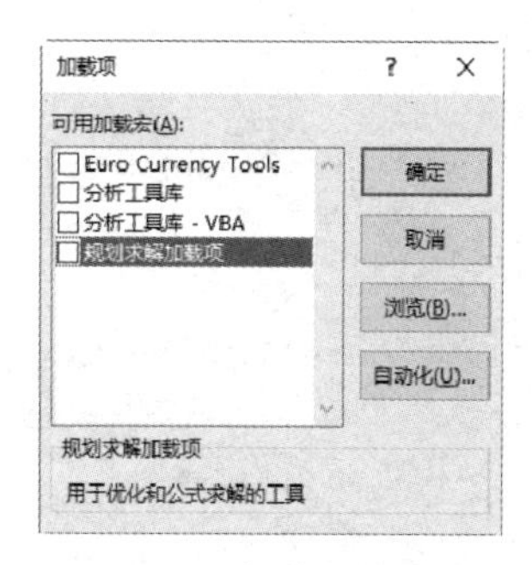

图 20-2　加载项管理器

20.1.4　加载内置的加载项

Excel 自带有若干个内置的加载项，但在默认状态下它只是罗列在加载项管理器中，却并没有发挥功效。如果需要运行这些内置的加载项，应按<Alt+T+I>组合键打开“加载项”窗口，然后对需要使用的加载项或加载宏进行勾选，当单击“确定”按钮后，如果磁盘中有 Office 的安装文件并且从未移动过位置，那么 Excel 会自动从该位置加载相应的加载项文件，否则可能会提示用户选择安装文件路径。

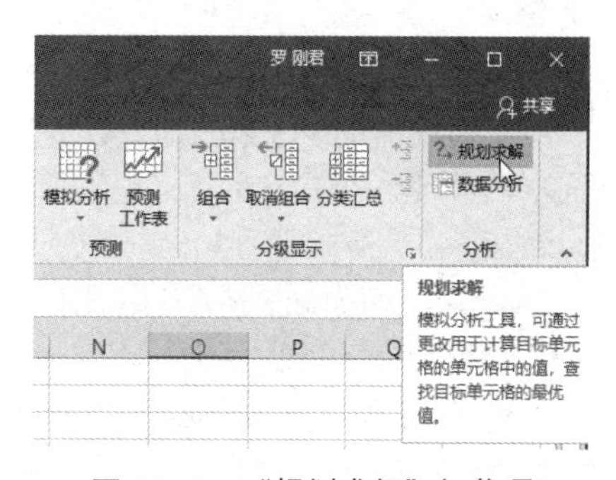

图 20-3　“规划求解”加载项

如图 20-3 所示是安装“规划求解”加载项之后产生的新菜单。

如果用户使用的是精简版 Office，那么加载项管理器中可能一片空白。

20.1.5　安装与卸载自定义加载宏

用户开发的加载宏（xla 和 xlam 格式的文件）需要安装才能长期使用，双击打开加载宏只能使用一次，下次要调用其功能时又需要手动打开工作簿。

安装自定义加载宏需要通过加载项管理器来完成。

假设在“D:\我的开发工具”文件夹中有一个名为“批量替换 Word 中的错别字.xlam”的加载宏，通过加载项管理器安装这个加载宏的步骤如下：

STEP 01 按<Alt+T+I>组合键打开加载项管理器。

STEP 02 单击“浏览”按钮，打开“浏览”对话框，进入“D:\我的开发工具”文件夹中选中“批量替换 Word 中的错别字.xlam”文件，然后单击“确定”按钮返回加载项管理器，在对话框中可以看到添加的“批量替换 Word 中的错别字”加载宏，如图 20-4 所示。

STEP 03 单击“确定”按钮，回到工作表界面，在“开始”选项卡中可以看到“Word 批量替换”菜单，加载宏产生的功能区组件如图 20-5 所示。

由于安装加载宏后每次打开 Excel 都会自动打开加载宏工作簿，因此任何时候都可以在“开始”选项卡中看到“Word 批量替换”加载宏所产生的功能区组件。

随书提供案例文件和演示视频：20-1 批量替换 Word 中的错别字.xlam 和 20-1 安装加载宏.mp4

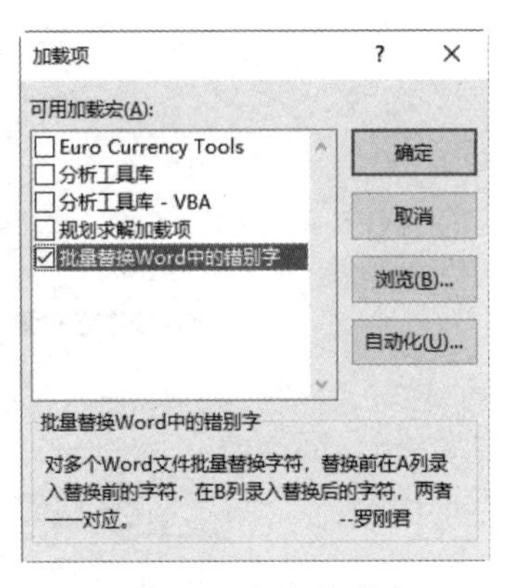

图 20-4　添加加载宏

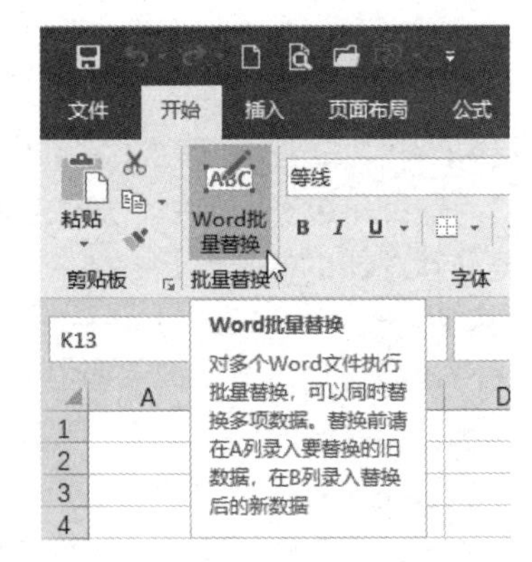

图 20-5　加载宏产生的功能区组件

20.1.6　开发加载宏应选哪种格式

加载宏文件包括 xla 和 xlam 两种格式，它们的区别如下：

xla 格式是早期版本的加载宏格式，它的工作表仅包含 65536 行×256 列，只支持传统菜单，不支持功能区。但是它的优点是在 Excel 2003、Excel 2007、Excel 2010、Excel 2013、Excel 2016、Excel 2019 版本中都可以正常工作。

xlam 是从 Excel 2007 开始投入使用的一种新格式，它的工作表支持 1048576 行×16384 列，同时支持传统菜单和功能区。

在实际工作中，由于 Excel 2003 过于古老，用户群体太少，开发插件时可以直接采用 xlam 格式，支持 Excel 2003 以上的版本就足够了，除非客户的环境只能用 Excel 2003 时才采用 xla 格式。

由于 Excel 2003 的用户群体太少，因此本书取消了设计传统菜单的章节。

20.1.7　安装加载宏后如何引用其数据

加载宏本质上也是一个工作簿文件，但它是处于隐藏状态的工作簿，因此要引用加载宏的工作表中的数据和引用普通工作簿的工作表数据有所不同。

加载宏处于隐藏状态，因此它不可能成为活动工作簿，也没有活动工作表，要引用其中的数据时必须将工作簿名称、工作表名称和单元格地址书写完整。例如，加载宏的名字是“快速查找.xlam”，要引用它的第 1 个工作表中的 A1:A10 区域应采用以下代码：

```
Arr=Workbooks("快速查找.xlam").Worksheets(1).Range("a1:a10").Value
```

简而言之，引用加载宏工作簿中的单元格时不能忽略工作簿和工作表对象。

20.1.8　设计加载宏的附加工作

加载宏尽管也是一个工作簿，但它本质上属于工具性质，因此在设计加载宏时与设计普通工作表稍有区别。对于加载宏工作簿，编好代码后还需要注意以下三点。

1. 工程加密

将工程加密的目的是防止意外破坏代码，而不是防止他人查看代码。

在 20.2.4 节的插件开发过程中会涉及工程加密的步骤。

2. 提供菜单

加载宏中的所有 Sub 过程都不能通过按<Alt+F8>组合键调用，因此应该为加载宏工作簿设计菜单，方便用户快速调用代码。

3. 提供帮助

加载宏的开发者和终端用户往往并不是同一个人，即开发加载宏后多数情况是给他人使用。为了降低学习成本，在设计加载宏时应该为加载宏设计帮助，指示加载宏中的每个 Sub 过程或者 Function 过程的具体使用方法。帮助可以是文字形式的，也可以是动画或者视频形式的。

20.2 开发合并工作表插件

将多个工作表中的数据合并到一个工作表中来，这是很多办公文员的共同需求。

本节将介绍合并工作表的通用插件开发流程，展示所有步骤，开发其他插件也会遵循此流程。

20.2.1 确认程序需具备的功能

类似于建筑行业在筑房前需要绘制图纸、写作文前需要罗列提纲，开发插件前也需要罗列出插件的基本功能，避免在开发过程中遗漏。

本节所开发的合并工作表插件需要具备的功能如下：

（1）将活动工作簿中的所有工作表的值合并到一个工作表中，忽略隐藏工作表。

（2）需要提供“将公式转换成值”的选项，用户从而可以选择保留公式或者不保留公式。

（3）提供排除部分工作表的功能，即在某些特殊情况下可以让某些工作表不参与合并。

（4）不能将工作表中只有格式没有数据的行合并进来。例如最后几行只有背景色或边框但没有数值就不参与合并。如图 20-6 所示的第 5 行和第 6 行都属于只有格式没有数值的区域。

（5）不能将合并单元格的最后几行丢失。如图 20-7 所示为占用两个空行的合并单元格，第 9 行可以不参与合并单元格，但是第 7 行和第 8 行必须保留。

	A	B
1	标题	标题
2	标题	标题
3	正文	正文
4	正文	正文
5		
6		
7		

图 20-6　只有格式没有数值的区域

	A	B	C
1	地区	代表	
2		欧阳华	
3	西南区	石开明	
4		王双丽	
5		陈云贵	
6	华南区	单烟云	
7			
8			
9			

图 20-7　占用两个空行的合并单元格

20.2.2 设计窗体

虽然不用设计窗体也可以实现合并工作表，但是由于合并工作表时涉及几个参数需要设置，为了便于用户操作，有必要做一个窗体，从而使其更直观、便捷。

窗体的设计过程如下：

（1）新建一个空白工作簿，按<Alt+F11>组合键打开 VBE 窗口。

（2）在菜单栏执行“插入”→“窗体”命令，从而生成一个空白窗体。

（3）在窗体中插入一个标签控件，将 Caption 属性修改为“待合并工作表”。

（4）在标签控件右方插入复选框控件，将 Caption 属性修改为“将公式转换成值”。

（5）在下面添加一个列表框。

（6）在列表框下方添加两个命令按钮，并且将 Caption 属性分别修改为“删除选中的表”和“合并工作表”。最后将所有窗体组件按如图 20-8 所示的方式进行布局。

图 20-8　窗体组件布局

20.2.3　生成窗体代码

窗体中的两个命令按钮都需要提供相应的代码，同时激活窗体时需要在列表框中同步加载工作表名称，因此在窗体中总共需要编写 3 个过程。

（1）双击窗体，进入窗体代码窗口，然后删除自动生成的代码，重新输入以下新的代码：

```
Private Sub UserForm_Activate()' 随书案例文件中有每一句代码的含义注释
    Dim sht As Worksheet
    For Each sht In Worksheets
        If sht.Visible = xlSheetVisible Then
          Me.ListBox1.AddItem sht.Name
      End If
    Next
End Sub
```

代码含义是激活窗体时将每个可见工作表的名称逐一导入到列表框中。

（2）继续输入以下代码，它对应“删除选中的表”命令按钮，其含义是从列表框中删除当前选中的项目：

```
Private Sub CommandButton1_Click()' 随书案例文件中有每一句代码的含义注释
    If ListBox1.ListIndex >= 0 Then
      Me.ListBox1.RemoveItem (ListBox1.ListIndex)
    Else
      MsgBox "请选择需要删除的项目", 64, "提示"
    End If
End Sub
```

（3）继续输入以下代码，它对应“合并工作表”命令按钮：

```
Private Sub CommandButton2_Click()' 随书案例文件中有每一句代码的含义注释
    On Error Resume Next
    Dim HeBingSht As Worksheet, Sht As Worksheet, Item As Integer, EndRow As Long, MyTop As Long,
GongShiBl As Boolean, BiaoTi
    BiaoTi = Application.InputBox("请指定标题行的数量，0 到 10 之间", "标题行数量", 2, , , , , 1)
    If TypeName(BiaoTi) = "Boolean" Then Exit Sub
    If BiaoTi < 0 Or BiaoTi > 10 Then
            MsgBox "只能是 0 到 10 的值", 64, "友情提示":   Exit Sub
    End If
    Application.DisplayAlerts = False
    Sheets("总表(合并)").Delete
    Set HeBingSht = Sheets.Add(, Worksheets(Worksheets.Count))
    HeBingSht.Name = "总表(合并)"
    Application.ScreenUpdating = False
    Application.EnableEvents = False
    Application.Calculation = xlCalculationManual
    GongShiBl = CheckBox1.Value
    If BiaoTi = 0 Then
```

```
        For Item = 1 To ListBox1.ListCount
            Set Sht = Worksheets(ListBox1.List(Item - 1))
            Sht.Select
            EndRow = Cells.Find("*", Cells(1, 1), xlValues, xlWhole, xlByRows, xlPrevious).Row
            Rows("1:" & EndRow).Select
            Selection.Copy
            With HeBingSht.Cells(HeBingSht.UsedRange.Rows.Count + IIf(Item = 1, 0, 1), 1)
                .PasteSpecial xlPasteColumnWidths
                .PasteSpecial xlPasteAll
                If GongShiBl Then
                    .PasteSpecial xlPasteValues
                End If
            End With
        Next
  Else
        Worksheets(ListBox1.List(0)).Rows("1:" & BiaoTi).Copy HeBingSht.Cells(1, 1)
        For Item = 1 To ListBox1.ListCount
            Set sht = Worksheets(ListBox1.List(Item - 1))
            sht.Select
            EndRow = Cells.Find("*", Cells(1, 1), xlValues, xlWhole, xlByRows, xlPrevious).Row
            If sht.UsedRange.Rows.Count > BiaoTi Then
                Rows(BiaoTi + 1 & ":" & EndRow).Select
                Selection.Copy
                With HeBingSht.Cells(HeBingSht.UsedRange.Rows.Count + 1, 1)
                    .PasteSpecial xlPasteColumnWidths
                    .PasteSpecial xlPasteAll
                    If GongShiBl Then
                        .PasteSpecial xlPasteValues
                    End If
                End With
            End If
        Next
  End If
    HeBingSht.Select
    Range("a1").select
  Application.DisplayAlerts = True
  Application.ScreenUpdating = True
  Application.EnableEvents = True
  Application.Calculation = xlCalculationAutomatic
  Unload Me
  MsgBox "合并完成", 64, "友情提示"
End Sub
```

代码可以分四步理解：

一、让用户指定工作表的标题行数

弹出对话框让用户输入标题行数，采用 Application.InputBox 方法即可。由于行数是数值，因此 Application.InputBox 的最后一个参数必须用 1。

此外，标题行数限制在 0~10。0 适用于不同工作表采用不同标题的情况，合并工作表时将标题一并复制到总表中；1~10 则适用于所有表都拥有相同标题行的情况，不管合并多少个工作表，只复制一次标题行，避免重复。

二、删除原有的总表替换为空表

如果以前合并过工作表，则工作簿中必定有“总表（合并）”工作表，否则不存在“总表（合并）”工作表。为了统一操作，不管是否存在“总表（合并）”，都先用代码删除“总表（合并）”，然后新建一个空白的“总表（合并）”，用于存放新的待合并数据。

由于删除非空工作表时会弹出一个询问对话框，从而影响代码的执行效率，因此在删除工作表的代码之前需要通过“Application.DisplayAlerts = False”屏蔽特定提示框。

三、如果标题行数为 0，那么复制每个表的标题和数据到总表中

如果用户输入的标题行数为 0，那么通过循环语句遍历列表框中的每一个工作表，逐个复制每个表的所有数据，然后粘贴到总表中。

此步骤有两个重点：复制数据和粘贴数据。其中，复制数据未采用“Activesheet.Usedrange.Copy”，因为 Activesheet.Usedrange 对象包含了一些多余的区域。例如，图 20-6 中第 5 行和第 6 行也未使用“Rows("1:" & EndRow).Copy”，因为在如图 20-9 所示的这种表中 EndRow 的值为 7，而实际需求是需要复制第 1 行到第 9 行，因此本例采用代码“Rows("1:" & EndRow).Select”选择区域，然后用“Selection.Copy”语句复制区域的值。

当选择包含合并单元格的行时，Excel 会根据合并单元格的大小自动调整区域大小，避免遗漏。例如，针对如图 20-9 所示的包含空行的合并单元格，使用代码“Rows("1:7").EntireRow.Select”选择第 1 到 7 行时，它会根据合并单元格大小自动调整区域，变成选中第 1 行到第 9 行，从而解决遗漏问题，效果如图 20-10 所示。

	A	B
1	地区	代表
2	西南区	欧阳华
3		石开明
4		王双丽
5	华南区	陈云贵
6		单烟云
7		赵国庆
8		
9		
10		
11		

图 20-9　包含空行的合并单元格

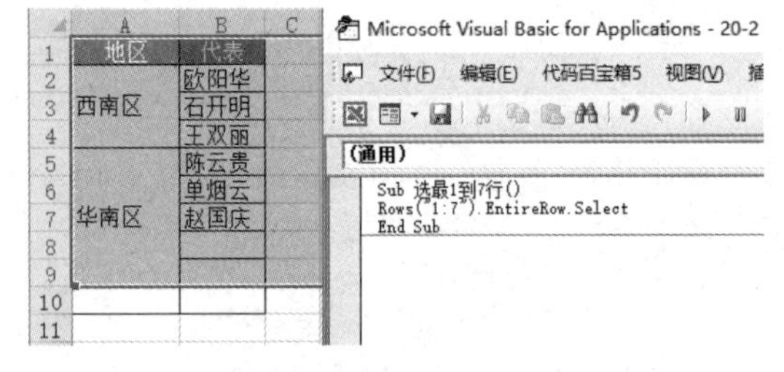

图 20-10　根据合并单元格大小自动调整区域

关于粘贴数据的问题，程序中没有直接用“.PasteSpecial xlPasteAll”实现，而是通过粘贴三次来实现需求，每一次粘贴都有其实际价值。

第一次采用“.PasteSpecial xlPasteColumnWidths”语句，表示粘贴列宽，忽略数值。它的作用在于让合并单元格后的总表保持分表的列宽，避免表格变形、不利于查看；第二次粘贴时采用“.PasteSpecial xlPasteAll”，它表示粘贴全部，包含所有数据和单元格的边框、颜色、行高等信息；最后还需要第三次粘贴，只是粘贴前需要判断变量 GongShiBl 的值，当其值为 True 时就粘贴数值，相当于去除总表中的所有公式。

尽管在代码编写和代码执行效率上都不是很精捷、高效，但是本例的代码却比较灵活，并且通用性好，能满足更多的用户需求。

四、如果标题行数大于 0，那么先复制标题行后逐个复制每个表的数据到总表

当变量 BiaoTi 的值大于 0 时，表明用户只想要复制一次标题，因此编写代码时将复制标题与复制正文分开来处理。

Rows("1:" & BiaoTi)代表标题区域，Rows(BiaoTi + 1 & ":" & EndRow)代表非标题区域。复制标题的代码放在循环语之外，只执行一次。

20.2.4　设计功能区菜单

除了调用窗体，还需要做一个帮助菜单，用于展示当前插件的操作方法，因此需要为插件设

计两个菜单，具体步骤如下。

STEP 01 打开 Custom UI Editor 软件，并从软件中打开“20-2 合并工作表.xlsm”。

STEP 02 在菜单栏执行“Insert”→“Office 2010 Custom UI Part”命令，从而插入一个 customUI14.xml 文件，然后在代码窗口中输入以下代码，用于生成选项卡，并在其中创建组和命令按钮：

```
<customUI xmlns="http://schemas.microsoft.com/office/2009/07/customui">
 <ribbon startFromScratch="false">
  <tabs>
   <tab id="CustomTab" label="合并工作表" insertAfterMso="TabHome">
     <group id="Group1" label="合并工作表">
     <button id="Button1" label="合并工作表" screentip="合并工作表" supertip="将活动工作簿中指定的工作表合并到一个工作表中，忽略隐藏工作表，忽略末端只有格式没有数据的行。"  onAction="合并工作表" imageMso="CustomActionsMenu" size="large" />
     <button id="Button2" label="使用教材" screentip="使用教材" supertip="单击打开教材，学习操作步骤"  onAction="使用教材" imageMso="FilePackageForCD" size="large" />
     </group>
   </tab>
  </tabs>
 </ribbon>
</customUI>
```

STEP 03 在 Custom UI Editor 中保存文件。

STEP 04 双击打开“20-2 合并工作表.xlsm”，按<Alt+F11>组合键打开 VBE 窗口。

STEP 05 在菜单栏执行“插入”→“模块”命令，然后在模块 1 中输入以下代码：

```
Sub 合并工作表(control As IRibbonControl)
  UserForm1.Show 0
End Sub
Sub 使用教材(control As IRibbonControl)
  If Len(Dir(ThisWorkbook.Path & "\教学.mp4", vbNormal)) > 0 Then
        Shell "explorer.exe """ & ThisWorkbook.Path & "\教学.mp4"""
  Else
        MsgBox "未发现名为 教学.mp4 的文件。", 64, "提示"
  End If
End Sub
```

第一个过程用于调用“合并工作表”窗体，第二个过程用于打开名为“教学.mp4”的视频文件，因此需要写完代码以后再录制一个操作视频，将视频文件命名为“教学.mp4”，并与当前工作簿存放在相同文件夹中。

STEP 06 在菜单栏执行“工具”→“VBAProject 属性”命令，进入“保护”选项卡，然后将“查看时锁定工程”勾选，在两个密码框中输入代码“135”，最后单击“确定”按钮，完成锁定工程的工作。输入密码保护工程如图 20-11 所示。

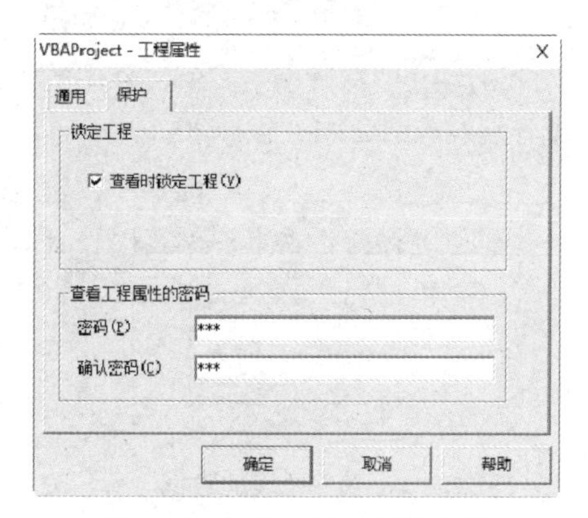

图 20-11　输入密码保护工程

锁定工程是为了避免误操作导致破坏代码，而不是防止破解。我们可以瞬间破解这种保护。

STEP 07 将当前工作簿另存为“20-2 合并工作表.xlam”，表明这是一个加载宏文件。

STEP 08 在文件夹中对文件进行右击，并从弹出的右键菜单中选择“属性”命令，然后在属性对话框中的“详细信息”选项卡中为插件添加标题、主题和备注，可以随意定制。

随书提供案例文件：20-2 合并工作表文件夹

以上文件夹中包含 4 个文件，包括一个 xlam 格式的插件，两个演示素材，还有一个“教学.mp4”，每个文件都有其作用，你可以按书中的步骤去使用这些文件。其中，“20-2 合并工作表.xlam”的保护密码为 135。

20.2.5 安装插件并测试功能

合并工作表的插件是 xlam 格式的，需要用以下步骤安装：

STEP 01 打开 Excel 软件后按<Alt>键，松开后再按<T>键，松开后再按<I>键，从而打开“加载项”对话框。

STEP 02 单击“浏览”按钮，从对话框中找到“20-2 合并工作表.xlam”文件，单击“确定”按钮，返回加载项管理器，在管理器中可以看到新装的插件，效果如图 20-12 所示。

STEP 03 单击“确定”按钮，返回工作表界面，此时在功能区中会看到名为“合并工作表”的选项卡，在选项卡中有“合并工作表”和“使用教材”两个菜单，效果如图 20-13 所示。

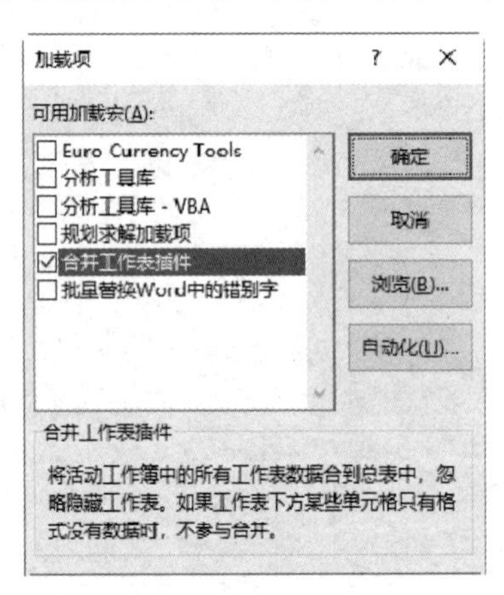

图 20-12 加载项管理器

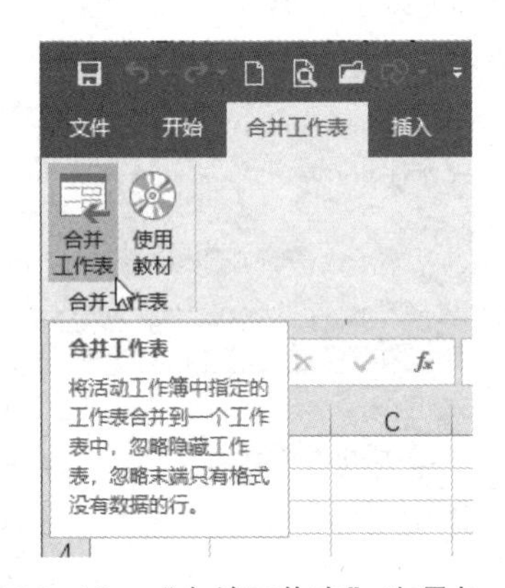

图 20-13 “合并工作表”选项卡

STEP 04 打开随书案例文件中的“合并工作表素材 1.xlsx”，该文件中有 3 个工作表，其数据分别对应图 20-14 至图 20-16。

	A	B	C	D
1	大标题			
2	小标题1	小标题2	小标题3	合计
3	正文标题	1	1	2
4		1	1	2
5		1	1	2
6	正文标题	2	2	4
7		2	2	4
8				

Sheet1 Sheet2 Sheet3

图 20-14 第一个表的数据

	A	B	C	D
1	大标题			
2	小标题A	小标题B	小标题C	合计
3	正文标题	10	10	20
4		10	10	20
5		10	10	20
6	正文标题	20	20	40
7		20	20	40
8				

Sheet1 Sheet2 Sheet3

图 20-15 第二个表的数据

	A	B	C	D
1	大标题			
2	小标题One	小标题Two	小标题Three	合计
3	正文标题	100	100	200
4		100	100	200
5		100	100	200
6	正文标题	200	200	400
7		200	200	400
8				

Sheet1 Sheet2 Sheet3

图 20-16 第三个表的数据

其中，Sheet1 和 Sheet3 的最后一个非空行都有合并单元格。

STEP 05 在菜单栏执行“合并工作表”，从而打开“批量合并工作表”插件主窗口，在窗口中会自动加载三个工作表的名字，效果如图 20-17 所示。

STEP 06 单击“合并工作表”按钮，程序会弹出对话框，要求指定标题行的行数。手工输入 0，然后单击“确定”按钮，最终合并效果如图 20-18 所示。表中包含了前三个表的所有数据，合并时保留所有标题。

STEP 07 删除“总表（合并）”工作表，然后重新合并，将标题行修改为 2，合并后的效果如图 20-19 所示，合并结果中只出现了一次标题。

图 20–17　插件主窗口

	A	B	C	D
1	大标题			
2	小标题1	小标题2	小标题3	合计
3		1	1	2
4	正义标题	1	1	2
5		1	1	2
6		2	2	4
7	正文标题	2	2	4
8				
9	大标题			
10	小标题A	小标题B	小标题C	合计
11		10	10	20
12	正文标题	10	10	20
13		10	10	20
14	正文标题	20	20	40
15		20	20	40
16	大标题			
17	小标题One	小标题Two	小标题Three	合计
18		100	100	200
19	正文标题	100	100	200
20		100	100	200
21		200	200	400
22	正文标题	200	200	400
23				

图 20–18　合并时保留所有标题

	A	B	C	D
1	大标题			
2	小标题1	小标题2	小标题3	合计
3		1	1	2
4	正文标题	1	1	2
5		1	1	2
6		2	2	4
7	正文标题	2	2	4
8				
9		10	10	20
10	正文标题	10	10	20
11		10	10	20
12	正文标题	20	20	40
13		20	20	40
14		100	100	200
15	正文标题	100	100	200
16		100	100	200
17		200	200	400
18	正文标题	200	200	400
19				

图 20–19　只出现了一次标题

STEP 08 打开随书案例文件中的“合并工作表素材 2.xlsx”，文件中 4 个工作表，每个表有都有若干行与产量相关的数据，格式完全一致，标题行数为 1，待合并工作表的格式如图 20-20 所示。

STEP 09 在菜单栏选择“合并工作表”命令，在弹出的对话框中会显示 4 个待合并工作表的名称。

STEP 10 勾选复选框“将公式转换转换成值”，然后单击“合并工作表”按钮，将标题行数设置为 1，单击“确定”按钮后程序会将 4 个表的数据都合并到“总表(合并)”之中。如图 20-21 所示为合并前的主窗口，如图 20-22 所示为最终的合并效果。

	A	B	C	D	E	F	G
1	姓名	机台	产量	不良品	合格率	品检员	
2	柳龙云	1#	576	27	95.3%	张秀华	
3	黄兴明	2#	561	9	98.4%	张秀华	
4	潘大旺	3#	448	5	98.9%	张秀华	
5	钱光明	4#	521	9	98.3%	张秀华	
6	孙二兴	5#	437	1	99.8%	张秀华	
7	罗传志	6#	434	9	97.9%	张秀华	
8	陈胡明	7#	453	0	100.0%	张秀华	
9							

A组产量　B组产量　C组产量　D组产量

图 20–20　待合并工作表的格式

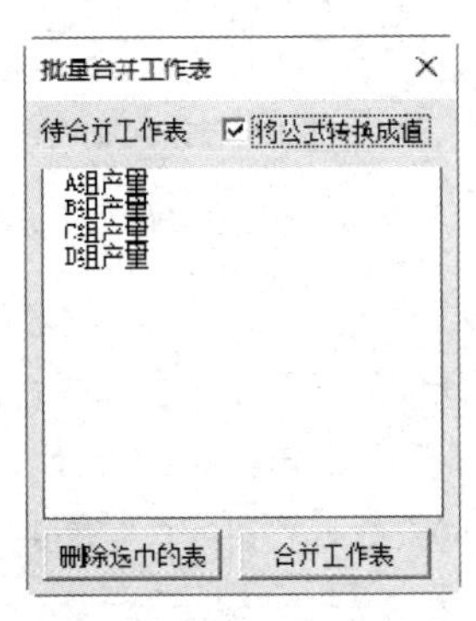

图 20–21　合并前的主窗口

	A	B	C	D	E	F	G	H
1	姓名	机台	产量	不良品	合格率	品检员		
2	刘丽丽	1#	488	11	97.7%	程丹丹		
3	张大中	2#	513	32	93.8%	程丹丹		
4	陈星望	3#	524	0	100.0%	程丹丹		
5	张未明	4#	450	13	97.1%	程丹丹		
6	罗至忠	5#	592	39	93.4%	程丹丹		
7	周至强	6#	561	19	96.6%	程丹丹		
8	柳花花	7#	535	10	98.1%	程丹丹		
9	周文明	1#	557	0	100.0%	吕玲		
10	张中正	2#	590	11	98.1%	吕玲		
11	蒋文明	3#	580	22	96.2%	吕玲		
12	黄未东	4#	480	32	93.3%	吕玲		
13	张朝明	5#	487	24	95.1%	吕玲		
14	胡东来	6#	529	0	100.0%	吕玲		
15	赵云秀	7#	529	11	97.9%	吕玲		
16	陈英	1#	589	17	97.1%	许悠芬		
17	黄淑宝	2#	567	17	97.0%	许悠芬		
18	罗翠花	3#	552	1	99.8%	许悠芬		
19	朱真光	4#	430	27	93.7%	许悠芬		

A组产量　B组产量　C组产量　D组产量　总表(合并)

图 20–22　最终的合并效果

STEP 11 在菜单栏执行“使用教材”，程序会打开对应的“教学.mp4”文件，自动播放。至此，所有功能测试完成。

20.3 开发批量打印标签插件

所有工厂都需要打印产品标签，标签的应用范围相当广阔。

那么什么是标签呢？产品的包装箱上的货物说明都是标签，掌握用代码生成标签的技术比手工输入标签会大幅度提升的效率。本节展示一种标签的生成方式和设计过程，你可以举一反三，让代码支持更多格式的标签。

20.3.1 确认程序需具备的功能

本插件功能如下：

（1）用如图 20-23 所示的出货明细表生成如图 20-24 所示的标签样式，有多少行数据就生成多少个标签（数据是指表格的正文，不包含标题行）。

客户名称	订单号	产品名称	内部编码	数量	等级	日期	质检员	送货人	箱号
三河五金厂	ASM190605001	Acd02	S-1	600	A+	6/5	王丽鹃	朱洪发	001-024
三河五金厂	ASM190605002	FR003	S-3	580	A+	6/5	朱雀	朱洪发	002-024
友帮制衣厂	ASM190605003	FR001	S-12	740	B+	6/5	陈明餐	朱洪发	003-024
天信电子厂	ASM190606004	GR202-2	S-8	440	A	6/6	王文丽	梁兴文	004-024
中发塑制有限公司	ASM190606005	Acd02	S-1	800	A	6/6	王丽鹃	梁兴文	005-024
中发塑制有限公司	ASM190607006	FR003	S-3	540	A+	6/7	朱雀	梁兴文	006-024
阿发五金店	ASM190607007	GR202-3	S-24	380	B+	6/7	周薇薇	刘喜军	007-024
鸿发五金公司	ASM190607008	FR003	S-3	740	B+	6/7	朱雀	刘喜军	008-024

图 20-23 出货明细表

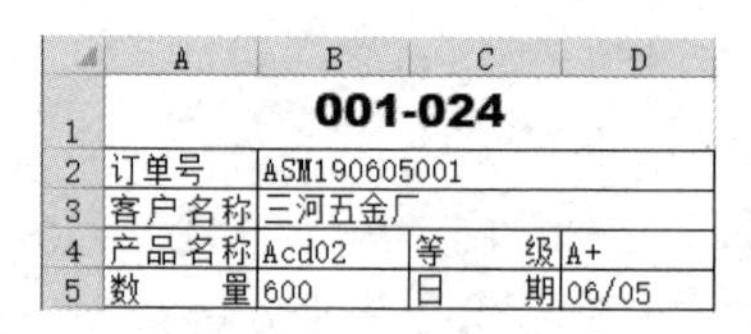

001-024			
订单号	ASM190605001		
客户名称	三河五金厂		
产品名称	Acd02	等 级	A+
数 量	600	日 期	06/05

图 20-24 标签样式

（2）支持仅用部分数据生成标签，即用户选择多少行数据就生成多少个标签。

（3）如果用户选择了空白区域，那么自动忽略空白区域。

（4）生成标签后自动对标签分页。每个标签只有 5 行，因此每 5 行打印在一页中。

20.3.2 设计模板

新建一个工作簿，在 Sheet 1 工作表中按如图 20-25 所示的模板格式设置标签样式。

模板中 A1 单元格采用 16 号、Arial Black 字体，其他单元格采用默认 11 号、宋体字体。

将工作表命名为“模板”。

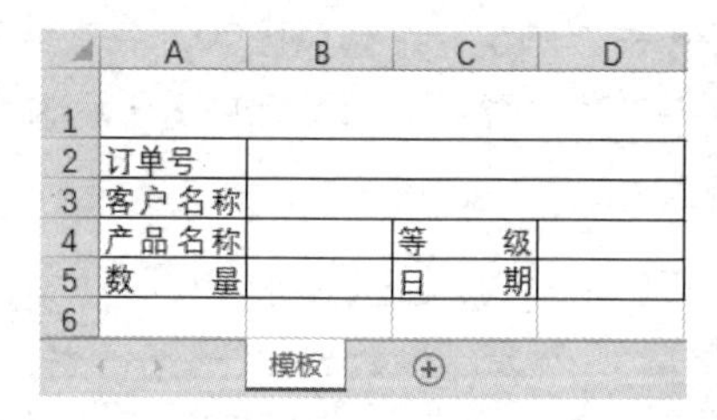

A	B	C	D
订单号			
客户名称			
产品名称		等 级	
数 量		日 期	

图 20-25 模板格式

20.3.3 编写代码

批量生成标签比较简单，仅仅是简单地将明细表中的值引用到标签工作表中即可，其存放位置随变量的值相应地变化，具体操作步骤如下。

STEP 01 在前面创建的模板工作表界面按<Alt+F11>组合键打开 VBE 窗口。

STEP 02 在菜单栏执行“插入”→“模块”命令，然后在模块中输入以下代码：

```
Sub 批量生成标签(control As IRibbonControl) '随书案例文件中有每一句代码的含义注释
    Dim MoBanArr1, MoBanArr2, MingXiArr
    Dim Item As Integer, Item2 As Integer, MingXiSht As Worksheet, MoBanSht As Worksheet, Rng As Range,
```

```
StartRow As Integer, EndRow As Integer, Tim As Single
  On Error Resume Next
  Set MoBanSht = ThisWorkbook.Sheets("模板")
  Set MingXiSht = Worksheets("出货明细表")
  If Err.Number <> 0 Then MsgBox "未发现 "出货明细表" ", 64, "提示": Exit Sub
  MoBanArr1 = Array(1, 2, 3, 4, 4, 5, 5)
  MoBanArr2 = Array(1, 2, 2, 2, 4, 2, 4)
  MingXiArr = Array(10, 2, 1, 3, 6, 5, 7)
  Set Rng = ActiveWindow.RangeSelection
  If Rng.Areas.Count > 1 Then
    MsgBox "不要选择多个区域", 64, "提示": Exit Sub
  End If
  Set Rng = Intersect(Rng, MingXiSht.UsedRange)
  If Rng Is Nothing Then
    MsgBox "请选择 出货明细表 的数据区域，不包含标题", 64, "提示"
    Exit Sub
  End If
  If Rng.Row = 1 Then MsgBox "不能选择标题", 64, "提示": Exit Sub
  StartRow = Rng.Row
  EndRow = StartRow + Rng.Rows.Count - 1
  Application.DisplayAlerts = False
  Application.EnableEvents = False
  Application.ScreenUpdating = False
  Application.Calculation = xlCalculationManual
  Tim = VBA.Timer
  Worksheets("我的标签").Delete
  MoBanSht.Copy , Sheets(Sheets.Count)
  Set MoBanSht = Sheets(Sheets.Count)
  MoBanSht.Name = "我的标签"
  MoBanSht.Rows("1:5").Copy
  If EndRow - StartRow > 0 Then
   MoBanSht.Rows("6:" & ((EndRow - StartRow + 1) * 5)).Select
   MoBanSht.Paste
  End If
  ActiveWindow.View = xlPageBreakPreview
  ActiveWindow.Zoom = 100
  For Item = 1 To EndRow - StartRow + 1
    For Item2 = LBound(MoBanArr1) To UBound(MoBanArr1)
      MoBanSht.Cells((Item - 1) * 5 + MoBanArr1(Item2), MoBanArr2(Item2)). Value =
MingXiSht.Cells(StartRow + Item - 1, MingXiArr(Item2)).Value
    Next Item2
  If Item > 1 Then ActiveWindow.SelectedSheets.HPageBreaks.Add Before:=MoBanSht.Cells((Item - 1) * 5 +
1, 1)
  Next Item
  Application.DisplayAlerts = True
  Application.EnableEvents = True
  Application.ScreenUpdating = True
  Application.Calculation = xlCalculationAutomatic
  Range("a1").Select
  MsgBox "打印完成，第 " & StartRow & " 到第 " & EndRow & " 行" & VBA.vbCr & "总共 " & EndRow -
StartRow + 1 & " 个标签，请核对" & VBA.vbCr & "总共耗时: " & Format(VBA.Timer - Tim, "0.00 秒"), 64, "
提示"
End Sub
```

```
Sub 使用教材(control As IRibbonControl)
  If Len(Dir(ThisWorkbook.Path & "\教学.mp4", vbNormal)) > 0 Then
   Shell "explorer.exe """ & ThisWorkbook.Path & "\教学.mp4"""
  Else
   MsgBox "未发现名为 教学.mp4 的文件。", 64, "提示"
  End If
End Sub
```

批量生成标签的过程主要包含以下 5 个步骤，或者说包含 5 个方面的知识点。

1. 观察数据结构、总结规律，获得位置数据

观察如图 20-25 所示模板的空白单元格，用“R1C1”样式将它们标示出来。其中，R 代表行、C 代表列。然后根据单元格中的标示即可得到所有单元格的行号分别是“1, 2, 3, 4, 4, 5, 5”，列号分别是“1, 2, 2, 2, 4, 2, 4”。再根据模板中需要导入的数据的顺序，在出货明细表的第 7 行中将数据顺序和列坐标标示出来。其中，“4(3 列)”表示“订单号”对应标签模板中的第 4 个空白单元格，它在列的单元格的列坐标为 3，将每一个单元格的坐标罗列在一起得到“10, 2, 1, 3, 6, 5, 7”。如图 20-26 和图 20-27 所示分别是模板表和出货明细表的结果。

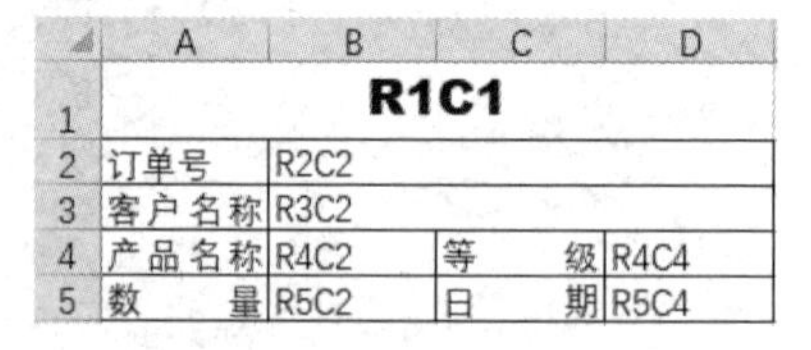

	A	B	C	D
1	R1C1			
2	订单号	R2C2		
3	客户名称	R3C2		
4	产品名称	R4C2	等　　级	R4C4
5	数　　量	R5C2	日　　期	R5C4

图 20-26　模板表的结果

	A	B	C	D	E	F	G	H	I	J
1	客户名称	订单号	产品名称	内部编码	数量	等级	日期	质检员	送货人	箱号
2	三河五金厂	ASM190605001	Acd02	S-1	600	A+	6/5	王丽鹃	朱洪发	001-005
3	三河五金厂	ASM190605002	FR003	S-3	580	A+	6/5	朱雀	朱洪发	002-005
4	友帮制衣厂	ASM190605003	FR001	S-12	740	B+	6/5	陈明餐	朱洪发	003-005
5	天信电子厂	ASM190606004	GR202-2	S-8	440	A	6/6	王文丽	梁兴文	004-005
6	中发塑制有限公司	ASM190606005	Acd02	S-1	800	A	6/6	王丽鹃	梁兴文	005-005
7	3(1列)	2(2列)	4(3列)		6(5列)	5(6列)	7(7列)			1(10列)

图 20-27　出货明细表的结果

基于以上的观察、分析，可以得到以下代码：

```
MoBanArr1 = Array(1, 2, 3, 4, 4, 5, 5)
MoBanArr2 = Array(1, 2, 2, 2, 4, 2, 4)
MingXiArr = Array(10, 2, 1, 3, 6, 5, 7)
```

这是生成标签的核心问题，只要掌握了以上规律，剩下的每一个步骤都水到渠成。

2. 复制插件中的模板表到明细表中

“模板”工作表位于“批量打印标签.xlam”文件中，每次生成标签时需要将它从“批量打印标签.xlam”复制到活动工作簿中，因此采用以下四句代码：

```
Set MoBanSht = ThisWorkbook.Sheets("模板")
MoBanSht.Copy , Sheets(Sheets.Count)
Set MoBanSht = Sheets(Sheets.Count)
MoBanSht.Name = "我的标签"
```

其中，ThisWorkbook 代表“批量打印标签.xlam”工作簿，Sheets(Sheets.Count)则代表活动工作簿的最后一个工作表。执行完前两句代码后，会将“模板”表复制到活动工作簿的最后一个工作表右方。执行完后两句代码后，则将模板表命名为“我的标签”。

3. 根据选区的行数相应地复制标签样式，生成对应数量的空白标签

生成对应数量的空白标签主要靠下面的几句代码：

```
Set Rng = ActiveWindow.RangeSelection
StartRow = Rng.Row
EndRow = StartRow + Rng.Rows.Count - 1
MoBanSht.Rows("1:5").Copy
If EndRow - StartRow > 0 Then
   MoBanSht.Rows("6:" & ((EndRow - StartRow + 1) * 5)).Select
   MoBanSht.Paste
End If
```

前 3 句代码用于计算选区的起始行和结束行行号，然后根据行数决定将模板区域复制多少份，也可以理解为将其复制到大多的区域中去。

如果用户只选了一行，那么不需要复制区域，因为工作表中默认有一个空白标签。

4. 通过循环语句将出货明细表中的值导入到空白标签中

从送货明细表中引入数据到 MoBanSht 表的空白标签中用了以下 5 句代码：

```
For Item = 1 To EndRow - StartRow + 1
   For Item2 = LBound(MoBanArr1) To UBound(MoBanArr1)
     MoBanSht.Cells((Item - 1) * 5 + MoBanArr1(Item2), MoBanArr2(Item2)).Value =
MingXiSht.Cells(StartRow + Item - 1, MingXiArr(Item2)).Value
   Next Item2
Next Item
```

代码中的重点在于“Cells((Item - 1) * 5 + MoBanArr1(Item2), MoBanArr2(Item2))”。

其中，“(Item - 1) * 5”的值是 0、5、10……而 MoBanArr1(Item2)的值则对应 Array(1, 2, 3, 4, 4, 5, 5)，两者相加的结果对应所有空白标签的空白单元格的行号；MoBanArr2(Item2)则对应所有空白标签的空白单元格的列号。

根据行号和列号可以定位每个空白单元格，将明细表的值引入到这些空白单元格就生成了所有的标签，这是打印标签插件的核心问题——找出明细表与标签模板的数据对应关系。

5. 将生成的标签手动分页，便于打印

生成标签以后，为了便于打印还需要对工作表每隔 5 行插入一个分页符，从而避免多个标签的内容显示在一页中。

可以通过录制宏生成分插入页符的代码，然后将宏代码中的 ActiveCell 替换成 MoBanSht.Cells((Item - 1) * 5 + 1, 1)即可，该单元格配合循环语句会逐个累加，分别代表 A6 单元格、A11 单元格、A16 单元格……

STEP 03 在菜单栏执行“工具”→“VBAProject 属性”命令，进入“保护”选项卡，然后将“查看时锁定工程”勾选，在两个密码框中输入代码“135”，最后单击“确定”按钮，完成锁定工程的工作。

STEP 04 将文件存为“批量打印标签.xlam”。

STEP 05 在文件夹中对文件右击，并从弹出的右键菜单中选择“属性”命令，然后在属性对话框中的“详细信息”选项卡中为插件添加标题、主题和备注，可以随意定制。

20.3.4 设计功能区菜单

除了调用窗体，还需要做一个帮助菜单，用于展示当前插件的操作方法，因此需要为插件设计两个菜单，具体操作步骤如下。

STEP 01 打开 Custom UI Editor 软件，并从软件中打开“批量打印标签.xlam”。

STEP 02 在菜单栏执行“Insert”→“Office 2010 Custom UI Part”命令，从而插入一个customUI14.xml 文件，然后在代码窗口中输入以下代码，用于生成选项卡，并在其中创建组和命令按钮：

```
<customUI xmlns="http://schemas.microsoft.com/office/2009/07/customui">
 <ribbon startFromScratch="false">
  <tabs>
   <tab id="CustomTab" label="标签" insertAfterMso="TabHome">
     <group id="Group1" label="标签">
     <button id="Button1" label="打印标签" screentip="批量打印标签" supertip="利用出货明细表和模板表批量生成标签，可选择任意行的数据生成标签，自动忽略选区的空白。" onAction="批量生成标签" imageMso="RecordsAddFromOutlook" size="large" />
     <button id="Button2" label="使用教材" screentip="使用教材" supertip="单击打开教材，学习操作步骤" onAction="使用教材" imageMso="FilePackageForCD" size="large" />
     </group>
   </tab>
  </tabs>
 </ribbon>
</customUI>
```

STEP 03 在 Custom UI Editor 中保存文件。

随书提供案例文件：20-3 批量打印标签文件夹

以上文件夹中包含 3 个文件，一个是 xlam 格式的插件，一个是出货明细表.xlsx，还有一个“教学.mp4”。其中，“批量打印标签.xlam”的保护密码为 135。

20.3.5 安装插件并测试功能

批量打印标签的插件是 xlam 格式的，需要用以下步骤安装：

STEP 01 打开 Excel 软件后按<Alt>键，松开后再按<T>键，松开后再按<I>键，从而打开“加载项”对话框。

STEP 02 单击“浏览”按钮，在弹出的对话框中找到“批量打印标签.xlam”文件，单击“确定”按钮，返回加载项管理器，在管理器中可以看到新装的插件，效果如图 20-28 所示。

STEP 03 单击“确定”按钮，返回工作表界面，此时在功能区中会看到名为“标签”的选项卡，在选项卡中有“打印标签”和“使用教材”两个插件菜单，如图 20-29 所示。

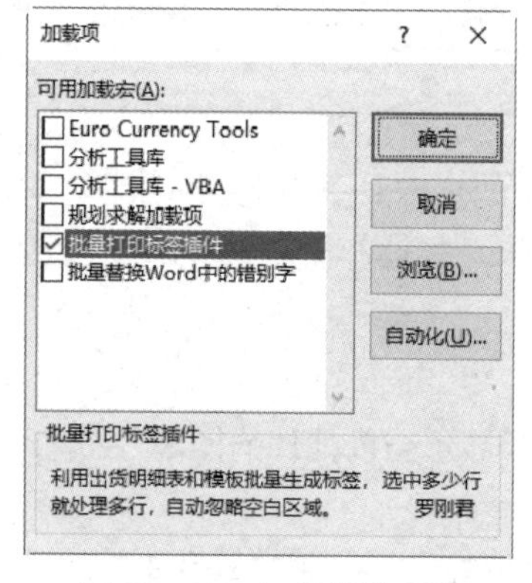

图 20-28 加载项管理器

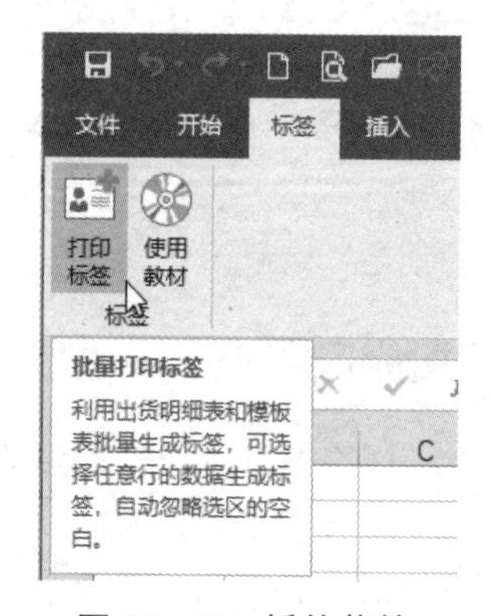

图 20-29 插件菜单

STEP 04 打开“出货明细表.xlsx”工作簿，假设要用箱号为 003-024、004-024 和 005-024 的订单生成标签，那么按如图 20-30 所示的方式选择第 4 到第 6 行，用于生成标签。

	A	B	C	D	E	F	G	H	I	J
1	客户名称	订单号	产品名称	内部编码	数量	等级	日期	质检员	送货人	箱号
2	三河五金厂	ASM190605001	Acd02	S-1	600	A+	6/5	王丽鹃	朱洪发	001-024
3	三河五金厂	ASM190605002	FR003	S-3	580	A+	6/5	朱雀	朱洪发	002-024
4	友帮制衣厂	ASM190605003	FR001	S-12	740	B+	6/5	陈明餐	朱洪发	003-024
5	天信电子厂	ASM190606004	GR202-2	S-8	440	A	6/6	王文丽	梁兴文	004-024
6	中发塑制有限公司	ASM190606005	Acd02	S-1	800	A	6/6	王丽鹃	梁兴文	005-024
7	中发塑制有限公司	ASM190607006	FR003	S-3	540	A+	6/7	朱雀	梁兴文	006-024

出货明细表

图 20-30　选择第 4 到第 6 行，用于生成标签

STEP 05 在菜单栏选择“打印标签”命令，生成标签后会弹出如图 20-31 所示的提示信息。关闭提示信息后，可以在工作表“我的标签”中看到刚刚生成的 3 个标签，每个标签占一页，效果如图 20-32 所示。

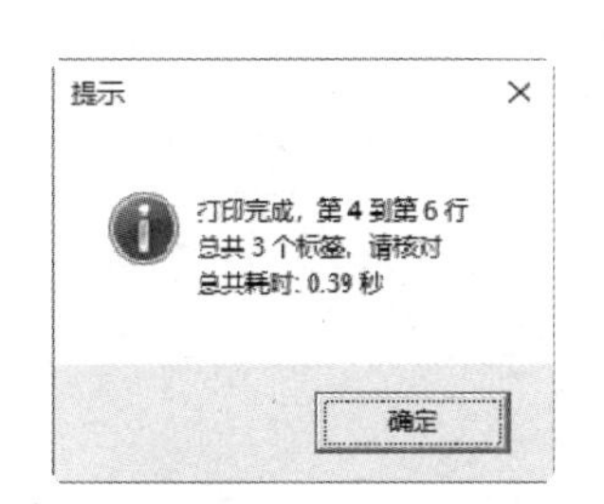

图 20-31　提示信息

图 20-32　生成的标签

STEP 06 按<Ctrl+P>组合键进入打印预览状态，可以看到，当前标签刚好占据一页，符合需求，预览标签的打印效果如图 20-33 所示。

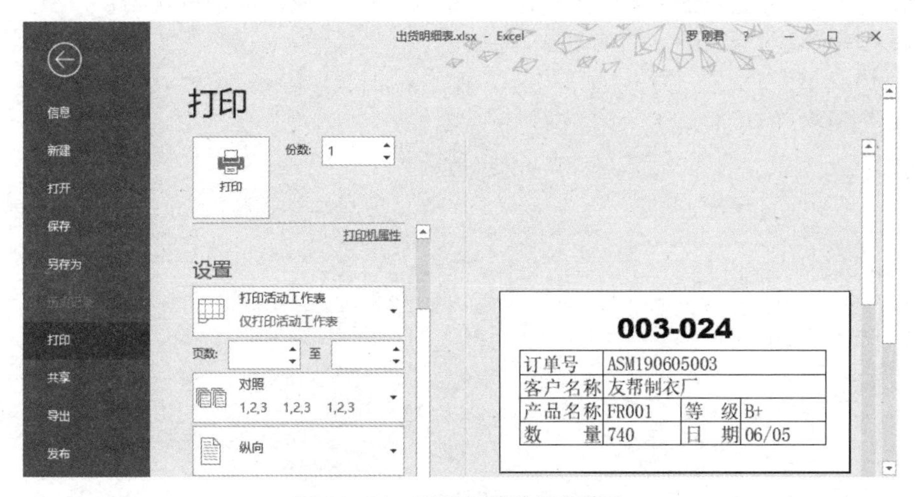

图 20-33　预览标签的打印效果

经过以上测试，表示插件的代码可正常执行，同时符合所有需求。

在此需要额外提示两点：

1．在默认状态下，打印机的纸张是 A4 纸，需要将打印机的纸张修改为标签纸后再预览，否则无法得到图 20-33 的效果。设置打印机纸张请参考标签打印机的说明，这不在本书的教学范畴内。

2．开发任何插件都有必要设计“教学.mp4”，图文并茂地展示操作过程，降低用户的学习成本。应将做好的“教学.mp4”放在插件的相同路径下，方便调用。

本例中使用到的插件代码、演示素材和视频教材皆可在随书案例文件中找到。

反侵权盗版声明

举报电话：（010）88254396；（010）88258888

传　　真：（010）88254397

E-mail:　　dbqq@phei.com.cn

通信地址：北京市万寿路 173 信箱

　　　　　电子工业出版社总编办公室

邮　　编：100036